U0748041

"十三五"国家重点出版物出版规划项目

世界名校名家基础教育系列
Textbooks of Base Disciplines from World's Top Universities and Experts

马祖尔物理学

实践篇（下）

［美］埃里克·马祖尔（Eric Mazur）
达瑞·佩迪哥（Daryl Pedigo） 著

张 萍 译

机械工业出版社

《马祖尔物理学》分为《原理篇》和《实践篇》两部分：《原理篇》讲授物理知识；《实践篇》主要涉及物理知识应用与解题方法的介绍。本书是《实践篇》的下册。

本书主要特点有：强调守恒原理；强调更早地引入系统的概念；推迟引入矢量的概念；适时引入物理概念；整合近代物理；采取模块化的组织形式。

图书在版编目（CIP）数据

马祖尔物理学. 实践篇. 下/(美) 埃里克·马祖尔（Eric Mazur），(美) 达瑞·佩迪哥（Daryl Pedigo）著；张萍译. —北京：机械工业出版社，2019.10（2022.1 重印）

(世界名校名家基础教育系列)

书名原文：Principles & Practice of Physics：Practice

“十三五”国家重点出版物出版规划项目

ISBN 978-7-111-63269-6

Ⅰ. ①马…　Ⅱ. ①埃…②达…③张…　Ⅲ. ①物理学　Ⅳ. ①O4

中国版本图书馆 CIP 数据核字（2019）第 149270 号

机械工业出版社（北京市百万庄大街 22 号　邮政编码 100037）

策划编辑：张金奎　责任编辑：张金奎　陈崇昱　任正一

责任校对：佟瑞鑫　责任印制：单爱军

北京虎彩文化传播有限公司印刷

2022 年 1 月第 1 版第 2 次印刷

184mm×260mm · 20.75 印张 · 2 插页 · 605 千字

标准书号：ISBN 978-7-111-63269-6

定价：118.00 元

电话服务	网络服务
客服电话：010-88361066	机　工　官　网：www.cmpbook.com
010-88379833	机　工　官　博：weibo.com/cmp1952
010-68326294	金　书　网：www.golden-book.com
封底无防伪标均为盗版	机工教育服务网：www.cmpedu.com

作者简介

埃里克·马祖尔是哈佛大学物理与应用物理学“巴尔坎斯基”讲席教授，应用物理方向的负责人。他是光学和教育学领域的著名科学家，著作颇丰，现任美国光学学会主席。

在荷兰莱顿大学获得博士学位后，马祖尔教授赴哈佛大学工作。2012 年，他被巴黎综合理工大学和蒙特利尔大学授予荣誉博士学位。他是荷兰皇家科学院院士，还是中国科学院半导体研究所、北京工业大学激光工程研究院和北京师范大学的荣誉教授。

马祖尔教授曾在卡内基梅隆大学、俄亥俄州立大学、宾夕法尼亚州立大学、普林斯顿大学、范德比尔特大学、香港大学、比利时鲁汶大学和台湾大学等多所高校担任客座教授或杰出讲师职务。

除了光学之外，马祖尔教授还对教育、科技政策、科技应用以及公共科学教育等领域甚感兴趣。1990 年，他提出了同伴教学法，将交互式教学运用于大班教学中。这种教学方法在美国国内和国际上广为传播，其他许多学科也将这一方法应用于教学实践之中。

马祖尔教授的著述包括 250 余篇论文和专著以及 20 余项专利。他在教育学方面的著作 *Peer Instruction: A User's Manual*⊖（Pearson，1997）介绍了在大班实现交互式教学的方法。2006 年，在他的帮助下，获奖 DVD《交互教学》（*Interactive Teaching*）录制完成。此外，他还是教学平台“Learning Catalytics”的创始人之一，这个教学平台能在课堂教学中通过交互式教学提高学生的解题能力。

⊖ 中文版《同伴教学法：大学物理教学指南》已由机械工业出版社出版。

Preface to Chinese translation of P& P

It is with great pleasure that I write this preface for my audience in China. Since my first visit in 1988, I have been a frequent visitor of China and I've had the opportunity of interacting with faculty and students from a large number of Chinese universities. Over those thirty years, I have seen enormous change in the country. There is no question that it is a stimulating period in China and I am excited to see my book published in Chinese.

I began writing this book when I realized that the traditional approach to teaching was not very effective. Most instructors simply present the contents of books in their classes and at best books are used to support this transfer of information. However, learning physics is more than just memorizing information and so it became clear to me that as an instructor I should spend my time in class not presenting the content of a textbook, but engaging the students in thinking about physics. I developed an interactive approach to teaching called "Peer Instruction" which has been adopted all around the world, including China. That shift in focus in the classroom – from transferring information to helping students assimilate the information – made it necessary for me to find another way to transfer the information. This book is the result of that shift: I wrote it so as to transfer the basic information to you as best as I could (certainly better than I could if I was just lecturing). And because each chapter is separated into a conceptual and a quantitative part, I have tried to always focus on the understanding rather than just the manipulation of equations.

As I began writing this book, I also realized that our approach to teaching physics is very outdated. All books focus mechanics the way it has been taught more or less since the days of Isaac Newton over 300 years ago. As we understand it now, the heart of physics are not the laws of mechanics, but conservation and symmetry principles. These principles therefore lie at the center of this book, presenting a much more unified and coherent view of modern physics.

The English version of the book has been extremely well received. Hardly a week goes by without me receiving an email from a student somewhere in the world, who thanks me for writing this book – from South Africa, to the US, Europe and India. I look forward to hearing from you!

I would like to thank the people who made it possible to publish my book in China. They are Professor Ping Zhang from Beijing Normal University, Professors He-Lan Wu and Rui Zhang from Tongji University, Professors Wei-Yang Li and Zheng-Quan Pan from Zhejiang University, Professor Yuan Wang from Peking University Press, Senior editors Jin-Kui Zhang and Chong-Yu Chen from China Machine Press, and many others. Without the hard work of all of these people, you wouldn't be reading these lines now.

My congratulations to all on the publication of the Chinese translation of *Principles & Practice of Physics*. Most importantly, I want to wish you best of luck in your study of physics and hope you will enjoy a fresh new perspective on physics.

Eric Mazur
Cambridge, MA, April 2018

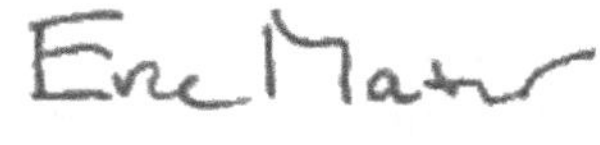

译者的话

2009—2010年，我在哈佛大学Mazur教授的研究小组研究高等物理教育，之后一直与Mazur教授在教学方法改革领域保持合作。2009年前，我一直使用传统的教学方法讲授大学物理课程，期间使用过许多版本的大学物理教材，也参与过一些教材的更新与编写。总之，在传统教学中，知识传递的路径是由教师先将教材中的内容进行精细加工，然后在课堂上讲授给学生。从哈佛大学回国后，我开始使用Mazur教授创立的同伴教学法（Peer Instruction）讲授大学物理课程。同伴教学法要求学生课前自学，课上基于概念测试题进行小组讨论。相比于传统教学方法，该方法在促进学生概念理解，提高其学习兴趣，培养他们的合作能力、交流能力、批判性思维、推理能力和创新能力方面都取得了成功。在教学改革的过程中我们发现，传统教材适合教师教学却不适合学生自学，因为学生在阅读教材时很难像教师那样对其中的文本信息进行自我加工，并推断文本信息字面内容中暗含的意义，填补文本信息中缺失和遗漏的信息。

2015年，Mazur教授送给我一套他刚刚出版的*Principles & Practice of Physics*，即本书英文原版，我惊喜地发现这是一部非常适合学生自学的教材，可以有效地支持教学方法改革。全书以守恒律为基本框架，从实验和生活中的例子出发，使用真实数据，强调物理建模，细化推理过程，渗透近代物理知识。该书关注学生已有的概念图像和学习物理的认知路线，在教学中使用有效的支架帮助学生深度理解，并学会迁移。书中的每个章节都明确分成两部分：基本概念和定量研究。先用语言文字、实验观察、示意图和图表等多种定性描述的形式引入新的物理概念和规律，建立物理图像，帮助理解概念和规律的本质，然后才使用公式进行推导和计算。书中的每一个例题都使用了与科学家实际工作流程相似的问题解决框架，包括四个重要环节：1. 分析问题（Getting started），2. 设计方案（devise plan），3. 实施推导（execute plan），4. 评价结果（evaluate result），将科学研究方法细化和外显，目的是借助问题教会学生科学的思维方法，培养其创新能力。该书系Mazur教授在开发并使用同伴教学法后，历经20余年的教学磨砺，精心打造而成。他认为“学习不是机械地记忆，而是通过思考和反思体会到发现的乐趣，掌握必要的科学思维方法以便将来更好地工作。”

Mazur教授是哈佛大学著名的物理学家，美国光学学会主席，同时他又是著名的教育家，曾在2014年获得首届全球高等教育Minerva奖。他编写的这部《马祖尔物理学》不仅具有前沿科学家的专业视角，又具有教学教法的适用性，是一部“仰望天空，脚踏实地”的教材，弥补了我国一般大学物理教材的不足，可以有效地支持教学改革和创新，适合大学生自学和大、中学教师教学参考。

《马祖尔物理学：实践篇》翻译分工如下：浙江大学厉位阳（1-10章），浙江大学潘正权（11章），同济大学武荷岚（12，13，15-17章），同济大学张睿（14，18-21章），北京师范大学张萍（22-34章）。上册由张睿副教授统稿、校改，下册由张萍教授统稿、校改。欢迎读者就译文不妥之处提出宝贵意见和建议。

北京师范大学

张萍

前　　言

从洗衣时的静电到智能手机定位，物理知识能帮你理解各种生活中的现象。这些现象的物理机理，有的显而易见，有的却并不明显。学习物理不仅需要理解基本概念，还需要将概念运用于新的场景。这样的过程需要深度思维的技能：判断有关知识能否用于特定条件以及如何规划方案解决问题。在《实践篇》中，我们将运用在《原理篇》中所学的知识解决问题，在这里你将学会如何通过定量假设来分析和解决问题。在学习了《原理篇》后，学习《实践篇》中的对应章节将有助于进一步掌握相关内容。

《实践篇》各章的基本结构如下：

首先是**章节总结**，这一部分总结了本章主要物理量之间的联系，可用于作业前的复习或课前预习。

接下来的**复习题**环节用于测试你对知识要点的掌握情况。在每一章的结尾处，你可以找到复习题答案。如果不能很好地解答复习题，可能需要回顾《原理篇》中的相关内容。

如果你无法确定答案的数量级，那么就无法确定答案是否合理。在**估算题**部分，通过估算训练，你可以了解各章所学的物理量的数量级以及它们的变化范围。

各章的**例题**为如何分析、解决和评价问题提供了详细的范例。每个例题后都配有对应的**引导性问题**，你可以借助它解决问题。引导性问题的答案也附在每章的结尾。

最后的**习题**部分可用于作业或考前复习。习题的难度各有不同，有的侧重概念理解，有的侧重计算。

总而言之，《原理篇》和《实践篇》一起，作为以学生为中心的学习工具，通过营造准确而可靠的物理场景，将提高你解决问题的能力，令你获益终身。

埃里克·马祖尔　　哈佛大学
达瑞·佩迪哥　　华盛顿大学

目　　录

第 22 章　电相互作用

章节总结

电相互作用（22.1 节，22.2 节，22.5 节）

基本概念 **电相互作用**是带电物体间的长距相互作用。电场力有时被称为**静电**力，对于非静止的带电物体，它们间的相互作用会变得更加复杂（见第 27 章）。

自然界中只有两种电荷：**正电荷**和**负电荷**。带有同种电荷的物体相互排斥，带异种电荷的物体相互吸引。任何载有电荷的微小物体，如电子或离子，都叫作**载荷子**。

电荷的国际单位是**库仑**（C），它是 6.24×10^{18} 个电子所带的电荷量。也等于 1 安培的恒定电流在 1s 内所传递的电荷量（见第 27 章）。

定量研究 **库仑定律**表明，如果带电量为 q_1 的粒子 1 与带电量为 q_2 的粒子 2 相距 r_{12}，粒子 1 施加在粒子 2 上的**电场力** $\vec{F}^E_{12}$ 为

$$\vec{F}^E_{12}=k\frac{q_1q_2}{r^2_{12}}\hat{r}_{12} \quad (22.7)$$

其中，单位矢量 $\hat{r}_{12}$ 的方向从粒子 1 指向粒子 2，常量为

$$k=9.0\times10^9\mathrm{N\cdot m^2/C^2} \quad (22.5)$$

元电荷 e 是可观测到的最小电荷量，大小等于一个电子所带的电荷量：

$$e=1.60\times10^{-19}\mathrm{C} \quad (22.3)$$

任何带电物体所携带的电荷量 q 为 e 的整数倍：

$$q=ne(n=0,\pm1,\pm2,\pm3,\cdots) \quad (22.4)$$

载荷子的移动（22.3 节，22.4 节）

基本概念 载荷子可以在带电**导体**内流动，但是不能轻易地在带电**绝缘体**内流动，要想将载荷子从一个非导体转移到另一个非导体上，只能使二者相互接触，并且载荷子只能存在于它们接触点的附近。

用导电体将物体与大地连接，称物体**接地**。地球可以储存非常多的电荷，接地使物体与地球之间有可能进行电荷的交换。如果周围没有其他电荷的影响，一个带电的导体接地会导致其上没有任何剩余电荷。

原子或分子得（失）一个或多个电子便形成**离子**。

根据**电荷守恒定律**，电荷只能成对（一对带电量完全相同的正负电荷）地产生或者消失，电荷的产生和消失都是以成对的形式：即封闭系统的电荷总量保持不变。

极化是由于物体中的电荷分离而造成的，极化的电中性的物体之间可以发生电的相互作用。

感应起电是一个带电物体与另一个电中性物体之间没有相互接触而使电中性物体带电的方法。

多个电荷间的力（22.6 节）

定量研究

任意多个带电粒子 2，3，…施加在带电粒子 1 上的电场力为

$$\sum \vec{F}_1^E = k\frac{q_2q_1}{r_{21}^2}\hat{r}_{21} + k\frac{q_3q_1}{r_{31}^2}\hat{r}_{31} + \cdots \tag{22.10}$$

复习题

复习题的答案见本章最后。

22.1 静电

1. 吹起一个气球将口系紧，在自己的头旁边释放。是什么样的相互作用力导致气球下落？它是哪两个物体之间的作用？现在用气球在自己的头发上摩擦，松开手后气球会贴在头上，是什么样的相互作用力导致此现象？这种相互作用发生在哪两个物体之间？

2. 请说出万有引力相互作用和电相互作用的两个不同点。

22.2 电荷

3. 什么实验现象说明了存在不止一种电荷？

4. 若你用一个气球在朋友的头发上摩擦，气球依附在她的头上。你认为是她的头发将电荷释放到气球上的，她认为是气球把电荷释放到自己的头发上的，谁的说法是对的？

22.3 载荷子的移动

5. 任意封闭系统中，通过任意的过程，能产生多少电荷？

6. 假如你在地上行走，当你接触金属门把手时，手指尖有火花产生，这种现象说明人体是导体还是绝缘体？

7. 下列物体哪些是导体，哪些是绝缘体：纸、回形针、海水、汽车轮胎和空气。

8. 将一块木头折断时存在化学键的断裂，但通常这种情况下不会使木头带电，为什么？

22.4 电荷的极化

9. 详细描述电中性的物体被带电棒吸引的过程。

10. 假设早期的研究者认定电子是带正电的，质子是带负电的，电学现象会有什么不同？

11. 说明导体和绝缘体的电极化的相同点和不同点。

12. (a) 带负电的物体 A 吸引物体 B，物体 B 是带正电、电中性还是带负电？(b) 带负电的物体 C 排斥物体 D，物体 D 是带正电、电中性还是带负电？

22.5 库仑定律

13. 利用牛顿第三定律和实验中观察到的现象——物体 A 施加在物体 B 上的电场力的大小 F_{AB}^E 与物体 B 的电荷量成正比，来证明两物体之间电场力的大小与两物体电荷量的乘积成比例（而不是正比于两个物体带电量之和，或者只与其中一个物体带的电荷量成比例）。

14. 当两个带电体的电荷量都增加一倍后，若保持它们之间的电场力与原来相同，两个物体间的距离应如何变化？

15. 在一个碳原子中，6 个电子分布在原子核的周围，原子核中有 6 个质子（通常也有 6 个中子），问：电子施加在原子核的力与原子核施加在电子上的力哪个更大？

22.6 电荷连续分布时静电力的计算

16. 电荷 1、2、3 任意分布，电荷 2、3 施加在电荷 1 上的力的表达式如下，请指出其中的错误。

$$\sum \vec{F}_1 = k\frac{q_2q_1}{r_{21}^2}\hat{r}_{21} + k\frac{q_3q_1}{r_{31}^2}\hat{r}_{31} + k\frac{q_3q_2}{r_{32}^2}\hat{r}_{32}$$

17. 电荷量为 $+q$ 的粒子 1 处在 x 轴的原点，电荷量为 $-2q$ 的粒子 2 在 $x=+2.0\text{m}$ 处，将带电荷量为 $+3q$ 的粒子 3 放在 x 轴的以下哪个范围内才能使粒子 3 受到力的矢量和为 0？(a) $0<x<2.0\text{m}$，(b) $2.0\text{m}<x<+\infty$，(c) $-\infty<x<0$。

估算题

从数量级上估算下列物理量，括号中的字母对应于可能用到的提示。根据需要使用它们来指导你的思考。

1. 带电的梳子吸引小纸屑时所施加的最小电场力的大小。(C，O)

2. 原子中质子和电子间电场力的大小。(R，S)

3. 氯化钠分子中钠离子与相邻的氯离子间电场力的大小。(D，V，S)

4. 1L 的瓶装可乐中质子的数量。（E，N，H，W）

5. 地球上电子的数目。(Y，T，M，J)

6. 你和一个朋友相距 10m，假设你们体内的电子数目比质子多 1%，你们之间所产生电场力的大小。(Z，H，K，W，A)

7. 若使地球和月球之间的电场力等于它们之间的万有引力，需要将地球上百分之多少的电子移动到月球上？(G，L，Y，U，以及 5 的结果)

8. 两个完全相同的小木球，它们带有同种且等量的电荷，分别用长为 80mm 的绳子悬挂在同一点处，当两个球平衡时，两根绳所成的角度是 40°，求每个球所带的电荷量。(X，Q，I)

9. 两个带有等值同性电荷量的完全相同的木球，其最大带电荷量为多少时，你刚好感受不到它们之间的排斥力？（B，F，P）

10. 两个相距任意距离且完全相同的孤立粒子从静止释放，若仍能保持静止，其荷质比（q/m）是多少？(X，G，U)

提示

A. 人体内 1%的电子的电荷量是多少？

B. 人的手指所能探测到的最小重力是多大？

C. 举起任意物体时，你需要克服什么力？

D. 晶体中相邻的两个离子间的距离是多大？

E. 可乐的主要成分是什么？

F. 如何才能使两个木球之间的电场力最小？

G. 如果让两个物体之间的万有引力与它们之间的电场力相等，可以消去什么？

H. 水分子的质量是多大？

I. 电场力的量级应为多大？

J. 地球上每个质子对应有多少电子？

K. 一个人的质量是多大？

L. 月球的质量是多大？

M. 质子的质量是多大？

N. 1L 的瓶装可乐的质量是多大？

O. 小的纸屑的质量是多大？

P. 一个人的两只手之间的最远的距离可以为多大？

Q. 一个小木球的质量为多大？

R. 一般情况下，原子中质子和电子间的距离为多大？

S. 电子或质子携带的电荷量为多大？

T. 粒子中质子的质量占总质量的多少？

U. 万有引力常量 G 与电场力表达式中常数 k 的比值是多大？

V. 每个离子所带的电荷量是多少？

W. 一个水分子中有多少质子？

X. 施加在每个物体上的力的矢量和是多少？

Y. 地球的质量是多少？

Z. 人体的主要成分是什么？

答案（所有值均为近似值）

A. 4×10^{7} C；B. 约为地球对一便士硬币施加的万有引力大小的 1/10，该硬币的质量为 2×10^{-3}kg。因此大小为 2×10^{-3}N；C. 万有引力；D. 2×10^{-10}m；E. 水；F. 将它们尽可能地远离；G. 两个物体之间的距离；H. 两个 H 原子加一个 O 原子，即 3×10^{-26}kg；I. 4×10^{-4}N；J. 一个；K. 70kg；L. 7×10^{22}kg；M. 2×10^{-27} kg；N. 1kg；O. 10^{-5} kg；P. 2 m；Q. 1×10^{-4} kg；R. 5×10^{-11}m；S. 1.6×10^{-19}C，即元电荷；T. 一半，因为原子具有等量的质子和中子，并且这两种粒子有着相似的质量；U. 均用国际单位制中的常量 $G/k=7\times10^{-21}\mathrm{C}^2/\mathrm{kg}^2$；V. Na^+和 Cl^-，每个都带一个元电荷；W. 10 个；X. 零；Y. 6×10^{24}kg；Z. 水

例题与引导性问题

下列例题涉及本章内容，但又不仅仅局限于本章中的某一节。
其中一部分以例题的形式给出，另一部分则以引导性问题的形式给出。

例 22.1 相互吸引

我们常常感觉自己对别人有“吸引力”，如果单纯按照字面的意思将其理解为两人之间的电场力相互作用，那么其中一个人应该带正的净电荷，另一个人必须带负的净电荷。假设你和一个朋友相距 1m，并且感受到彼此之间的电吸引力为 10N。试估计一下你们每个人 q/q_{body} 的大小，其中 q 表示某一个人所带的某种电荷量的净值，q_{body} 是该人体内此种电荷的总电荷量。

❶ **分析问题** 第一步我们画出该物理情境的草图（见图 WG22.1)。

图 WG22.1

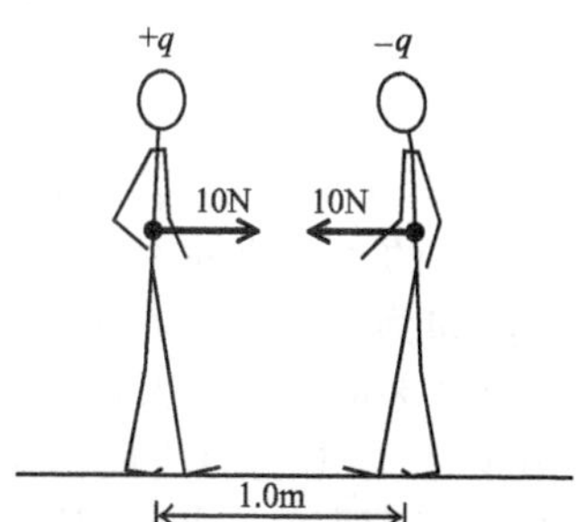

首先，要确定当二人之间产生 10N 的库仑力时，每个人体内的净电荷 q 的数量是多少，为此需要对电荷在人体内的位置做出一些假设。然后需要估计每个人体内质子和电子的数量。将这些粒子的数目乘以元电荷的电荷量就能够得出每个人体内的该种电荷的大小 q_{body}，便得出题目要求的比例系数。这种解决方法需要进行很多估算。

❷ **设计方案** 我们已经知道了力的大小以及你与朋友间的距离。假设你们质量相同，所带净电荷量相同（尽管电性是相反的）。因为如果电荷均匀分布在人体内，就很难计算这个力。所以我们假设所有电荷均集中分布在人体的中心处，两人中心间的距离是 1m。人体大部分由水组成（见本章估算题 6)，若将人体总质量除以水分子的质量，则可以得到人体内水分子的数量。将这个数值与每个水分子内质子或电子数相乘可以得到人体内该种电荷的总电荷量。

❸ **实施推导** 根据库仑定律计算得到产生 10N 力所需要的净电荷量 q：

$$F=k\frac{|(+q)(-q)|}{r^2}$$

$$q=\sqrt{\frac{Fr^2}{k}}=\sqrt{\frac{(10\text{N})(1\text{m})^2}{9.0\times10^9\text{N}\cdot\text{m}^2/\text{C}^2}}=3.3\times10^{-5}\text{C}$$

为了确定每个人体内的某一类型电荷 q_{body}，我们先假定人的质量为 60kg。每个水分子有 10 个质子和 8 个中子，质量为 3×10^{-26}kg，所以你体内的水分子数为 $\frac{60\text{kg}}{3\times10^{-26}\text{kg}/\text{水分子}}=2\times10^{27}$ 个水分子，每个分子有 10 个质子（和 10 个电子），所以每个人体内的某种电荷（正或负）的电荷量 q_{body} 为

$$q_{body}\approx(2\times10^{27}\text{ 个分子})(10\text{ 个元电荷分子})\times(1.6\times10^{-19}\text{C/元电荷})\approx3\times10^{9}\text{C}$$

因此，净电荷所占的比例为

$$\frac{q}{q_{body}}\approx\frac{3.3\times10^{-5}\text{C}}{3\times10^{9}\text{C}}\approx1\times10^{-14}$$ ✔

这近乎是每十万亿（10^{14}）个水分子对应有一个净电子（或质子）。

❹ **评价结果** 我们很难评估这个答案是否合理，因为大多数人都无法准确地感知世界上各种电场力的大小。当然，事实上人体间的库仑吸引力无法被察觉。在正常情况下你体内的净电荷所占的实际比例几乎为 0。然而，当你用脚在地毯上摩擦，将电荷传到你体内时，你仍然能够观察到你体内的净电荷产生的一些影响。在这种情况下你可能得到大约一万亿个元电荷，净电荷所占的比例约 10^{-16}。当你碰到金属门把手时得到的那一击正是这些净电荷离开你的身体所致。

引导性问题 22.2　验电器

如图 WG22.2 所示，质量为 0.017kg 的两个完全相同的小球各自由一根绝缘细线悬挂在顶棚上。两球一开始相互接触（见图 a），然后使每个小球带上等量的同种电荷［比如，用一根带电棒（图 b 中未画出）接触它们］。假设线长 120mm，两球静止时彼此相距 d = 93mm，求每个球上的电荷量是多少？

图 WG22.2

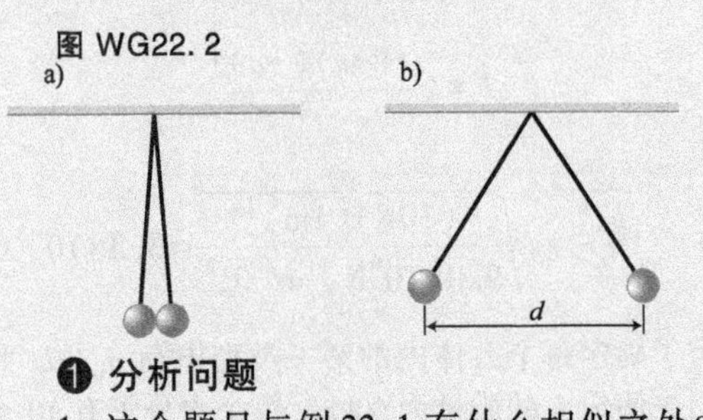

❶ 分析问题

1. 这个题目与例 22.1 有什么相似之处？又有什么不同？

2. 为什么两球会分开，达到一种平衡状态？是哪些力导致了这个运动？

❷ 设计方案

3. 画出每个球的受力分析图，列出你做出的所有假设。

4. 为了将这些力分解需要知道哪些量？

5. 选择一个坐标系，将这些力分解成 x 和 y 分量。

❸ 实施推导

6. 解出所需要的电荷量 q，尽量避免求出中间量。

❹ 评价结果

7. 考虑电荷量 q 与两个小球之间的距离 d 之间的函数关系，判断该题的代数解答是否与预期相符？

例 22.3　漂浮

利用带电物体间力的作用可以让物体浮起来。比如，假设将两个带电小球固定在一个竖直的杆上，两球相距 0.5m，如果下面的小球带有恒定的电荷量-3.0μC，上面的小球所带的电荷量可变。有一个质量为 30g，所带电荷量为+8.0μC 的小球能够在这两个球的下面沿杆自由滑动，如果想要让这个小球悬浮在带电量为-3.0μC 小球下面 1.0m 处，求：最上面小球所带电荷量应调整为多少？

❶ 分析问题　同样，我们先画出这个题目情境的草图（见图 WG22.3）。

图 WG22.3

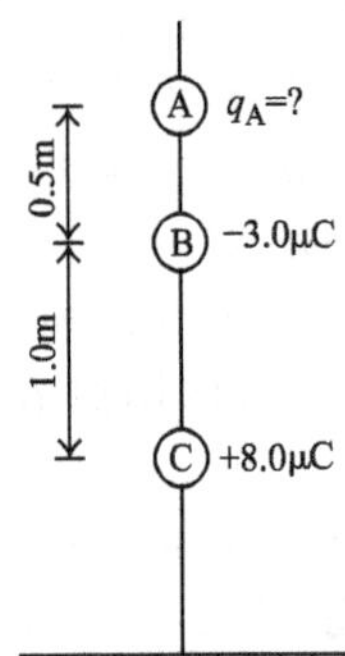

将最上面固定好位置的小球记为球 A，另一个固定好位置的小球记为球 B，可移动的小球记为球 C。用 q_A 表示球 A 上待调整的带电量。若要让球 C 漂浮在某个位置，那么作用在这个球上的重力和电场力需要平衡，以保证其矢量和为 0。假设在靠近地面处，因此 g 为常数 9.8m/s^2。因为球 B、C 和球 C、A 间的万有引力比它们之间的电场力要小得多（你可以证明这一点），所以我们只需要考虑地球作用在球 C 上的万有引力，球 B 对球 C 向上的库仑引力，以及球 A 对球 C 的电场力。

❷ 设计方案

我们想使作用在球 C 上的所有的力的矢量和为 0。在解决力学问题时画出受力分析图总是非常有用的（见图 WG22.4），因为所有的这些力都在一条竖直的直线上，我们可以选择竖直向下为 y 轴正方向建立参考系。作用在球 C 上的万有引力 $\vec{F}^G_{EC}$ 方向竖直向下。因为球 B 和球 C 所带电性相反，这两个物体相互吸引，所以力 $\vec{F}^E_{BC}$ 方向向上。然而，由于我们不知道 $\vec{F}^G_{EC}$ 和 $\vec{F}^E_{BC}$ 的大小关系，因此无法判断球 A 作用在球 C 上的力 $\vec{F}^E_{AC}$ 是吸引力还是排斥力（需要通过 q_A 的符号确定）。在图 WG22.4 中，我们令 $\vec{F}^E_{AC}$ 的矢量箭头沿

y 轴，但是我们并没有假设它沿坐标轴的分量的数值是正的。它也可以指向 y 轴负向，这取决于计算出的 q_A 的符号。

图 WG22.4

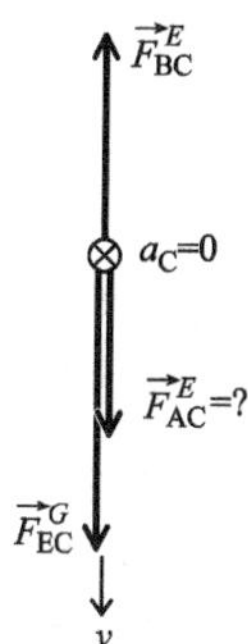

❸ **实施推导** 为了达到稳定平衡（加速度 $a_C=0$），需要

$$\sum F_y=F^G_{ECy}+F^E_{BCy}+F^E_{ACy}=+F^G_{EC}+(-F^E_{BC})\pm F^E_{AC}=0$$

最后一项的符号可正可负，因为 $\vec{F}^E_{ACy}$ 只有两个可能的方向。我们可以用式（22.7）中电场力的数学表达式来验证这一点：

$$\vec{F}^E_{ACy}=k\frac{q_Aq_C}{r^2_{AC}}(\hat{r}_{AC})_y$$

令 $\hat{r}_{AC}$ 为由球 A 指向球 C 的单位矢量，在此坐标系中 $(\hat{r}_{AC})_y=+1$。最后一项的符号就由未知电荷量 q_A 决定了，所以有

$$\sum F_y=+m_Cg+\left[-k\frac{|q_Bq_C|}{r^2_{BC}}\right]+\left[k\frac{q_Aq_C}{r^2_{AC}}\right]=0$$

解出 q_A 表达式，代入数值

$$q_A=\frac{r^2_{AC}}{kq_C}\left(k\frac{|q_Bq_C|}{r^2_{BC}}-m_Cg\right)=\frac{r^2_{AC}}{r^2_{BC}}|q_B|-\frac{m_Cgr^2_{AC}}{kq_C}$$

$$=\frac{(1.5\text{m})^2}{(1.0\text{m})^2}|-3.0\times10^{-6}\text{C}|-\frac{(0.030\text{kg})(9.8\text{m/s}^2)(1.5\text{m})^2}{(9.0\times10^9\text{N}\cdot\text{m}^2/\text{C}^2)(8.0\times10^{-6}\text{C})}$$

$$=-2.4\times10^{-6}\text{C}\checkmark$$

这个结果表明我们必须令球 A 带负电荷。这种电荷产生一个向上的力（吸引带正电的球 C），与球 B 一起抵消地球对球 C 产生的向下的重力。

❹ **评价结果** 我们是否期望 q_A 为负，使得力 $\vec{F}^E_{AC}$ 为吸引力（方向向上）呢？对已知力的大小做一个大致估计，我们会发现 $F^G_{EC}\approx3\times10^{-1}\text{N}$，$F^E_{BC}\approx2\times10^{-1}\text{N}$。因此地球对球 C 向下的引力大于球 B 对球 C 向上的拉力，这意味着球 A 需要提供一个向上的力使得球 C 上所有力的矢量和为 0。依据 q_A 的表达式，由于 m_Cg 这一项符号为负，由此可以正确地预测 q_A 的符号为负。

这个系统是稳定平衡还是非稳定平衡呢？这个问题的答案（见 15.4 节）是否依赖于 q_A 的符号？为了进一步检验你对这个问题的理解，假设在球 B 和球 C 电性相同的情况下，重新推出 q_A 的表达式。

引导性问题 22.4 电子轨道

在经典的氢原子模型中，单个电子绕着氢原子核中的单个质子以 0.053nm 的半径旋转。(a) 求电子的运动速率；(b) 它绕着质子旋转一周的时间是多少？

❶ **分析问题**

1. 将质子固定在圆心处，画出电子绕着中心运动的草图。
2. 假设质子固定不动是否合理？
3. 有哪些力作用在电子上？

❷ **设计方案**

4. 画出电子的受力分析图。
5. 能否看出本题与第 13 章中所讨论的问题有哪些相似之处？
6. 电子的速率与轨道周期有什么关系？

❸ **实施推导**

❹ **评价结果**

7. 电子的速率与光速相比哪个更快？

例 22.5 带电正方形

如图 WG22.5 所示，四个带电粒子处在正方形的顶角上。如果 $q=+3.9\times10^{-6}\text{C}$，$a=6.9\text{mm}$，那么其他 3 个粒子作用在粒子 D 上的合力是多少？

图 WG22.5

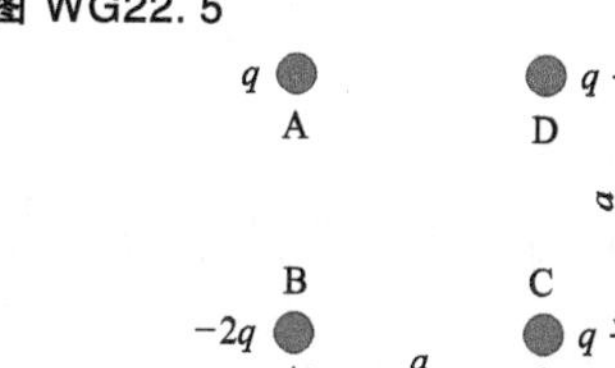

实践篇

❶ **分析问题** 本题考察库仑定律的应用，即式（22.7）。已知所有电荷的电荷量以及距离 r_{AD} 和 r_{CD}，可以利用勾股定理得到距离 r_{BD}。

❷ **设计方案** 第一步先画出粒子 D 的受力分析图，如图 WG22.6 所示。根据对称性选择坐标轴可以简化问题。选取如图所示的坐标轴，力 $\vec{F}^E_{BD}$ 没有 y 分量，F^E_{CDy} 和 F^E_{ADy} 的 y 分量相互抵消。因此，我们只需要利用式（22.7）就可以计算这些力的 x 分量。

图 WG22.6

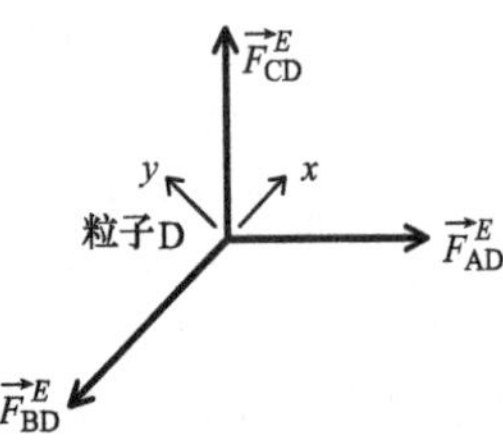

❸ **实施推导** 这些力的 x 分量的矢量和的表达式为

$$\sum F_{Dx}=F^E_{ADx}+F^E_{BDx}+F^E_{CDx}$$

$$=F^E_{AD}\cos45°+(-F^E_{BD})+F^E_{CD}\cos45°$$

$$=2F^E_{AD}\cos45°+(-F^E_{BD})$$

$$=2\left(k\frac{qq}{a^2}\right)\frac{\sqrt{2}}{2}-k\frac{(2q)q}{(\sqrt{2}a)^2}$$

$$=k\frac{q^2}{a^2}(\sqrt{2}-1)$$

$$=(9.0\times10^9\mathrm{N\cdot m^2/C^2})\frac{(3.9\times10^{-6}\mathrm{C})^2}{(0.0069\mathrm{m})^2}(\sqrt{2}-1)$$

$$=1.19\times10^3\mathrm{N}=1.2\mathrm{kN}$$

因此，作用在粒子 D 上的合力的大小为 1.2kN，方向沿所选坐标系 x 轴的正向。✔

❹ **评价结果** 因为其中两个力是排斥力，另一个力是吸引力，我们预期由数学计算应得到相反的符号。值得欣慰的是，我们的计算中包含了不同符号的两项：一项是两个排斥力 $\vec{F}^E_{AD}$ 和 $\vec{F}^E_{CD}$，第二项是吸引力 $\vec{F}^E_{BD}$。计算得出的力看起来非常大。因为，这些粒子带了相当多的电荷（别忘了，1C 是非常大的电荷量），而且互相之间挨得非常近。

对称性在解决物理问题时是一个非常有用的工具，应该尽可能地利用它。

引导性问题 22.6 带电金字塔

6 个离子固定在的一个金字塔上，其中 5 个离子在其 5 个顶角上，第 6 个离子（绿色表示）在正方形底面的中心处，如图 WG22.7 所示。已知，金字塔的每条边长为 $a=0.13\mathrm{nm}$，6 个离子都是缺少一个电子的原子，计算作用在塔顶处的离子上电场力的矢量和。

图 WG22.7

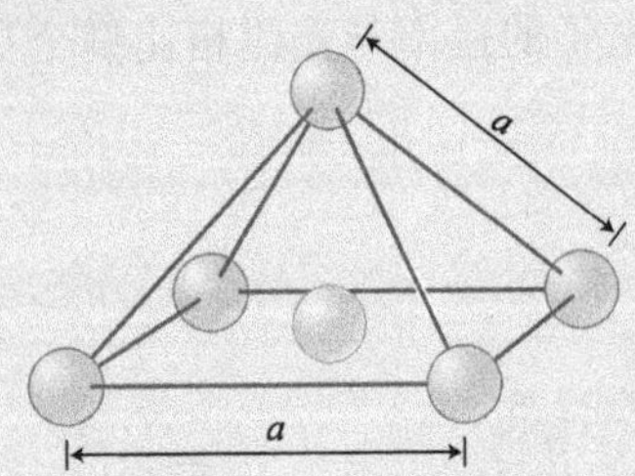

❶ **分析问题**

1. 塔顶处的离子所受的电场力由哪些力构成？

2. 为了将问题简化，请找出可以利用的对称性。记住，这是一个三维问题。

3. 每个离子上的净电荷是多少？

❷ **设计方案**

4. 哪些方程可以帮助你用已知量表示出塔顶处的离子所受的电场力？

5. 如果选择一个合适的坐标系，是否可以将这个问题从三维简化到二维？

❸ **实施推导**

6. 写出你要求的那个电场力的代数表达式，并代入已知量求出数值。

❹ **评价结果**

7. 将你得到的数值与两个相距为 a 的质子间电场力大小做比较。

实践篇

习题 通过《掌握物理》®可以查看教师布置的作业

圆点表示习题的难易程度：● = 简单，●● = 中等，●●● = 困难；**CR** = 情景问题。

22.1 静电

1. 从一卷胶带上拉出一截胶带，并向下靠近质量为100mg的一堆纸屑。只有当这个胶带与纸屑的距离在8.0mm内的时候，电场力的大小才能够克服纸屑的重力，将纸屑吸起来。求：在这种情况下胶带对纸屑产生的电场力的大小和方向。●

2. 将一个棒球杆放在桌面上，使杆的细端伸出桌面边缘。将两条新撕下来的胶带悬挂在杆的两侧并伸出桌外，两条胶带相互排斥从而在空中形成一个夹角为50°的倒V字形。用什么方法可以减少这两个胶带间的夹角，请说出至少三种方法。●

3. 一个劲度系数为$k=450\text{N/m}$的可塑弹簧自然伸长时长度为0.100m。将弹簧竖直地固定在桌面上，弹簧顶端放一个质量为1.00kg的弹性带电小球。另一个带电物体悬浮在球的上方，与球没有任何接触，如果此时弹簧的长度为0.0950m，求作用在小球上的电场力大小和方向是多少？●●

22.2 电荷

4. 两个小物体带等量电荷，当两者相距30mm时，一个物体作用在另一个物体上的电场力大小为0.10N。若释放这两个物体，让其自由运动，发现它们之间的电场力增大，则这两个物体所带电荷的电性是相同还是相反？●

5. 如果宇宙中有三种电荷，那么在《原理篇》的22.2节中描述的胶带静电实验与实际观察到的现象会有何区别？●●

6. 如果你将一个带电气球靠近一个带负电的球过程中必须做正功，那么气球所带的电荷是正电还是负电？●●

7. 假设有三段完全相同的电中性的胶带A、B和C，（a）描述一下如何让它们其中两个相互排斥。（b）是否有可能让它们三个都是两两相互排斥。●●

8. 如图P22.8所示，假设$|q_2|>|q_1|>0$，但是这两个带电粒子的电性可能相同或相反。要在这个系统中沿着坐标轴放第三个带电量为q_3的粒子，若使这个粒子上的电场力矢量和为0，在下列情况下应把第三个粒子放在Ⅰ、Ⅱ、Ⅲ中的哪个区域？（a）q_1和q_2符号相同；（b）q_1和q_2符号相反。（c）在什么情形下可以将第三个粒子放在区域Ⅰ中并使得它所受的电场力矢量和为0。●●

图 P22.8

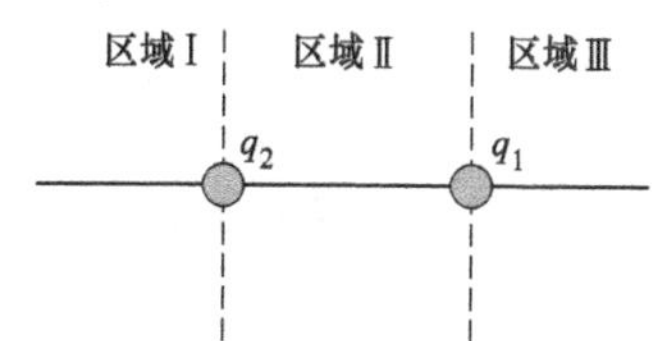

9. 一位救援队员想要给起吊汽车的起重机增加一个电力连接装置，目的是在被吊起的汽车由于质量太大而将起重机倾倒之前能够切断电力从而断开起重机与汽车的连接。他的设计如图P22.9所示，在起重机电缆上加两个圆形金属板，并将这些金属板与起重机的动力系统相连接。这两个金属板一个带正电，另一个带负电，由于电场力相互作用两个板就会相互吸引而粘在一起，在每个板上喷一层塑料，防止放电。设计者需要知道：当吊起的物体质量超过2000kg时，要想让两个板分开，金属板的直径应该为多大。从微观角度来看，两板间的电场力源于在带正电板表面层的原子和带负电板表面层的原子间的相互作用。已知：每一对原子之间的电场力大小是$2.3\times10^{-12}\text{N}$，每个原子所占的面积是$3\times10^{-21}\text{m}^2$。（a）不做任何计算，估计一下金属板表面的面积。这个面积与下列哪个物体的面积最为接近：针头、指甲盖、音乐CD、餐盘，还是井盖？（b）计算出这个面积，判断你所估计的面积和选择的物体是否正确？●●●

图 P22.9

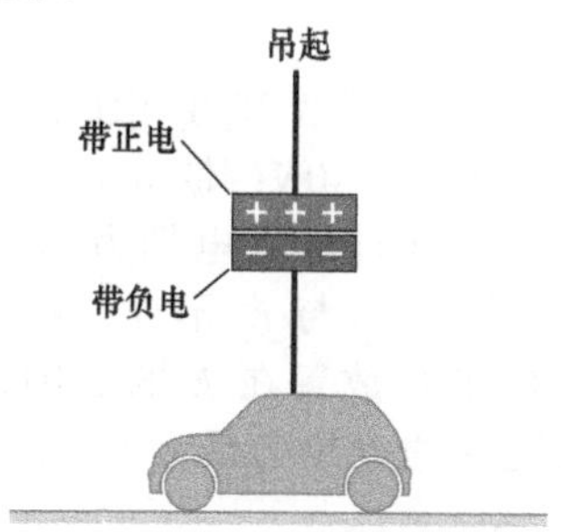

实践篇

22.3 载荷子的移动

10. 下列哪些现象是由于电相互作用导致的？(a) 盐在水中溶解，(b) 水的表面张力，(c) 彗星的椭圆轨道，(d) 多个质子被约束在原子核内，(e) 轮胎与地面间的摩擦。●

11. 电器修理工都知道电火花会破坏电子芯片，因而他们工作时会戴着腕带，并通过金属线将其与工作台的金属桌腿相连，这被称为“接地”。请解释佩戴这种腕带是如何帮助减少损害的？●

12. 假设你有两个由绝缘材料制成的中性棒 A、B，先将一个带 100 单位正电荷的球放置在靠近 A 棒左端处，再用 B 棒的一端与 A 棒右端接触一段时间后分开，请问最终 B 棒带多少电荷？●

13. 一些被雷击过的幸存者声称：在被雷击到之前短暂的时间内，他们感觉自己的头发直立了起来，导致这一现象的原因是什么？●

14. 一个由中子和正电子组成的封闭系统，中子最终会发生衰变。衰变后，这个系统中最有可能存在的粒子是什么？系统中有多少电荷？(利用电荷守恒定律) ●●

15. 两个相同的回形针 1、2，质量为 500mg，用两根细绳悬挂在同一点，当回形针带上电后，细绳张开 32.0°角。(a) 画出回形针 1 的受力分析图（回形针 1 在 2 的左边）。(b) 求一个回形针对另一个施加的电场力的大小与方向。(c) 如果将二者接触后立即分开，它们是否会相互放电并不再相互排斥？●●

16. 一个木质球用绳子悬挂着，$t=0$ 时刻，将橡胶棒一端靠近木质球，球没有受到明显的影响；$t=5.00\text{s}$ 时，将橡胶棒翻转过来，使其另一端靠近球，发现球被橡胶棒吸引过来；$t=10.0\text{s}$，将棒与球相互接触。画出 $t=0$ 到 $t=15\text{s}$ 时间内橡胶棒上电荷随时间的变化图像。●●

17. 带电乒乓球 A 和 B 相距 r_1 时，相互排斥且电场力为 0.40N；带电乒乓球 A 和 C 相距 r_2 时，相互排斥且电场力为 1.4N。若保持住上述距离 r_1 与 r_2 不变，在下列情况下如何将 B 和 C 放置在 A 的周围才能保证 (a) 球 A 受到的电场力最大？(b) 球 A 受到的电场力最小？●●

18. 一个金属球用一根电线接地，将一端带正电的塑料棒靠近金属球。(a) 如果在塑料棒靠近（不接触）金属球时，撤掉接地线，棒与球之间是否存在电场力，为什么？(b) 如果在塑料棒带电端接触到球后撤掉接地线，再将二者分开，棒与球之间是否有电场力？为什么？●●●

22.4 电荷的极化

19. 一个橡胶棒最初对碎纸屑没有力的作用，与毛皮摩擦几秒钟后，橡胶棒就能对碎纸屑施加吸引力。那么毛皮对这些碎纸屑的作用力是吸引的还是排斥的？●

20. 三片小的电中性纸片放置在桌上，彼此相距较远。然后使其中一片带上正电荷，一片带上负电荷，另外一片则保持电中性，它们外表上完全一样，为了将三者区分开，一同学先用梳子与自己的头发进行摩擦，然后将梳子从纸片上方扫过，该同学观察到一片纸片被梳子紧紧吸住，并将其标记为 A，另一片被梳子轻微吸引，标记为 B，最后一片被梳子排斥开，标记为 C。根据上述现象，请判断哪片纸带正电，哪片带负电，哪片不带电？●

21. 如图 P22.21 所示，一个电中性的金属棒放置在两个带电小球之间，左端小球带正电，右端小球带负电。将一个带负电的橡胶棒在金属棒中部摩擦后拿开，画出橡胶棒撤走后两个小球的受力示意图。●

图 P22.21

22. 一个带负电的小球靠近一个中性金属棒，已知小球带有 1×10^8 单位的电荷量，金属棒上靠近小球的那一半带有的电荷量为 1×10^4 单位，问金属棒上远离小球的那一半所带的电荷量是多少？是正电荷还是负电荷？●

23. 如图 P22.23 所示，中性铝棒放置在绝缘桌子上，有一个小钢球在铝棒的另一端，当一个带正电的绝缘塑料梳子靠近铝棒时，判断在下面两种情况下，小球的运动是远离铝棒，还是靠近铝棒，或者保持在原位置？(a) 小球电中性，(b) 小球带正电。●●

图 P22.23

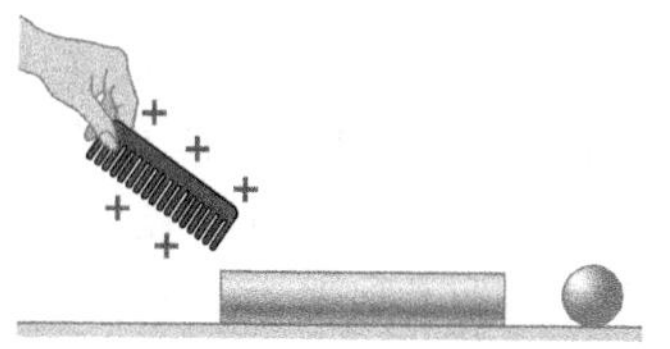

24. 两个相连接的金属棒 A 和 B 放置在木质桌子上，一个带正电的小球靠近金属棒 A 的中部。球的位置不变，此时一人戴着纤维手套（电绝缘）将金属棒 A 与 B 分开，然后移走带正电的小球。问 (a) 此时金属棒 A 与 B 之间的作用力是引力、斥力还是没有电场力？(b) 棒 A、B 各自带正电，负电荷，还是不带电？●●

25. 有三组球分别标记为 A、B、C，A 组包含 2 个导体球，B 组包含 2 个非导体球，C 组包含一个导体球和一个非导体球。如果每个球带相同电荷量 q，每组中的两球相距为 d。在下面三种情况下，将三组中两球之间电场力的大小进行排序。(a) 两个球都带正电，(b) 两个球都带负电，(c) 一个球带正电，一个带负电。●●

26. 用长直细线将带正电的金属球 A 悬挂在顶棚下，与 A 球完全相同的 B 球用另一根同样的细线悬挂在金属球 A 的附近，B 球带有与 A 球电荷量相等的负电荷。平衡时，二球相距 50mm。若将一个中性的球 C 放置在 A、B 之间，则 A、B 之间的距离会增加，减少，还是保持不变？●●

27. 假设你是一个天体物理学家，正在研究土星环问题，并试图解释为什么土星环里大的冰块会吸附小冰块。你假设当土星环中的冰块从土星阴影中出来暴露在阳光中时，大冰块的外面比里面热得快，内外温差会使得大冰块上的电荷分布不均匀。由于温差导致的电荷极化称为“温差电效应”，因而即使大冰块是电中性的，其中也会由于电荷的分离而导致电荷分布不均匀。而小冰块是均匀受热的，因而不受影响。请解释为什么小冰块会逐渐吸附在较大的冰块上。●●●

22.5 库仑定律

28. 假设你有三个相同的金属球 A、B、C，开始时，球 A 带电量为 q，其他两个不带电。球 A 与球 B 相接触后分开；然后球 B 与球 C 接触再分开；最后球 A 与球 C 接触再分开，计算最终三个球上各自所带的电荷量。(用电荷量 q 表示) ●

29. 两个电子相距 1.50nm。请问一个电子施加给另一电子的电场力是多大？是吸引力还是排斥力？●

30. 两个带电体相距 r，带电荷量分别为 q_1 和 q_2，它们之间相互作用的电场力为 $\vec{F}^E$。如果 q_1 增加一倍，那么另一个带电体如何变化才能保证二者之间的作用力大小 F^E 不变？(答案不唯一) ●

31. 带电体 A 的电荷量为 $-4.0\mu C$，位于 xy 坐标轴的原点处。当另一带电量为 $+1.0\mu C$ 的带电体 B 分别处于以下两个位置时，求解 A 对 B 施加的电场力。(a) $x=10m$，$y=0$；(b) $x=0$，$y=-6.0m$？●

32. (a) 两个带电体的电荷量都为 1.0C，当二者距离是多少时，它们之间的库仑力为 1.0N？(b) 两个带电量相同的物体相距为 1.0m，若二者之间库仑力为 1.0N，则每个带电体所带电荷量各为多少？●

33. 如图 P22.33 所示，在腔室内小球 1 的带电量为 $q_1=1.0\mu C$，用弹簧将其悬挂在小球 2 的正上方，腔室高为 0.300m；带电量为 q_2 的小球 2 放在地板上。弹簧自由状态下长度为 70.0mm，劲度系数 k 为 30.0N/m，小球 1 的质量为 5.00g。如果小球 1 最终稳定在距离地板 0.200m 的位置处，求 q_2 的大小。●●

图 P22.33

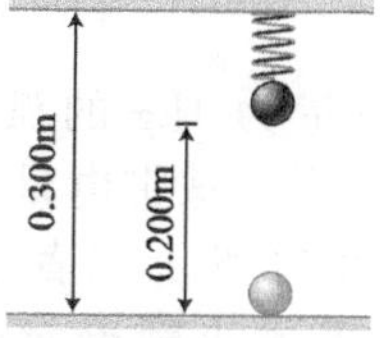

34. 两个质量均为 9.60g 的金属球（足够小可看作质点）用两根长为 300mm 的细

实践篇

绳悬挂在顶棚的同一位置处，让两个金属球带上多余的电子，使二者接触后松开。当两个金属球稳定时，两个悬绳之间的夹角为 13.0°，问：两金属球上各有多少剩余电子？ ●●

35. 两个带电物体每千克质量带有 1.00C 正电荷，当距离一定时，比较二者之间的库仑力与万有引力。 ●●

36. 两个相同金属球一个带电量为 6.0μC，另一个带电量为 −24μC，相距 100mm；将二者接触后又放回原来的位置。它们接触前后库仑力的大小分别为 F_i^E 与 F_f^E，求它们的比值 F_i^E/F_f^E 的大小。 ●●

37. 图 P22.37 所示的设备为“牛顿摆”。将球 1 拉起再释放后，球 1 的动量会传递给其他四个钢球，从而使得球 5 上升一定高度；当球 5 降落后，它的动量又重新通过这组钢球传递给球 1，之后，球 1 上升后又降落，如此反复。如果在牛顿摆上加上带电金属丝（charged wire），使得两端的小球每次上升后都会接触到金属丝，从而使小球带上 10 个单位的电荷。将球 1 抬高使其第一次接触金属丝并获得 10 个单位的电荷，释放后球 1 撞击其他球并将动量传递给球 5，球 5 上升接触到带电金属丝，然后下降并撞击这组小球，将动量传递给球 1，从而使得球 1 第二次与金属丝接触。在下面两种情况下，球 1 所带电量为多少？(a) 在球 1 即将与带电金属丝二次接触前；(b) 在球 1 再次进行一轮动量转移后，即将与带电金属丝接触前。 ●●

图 P22.37

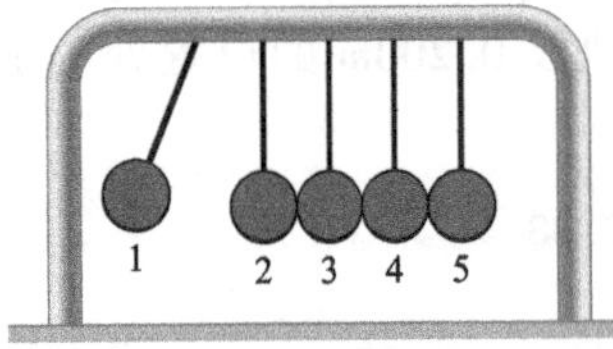

38. 两个质量为 1kg 的孤立带电小球，相距为 d。(a) 当小球带电量为多少时，二者之间的斥力正好等于二者之间的万有引力？ (b) 假定最小带电量是 $e=1.602\times10^{-19}$C，当二者之间的斥力与万有引力平衡时，对应小球的最小质量是多少？(c) 为什么小球之间的距离不会影响上述结果？ ●●

39. 一油滴质量为 5.00×10^{-12}kg，带电量为 10 个元电荷，距离油滴正上方 50mm 的位置处有一个半径为 5.0mm 的带异性电荷的小球，当小球带电量为多少时，可以保证油滴可以短暂地悬浮在空中？（将油滴视为质点） ●●

40. 按照玻尔的模型，氢原子是由一个电子绕着单质子的原子核做轨道运动。(a) 求电子速率 v 与转动半径 R_{orbit} 之间的关系。(b) 回顾《原理篇》第 13 章中介绍的开普勒第三定律，求电子轨道运动的周期与半径 R_{orbit} 之间的关系。 ●●

41. 将三个大小相同的铝箔揉成三个小球 1、2、3，并将其分别粘在三个木棍的一端（目的是在移动小球时可以不接触到小球），举起粘有球 1、2 的木棍，将其分开一条胳膊的长度，分别给球 1、2 带上电荷 q，此时二者之间的库仑力记为 $\vec{F}_{12}^E$。然后使球 3 带上 $-2q$ 电荷，先与球 1 接触然后分开，再与球 2 接触。(a) 当球 3 远离球 1、2 后，球 1、2 之间的库仑力 $\vec{F}_{12}^E$ 变为多少？ (b) $\vec{F}_{12}^E$ 的方向变了吗？ ●●

42. (a) 如图 P22.42 所示，两球中心相距 0.11m，分别画出球 1、球 2 所受到的电场力，并计算其大小；(b) 当球 1 带电量变为 −6.30μC 时，重复上面的问题。 ●●

图 P22.42

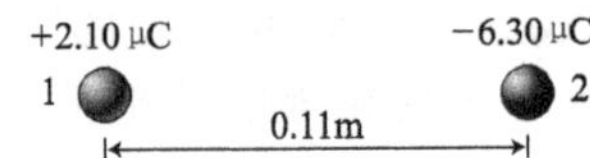

43. 球 A 带电量为 6.0nC，球 B 带电量为 3.0nC，二者相距 100mm，和两球之间的距离相比它们的半径足够小。求：(a) 球 A 受到的库仑力多大？(b) 画图表示每个球的电荷量及所受的电场力矢量；(c) 在图中画出并标记 $\vec{r}_{AB}$。 ●●

44. 两个弹珠均匀带电，电荷量分别为 $q_p=+1.0\mu C$，$q_n=-0.50\mu C$。(a) 二者相距 100mm 时，它们之间电场力的大小是多少？ (b) 将弹珠释放后，它们会如何运动？ (c) 如果弹珠是金属的，将二者接触后会又放回相距 100mm 处，假设由两个弹珠构成的

系统与外界没有电荷交换，它们之间的电场力是多少？ ●●

45. 两个点电荷相距 3.0m，它们之间的库仑力为引力且大小为 8.0×10^{-3}N。两个点电荷的总带电量为 6.0μC，求每个点电荷上的电荷量是多少？ ●●

46. 带电量为 25nC 的质点位于 *xy* 坐标系的原点，带电量为 20nC 的质点位于坐标（2.0m，2.0m）处，画出两质点所受库仑力的大小与方向。 ●●

47. 两个孤立的带正电离子，相距 0.50nm 时，二者之间的库仑力为 3.7×10^{-9}N。求它们的原子中分别失去多少电子？ ●●

48. 两个质点 1、2 的带电量均为 71pC，它们在绝缘且低摩擦系数的板上由静止释放。已知质点 1 初始加速度为 7.0m/s^2。质点 2 质量为 0.49mg，初始加速度为 9.0m/s^2，求（a）质点 1 的质量。（b）刚释放时，两质点间的距离。 ●●

49. 两个相同的轻质导体球各自用等长细绳悬挂在同一节点处，给其中一个球带上电荷量为 *q* 的电荷，每个球的运动只受绳子张力、重力、空气阻力的影响，（a）描述当第一个小球带上电荷后，两球各自的运动情况。（b）求 *q* 的大小，用 *m*（小球质量）、*l*（细线长度）、*d*（两球间最终距离）及其他需要用到的常量表示。 ●●●

50. 假设你想利用库仑排斥力发射一枚火箭。（a）若发射 100000kg 的火箭，在它移动 100mm 后，它的速率为 11200m/s（逃逸速率），假定有两个相同的带电体，一个安置在火箭上，另一个在发射台上，二者之间的平均距离为 1.0m。问：需要用多少电荷才能产生足够的排斥力？（b）如果火箭上每多出一个元电荷需要对应增加一份与氢原子相同的质量，则火箭质量增加了多少？ ●●●

51. 两个带电金属球 A、B 之间有相互作用的电场力，球 A 所带剩余的电子数比球 B 多 2*n* 个（*n* 是正整数），两球电接触后又被重新放置回原来的位置，问：它们之间的电场力是增加，减少，还是没变化？ ●●●

52.（a）两粒子所带的总电荷量为 *q*，证明当两粒子的带电量均为 *q*/2 时，它们之间的排斥力达到最大值。（b）解释为什么当两质点间是吸引力时，上述结论不成立。 ●●●

22.6 电荷连续分布时静电力的计算

53. 如图 P22.53 所示，粒子 1 的带电量为 +4*q*，位于 *xy* 坐标系的坐标原点上；粒子 2 的带电量为 −*q*，位于 *x* 轴的正上方且与 *x* 轴正方向的夹角为 15.0°；同样粒子 3 的带电量为 −*q*，位于 *x* 轴的正下方且与 *x* 轴正方向夹角为 15.0°；粒子 2、3 与原点各相距 2.00m。在坐标系中再放入两个带电粒子，使得粒子 1 所受的电场力为零，求：这两个粒子的电荷量及放置的位置。 ●

图 P22.53

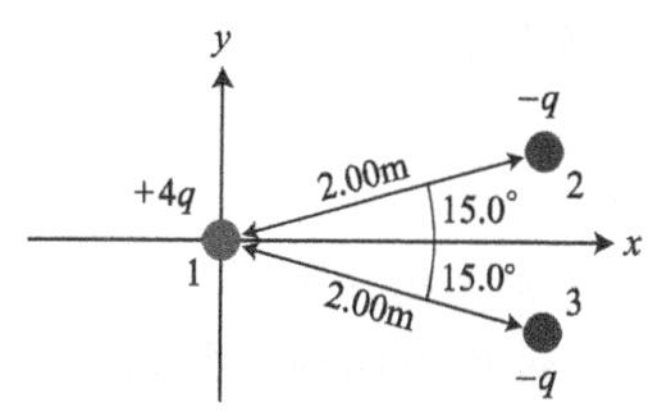

54. 粒子 1 带电量为 −4.0μC，位于 *xy* 坐标原点处；粒子 2 的带电量为 +6.0μC，位于 *x* 轴上 *x* = 3.0m 处；粒子 3 与粒子 2 的带电量相同，位于 *x* 轴上 *x* = −3.0m 处。求粒子 3 所受电场力的大小和方向。 ●

55. 如图 P22.55 所示，氯化铯（CsCl）是一种结晶盐，它是正方体晶格结构。Cs^+ 离子位于正方体的 8 个顶点处，一个 Cl^- 离子位于正方体中心，正方体的边长为 412pm，如果两个顶点处的 Cs^+ 离子缺失，求其他 6 个 Cs^+ 离子施加给 Cl^- 离子的电场力。 ●

图 P22.55

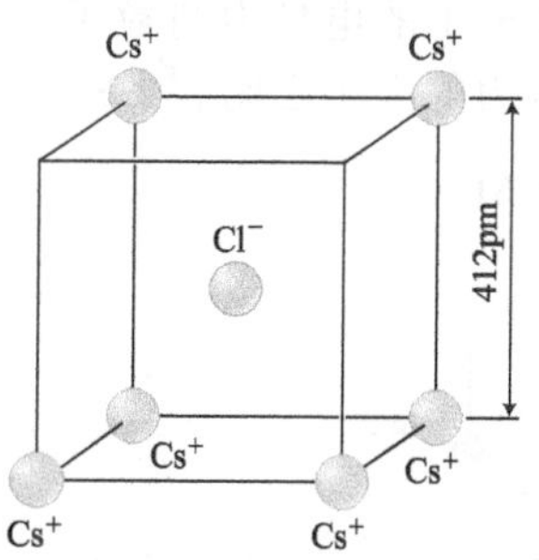

56. *xyz* 三维坐标系中有三个带电粒子，其中粒子 1 的带电量为 $q_1 = -5.0\mu\text{C}$，位于（4.0m，−2.0m，0m 处）；粒子 2 的带电量

为 $q_2=12\mu C$，位于（1.0m，2.0m，0）处；还有一个电子位于（-1.0m，0，0）处。(a) 画示意图表示出粒子 1 和粒子 2 施加给电子的电场力矢量的方向。(b) 求电子所受电场力的大小。●●

57. 粒子 1 的电荷量为 q，位于 xy 坐标系的原点；粒子 2 的电荷量为 $-2q$ 位于坐标点（1，0）处；粒子 3 的电荷量为 $3q$，位于坐标点（0，1）处；粒子 4 的电荷量为 q，位于坐标点（2，0）处。求粒子 4 所受电场力与 x 轴的夹角。（提示：使用简单的几何及比例关系）●●

58. 三个带电粒子 1、2、3（$q_1=10.0\mu C$，$q_2=-5.00\mu C$，$q_3=-3.00\mu C$）在 xy 坐标系中按照等边三角形放置，所处位置分别为：粒子 1（0，0）、粒子 2（1.0m，0）、粒子 3（0.5m，$\sqrt{3}/2$m）。求粒子 3 受到的电场力的大小和方向。●●

59. 四个带负电的粒子组成一个边长为 d 的正方形，它们的带电量均为 q_n。一个带正电 q_p 的粒子位于正方形的中心，如果让该带电系统达到平衡（每个粒子所受电场力的矢量和为零），求：q_p/q_n 等于多少？●●

60. 粒子 1 的电荷量为 2.0μC，位于直角坐标系的原点；粒子 2 的电荷量为 -1.0μC，位于 x 轴上方，距离原点 2.0mm，且与 x 轴正方向呈 45°。粒子 3 的电荷量为 -1.0μC，位于 x 轴正下方，距离原点 2.0mm，也与 x 轴正方向呈 45°。如何放置粒子 4（-2.0μC）才能使得粒子 1 所受的电场力为零。●●

61. 电荷分布如图 P22.61 所示，求粒子 2 施加给粒子 1 的电场力与粒子 3 施加给粒子 1 的电场力的大小之比。●●

图 P22.61

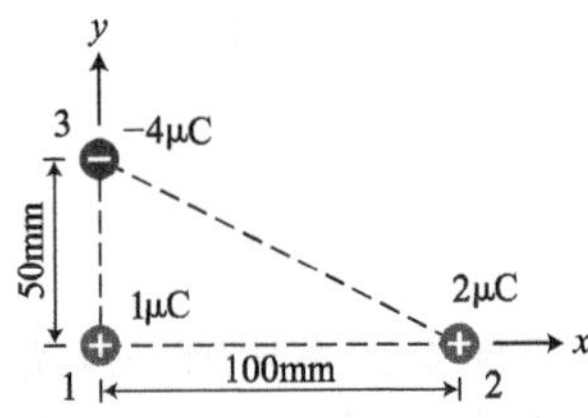

62. 对于如图 P22.62 所示的电荷分布，求质点 3 所受的电场力大小与方向。●●

图 P22.62

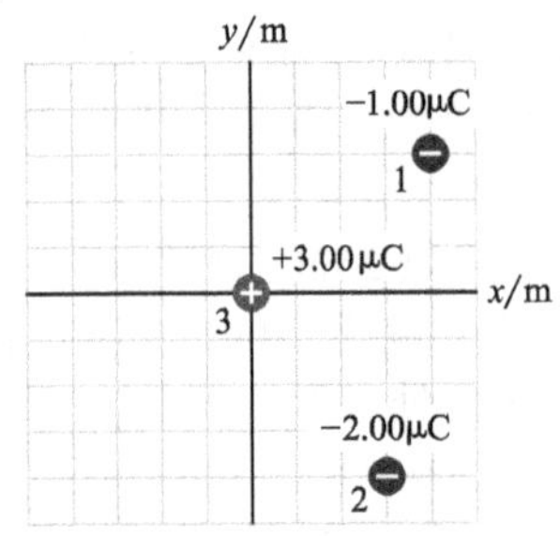

63. 如图 P22.63 所示，两个带电量均为 $-q$ 的粒子固定于正方形相对的顶点处，带电量为 $+q$ 的粒子 3 固定在正方形的左上角顶点处。(a) 用箭头表示将另一电荷量为 $+q$ 的粒子分别放置在 A、B、C 三个位置处时，其所受的电场力矢量和。(b) 画出这个粒子在上述三个位置释放后的运动轨迹。●●

图 P22.63

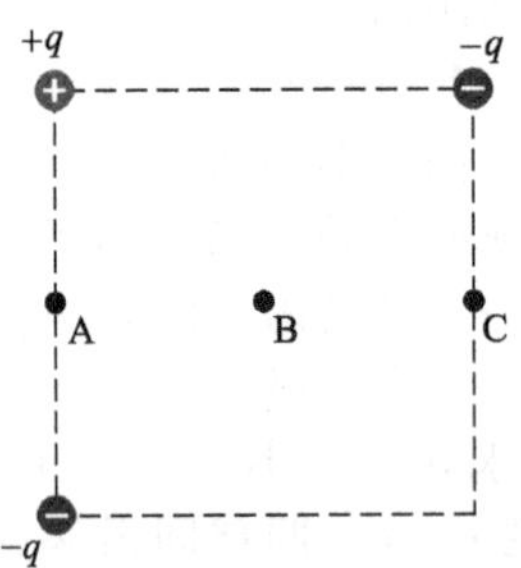

64. 在笛卡儿坐标系的 x 轴上有两个粒子，带电量为 +2.0nC 的粒子 1 位于 $x=-30$mm 处，带电量为 -2.0nC 的粒子 2 位于 $x=30$mm 处。带电量为 +5.0μC 的粒子 3 位于 y 轴正方向上距原点 80mm 处。求前两个粒子作用在第三个粒子上的合电场力的大小和方向。●●

65. 带电量为 $4q$ 的粒子 1 固定在 xy 坐标系的原点，带电量为 q 的粒子 2 固定在（0，0.12m）处。带电量为 2.0μC 的粒子 3 能够沿着 y 轴移动，在 $y=0.080$m 处时它受到的电场力为 0；在 $y=0.040$m 处时它受到的电场力为 $126.4\text{N}\hat{j}$，问 q 的大小是多少？●●

66. 三个导体球放在一个正方形的三个顶角。处于对角位置的球 1 和球 2 非常小，它们电性相反：球 1 带负电，球 2 带正电，球 1 的电荷量是球 2 的两倍。球 3 比这两个

球大很多，并且是电中性的。(a) 画出三个球的位置和球 3 上电荷分布的大致图像；(b) 画出球 2 的受力分析图●●

67. 假设你是设计喷墨打印机的工程师，你的老板已经提出了一种设计方案，在这方案中涉及一颗带电的墨滴，它受到 100 个很小的固定带电粒子的作用力。如图 P22.67 所示，这些粒子被均匀地固定在半径为 6.00mm 的圆环上，每个粒子的带电量为 1.00nC。在距离环所在平面 6.00mm，且沿着与环所在平面垂直的中心轴处释放这颗墨滴。你的老板已经放弃了计算作用在这颗带电墨滴上电场力的大小，但是你看了一下预设条件，发现在不到一分钟的时间里你就能够计算出来。(a) 说说你如何能够这么快地计算出来，尽管这涉及 100 个独立的力；(b) 如果墨滴带电量为 8.00nC，计算作用在它上面的初始力的大小和方向；(c) 假设打印机能够给每颗墨滴加上 1.00C/kg 的电荷量，每颗墨滴的初始加速度是多少？●●●

图 P22.67

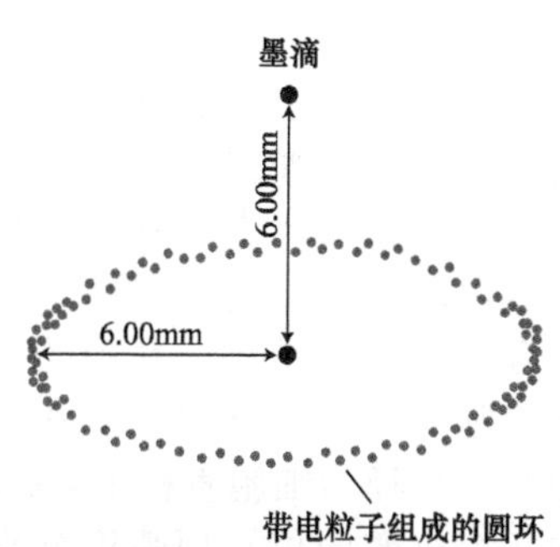

68. 一个质量为 0.160kg 的冰球经过改造后带上+50μC 的电荷，把它放在一个 61m 长的冰球场的一端，在场地的另一端有一个能在非常短的时间内产生-0.10C 电荷的起电机。冰球和冰球场地面间的动摩擦系数为 $\mu_k=0.015$。给冰球一个微小的推力（刚好能够使冰球运动，但是速度几乎为 0，也就是你可以忽略静摩擦力），然后打开起电机 100ms。问：(a) 这个冰球是否能够运动到起电机处？(b) 如果可以，当它到达的时候，速度有多大？(在这两问中，假设 100ms 时间非常短，以至于可以认为在这段时间内冰球和起电机间的距离是恒定的) ●●●

69. 有两个粒子 1 和 2，它们的带电量均为 6.0nC，都位于 x 轴上，其坐标分别为 $x=-30$mm，和 $x=30$mm。如果第三个粒子带 +2.0nC 的电荷，它受到的电场力为 $6.9\times10^{-5}\text{N}\hat{j}$，它应该在 y 轴的哪个位置？●●●

70. 图 P22.70 表示的两条透明胶带相互排斥，根据某卷透明胶带上的包装信息，估计一下每条胶带上要有多少百分比的原子失去一个电子才能产生这样的排斥效果？（假设胶带材料主要是碳原子和氢原子，两者的比为 1∶2。）●●●

图 P22.70

附加题

71. 既然导电体中的电子很容易移动，为什么通常情况下看不到在地球引力的作用下金属片中的电子会下沉，从而使金属片的下端带负电，上端带正电的现象呢？●

72. 金属通常既是热的良导体也是电的良导体。事实上，金属的导热性越好，它的导电性也就越好。请从物理上给出解释。●

73. 用一块羊毛皮摩擦一根玻璃棒后，将玻璃棒放在质量为 0.20g 的纸屑上方 35.0mm 处，此时纸屑的加速度是 0.14m/s^2。求玻璃棒作用在纸屑上的电场力的大小和方向。●

74. 三个完全相同的导体球 A、B、C，所带初始电荷量不同，A 球带 12 个单位的负电荷，B 球带 4 个单位的负电荷，C 球不带电。将 A 球与 B 球接触，然后再将 B 球与 C 球接触。问 A 球和 C 球所带电荷量之比是多少？●

75. xy 轴坐标系中的 y 轴上 $y=3.0$m 的位置处有一个带电量为 4.0μC 的粒子 A，带电量为 6.0μC 的粒子 B 位于坐标原点。求作

用在（a）粒子 A 和（b）粒子 B 上的电场力的大小和方向。●

76. 质子和中子由一些称作夸克的粒子组成，已知上夸克带 $2e/3$ 的电荷量，下夸克带 $-e/3$ 的电荷量。如何用上夸克和下夸克组成质子和中子？●●

77. 如图 P22.77 所示，三个带电粒子沿着一条直线排列，如果粒子 2 受到的电场力为 0，那么粒子 3 上的电荷量是多少？●●

图 P22.77

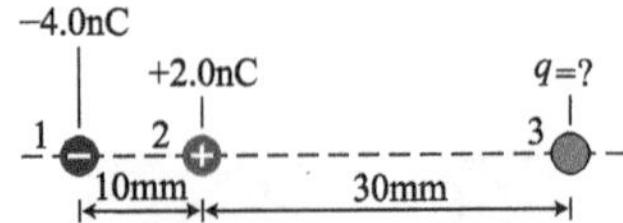

78. 四个完全相同的带电粒子被限制在 x 轴上，要使其中一个粒子静止在原点，而其他的粒子分别固定在某个位置上，且不能将两个带电粒子放在同一个位置，请给出满足该条件的粒子的分布情况。●●

79. （a）一个带电量为 $+q$ 的粒子放在边长为 l 的正方形中心处。四个带电粒子分别放在正方形的四个角上，其中两个带 $+q$ 的电荷，另外两个带 $-q$ 的电荷，如何摆放这四个粒子，才能使得中心处的粒子所受电场力的合力为零？（b）如果（a）问中正方形各角上的粒子位置不动，将中心处的粒子移到正方形某条边的中点处，求此时作用在该粒子上电场力的合力的大小和方向。●●

80. 如图 P22.80 所示，一带电小球悬挂在细线上，它受到旁边带相反电荷的带电板大小为 2.3N 的水平吸引力作用。如果细线与垂直方向的夹角是 3.6°，请问小球的质量是多少？●●

图 P22.80

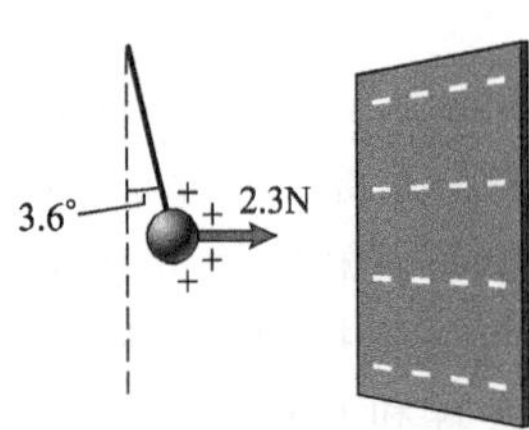

81. 某个视频游戏控制器的加速计的结构如图 P22.81 所示，地面上一个由导体材料制成的立方块通过一根弹簧与墙面相连，并且被限制在一条水平轨道上滑动。一个绝缘的带正电的立方块固定在轨道上的某个位置。当两个立方块间的电场力大小为 0.100N 时，弹簧与竖直墙面之间的夹角为 45.0°，此时弹簧相对于平衡位置拉伸了 3.00mm。求弹簧的弹簧常量，摩擦可忽略不计。●●

图 P22.81

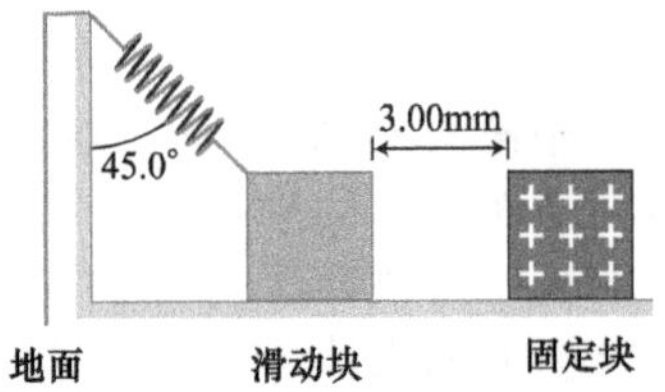

82. 与由一个质子和绕着质子运动的电子组成的氢原子一样，反氢原子 A 由一个反质子和绕其运动的反电子组成。两者的区别在于每个反粒子与其对应的正粒子质量相同，但是所带电荷的电性相反。将原子 A 放在装有一个中子的封闭容器中，中子衰减之后，整个系统中电荷最可能的数值是多少？（提示：采用电荷守恒原理）●●

83. 地球上的所有生物都基于二聚合物系统中的一种，每一个系统都由一种蛋白质和核酸组成。在一个细胞中，这些聚合物大多数都处于电荷平衡状态，其中核酸带一个负电荷，蛋白质带等量的正电荷。现有 8 个由这种聚合物组成的结构，其中的 8 个蛋白质聚集在细胞的中心，核酸排列在一个以蛋白质为中心、半径为细胞直径 1/4 的圆周上。已知其中 7 个核酸的位置用弧度分别表示为 $\pi/4$，$\pi/2$，$3\pi/4$，π，$3\pi/2$，$7\pi/4$，2π，如果要让整个系统的电荷分布达到平衡，第 8 个核酸应该放在这个圆周的什么位置？（提示：可以先作一个草图。）●●

84. 在一个氢原子的简化模型中，电子绕着质子做轨道运动，其半径为 53pm。分别计算当电子和质子间的吸引力（a）由万有引力产生，（b）由电场力产生时，此电子运动的周期。（结果的单位用 s 表示）●●

85. （a）在一个质量约为 0.003kg 的铜制便士中大概会有多少个电子？（b）如果你能够将这些电子分离，能够得到多少电荷？（c）假设可以将这些电子结合在一起形成一个小的带电体，把另一个电子放到距离这带

实践篇

电体 1.0nm 的地方，估算这个电子受到的电场力的大小。(d) 根据这个力的数值判断，是否有可能把这些负电荷结合在一起？●●

86. 地球会对位于它表面附近的轻小带电物体施加一个电场力。假设地球的电荷全部集中在地球中心处，其带电量为 -6.76×10^5C，通过这个模型计算：(a) 地球对它表面的一个电子所施加的电场力是多大？这个力是吸引力还是排斥力？(b) 与地球对这个电子施加的万有引力相比，这个电场力的大小如何？(c) 为了使地球对一便士的库仑排斥力与地球对它的万有引力相抵消，需要使其带多少负电荷？(d) 如果要达到此目标，你需要往这个便士上放多少电子？●●

87. 有 4 个带电量均为 3.0nC 的粒子，它们分别位于边长为 50mm 的正方形的四个顶点上。其中位于左下角的粒子带正电，其他三个粒子带负电。(a) 画出作用在右上角上的粒子的电场力的示意图；(b) 确定作用在这个粒子上的合电场力的大小和方向。●●

88. 带电量为 q 的小球 1 放置在月球表面上方几米处（紧邻宇宙飞船）。一个宇航员手持带电小球 2 使其处于球 1 上方几米处，但不是严格的正上方，分别画出在球 2 的电荷量为 (a) q，(b) $9q$，(c) $-q$ 这三种情况下，释放球 2 后它的运动轨迹。●●●

89. 有人和你打赌说：给你 6 个带电球，其中 3 个带正电，3 个带负电，你无法将其中任意 3 个摆在一条线上（一个带凹槽的板可以起到这个作用）并使它们保持平衡。你确定哪三个球带正电，并将它们分别标记为球 1、2、3。比较球 1 施加给球 3 的电场力与球 2 施加给球 3 的电场力的大小，令球 1 施加的力小于球 2 施加的力，将它们放在槽中相距几百毫米远，并暂时阻挡它们的运动。当第 3 个球放好后，才能释放它们，但是还有很多事情需要考虑。●●●**CR**

90. 在组装发电机时，你发现有两个片状元件没有做标记，已知其中一个是导电材料，另一个是非导电材料，由于没标记，无法区分二者。你原以为这些零件都标记好了，因而没有带万用电表、电池以及其他电工工具，手边仅有的就是所穿的毛衣，一些用于包装的不导电的泡沫塑料，还有一些细线。用你所学的静电学知识区分上述两个无标记的材料。●●●**CR**

91. 在收集太阳能的系统中，你想让一些带电粒子通过一个均匀带电的空心圆环。你的同事隐约回忆起牛顿和普里斯特利论证过“带电粒子在均匀带电球面的内部不受电场力作用”。他认为该结论也适用于均匀带电圆环面的内部情况，因此可以实现让带电粒子从带电环内部任何位置穿过，都不会受电场力影响而发生偏转。对此，你表示怀疑，想知道是否至少存在一条特殊的路径使电子在带电空心圆环内通过时不受电场力的作用。●●●**CR**

复习题答案

1. 气球与地球之间的万有引力使得气球下落。带电后，气球与头发间的电场力起主导作用。（气球与头发摩擦是电场力的来源，该力与引力方向相反。）

2. 电相互作用比引力相互作用强，电相互作用可以是吸引力也可以是排斥力，而引力相互作用只有吸引力。

3. 带电物体与另一个物体的相互作用可以是吸引力也可以是排斥力，这就意味着第二个物体上的电荷的电性不同。

4. 没有足够信息，无法判断正误。正电荷从 A 运动到 B 与负电荷从 B 运动到 A 的效果是一样的。我们知道塑料梳子与头发摩擦后会带上负电荷，头发获得正电荷，因而推断头发将电子转移给了气球。

5. 0。电荷只能从一个物体转移到另一个物体，或者是成对地产生或者消失，由于电荷是守恒量，所以封闭系统的电荷总量是常数。

6. 剩余电荷从脚进入到你的身体是导致手指与门把手间发生火花的原因，电荷能在身体中移动说明人的身体是导体。

7. 纸是绝缘体。为了亲自验证，可在手电筒两电池之间放入一片纸，然后打开开关。回形针是金属制成的，因此是导体。海水是导体，因为其中溶解了很多离子。汽车轮胎是橡胶制成的，因此是绝缘体，与电源线上的橡胶是绝缘体一样。空气一般情况下是绝缘体，但是与其他大多数绝缘体一样，当空气中一个局域体积中有很强的电场力作用时，空气会被击穿，或者出现火花，载荷子就会在空气中移动，使得击穿部分的空气变成导体。

8. 木头被折断后的两部分是相同的材料，由对称性可知不会出现折断处一边带正电，另一边带负电的情况。通常情况下当断裂部分两边材料不相同时，两部分材料才会出现剩余电荷。

9. 带电棒吸引相反的电荷，排斥相同的电荷，导致中性物体极化。靠近带电棒的一端带异种电荷，远离它的一端带同种电荷。靠近橡胶棒的异种电荷导致物体被带电棒吸引，但是力很小。

10. 没有区别，异性的电荷仍然是异性的并相互吸引，同性的电荷依旧是同性的并相互排斥。

11. 极化作用是将一个带电物质接近另一个物体，使其发生极化的过程。在每种情况下，极化产生的影响都会使物体上靠近带电体的区域有剩余电荷，其电性与带电体的电性相反。在导体中，有可以自由移动的电子，当物体被极化时，自由电子从一个地方移动到另一个地方。而在绝缘体中，电子不能在物体中自由地移动，但是每个原子的电子云却可以稍微向靠近或者远离带电物体的方向移动（取决于带电物体的电性），绝缘体中大量电子云的移动其叠加的效果导致绝缘体表面的薄层中出现剩余的电荷。

12. (a) 带正电或者电中性；(b) 只能是负电荷。

13. 实验表明，力 F^E_{AB} 的大小与 B 的电荷量成正比，同样地，F^E_{BA} 的大小也与 A 的电荷量成正比。由于牛顿第三定律告诉我们这两个力必须大小相等，所以它们必须与 A、B 的电荷量都成比例，因此在力的表达式中只能出现二者的乘积 $q_A q_B$，注意二者之和 q_A+q_B 不能产生这样的结果；使 q_B 加倍，并不会使二者之和加倍。

14. 保持距离不变。使两个电荷的电荷量都翻倍，将会使相互作用力变为原来的 4 倍。使距离加倍后，由于电场力与距离的二次方成反比，因此会与分子中的 4 相抵消。

15. 在任何情况下，相互作用的一对物体，每个物体受力的大小总是相同的。

16. 式子中最后一项中不涉及电荷 1，因此与 1 所受的力没有任何关系，这一项应从表达式中去掉。

17. 因为粒子 1 和粒子 2 带异性电荷，为了使这两个电荷作用在粒子 3 上的两个力方向相反，粒子 3 不能放在 1 和 2 中间。为了使两个力大小相等，粒子 3 必须离电荷量小的粒子（粒子 1）近一些，所以答案是 (c)。

引导性问题答案

引导性问题 22.2

令 α 为每根线与竖直方向的夹角，因此

$$Q=d\sqrt{\frac{mg\tan\alpha}{k}}=(0.093\text{m})\sqrt{\frac{(0.017\text{kg})(9.8\text{m/s}^2)(0.4203)}{9.0\times10^9\text{N}\cdot\text{m}^2/\text{C}^2}}=2.6\times10^{-7}\text{C}$$

其中，$\alpha=\arcsin\left(\frac{d}{2l}\right)=\arcsin\left(\frac{93\text{mm}}{2\times120\text{mm}}\right)=22.80°$，并且 $\tan\alpha=0.4203$。

引导性问题 22.4

(a) $$v=e\sqrt{\frac{k}{mR}}=(1.6\times10^{-19}\text{C})\sqrt{\frac{9.0\times10^9\text{N}\cdot\text{m}^2/\text{C}^2}{(9.1\times10^{-31}\text{kg})(5.3\times10^{-11}\text{m})}}=2.2\times10^6\text{m/s}$$

(b) $$T=\frac{2\pi R}{v}=\frac{(2\pi)(5.3\times10^{-11}\text{m})}{2.2\times10^6\text{m/s}}=1.5\times10^{-16}\text{s}$$

引导性问题 22.6

顶部粒子受到的力指向上，远离底部中心的离子，大小为 $F=ke^2\left[\frac{1}{h^2}+\frac{4}{a^2\sqrt{2}}\right]=6.6\times10^{-8}\text{N}$，其中 $h=\frac{a}{\sqrt{2}}$。

实践篇

第 23 章　电场

章节总结

电场（23.1 节~23.3 节，23.5 节）

基本概念 在长程相互作用的场模型中，物体 A 在它周围空间产生了一个**相互作用场**，当把物体 B 放置在这个场中时，该场就会对 B 施加作用。如果 A 和 B 有质量，则这个场是引力场；如果二者载有电荷，则这个场是电场。

试探电荷的质量和（或）电荷要足够小，以使它的存在不会影响待测的由原物体产生的场。

给定位置处**电场**的方向与正试探电荷在该位置所受电场力的方向相同。

定量研究 假设试探电荷位于 P 点，带电量为 q_t，受电场力为$\vec{F}_t^E$，则 P 点的**电场**$\vec{E}$（N/C）为

$$\vec{E} \equiv \frac{\vec{F}_t^E}{q_t} \qquad (23.1)$$

如果源电荷在$\vec{r}_s$处，带电量为 q_s，则它在任意位置 P 处激发的电场为

$$\vec{E}_s(\mathrm{P}) = k\frac{q_s}{r_{sP}^2}\hat{r}_{sP} \qquad (23.4)$$

其中，$\vec{r}_{sP}$ 为源电荷到场点 P 的单位矢量；$k = 9.0 \times 10^9 \mathrm{N \cdot m^2/C^2}$。

电场叠加原理：由一系列带电量为 q_1，q_2，…的电荷激发的合电场$\vec{E}$ 为

$$\vec{E} = \vec{E}_1 + \vec{E}_2 + \cdots = \sum k\frac{q_i \hat{r}_{iP}}{r_{iP}^2} \qquad (23.5)$$

电偶极子（23.4 节，23.6 节，23.8 节）

基本概念 匀强电场在空间各点的场强大小和方向都相同；非匀强电场在不同位置的场强大小或方向不同。匀强电场给带电粒子一个恒定的加速度。

电偶极子由两个分开一小段距离且带相同电荷量（q_p）的正负电荷组成。

当电中性物体放在电场中时，电场导致物体内的正负电荷中心发生分离，产生**极化电偶极子**。

定量研究 电偶极子的**电偶极矩**$\vec{p}$（C · m）为

$$\vec{p} \equiv q_p \vec{r}_p \qquad (23.9)$$

其中，$\vec{r}_p$ 是由负电荷中心指向正电荷中心的矢量。

匀强电场对电偶极子产生的力矩$\sum\vec{\tau}$ 为

$$\sum\vec{\tau} = \vec{p} \times \vec{E} \qquad (23.21)$$

当中性原子放在不太强的外电场中时，**极化电偶极矩**$\vec{p}_{ind}$ 为

$$\vec{p}_{ind} = \alpha\vec{E}, \qquad (23.24)$$

其中，α 是原子的**极化率**。

当场点远离电偶极子时，电偶极子在该点激发的场强大小反比于该点到电偶极子距离 r 的三次方。特别地，当场点在电偶极子两个电荷连线的中垂线上（x 轴）时

$$E_y \approx -k\frac{p}{|x^3|} \qquad (23.10)$$

当场点在电偶极子两个电荷连线的延长线上（$+y$ 轴）时

$$E_y \approx 2k\frac{p}{y^3} \quad (23.13)$$

连续分布电荷的电场（23.7 节）

基本概念　电荷密度有三种：线电荷密度 λ(C/m)，面电荷密度 σ(C/m^2)，体电荷密度 ρ(C/m^3)。

定量研究　由一系列带电量为 dq_s 的无穷小源电荷激发的电场是

$$\vec{E} = k\int\frac{dq_s}{r_{sP}^2}\hat{r}_{sP} \quad (23.15)$$

参考“用积分计算电荷连续分布的电场”步骤框。

线电荷密度，面电荷密度，体电荷密度分别是：

$$\lambda \equiv \frac{q}{l} \quad (23.16)$$

$$\sigma \equiv \frac{q}{A} \quad (23.17)$$

$$\rho \equiv \frac{q}{V} \quad (23.18)$$

带电量为 q、长为 l 的均匀带电棒沿 y 轴放置，中心位于坐标轴原点处，则 x 轴上任意位置处的场强为

$$E_x = \frac{kq}{x\sqrt{l^2/4+x^2}}$$

半径为 R、带电量为 q 的均匀带电圆环，处在与 z 轴垂直的平面内，圆环中心位于坐标原点处，则 z 轴上任意位置处的场强为

$$E_z = k\frac{qz}{(z^2+R^2)^{3/2}}$$

半径为 R、电荷面密度为 σ 的均匀带电圆盘，处在与 z 轴垂直的平面内，其中心位于坐标原点处，则圆盘轴线上任意位置处的场强为

$$E_z = 2k\pi\sigma\left[1-\frac{z}{(z^2+R^2)^{1/2}}\right]$$

电荷 q 均匀分布在半径为 R 的球体中，球外任意位置处的场强为

$$E_{\text{sphere}} = k\frac{q}{r^2}$$

其中，R 为场点到球心的距离，且 $r>R$。这个电场与将所有电荷集中在球心处时所激发的电场相同。

复习题

复习题的答案见本章最后。

23.1 电场模型

1. 场的物理定义是什么?

2. 引入场概念的两个主要原因是什么?

3. 两个带电的乒乓球 A、B, 分开一小段距离, 作用在 B 球上的电场是哪个球产生的?

4. 标量场和矢量场的区别是什么? (请分别举例说明)

5. 什么是矢量图? 它的作用是什么?

23.2 电场图

6. 如何用试探电荷检测场源电荷 S 在空间 P 点的电场?

7. 在一个带电球激发的电场中放一带正电荷的泡沫颗粒。如果该泡沫颗粒上的电荷由正变为负, 那么泡沫颗粒所在位置处的电场大小和方向如何变化?

8. 将带负电的试探电荷置于电场中的 P 点, 它所受到的电场力方向向西, 则 P 点电场的方向如何?

23.3 电场的叠加原理

9. 带电气球 1 粘在一块板上, 一枚图钉插在板上另一位置, 测得气球 1 在图钉处的场强 E_1; 撤去气球 1, 将气球 2 粘在板上另一位置, 测出气球 2 在图钉处的场强 E_2, 如果两个带电气球同时存在, 图钉处的场强大小是否为 E_1+E_2?

23.4 电场和静电力

10. 一个电子沿水平方向进入地球表面附近的匀强电场后向上偏转, 那么电场的方向如何? (不考虑其他相互作用); 如果电子向下偏转, 电场方向又如何?

11. 匀强电场方向向右, 画出质子和电子竖直向上进入电场后的运动轨迹。

12. 初始状态沿直线运动的电偶极子进入匀强电场中是否会受其影响而发生偏转?

13. 在电场作用下, 电子以恒定速率做圆周运动。该电场能否为匀强电场?

23.5 带电粒子的电场

14. 在《原理篇》的图 23.23 中, 若粒子 2 的电荷量加倍, P 点处电场的什么属性会发生变化: 大小、方向, 还是二者都变化?

15. 一个带有很高电荷量的金属球外两步远处有一个精密仪器, 若想让该仪器周围的电场强度的数值减小到 1%, 则需将该仪器远离带电金属球多少步?

23.6 电偶极子的电场

16. 距离带电量 q 的小球 r 处的电场大小为 E_1, 距离一个电偶极矩为 qd 的电偶极子 r 处的电场大小为 E_2, E_1 和 E_2 谁更大? ($r \gg d$, d 为电偶极子正负电荷分离距离。)

17. 电偶极矩的定义是什么?

18. 一个电偶极子处在坐标系的原点处, 电场检测仪沿着以坐标原点为球心、半径为 R 的一个假想球面运动 ($R \gg d$)。当电场检测仪沿假想球面移动时, 探测到的电场最大值与最小值的比 ($E_{\text{maximum}}/E_{\text{minimum}}$) 是多少?

23.7 连续分布电荷的电场

19. 电荷量为 q 的电荷均匀分布在一个由绝缘材料制成的、半径为 R 的半球壳上。该半球壳位于 xyz 坐标系中 $z \geq 0$ 的区域, 球心位于 z 轴上, 底部在 xy 平面上。写出半球壳上宽度为 $R\mathrm{d}\theta$ 的无限细圆环上带电量 $\mathrm{d}q$ 的表达式, 其中, θ 为该无限细圆环与 z 轴的夹角。

20. 在下列三种情况下, 哪种电场是典型的径向分布? (a) 点电荷周围的电场 (电荷没有空间分布); (b) 均匀带电的长直导线周围的电场 (电荷分布是一维的); (c) 无限大带电平面周围的电场 (电荷分布是二维的)。

23.8 电场中的电偶极子

21. 极化率的国际单位是什么?

22. 固有电偶极子的电场大小与半径 r 的三次方成反比: $E \propto 1/r^3$; 放置在电偶极子电场中的点电荷所受的电场力也与 r 的三次方成反比: $F^E_{\text{dp}} \propto 1/r^3$, 那么点电荷对电偶极子施加的电场力与 r 的关系是什么?

23. 固有电偶极子 (permanent dipoles) 与极化电偶极子 (induced dipoles) 之间的相同点与不同点各是什么?

估算题

从数量级上估算下列物理量，括号中的字母对应的提示内容在题目的下方。根据需要使用它们来帮助你思考。

1. 距离质子 0.1nm 处的电场大小。(P，B)

2. 距离由 10^6 个电子组成的小球 1m 处的电场大小。(I)

3. Na^+离子的比荷（charge-to-mass）的大小。(G，P)

4. 两个相同的粒子间万有引力相互作用与电磁相互作用正好抵消，求解粒子比荷的大小。(E，R)

5. 氢原子核的体电荷密度。(F，K，P)

6. 刚撕下来的长 200mm 的透明胶带上的面电荷密度。(D，H，M，Q，U)

7. 300mm 长的摩擦过的塑料棒上的线电荷密度。(C，H，L，Q，T)

8. 估算题 7 中距离塑料棒中轴线 0.1m 处的场强大小。(估算题 7 答案，A)

9. 若想将一质子悬浮在地球表面，则该处需要的匀强电场的大小与方向如何？(N，P，S)

10. 水分子的电偶极矩。(J，O)

提示

A. 这一位置距离带电棒是否足够近或足够远以至于可以近似地计算电场？

B. 0.1nm 等于多少米？

C. 棒的质量是多少？

D. 胶带的质量是多少？

E. 若列出引力与电场力相等的等式，可以消掉哪个因子？

F. 氢核的半径是多少？

G. 钠离子的质量是多少？

H. 质子的质量占比是多少？

I. 球上的带电量是多少？

J. 如何建立电荷分布的模型？

K. 球体积的计算公式是什么？

L. 棒上电子的数量是多少？

M. 胶带上电子的数量是多少？

N. 一个质子的质量是多少？

O. 正负电荷中心的间距是多少？

P. 一个质子带多少库仑的电荷量？

Q. 带电过程中多少比例的电子会重新分布？

R. 引力常量与库仑定律中的常量的比值是多少？

S. 如果电场方向向上，该电场作用在质子上产生的电场力的方向如何？

T. 沿剩余电荷分布的长度是多少？

U. 条形胶带的表面积是多少？

答案（所有值均为近似值）

A. 不能，这意味着必须使用章节总结中的公式 $E_x = kq/[x(l^2/4+x^2)^{1/2}]$；B. 1×10^{-10}m；C. 0.1kg；D. 1×10^{-4}kg；E. 粒子间的距离；F. 1×10^{-15}m；G. 4×10^{-26}kg；H. 一半，假设原子核包含相同数量的质子与中子；I. -2×10^{-13}C；J. 存在大约一个基本电量的电荷分布不平衡，相当于一个电偶极子，这个电偶极子由位于两个 H 原子连线中心的一个剩余质子及位于 O 原子中心的一个剩余电子组成；K. $V=4\pi r^2/3$；L. 3×10^{25}；M. 与质子数相同，3×10^{22}；N. 2×10^{-27}kg；O. 5×10^{-11}m，由于 H 原子间的化学键键角为 105°；P. $+2\times10^{-19}$；Q. 大约 10^{12} 个中有一个（参考《原理篇》22.3 节）；R. $G/k\approx7\times10^{-21}$，在国际单位制下 G 和 k 均为常量；S. 方向向上；T. 0.2m 或棒长的 2/3；U. 0.002m^2

例题与引导性问题

步骤：用积分计算电荷连续分布的电场

为了计算电荷连续分布的电场，你需要算出式（23.15）中的积分。以下步骤将有助于你算出积分。

1. 先画出电荷连续分布的示意图。把这个分布划分成很多个小微元，并在图中标明其中的一个带电量为 dq_s。

2. 建立坐标系，用最少的坐标变量（x，y，z，r 或 θ）来表示这些小微元的位置。例如，在球状电荷分布中用球坐标系，通常选物体的中心作为坐标原点，特殊问题除外。

3. 用矢量表示该微元产生的电场。思考对于物体上不同位置的微元，这个电场矢量是怎样变化的。一些微元产生的电场会相互抵消，从而使计算简化。如果能确定总电场的方向，可能就只需要计算电场的某一个分量。否则需要用积分变量表示 $\vec{r}_{sP}$，然后对电场的每一个分量计算积分。

4. 确定物体是一维的（直线或曲线），二维的（平面还是曲面），还是三维的。用相应的电荷密度和积分变量表示。

5. 用积分变量表示 $1/r_{sP}^2$，其中 r_{sP} 表示电荷 dq_s 到所求场点间的距离。然后将 $1/r_{sP}^2$ 和 dq_s 的表示式代入式（23.15），计算出积分，并在结果中加上方向。

下列例题涉及本章内容，但又不仅仅局限于本章中的某一节。
其中一部分以例题的形式给出，另一部分则以引导性问题的形式给出。

例 23.1 电荷分布呈正方形

如图 WG23.1 所示，四个点电荷放置在正方形的四个顶点处，其中 $q=3.9\times10^{-4}$C，$a=6.9$mm。求正方形中心处场强的大小和方向。

图 WG23.1

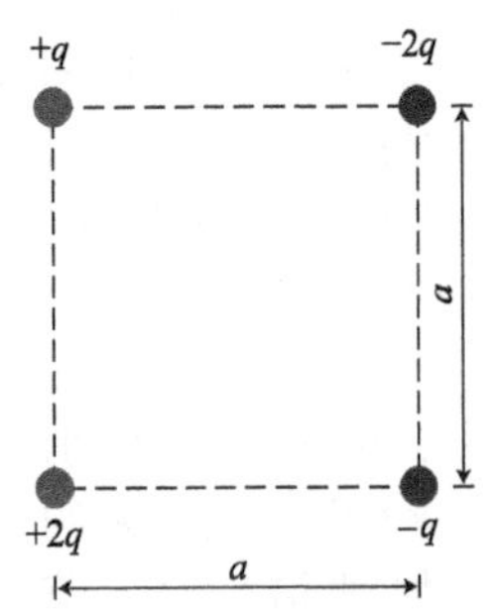

❶ **分析问题** 利用式（23.5）表示出四个点电荷单独存在时候的电场强度，然后运用叠加原理得出正方形中心处的总场强。

❷ **设计方案** 一般的解法是：先求解每个电荷在中心处产生的电场强度，然后，将其叠加求出正方形中心处的合场强。但是，我们还可以利用电荷分布的对称性使问题的解决得到简化。一种方法是将四个粒子分成两对：$+q$ 与 $-q$ 的两粒子相距 $a\sqrt{2}$，在中心处产生的电场强度为E_1；$+2q$ 与 $-2q$ 两粒子相距 $a\sqrt{2}$，在中心处产生的电场强度为$\vec{E}_2$。

两个电场都由一对电荷量相等、符号相反的带电粒子产生，电场方向由正电荷指向负电荷。建立如图 WG23.2 所示的坐标系来简化各分量的计算。由于我们求正方形中心处的电场，由距离和电荷的比例关系我们推断出 E_1 与$\vec{E}_2$ 的大小满足关系 $2E_1=E_2$。我们需要做的就是将电场强度E_1 和$\vec{E}_2$ 叠加来即可求得正方形中心处电场强度。

图 WG23.2

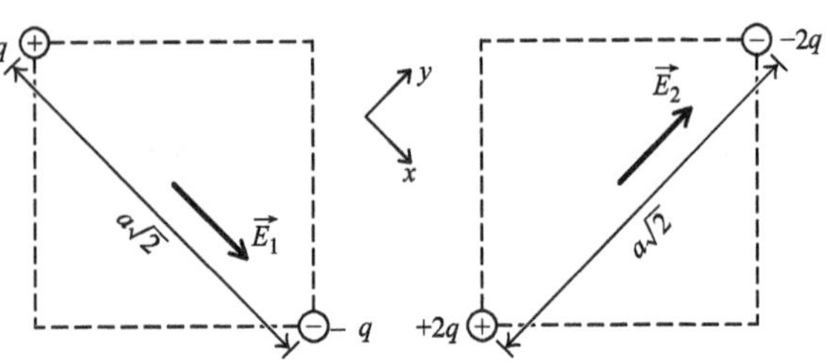

❸ **实施推导** $+q$ 与 $-q$ 这一对粒子在正

方形中心处激发的电场为

$$\vec{E}_1=k\frac{q}{r_{+q}^2}\hat{r}_{+q}+k\frac{(-q)}{r_{-q}^2}\hat{r}_{-q}$$

$$=k\frac{q}{\left(\frac{1}{2}a\sqrt{2}\right)^2}\hat{\imath}+k\frac{(-q)}{\left(\frac{1}{2}a\sqrt{2}\right)^2}(-\hat{\imath})$$

$$=4k\frac{q}{a^2}\hat{\imath}$$

同理，+2q 与 −2q 这一对粒子产生的电场$\vec{E}_2$ 沿着 y 方向，且其电荷量大小为+q 与 −q 这对粒子大小的 2 倍。我们可以推断出

$$\vec{E}_2=8k\frac{q}{a^2}\hat{\jmath}$$

这意味着正方形中心处的总电场为

$$\vec{E}=\vec{E}_1+\vec{E}_2=4k\frac{q}{a^2}\hat{\imath}+8k\frac{q}{a^2}\hat{\jmath}$$

电场大小为

$$E=\sqrt{E_x^2+E_y^2}=\sqrt{\left(\frac{4kq}{a^2}\right)^2+\left(\frac{8kq}{a^2}\right)^2}=4\sqrt{5}k\frac{q}{a^2}$$

电场方向为

$$\theta=\arctan\frac{E_y}{E_x}=\arctan\frac{8kq/a^2}{4kq/a^2}=\arctan2=63°$$

代入数值计算得

$$\vec{E}=\frac{4\sqrt{5}(9.0\times10^9\text{N}\cdot\text{m}^2/\text{C}^2)(3.9\times10^{-4}\text{C})}{(0.0069\text{m})^2}$$

$$=6.6\times10^{11}\text{N/C}$$

其方向为图 WG23.2 中 x 轴正方向向上 63°。✔

❹ **评价结果** 我们求得的电场很大，因为这些粒子的电荷量很大而彼此间隔的距离却很小；电场的方向也是合理的，它几乎沿着带电量为±2q 的这对粒子的连线方向。

引导性问题 23.2 电荷分布呈三角形

三个粒子的连线组成边长为 a 的等边三角形，其中两个粒子带+q 的电荷，第三个粒子带−2q 的电荷。求三角形中心处电场强度的大小和方向。

❶ **分析问题**

1. 画图，在图中标明粒子位置、电荷和距离。

2. 标出三角形的中心。

3. 中心处的场强由谁产生？需将对这个场强有贡献的所有场源都考虑进去。

4. 是否可以利用对称性来简化计算？

❷ **设计方案**

5. 你是否一定要用矢量来解决这个问题？众所周知，同种电荷相互排斥，异种电荷相互吸引。请确定在你的草图中考虑了相互作用的这一特点。

❸ **实施推导**

6. 三个顶点到三角形中心的距离分别是多少？

❹ **评价结果**

7. 当改变边长或电荷大小时，你的答案是否是合理的？

例 23.3 转动的偶极子

如图 WG23.3 所示，在位置固定的、带电量为+q_A 的粒子 A 附近有一个电偶极子，电偶极子所带电荷量为 q_D。(a) 粒子 A 对电偶极子的电场力在电偶极子中点处产生的力矩是多少？

(b) 请画图表示当粒子 A 和电偶极子之间的距离 a 保持不变，电偶极子间的距离 d 增大时，力矩如何随力$\vec{F}^E_{AD}$ 变化。

图 WG23.3

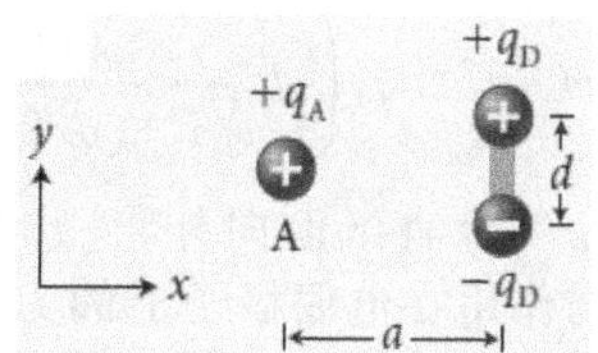

❶ **分析问题** 电偶极子的正极被 A 排斥，负极被 A 吸引。这个吸引力和排斥力结

实践篇

合在一起能够在电偶极子的中点产生一个力矩，使得电偶极子能够顺时针旋转。根据右手定则可知，这个力矩垂直纸面向里。作用在电偶极子上的两个力并不相互平行，因为由 A 产生的电场是沿其径向向外的。

❷ **设计方案**　解决这个问题的一个方法是直接计算：计算出 A 作用在电偶极子中某一个电荷的电场力，算出该电场力在电偶极子的中点产生的力矩。对另一个电荷也同样计算，然后将两个力矩相加求其矢量和。另一种方法是，如果我们将这个电偶极子和粒子 A 看作一个系统，这些相互作用力就都变为内力：整个系统为孤立系统。这就意味着这个系统对任意所选参考点的力矩矢量和为零。电偶极子的中点是该问题中的特殊参考点，所以我们选择它作为坐标系的原点。作用在电偶极子上的力矩与作用在粒子 A 上的力矩相反。根据《原理篇》中的相关内容，一个电偶极子在任意位置产生的场强大小的公式已知［式（23.8）］，用本题中的变量表示就是 $E=-kq_{\mathrm{D}}d/[a^2+(d/2)^2]^{3/2}$，于是我们就可以解出这个问题。

❸ **实施推导**　为了方便，在计算中我们用下标 D 标注与电偶极子相关的变量。

（a）由式（23.1），我们知道电偶极子作用在粒子 A 上的电场力为

$$\vec{F}^{E}_{\mathrm{DA}}=q_{\mathrm{A}}\vec{E}_{\mathrm{D}} \tag{1}$$

由式（23.8），在电偶极子周围，粒子 A（位于 x 轴上）所在位置的场强为

$$\vec{E}_{\mathrm{D}}=-k\frac{q_{\mathrm{D}}d}{[a^2+(d/2)^2]^{3/2}}\hat{j} \tag{2}$$

对电偶极子中点，作用在粒子 A 上的力矩为

$$\begin{aligned}\vec{\tau}_{\mathrm{DA}}&=\vec{r}_{\mathrm{DA}}\times\vec{F}^{E}_{\mathrm{DA}}\\&=(-a\hat{\imath})\times q_{\mathrm{A}}\left(-k\frac{q_{\mathrm{D}}d}{[a^2+(d/2)^2]^{3/2}}\hat{j}\right)\end{aligned}$$

由于$\hat{\imath}\times\hat{j}=\hat{k}$（垂直纸面向外），作用在粒子上的力矩与作用在电偶极子上的力矩等大反向，我们得到力$\vec{F}^{E}_{\mathrm{AD}}$在电偶极子上产生的力矩为

$$\hat{\tau}_{\mathrm{AD}}=-\hat{\tau}_{\mathrm{DA}}=-k\frac{q_{\mathrm{A}}q_{\mathrm{D}}ad}{[a^2+(d/2)^2]^{3/2}}\vec{k}\ ✓ \tag{3}$$

（b）图 WG23.4 显示的是当 a 保持不变时，这个力矩的大小与距离 d 的函数关系。当 $d=0$ 时，力矩为零。当 d 很小时（$d<a$），这个力矩随着 d 几乎是线性增加，因为分母近似为 a^3。随着电偶极子的间距接近 $d=\sqrt{2}a$ 时，力矩达到最大值。当 d 较大时，分母就由含 d 的那一项决定了，而且近似等于 d^3。这就意味着随着 d 的增加，力矩差不多按照图 WG23.4 所示的随 d 的二次方减小。

图 WG23.4

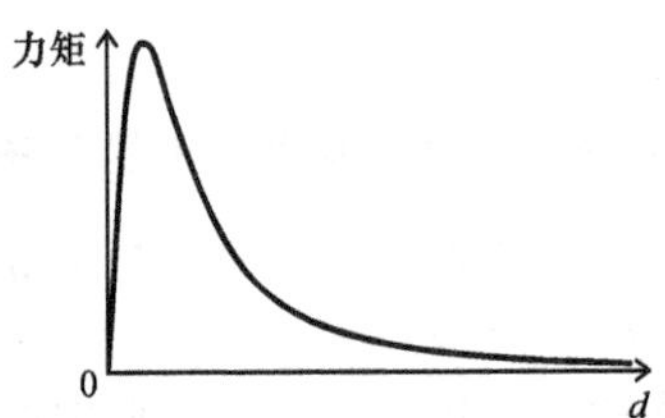

❹ **评价结果**　式（3）表明如果 $q_{\mathrm{A}}>0$，作用在电偶极子上的力矩就沿 z 轴负方向——即垂直纸面向里。结合 12.4 节介绍的右手定则，也就说明电偶极子要顺时针旋转。与我们预期的一致，因为带正电的粒子 A 使得电偶极子的顶端远离它，而电偶极子的底端靠近它。

同样计算可以得出，当 $q_{\mathrm{A}}<0$ 时，力矩的方向也如我们预期的那样使电偶极子逆时针方向旋转。通过把式（2）代入式（1），可以得到作用在粒子上的电场力是沿 y 轴负向的。粒子作用在电偶极子上的电场力是沿哪个方向？这个结果是否有意义？从式（3）中我们可以看到电偶极子间距 d 增大时，力矩的绝对值会减小。这又是为什么？

图 WG23.4 显示力矩有一个最大值。这是为什么？想想当电偶极子的间距减小的时候力矩的力臂会如何变化？

实践篇

引导性问题 23.4 相互作用的电偶极子

如图 WG23.5 所示，两个电偶极子中心间的距离为 a。每个电偶极子所带电荷量都为 q_p，电偶极子中两个电荷间的距离都为 d。求：一个电偶极子对另一个电偶极子施加的电场力的大小和方向。

图 WG23.5

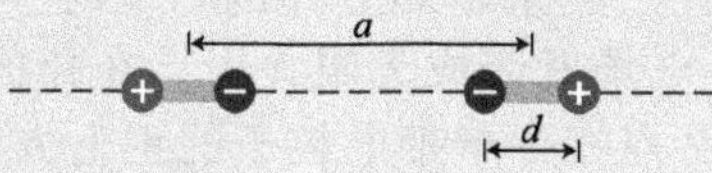

❶ **分析问题**

1. 对于沿着 y 轴放置的电偶极子，y 轴上（电偶极子的轴）任一点的电场强度大小由式（23.11）给出：

$$E_y = k\frac{q_p}{[y-(d/2)]^2} - k\frac{q_p}{[y+(d/2)]^2}$$

运用这个公式，你如何确定一个电偶极子作用在另一个电偶极子两电荷上的电场力？（提示：一个有效的方法就是将其中某个电偶极子看作产生电场的两个源电荷，另一个电偶极子看作电场中的两个电性相反的试探电荷。你需要确定哪两个是源电荷，哪两个是试探电荷，以免重复计算。）

❷ **设计方案**

2. 在这个问题中你是否可以利用对称性？

3. 在图中如何标记不同电荷之间的相对距离？注意不要用同一符号代表两个不同的量。

❸ **实施推导**

❹ **评价结果**

4. 所得结果中电场力的方向是否与你的预期相符？考虑结果中不同量的相对大小。

5. 当两个电偶极子的中心距离 a 比每个电偶极子的电荷间距 d 大很多时，这个电场力会如何变化？

例 23.5 带电直棒产生的电场

长为 l 的均匀带电棒的线电荷密度为 λ。在棒的延长线方向上，求：距离棒一端为 a 的 P 点处的场强大小和方向？

❶ **分析问题** 首先，我们根据题目所给信息画出示意图（见图 WG23.6），这个题目和《原理篇》中连续分布电荷的例题很相似。但是在这个问题中，我们并不知道棒所带的电荷量 q，我们只知道单位长度所带的电荷量。尽管如此，我们也能够利用相似的方法求得电场。

图 WG23.6

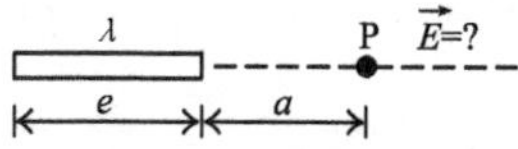

❷ **设计方案** 在这种电荷连续分布的情况下，将带电棒分成很多很多小元段，然后将每一元段产生的场强 dE 进行矢量求和，就可以求出电荷连续分布产生的场强：

$$\vec{E} = \int d\vec{E} = \int k\frac{dq}{r^2}\hat{r}_p$$

其中，dq 是每一个元段所带的电荷量；r 是这个元段到 P 点的距离。我们画出图像，标记出不同元段的贡献。根据对称性可知电场沿着带电棒的长轴方向。

❸ **实施推导** 我们画图表示出带电棒上的一个元段 dx 以及计算中需要的所有其他变量（见图 WG23.7）。

图 WG23.7

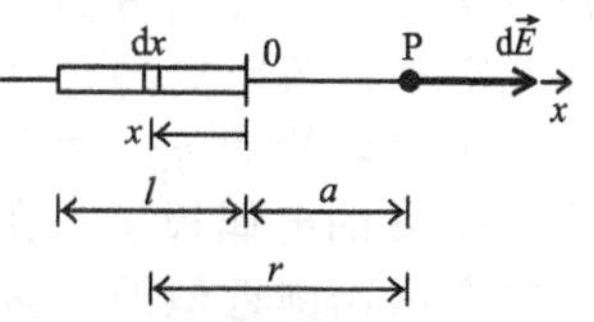

为了方便，我们选择棒的长轴方向为 x 轴，选取带电棒的右端点为坐标原点，向右为 x 轴正方向，此时，$\hat{r}_p = \hat{\imath}$，位于 x 处的元段 dx 产生的场强为 $d\vec{E} = \hat{\imath}dE$。注意坐标 x 有

实践篇

正负之分（位置），由图 WG23.7 看到，在坐标系中，棒上任一元段到 P 点的距离 r 为 $a-x$。元段上的电荷 $\mathrm{d}q=\lambda\mathrm{d}x$。因此，P 点的电场为

$$\vec{E}=\hat{\imath}\int_{-l}^{0}k\frac{\lambda\mathrm{d}x}{(a-x)^2}=k\frac{\lambda}{a-x}\bigg|_{-l}^{0}\hat{\imath}$$

$$=k\left[\frac{\lambda}{a}-\frac{\lambda}{a-(-l)}\right]\hat{\imath}$$

$$=k\lambda\left[\frac{1}{a}-\frac{1}{a+l}\right]\hat{\imath}\checkmark$$

❹ 评价结果 首先，我们要确定表达式能够给出电场的正确方向。如果棒所带电荷为正，那么 P 点的场强应该指向右端，也是正试探电荷移动的方向。在我们坐标系中对应是 x 轴的正方向。对于正的 λ，$\hat{\imath}$前面的因子也为正，这意味着电场分量沿 x 轴正方向，与预期相符。

如果带电棒长度 l 远远大于从棒一端到 P 的距离 a，我们就可以假设 l 无限大。当 l 趋近于无限大时，方括号内的 $1/(a+l)$ 趋近零，电场强度大小就变为了 $E=k\lambda/a$；也就是说，非常靠近棒的那些点的电场强度大小与 l 无关。

当 P 点越来越靠近棒的右端时（a 趋近于零），电场就变成无限大了。在棒的右端，可假定 P 点在一个带电粒子的正上方（零距离），因为库仑定律中的电场正比于 $1/r^2$，所以电场强度应该变得非常大。另外，当 l 趋近于零时，电场强度变为零——这也符合我们的预期，因为棒的长度为零，所以它上面也就没有电荷了。

引导性问题 23.6 弯曲带电棒产生的电场

电荷 q 均匀分布在一个半径为 R 的半圆形的细棒上，请问这个弧形棒的圆心处的场强大小和方向如何？

❶ 分析问题

1. 先画出半圆形带电棒的简图，并将已知量标注在适当位置。

2. 电荷连续分布在半圆形带电棒上，带电棒不同位置的元段到所求点的方向不同，你将如何处理？

❷ 设计方案

3. 你如何确定带电棒不同部分对电场的贡献？

4. 在求解圆弧形问题的积分时，用哪个变量最方便？角度与带电棒上的元段长度之间的关系是什么？

5. 是否可以利用半圆的对称性对问题进行简化？考虑在所求点（圆弧的中心）的矢量各分量。

❸ 实施推导

❹ 评价结果

6. 你求得的电场方向是否合理？

7. 当 R 或 q 发生变化时，你得到的表达式在物理上是否合理？

例 23.7 电偶极子中的修正

在远离电偶极子的任何方向，电偶极子周围的电场几乎是按照距离的三次方反比例减小。对于一个带电量为 q_{p}，间距为 d、电偶极矩大小 $p=q_{\mathrm{p}}d$ 的电偶极子，在下列两种情况下对三次方反比例近似的一级修正是多少？(a) 电偶极子所在轴上的任意位置，到电偶极子两端的距离不太近也不太远；(b) 电偶极子垂直平分线上的任意位置，到电偶极子的距离不太近也不太远。

❶ 分析问题 图 WG23.8 所示的是根据题目所给信息画出的电偶极子，并标出了电偶极子所在轴上的任意位置处的电场强度（$\vec{E}_{\parallel}$）和偶极子中垂线上任意位置处的场强（$\vec{E}_{\perp}$）。

《原理篇》中的 23.6 节给出了沿电偶极子轴向［式（23.12）］和垂直于它的非零电场分量的大小［式（23.8）］：

$$E_{\parallel}=E_y=k\frac{q_{\mathrm{p}}}{y^2}\left[\left(1-\frac{d}{2y}\right)^{-2}-\left(1+\frac{d}{2y}\right)^{-2}\right]$$

实践篇

$$E_{\perp}=E_y=-k\frac{q_{\mathrm{p}}d}{[x^2+(d/2)^2]^{3/2}}$$

图 WG23.8

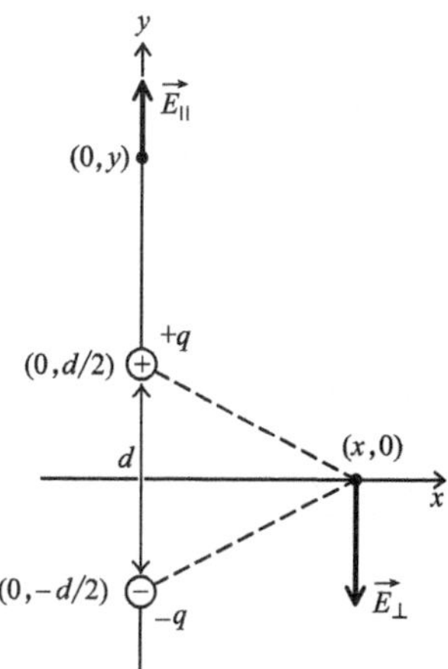

（请记住，在两种情况下 E_x 都是零。）我们可以看到当场点到电偶极子的距离远大于电偶极子的长度 d（$y\gg d/2$ 并且 $x\gg d/2$）时上面的表达式可以取近似值得 $E_{\parallel}=E_y\approx 2kq_{\mathrm{p}}d/y^3$［式（23.13）］及 $E_{\perp}=E_y\approx -kq_{\mathrm{p}}d/x^3$［见式（23.10）］。我们要让上面的近似更精确，注意到表达式 $E_{\perp}=E_y$ 中对 x 的依赖方式和表达式 $E_{\parallel}=E_y$ 中对 y 的依赖方式不同，因此，对这两式的修正也有点不同。

❷ **设计方案** 近似表达式 $E_{\parallel}=E_y\approx 2kq_{\mathrm{p}}d/y^3$ 和 $E_{\perp}=E_y\approx -kq_{\mathrm{p}}d/x^3$ 仅考虑了二项式展开中的一阶项。如果要使这个近似值更精确，我们需要将二阶项也考虑进去。二项式有如下展开式

$$(1+z)^n=1+nz/1!+n(n-1)z^2/2!+n(n-1)(n-2)z^3/3!+n(n-1)(n-2)(n-3)z^4/4!+\cdots$$

上面的近似中只用了这个很长的表达式中的 $1+nz$ 项，因此我们只需要展开到 z^2 项就可以实现目标，但是为了防止出现恰好抵消这一项的情况，我们会展开到 z^3 项。

❸ **实施推导** （a）首先，考虑由式（23.12）得到的沿电偶极子轴方向的电场 $\vec{E}_{\parallel}$。在这个式中 $n=-2$，令 $z=d/(2y)$，在 $(1+z)^n$ 展开式中取前三项，我们可以得到

$$\left(1\pm\frac{d}{2y}\right)^{-2}\approx 1\pm(-2)\frac{d}{2y}+\frac{(-2)(-2-1)}{2}\left(\frac{d}{2y}\right)^2\pm\frac{(-2)(-3)(-4)}{6}\left(\frac{d}{2y}\right)^3$$

$$=1\mp\frac{d}{y}+\frac{3}{4}\frac{d^2}{y^2}\mp\frac{1}{2}\frac{d^3}{y^3}$$

将这个表达式代入式（23.12），我们可以看到中间距离处的一阶修正是

$$E_{\parallel}=E_y\approx k\frac{q_{\mathrm{p}}}{y^2}\left[\left(1+\frac{d}{y}+\frac{3}{4}\frac{d^2}{y^2}+\frac{1}{2}\frac{d^3}{y^3}\right)-\left(1-\frac{d}{y}+\frac{3}{4}\frac{d^2}{y^2}-\frac{1}{2}\frac{d^3}{y^3}\right)\right]=k\frac{q_{\mathrm{p}}}{y^2}\left(2\frac{d}{y}+\frac{d^3}{y^3}\right)$$

$$=2k\frac{q_{\mathrm{p}}d}{y^3}\left(1+\frac{d^2}{2y^2}\right)\ ✓$$

除了多了一个因子$[1+d^2/(2y^2)]$外，这个结果和式（23.13）很类似。还好我们展开到 $z^3=[d/(2y)]^3$ 这一项，因为修正项中的 z^2 项被抵消掉了。

（b）我们也对电偶极子的中垂线上中间距离处某点的场强做类似的计算。首先，我们用下面这种形式写出式（23.8）

$$E_{\perp}=E_y=-\frac{kq_{\mathrm{p}}d}{[x^2+(d/2)^2]^{3/2}}$$

$$=-\frac{kq_{\mathrm{p}}d}{x^3}\left(1+\frac{1}{4}\frac{d^2}{x^2}\right)^{-3/2}$$

采用与求 $E_{\parallel}$ 的一级修正同样的展开步骤，我们可以看到这个方向上的一级修正是

$$E_{\perp}=E_y\approx-\frac{kq_{\mathrm{p}}d}{x^3}\left[1+\left(-\frac{3}{2}\right)\frac{1}{4}\frac{d^2}{x^2}\right]$$

$$=-\frac{kq_{\mathrm{p}}d}{x^3}\left(1-\frac{3}{8}\frac{d^2}{x^2}\right)\ ✓$$

很高兴看到，在两种情况下的修正项［求 $E_{\parallel}$ 时的 $1+d^2/(2y^2)$，求 $E_{\perp}$ 时的 $1-3d^2/(8x^2)$］都是 $(d/y)^2$ 或 $(d/x)^2$ 阶。我们期望这两种情况可以归为任意方向上的中间距离处对实际电场的修正，因为每一个带电粒子所产生的电场都是球对称的，这就意味着电场依赖于距离，但是不怎么依赖于方向。

❹ **评价结果** 如果 x 或 y 远大于 d（即选取场点在远离电偶极子的位置），那么 d/x 和 d/y 趋近于0。在这些地方，$E_{\parallel}$ 的表达变成了式（23.13），$E_{\perp}$ 的表达变成了式（23.10）。在对 $(E_{\parallel})_y$ 的修正中，$d^2/(2y^2)$ 前的正号也是合理的。这是为什么呢？我们可以想象将一

个正的试探电荷置于电偶极子正极那端很远的某个位置上——比如位于图 WG23.8 中的 $(0,y)$ 处——然后将试探电荷越来越靠近电偶极子。当你这样做时，电偶极子中的正电荷作用在试探电荷上的排斥力比更远处的负电荷作用在试探电荷上的吸引力增加得更快。

引导性问题 23.8 阴极射线管

一个阴极射线管能够利用电场控制电子发射到屏幕上的不同地方。在图 WG23.9 中，从电子枪发射出来的电子经过两个平行的极板，两板间垂直方向的匀强电场能够让电子在 y 方向上的轨迹发生偏转。因为可以改变场强的大小，所以电子可以发射到屏幕垂直方向上的从底端到顶端的任何位置。(另外还有一组极板用来控制电子在水平方向上的位置。) 如果极板长 30mm，并且位于 0.30m 高的屏幕后面 0.20m 处。当电子水平初速度大小为 3.0×10^5m/s 时，电场强度需要多大才能使电子到达屏幕的底端？

❶ **分析问题**

1. 什么样的物理相互作用控制了电子的轨迹？你可以或者必须做出什么样的化简和假设？

2. 在电子从电子枪运动到屏幕上的过程中，它会怎样运动？为什么？

❷ **设计方案**

3. 你如何确定电子的轨迹？回想在引力作用下我们曾经计算过类似问题的轨迹。本题中换成电场力，二者是否有相似点？

图 WG23.9

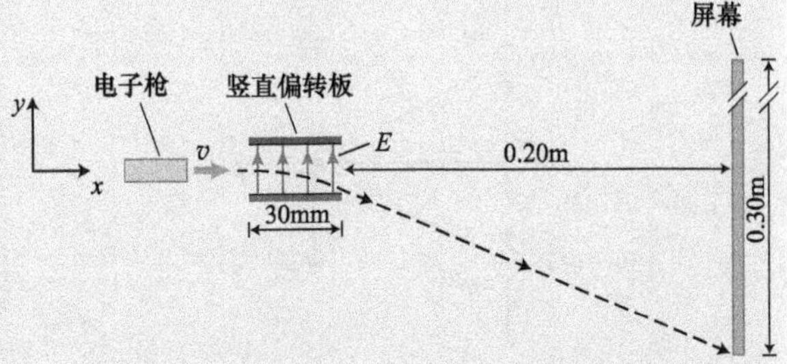

4. 电子受到的力是恒定的吗？这个问题的答案是否取决于电子是在两板间还是在板到屏幕的区域中呢？不论答案是否依赖于电子的位置，都需要注意电子的轨迹在两个区域之间必须是连续的。

❸ **实施推导**

❹ **评价结果**

实践篇

习题 通过《掌握物理》®可以查看教师布置的作业

圆点表示习题的难易程度：● = 简单，●● = 中等，●●● = 困难；**CR** = 情景问题。

23.1 电场模型

1. 求太阳对地球施加的引力场的大小。●

2. 计算下列三个物体所受到的地球引力场的大小：（a）站在地球表面，重 70.0kg 的人；（b）在地球表面上空 150km 处的轨道上，重 700.0kg 的卫星；（c）月球（地球和月球的中心距离取为 3.844×10^{8}m）。●

3. 画出沿图 P23.3 所示的彗星轨道上均匀分布的 15 个位置的重力场。●●

图 P23.3

4. 假设在地球表面的某个位置有一个水平向东的电场。若将电场和引力场叠加，来计算该位置一个质子的运动情况，是否有意义？●●

23.2 电场图

5. 引力场的单位与加速度相同；这个结论是否也适用于电场？如果不是，为什么不是？●

6. 两个电子间排斥力的大小为 2.5×10^{-20}N。试问一个电子感受到的另一个电子的电场大小是多少？●

7. 矮行星冥王星（Pluto）与它的一个卫星“冥卫一”（Charon）有着非常相近的质量。若假设两者质量相等，试画出由这两个物体组成的系统的引力场图像。●●

8. 请分别画出带电量为 $+q$ 与 $-2q$ 的粒子位于直角坐标系原点处时的矢量场图。说明这两幅图之间最主要的区别是什么。●●

23.3 电场的叠加原理

9. 如图 P23.9 所示的两个乒乓球带等量异性电荷，A、B、C、D、E 五点与两球心的连线共面。请用矢量表示出乒乓球在这五点所产生的电场，并利用直尺估计各点之间的相对距离。●

图 P23.9

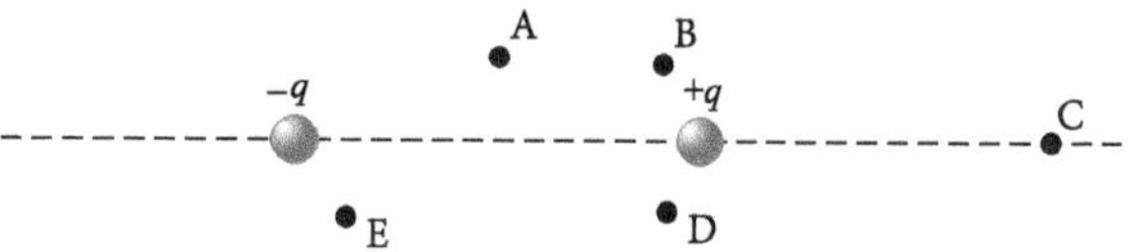

10. 在一个四分之一圆弧形塑料棒上均匀分布着正电荷（见图 P23.10）。试问这个圆弧的圆心处的电场方向如何？●

图 P23.10

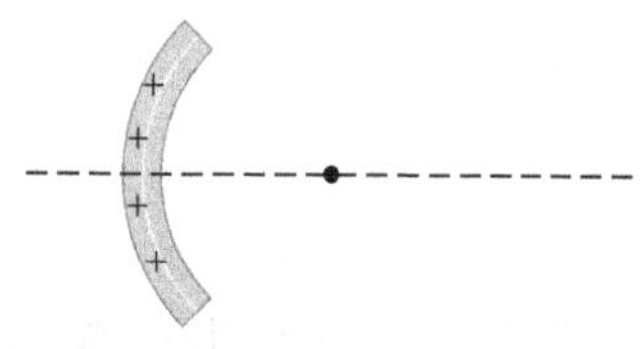

11. 将第 9 题中的正电荷保持为 $+q$，负电荷变为 $-2q$，请重新回答第 9 题中的问题。●●

12. 图 P23.12 中的两个粒子带相同的电荷，A、B、C 是位于这两个粒子连线的中垂面上的三点，请画出这三点的电场强度的矢量。●●

图 P23.12

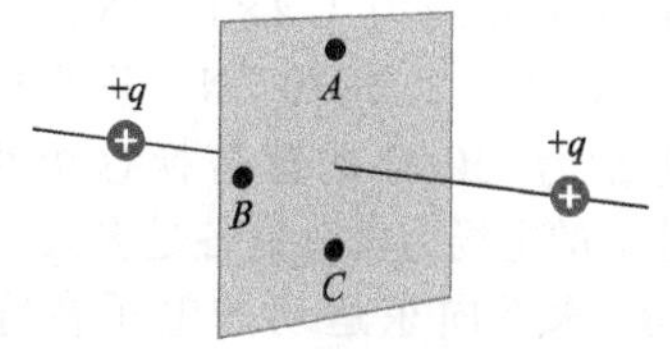

13. 如图 P23.13 所示，带电珠子以不同的组合形式放在一个正方形的顶点上。每个红色珠子带 $+q$ 的电荷，蓝色珠子带 $-q$ 的电荷。根据正方形中心处的电场大小由小到大的顺序，将下列组合重新排序。●●

图 P23.13

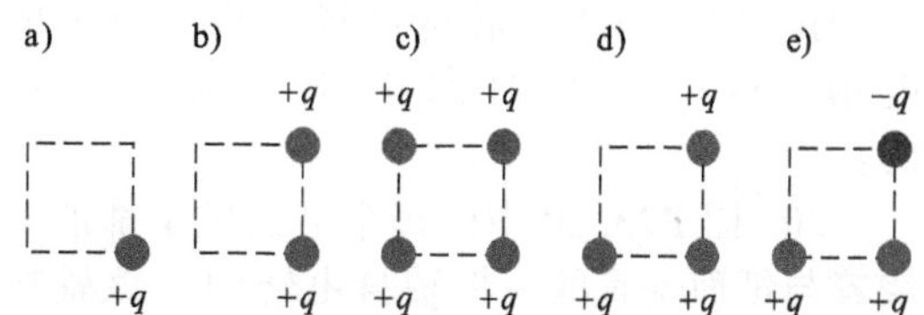

实践篇

14. 如图 P23.14 所示，一根绝缘棒上的电荷从 A 端到 B 端线性增加，绝缘棒被弯曲成一个圆环，使得 A 端和 B 端在圆环的顶端几乎碰到一起。请问在圆环中心处的电场方向是怎样的？（提示：考虑直径相对两端部分产生的影响。）●●●

图 P23.14

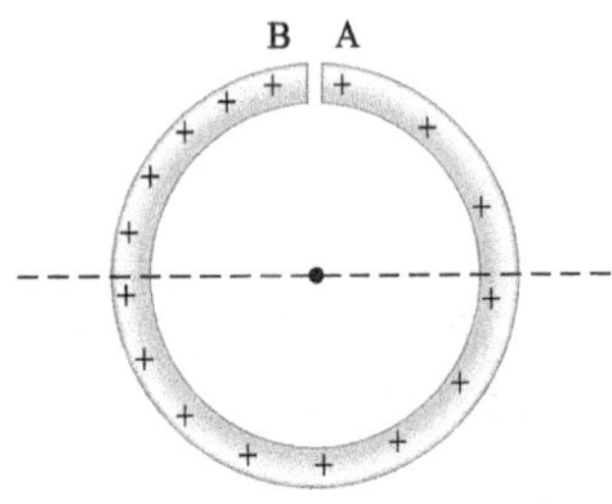

23.4　电场和静电力

15. 在什么程度上可以说在你现在所处的房间内，引力场是均匀分布的？●

16. 将两个带相同正电的源电荷固定，在两者正中间放一个正试探电荷。(a) 试探电荷在这个位置是处于稳定平衡还是不稳定平衡？(b) 如果用一个负试探电荷代替这个正试探电荷，它在这个位置是处于稳定平衡还是不稳定平衡？●

17. 将一个装满了带电塑料球的盒子放在桌子上。盒子上方的一个角落附近有一个球，它的带电量是 120nC，它受到的电场力的三个分量分别为 1.2×10^{-3}N，向北；5.7×10^{-4}N，向东；2.2×10^{-4}N，垂直向上。如果用带电量为 -50nC 的球替换这个小球，作用在新球上的电场力的分量各是多大？●●

18. 水平向东运动的电子在穿过一对水平放置的正负极板后，偏向下面。判断以下情况中，粒子在经过这对带电板后会往哪个方向偏转？（a）水平向东运动的质子；（b）水平向西运动的电子；（c）水平向西运动的质子；（d）水平向北运动的质子。●●

19. 一个质量为 30.0mg、带电量为 +3.5μC 的油滴无偏转地经过一均匀恒定的电场。这个电场的大小和方向是怎样的？●●

20. 图 P23.20 中的每个电偶极子都能够绕着与纸面垂直的一根轴自由转动（该轴在图中用位于电偶极子中心的黑点表示）。这些电偶极子一开始固定在如图的水平线上，然后它们被释放并开始旋转。如果能量会耗散，它们最终最有可能停留在哪个方向上？●●

图 P23.20

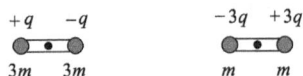

21. 假设两个极板平行放置，一个极板位于 $z=0$ 的 xy 平面内，另一个极板位于 $z=$ 10mm 的平面内。在两极板间存在方向竖直向上的恒定电场（即沿 z 轴正方向）。从（0，0，5.0mm）位置以相同的初速度沿着 x 轴正方向发射一个质子和电子。若质子打在极板上的（200mm，0，10mm）处，问：电子会打在哪里？●●●

23.5　带电粒子的电场

22. 将两个均匀带电的小球 A 和 B 固定，两者间相隔一定距离，然后使小球 A 的电荷量变为原来的两倍。下列说法中哪个最正确？(a) 作用在小球 A 上面的电场力变为原来的两倍，因为小球 A 所在位置处的场强加倍了；(b) 作用在小球 A 上面的电场力大小变为原来的两倍，因为小球 B 所在位置处的场强加倍了；(c) 作用在小球 B 上面的电场力大小变为原来的两倍，因为小球 B 所在位置的场强加倍了。●

23. 距离带电量为 3.0μC 的粒子 200mm 处的电场强度的大小是多少？●

24. 在平面笛卡儿坐标系的原点处有一个小的带电球形物体，它所包含的电子数比质子数多 3.30×10^4 个。在坐标（2.00mm，1.00mm）处的电场大小和方向如何？●

25. 两个质子 A 和 B 相距 $d=9.00$μm，沿着两质子连线以下位置处电场的大小和方向各如何？(a) 两质子连线中点处；(b) 与 A 质子相距 $d/4$，与 B 质子相距 $3d/4$ 处。注意使用电场力与电场的关系。●

26. 一个带正电的粒子在 2.00s 内由静止加速到 100m/s，如果该粒子的比荷是 0.100C/kg，粒子运动区域内的电场均匀恒定，求这个电场的大小和方向。●●

实践篇

27. 一个位于 xy 平面内（4.00mm，3.00mm）处的质子，受到位于原点处带 6.95μC 正电荷的粒子的电场力。（a）求作用在这个质子上的电场大小和方向。（b）根据电场和电场力的关系，以及（a）小问中所得结果，计算原点上的正电荷在（4.00mm，3.00mm）处产生的场强大小并指出其方向。（假设此问中的质子已经被移除）●●

28. 笛卡儿坐标系中的原点处有一带电量为 3.89×10^{-9}C 的粒子。求下列三个位置的电场强度的大小和方向：（a）（4.00mm，0）；（b）（0，4.00mm）；（c）（-2.829mm，2.829mm）。●●

29. 有两个均匀带电的绝缘球，半径为 18.5mm，带电量为 1.11nC，两球电性相反。请分别画出（a）带正电的小球和（b）带负电的小球单独存在时产生的电场沿半径方向的分量与场点到小球中心距离的函数关系图。●●

30. 放在一个带电小球右边 0.10m 处的电子以 $4.0\times10^{7}\text{m/s}^{2}$ 的加速度开始运动。请问该球所带的电荷量是多少？（忽略引力）●●

31. 有两个带电小球，其带电量分别为 6.0nC 和 3.0nC，两球相距 100mm。假设两球的大小相对于它们之间的距离来说非常小，请问在两球的连线的什么位置上电场强度大小为零？●●

32. 有两个带电珠子，所带电荷量分别为 $+q$ 和 $+4q$，两珠子之间的距离为 d，远远大于它们各自的半径。（a）在两者的连线上是否存在电场强度为零的地方？如果存在，用 d 表示出这个位置。（b）是否还有其他地方的电场强度也为零？●●

33. 在一台喷墨打印机中，惯性质量为 m 的微小墨滴带上电荷 q，并且以速率 v 朝着纸张发射。它们首先要经过由两块长度为 l 的带电板形成的、大小为 E 的匀强电场（见图 P23.33）。电场方向与带电板及墨滴的最初轨迹都垂直。电场通过使每一滴墨滴偏离原来的运动路径，来控制打印在纸上的内容。（a）请列出一个表达式，说明一滴墨滴在经过带电板后在垂直方向上偏离了多远？（b）如果墨滴的惯性质量为 1.5×10^{-10}kg，电场强度大小为 1.2×10^{6}N/C，带电板长度为 10mm，墨滴的运动速率为 20m/s，若要使墨滴（在垂直方向上）偏离 1.3mm，它需要带的电荷量是多大？（c）在这个问题中是否可以忽略重力的作用？●●

图 P23.33

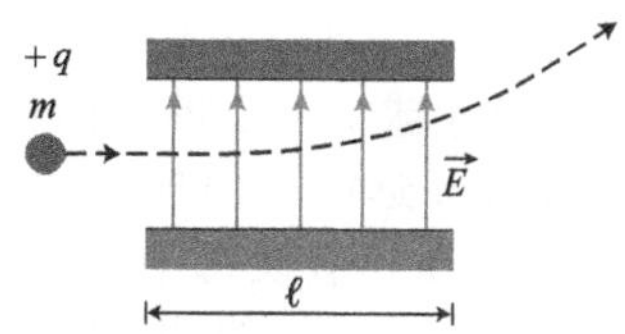

34. （a）如果要使一个电子受到的电场力与地球对它的引力平衡，需要电场为多大？（b）如果这个电场力是由一个质子产生，你应该把质子放在相对于电子的什么位置？●●

35. 假设在 yz 平面内有一个对角线长度为 $2a$ 的矩形，坐标原点位于矩形的中心处。有四个带电量为 q 的珠子，分别放在矩形的四个角上。证明：沿 x 轴方向的电场强度的大小由下式给出。●●

$$E_x = k\left(\frac{4qx}{(x^2+a^2)^{3/2}}\right)\hat{\imath}$$

36. 一个带电量为 6.0μC 的粒子放在直角坐标系的原点处，带电量为 4.0μC 的电荷位于（0，5.0m）的位置。求下列这几个位置处的电场强度大小和方向：（a）（5.0m，0）；（b）（-5.0m，0）；（c）（0，-5.0m）。●●

37. 五个带电粒子均匀分布在一个半径为 100mm 的半圆圆周上，两端端点各有一个粒子，其他三个粒子等距分布。这个半圆位于 xy 平面的 $x<0$ 的区域内，坐标轴原点在圆心处。（a）如果每个粒子带 1.00nC 的电荷量，原点处的场强如何？（b）如果要使原点处的场强大小为 0，需要把一个带 -5.00nC 的单个粒子放在哪个位置？●●

38. 一个带正电的粒子 1 位于笛卡儿坐标系的原点处，周围没有其他的带电物体。现在你想要坐标（3.00nm，4.00nm）处的电场强度大小为 0，以使放在这个位置上的任何带电体都不会受到电场力的作用。（a）思考将带电粒子 2（可带任意电荷）放在什么位置，可以使得（3.00nm，4.00nm）处的电场强度大小为 0。在一个图中标出所

实践篇

有这些点，解释图中的关键点。(b) 如果让粒子2所带的电荷量与粒子1相同，你需要把它放在什么位置？●●

39. 三个带有等量正电荷的粒子位于边长为 a 的等边三角形的三个顶点上。求下列几处的场强大小和方向：(a) 三角形的中心处；(b) 三角形任意边的中点处；(c) 距离三角形顶点上方 a 的地方。●●

40. 两个绝缘球1和2带有同样的电荷，当它们相距50mm远时，两球之间的电场力大小为0.10N。(a) 假设每个球的半径远小于10mm，每个小球上的电荷量是多少？(b) 如果球2位于球1的左边，在球1正上方50mm处的电场强度大小是多少？(c) 如果每个小球的半径为10mm，你上面的答案是否会发生改变？●●●

41. 一个带电量为-5.0μC的粒子位于直角坐标系的原点处，带电量为12.0μC的粒子位于坐标（1.0m，0.50m）处。请确定满足 $E=0$ 的坐标点。●●●

42. 在食盐（NaCl，即 Na^+ 离子和 Cl^- 离子构成的立方晶体结构）中，你可以看到由8个离子组成的立方体结构：4个 Na^+ 离子和4个 Cl^- 离子交错放置在立方体顶点上。每一个 Na^+ 离子可以看成是半径为99pm的带电球，每个 Cl^- 离子可以看成是半径为181pm的带电球，并且相邻离子都彼此挨着。(a) 对于每个这样的单个立方体，其中的其他7个离子对某个 Na^+ 离子的电场的大小和方向如何？(b) 其他7个离子对这个 Na^+ 离子产生的电场力的合力大小和方向如何？●●●

23.6 电偶极子的电场

43. 如图P23.43所示，一个水分子会产生一个大小为 $6.19\times10^{-30}\mathrm{C\cdot m}$ 的电偶极矩。如果O-H键为离子键（实际上是极性共价键），两个氢原子上的电子会全部转移到氧原子上。已知正负电荷中心相距0.058nm，根据已给出的电偶极矩大小，你是否能排除O-H键为离子键的假设？●

图 P23.43

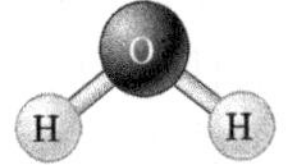

44. 将两个塑料保龄球1和2与衣物相摩擦，直到每个球都均匀带上0.10nC的电荷。球1带负电，球2带正电，如果用一根600mm长的棍子通过球上的孔从一个球的中心连接至另一个球的中心从而将两球分开，这样得到的电偶极矩的大小是多少？●

45. 如图P23.43所示，水分子是弯曲的，三个原子间形成的角度为104.5°。假设整个水分子的固有电偶极矩的大小为 $6.186\times10^{-30}\mathrm{C\cdot m}$，那么每个O-H键的电偶极矩各是多少？●●

46. 一个质子放置在距离带电量为 q 的小物体几个质子直径远的位置处，该处电场大小为 E。若将质子沿着 x 轴朝着远离带电物体的方向移动距离 d，它受到的电场大小将会降到 $E/4$。如果用沿 z 轴方向放置的电偶极子（每端带电量为 q）代替这个带电小物体，当这个质子沿着 x 轴后退距离 d 时，其最初的电场强度大小 E 会下降到多少？●●

47. 相距为 d 的一个质子和一个电子组成了沿着 z 轴放置的电偶极子。另一个质子处于电偶极子中质子和电子连线的中点处。则（0，0，10d）处的电场和（0，0，20d）处的电场的大小之比是多少？●●

48. 式（23.12）

$$E_y=k\frac{q_p}{y^2}\left[\left(1-\frac{d}{2y}\right)^{-2}-\left(1+\frac{d}{2y}\right)^{-2}\right]$$

是从 $y>d/2$ 的情形下推导出来的。请解释一下为什么对于 $y<-d/2$ 的情形该公式同样成立？●●

49. 如图P23.49所示，将四个带电体放在正方形的四个顶角上形成一个电四极子。这些带电体除了所带电荷不同之外其他的条件都完全相同：对角的一对带电体的带电量为 $+q$，另一对带电体的带电量为 $-q$。（注意在这个电四极子中没有其他的电荷，这四个电荷看作一个整体时没有电偶极矩。）则电场的大小与到电四极子中心的距离 r 的关系是什么？假定正方形的边长为 d，并且 $r\gg d$。●●

50. 将一个电偶极子的中心放在坐标系的原点处，沿着电偶极子垂直平分线一段距离处有一个带电小球。这个小球均匀带电-3.0nC，并且受到一个沿 y 轴正方向、大小

实践篇

图 P23.49

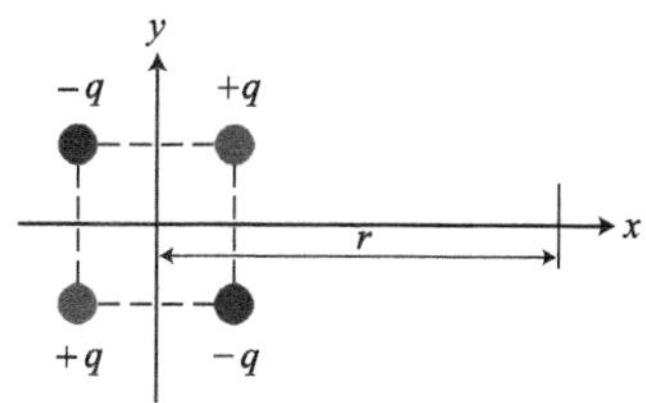

为 200nN 的电场力。(a) 如果电偶极子的电荷为 10nC，且间距为 20mm，这个小球距离电偶极子多远？(b) 电偶极矩的方向是怎样的？●●

51. 两个长度为 l 的塑料细棒首尾相接，其中一根棒均匀带正电，线电荷密度为 λ，另一根棒均匀带负电，线电荷密度为 $-\lambda$。请问细棒的有效电偶极矩是多少？●●

52. 一个间距为 d 的电偶极子沿着 xy 坐标系中的 y 轴放置，并指向 y 轴正方向。(a) 证明：当 x 和 y 远大于 d 时，电偶极矩产生的电场的 x 和 y 分量分别为

$$E_x=\frac{3kpxy}{(x^2+y^2)^{5/2}};\ E_y=\frac{kp(2y^2-x^2)}{(x^2+y^2)^{5/2}}$$

(b) 说明《原理篇》23.6 节得到的那个特殊结果也包括在这个一般的结论中。●●●

23.7 连续分布电荷的电场

53. 你接到一个任务，给一个由导体材料制成的球形气象探测气球尽可能多地充上电。一个有经验的同事提醒你，当气球表面的电场强度达到 100000N/C 时，其周围的空气就会导电，产生电火花，使气球放电。由于气球必须保持带电状态，因此你不能让这种空气击穿发生。通过测量气球的影子，你得到气球的直径是 3.5m。请利用这些信息估计出在不引起空气击穿的情形下气球能够带的最大电荷量是多少？●

54. 有一个固定的均匀带负电的圆环，将一个带正电的粒子沿着它的对称轴从静止开始释放，请描述这个粒子的运动。●

55. 一均匀带电棒位于 xyz 坐标系中的 z 轴上，其坐标位置为 $z=-100$mm 到 $z=+100$mm。棒的线电荷密度为 100nC/m。请问在坐标 (40mm, 30mm, 0) 处的电场强度的矢量表达式是什么？●

56. 如图 P23.56 所示，电荷均匀分布在三个 1/4 圆周的圆弧上，右上方和左下方的弧带正电荷 q，左上方的弧带负电荷 $-q$，请用 q、R 表示出圆心 P 点的电场强度。●●

图 P23.56

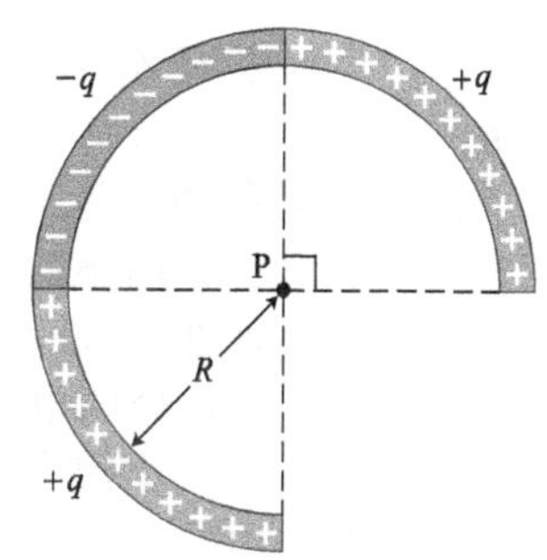

57. 如图 P23.57 所示，有一个长为 l 的细棒，其电荷分布特点为：最左端的线电荷密度为 0，向右逐渐线性增加，细棒带 q_{rod} 的正电荷。(a) 求在细棒轴线处距细棒右端距离为 d 的 P 点的场强。(b) 当 $d \gg l$ 时，即足够远使得棒看起来很小，P 点场强大小的近似表达式是什么？●●

图 P23.57

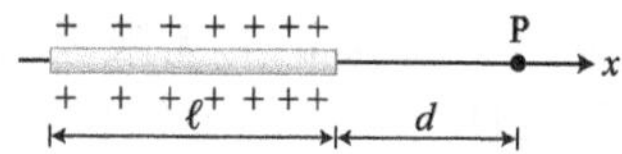

58. 你有两个非导体材料制成的圆盘 1 和 2，半径均为 25.0mm。圆盘 1 上的电荷均匀分布，总电荷量为 $q_1=1.50\mu$C，圆盘 2 上的电荷均匀分布但是总电荷量未知。你把圆盘 1 放在 $z_1=0$ 处，而圆盘 2 放在 $z_2=+32$mm 处，这样两个圆盘的对称轴均在 z 轴上，将一个小的带电木球放在 z 轴某一位置，使其受到的电场力为 0，已知该位置为 $z_{E=0}=+88.0$mm，求圆盘 2 上的电荷量。●●

59. 在《原理篇》的图 23.29 中，我们将带电圆盘当作面电荷密度不变的无限大带电面，求下列位置的电场强度大小会因此存在多大的百分比误差？(a) $z=0.1R$，(b) $z=0.5R$，(c) $z=R$。●●

60. 你想要计算一个长为 250mm、电荷量为 30nC 的均匀带电线的中垂线上的电场。为了使工作量最小，你需要知道什么时候可将带电线近似看成点电荷，在中垂线的什么位置近似结果的误差在 5%以内？●●

61. 对于一个半径为 90mm 的均匀带电圆盘，你想要确定沿着通过圆盘的中心的与圆盘表面垂直的轴线上的电场。为了使工作量最小，你需要知道什么时候可以把圆盘近似成为无限大薄板，在轴线上多远处你的近似计算结果的误差在 10%以内？ ●●

62. 三个圆环的半径分别为 50mm、70mm、90mm，将它们以坐标原点为圆心同心放置，每个圆环的对称轴都是 y 轴。内部圆环的电荷量为 1.0μC，中间环的电荷量为 -2.0μC，最外面的环的电荷量为 1.0μC。(a) 求 (0，+100mm，0) 处的电场强度大小。(b) 为了使得在 (a) 小问中位置处的电场强度为 0，需要在 (0，-100mm，0) 处的放置电荷的电荷量是多少？ ●●

63. 两个电荷均匀分布的薄板平行放置，二者电性相反，相距 10mm。一个电子以平行两板且大小为 4.0×10^{6}m/s 的初速率从两板中间位置进入。电子击中上板，距其进入位置 20mm 处：(a) 哪个板带负电，上板还是下板？(b) 如果两个板的面电荷密度是相同的，求这两个板的面电荷密度。 ●●

64. 一个质量为 m，电荷量为 q 的粒子，在一个面电荷密度为 σ 的无限大薄板上方。薄板的电荷电性与粒子的电性相同，粒子由静止释放。(a) 描述它的运动；(b) 它的加速度是多少？(c) 当它运动距离 s 后，它动能的改变量为多少？ ●●

65. 将一个均匀带电的细棒放在 x 轴从 $x=0$ 到 $x=+\infty$ 的位置上。(a) 写出沿着 y 轴正向电场 E_y 大小的表达式；(b) 证明轴线位置上的电场与棒成 135°角？ ●●

66. 一个半径为 R 的圆环，其中半个圆环的带电量为 q_1，电荷均匀分布，另外半个圆环的带电量为 q_2，电荷也是均匀分布的，在圆环对称轴线的任意位置，写出 (a) 电场强度平行于轴的分量；(b) 电场强度垂直于轴的分量的表达式。 ●●●

67. 如图 P23.67 所示，P 点位于长为 l、电荷量为 q 的均匀带电棒末端的上方 d 位置处。计算 P 点处电场强度的 x 分量和 y 分量。 ●●●

图 P23.67

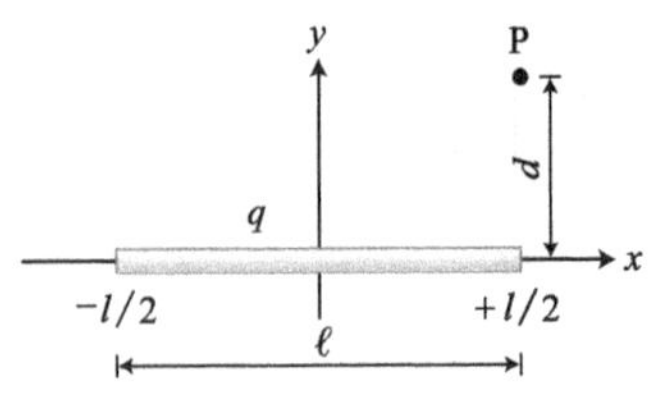

68. 一个细棒长度为 $2l$，最左端的电荷线密度为 λ_0，从左向右随着长度增加线电荷密度逐渐线性减小，使得整个棒上的电荷为 0。(a) P 点在距离棒的中心的右端 d 处，$d>l$，求 P 点的场强。(b) 在极限状态 $d\gg l$ 的情况下，你的表达式能否化为近似的结果？（提示：棒的电偶极矩为 $p=2\lambda_0 l^2/3$） ●●●

69. 一根长的绝缘棒的带电量为 2.2μC，棒由 $x=0$ 延伸到 x 轴正方向无限远处。电荷分布满足指数衰减形式：$q(x)=q_0e^{-x/l}$，其中 $l=28.6$mm。计算沿着轴线距离棒的末端 20mm 处的电场强度大小。 ●●●

23.8　电场中的电偶极子

70. 水分子是极性分子，电偶极矩为 6.186×10^{-30}C · m。如果单个水分子的电偶极矩沿着 z 轴，那么大小为 8500N/C、处于 xz 平面上且与 x 轴正向成 42°角的电场产生的电场力施加给该水分子的力矩是多少？ ●

71. 微波炉内充满着振荡的电场，对水分含量充足的食物加热效果很好。然而它却不能有效作用于冰冻的食物或者油分很高、水分很低的食物，你知道这是为什么吗？（提示：水分子在固态时比液态时受更大的束缚，油分子是非极性的。） ●

72. 匀强电场产生的力对一个电偶极子的力矩是 10.0×10^{-9}N · m，已知从电场方向转向电偶极子方向的夹角是 30°，电偶极子的电偶极矩为 8.0×10^{-12}C · m。(a) 外部电场的强度是多大？(b) 如果组成电偶极子的两粒子相距 2.5mm，求每个粒子带电量的大小。 ●

73. 将一个电偶极子在匀强电场且无耗散力的区域释放。描述静止电偶极子在以下方向释放后的旋转情况：(a) 与电场平行，(b) 几乎与电场垂直。 ●

74. 一个小物体的电偶极矩为 p，在一个匀强电场 E 中将它由平衡位置附近释放，电偶极子的转动惯量为 I。(a) 这个简谐运动中转动常数 κ 的有效值为多少？(b) 计算平

实践篇

衡方向附近微小振荡的角频率 ω。●●（译者注：转动常数 κ 是力矩和偏转角的比值。）

75. 将一个自由运动的电偶极子放置在一个固定的电偶极子附近，自由偶极子的中点在固定电偶极子的中垂线上，自由电偶极子到固定电偶极子的距离远远大于固定电偶极子的两个电荷间的距离 d。画图说明当自由电偶极子的电偶极矩满足以下条件时其运动情况：(a) 与固定电偶极子的偶极矩 $\vec{p}_{\text{fixed}}$ 方向相同，(b) 与固定电偶极子的偶极矩 $\vec{p}_{\text{fixed}}$ 方向相反，(c) 与固定电偶极子的电偶极矩 $\vec{p}_{\text{fixed}}$ 方向垂直。●●

76. 在一个特定的空间区域，电场方向确定，但是大小则是沿着这个方向逐渐增加。一个电偶极子处在这个场中，电偶极矩方向与该场垂直，将其由静止释放。如果没有耗散力存在，描述电偶极子的运动。特别要注意这种情况与匀强电场不同。●●

77. 一个带电量为 5.0×10^{-7}C 的粒子位于一个电偶极子的中垂线上，它到电偶极子两个电荷连线的中点的距离为 300mm。施加在粒子上的电场力的大小为 10.0×10^{-6}N，画出草图描述电偶极子并标出电偶极矩的方向。在图中描述出：(a) 施加在粒子上的电场力的方向；(b) 施加在电偶极子上的电场力的方向；(c) 判断施加在电偶极子上的力的大小。●●

78. 外部电场中的一个电偶极子在平衡时可能存在两个位置。(a) 画出匀强电场的场线和两个可能的位置。(b) 所有的位置都是稳定的吗？（如果你给电偶极子一个轻微的扭动，考虑每种情况下会发生什么？）(c) 基于 (b) 问的答案及力学部分的知识，确定在哪个方向上电偶极子的势能最小？●●

79. 在极少数情况下，分子的极化率可以是负的。(a) 当这样的分子处于带正电粒子产生的电场中时，画图表示其最终的电荷分布。(b) 描述这个分子的可能运动。●●

80. 两个相同的粒子，每个的电荷量都是 q，相距为 r。一个电偶极矩为 p、电荷间距离为 d ($d<r$) 的电偶极子位于两个粒子的连线上，且电偶极子的中心与两个粒子连线的中心重合，判断施加在电偶极子上的电场力。（提示：你可以用泰勒展开确定电偶极子两极所受到电场力的微小差别）●●●

81. 一个电中性的分子与两个带电粒子共线（位于两个带电粒子之间），其中一个粒子的电荷量是 3.56μC，另一个粒子的电荷量是-1.05μ C。分子的中心距两个带电粒子的距离都是 2.57μm 如果施加在分子上的电场力的矢量和是 45.0nN，请问分子的极化率是多少？●●●

附加题

82. 用焦耳及国际单位制中的其他基本单位来表示电场的国际单位。●

83. 4 个粒子放在边长为 50mm 的正方形的 4 个角上。4 个粒子的电荷量均为 3.0nC，左下角的电荷为正，其他的电荷为负。画出每个电荷在正方形中心位置处电场的矢量图，并判断中心处场强的大小和方向。●

84. 如果在坐标原点处分别放置如下的电荷，求在位置（8.00mm，6.00mm）处的电场强度（大小及方向），电荷量分别为 (a) 8.00μC，(b) −23μC，(c) 10.0nC。●

85. 如图 P23.85 所示，两个电荷的带电量均为 q，在下列两种情况下判断场强为零的位置：(a) 两粒子带同种类型电荷，(b) 一个粒子带正电，另一个带负电。●

图 P23.85

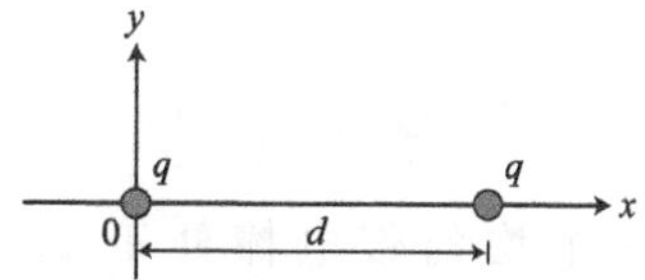

86. 一个初始速度大小为 2.1×10^{7}m/s，沿 x 轴正方向运动的电子进入匀强电场中，场强大小的 $E=2\times10^{4}$N/C，沿着 y 轴正方向。当它沿 x 轴运动 40mm 时，问电子沿着 y 轴走了多远？（尽管电子的运动速度与光速可比，但是不考虑相对论效应。）●●

87. 一个电中性的线性极性分子，它的质子和负电荷在质心的两侧，质子距质心 0.3nm 处，等量的负电荷距质心 0.1nm 处。该分子处在电场强度为 100.0N/C 的电场中，求：(a) 该分子可能受到的最大力矩。(b) 该分子可能受到的最小力矩。●●

88. 有一对物体，它们之间有电场力的

作用，物体间刚开始相距 r，相互间力的大小为 F^E。在下列情况下，当这对物体间距离增大到 $2r$ 时，计算它们之间的电场力的大小。如果这对粒子是（a）带电粒子；（b）永久电偶极子，分离距离沿着两个电偶极子的轴线；（c）永久电偶极子，分离距离垂直于两个电偶极子的轴线；（d）一个为带电粒子，另一个为永久电偶极子，且电偶极子的指向远离带电粒子；（e）一个为带电粒子，另一个为极化电偶极子。●●

89. 一个带电量为+32.0nC 的粒子位于（10.0nm，95.0nm）处，另一个带电量为+98.0nC 的粒子位于（45.0nm，56.0nm）处，计算下列情况下放在坐标原点处的电荷所受电场力的大小，该电荷的带电量分别为（a）3.50μC，（b）7.22μC，（c）95.1nC，（d）-77.5nC，（e）1.00mC，（f）33.2C。（提升：当第一问做完后，其他问就有简便算法。）●●

90. 图 P23.90 表示的四个带电粒子中，每个粒子的带电量都是+3.00μC，且位于正方形的四个顶角上，求在正方形上边长的中点 P 处电场的大小和方向。●●

图 P23.90

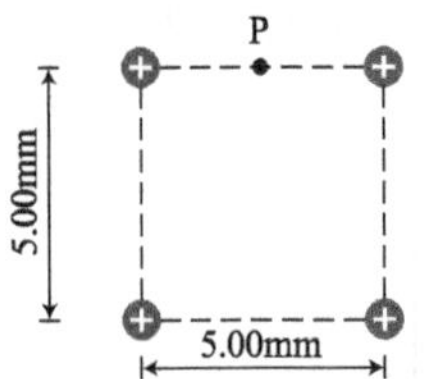

91. 一个均匀带电棒处于 xy 坐标系 $y=-150\text{mm}$ 到 $y=+150\text{mm}$ 部分，棒的带电量为 30nC。

（a）为了计算棒的中垂线上的电场强度，粗略地把棒当成 3 个带电粒子，画出能计算电场强度的三个带电粒子的位置，和每个带电粒子的电荷量大小；（b）在该近似下计算 $x=200\text{mm}$ 处电场强度的大小。（c）你在（b）问中的误差来源是什么？（d）如果你不会使用积分，那么怎样才能使你的近似更好？●●

92. 一个带电量为 q_1、质量为 m 的小球 1 被限制在一个竖直放置的管中移动，如图 P23.92 所示。一个很小的、带电量为 q_2 的小球 2 被固定在管子的底部。（a）判断球 1 在管子内部的平衡高度（忽略摩擦力）；（b）证明：如果球 1 在偏离平衡位置一小段距离处释放，它会以 $\omega=(2g/h)^{1/2}$ 的角速度做简谐运动。●●●

图 P23.92

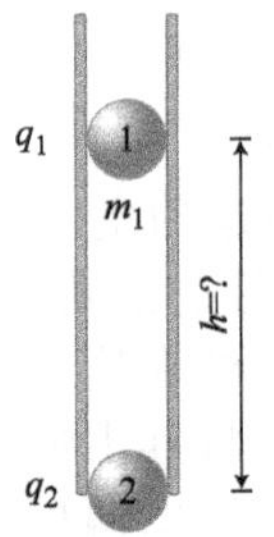

93. 你的老板想要设计一个新的数据存储系统，该系统包含一系列相距很近的电偶极子。它们会指向 z 轴，小间距地排列在 x 和 y 方向上，数据读取器可检测在电偶极子板上方很近处的 E_z。你知道式（23.13）仅在距离电偶极子很远的地方才有效，但是其比实际的结果更易于应用。你喜欢进行更简单的计算，然而你的老板要求你计算距源电偶极子几个电偶极子长度位置处的准确度能够达到 1.00%。你该怎样做？●●●**CR**

94. 你在为打印机设计一个新的引导电子运动的机制，你相信需要一个处于 xy 平面内的圆弧形带电物体来使墨滴有效地偏离原始轨道（z 轴）。你希望使用的是弧长为 s 的均匀带电的圆弧，其圆心角为 2θ，半径为 R，墨滴可以穿过其圆心。圆弧容易转移的电荷量为 q，这给圆形中心处电场强度的大小带来了什么限制？●●●**CR**

95. 一个棒的长度为 πR，它由三个长度相同的绝缘体组成，中间部分是电中性的，边上的部分是均匀带电的，电荷量为 $-q$，棒被弯曲形成半径为 R 的半圆，判断半圆中心位置处电场强度的大小。●●●**CR**

实践篇

复习题答案

1. 场是一系列数值，每一处的数值与周围空间的一个或更多个场源有关。

2. 场概念的引入可以处理运动电荷的相互作用；用场的概念处理问题比用电荷分布处理更容易。

3. 乒乓球 A 激发的电场对乒乓球 B 有力的作用，而乒乓球 B 自身的电场对自身并没有作用。

4. 标量场（如温度场）在空间任意一点处只有大小；矢量场（如重力场）在任意一点既有大小又有方向。

5. 场线是为了形象地描述场，在场存在的空间中画出许多小箭头，其方向和长度表示各点场的大小和方向。

6. 将试探电荷 q 放在 P 点处，测出场源电荷施加给试探电荷的电场力 F，则 F/q 即是场源电荷 S 在 P 点处产生的场强大小。

7. 泡沫颗粒在 P 点的场强没有变化。泡沫颗粒对于带电球所激发的电场没有任何贡献。由于场源（带电球）并未发生变化，因此泡沫颗粒所处的场也不会发生变化。

8. 带正电的试探电荷所受电场力的方向即为该处电场的方向，该题中试探电荷为负电荷，因而电场方向朝向东。

9. 不是，因为电场是矢量，满足矢量运算法则，所以在任何情况下，图钉位置的电场强度大小都在 $|E_1-E_2|$ 到 $|E_1+E_2|$ 之间。

10. 在匀强电场中运动的负电荷其加速度的方向与电场方向相反，第一种情形说明电场方向具有竖直向下的分量，第二种情形加速度向下，说明电场具有竖直向上的分量。

11. 如图 RQA23.11 所示。

图 RQA23. 11

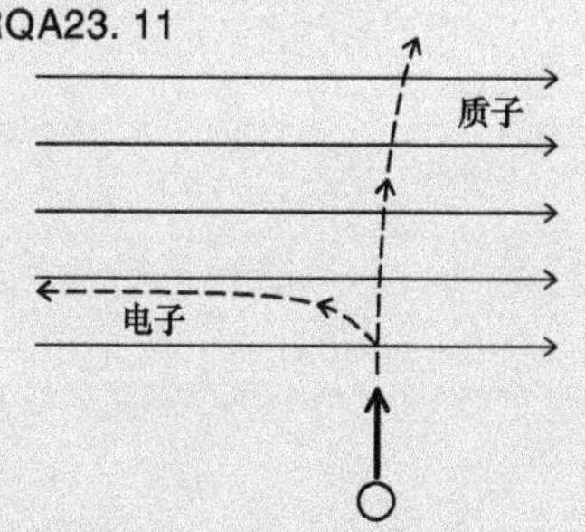

质子

电子

12. 不会，电偶极子在匀强电场受力大小相等、方向相反，合外力为 0。

13. 不会是匀强电场，因为加速度不是恒定的。

14. P 点电场的大小和方向都会变化，电场 E_2 使得 P 点处的电场大小增大，但电场在 x 和 y 方向上的增量不同，因而 P 点方向也会变化。

15. 电场大小与两带电物体间距离的二次方成反比，因而电场减小 100 倍，需要将带电物体间的距增大 10 倍，因而需要使该精密仪器距离带电球体 20 步的距离，也就是再向外移动 18 步。

16. 带电球体的电场强度（E_{sphere}）大小正比于 $1/r^2$，而电偶极子的电场强度（E_{dipole}）大小正比于 $1/r^3$，比值 $E_{\text{dipole}}/E_{\text{sphere}}$ 为 $(qd/r^3)/(q/r^2)=d/r<1$，因此电偶极子的电场强度大小随距离增大减小得更快。

17. 电偶极矩是矢量，方向从电偶极子的负电荷指向正电荷，大小为 $p=qd$（其中，q 为电偶极子正负电荷的电荷量，d 为正负电荷之间的距离）。

18. 如式（23.10）和式（23.13）所给出的那样，场的大小会因沿着电偶极子轴的方向和沿着该轴垂直平分线的方向而不同，这两个值在给定距离 R 处的极端情况下的比值为 2。而在这些轴之间的空间中，场在极值间平滑地变化。

19. 无限小细圆环的半径为 $R\sin\theta$，圆环宽度近似为 $R\mathrm{d}\theta$，该圆环的面积为 $2\pi R\sin\theta R\mathrm{d}\theta=2\pi R^2\sin\theta\mathrm{d}\theta$，半球壳的面积为 $2\pi R^2$，圆环与半球壳的面积之比为 $\sin\theta\mathrm{d}\theta$。由于电荷在半球壳上均匀分布，则 $\mathrm{d}q/q=\sin\theta\mathrm{d}\theta$，故无限细圆环上带电量的表达式为 $\mathrm{d}q=q\sin\theta\mathrm{d}\theta$。

20. (a) $1/r^2$，(b) $1/r$，(c) 常量。

21. 国际单位：$\mathrm{C^2\cdot m/N}$。

22. 放置在电偶极子电场中的点电荷受的电场力 F^E_{dp} 与放置在点电荷电场中的电偶极子受的电场力 F^E_{pd} 是一对作用力与反作用力，因而 $F^E_{\text{pd}}\propto 1/r^3$。

23. 固有电偶极子在没有外电场的情况下，正负电荷之间仍有一定间距；而极化电偶极子只有在外电场中，正负电荷才会分开一定的距离。极化电偶极子中正负电荷间距与外电场 E 是成一定比例的。

引导性问题答案

引导性问题 23.2

在中心处，$E=9kq/a^2$，$\vec{E}$ 方向指向负电荷；考虑到对称性，在三个角处各放一个 $-q$ 电荷，不会改变 $\vec{E}$。

引导性问题 23.4

两个电偶极子之间是相互排斥力，大小为

$$F=\frac{kq_{\mathrm{p}}}{(a+d)^2}+\frac{kq_{\mathrm{p}}}{(a-d)^2}-\frac{2kq_{\mathrm{p}}}{a^2}$$

当 $d\ll a$ 时，可近似为

$$F\approx 6kq_{\mathrm{p}}d^2/a^4$$

引导性问题 23.6

若半圆形的带电棒（$q>0$）开口朝下放置，则该半圆形圆心处的场强方向朝下，大小为

$$E=\frac{kq}{\pi R^2}\int_{\phi-0}^{\pi}\sin\phi\mathrm{d}\phi=\frac{2kq}{\pi R^2}$$

引导性问题 23.8

若要使电子向下加速，则板间的电场方向向上，大小为

$$E=\frac{mv_{\mathrm{i}}^2h}{el(l+2d)}$$

$$=\frac{(9.1\times10^{-31}\mathrm{kg})\left(3.0\times10^5\ \frac{m}{s}\right)^2(0.30\mathrm{m})}{(1.6\times10^{-19}\mathrm{C})(0.030\mathrm{m})(0.030\mathrm{m}+2\times0.20\mathrm{m})}$$

$$=12\mathrm{N/C}$$

实践篇

第 24 章　高斯定理

章节总结

电场线和电通量（24.1 节~24.3 节，24.5 节）

基本概念 **电场线**：我们用**电场线**来直观地反映任意电荷分布周围的电场。任意位置的场强$\vec{E}$沿该点电场线的切线方向。

不论是从带正电的物体发出的电场线的条数还是终止于带负电的物体的电场线的条数均与带电体所带的电荷量成正比。

在电场中，某位置的**电场线密度**是与该处电场线垂直的单位面积上穿过的电场线条数。任意位置处电场强度的大小都正比于该处的电场线密度。

穿过任意闭合曲面的电通量大小只取决于该闭合曲面内所包围的电荷量。闭合曲面外的电荷对该闭合曲面的电通量的贡献始终为零。

定量研究 平面的面矢量为$\vec{A}$，其大小A等于平面面积，方向垂直于该平面。

由场强$\vec{E}$对某一个面的电通量Φ_E（$N\cdot m^2/C$）为

$$\Phi_E=\begin{cases}\int\vec{E}\cdot d\vec{A} & (24.4)\\ \oint\vec{E}\cdot d\vec{A}(\text{闭合面}) & (24.5)\end{cases}$$

其中，$d\vec{A}$是无穷小面元矢量；$\vec{E}$是该位置的电场强度。若曲面是闭合的，则选择指向曲面外侧的方向为$d\vec{A}$的方向。

高斯定理（24.4 节，24.7 节）

基本概念 **高斯面**是在应用高斯定理时选择的任意闭合曲面。当用高斯定理求解电场时，选择高斯面时应尽可能让面上各处的电场强度大小相等（或者为零）。

对于电荷均匀分布的球壳，其外部的场强与位于球壳中心处带相同电荷量的点电荷所激发的场强相同。球壳上电荷对其内部区域任意一点的电场贡献为零。

定量研究 **高斯定理**：穿过高斯面的电通量为

$$\Phi_E=\oint\vec{E}\cdot d\vec{A}=\frac{q_{enc}}{\epsilon_0} \qquad (24.8)$$

其中，q_{enc}（**所包围的电荷量**）为闭合曲面内所有电荷量的代数和，且

$$\varepsilon_0\equiv\frac{1}{4\pi k}=8.85\times10^{-12}C^2/(N\cdot m^2) \qquad (24.7)$$

是介电常数[⊖] [$k=9.0\times10^9N\cdot m^2/C^2$，见式(22.5)]。

计算场强（24.5 节，24.8 节）

基本概念 用来计算电场强度的高斯面应与场源电荷分布具有相同的对称性（球形、圆柱形、平面）。详见《原理篇》中的图 24.27 和“用高斯定理求电场”步骤框。

一个系统的电荷分布不再发生变化时即达到了**静电平衡**。达到静电平衡状态的导体内部场强为零。其全部的剩余电荷都分布在物体表面，且物体表面的场强与表面垂直。金属很快可以达到静电平衡，因此其电荷的重新分布几乎是瞬间发生的。

定量研究 电荷均匀分布且带电量为q、半径为R的球体，距离其球心r（$R\gg r$）处的场强大小为

$$E=\frac{1}{4\pi\varepsilon_0}\frac{q}{R^3}r=k\frac{q}{R^3}r$$

电荷均匀分布且线电荷密度为λ的无限长带电棒，与其相距为r处的场强大小为

$$E=\frac{\lambda}{2\pi\epsilon_0 r}=\frac{2k\lambda}{r}$$

⊖ 也叫真空电容率或真空介电常量。——译者注

电荷均匀分布且面电荷密度为 σ 的绝缘带电面，其产生的场强大小为

$$E=\frac{\sigma}{2\epsilon_0}$$

电荷均匀分布且面电荷密度为 σ 的无限大导体带电面，其产生的场强大小为

$$E=\frac{\sigma}{\epsilon_0} \qquad (24.17)$$

复习题

复习题的答案见本章最后。

24.1 电场线

1. 请描述在已知电荷分布的情况下如何绘制电场线。

2. 请解释在已知某带电物体的情况下如何确定其周围的电场线条数。

24.2 电场线密度

3. 请解释如何用电场线表示电场中给定位置的场强大小和方向.

4. 电场线密度的定义是什么？

5. 为什么仅用与电场线垂直的面来计算电场线密度？

24.3 闭合曲面

6. 穿过某一闭合曲面的电场线通量为零，这是否意味着该闭合曲面内没有任何带电物体？

7. 闭合曲面内所包围的电荷代数和为零，这是否意味着没有任何电场线穿过这个曲面？

8. 已知一个孤立的气球内部只有 8 个电子能够产生通过气球表面的电场线通量。(a) 若另有 8 个电子放置于气球外，且位于一个立方体的 8 个顶点上，则气球的电场线通量将如何变化？(b) 若另外的这 8 个电子被放置于气球外的同一点处（而不是立方体的 8 个顶点)，则穿过气球的电场线通量将如何变化？

9. 已知某闭合曲面周围的电场线图，请说明如何确定穿过这个闭合曲面的电场线通量。

24.4 对称性与高斯面

10. 请描述电荷均匀分布的球壳内外的电场。

11. 请说明平面对称性的特点。

24.5 带电导体

12. 在什么情况下，导体内部的电场强度的大小为零？

13. 在什么情况下，空心导体球壳内部的空腔区域的电场强度的大小不为零？

14. 一个处于静电平衡状态下的中空导体带有剩余电荷。若无其他信息，这些剩余电荷的分布情况一定符合哪些要求●

24.6 电通量

15. 电场线通量和电通量的区别是什么？为什么在分析电场时我们更倾向于使用电通量？

16. 关于电通量的公式有 $\Phi_E=EA\cos\theta$，在此式中，A 和 θ 分别表示什么？

17. 当要解决涉及不规则的面或非均匀电场的问题时，我们能通过计算电场和面元的标量积来求电通量。为什么我们需要计算该标量积？

18. 在求闭合曲面的电通量时，为什么定义面矢量方向向外是非常重要的？

24.7 高斯定理的推导

19. 球形面内包围着一个电子和一个质子，那么该闭合曲面内的电荷量为正、为负，还是为零？

20. 若带电粒子所产生的电场强度的大小与 r 的关系由 $1/r^2$ 变为 $1/r$，那么高斯定理是否还会成立？

24.8 高斯定理的应用

21. 半径为 R、体积为 V 的小球均匀带电，所带的电荷量为 q，选取与其同心的、半径为 r 的球形高斯面，已知 $r<R$。写出该高斯面所包围的电荷 q_{enc} 的表达式。

22. 均匀带电的薄金属球壳的半径为 R，带电量为 $+q$，其外面有一半径为 $2R$、带电量为 $-q$ 的同心金属球壳。若选取的同心球形高斯面的半径为 r，在 $r<R$，$R<r<2R$，$r>2R$ 这三种情况下，哪个高斯面内空间中的电场强度为零？

23. 若要求解距离无限长带电棒径向距离为 r 处的电场，选取半径为 r 的圆柱形高斯面是可行的，但是这个圆柱形高斯面的长度应该选为多少呢？它是否要同带电棒的长度一样，也要为无限长呢？

估算题

从数量级上估算下列物理量，括号中的字母对应于可能用到的提示。根据需要使用它们来指导你的思考。

1. 在地球的引力场中有一间平房，求穿过其房顶的重力通量。(E，I，P，L)

2. 一带电量为 100μC 的小物体的正上方 10m 处有一水平放置的蛋糕盘，求穿过蛋糕盘的电通量。(B，H，M)

3. 有一带电量为 50μC 的金属烤盘，求其面电荷密度大小。(D，J)

4. 为了使一个电子悬浮在塑料砧板上方 10^{-2}m 处，求砧板所需的面电荷密度。(C，G，K，N，A)

5. 为了使地面附近产生方向向上、大小为 100 N/C 的电场，求地面所需的面电荷密度。(O，F)

提示

A. 若电子所受到的电场力能够抵消其受到的重力，则其所需的电场强度的大小应为多少？

B. 蛋糕盘的底面面积为多少？

C. 为了使电子悬浮，哪些力必须要被抵消掉？

D. 烤盘的面积为多大？

E. 通常情况下平房的占地面积为多大？

F. 所求的量是否与离地距离密切相关？

G. 砧板的尺寸是多少？

H. 蛋糕盘所处位置的电场强度大小是多少？

I. 房顶有一定的倾斜角度 θ，应该如何考虑？

J. 电荷是如何分布的？

K. 根据 10mm 的间隔距离与砧板的表面积间的数量级的差异，可以得出砧板的什么信息？

L. 与这些电学量相对应的万有引力量是哪些？

M. 蛋糕盘表面上方的电场强度是均匀的吗？

N. 电子的惯性质量为多少？

O. 将地球考虑为哪种几何形状更合适，球形还是平面？

P. 若要估算电通量，你需要知道哪些物理量？

答案（所有值均为近似值）

A. 6×10^{-11}N/C；B. 0.04m^2；C. 带电砧板给电子的电场力和地球给电子的万有引力；D. 0.2m^2；E. 150m^2；F. 若将地球表面近似看成无限大的平面，则并不需要考虑该物理量；G. 0.3m×0.4m；H. 9000N/C；I. 不需要考虑这个问题，平房的占地面积 $A\cos\theta$ 已经将房顶倾角考虑在内了；J. 在平面两侧近似均匀分布；K. 在如此小的距离处，可以把砧板当作无限大的面；L. $\vec{E}\leftrightarrow\vec{g}$，$\vec{A}\leftrightarrow\vec{A}$；M. 由于蛋糕盘的直径大约为 0.3m，在其表面上的电场$\vec{E}$ 的方向与圆盘面的方向的角度的变化范围可利用直径除以距离求出，即 0.3m/10m = 0.03rad ≈ 2°，这个值很小，因此可以将电场看成均匀的；N. 9×10^{-31}kg；O. 平面，因为物体与地面的距离非常近，这样就可以忽略地球的弯曲程度；P. $\vec{E}$ 和$\vec{A}$

例题与引导性问题

步骤：用高斯定理求电场

当电荷分布具有球对称、柱对称和面对称时，可以使用高斯定理求解其电场，不需要做任何的积分运算。

1. 参考《原理篇》中图 24.27，确定电荷分布的对称性，这个对称性决定了电场的部分信息以及应该选取的高斯面的种类。

2. 画电荷分布图，用几条电场线表示电场。注意：电场线起于正电荷止于负电荷。画出二维的图像即可。

3. 选取高斯面，要求在面上的电场要么平行于表面，要么垂直（电场大小不变）于表面。如果电荷分布将空间划分为不同的区域，在需要计算电场的每一个区域都应画出高斯面。

4. 确定每一个高斯面内的电荷量 q_{enc}。

5. 计算穿过每一个高斯面的电通量 Φ_E。用未知量——电场强度 E 表示电通量。

6. 结合 q_{enc} 和 Φ_E 运用高斯定理［式（24.8）］求解 E。

利用上述步骤可以根据已知的电荷分布（需满足《原理篇》中图 24.27 的三种对称性之一）来求解电场。基本步骤相似，只是在步骤 4~6 中，依据具体情况，用未知的电荷量 q 来表示 q_{enc}，并算出 q。

下列例题涉及本章内容，但又不仅仅局限于本章中的某一节。

其中一部分以例题的形式给出，另一部分则以引导性问题的形式给出。

例 24.1 一对带电小球

（a）请用电场线来表示出两个带电量均为$+q$ 的小球（假设其半径远小于两球间的距离）在空间中所激发的电场。（b）穿过两球球心连线中垂面的电通量是多少？（c）如果两球带电量均变为$-q$，电场线的分布情况将如何变化？

❶ **分析问题** 对于两个带等量电荷的小球，我们需要画出以下两种条件下的电场线分布情况：两球均带正电或均带负电。我们还需要确定通过两小球中垂面处的电通量。首先，画出如图 WG24.1 所示的示意图，并表示出我们已知的信息和需要求出的量。

图 WG24.1

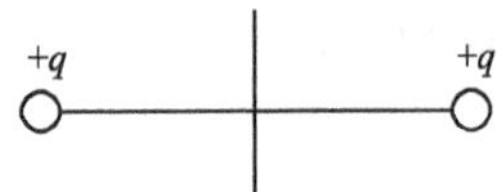

我们知道物体所带电荷的正负与物体周围电场方向的关系，也知道如何去画已知电场的电场线。因此，我们需要画出小球周围空间几个不同位置处的电场方向，然后连接这些点来画出电场线。为了确定通过中垂面的电通量，我们需要求整个平面上的物理量 $\vec{E}\cdot d\vec{A}$ 之和。如果将两个小球连线看成是在 x 方向上，那么该量即为 $E_x dA$。这似乎是一个烦琐的计算，但是我们希望在画电场线进行分析时，能够找到对称性来简化问题。由于已知小球的尺寸远小于它们之间的距离，所以在画电场线时，可以将这两个小球当作点电荷来处理。

❷ **设计方案** 在带电小球附近的位置，我们将带正电的试探电荷所受的电场力的方向作为该处的电场方向。我们可以得到试探电荷在小球周围很多场点处所受的电场力的方向，从而确定该处的电场方向，进而画出电场线。对于复杂的电荷分布情况，这是唯一的办法。然而在这道题中，我们可以用双球系统所具有的对称性来得到电场线的分布。

在得到电场线的分布图后，我们可以用式（24.4）得到通过某一平面的电通量。我们可以利用已知的电荷正负与电场线方向的关系来回答（c）小问。

❸ **实施推导** （a）由于两个小球都带正电，所以电场线是从两个小球出发且沿半径

实践篇

方向背离小球。我们知道，无论将试探电荷放在哪里，它总是被两个小球排斥，并且在任意位置处，试探电荷受到离它较近的带电球的排斥力也更大。在两球连线的中垂面上，由于两个带电小球到该面的距离都相等，因此中垂面上的试探电荷受到两球的电场力是等大的。因此对于中垂面上的试探电荷，其受到的两带电小球施加的合力 $\vec{F}^E_{sP}$ 在 x 方向上没有分量。电场力示意图如图 WG24.2 所示。利用力的示意图和电场线不能相交的事实，我们画出一些能够表示两个带电小球所激发的电场的电场线（见图 WG24.3）。✔

图 WG24.2

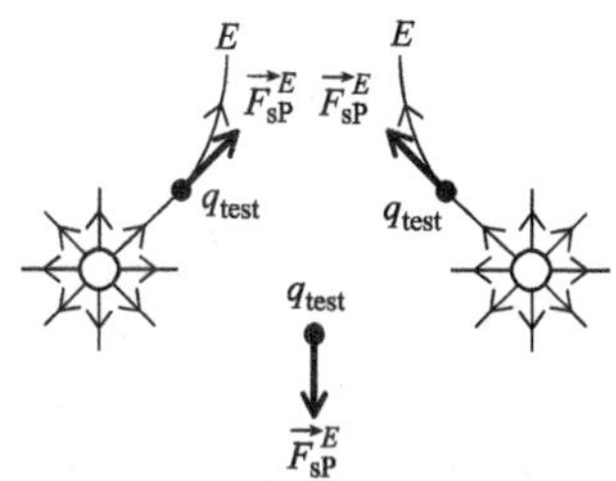

(b) 如图 WG24.3 所示，没有电场线穿过中垂面，由此可知电场在中垂面法向方向上的分量 E_x 为零，则通过这个平面的电通量为零。✔

(c) 如果两个小球都带负电，则电场线的分布情况不变，只是电场线会变为相反的方向。✔

图 WG24.3

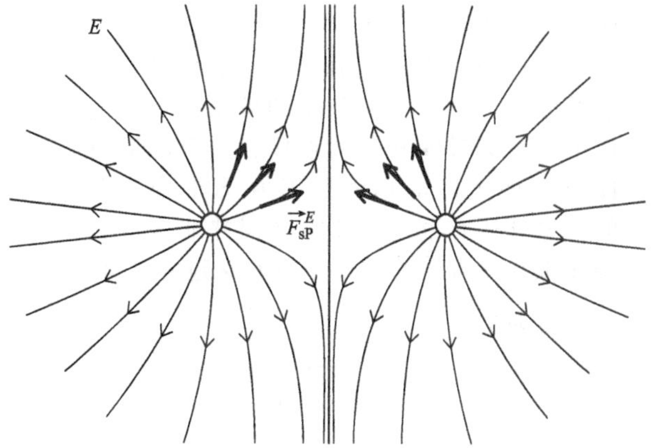

❹ **评价结果** 由《原理篇》的 24.1 节可知，带异种电荷的两物体间的电场线是从带正电的物体出发，指向带负电的物体。因此，我们希望带同种电荷的两物体间的电场线看起来应该像是在将两物体推远（见图 WG24.3）。由对称性可知，当带电体系关于中垂面左右反转后，空间电荷分布不变，由此可知中垂面上电场的法向分量为零，所以通过中垂面的电通量为零。

引导性问题 24.2 正方形带电薄板

一个正方形薄板均匀带电，电荷量为 $+q$。画出该带电薄板的示意图及其所在平面周围空间的电场线。根据所画的示意图回答：垂直于带电薄板且过其中心的平面的电通量为多少？

❶ **分析问题**

1. 画好草图后，用自己的语言描述一下该问题。你需要解决的问题是什么？你需要做出定性的回答还是定量的回答？

2. 带电薄板边缘的电场方向是怎样的？

3. 远离薄板处的电场是怎样的？

❷ **设计方案**

4. 是否有一些对称性能帮助你简化该问题？

5. 哪个公式能够帮助你来计算电通量？你是否已经可以估计出电通量的值？

❸ **实施推导**

6. 画一些电场线将两种极限情况联系起来：靠近带电薄板和距离其无限远处。

❹ **评价结果**

7. 对于任意一个垂直于该带电薄板且过其对称轴的平面，你能得到有关其电通量的哪些信息？

例 24.3 立方体的通量

在你观察一杯饮料的时候，发现一个立方体形状的冰块在杯子中浮动。已经学习过电通量知识的你想到了一个有趣的问题：如果一个质子在边长为 a 的立方体的一个顶点处，那么这个立方体的每一个面的电通量为多少？

❶ **分析问题** 已知立方体的边长，且质子在立方体的一个顶点处。为了求出该正方体的每一个面的电通量，我们首先画出包含以上信息的草图（见图 WG24.4）。我们把质子看成一个电荷均匀分布的粒子，那么它将产生一个球对称分布的电场，这意味着立方体每个面上的电场线密度并不是均匀分布的，另外还有很大部分的（但并非全部）电场线都在立方体的外部，没有穿过立方体。

图 WG24.4

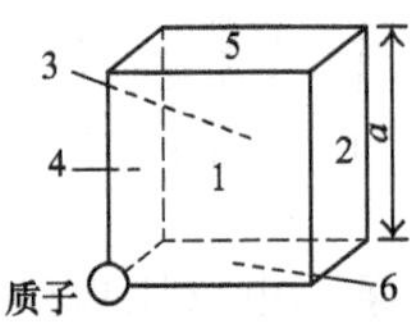

❷ **设计方案** 我们通过式（24.5）得到通量，但因为立方体每个面上的电场并不是一样的，所以计算电通量的积分会很困难。然而我们可以逐个面的考虑，并用对称性来简化计算。由式（24.15）及 $q=+e$ 可知，单一质子产生的电场的场强可以表示为

$$\vec{E}=\frac{1}{4\pi\epsilon_0}\frac{e}{r^2}\hat{r}$$

其中，q 为质子所带的电荷量；r 为质子到场中某点的径向距离；$\vec{E}$ 表示该点的场强。其中有三个面在其公共顶角处有一质子（见图 WG24.4 中的面 1、4、6），面上各点的场强不是等大的，但是这几个面上的场强方向的特点是：面 1 上的 $\vec{E}$ 平行于面 1，面 4 上的 $\vec{E}$ 平行于面 4，面 6 上的 $\vec{E}$ 平行于面 6。由于场强方向与这三个平面平行，那么对于每一个面来讲均有 $\vec{E}\cdot d\vec{A}=E\cos 90°\, dA=0$。另外，由于在面 2、3、5 上对任意面元矢量 $d\vec{A}$，总能在另外两个面上找到与之对应的面元，且均与对应的电场有相同的夹角，所以三个面的电通量大小相等。因此，我们只需要计算其中一个面的电通量即可。图 WG24.5 表示的是面 2 的情况，依据此图可以帮助我们建立积分式。

如图 WG24.5 所示的坐标轴，面元 dA 等于 $dxdy$。对于一顶角处有一质子的直角三角形，我们有 $\cos\theta=a/r$，$r^2=a^2+b^2$，其中 b 是面 2 上离质子最近的顶点（在该顶点处 $x=y=0$，$z=a$）到面元 $d\vec{A}$ 的距离。对于面 2 内的直角三角形，有 $b^2=x^2+y^2$，得 $r=\sqrt{a^2+(x^2+y^2)}$，则面 2 的电通量为

图 WG24.5

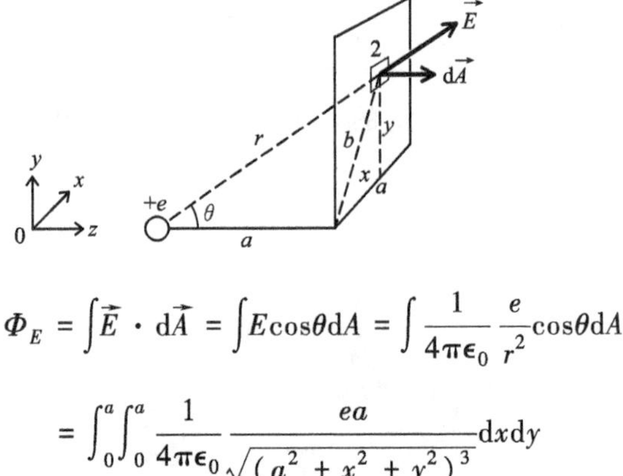

$$\Phi_E=\int\vec{E}\cdot d\vec{A}=\int E\cos\theta dA=\int\frac{1}{4\pi\epsilon_0}\frac{e}{r^2}\cos\theta dA$$

$$=\int_0^a\int_0^a\frac{1}{4\pi\epsilon_0}\frac{ea}{\sqrt{(a^2+x^2+y^2)^3}}dxdy$$

❸ **实施推导** 根据积分表（或者用计算机程序来进行积分），我们计算出沿 x 轴的积分为

$$\Phi_E=\frac{ea}{4\pi\epsilon_0}\int_0^a\left[\frac{x}{(a^2+y^2)\sqrt{a^2+x^2+y^2}}\right]_0^a dy$$

$$=\frac{ea^2}{4\pi\epsilon_0}\int_0^a\frac{dy}{(a^2+y^2)\sqrt{2a^2+y^2}}$$

如果在参考资料中找不到最后的积分，计算 y 轴的积分就会很难了，但是做了变量代换后的积分形式却可以在大部分积分表中查到。变量代换为

$$u^2=a^2+y^2$$

$$dy=\frac{u}{y}du$$

将其代入，则积分式变为

$$\Phi_E=\frac{ea^2}{4\pi\epsilon_0}\int_a^{\sqrt{2}a}\frac{(u/y)du}{u^2\sqrt{u^2+a^2}}$$

$$=\frac{ea^2}{4\pi\epsilon_0}\int_a^{\sqrt{2}a}\frac{du}{u\sqrt{u^2+a^2}\cdot\sqrt{u^2-a^2}}$$

$$=\frac{ea^2}{4\pi\epsilon_0}\int_a^{\sqrt{2}a}\frac{du}{u\sqrt{u^4-a^4}}$$

根据积分表得到

实践篇

$$\Phi_E = \frac{ea^2}{4\pi\epsilon_0}\left[\frac{-2}{4a^2}\arcsin\frac{a^2}{u^2}\right]_a^{\sqrt{2}a}$$
$$= -\frac{e}{8\pi\epsilon_0}\left[\arcsin\left(\frac{1}{2}\right)-\arcsin(1)\right]$$
$$= -\frac{e}{8\pi\epsilon_0}\left[\frac{\pi}{6}-\frac{\pi}{2}\right]$$

则穿过不包含质子的面 2、3、5 上的电通量均为

$$\Phi_E = \frac{e}{24\epsilon_0} ✔$$

根据设计方案中的分析，其他三个面的电通量为零。

❹ **评价结果** 你可能会说“一定会有更简单的方法！”但实际上有时候有，有时候的确没有。（本题的情况确实有一种更简单的方法，具体见例 24.5。）尽管如此，你也没有必要害怕处理这种积分问题。最重要的是正确建立物理模型，就像我们在设计方案中所做的那样，然后利用你知道的或能够查到的数学工具，就能得到答案。

面 2、3、5 的电通量与立方体边长 a 无关。这一结果令人惊讶，但当你将电场想象成从质子出发的“射线”时就能够想明白了。当立方体的尺寸增大一倍时，通过这三个面上的电场线数量并没有变化，因此电通量也没有变化。

引导性问题 24.4 带电棒穿过的立方体

一个无限长、线电荷密度为 λ 的带正电的棒状物穿过边长为 a 的立方体。带电棒与立方体的上下两个面垂直且通过立方体的中心。利用积分计算出立方体各个面的电通量。

❶ **分析问题**

1. 你拥有哪些信息？你要求解的量又是什么？画一个能包含以上信息的草图。

2. 本题与例 24.3 有哪些相似性？又有哪些不同？

3. 你可以利用什么物理对称性来简化问题？一个无限长带电线所产生的电场情况是怎样的？

❷ **设计方案**

4. 穿过立方体每一个面的电通量都是零吗？为什么？

5. 使用哪个公式可以用已知量表示出未知量？哪些信息能够帮助你确定立方体电通量不为零的面上某一点的电场强度，以及该点所在表面的法线方向？

6. 从电通量的定义出发。判断每个面上任意位置处的电场方向，以便可以对整个面进行面积分。用此位置处的坐标（可能是 x、y、z）来表示 dA。

7. 标量积中包含因子 $\cos\theta$。你能用坐标变量来表示这个余弦函数吗？你能将带电棒到面元 dA 的距离用坐标变量表示吗？

8. 在得到了某个面的电通量之后，你能用对称性或者类比的方法得到其他面的电通量吗？

❸ **实施推导**

9. 在一个电通量不为零的面上进行积分，并将结果推广到其他面。

❹ **评价结果**

10. 正如我们将在引导性问题 24.6 的详细解答中所做那样，你不通过积分就能够巧妙地求出答案，它可以用来检验烦琐计算得出的答案。利用对称性推断出立方体中有两个面的电通量为零，另外四个面的电通量相等，看看穿过这四个面的总的电通量是否如高斯定理要求的那样等于 q_{enc}/ϵ_0。

例 24.5 再次探究立方体的通量

用高斯定理来求例 24.3 中穿过立方体各个面的电通量。

❶ **分析问题** 在例 24.3 中，已知立方体边长为 a，顶角处放置一个孤立的质子（见图 WG24.4）。在本题中，我们将用高斯定理［式（24.8）］来求出立方体上每个面的电通量。我们知道如何去计算质子在空间中产生的电场强度，也知道立方体每个面的位置和方向。我们还意识到立方体的对称性可以用来简化问题。

❷ **设计方案**　由于质子是放置于立方体的一个顶角处，立方体并没有将质子包含在其内部，所以我们不能用这个立方体作为高斯面。然而我们可以在这个立方体的周围加上另外 7 个边长也为 a 的立方体来包裹住质子，这样得到的是边长为 $2a$ 的立方体，且质子恰好在其几何中心处（见图 WG24.6）。这个大立方体就是我们要选择的高斯面，由此应用高斯定理来求出这个大立方体各个面的电通量，再利用对称性来得到所要求的小立方体各个面的电通量。

图 WG24.6

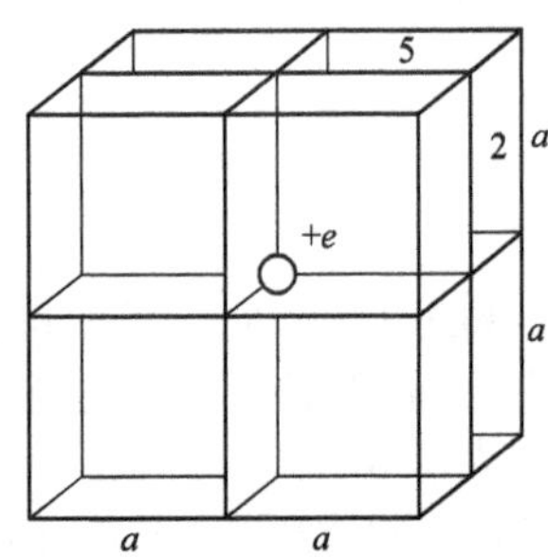

❸ **实施推导**　由高斯定理可知，穿过包围质子的大立方体的电通量为 e/ϵ_0。由于质子在大立方体的几何中心上，由对称性可知，大立方体 6 个面的电通量都相同。如图 WG24.6 所示，大立方体的每个面都由四个边长为 a 的正方形组成，即大立方体的每个面都由四个原始的小正方形组成。因此，我们应用高斯定理和对称性就能得出穿过每个小正方形的电通量为

$$\Phi_E = \frac{1}{(6)(4)}\frac{e}{\epsilon_0} = \frac{e}{24\epsilon_0}$$

这与我们在例 24.3 中通过冗长的积分计算得到的结果相同。

该结果给出了初始立方体中穿过面 2、3、5 的电通量。再由在原始立方体中电场强度方向与面 1、4、6 平行可知，穿过面 1、4、6 的电通量为零。✔

❹ **评价结果**　在完成同样的任务时，应用高斯定理要比用例 24.3 中的方法简单得多。这个定理在对称性的帮助下能够发挥巨大的作用。虽然学会合理地选取高斯面需要不断地练习和积累经验，但是正如例题所示，这是很值得的。

引导性问题 24.6　再次探究有带电棒穿过的立方体

用高斯定理来求解例 24.4 中穿过立方体各个面的电通量。

❶ **分析问题**

1. 本题中所要求的物理量与例 24.4 中的相同，那么所画的草图也与例 24.4 中的相同吗？

2. 本题与例 24.5 有哪些相似性？又有哪些不同呢？

3. 你将会用怎样的对称性来简化问题？一个无限长带电棒所产生的电场分布看起来是什么样的？

❷ **设计方案**

4. 立方体 6 个面各自的电通量都是零吗？为什么？

5. 哪个公式能帮助你用已知量来表示未知量？哪些已知条件能够用来求解这些未知量？

6. 该如何选取高斯面？这个高斯面所包围的电荷量是多少？

❸ **实施推导**

7. 利用高斯定理及系统的对称性来求解。

❹ **评价结果**

8. 本题所得结果应与例 24.4 的结果相同吗？事实是否如此？

例 24.7　非均匀带电的圆柱体

一个很长的绝缘圆柱体的半径为 R，其体电荷密度与 r 满足正比关系 $\rho(r)=\rho_0 r$，其中，ρ_0 是单位为 C/m^4 的常量；r 为圆柱中心轴线到某点的径向距离。(a) 在圆柱体长轴中点附近的任意位置处，用 ρ_0、R、r 表示出圆柱体内、外电场强度的大小。(b) 画出电场强度大小与到圆柱体中心轴线径向距离 r 的函数关系图像。

❶ **分析问题** 我们已知圆柱体内部的电荷体密度变化公式，且被告知圆柱体很长。我们的任务是：(a) 在圆柱体长轴中点位置附近，推导出圆柱体内、外电场强度大小的表达式；(b) 画出电场从圆柱中心轴线沿径向向外的变化情况。

基于圆柱体的对称性，我们首选高斯定理作为工具来进行计算。由于已知圆柱体很长，且要求的是其几何中心附近电场强度的大小，所以我们假设可以忽略圆柱体末端附近电场柱对称性的细微差别。由此可以假定，在所要计算的区域内，电场方向是与圆柱体长轴垂直且沿径向向外的。

❷ **设计方案** 我们将运用高斯定理及柱对称性来求圆柱体内、外场强的表达式。为了完成 (b) 小问的任务，我们需要利用 (a) 小问中得出的表达式，并将所需常数代入，画出 E-r 曲线，确保圆柱体内、外电场强度大小的表达式在 $r=R$ 处相同。

❸ **实施推导** (a) 由于圆柱体的对称性，我们选取一个圆柱形高斯面，并在圆柱体的内部包围一部分电荷（见图 WG24.7）。按照惯例，我们用 r 表示圆柱形高斯面上、下底面的半径，且高斯面沿圆柱体高度方向的延伸距离为 h。由于电场方向沿径向，所以电场强度与除了两个底面以外的高斯面的侧面处处垂直。在高斯面的两个底面上，$\mathrm{d}\vec{A}$ 与 $\vec{E}$ 垂直（由于两底面与 $\vec{E}$ 平行，且 $\mathrm{d}\vec{A}$ 与底面正交），所以 $\vec{E}\cdot\mathrm{d}\vec{A}=E\cos90°\mathrm{d}A=0$。由于对称性，所示高斯面的侧面上各处的电场强度大小都相同。因此，我们只需计算侧面区域面积的积分即可。

图 WG24.7

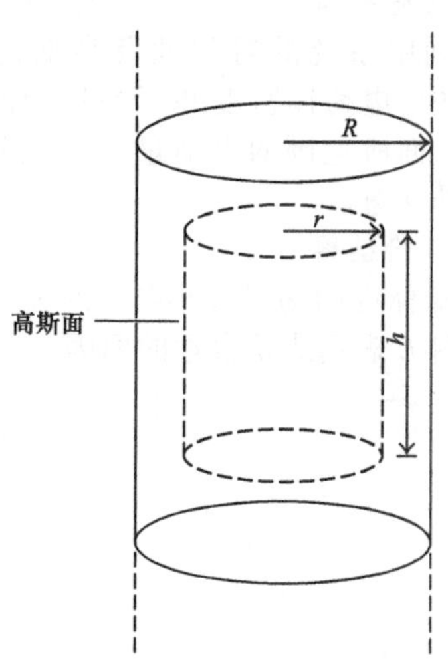

$$\Phi_E=\oint\vec{E}\cdot\mathrm{d}\vec{A}=\oint E\cos0°\mathrm{d}A$$

$$=E\oint\mathrm{d}A=E(2\pi rh)$$

注意标量积的结果是我们需要对面元标量 $\mathrm{d}A$ 进行积分，而不是对面元矢量 $\mathrm{d}\vec{A}$ 积分。如果用矢量形式的话，会得到 $\oint\mathrm{d}\vec{A}=\vec{0}$ 的结果（你应该能够解释原因）。应用高斯定理我们得到的是

$$\Phi_E=E(2\pi rh)=\frac{q_{\mathrm{enc}}}{\epsilon_0}$$

$$E=\frac{q_{\mathrm{enc}}}{2\pi rh\epsilon_0}$$

在计算被高斯面所包围的电荷时，我们必须记得体电荷密度是随着到圆柱体轴线的径向距离 r 的变化而变化的，它满足 $\rho=\rho(r)=\rho_0 r$，所以我们将高斯面内的区域分成半径为 r_{shell} 的一系列薄壁圆柱壳，壁的厚度为 $\mathrm{d}r_{\mathrm{shell}}$，高度为 h（见图 WG24.8）。每个薄壁圆柱壳的壁内包含的无穷小的电荷量为 $\mathrm{d}q=\rho(r=r_{\mathrm{shell}})\mathrm{d}V$，其中 $\mathrm{d}V=2\pi r_{\mathrm{shell}}h\mathrm{d}r_{\mathrm{shell}}$，它是圆柱壳侧壁的体积。则被半径为 r 的高斯面包围的电荷量为

$$q_{\mathrm{enc}}=\int\mathrm{d}q=\int\rho(r_{\mathrm{shell}})\mathrm{d}V$$

$$=\int_0^{r_{\mathrm{shell}}=r}\rho_0 r_{\mathrm{shell}}[2\pi r_{\mathrm{shell}}h\mathrm{d}r_{\mathrm{shell}}]$$

$$=\frac{2\rho_0\pi hr^3}{3}$$

图 WG24.8

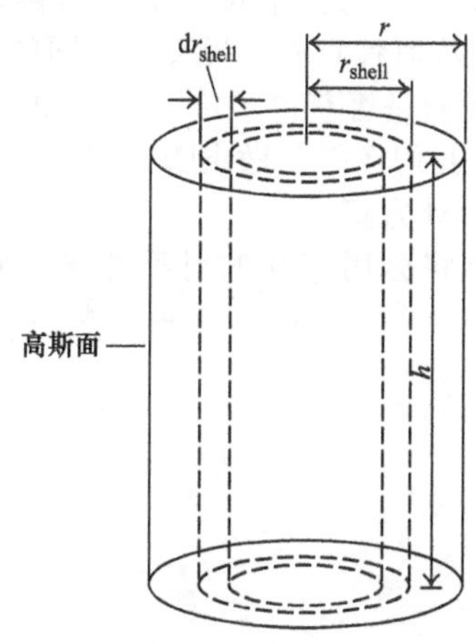

带电圆柱体内（$r<R$）距中心轴线径向距离为 r 处的场强大小为

$$E_{\text{inside}}=\frac{2\rho_0\pi hr^3/3}{2\pi rh\epsilon_0}=\frac{\rho_0}{3\epsilon_0}r_2$$

在圆柱体外，由于电荷分布终止于圆柱体表面，所以高斯面内所包围的电荷量不再变化，与高斯面到圆柱体中心轴线的径向距离无关。由此我们只需计算径向距离 $r=R$ 处所含的电荷量即可，即 $q_{\text{enc}}=2\pi h\rho_0R^3/3$。则圆柱体外（$r>R$）距轴线径向距离为 r 处的场强大小为

$$E_{\text{outside}}=\frac{2\rho_0\pi hR^3/3}{2\pi rh\epsilon_0}=\frac{\rho_0R^3}{3\epsilon_0}\frac{1}{r}$$

（b）画出如图 WG24.9 所示场强大小 E 与到中心轴线径向距离 r 的函数曲线。由曲线的形状可知，场强大小一开始与 r^2 成正比，直到与中心轴线之间的径向距离增加到 $r=R$，然后当 $r>R$ 时，E 与 $1/r$ 成正比。

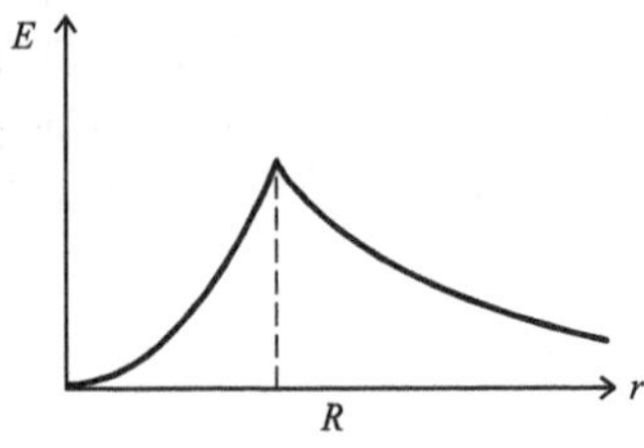

❹ 评价结果 在圆柱体内部，场强随 r 的增大而增大，在外部随着 r 的增大而减小。这是符合常理的。沿着圆柱体中心轴线径向向外直至到达圆柱体表面，高斯面所包围的电荷量越来越多，因此电场强度会变得越来越大，直到 $r=R$。然而在圆柱体外，距离越大，场强越小，正如《原理篇》练习 24.7 中无限长带电细棒的情况一样。我们还要进一步检验，以保证在棒的边界 $r=R$ 处，圆柱体内、外电场强度的表达式一致。令人满意的是，我们所求得的圆柱体内、外电场强度的表达式与在 r 无限趋近 R 处时的极限值是相等的，都是 $E(r=R)=\rho_0R^2/(3\epsilon_0)$。

例 24.8 不均匀带电的球体

一个半径为 R 的绝缘小球内部带电量为 q，电荷非均匀地分布于 $r<R$ 的区域内，但是却具有球对称性。其内部某一点的体电荷密度与该点到球心的径向距离 r 成反比。试确定带电小球内、外的电场，并画出场强大小随 r 变化的图像。

❶ 分析问题

1. 列出已知条件，描述待求的物理量，画出问题情境的草图。

2. 从何种意义上说，本题与例 24.7 是相似的？从何种意义上说又是不同的？

3. 我们是否获得了足够的已知条件来解答问题？我们还需要做出哪些假设？

❷ 设计方案

4. 你将会用怎样的对称性来简化问题？一个带电小球所产生的电场看起来是什么样的？

5. 利用题目中给出的物理量所确定的电荷体密度关于半径的函数是什么？

6. 选取什么样的高斯面是恰当的？

7. 所选取的高斯面内包围的电荷量为多少？

❸ 实施推导

8. 利用系统的对称性及高斯定理来求解。本题中电荷体密度并不是均匀的，因此计算高斯面所包围的电荷量涉及积分。这点需要格外注意。

❹ 评价结果

9. 球体内的场强大小与 r 的关系是否合理？说明 E 表达式是合理的原因。

习题 通过《掌握物理》® 可以查看教师布置的作业 MP

圆点表示习题的难易程度：● = 简单，●● = 中等，●●● = 困难；**CR** = 情景问题。

24.1 电场线

1. 将一个带电粒子放置于坐标原点处，如果粒子所带电荷是（a）正的或（b）负的，那么坐标（0.6，1.2）处的电场方向如何？●

2. 由于地球大气层中带正电的离子的存在，在晴天时地球表面的自由电子（也就是说电子不被原子束缚）会受到一个很小的向上的电场力。画出地球表面附近的电场线。●

3. 空间中某处的电场强度大小为零，你能画出穿过该处的电场线吗？●

4. 你和朋友要画两个彼此靠近的带电物体的电场线平面图。第一个物体的带电量为 $+2q$（q 是正的），第二个物体的带电量为 $-q$。你画了 32 条电场线从第一个粒子发出，16 条电场线终止于第二个粒子；你朋友画的是 24 条电场线从第一个粒子发出，12 条电场线终止于第二个粒子。哪个图是正确的？●

5. 一个带正电的试探电荷在匀强电场中由静止开始释放，试探电荷只受到这个匀强电场场源施加的电场力的作用。（a）描述试探电荷的运动轨迹。（b）如果试探电荷有沿电场方向的初速度，其运动轨迹将如何变化？（c）如果试探电荷的初始速度与电场方向的夹角 $\theta \neq 0$，其运动轨迹又将如何变化？（d）如果试探电荷为负电荷，重新回答问题（a）、（b）、（c）。●●

6. 某电场线的分布情况表示的是带电量分别为 5.0μC、-3.0μC 和-2.0μC 的三个粒子在空间中产生的电场。如果有 20 条电场线从带正电的粒子发出，则各应有多少条电场线终止于两个带负电的粒子上？●●

7. 图 P24.7 表示电偶极子所产生的电场。当一个带正电的试探电荷分别从（a）A 点处、（b）B 点处、（c）C 点处和（d）D 点处由静止释放时，假设没有其他物体对试探电荷施加的力的作用，它将会做什么运动？（e）若在 A 点处试探电荷的初速度与电场方向的夹角 $\theta \neq 0$，则（a）小问的答案将会如何变化？●●

图 P24.7

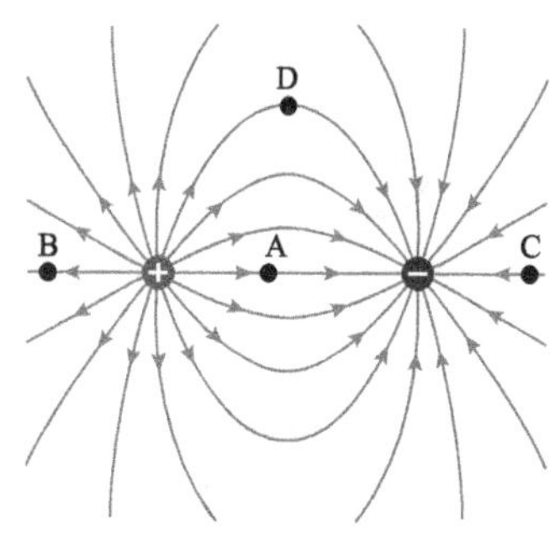

8. 两个带电量为 $+q$ 的粒子放置于正方形对角线的两端，另一对角线的两端有两个带电量为 $-q$ 的粒子。用电场线表示出这四个电荷在周围空间中产生的电场情况，在正方形所在平面内，针对每个电荷都画出 8 条电场线。●●

9. 假设一试探电荷在某电场中由静止开始释放，它只受到一个电场场源施加的电场力作用。是否可以用过试探电荷初始位置的电场线来表示该试探电荷的轨迹？如果不是，举例说明。●●

10. 在图 P24.10 中的三个带电粒子周围画出几条电场线。●●

图 P24.10

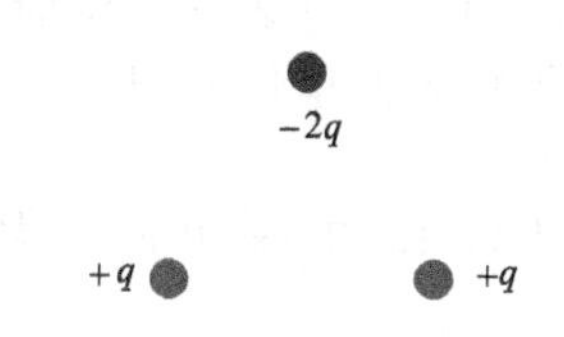

11. 坐在你旁边的两个同学画了一幅电场图，你正在看它是否正确（不是在考场上），但是图的一部分被一枚硬币挡住了，如图 P24.11 所示。如果你的同学画的图是正确的，那么你能得到被硬币挡住的区域的哪些信息？解释你能够确定的此区域内关于带电粒子的所有信息。●●

12. 设计一个计算机程序，该程序可以绘制出带电物体周围的电场线。假设我们已经有了绘制带电体及各点之间线段的程序。●●●

实践篇

图 P24.11

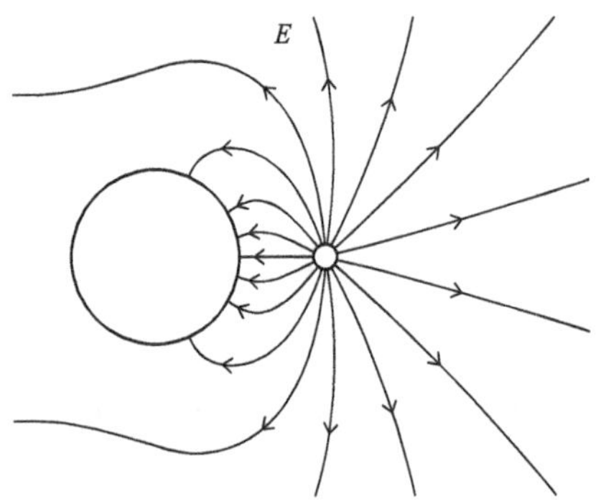

13. 引力现象和电现象有很多相似的地方：我们可以将有一定质量的“待测物体”放在引力场中与带有一定正电荷的试探电荷放在电场中进行类比。(a) 画出地-月系统的引力场线，并标出箭头以表明引力场的方向。(b) 考虑由两个带电物体组成的系统。为了使电场线与 (a) 小问中所画出的引力场线形式类似，每个物体应该携带哪种电荷(正电荷或负电荷)？(c) 你能说出引力现象和电现象之间的区别吗？●●●

24.2　电场线密度

14. 一个小的带电球悬浮于圆形气球的中心，圆形气球放在一立方体纸箱中。气球接触纸箱的其中一面。(a) 假设没有物体被极化，在气球与盒子接触的这一点上，气球表面和纸箱表面的场强大小是否相同？(b) 在接触点处，气球表面单位面积上的电场线数量与纸箱表面单位面积上的电场线数量是否相同？●

15. 图 P24.15 中哪里的电场强度最大？●

图 P24.15

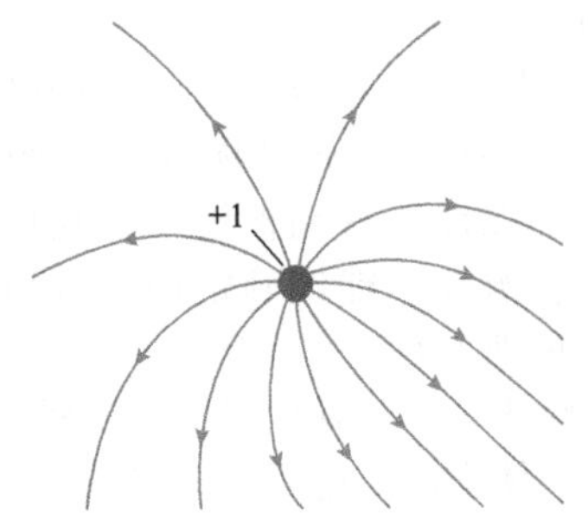

16. 假设某平面每单位面积有 2000 条电场线通过，且电场线均垂直于该平面。若将该平面倾斜 60°，则通过该平面每单位面积的电场线有多少？●

17. 某电场的电场线如图 P24.17 所示，请按电场强度由大到小的顺序给位置 A、B、C 排序。●

图 P24.17

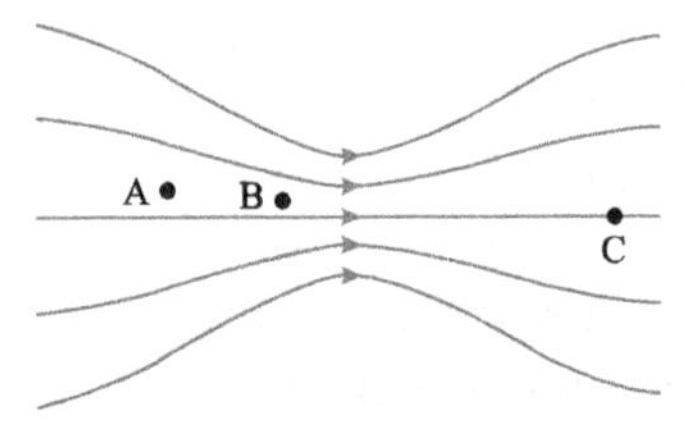

18. 用几何知识及电场线在空间分布的特点来说明，一个长直带电线周围的电场强度大小与 $1/r$ 成比例，其中 r 是场点到带电线的径向距离。●●

19. 用几何知识及电场线的特点来说明，一个大的带电金属平面附近的电场强度大小是恒定的。并且只要到平板的距离 d 相对于平板区域是很小的，电场强度的大小就是常数且与 d 无关。●●

20. 图 P24.20 表示的是某电荷分布（电荷未画出）所产生的电场线，图中 A、B、C 标出的区域面积相等，则在 A、B、C 这三个区域中 (a) 哪个区域的电场强度最大？(b) 哪个区域的电场强度最小？(c) 最大的比最小的大多少？●●

图 P24.20

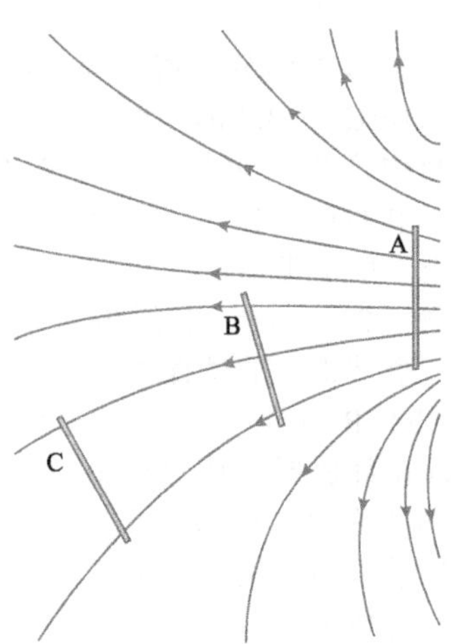

实践篇

21. 完全相同的带电小球由静止开始分别从图 P24.21 中所示的 A、B、C 三条线上释放，已知相邻两条线间的距离均相等，区域中电场不均匀。(a) 将小球分别从 A 运动到 B，从 B 运动到 C，从 C 运动到 D 的时间间隔从小到大排序。(b) 如果每个小球都具有沿着直线 A、B、C 竖直向上的初速度，则 (a) 小问的答案会如何变化？●●

图 P24.21

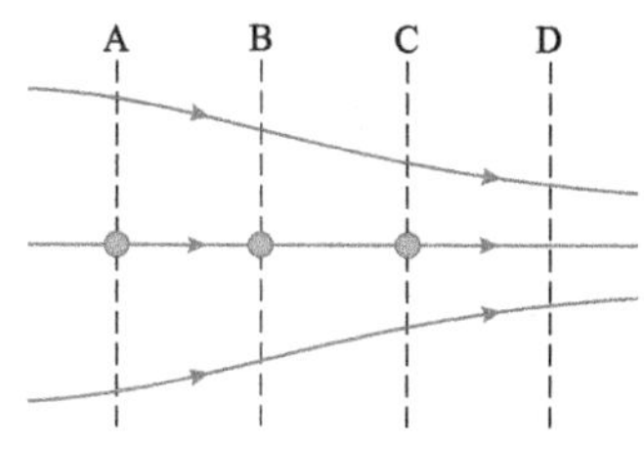

22. 你决定画一张电场线的平面图，图中每库仑电荷有 16 条电场线。(a) 若某粒子带电量为+1.5C，则它周围的电场线应该画多少条？电场线是由该粒子上出发还是终止于该粒子？(b) 若某粒子带电量为 -0.375C，请重新回答 (a) 小问。(c) 你能在图中表示出带电量为+0.8C 的粒子吗？●●

23. 两个不同的带电物体附近有两个大小相同的平面。A 平面有 N 条垂直穿过它的电场线，B 平面只有 $N/2$ 条电场线穿过，且这些电场线与 B 平面的法线成 72°角。则 A、B 平面附近的电场线密度哪个大？大多少？●●●

24.3 闭合曲面

24. 假设某系统仅由一个带正电的物体组成。你能否在该系统中找到一个闭合曲面，使得在其上有负的电通量穿过？(提示：带电体不需要在闭合曲面内) ●

25. 闭合曲面 A 是一个半径为 R 的球面，闭合曲面 B 是半径为 $2R$ 的球面，闭合曲面 C 是边长为 R 的正方体。在三个闭合曲面的几何中心处各有一个带电量为 $+q$ 的小球，且小球被完全包裹在闭合曲面内部。假设各闭合曲面内部再无其他带电体，请将这三个闭合曲面按电通量由大到小的顺序排列。●

26. 三个带电小球排成一列，三个假想闭合曲面的位置如图 P24.26 所示，它们都有相同的柱形侧壁，只是上底面形状不同。请将这三个闭合曲面按照穿过的电通量由大到小的顺序排列。●

图 P24.26

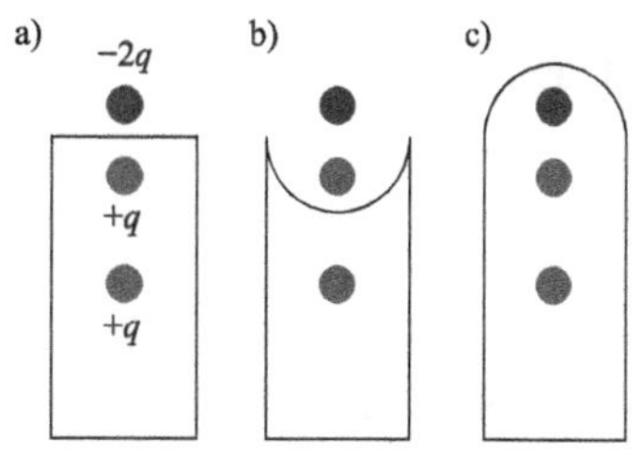

27. 如图 P24.27 所示，假设有一个只包围球 1 的高斯面，它的电场线通量为+4。画出包围球 1 和其他三个小球中的任意个小球的三个高斯面，使得其电场线通量分别为 (a) +24，(b) −4，(c) +8。●●

图 P24.27

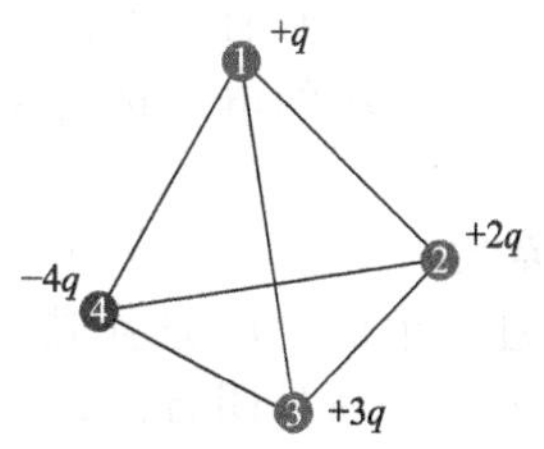

28. 在如图 P24.28 所示的电荷的分布图中，带电量为+1C 的物体发出的电场线为 12 条，则闭合曲面 (a) A，(b) B，(c) C，(d) D，(e) H 的电场线通量各为多少？●●

图 P24.28

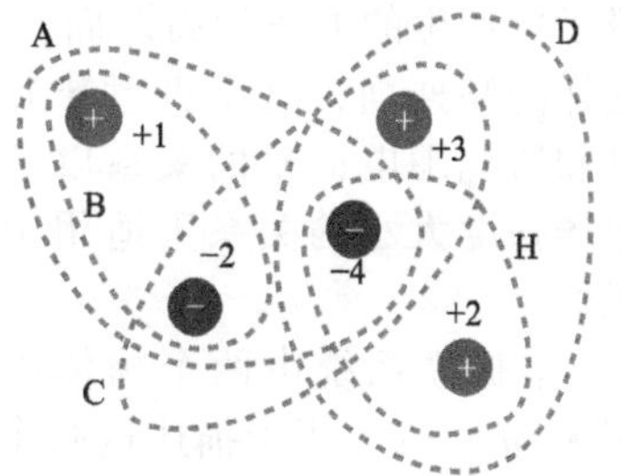

29. 在某个电场线图中，有四条电场线终止于一个孤立的电子上。如果该图其他区

域上有一个发出 16 条电场线的闭合曲面，则这个闭合曲面内包围的电荷数量是多少？它是正的还是负的？●●

30. 对于如图 P24.30 所示的电偶极子，能否画出一个二维闭合曲面，使穿过该闭合曲面的电场线通量分别是（a）0，（b）+16，（c）−16，（d）+3？●●

图 P24.30

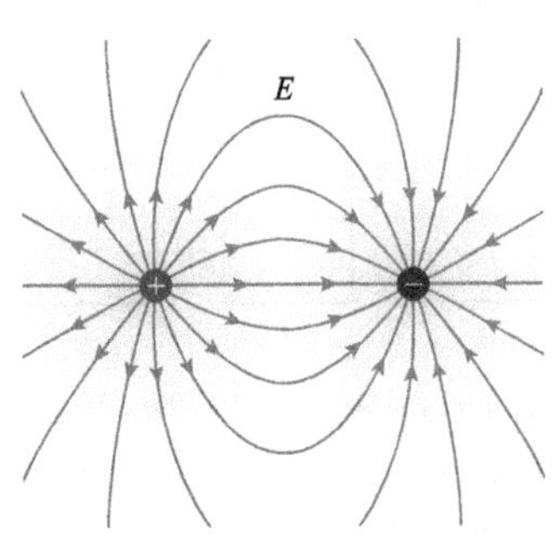

31. 基于高斯定理论证：一个带电物体不可能只在电场的作用下就可以达到稳定的平衡。外部电场可能是由区域外的带电物体激发的。首先，假设所研究的区域内没有其他带电物体，该区域的电场都是由区域外的电荷激发的。●●●

32. 本章内容告诉我们某闭合曲面内的电荷量与穿过这个面的电通量成正比。为了解释为何要求这个面是闭合的，请你画出一种电荷分布及一个曲面，说明如果曲面上有开孔时（不封闭），穿过这个曲面的电通量就会有明显的改变（穿过孔的通量不计算在内）。●●●

24.4　对称性与高斯面

33.（a）能否画出一个可以方便地求出由电偶极子所产生的电场的高斯面？（b）如果没有这样的高斯面，这是否意味着高斯面的电通量和所包围电荷量的关系以及电场线密度与电场强度大小的关系不适用于电偶极子的情况？●

34. 一个孤立系统由两个物体组成，带电量分别为 $+q$ 和 $-q$。用于描述这两个物体所产生电场的电场线能否包含在某个有限的边界内？●

35. 一个球形高斯面的中心处有一个带电粒子，穿过该高斯面的电通量是 $+\Phi$。若用一个由六个正方形面组成的立方体替代球形高斯面，立方体的两个平面分别位于带电粒子的上、下，带电粒子位于立方体的中心，如图 P24.35 所示，则穿过每个面的电通量是多少？●

图 P24.35

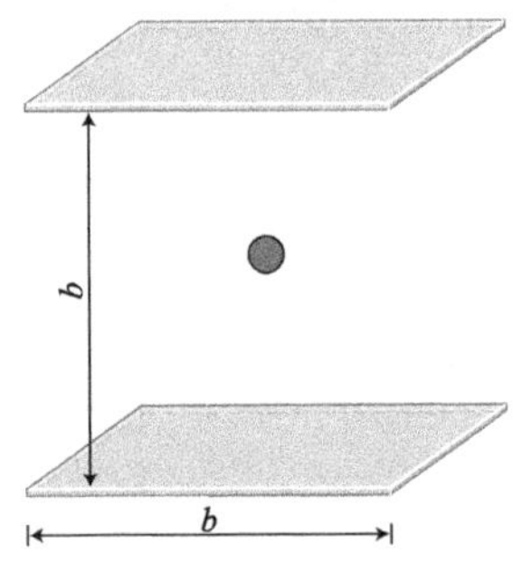

36. 图 P24.36 是一个电荷均匀分布的无限长中空圆柱面的截面示意图。求下列两种情况下，电场强度的大小是如何随着距圆柱体的中心轴线的距离 r 变化的？（a）在圆柱壳内部；（b）在圆柱壳外部。●●

图 P24.36

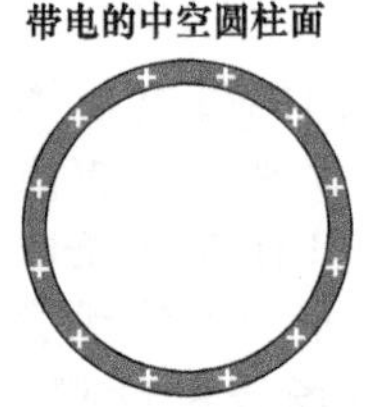

37. 如图 P24.37 所示，一个圆柱形高斯面跨过一个带电薄板。是否存在其他形状的高斯面适用于这个问题的情形？●●

图 P24.37

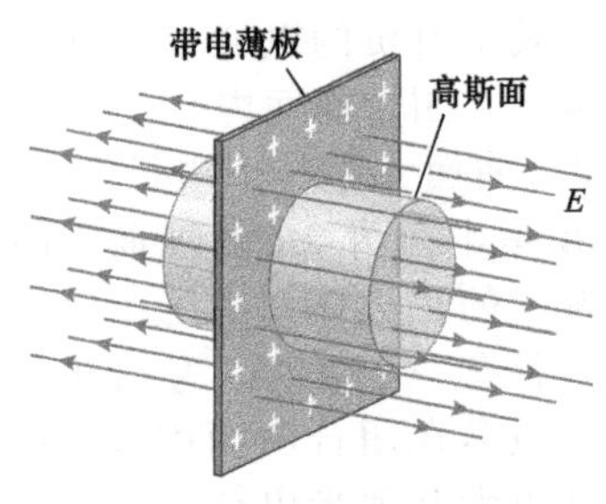

38. 假设你想求出某球壳的带电量，首先你找到了一个包围该球壳的圆柱形高斯

面。可以利用圆柱体表面各处的通量来求球壳的带电量吗？为什么这个方法没有在本章中被推荐使用？●●

39. 与带电量为 q 的粒子距离为 R 的位置处的电场强度大小为 E_0，若一个半径为 R 的绝缘固体球内部均匀分布着电荷，且总电荷量也为 q，则（a）距球心 $2R$ 处的电场强度为多大？（b）球面上的电场强度为多大？（c）距球心 $R/4$ 处的电场强度为多大？所有答案都用 E_0 来表示。●●

40. 已知一个均匀带电的球壳半径为 R，总带电量为 $+q$，为了得出球壳内部的电场强度，你在球壳上打了一个孔，使球壳面积减少了 0.01%，从这个孔插入探测针来测量。求此时球壳中心处的电场方向并估算场强大小（提示：答案很小但不是零）。●●●

41. 你和朋友想在实验室测量一块厚金属板的面电荷密度。这块金属板很长很宽，但是很平整。你的做法是先选择一个横跨金属板的圆柱形高斯面计算其电通量，如图 P24.37 所示。你的朋友则是先选择一个横跨金属板的立方体高斯面计算其电通量，这个立方体高度略小于圆柱体，但比圆柱体宽。你们两个得出的面电荷密度的答案会相同吗？如果相同，请解释原因；如果不相同，你朋友的立方体高斯面应该怎样修改？●●●

42. 有一个半径为 R 的带正电的中空球壳，球壳很薄。你画了很多和该球壳同心的高斯球面，来求距球心不同距离处的电场线密度。定性地画出带电球壳的内、外电场线密度与到球心的距离的函数关系。●●●

24.5 带电导体

43. 图 P24.43 表示的是含有两个空腔的电中性金属物体，但是每个腔内包含一个如图所示的带电粒子，（a）每个空腔表面的电荷量各为多少？（b）金属物体外表面的电荷量为多少？●

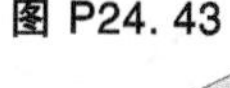
图 P24.43

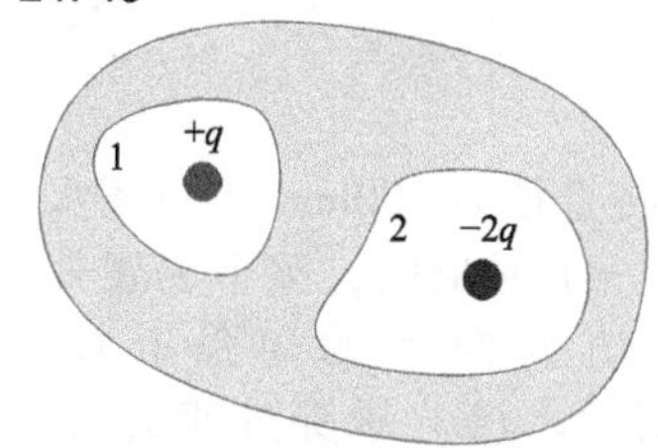

44. 一些带电粒子在绝缘物质支撑下悬浮在一个中空的金属物体内部。金属物体外表面分布的电荷量为 $+q$，内表面分布的电荷量为 $-2q$。（a）求空腔内悬浮着多少电荷？（b）物体的带电量为多少？[（b）小问题的提示：距物体中心非常远的 r 处的电场强度有多大？] ●●

45. 精密的电子设备有时会被放在金属盒子内以免受外界电场的干扰。哪种物理现象可以解释这一做法？●●

46. 当某导体表面的电场强度超过 3×10^6 N/C 时，足够大的电场强度会导致空气中的原子因失去电子而发生电离，从而产生电晕放电现象。电晕放电最有可能发生在导体的尖端附近（这就是为什么电子器件的钎焊接头不能有尖锐突出的地方，也是为什么用脚在地毯上摩擦时，指尖比膝盖更容易产生电火花）。（a）根据导体表面发出的电场线的几何特点来论证：电荷更容易集中于导体表面的突出处而不是凹陷的地方。（b）画出一个带有剩余电荷的削皮刀的草图，将其表面处的电荷最容易集中的地方用阴影表示出来。●●

47. 两个孤立的金属球壳同心放置，二者都与周围环境相互隔绝。内部球壳的带电量为 $+2q$，外部球壳的带电量为 $-q$。静电平衡时，求以下三个位置的电荷量：（a）内球壳的外表面，（b）外球壳的内表面，（c）外球壳的外表面。（d）将两个球壳用一根金属线连接起来，再次达到静电平衡时，重复回答（a）~（c）中的问题。●●

48. 将带电量为 $-2q$ 的小球放置于带电量为 $+q$ 的金属球壳的中心，则以下两种情况下电荷的符号和大小各如何？（a）球壳内表面，（b）球壳外表面。（c）如果带电小球不在球壳内的中心位置上，（a）和（b）的答案会变吗？●●

49. 图 P24.49 表示一个电中性导体块，其内部有四个空腔。已知其中三个空腔内各有一个带电粒子，所带电量分别为 $+q$、$+q$ 和 $+2q$，且导体外表面所带电量为 $-5q$，确定第四个空腔内粒子所带电量为多少？用 q 表示。●●

50. 一个带电量为 $-2q$ 的金属球内偏离球心处的有一个球形的空腔，空腔内有一个电荷量为$+q$的小球（见图 P24.50）。(a) 金属球空腔内表面所带的电荷量为多少？其电荷分布是否均匀？(b) 金属球外表面所带的电荷量为多少？其电荷分布是否均匀？●●●

图 P24.49

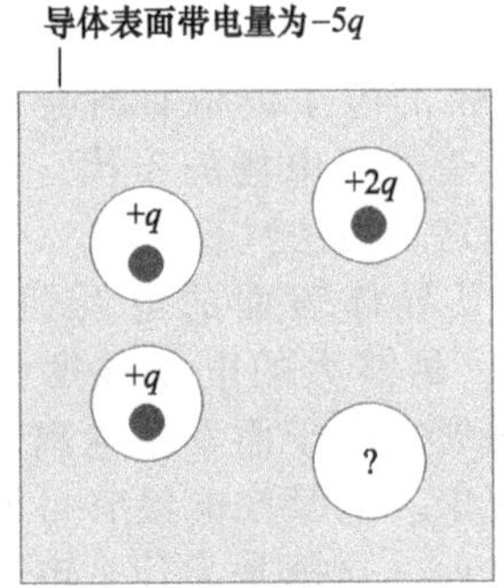

图 P24.50

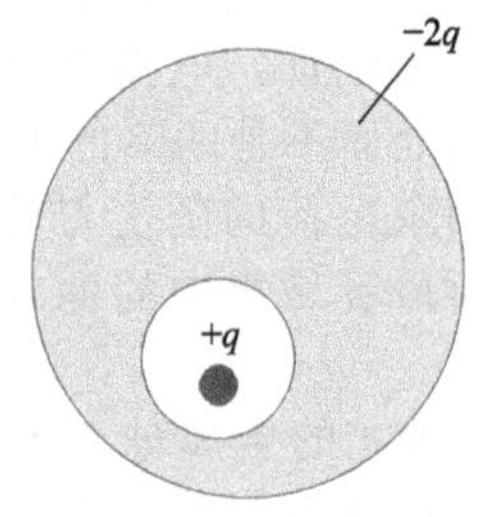

51. 带电量为 $2q$ 的粒子位于原点处，它被厚度为 t、内半径为 R 的导体球壳包围。球壳带电量为$-3q$。(a) 导体球壳内表面的带电量为多少？(b) 导体壳外表面的带电量为多少？(c) 定性地画出导体壳内空腔、球壳材料内和壳外的电场线密度随场点到原点的距离变化的函数图像。●●●

24.6 电通量

52. 一个排球表面均匀分布着电荷，一个立方体高斯面紧密包围该排球，已知穿过立方体上一个正方形面的电通量为 5.2×10^{2} N·m²/C，排球所带的电荷量为多大？●

53. 面积为 3.0m² 的平面薄板处于场强大小为 10N/C 的匀强电场中。保持薄板平整，你可以调整平板的方向使得穿过该薄板的电通量为 6N·m²/C 吗？如果要求穿过薄板的电通量为 60N·m²/C 呢？●

54. 如图 P24.54 所示，圆柱形高斯面包围了长直带电线的一部分，若改成球形高斯面包围该长直带电线的同样一部分，则 (a) 球形高斯面和圆柱形高斯面哪个的电通量更大？(b) 哪个高斯面更方便我们求电通量？解释你的答案。●

图 P24.54

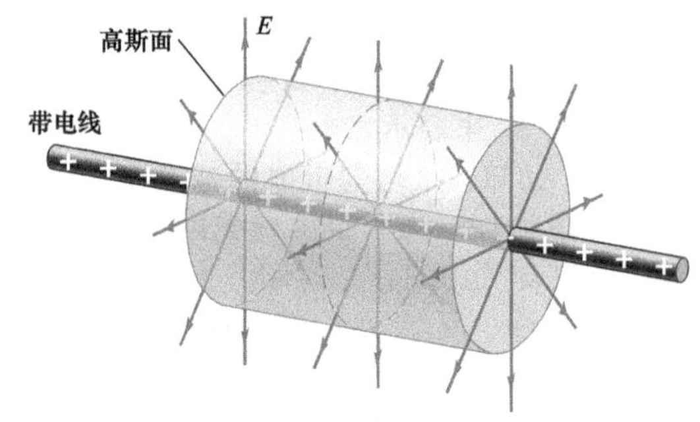

55. 一粒子的带电量为 6.0μC。求以该粒子为圆心的半径分别为 (a) 0.04m 和 (b) 0.08m 的球形高斯面的电通量。●

56. 一高斯面将形成电偶极子的两个粒子包围在内，利用对称性求出通过此高斯面的电通量，并回答所求的电通量的值是否与高斯面的形状有关？●●

57. 如图 P24.57 所示，带电粒子被三种不同形状的闭合曲面所包围，分别为 (a)、(b)、(c)。在这三种情况下，带电粒子的电荷量以及闭合曲面左侧（虚线左侧）的几何形状是完全相同的，闭合曲面虚线右侧的形状则各不相同。哪种情况下穿过右表面的电通量最大？哪种情况最小？●●

图 P24.57

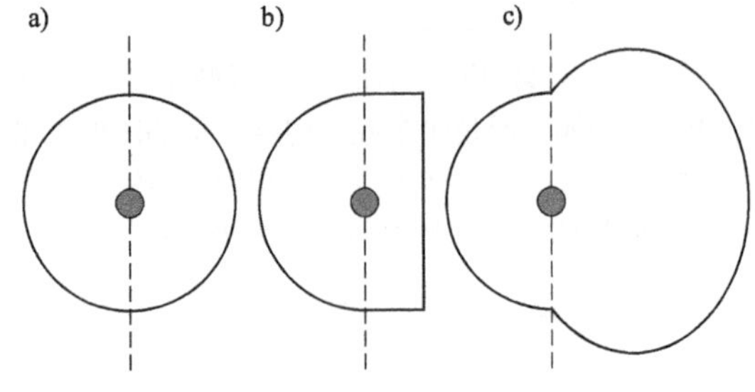

58. 将直径为 400mm 的圆环水平放置并用其悬挂一个捕虫网，整个装置处于大小为 150N/C、方向向下的匀强电场中，如图 P24.58 所示。(a) 求穿过捕虫网的电通量。

实践篇

(b) 若旋转圆环使其位于竖直平面，则穿过捕虫网的电通量将增大还是减小？ ●●

图 P24.58

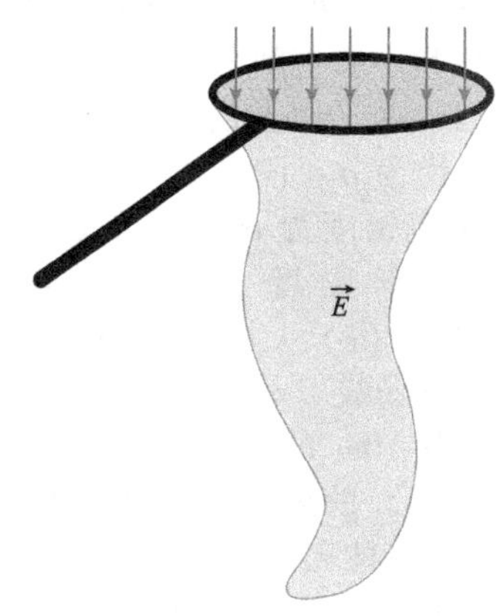

59. 内、外半径分别为 R_i 和 R_o 的中空金属球壳，其中心处有一带电量未知的粒子。已知金属球壳外部距中心任意径向距离 r 处的电场强度大小为 $3kq/r^2$ ($q>0$)，方向指向中心，球壳内表面带电量为 $-2q$。求：(a) 粒子所带的电荷量。(b) 金属球壳所带的电荷量。 ●●

60. 一个带电量为 30.0nC 的导体小球被放置在电中性的中空导体球壳中心处，导体球壳内、外半径分别为 100mm 和 150mm。求：(a) 球壳内表面和 (b) 球壳外表面的面电荷密度，(c) 电场强度大小与到球心径向距离 r 的函数关系。 ●●

61. 半径为 60mm 的导体球的带电量为 5.0nC，内、外半径分别为 100mm 和 120mm 的导体球壳与导体球同心放置，球壳带电量为-4.0nC。(a) 画出该情形下的电场线，并在图中标出所有电荷的位置。(b) 分别求出实心导体球表面 (σ_{solid})、导体球壳内表面 (σ_{inner}) 和外表面 (σ_{outer}) 的面电荷密度。(c) 求电场强度大小与场点到球心径向距离 r 的函数关系。 ●●●

24.7 高斯定理的推导

62. 三个带电量均为 $+q$ 的粒子放置在边长为 a 的等边三角形的三个顶角上，且三角形的中心位于笛卡儿坐标系的原点处。求以原点为中心半径分别为 (a) $a/4$ 和 (b) $2a$ 的球形高斯面的电通量。 ●

63. 一个闭合曲面有四个面，穿过面 1 的电通量为 $+5.0\text{N}\cdot\text{m}^2/\text{C}$，穿过面 2 的电通量为 $+8.0\text{N}\cdot\text{m}^2/\text{C}$，穿过面 3 的电通量为 $-9.0\text{N}\cdot\text{m}^2/\text{C}$。(a) 若闭合曲面内没有剩余电荷，则穿过面 4 的电通量为多少？(b) 如果穿过面 4 的电通量为 $-8.0\text{N}\cdot\text{m}^2/\text{C}$，则闭合曲面内包围的电荷量为多少？ ●

64. 一个圆柱形高斯面内没有包围电荷，若有 20 条电场线从圆柱形高斯面的一个底面穿入，16 条电场线从高斯面的另一个底面穿出，则关于剩下的 4 条电场线你能得到什么结论？ ●

65. 一个长为 l、电荷均匀分布的带电杆，(a) 当 $r \ll l$ 时，(b) 当 $r=l$ 时，(c) 当 $r \gg l$ 时，能否分别用高斯定理来求距带电杆中点径向距离 r 处的场强？对于每种情况，如果你的答案是可以，那么请说明最有效的高斯面的形状。 ●●

66. 含有 N 个带电粒子的大系统可以分成 N 个小系统，每个小系统内包含一个带电粒子。用电场的叠加原理来说明：大系统产生的电场通过任意高斯面的电通量等于 N 个小系统单独存在时产生的电场通过该高斯面电通量的总和。 ●●

67. 一个水平放置的矩形平面长为 l、宽为 w，一无限长的均匀带电杆置于平面正上方 $w/2$ 处，已知带电杆所带电荷为正，均匀分布的线电荷密度为 λ。(a) 若矩形长为 l 的边与带电杆的轴平行，则穿过矩形平面的电通量为多少？(b) 若带电杆与平面中心的垂直距离变为 $w/4$，则通过矩形平面的电通量大小应变大、变小，还是不变？ ●●

68. 已知一边长为 a 的立方体壳，一个面上的两个相邻边分别沿坐标系的 $+x$ 轴和 $+y$ 轴，且两边相交的顶角位于原点处。(a) 若场强方向沿 $+x$ 方向，大小遵循 $E=bx^2$，请画出立方体壳内的电场矢量示意图。(b) 求立方体壳内所包围的电荷量。 ●●

69. 立方体高斯面的边长为 30mm，其几何中心处有一带电量为 $+3.0\mu\text{C}$ 的粒子。(a) 若每微库电荷对应有 4 条电场线，则穿过该立方体高斯面的电场线条数为多少？这些电场线的方向如何？(b) 忽略顶角和各边，求穿过立方体高斯面的每个面的电场线条数。(c) 穿过该高斯面的电通量为多少？(d) 穿过该立方体每个面的电通量为多少？

(e) 若高斯面中心处的带电粒子移动了10mm，则以上哪个或哪些问题的答案会改变？(不必计算出新的数值。) ●●

70. 电场有高斯定理，类似地，对于引力场也有高斯定理。(a) 若穿过某闭合曲面的电通量与所包围电荷的电荷量成比例，则引力通量应与哪个物理量成比例？(b) 试写出引力场的高斯定理的方程。●●

71. 电偶极子的带电量为$\pm q$，两电荷连线沿 xyz 三维坐标系的 y 轴，且连线中点位于坐标原点处。(a) 已知 xz 平面过电偶极子连线的中点且垂直于电偶极矩，用高斯定理求出穿过 xz 平面的电通量。(提示：计算每个电荷单独作用的电通量，再应用叠加原理。) (b) 通过对式 (23.8) 进行积分计算出穿过 xz 平面的电通量。[需要将式 (23.8) 应用于 xy 平面上的每个点，并利用代换式 $x^2 \to r^2 = (x^2+z^2)$] (c) 以上两种方法，哪种更易得出电通量？●●●

24.8 高斯定理的应用

72. 带正电的空心球壳半径为+100mm，均匀分布的面电荷密度为10nC/m^2。求距球壳中心：(a) 20mm、(b) 90mm 和 (c) 110mm 处的场强。●

73. 均匀带正电且半径为 100mm 的球体，其体电荷密度为250nC/m^3。求距球体中心：(a) 20mm、(b) 90mm 和 (c) 110mm 处的场强。●

74. 带正电的圆柱形薄壳长为 10m、半径为 50mm，已知该圆柱壳无上、下底面，均匀分布的面电荷密度为 $9\times10^{-9}\text{C/m}^2$。(a) 圆柱壳所带电荷量为多少？求远离圆柱末端且距其中心轴线径向距离分别为 (b) $r=49$mm 和 (c) $r=51$mm 处的点的场强大小。●

75. 无限长带正电的圆柱壳底面半径为 a，均匀分布的线电荷密度为 λ_a，与这一圆柱壳有同一中心轴线的另一无限长圆柱壳的底面半径为 b，且 $b>a$，线电荷密度为 λ_b。(a) 求空间中各处的场强 $\vec{E}$。(b) 如果 $\lambda_a=+5.0\text{nC/m}$，为了使得在距中心轴线径向距离 $r>b$ 处的场强大小为零，则半径为 b 的大圆柱壳应带正电还是负电？线电荷密度 λ_b 应为多少？(c) 画出这种情况下的电场线分布情况。●●

76. 两个竖直放置且相互平行的无限大平面相距 50mm，两平面上均带有剩余电荷。在下列情况下，求空间各处的电场强度方向与大小。(a) 两平面上的电荷均均匀分布且面电荷密度均为 $\sigma=+3.0\text{nC/m}^2$；(b) 左边平面的电荷面密度为 $\sigma=+3.0\text{nC/m}^2$，右边平面的面电荷密度为 $\sigma=-3.0\text{nC/m}^2$。(c) 画出以上 (a)、(b) 描述的两种情况下的平面及电场线。●●

77. 长为 10m 的中空圆柱导体壳（无上、下两底面）的内、外半径分别为 50mm 和 70mm，在圆柱壳的中心轴线处有一条很长的带正电的导线，均匀分布的线电荷密度为$+1.5\mu\text{C/m}$。(a) 不考虑圆柱体两端附近的区域，计算出圆柱壳内、外表面的电荷面密度。依旧忽略两端区域，求出距带电线径向距离分别为 (b) $r=49$mm、(c) $r=51$mm 和 (d) $r=100$mm 处的场强大小。●●

78. 一带正电的绝缘中空球壳，其内、外半径分别为 $R/2$、R，均匀分布的体电荷密度为 ρ。判断到中心径向距离 r 处的电场方向，并求电场强度的大小与到中心径向距离 r 的函数关系。●●

79. 一个带正电的、半径为 a 的绝缘球体，其体电荷密度为 ρ_0。球体外面紧密包裹着一层带正电的厚绝缘球壳，球壳的内、外半径分别为 a 和 b，体电荷密度为 $\rho_0 r/a$，其中 $a<r\leq b$。判断空间各处的电场方向，并确定电场强度的大小与到中心的径向距离 r 的函数关系。●●

80. 一个无限长的绝缘圆柱体半径为 R，圆柱体内带电不均匀，但电荷分布呈圆柱对称，体电荷密度满足 $\rho(r)=c/r$，其中 c 是单位为 C/m^2 的正的常量；r 是场点到圆柱中心轴线的径向距离。(a) 该圆柱体长度为 l 的部分所带的电荷量为多少？分别写出 (b) $r<R$ 和 (c) $r>R$ 处的电场强度的大小的表达式。●●

81. 一个无限长带电线的电荷线密度为 $+\lambda$，与笛卡儿坐标系中的 y 轴平行，且过 x 轴上 $x=-d$ 位置。该带电线在坐标原点处产生的场强大小为 E_0，方向为 x 轴正方向。另有一条与之平行的无限长带电线过 x 轴上 $x=$

实践篇

+3d 位置。已知两条带电线在坐标原点处产生的电场强度的矢量和的大小为 $2E_0$。求第二条带电线的线电荷密度，列出所有可能的答案。●●

82. 图 P24.82 表示的是某系统的截面图，该系统包括一个无限长的带电棒，以及以此带电棒为中心轴线的厚导体圆柱壳，圆柱壳的内、外半径分别为 R、$2R$。已知圆柱壳由导体材料制成，带电棒由绝缘物质制成，且有均匀的电荷线密度。图中的电场线表示该系统的在空间的电场分布。圆柱壳长度为 l 的内表面的带电量为 $-q$。对于同样的长度 l，求（a）带电棒和（b）圆柱壳外表面的电荷。（c）求长度为 l 的圆柱壳所带的电荷量。（d）求圆柱壳内、外表面的面电荷密度之比。●●

图 P24.82

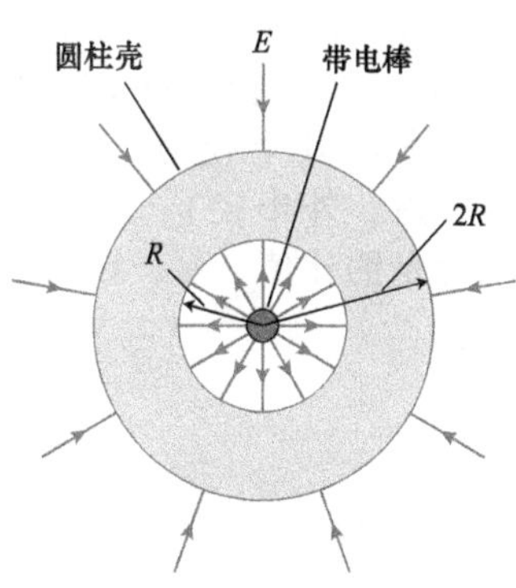

83. 带正电的绝缘圆柱体的长度为 $l=10\text{m}$，底面半径为 $R=50\text{mm}$，体电荷密度为 $+9.0\times10^{-9}\text{C/m}^3$。（a）求圆柱体所带的电荷量。不考虑圆柱体两端附近的区域，求距圆柱体中心轴线径向距离分别为（b）$r=40\text{mm}$、（c）$r=60\text{mm}$ 处的场强大小。●●

84. 在 xyz 三维坐标系中，三个无限大绝缘平面平行于 yz 平面，每个面都有均匀的面电荷密度，面 1 的面电荷密度为 $-\sigma$，过轴上 $x=1.0\text{m}$ 处；面 2 的面电荷密度未知，过 x 轴上 $x=2.0\text{m}$ 处；面 3 的面电荷密度为 -3σ，过轴上 $x=4\text{m}$ 处。已知 $x=1.5\text{m}$ 处的场强大小为零。（a）求面 2 的面电荷密度。若 $x=0$ 处的场强为 $\vec{E}_0$，求（b）$x=-2.0\text{m}$、（c）$x=3.0\text{m}$ 和（d）$x=6.0\text{m}$ 处的场强。●●

85. 以某个带电量为 $+q$ 的粒子为圆心，有一个或若干个或薄或厚的同心球壳，这些球壳可能是呈电中性的导体，也可能是电荷均匀分布的绝缘体。图 P24.85 为穿过以该粒子为中心的球形高斯面的电通量随径向距离 r 变化的曲线图。（a）问最少需要几个球壳才能实现这个图像？（b）详细描述每个球壳的信息，包括球壳所带电荷的情况，球壳的内、外半径，以及球壳是绝缘体还是导体等。●●

图 P24.85

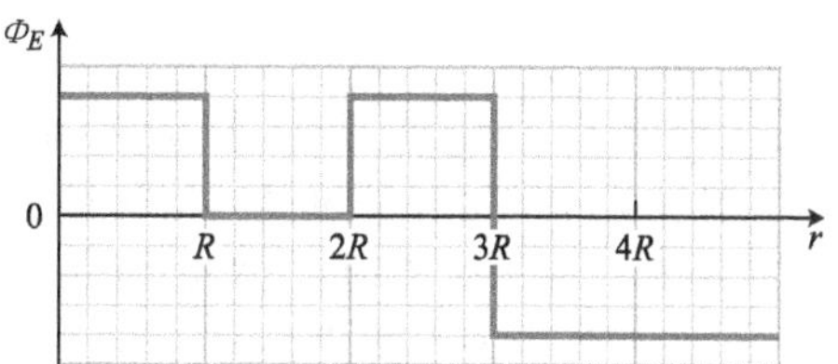

86. 图 P24.85 所示的情况能否由只包含带电粒子的系统产生？若不能，请解释；若能，请描述带电粒子的系统中至少含有多少个带电粒子。●●

87. 长 0.25m 的带电线所带的电荷量为 30nC，若求带电线的垂直平分线上的电场强度，使用柱对称模型应用高斯定理求解，当径向距离为多远时，该方法所求数值的误差超过 5%？●●

88. 一个无限长的均匀带正电的电线，其线电荷密度为 λ，与 xy 二维坐标系的 y 轴重合。带电线在 x 轴上 $x=d$ 处产生的场强大小为 E，且方向向右沿 x 轴正方向。现将一带电粒子放置在 x 轴上的点 $x=2d$ 处，且已知该带电粒子在 x 轴上的点 $x=d$ 处产生的场强大小为 $2E$，方向向左沿 x 轴负方向。（a）在 x 轴上哪点的电场矢量和为零？（b）在（a）小问中的位置，由带电线产生的场强大小为多少？●●

89. 半径为 R 的绝缘球体均匀带电，带电量为 $+q_{\text{sphere}}$，将 x 轴原点选在球心处。将一带电量 q_{part} 未知的粒子放置在 x 轴上的点 $x=+2R$ 处。已知在 x 轴上点 $x=+R/4$ 处，由带电球体和带电粒子共同产生的场强为零。（a）用 q_{sphere} 表示出 q_{part}。（b）在 x 轴上还有哪些点的场强为零？●●●

90. 带电量为 $+4q$ 的粒子放置于 x 轴原点处，另有半径为 R 的均匀带电的绝缘球体，带电量为$+q$，其球心在 x 轴上点 $x=+6R$ 处。(a) 在 x 轴上哪点处的电场强度为零？(b) 若绝缘球变为半径相同且带电量相同的导体球，(a) 问的答案变了吗？●●●

91. 带正电的绝缘球的半径为 R，球内的体电荷密度为 $\rho(r)=\rho_0 r/R$，其中 r 为场点到球心的径向距离。(a) 对于 $r<R$ 和 $r>R$ 的区域，用含有 r 的表达式分别表示出场强。求体电荷密度分别为 (b) $\rho(r)=\rho_0\left(1-\frac{1}{2}R/r\right)$ 和(c) $\rho(r)=\rho_0(1-R/r)$ 时的场强表达式。●●●

92. 带正电的绝缘球的半径为 R，当 $r\leqslant R/2$ 时，电荷均匀分布且体电荷密度为 ρ_0；当 $R/2\leqslant r\leqslant R$ 时，体电荷密度为 $2\rho_0(1-r/R)$，其中 r 为场点到球心的径向距离。(a) 用含有 ρ_0 和 R 的式子表示球体所带的电荷量 q。(b) 用含有 ρ_0、r 和 R 的式子表示电场强度分布 $\vec{E}$。(c) 证明电场强度在各边界处是连续的。●●●

附加题

93. 电场线能否相交？●

94. 三个带电量均为$+q$ 的粒子分别在边长为 a 的等边三角形的三个顶点上，三角形的中心位于笛卡儿坐标系的原点处。(a) 画出这种电荷分布产生电场的电场线示意图。分别求出包含 (b) 一个带电粒子的和 (c) 两个带电粒子的高斯面的电通量。●

95. 将一个带电量为 q、质量为 m 的粒子放置于无限大的带电平面上方，已知带电平面的面电荷密度为 σ，且带电粒子和平面带同种电荷。若带电粒子距平面的距离为 d，求此时粒子的加速度与到平面距离 d 的函数关系式。●

96. 无限大带正电的平面 1 的面电荷密度为 $\sigma_1=+4.0\text{nC/m}^2$，它被放置在笛卡儿坐标系中的 yz 平面内；另有一与之平行放置的无限大带负电的平面 2，其面电荷密度为 $\sigma_2=-8.0\text{nC/m}^2$，面 2 在面 1 的右边$+x$ 方向相距 4m 处。(a) 求空间内各处电场强度的大小和方向。(b) 画图说明两平面的位置，标出各个区域并画出每个区域中的电场线。●●

97. 一个厚的导体球壳，其内、外半径分别为 100mm 和 120mm，球心处放置有带电量为 3.0nC 的粒子。(a) 画出电场线草图，标明所有电荷的位置。(b) 计算出球壳内、外表面的面电荷密度。(c) 用含有 r 的式子表示场强，其中 r 表示场点到球心的距离。(d) 若将带电粒子移至距球心 30mm 处，画出此时的电场线草图。●●

98. 一个系统由两个无限长的共轴圆柱组成，圆柱体 O 在外，圆柱体 I 在内。已知两圆柱体可能是导体也可能是绝缘体，且电荷均匀体分布或均匀面分布。圆柱 O 是空心柱面，圆柱 I 可能是实心的，也可能是一个柱面。图 P24.98 表示该系统的电场强度大小随场点到中心轴线径向距离 r 变化的函数关系。对于所有 r 值，场强大小要么是零，要么非零且方向从中心轴线径向向外。(a) 推断圆柱体是导体还是绝缘体？用图中给出的半径 R 表示出各圆柱的半径（对圆柱面 O，求出其内、外半径；对于圆柱 I，如果其为实心的，求出其半径值，若为柱形壳，则需分别求出内、外半径）。(b) 求圆柱 I 与 O 所带电荷量的比值。●●

图 P24.98

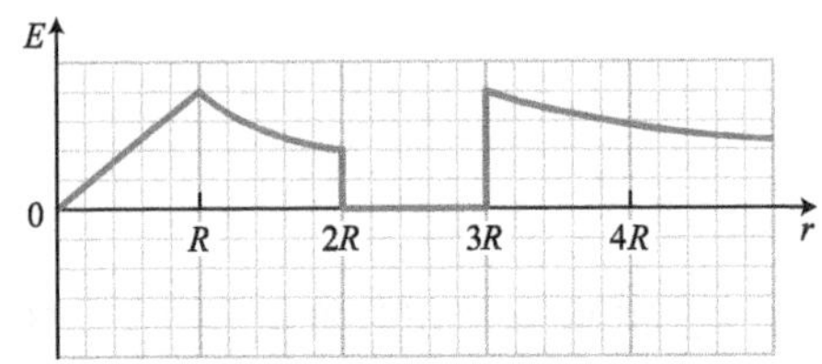

99. 在地球表面附近，电场方向向下，大小为 150N/C。将地球表面看成一个大的导体球面，计算若要产生这个电场，地球表面的面电荷密度应为多大？●●

100. 距无限大均匀带电的绝缘平面 3.00m 处向该平面发射一电子，该电子具有初速率 400m/s 并沿着垂直于该平面的直线运动。当电子运动了 2.00m 时，它的瞬时速率为零，然后反向运动。(a) 求带电平面的面电荷密度。(b) 若初速度相同，则从距平面多远处开始发射电子，才能够让它刚好到达平面？●●

101. 图 P24.101 表示四种在 xyz 三维坐标系中电荷分布的情况。A 为处在原点处的带电粒子；B 为半径为 R、球心在原点处的均匀带电实心导体球；C 为球心在原点处的均匀带电绝缘球，半径也为 R；D 是无限大的电荷均匀分布的绝缘平板，板面与 yz 平面重合，图中所示为横截面。已知在这四种情况下 $x=R$ 处的场强大小均相同。分别在以下位置处将四种情形按场强由大到小的顺序排列。(a) $x=2R$ 处；(b) $x=R/2$ 处。●●

图 P24.101

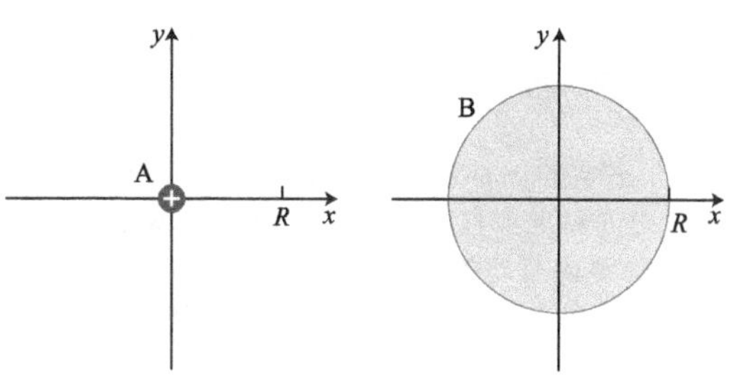

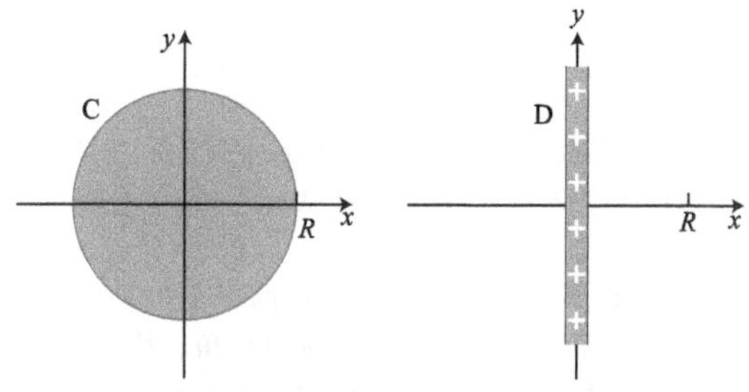

102. 一个带正电的无限大绝缘平面的面电荷密度为 σ，放置在 xy 平面内。如图 P24.102 所示，平面上被剪掉一块半径为 R 的圆形区域。(a) 求圆形区域中心处的电场强度大小。(b) 利用叠加原理求出距离圆形区域中心正上方 $z=4R$ 处的电场强度的大小和方向。●●

图 P24.102

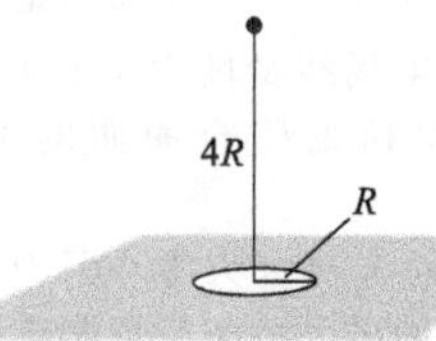

103. 带正电且厚度为 $2a$ 的绝缘平板 1 处于笛卡儿坐标系 yz 平面内，其中心位于原点 $x=0$ 处，平板 1 具有非均匀分布但具有对称性的体电荷密度 $\rho_0 x/a$。(a) 求空间内各区域的电场强度与场点到 yz 平面的距离 x 的函数关系。(b) 厚度为 $2t$ 的绝缘带电平板 2 与平板 1 平行，与 x 轴交于点 $x=d$。平板 2 带正电，电荷均匀分布且体电荷密度为 ρ_0，求空间内的电场强度分布与 x 的函数关系。●●●

104. 带正电的长直绝缘带电棒位于 z 轴上，其中心处于 $z=0$ 处，带电棒的横截面半径 R 远小于棒长 l，当棒上的体电荷密度为 (a) ρ_0 和 (b) $\rho_0(1-2r/R)$ 时，分别计算出空间中 $r \ll l$ 且 $|z| \ll l$ 的情况下带电棒内、外的电场强度与到场点细棒中心径向距离 r 的函数。●●●

105. 若你是绕地空间站的一名航天员，为了研究一些你在大学时期学到的物理知识，你找到一个半径为 R、均匀带负电且带电量为 q_s 的大绝缘球，并沿着某一直径打了一个贯穿球体的小洞，然后将这个球体拿到外太空中，将一个带电量为 $+q_p$ 的小球从洞的一端释放。你高兴地发现小球的振动频率与你事先用高斯定理和简谐运动的知识计算出来的结果一致。●●● **CR**

106. 你需要在一个小的空间区域内产生匀强电场，可利用的物品仅为一个体电荷密度为 ρ 的均匀带电的聚苯乙烯泡沫塑料球。将这个球切成不等的两部分，在每部分各挖去一个等大的半球，使得再次将两部分重新合在一起时，在球的内部形成偏心的球形空腔。已知空腔可以等效成一个由等量均匀分布的正电荷和负电荷组成的区域，所以总电荷量是零。你猜测可能会用到叠加原理。●●● **CR**

107. 输电线一般都不是绝缘的，其周围空气的场强大小约为 3×10^6N/C。若场强再大些，空气将发生电离，导致击穿并出现电火花。实验室中，我们在静电条件下测试一根很长的导线样本，该导线样本直径为 16.6mm。实验室还有其他可用的器材来使这条导线均匀带电，你认为最好引入一个数值为 3 的安全因子来解决潮湿天气等问题。●●● **CR**

108. 无限大带正电的绝缘板 1 的面电荷密度 $\sigma_1=+130.0\text{nC/m}^2$，它位于笛卡儿坐标系的 xz 平面内。一个无限大的带正电的绝缘板 2 的面电荷密度为 $\sigma_2=+90.0\text{nC/m}^2$，与 xz 平面交于 z 轴，且与绝缘板 1 有 30°的夹角。(a) 画出从 xy 平面看去的侧视图。(b) 求出在侧视图的第一象限内两个绝缘板之间区域的场强表达式，并计算场点 (3m，1m，0) 处的电场强度。●●●

复习题答案

1. 设在这个电荷分布中的某个带电物体为 1，想象将一个带正电的试探电荷放在物体 1 的附近，然后将它沿着物体 1 在该位置产生的电场的方向移动一小段距离，沿着这个路径画出一有向线段，箭头指向试探电荷运动的方向，这是电场线的第一部分。考虑试探电荷在新位置周围的情况，然后根据整体的电荷分布，将试探电荷沿着整体的电荷分布在新位置处产生场强的矢量和的方向再移动一小段距离，继续画出一段有向线段，其箭头指向试探电荷运动的方向。重复以上步骤，直到电场线延伸到了这个电荷分布中的某个带电物体处（或直到电场线延伸至你要画的电场线图案的边缘）。

2. 在某个电场线分布图中，从某个带电物体发出或终止于某个带电物体的电场线条数是任意的，但是它要与带电体所带的电荷量成比例。

3. 静电场中某点的场强方向与该点所在电场线的切线方向相同。某区域的电场线密度表示该区域电场强度的大小。

4. 电场线密度是穿过垂直于电场方向的面上单位面积的电场线条数。

5. 如果平面与电场平行则没有电场线穿过这个面。当平面法线方向与电场方向夹角为 θ 时，$\cos\theta<1$，有许多电场线穿过平面。为了精确定义电场线密度，我们选择与电场线垂直的面来计算。

6. 不一定。穿过闭合曲面的通量为零只能说明面内电荷（面内所有带电物体所带电荷量的代数和）为零。面内可能有多个带电物体，但是它们所带电荷的代数和为零。包围着由一个质子和一个电子组成的氢原子的闭合曲面就是一个例子。

7. 不一定。若有电场线穿入这个闭合曲面，那么一定有穿出闭合曲面的电场线，且穿出的电场线和穿入的电场线一样多，闭合曲面的总电场线通量为零。一个例子是包围着电偶极子的闭合曲面。另一个例子是闭合曲面内电荷量为零，但是曲面外有一个带电粒子。

8. (a) 由于被气球包围的电荷的数量没有发生变化，所以穿过气球表面的电场线通量也没有发生变化。(b) 由于所包围的电荷没有发生变化，所以电场线通量也没有发生变化。（然而，这两种情况下，当在气球外面放有电子后，电场线的分布情况都发生了变化）

9. 向外穿出一根电场线，则计数为+1；向内穿入一根电场线，则计数为-1；没有穿过面的电场线不计数。穿入和穿出的值的代数和即为电场线通量。

10. 均匀带电球壳内区域的电场强度为零，球壳外一点的电场强度与用带电量和球壳相同且放置于球心处的点电荷的情况相同。

11. “平面对称性”就是一个无限大平面所拥有的对称性。绕垂直于平面的任一轴旋转任意角度，该平面不变；或者沿垂直于该垂直轴的两个轴中的任一个平移任意距离该平面也不变。

12. 静电平衡状态（导体中的带电粒子的分布不再随时间变化）下导体内部的电场强度为零，这是因为施加在导体内部试探电荷上的电场力的矢量和为零。

13. 若空腔内部没有任何带电粒子，则不论壳外电场分布情况如何，空腔内区域的电场强度都为零。当空腔内有电荷时，空腔内的电场强度不为零。不论是以上哪种情况，导体球内部的电场强度均为零。

14. 剩余电荷一定分布在导体表面。若无其他带电物体存在，则剩余电荷全部分布在导体外表面；若导体空腔内有带电粒子，则导体内表面也有可能有电荷分布。

15. 二者成正比关系。电场线密度可以是任意值，它取决于用多少条电场线表示一定的电荷量。电通量仅由式（24.4）决定。

16. A 表示我们要计算电通量的平面的面积，θ 表示该平面法矢与电场强度方向的夹角，所以当平面与场强垂直（即面法矢与场强方向平行或反平行）时，$\cos\theta=\pm1$。

17. 对于曲面上的每一个小面元，都要计算 $\Phi_E=EA\cos\theta$。若只是将 $\vec{E}$ 和 $\vec{A}$ 的数值直接相乘而不考虑矢量点乘，将会丢失因子 $\cos\theta$。正确的标量积应包含 $\vec{E}$ 的数值、$\vec{A}$ 的数值和 $\vec{E}$ 与面法矢夹角的余弦值。

18. 若我们定义面矢量指向内部，则得到的电通量 Φ_E 的符号是错的。这和我们定义包围着正电荷的闭合曲面的电场线密度为正的道理一样，我们也将包围着正电荷的闭合曲面的电通量定义为正的。

19. 所包围的电荷量为零。因为我们需要计算的是球面所包围的各个粒子所带电荷量的代数和。

20. 不成立。《原理篇》中的自测点（）24.20 给出了类似的观点。带电粒子所产生的场强依赖于 $1/r^2$，高斯定理是这个关系的直接结论。所以，这个关系发生了任何变化都会导致高斯定理不成立。

21. 由于电荷是均匀分布的，球形高斯面内所包围的电荷与带电球体的电荷之比与这两个球体的体积之比相等，则 $q_{\text{enc}}/q=V_{\text{enc}}/V=(4\pi r^3/3)/(4\pi R^3/3)$，或者 $q_{\text{enc}}=q(r/R)^3$。

22. 高斯面内电荷量的代数和为零，则场强为零，这只有在 $r<R$ 和 $r>2R$ 的情况下成立。

23. 所取的圆柱形高斯面的母线长为多少是无所谓的，因为用式（24.8）进行计算时，等式两边的这个长度量被消掉了（这种抵消是很多物理问题的一个特性。计算过程中必须要先定义一个变量来完成指定的计算，但是如果这个变量对于物理本质来讲并不重要——假想的高斯面的细节信息必然是不重要的——在计算过程中的某处这个变量将会被消掉。如果没有被消掉，则可能是你的计算出现了错误）。

引导性问题答案

引导性问题 24.2

电通量为零。因为电荷分布是镜面对称的。

引导性问题 24.4

穿过上、下底面的电通量为零，穿过另外四个面的电通量均为 $\lambda a/(4\epsilon_0)$。

引导性问题 24.6

穿过上下底面的电通量为零，穿过另外四个面的电通量均为 $\lambda a/(4\epsilon_0)$。

引导性问题 24.8

当 $r\leqslant R$ 时，$E=q/(4\pi R^2\epsilon_0)$；

当 $r\geqslant R$ 时，$E=q/(4\pi r^2\epsilon_0)$。

场强大小随 r 变化的图像如图 WGA24.8 所示。

图 WGA24.8

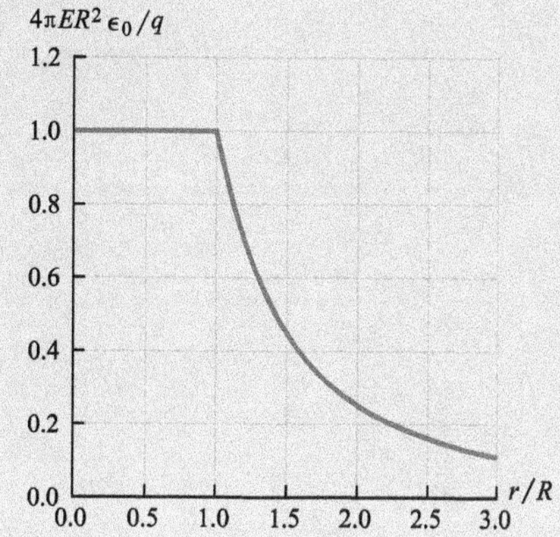

第 25 章　静电学中的功和能

章节总结

功与能（25.1节，25.2节，25.4节）

基本概念 **电势能**是与带电物体的相对位置有关的势能。

当带电粒子在电场中从一个位置移动到另一个位置时，电场所做的**静电功**只与粒子的始末位置有关，与粒子移动的路径无关。

静止的带电物体所产生的恒定电场有时候被称为静电场。

定量研究 若两个粒子的带电量分别为 q_1 和 q_2，它们之间的距离为 r_{12}，则它们的**电势能** U^E 为

$$U^E = \frac{q_1 q_2}{4\pi\epsilon_0} \frac{1}{r_{12}} \qquad (25.8)$$

当两个粒子相距无限远时，U^E 为零。多个带电粒子组成的系统的电势能是所有可能的粒子对组合的电势能之和。对于三个粒子组成的系统，电势能为

$$U^E = \frac{q_1 q_2}{4\pi\epsilon_0} \frac{1}{r_{12}} + \frac{q_1 q_3}{4\pi\epsilon_0} \frac{1}{r_{13}} + \frac{q_2 q_3}{4\pi\epsilon_0} \frac{1}{r_{23}} \qquad (25.14)$$

电势（25.2节，25.3节，25.5节）

基本概念 静电场中 A、B 两点的**电势差**等于单位电荷的带电粒子在静电场中从 A 点移动到 B 点时静电力做功的负值。

等势面指的是各点静电势相等的曲面。一个静止的电荷分布产生的电场中，电场线总是与等势面垂直。当带电粒子沿等势面运动时，静电力对其做功为零。

电场的方向从高电势指向低电势。电场力使带正电的粒子向电势更低的区域移动，而带负电的粒子则是向电势更高的区域移动。

定量研究 如果我们选择无穷远处为电势零点，则与带电量为 q 的粒子相距为 r 处的电势 $V(r)$ 为

$$V(r) = \frac{1}{4\pi\epsilon_0} \frac{q}{r} \qquad (25.21)$$

电势的单位是**伏特**：

$$1\,\mathrm{V} \equiv 1\,\mathrm{J/C} \qquad (25.16)$$

如果我们选择无穷远处为电势零点，则与 n 个带电量为 q_n 的粒子分别相距 $r_{n\mathrm{P}}$ 的 P 点的电势为

$$V_\mathrm{P} = \frac{1}{4\pi\epsilon_0} \sum_n \frac{q_n}{r_{n\mathrm{P}}} \qquad (25.30)$$

在电场 $\vec{E}$ 中，将带电量为 q 的粒子从 A 点移动到 B 点时静电力所做的功 W_q 为

$$W_q(\mathrm{A} \to \mathrm{B}) = q\int_\mathrm{A}^\mathrm{B} \vec{E} \cdot \mathrm{d}\vec{l} \qquad (25.24)$$

静电场 $\vec{E}$ 中 A 点与 B 点之间的电势差 V_AB 为

$$V_\mathrm{AB} \equiv \frac{-W_q(\mathrm{A} \to \mathrm{B})}{q} = -\int_\mathrm{A}^\mathrm{B} \vec{E} \cdot \mathrm{d}\vec{l} \qquad (25.25)$$

对于任意的静电场，有

$$\oint \vec{E} \cdot \mathrm{d}\vec{l} = 0 \qquad (25.32)$$

电荷连续分布（25.6 节）

定量研究　对于电荷连续分布的物体，它在空间任意一点 P 的电势为

$$V_P = \frac{1}{4\pi\epsilon_0}\int \frac{dq_s}{r_{sP}} \tag{25.34}$$

其中，r_{sP} 是带电微元 dq_s 到 P 点的距离，上式是对整个带电体的积分。（具体过程可参考“计算电荷连续分布的电势”步骤框。）

若电荷 q 均匀分布在一根长为 l 的细棒上，则过细棒任意一端并与细棒垂直的直线上某点 P 的电势为

$$V_P = \frac{1}{4\pi\epsilon_0}\frac{q}{l}\ln\left(\frac{l+\sqrt{l^2+d^2}}{d}\right)$$

其中，d 是 P 点到带电棒的距离。

若半径为 R 的薄圆盘均匀带电，且面电荷密度为 σ，则在垂直穿过圆盘中心的轴线上某点 P 的电势为

$$V_P = \frac{\sigma}{2\epsilon_0}(\sqrt{z^2+R^2}-|z|)$$

其中，z 是 P 点到带电圆盘的距离。

由电势求电场强度（25.7 节）

定量研究　如果已知某电荷分布的电势分布，我们就可以用以下公式来计算任意一点 P（x，y，z）处的电场强度：

$$\vec{E} = -\frac{\partial V}{\partial x}\hat{\imath}-\frac{\partial V}{\partial y}\hat{\jmath}-\frac{\partial V}{\partial z}\hat{k} \tag{25.40}$$

我们还可以根据电势来计算电场强度的各个分量，如 $E_x = -\partial V/\partial x$，$E_r = -\partial v/\partial r$。

实践篇

复习题

复习题的答案见本章最后。

25.1 电势能

1. 什么是电势能?

2. 与重力势能相比，电势能在哪些方面更复杂一些?

3. 将一个电偶极子放置于某带电物体附近，则该电偶极子的电势能与电偶极子和带电物体之间的相对方位有什么关系?

25.2 静电力的功

4. 什么是静电力的功?

5. 当一带电粒子在静电场中运动时，静电力对带电粒子做的功与路径的哪些方面有关?路径的哪些方面对静电力做功的大小没有影响?

6. 什么是电势差?

7. 电场中的电势差与电场中任意一点的电势之间有什么区别?

25.3 等势

8. 什么是等势线?什么是等势面?什么是等势体?

9. 等势线或等势面与电场线之间的空间位置关系是什么?

10. 在电场中，某一条给定的电场线上的电势是如何变化的?

11. 带电粒子倾向于从高电势向低电势运动还是从低电势向高电势运动，它是由带电粒子的哪些性质决定的?

25.4 静电场中的功和能

12. 在一个带电粒子产生的静电场中，另有一带电粒子从初位置移动到末位置，电场力对运动的带电粒子所做的功的数学表达式是什么?

13. 带电粒子在静电场中运动，电场力对它所做的功和它的运动路径之间有什么关系?

14. 在带电粒子在静电场中从A点运动到B点的一过程中，电场力所做的功与A、B两点之间的电势差有什么关系?

15. 对于一个只由两个带电粒子组成的系统，当只有电势能的变化量有物理意义时，应该如何定义该系统的电势能?

16. 由多个带电粒子组成的系统的电势能是多少?

25.5 电势差

17. 在国际单位制中，电势差的单位是什么?

18. 对于(a)多个带电粒子组成的系统和(b)一个电路来讲，为了使系统中每一个位置的电势都有确定的数值，一般情况下应选择何处为参考点?

19. 对于由多个带电粒子组成的系统，若选择无限远处的电势为零，则空间中任意位置的电势表达式是什么?

20. 在静电场内沿闭合路径运动一圈，有可能从电场中获取能量吗?

25.6 电荷连续分布时电势的计算

21. 如何利用由多个带电粒子组成的系统的电势表达式推导电荷连续分布物体的电势表达式?

22. 与计算某电荷分布的电场强度相比，计算这个电荷分布的电势有优势吗?

25.7 由电势求电场强度

23. 已知某带电体的等势线，能否从中得出电场线?

24. 静电场和电势之间有什么关系?

估算题

从数量级上估算下列物理量，括号中的字母对应于可能用到的提示。根据需要使用它们来指导你的思考。

1. 在将质子和电子组合成一个氢原子的过程中静电力所做的功。(F，X，A)

2. 在将两个质子组合成一个氦原子核的过程中，至少需要外力做的功。(F，M，A)

3. 使一个初始状态静止的质子拥有 10^{-12}J 的动能所需要的电势差。(Q，A)

4. 已知某带电玻璃棒，求过玻璃棒任意一端并与玻璃棒垂直的直线上距离端点 30mm 处的电势。(C，R，W)

5. 使用汽车蓄电池给电缆沟井盖充电，求井盖表面的面电荷密度。(D，V，I，N，S)

6. 为使一个质子悬浮在室内，求地板与顶棚之间所需的电势差。(Z，K，AA，U，P)

7. 使一个初始速度大小为 1×10^{6}m/s 的电子停止运动所需的电势差。(H，Q，A)

8. 将一个 α 粒子（氦原子失去两个电子）靠近距金原子核中心 9×10^{-15}m 处所需的初始速率，表示为光速 c 的倍数。(BB，B，G，L，Q)

9. 将 8 个质子放在边长为 5mm 的立方体的 8 个顶点处所需的最小功。(E，J，O，T，Y)

提示

A. 一个质子或一个电子所带的电荷量是多少？

B. 粒子初位置的电势是多少？末位置的电势是多少？

C. 实验室中使用的带电玻璃棒的长度是多少？

D. 这在物理上如何实现？它能形成何种类型的带电物体？

E. 将第一个质子放置在底面的左前方顶点处时所需的功为多少？

F. 两个质子之间的初始距离是多少？

G. 金原子核的电荷量是多少？

H. K_{initial} 是多少？

I. 电势为 12V 的等势面是什么？

J. 将第二个质子放在底面的左后方顶点处时所需的功是多少？

K. 顶棚和地板，哪一个带正电？

L. 粒子的末速率是多少？

M. 两个质子之间的最终距离是多少？

N. 一个标准的井盖的半径是多少？

O. 将第三个质子放在底面的右后方顶点处时所需的功是多少？

P. 顶棚和地板之间的距离是多少？

Q. 粒子的 ΔV 和 ΔK 之间有什么关系？

R. 摩擦后的玻璃棒带电量的合理估计值是多少？

S. 这种情况和《原理篇》中例 25.7 的带电圆盘之间有什么联系？

T. 你从项数上看出什么规律了吗？

U. 为使电场力和重力平衡，所需的 E 是多少？

V. 汽车蓄电池两极之间的电势差是多少？

W. 何处电势为零？

X. 质子与电子之间的最终零距离是多少？

Y. 为了得到放置 8 个质子所需的最小功，需要对多少项求和？

Z. 要使质子悬浮在空中，需要平衡哪些力的作用？

AA. 所受重力的大小是多少？

BB. α 粒子与金原子核中心的初始距离是多少？

答案（所有值均为近似值）

A. 元电荷，$e=1.6\times10^{-19}$C；B. 初位置的电势为零，末位置的电势为 $V_{\text{t}}=[1/(4\pi\epsilon_0)](q/r)$；C. 0.2m；D. 将井盖放在不导电的支架上，将电池正极与井盖连接，电池负极接地，由此产生一带电圆盘；E. 零，因为运动路径的初末位置间没有电势差；F. 本质上是无限大的；G. 79 个质子，因此为 +79e；H. 5×10^{-19}J；I. 井盖的表面；J. $W=q\Delta V=[1/(4\pi\epsilon_0)](q^2/r)$，其中，$r$ 是立方体的边

实践篇

长；q 是质子所带电荷量；K. 地板；L. 零；M. 原子核间距，2×10^{-15}m；N. 0.3m；O. $q\Delta V=[1/(4\pi\epsilon_0)](q^2/r)+[1/(4\pi\epsilon_0)][q^2/(\sqrt{2}r)]$；P. 3m；Q. 假设只有静电力做功，$q\Delta V+\Delta K=0$；R. $1\times10^1\mu$C；S. 井盖的上、下表面都有电荷分布，所以有两个带电薄圆盘叠加；T. 每增加一个质子，就需要为所有已经存在的粒子中的每一个对应增加一项；U. $E=mg/q\approx1\times10^{-7}$V/m；V. 12V；W. 距玻璃棒无穷远处；X. 原子的半径，5×10^{-11}m；Y. 一共28项，每对质子计数一次：12条边，12条面对角线，4条体对角线；Z. 地球给质子施加的重力和带电的地板及顶棚给质子施加的电场力。AA. 2×10^{-26}N；BB. 无穷大。

例题与引导性问题

步骤：计算电场中两点间的电势差

用式（25.25）计算电场中两点间的电势差，步骤如下：

1. 先画出电场的示意图，标出需要求解电势差的两个点。

2. 为了使矢量点乘 $\vec{E}\cdot d\vec{l}$ 计算简便，在两点间选择一条路径，使电场 $\vec{E}$ 或者平行或者垂直于路径。也可以将整个路径分成许多小的元段，然后将元段分解成与电场平行的分量和与电场垂直的分量。如果在一条路径上 $\vec{E}$（或这条路径的一部分）是常量，便可以把它从积分号中提出来，余下的积分就等于相应路径（或路径一部分）的长度。

3. 注意 V_{AB}（A、B 两点间的电势差）的选择。路径起点是 A，终点是 B，因此矢量 $d\vec{l}$ 应和路径相切，方向由 A 指向 B。

然后将电场强度的表达式代入，求出积分即可。计算完成后，可按照以下步骤验证结果的符号是否正确：当带正电的粒子顺着电场线方向运动时，电势差为负；逆着电场方向运动时，电势差为正。

步骤：计算电荷连续分布的电势

求电荷连续分布的电势（无限远处为电势零点）需要计算式（25.34）中的积分。步骤如下：

1. 首先画出电荷分布的示意图，将带电物体分割成无限多个微元，每个微元所带电荷量为 dq_s。在示意图中标出一个微元。

2. 建立坐标系，并用最少的坐标变量（x，y，z，r 或 θ）表示出 dq_s 的位置，这些坐标变量是积分变量。例如，当电荷分布径向对称时，可以建立一个极坐标系。注意不要将任选的 dq_s 置于坐标原点处。

3. 标出待求电势的场点。用积分变量表示出 $1/r_{sP}$，其中，r_{sP} 是待求电势的场点与 dq_s 之间的距离。

4. 确定电荷分布是一维的（一条直线或者曲线），二维的（一个平面或是曲面），还是三维的（任意体积的物体）。并用相应的电荷密度和积分变量来表示 dq_s。

将 dq_s 和 $1/r_{sP}$ 的表达式代入式（25.34），然后并行积分计算。

下列例题涉及本章内容，但又不仅仅局限于本章中的某一节。
其中一部分以例题的形式给出，另一部分则以引导性问题的形式给出。

例 25.1 移动带电粒子

考虑一组带电的炭粉粒子以及其中一个炭粉粒子绕其他粒子移动。四个带电粒子组成一个边长为 $a=6.9\mu$m 的正方形，其中粒子 1、3 和 4 所带电荷量均为 $+q=3.9\times10^{-15}$C，粒子 2 所带电荷量为 $-2q$。已知粒子 2 和 4 处于正方形某条对角线的两端。将粒子 4 从原位置移开，并在正方形外绕过粒子 3、2、1，最后静止在正方形中心处的过程中，外力做的功是多少？

❶ **分析问题** 我们先画出粒子 4 的运动过程示意图（见图 WG25.1）。题目中并未给出使粒子 4 运动的外力的太多信息，但是我们知道粒子 4 的初动能和末动能均为零，则其动能变化为零。所以我们要算的外力对粒子 4 所做的功 $W_{\text{by agent}}$ 应该与粒子 4 在运动的过程中所受其他三个粒子的电场力对其所做的功 $W_{\text{by}1,2,3}$ 等值异号。

图 WG25.1

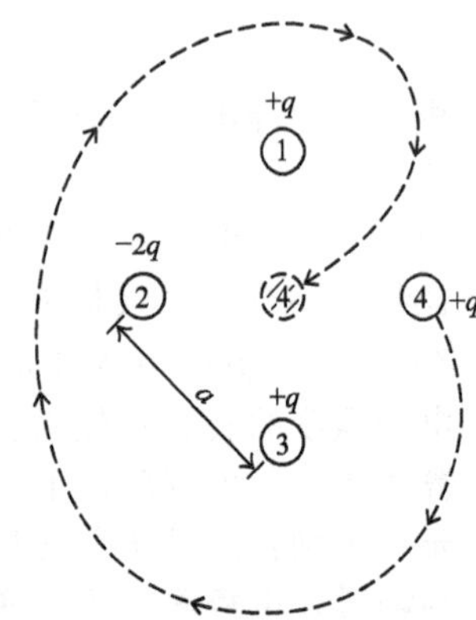

❷ **设计方案** 由于粒子 4 的动能改变量为零，有

$$W_{\text{on}4}=W_{\text{by agent}}+W_{\text{by }1,2,3}=\Delta K=0$$

由静电学相互作用是无耗散的可知，粒子 1、2、3 对粒子 4 所做的功与系统电势能的变化量等值异号。因此我们可以利用

$$W_{\text{by agent}}=-W_{\text{by }1,2,3}=-(-q_4\Delta V)=q_4\Delta V \tag{1}$$

不论粒子 4 在哪个位置，由于粒子 1、2、3 的存在，粒子 4 的电势都是

$$V=\frac{1}{4\pi\epsilon_0}\sum_{j=1}^{3}\frac{q_j}{r_j}, \tag{2}$$

其中，r_j 是粒子 4 与第 j 个（$j=1, 2, 3$）粒子之间的距离。

我们需要求粒子 4 在初末位置之间的电势差。有两种方法：一是用式（2），将粒子 4 的初末位置与其他粒子间的距离代入，来计算这两个位置的电势，再将所求值代入式（1）；第二种方法是将式（2）代入式（1），并将每个粒子单独作用的电势差求和。我们选择后者，因为第二种方法易于合并相同的因子。

❸ **实施推导** 外力对粒子 4 所做的功为

$$W_{\text{by agent}}=q_4[V_f-V_i]=q_4\frac{1}{4\pi\epsilon_0}\left[\sum_{j=1}^{3}\frac{q_j}{r_{j,f}}-\sum_{j=1}^{3}\frac{q_j}{r_{j,i}}\right]$$

$$=\frac{q_4}{4\pi\epsilon_0}\left\{\sum_{j=1}^{3}q_j\left[\frac{1}{r_{j,f}}-\frac{1}{r_{j,i}}\right]\right\}$$

$$=\frac{q_4}{4\pi\epsilon_0}\left\{q_1\left[\frac{1}{\frac{1}{2}a\sqrt{2}}-\frac{1}{a}\right]+q_2\left[\frac{1}{\frac{1}{2}a\sqrt{2}}-\frac{1}{a\sqrt{2}}\right]+q_3\left[\frac{1}{\frac{1}{2}a\sqrt{2}}-\frac{1}{a}\right]\right\}$$

将 $q_4=q_1=q_3=q$，$q_2=-2q$ 代入，得到

$$W_{\text{by agent}}=\frac{q}{4\pi\epsilon_0}\left[q\left(\frac{1}{\frac{1}{2}a\sqrt{2}}-\frac{1}{a}\right)+(-2q)\left(\frac{1}{\frac{1}{2}a\sqrt{2}}-\frac{1}{a\sqrt{2}}\right)+q\left(\frac{1}{\frac{1}{2}a\sqrt{2}}-\frac{1}{a}\right)\right]$$

$$=\frac{2q^2}{4\pi\epsilon_0 a}\left(\frac{1}{\sqrt{2}}-1\right)$$

$$=\frac{2(3.9\times10^{-15}\text{C})^2}{4\pi[8.85\times10^{-12}\text{C}^2/(\text{N}\cdot\text{m}^2)](6.9\times10^{-6}\text{m})}\cdot\left(\frac{1}{\sqrt{2}}-1\right)=-1.2\times10^{-14}\text{J}$$

❹ **评价结果** 为了验证结果的正确性，我们来用另一种方法计算粒子 1、2、3 对粒子 4 在末位置的电势 V_f，以及粒子 4 在初位置的电势 V_i，并直接计算 $W_{\text{by agent}}=q_4[V_f-V_i]$。取无穷远处电势为零，可知

$$V_f=\frac{1}{4\pi\epsilon_0}\left(\frac{q}{a/\sqrt{2}}+\frac{q}{a/\sqrt{2}}+\frac{(-2q)}{a/\sqrt{2}}\right)=0$$

$$V_i=\frac{1}{4\pi\epsilon_0}\left(\frac{q}{a}+\frac{q}{a}+\frac{(-2q)}{a\sqrt{2}}\right)=\frac{q}{4\pi\epsilon_0 a}(2-\sqrt{2})$$

所以

$$q_4[V_f-V_i]=0-\frac{q^2}{4\pi\epsilon_0 a}(2-\sqrt{2})=-1.2\times10^{-14}\text{J}$$

如上所述，由于粒子 4 的末位置与其他三个带电粒子距离相等，且这三个粒子的电荷量之和为 0，可知 $V_f=0$ 是正确的。由于粒子 4 的初位置距离两个带正电的粒子比较近，距离带负电的粒子比较远，所以 $V_i>0$ 是正确的。因此，在粒子 4 从 $V_i>0$ 处运动到

实践篇

$V_f=0$ 处的过程中（电势差为负），静电力做正功。由于粒子 4 的动能不变，静电场力做的正功与外力做的负功相抵消，即我们得到的结果为负值是没有问题的。

引导性问题 25.2 带电三角形的形成和展开

已知三个带电粒子一开始彼此间距很远，要移动这三个粒子使它们组成一个边长为 l 的等边三角形。已知粒子 A 和 B 带电量均为 $-q$，粒子 C 带电量为 $4q$。为形成此三角形外力需要做多少功？若将这三个彼此远离的电荷按照 A、C、B 的顺序排列成一条直线，相邻电荷间的距离为 l，这个过程中需要外力做的多少功？

❶ 分析问题

1. 画出等边三角形和直线的示意图，并用自己的话重述该问题。我们所要求的量是哪两个？

❷ 设计方案

2. 将三个粒子组成等边三角形所做的功与这种带电粒子分布的电势能之间有什么关系？

3. 如何用图来表示组成等边三角形的过程？如何用图来表示组成直线的过程？

4. 对于等边三角形和直线分布，要算它们的总电势能，各需要计算哪几项？

❸ 实施推导

5. 通过计算初末位置的电势差来求组成三角形所需的功。利用相似的方法计算组成直线所需的功。

6. 有什么简便的方法来计算组成直线时所需的功？

❹ 评价结果

7. 你预测哪种带电粒子分布的电势能更大？

例 25.3 非均匀带电的橡胶球

一个半径为 R 的橡胶球所带电荷量为 q_{ball}，从球心沿径向向外直到球表面，其体电荷密度由零开始线性增加。B 点在球面上，D 点在球内它与球心的距离为 d，其中 $d<R$，求 B 点与 D 点之间的电势差。

❶ 分析问题 正如往常一样，先画一个能表示问题情境的示意图（见图 WG25.2）。虽然题中并未说明 B 点和 D 点是否一定在同一条直径上，但由对称性，我们知道与球同心的任意大小的球壳上各点电势相等。所以，为简化解题可以将 B 点和 D 点画在同一条半径上。

图 WG25.2

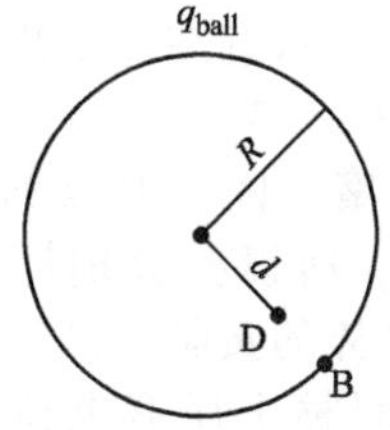

B 点和 D 点之间的电势差是电场强度从初位置 B 点开始到末位置 D 点的线积分，积分范围从 R 到 d，所以我们必须先求 $\vec{E}$。由对称性可知，电场方向沿径向，且电场强度大小受到电荷分布的影响，所以必须求出电场强度大小关于电荷分布的函数关系式。

❷ 设计方案 B 点和 D 点之间的电势差由式（25.25）给出，$V_{\text{BD}}=-\int_{\text{B}}^{\text{D}}\vec{E}\cdot d\vec{l}$。由第 24 章中的知识可知，能够根据对称性和高斯定理［式（24.8）：$\Phi_E=\oint\vec{E}\cdot d\vec{A}=q_{\text{enc}}/\epsilon_0$］得到球心径向距离为 r 处的电场。在本题中，其中 q_{enc} 是与带电球同心的、半径为 $r=d$ 的球壳所包围的电荷量。体电荷密度从原点到径向距离为 x 处呈线性增加，即 $\rho(x)=\rho_0 x$，其中 ρ_0 是单位为 C/m^4 的常量，再利用

$$q_{\text{enc}}(r)=\int\rho dV$$

其中，dV 是与橡胶球同心的薄球壳的体积，由此得到 q_{enc} 的值。由于 q_{ball} 是橡胶球所带电量，即 $q_{\text{ball}}=q_{\text{enc}}(R)$，所以能够得出 ρ_0 的值。

❸ 实施推导 半径为 r 的实心球所包围的电荷量是一系列半径为 x、厚度为 dx 的薄球壳的电荷量之和，即

$$q_{enc}(r)=\int \rho \mathrm{d}V=\int_0^r(\rho_0 x)(4\pi x^2\mathrm{d}x)=\pi\rho_0 r^4$$

由此得到用 q_{ball} 表示的 ρ_0 的式子：

$$q_{enc}(R)=\pi\rho_0 R^4=q_{ball}$$

$$\rho_0=\frac{q_{ball}}{\pi R^4}$$

现在我们用高斯定理［式（24.8）］。由球对称性可知，电场方向一定是沿径向，因此得到在与球心的径向距离为 r 处，有

$$\oint\vec{E}(r)\cdot \mathrm{d}\vec{A}=E(r)A(r)=\frac{q_{enc}(r)}{\epsilon_0}$$

$$E(r)(4\pi r^2)=\frac{\pi\rho_0 r^4}{\epsilon_0}=\frac{q_{ball}r^4}{\epsilon_0 R^4}$$

$$E(r)=\frac{q_{ball}}{4\pi\epsilon_0 R^4}r^2$$

则球面上 B 点（$r=R$）和到球心径向距离为 $r=d$ 的 D 点之间的电势差为

$$V_d-V_R=-\int_R^d\vec{E}(r)\cdot \mathrm{d}\vec{r}=-\int_R^d E(r)\mathrm{d}r$$

$$=-\int_R^d\frac{q_{ball}}{4\pi\epsilon_0 R^4}r^2\mathrm{d}r$$

$$=-\frac{q_{ball}}{4\pi\epsilon_0 R^4}\left[\frac{1}{3}r^3\right]_R^d$$

$$=\frac{q_{ball}}{12\pi\epsilon_0 R^4}(R^3-d^3)\ \checkmark$$

❹ **评价结果**　若 q_{ball} 为正，则电场方向沿径向向外，这意味着从 B 点移动到 D 点这一过程中，运动方向与电场反向，如此会使电势变高，所求的电势差应该是正的，即我们所得到的结果。若 q_{ball} 是负的，也与我们建立的公式一致。我们的公式表明电势差与 q_{ball} 成正比关系，并且球的带电量越大，则 V_d-V_R 的值就越大，若 D 点满足 $d=R$，则电势差应为零。

引导性问题 25.4　带电塑料球

半径为 R 的塑料球上电荷均匀分布，总带电量为 q_{sphere}。r 为 A 点到球心的距离，求在 $r<R$ 和 $r>R$ 这两种情况下，球心和 A 点之间的电势差分别为多少？

❶ **分析问题**

1. 画出球体的示意图。
2. 已知条件是什么？待求量是什么？

❷ **设计方案**

3. 如何求出球内任意两个位置之间的电势差？为了求电势差我们还需要知道哪些物理量？
4. 如何求任意半径的球内所包围的电荷量？
5. 如何保证塑料球内部和外部各点电势的表达式在两个区域的边界处连续？

❸ **实施推导**

❹ **评价结果**

6. 所得表达式能否正确给出距球体中心很远处的电势？

例 25.5　带电直线

用毛皮摩擦长为 l 的塑料棒，使塑料棒上均匀带电，总的剩余电荷为 q_{rod}。将带电塑料棒放置于绝缘架子上，使其位于 xy 坐标系中的 x 轴上，且塑料棒的中点位于原点。求塑料棒外某点 P（x_P，y_P）处的电势。

❶ **分析问题**　此题与《原理篇》例 25.6 相似，但例 25.6 求的是过棒的一端且垂直于棒的直线上各点的电势。然而这道题我们需要求塑料棒周围空间中任意一点的电势。为了求此电荷分布在 P 点产生的电势，我们需要用到式（25.34）：

$$V=\int\frac{1}{4\pi\epsilon_0}\frac{\mathrm{d}q}{r}$$

其中，r 是 P 点到塑料棒上的无限小电荷微元 $\mathrm{d}q$ 的距离，画示意图以呈现出所有必要的信息（见图 WG25.3）。

❷ **设计方案**　因为 P 点到每个电荷微元的距离都不同，所以要分别计算各无限小电荷微元 $\mathrm{d}q$ 对电势的贡献，然后将所有的贡献求和来得到塑料棒上所有电荷的电势。我们还要求得棒上 x 位置处的 r 和 $\mathrm{d}q$ 值。棒上无限小的元段 $\mathrm{d}x$ 的电荷量为 $\mathrm{d}q=\lambda\mathrm{d}x$，其中，$\lambda=q_{rod}/l$ 是塑料棒的线电荷密度。然后从塑

料棒的一端积分到另一端，从而将每个 dq 对电势的贡献累加起来。

图 WG25.3

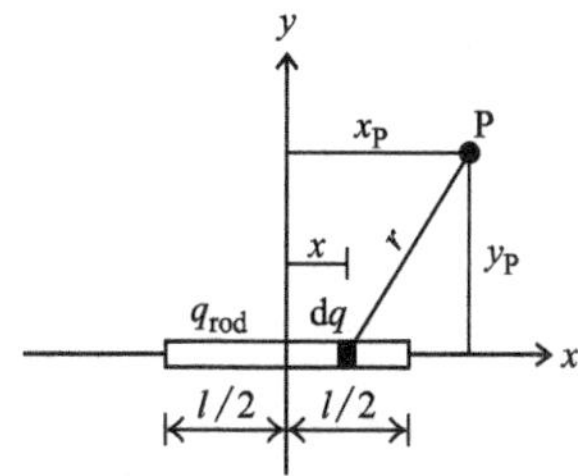

❸ **实施推导** 电荷微元所带电量 dq 为

$$dq=\frac{q_{rod}}{l}dx$$

电荷微元与 P 点间的距离为

$$r=\sqrt{(x_P-x)^2+y_P^2}$$

通过代换求得 P 点的电势为

$$V=\frac{1}{4\pi\epsilon_0}\frac{q_{rod}}{l}\int_{-l/2}^{l/2}\frac{dx}{\sqrt{(x_P-x)^2+y_P^2}}$$

通过做以下的简单代换，我们将积分写成可以在数学手册中查到的形式：

$$u=x_P-x$$

$$du=-dx$$

$$V=\frac{1}{4\pi\epsilon_0}\frac{q_{rod}}{l}\int_{x_P+l/2}^{x_P-l/2}\frac{-du}{\sqrt{u^2+y_P^2}}$$

注意随着积分变量变为 u，积分区间也相应地发生了变化，这个积分与《原理篇》例 25.6 中的积分相同，积分结果为

$$V=\frac{1}{4\pi\epsilon_0}\frac{q_{rod}}{l}\left[-\ln(u+\sqrt{u^2+y_P^2})\right]_{x_P+l/2}^{x_P-l/2}$$

$$=\frac{1}{4\pi\epsilon_0}\frac{q_{rod}}{l}[\ln(x_P+l/2+\sqrt{(x_P+l/2)^2+y_P^2})-\ln(x_P-l/2+\sqrt{(x_P-l/2)^2+y_P^2})]$$

$$=\frac{1}{4\pi\epsilon_0}\frac{q_{rod}}{l}\ln\left(\frac{x_P+l/2+\sqrt{(x_P+l/2)^2+y_P^2}}{x_P-l/2+\sqrt{(x_P-l/2)^2+y_P^2}}\right) \quad (1)$$

现在我们利用上式画出 xy 平面上各点电势的示意图。图 WG25.4 表示的是长为 2.0m 的带电塑料棒等势线的图像。

图 WG25.4

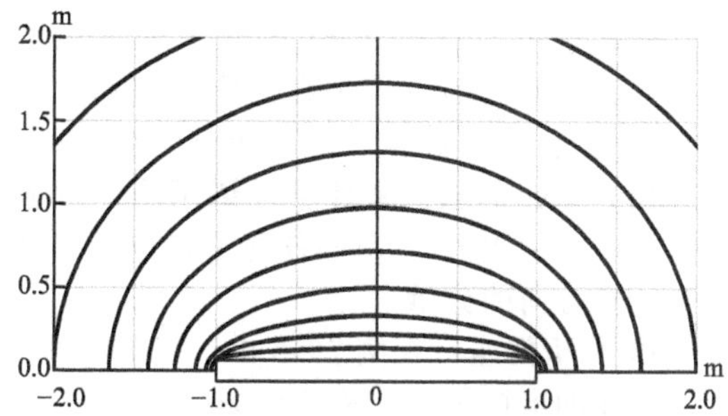

❹ **评价结果** 若 P 点位于塑料棒的上方或下方，其所在直线过塑料棒一端且平行于 y 轴，此时 $x_P=l/2$，可将这个特例 $x_P=l/2$ 代入式（1）中求 V，证明能得到与《原理篇》例 25.6 相同的表达式：

$$V=\frac{q}{4\pi\epsilon_0 l}\ln\left(\frac{l+\sqrt{l^2+d^2}}{d}\right)$$

以上式子做了些修改，本题中的 y_P 对应于《原理篇》的式子里的 d。式（1）是一个复杂的式子，但是从中我们能够计算出 xy 平面内除了塑料棒本身以外任意一点的电势。若 P 点距离塑料棒无限远，那么从 P 点看去带电塑料棒像是一个带电粒子，则用式（1）算出的 P 点的电势应为零，与带电量为 q_{rod} 的粒子的情况相同。若我们将式（1）中的 x_P 或 y_P 或二者都趋近于无穷大，则 ln（1）= 0，与预期的电势为零的结果相同。

引导性问题 25.6 带电圆环

现有一个由绝缘材料制成的薄扁圆环，内、外半径分别为 R_{in}、R_{out}，面电荷密度 $\sigma(a)$ 随着 a 的增大而减小：其中 a 是到圆环中心的距离，σ_0 是单位为 C/m 的常量。求过圆环中心且垂直于圆环所在平面的轴线上各点的电势。

❶ **分析问题**

1. 画出该系统的示意图。

2. 轴线上各点的静电势有什么特殊性？

❷ **设计方案**

3. 可以用哪个公式来求圆环上各电荷微元 dq 的贡献？

4. 圆环具有怎样的对称性能够让我们找到一组电荷微元，且这组电荷微元与场点有相同的距离？

5. 你可以用哪些数学量来表示这组电

荷微元？

6. 场点与这组电荷微元的距离分别是多少？

7. 将哪个变量作为积分变量来求圆环上的所有电荷微元？积分区间是什么？

❸ **实施推导**

8. 你从什么地方可以获得积分结果的解析式？

❹ **评价结果**

9. 你所得到的电势的表达式对于距圆环很远处同样适用吗？

例 25.7　带电棒周围的电场

当某带电物体的电荷分布缺乏对称性时，其周围的电场不能用高斯定理求解，只能用库仑定律（如第 23 章所述）或用式（25.40）求出的电势来计算。请用第二种方法计算本章例 25.5 中空间任意一点电场强度垂直于棒方向的分量。

❶ **分析问题**　在例 25.5 中，已知长为 l 的带电棒的电荷量 $q_{\rm rod}$ 及其在 xy 坐标系中的位置，要求用式（25.40）来计算棒周围空间中任意一点电场强度垂直于棒方向的分量。从图 WG25.3 中可以看出，电场的 y 轴分量即为电场在垂直于棒的方向上的分量。

❷ **设计方案**　我们要计算的是 $E_y=-\partial V/\partial y$。求电势对 y 的偏微分时，需要保持除 y 以外的其他变量恒定，在这里也就是说视 x 为常量。在空间任意位置 $(x,\ y)$ 处，电势为

$$V(x,y)=\frac{1}{4\pi\epsilon_0}\frac{q_{\rm rod}}{l}\ln\left(\frac{x+l/2+\sqrt{(x+l/2)^2+y^2}}{x-l/2+\sqrt{(x-l/2)^2+y^2}}\right)$$

虽然对数的求导看起来很烦琐，但是我们能用公式 $\ln(a/b)=\ln a-\ln b$ 将其简化。

❸ **实施推导**

$$\begin{aligned}E_y&=-\frac{\partial V}{\partial y}=\frac{1}{4\pi\epsilon_0}\frac{q_{\rm rod}}{l}\frac{\partial}{\partial y}\{\ln[x-l/2+((x-l/2)^2+y^2)^{1/2}]-\ln[x+l/2+((x+l/2)^2+y^2)^{1/2}]\}\\&=\frac{1}{4\pi\epsilon_0}\frac{q_{\rm rod}}{l}\left\{\left[\frac{\frac{1}{2}((x-l/2)^2+y^2)^{-1/2}2y}{x-l/2+((x-l/2)^2+y^2)^{1/2}}\right]-\left[\frac{\frac{1}{2}((x+l/2)^2+y^2)^{-1/2}2y}{x+l/2+((x+l/2)^2+y^2)^{1/2}}\right]\right\}\\&=\frac{1}{4\pi\epsilon_0}\frac{q_{\rm rod}}{l}y\left\{\left[\frac{((x-l/2)^2+y^2)^{-1/2}}{x-l/2+((x-l/2)^2+y^2)^{1/2}}\right]-\left[\frac{((x+l/2)^2+y^2)^{-1/2}}{x+l/2+((x+l/2)^2+y^2)^{1/2}}\right]\right\}\ \checkmark\end{aligned}$$

这个代数式很复杂，但是十分有用，因为与第 23 章中用电场的叠加原理求电场强度相比，通过此式由电势计算电场强度的分量更简单。求电场强度 $\vec{E}$ 的 x 分量比求 E_y 更加复杂，但是计算过程是类似的，你可以尝试一下。

❹ **评价结果**　我们可以通过一些极限情况来验证这个 E_y 表达式的正确性。若我们要研究的场点在 x 轴上，则根据对称性可知 E_y 应该等于零。将 $y=0$ 代入式子中计算可得 $E_y(x,\ 0)=0$，即符合预期。若我们要计算的场点位于棒的垂直平分线上（$x=0$），计算得到的 $E_y(0,\ y)$ 应该与《原理篇》例 23.4 中的表达式一致，只不过本题的棒是沿 x 轴的，而《原理篇》例 23.4 中的棒是沿 y 轴的：

$$\begin{aligned}E_y(0,y)&=\frac{1}{4\pi\epsilon_0}\frac{q_{\rm rod}}{l}y\left\{\left[\frac{((l/2)^2+y^2)^{-1/2}}{((l/2)^2+y^2)^{1/2}-l/2}\right]-\left[\frac{((l/2)^2+y^2)^{-1/2}}{((l/2)^2+y^2)^{1/2}+l/2}\right]\right\}\\&=\frac{1}{4\pi\epsilon_0}\frac{q_{\rm rod}}{l}y\left\{\frac{l((l/2)^2+y^2)^{-1/2}}{y^2}\right\}\\&=\frac{1}{4\pi\epsilon_0}\frac{q_{\rm rod}}{y((l/2)^2+y^2)^{1/2}}\\&=k\frac{q_{\rm rod}}{y\left(\frac{1}{4}l^2+y^2\right)^{1/2}}\end{aligned}$$

可见这确实与《原理篇》例 23.4 的表达式一致［提示：由式（24.7）定义的介电常量 ϵ_0 可知，$k=1/(4\pi\epsilon_0)$］。

实践篇

引导性问题 25.8 带电圆盘周围的电场

一个半径为 R 的薄圆盘均匀带电，面电荷密度为 σ。用式（25.40）来推导过圆盘中心且与圆盘所在平面垂直的轴线上任意一点的电场强度表达式。已知圆盘处于三维坐标系中的 xy 平面内，圆盘中心位于坐标原点，所以我们要求的是 z 轴上各点的电场强度。

❶ **分析问题**

1. 本题的已知条件有哪些？待求量有哪些？从章节总结中找出适用于本题的电势表达式。

❷ **设计方案**

2. z 轴（$x=y=0$）上各点的电势 $V(z)$ 的表达式是什么？

3. 电场中某点的电场强度和电势的关系是什么？

4. 由对称性可知，电场强度的哪个或哪些方向上的分量为零？

5. 在计算偏微分的时候，哪些物理量应该被视为常量？

❸ **实施推导**

❹ **评价结果**

6. 本题所得结果是否和《原理篇》例23.6的结果一致？将结果用含有 ϵ_0 和 R 的代数式表示的 E_z 为

$$E_z=\frac{1}{2\epsilon_0}\sigma z\left(\frac{1}{\sqrt{z^2}}-\frac{1}{\sqrt{z^2+R^2}}\right)$$

习题　通过《掌握物理》®可以查看教师布置的作业 MP

圆点表示习题的难易程度：● = 简单，●● = 中等，●●● = 困难；**CR** = 情景问题。

25.1 电势能

1. 在匀强电场中，电偶极子处于哪个方向上会有最大的电势能？哪个方向上的电势能最小？（所选择的系统包括匀强电场的场源电荷和电偶极子）●

2. 空间中的匀强电场是由带负电的平面产生的，现在有三个相同的带正电的物体A、B和C先后从平面上方同一位置以相同大小的初速率释放，初速度方向如图P25.2所示。

假设三个物体的运动并不会相互影响，将它们到达带电平面时的瞬时速度按从大到小的顺序排列。●●

图 P25.2

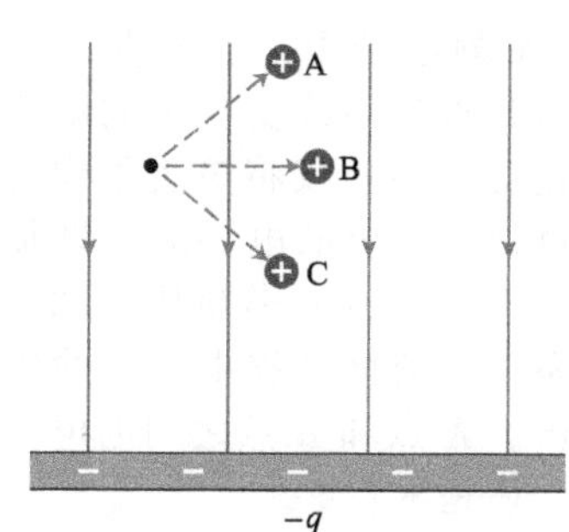

3. 在地板上方同一高度处同时释放三个小球，已知三个小球带有相同电荷量的正电荷，但它们的质量不同，分别为1kg、2kg和3kg。除了来自地球的引力场，还有方向向下的匀强电场。假设各球之间距离很远以至于它们之间不会相互影响，忽略空气阻力。(a) 哪个小球落地时的速度大小最大？(b) 若三个小球都带负电，哪个球会最先落地？●●

4. 在无限大带电平面产生的匀强电场中，一个质子、一个氘核（只含有一个质子和一个中子的氢核）和一个α粒子（由两个质子和两个中子组成的氦核）均由静止释放后加速运动，通过了相同的距离。比较它们最终的 (a) 动能、(b) 动量、(c) 速度、(d) 运动相同距离所需要的时间。(e) 三种粒子电势能的变化有什么不同？●●

5. 在无限大带电平面产生的匀强电场中，一个质子、一个氘核（只含有一个质子和一个中子的氢核）和一个α粒子（由两个质子和两个中子组成的氦核）均由静止释放后加速运动，运动了相同的时间。比较它们最终的 (a) 动能、(b) 动量、(c) 速度、(d) 运动距离。(e) 三种粒子电势能的变化有什么不同？●●

6. 两个相同的电偶极子组成的孤立系统

如图 P25.6 所示，则哪种方向排列的电偶极子的电势能更小？●●

图 P25.6

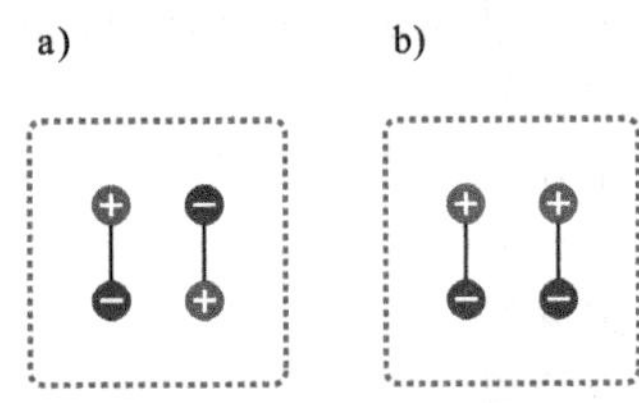

7. 电偶极子带电量为 $+q$ 和 $-q$，两电荷间距离为 d，若电偶极子在匀强电场中旋转了 180°（见图 P25.7），则与旋转过程对应的电势能改变量是多少？（考虑由场源电荷和电偶极子组成的系统）●●

图 P25.7

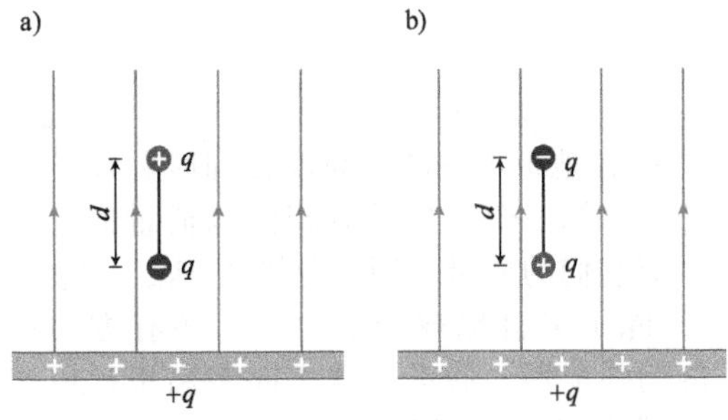

25.2 静电力的功

8. 在静电场中 A 和 B 两点之间有两条路径，其中路径 1 的长度是路径 2 的两倍。若一个带负电的粒子沿路径 1 从 A 点运动到 B 点时电场力做的功是 W_1，则该粒子沿路径 2 从 A 点运动到 B 点时电场力做功是多少？●

9. 电场中有两个点 A 和 B，若一个带电量为 q 的粒子从 A 点运动到 B 点时静电力做功为 W，则带电量为 $-2q$ 的粒子从 A 点运动到 B 点时静电力做功为多少？●

10. 电场中有两个点 A 和 B，一个带电粒子沿两点间的直线（长为 10mm）运动，静电力做功为 W，若该粒子在外力作用下从 A 点沿长度为 20mm 的弯曲路径运动到 B 点，则静电力做功为多少？用含有 W 的表达式表示。●

11. A 和 B 是同一条电场线上的两个点，若 A、B 间的电势差是正的，则电场方向是从 A 点指向 B 点还是从 B 点指向 A 点？●

12. 实验室先后进行了三个实验，均是在无限大带电平面产生的匀强电场中让物体从 A 点运动到 B 点（见图 P25.12）。物体的初速度和到达终点时的末速度均为零。物体 1 带电量为 $+q$，质量为 m；物体 2 带电量为 $+q$，质量为 $2M$；物体 3 带电量为 $-q$，质量为 m。请将三个实验中带电物体和平面组成的系统的电势能改变量按由大到小的顺序排列。●●

图 P25.12

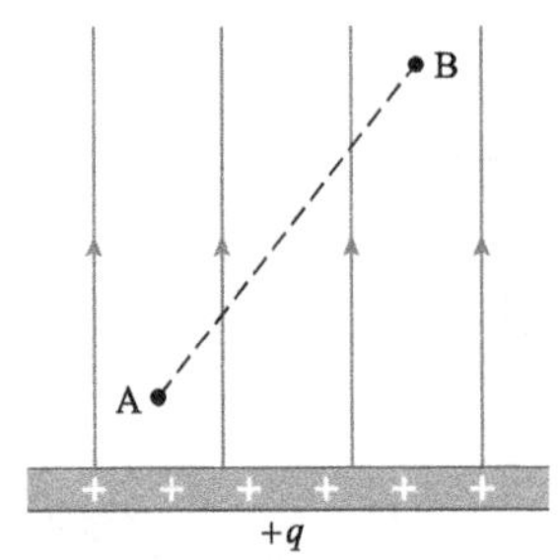

13. 带电粒子在电场中从 A 点运动到 B 点的过程中，电场力做功为 W。若对粒子施加一个外力，使粒子回到 A 点，且其动能增加 $2W$，则外力对粒子做了多少功？●●

14. 在非匀强的静电场中一个三角形的三个顶点为 A、B 和 C。带电量为 q 的粒子从 A 点运动到 B 点的过程中，电场力做功为 W_{AB}；从 A 点运动到 C 点的过程中，电场力做功为 $W_{AC}=-W_{AB}/2$。求该粒子从 B 点运动到 C 点的过程中，电场力做功为多少？●●

15. 在某静电场中，若要将一个电子从 A 点移动到 B 点且不改变粒子的动能，需要对电子做正功。（a）将该电子看成一个系统，该过程中系统的电势能是增加，减少，还是不变？（b）若将电子和场源电荷视为一个系统，则该过程中系统的电势能如何变化？（c）A 点和 B 点之间的电势差是正的，负的，还是零？●●

16. 在某静电场中，若要将一个质子从 A 点移动到 B 点且不改变粒子的动能，需要对质子做正功。（a）仅将该质子作为一个系统，则该过程中系统的电势能是增加了，减少了，还是不变？（b）若将质子和场源电荷视为一个系统，则该过程中系统的电势能如何变化？（c）A 点和 B 点之间的电势差是正的，负的，还是零？●●

实践篇

17. 在某电场中，A 点和 B 点之间的电势差为负，一个电子在静电场的作用下从 A 点移动到 B 点。(a) 若将电子和场源电荷视为一个系统，则系统的电势能是增加，减少，还是不变？(b) 电子的动能是增加，减少，还是不变？(c) 若系统只包括电子，则 (a)、(b) 两问的答案如何变化？●●

18. 一个质子在静电场作用下从 A 点移动到 B 点，A、B 两点之间的电势差为负。(a) 若将质子和场源粒子视为一个系统，则系统的电势能会增加、减少，还是不变？(b) 质子的动能会增加、减少，还是不变？(c) 若系统只包括这个质子，则质子的电势能如何变化？●●

19. 如图 P25.19 所示，四个带电体在匀强电场中沿不同路径运动，将下列四个运动过程，按电场力对物体做功的大小由小到大的顺序排列：(a) 带电量为 $+q$ 的物体从 A 点移动到 B 点；(b) 带电量为 $+q$ 的物体从 A 点移动到 C 点；(c) 带电量为 $+q$ 的物体从 B 点移动到 C 点；(d) 带电量为 $-q$ 的物体从 A 点移动到 B 点。●●

图 P25.19

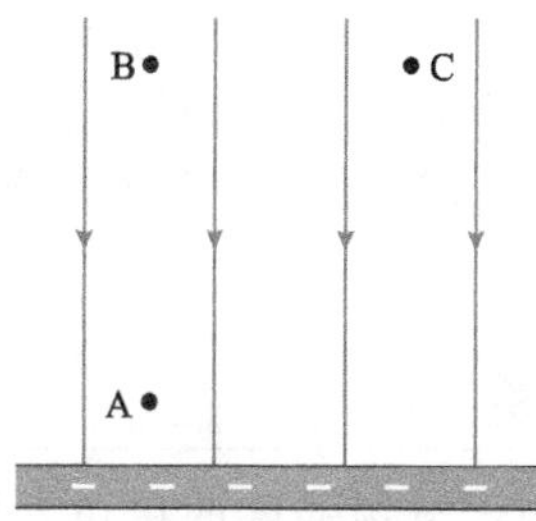

20. 电场中一个正方形的四个顶点分别为 A、B、C 和 D，其中 A 与 B 相邻，A 与 C 是对角线的两个端点。已知 A、C 两点间电势差与 A、B 两点间的电势差异号，且 A、C 两点间的电势差的大小是 B、D 两点间电势差大小的两倍。用 A、B 两点间的电势差表示出：(a) B、C 两点间的电势差，(b) C、D 两点间的电势差，(c) A、D 两点间的电势差。●●●

25.3 等势

21. 等势线间能相互交叉吗？●

22. 能否画出一个穿过电场消失位置的等势面？●

23. 能否描述一个线电荷密度均匀的无限长带电线周围区域的等势面？●

24. 根据电偶极子的电场线画出空间等势线。●●

25. 两个相同的带电粒子水平放置，画出它们周围空间的一些电场线和等势线。●●

26. 图 P25.26 表示的是一个带负电的物体周围的等势线，其中任意两相邻等势线间的电势差相同。(a) 图中哪个区域的电场强度最大？(b) 电场强度最大处的电场方向如何？(c) 哪条等势线的电势最大？●●

图 P25.26

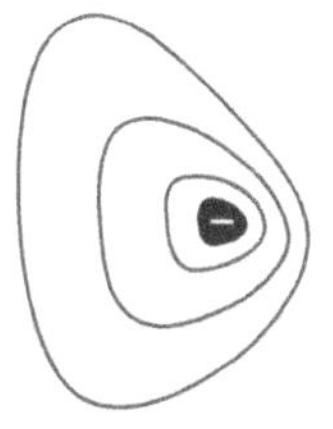

27. 已知沿某路径将一个带电物体从 A 点移动到 B 点的过程中电场力不做功，(a) 能否从以上信息中得到 A 点和 B 点在同一等势面上的结论？(b) 能否认为这条路径位于 A、B 两点所在的那个等势面上？回答并证明。●●

28. 如图 P25.28 所示，带电粒子周围相邻等势面间的距离随场点到粒子径向距离 r 的增加而变大。(a) 若要各相邻等势面间的距离相等，则电势与 r 的关系应该是怎样的？(b) 这种情况下电场强度大小与 r 的关系是什么？●●

25.4 静电场中的功和能

29. 粒子 A 所带电量为 3.0nC，位于笛卡儿坐标系的原点。(a) 距原点 $r=4.0\text{m}$ 的位置，电势（取无限远处为电势零点）为多大？(b) 将粒子 A 固定在原点，带电量为 3.0nC 的粒子 B 从无限远处移动到距原点 $r=4.0\text{m}$ 的位置，需要外力做多少功？(c) 若某时刻将粒子 B 放到无穷远处，而将粒子 A 移动到 $r=4.0\text{m}$ 的位置并固定，则外力需要做多少功才能将粒子 B 从无穷远处移动到

原点？●

图 P25.28

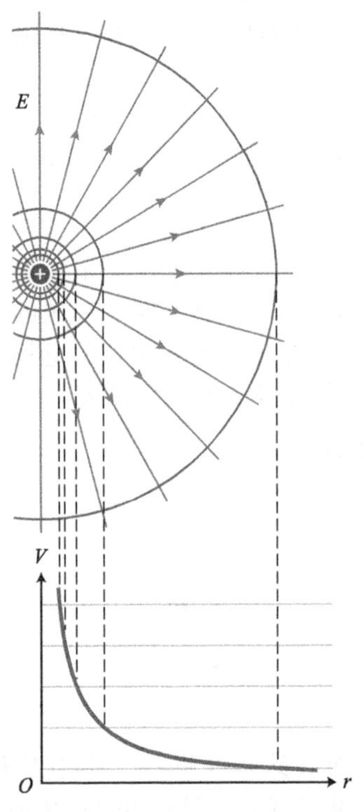

30. 在电场强度大小为 2.0×10^3N/C 的匀强电场中有一个带电量为 6.0nC 的粒子由静止释放，求粒子移动 4.0m 后（a）静电力所做的功，（b）粒子的动能。●

31. 图 P25.31 中所示的粒子 A、B、C 和 D 所带的电荷量均为 3.0nC，计算在以下四种电荷分布情况下这个边长为 3.0m 的正方形区域的电势能大小：（a）如果四个粒子均带正电；（b）如果 A 带负电，B、C、D 带正电；（c）如果 B 和 C 带正电，A 和 D 带负电；（d）如果 A 和 C 带正电，B 和 D 带负电。●●

图 P25.31

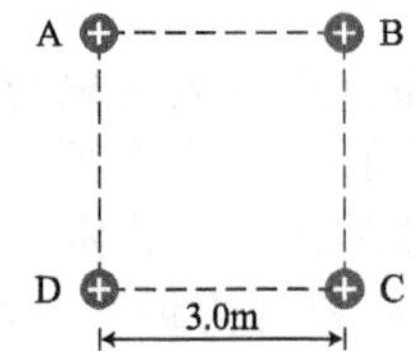

32. 等边三角形的边长为 2.0m，底边的两个端点上各有一个带电量为 2.0nC 的粒子，分别为 A 和 B。（a）三角形顶点的电势（无限远处电势为零）为多大？（b）若粒子 A 和粒子 B 固定，将一个带电量为 5.0nC 的粒子从无限远移动到顶点处，外力做多少功？（c）若粒子 B 的带电量变为 -3.0nC，则（a）问与（b）问的答案应该是什么？（d）分别计算这两种三角形电荷分布的电势能。●●

33. 在半径为 0.06m 的球体的赤道上等间距分布着六个带电量均为 3.0nC 的粒子，赤道圆心位于坐标系的原点。设无限远处为电势零点，（a）求球心处的电势。（b）求球体在任意一个极点处的电势。●●

34. 在 x 轴上的 $x=+1.000$m 处固定一个电子，$x=-1.000$m 处固定一个质子。（a）若将另一电子从无穷远移动到原点，外力需要做多少功？（b）若一电子初始位置为 $x=+20.00$m，初速度的大小为 500m/s，方向指向原点，问该电子能否到达原点？若能，求出到达原点时的速度大小；若不能，求出电子能够到达的距原点最近的距离为多少？●●

35. 四个带电量均为 q 的物体分别位于边长为 d 的正方形的四个顶点上，其中两个物体带正电，另两个物体带负电，且带同种电荷的物体位于同一条对角线的两个端点上。（a）该电荷分布的电势能是正的，负的，还是零？（b）通过计算来验证（a）问。●●

25.5　电势差

36. 证明：电场强度的单位，即 N/C 与 V/m 等价。●

37. 图 P25.37 表示的是带正电的物体从 2V 的等势线运动到 3 V 的等势线的四条可能路径。将物体沿各条路径运动时电场力所做的功按由大到小的顺序排列。●

图 P25.37

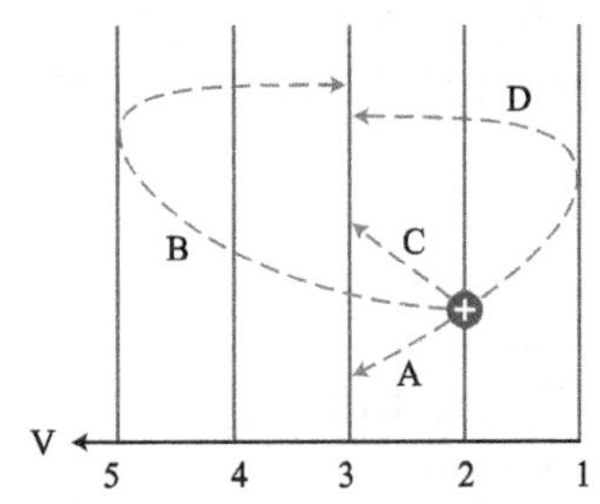

实践篇

38. 一个无限大带电面的面电荷密度为 3.5nC/m^2，求电势差为 100V 的两个等势面间的距离为多大？●

39. 四个电荷量均为 3.0nC 的带电粒子放在边长为 3.0m 的正方形的四个顶点上，取无限远处为电势零点，计算以下几种情况下正方形中心处的电势：(a) 如果四个粒子都带正电；(b) 如果三个粒子带正电，一个粒子带负电；(c) 如果两个粒子带正电，另外两个粒子带负电。●●

40. 一个带电量为+9.00nC 的粒子位于直角坐标系的原点，取无限远处的电势为零，画出从 20.0V 到 100V 的、电势差为 20.0 V 的各个等势面。这些等势面间的距离是否相等？●●

41. 一个带电量为 $+q$ 的粒子位于 x 轴上的 $x=+d$ 处，另一带电量为 $-3q$ 的粒子位于 x 轴上的 $x=-7d$ 处。取无限远处电势为零，则 (a) x 轴上哪个或哪些点的电势为零？(b) y 轴上哪个或哪些点的电势为零？(c) 若 $x=-7d$ 处的粒子所带电荷量变为 $+3q$，回答 (a)、(b) 两问。●●

42. 在直角坐标系中，一个带正电的无限大带电面与 yz 面平行且与 x 轴相交于 $x=0.10\text{m}$ 处，其面电荷密度为 $+2.5\mu\text{C/m}^2$。(a) 求当 $x>0.10\text{m}$ 时的 $\vec{E}$。(b) 求电势差，$V(0.20\text{m})-V(0.50\text{m})$。(c) 若带电量为 +1.5nC 的粒子一开始位于 $x=0.50\text{m}$ 处，则外力需要做多少功才能使其运动到 $x=0.20\text{m}$ 处？(d) 取带电平面的电势为零，在平面的两边各画出三个电势差为 20V 的等势面，并标出相应的电势值。●●

43. 在直角坐标系中，一个均匀带正电的无限大带电平面与 yz 面平行且与 x 轴相交于 $x=0.50\text{m}$ 处，A 点和 B 点分别位于 x 轴上的 $x=2.0\text{m}$ 和 $x=7.0\text{m}$ 处。(a) 若 V_B-V_A 的绝对值是 15.0V，则电势差 V_B-V_A 是正的还是负的？(b) 求空间的场强 $\vec{E}$，(c) 求带电平面的面电荷密度 $+\sigma$。●●

44. 图 P25.44 表示的是三个带电粒子的分布情况，每个粒子与原点间的距离都相同。(a) 将三种带电粒子分布在原点处的电势按由大到小的顺序排列。(b) 将三种带电粒子系统的电势能按由大到小的顺序排列。●●

图 P25.44

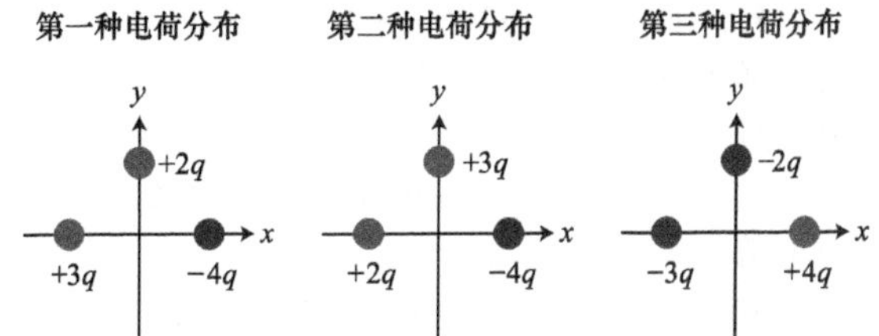

45. 两个相互平行的导体平板间的距离为 0.10m，两平板带等量异号的电荷。与板间距离相比，两板面积非常大，所以可以认为两板间是匀强电场。已知两板电势差为 500 V，现有一个电子从负极板处由静止释放，(a) 画出两板间的电场分布，并标明哪个板的电势更高。(b) 两板间的电场强度大小是多少？(c) 当电子从负极板运动到正极板时，两板和电子组成的系统的电势能会如何变化？(d) 在电子的运动过程中，电场对其做的功是多少？(e) 电子到达正极板时的动能是多大？●●

46. 两个相互平行的导体板带等量异号电荷，与板间距离相比，两板面积足够大，所以可以认为两板间是匀强电场。已知场强大小为 50 V/m，且两板电势差为 0.25 V。(a) 求两板的面电荷密度。(b) 求两板间的距离。(c) 当一个电子从负极板运动到正极板时，求电场对该电子做的功。●●

47. 带电量为 $+q_1$ 的粒子 1 位于 x 轴上 $x=-d$ 处，粒子 2 的带电量未知，记为 q_2，且位于 x 轴上的某处。该电荷分布对应的电势能为 $+q_1^2/(2\pi\epsilon_0 d)$，原点处电势为 $+q_1/(\pi\epsilon_0 d)$，无穷远处电势为零。(a) 粒子 2 所带电荷是正的还是负的？(b) 粒子 2 所带的电荷量为多少？它位于 x 轴上的哪一点？写出所有可能的答案。●●

48. 两个带电粒子位于 xyz 坐标系中的原点附近，已知带电量为 $+q$ 的粒子 1 位于 x 轴上 $x=+d$ 的位置，粒子 2 的带电量未知，具体位置也未知。已知原点处的场强大小为 $q/(2\pi\epsilon_0 d^2)$，取无限远处电势为零，原点的电势为 $+3q/(4\pi\epsilon_0 d)$。(a) 若粒子 2 位于 x 轴上，求其具体位置及所带电荷量。(b) 若粒子 2 位于 y 轴上，求其具体位置及所带电荷量。写出所有可能的答案。●●●

25.6 电荷连续分布时电势的计算

49. 半径 $R=62.5\text{mm}$ 的薄圆盘均匀带电，面电荷密度为 $\sigma=7.5\text{nC/m}^2$，在过圆盘中心且垂直圆盘的轴线上，分别计算距中心（a）5.0mm、（b）30mm 和（c）62.5mm 处的电势。●

50. $q=+10\text{nC}$ 的电荷均匀分布在半径为 120mm 的球壳上。（a）求球壳内、外的电场强度的大小和方向。（b）取无穷远处电势为零，求球壳内、外的静电势。（c）求球壳中心处的静电势和电场强度的大小。●

51. 与直角坐标系的 z 轴重合的长直带电线所带电荷为正，线电荷密度 λ 为 150nC/m。假设距带电线 2.5m 处的电势为零，分别求距离带电线（a）2.0m、（b）4.0m 和（c）12m 处的电势。●●

52. 在厚导体球壳的球心处有一个带电量为 $+q$ 的电荷，已知厚导体球壳的内、外半径分别为 R 和 $2R$，所带电量为 $-4q$。一个半径为 $3R$ 的薄导体球壳与厚导体球壳同心，带电量为 $+4q$。取无穷远处电势为零，计算空间中所有的电势零点与球心之间的距离。●●

53. 边长为 l 的正方形的四个边由均匀带电的绝缘棒构成，每个棒所带电荷量均为 $+q$。求：（a）正方形中心处的电场强度大小；（b）正方形中心处的电势。●●

54. 图 P25.54 所示为三种电荷的分布情况：A 中带电量为 $+q$ 的粒子位于与原点的距离为 R 的位置；B 中带电量为 $+q$ 的电荷均匀分布在半径为 R 的半圆环上，且其圆心位于坐标原点；C 中带电量为 $+q$ 的电荷均匀分布在半径为 R 的圆环上，且其圆心位于坐标原点。（a）将这三种电荷分布在圆心处的电场强度大小按由小到大的顺序排列。（b）将这三种电荷分布在圆心处的电势按由小到大的顺序排列。（c）取无限远处电势为零，写出 B 中原点处的电势表达式。●●

图 P25.54

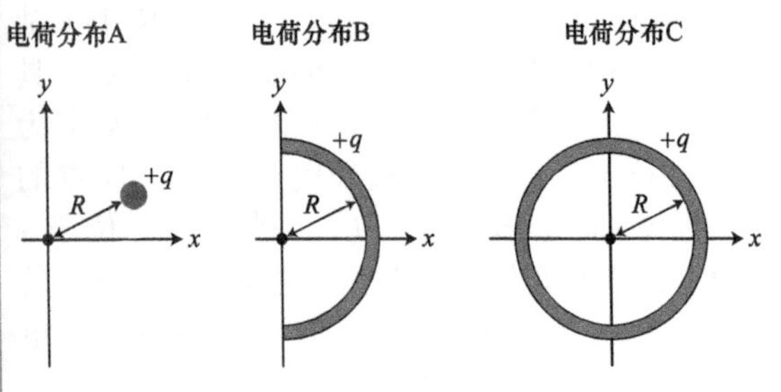

55. 带电量为 $q_p=+10\text{nC}$ 的粒子位于 xy 坐标系中 y 轴上的 $y_P=0.030\text{m}$ 点，x 轴上 $x=0$ 到 $x=0.10\text{m}$ 之间有一根长 $l=0.10\text{m}$、带电量为 $q_r=-10\text{nC}$ 的绝缘棒。写出 y 轴上任意一点电势的表达式。●●

56. 有一个半径为 R 的圆盘，其内部圆形区域的半径为 a，均匀分布着正电荷，面电荷密度为 $+\sigma$；外部的环状区域（见图 P25.56）分布着负电荷，面电荷密度为 $-\sigma$。已知圆盘中轴线上距圆盘中心 $z=R$ 处的 P 点的电势为零，求 a 的表达式（用含有 R 的式子表示）。●●●

图 P25.56

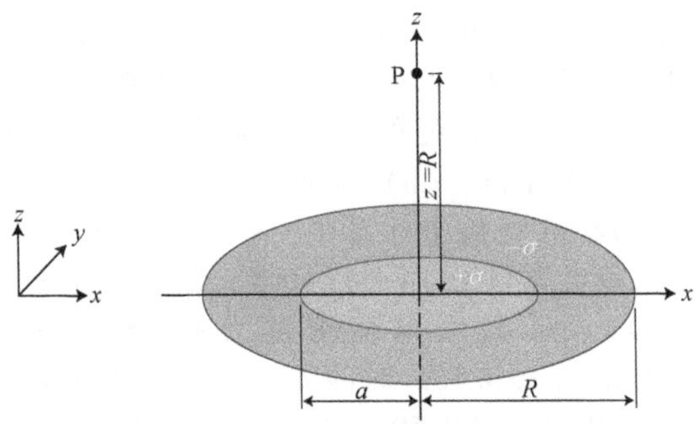

57. 半径为 R 的绝缘圆盘的面电荷密度为 $\sigma(r)=cr$，其中 c 是常量（$c>0$）。已知 x 轴过圆盘的圆心，且垂直于圆盘表面，而圆盘圆心过点 $x=0$，推导 x 轴上各点电势与 x 的函数关系。●●●

58. 一个大的带正电的绝缘圆柱体的底面半径为 R，已知体电荷密度为 $\rho=+ar$，其中 r 是场点到圆柱体中心轴线的径向距离。计算圆柱中心轴线上一点与圆柱外任意一点的电势差。●●●

25.7 由电势求电场强度

59. 某区域的电势为 $V(x)=A+Bx$，其中 V 的单位是伏特；x 的单位是米；A 和 B 都是大于零的常量。求该区域内各点的电场强度的大小及方向。●

60. 某 xy 直角坐标系内的电势为 $V(x,$

$y)=3xy-5y^2$，写出计算该区域内各点的电场强度大小的表达式。●

61. xy 直角坐标系的原点处有一个带电量为 +3.00nC 的粒子，取无穷远处电势为零。(a) 计算 x 轴上 $x=3.0000$m 和 $x=3.0100$m 两点的电势 V。(b) 电势随 x 的增大是增加还是减小？计算 $\Delta V/\Delta x$，其中 ΔV 是 $x=3.0000$m 和 $x=3.0100$m 两点间的电势差，$\Delta x=0.0100$m。(c) 计算 $x=3.0000$m 处的电场强度大小，并将这一数值与 (b) 问中 $\Delta V/\Delta x$ 的值进行比较。(d) 计算 $x=3.0000$m 和 $y=0.0100$m 处的电势，并与 (a) 问中计算的 $x=3.0000$m 处的电势进行比较。讨论该结果的意义。●●

62. 两个带正电且带电量均为 q 的粒子分别位于 y 轴的 $y=+a$ 和 $y=-a$ 两点上。(a) 计算 x 轴上任意一点的电势。(b) 用 (a) 问中的结果来求 x 轴上任意一点的电场强度。●●

63. 图 P25.63 表示的是一组等势面的二维截面图。(a) 图中 A、B、C 和 D 四点，哪点的电场强度最大？(b) 图中 B 点和 F 点的电场强度哪个更大？(c) 画出必要的电场线来支持你的论证。●●

图 P25.63

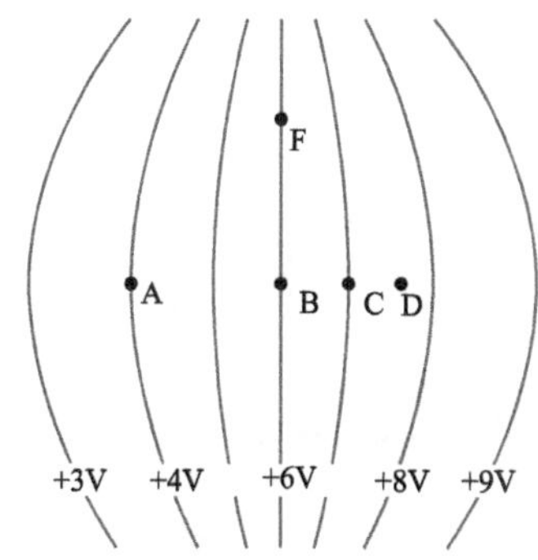

64. 二维坐标系的原点处有一带电量为 +3.00nC 的带电粒子，x 轴上 $x=6.00$m 处有一带电荷量为 -3.00nC 的带电粒子。(a) 取无穷远处电势为零，计算 x 轴上 $x=3.00$m 处的电势。(b) 计算 x 轴上 $x=3.00$m 处的电场强度大小。(c) 计算 x 轴上 $x=3.01$m 处的电势。(d) 计算 $\Delta V/\Delta x$，其中 ΔV 是 $x=3.00$m 和 $x=3.01$m 两点间的电势差，$\Delta x=0.01$m，并将此结果与 (b) 问的结果进行比较。●●

65. 一个半径为 a 的圆环均匀带电，带电量为 q，位于直角坐标系中的 yz 平面内，圆环的中心位于坐标原点。(a) 画出 x 轴上各点电势随距离变化的函数曲线 $V(x)$。(b) 哪个位置的 $V(x)$ 最大？(c) 在 $V(x)$ 最大的位置，E_x 为多少？●●●

66. 一些带电粒子呈半径为 R 的球对称分布，总带电量为 q。电势随着到电荷分布中心的径向距离 r 的变化而变化，当 $r>2R$ 时，$V(r)=-q/(4\pi\epsilon_0 r)$；当 $R<r<2R$ 时，$V(r)=-q/(8\pi\epsilon_0 R)$；当 $r<R$ 时，$V(r)=-3q/(4\pi\epsilon_0 r)+5q/(8\pi\epsilon_0 R)$。(a) 根据 $V(\infty)=0$，求这三个区域内的电场强度大小。(b) 描述是什么样的带电物体才能够产生这种电势分布。●●●

附加题

67. 电子在某电场中从 A 点运动到了 B 点，并获得了一定的动能。(a) 电场力做功是正的、负的，还是零？(b) A 点的电势大于、小于，还是等于 B 点的电势？●

68. 质子在某电场中从 A 点运动到了 B 点，并获得了一定的动能。(a) 电场力做功是正的、负的，还是零？(b) A 点的电势大于、小于还是等于 B 点的电势？●

69. 根据以下四种电势，分别计算各自的电场强度 E_x：

(a) $V(x)=a+bx$，其中，$a=4000$V，$b=6000$V/m；

(b) $V(x)=ax+b/x$，其中 $a=1500$V/m，$b=2000$V·m；

(c) $V(x)=ax-bx^2$，其中 $a=2000$V/m，$b=3000\text{V/m}^2$；

(d) $V(x)=-2000$V（与 x 无关）。●

70. 一个孤立的均匀带正电的球壳半径为 R，电荷量为 q。点 A 在球壳上，点 B 与球壳中心相距 $2R$，点 C 与球壳中心相距 $R/2$，点 D 处于球壳中心。(a) 点 A 与点 B 间的电势差是正的还是负的？(b) 点 A 与点 C 间的电势差是正的还是负的？(c) 点 A 与点 D 间的电势差是正的还是负的？●●

71. 假设你正在画一个带正电粒子的等势线，你已经选取无穷远处电势为零。如果你已将 5.0V 的等势线画成半径为 50mm 的

圆，则（a）10V 的等势线和（b）2.0V 的等势线的半径各是多大？●●

72. 一个长为 l，电荷量为 $+q$ 的均匀带电棒，位于笛卡儿坐标系的 x 轴上的原点和 $x=-l$ 之间。求此带电棒在 x 轴上且与原点的距离为 d 处时产生的电势。●●

73. 半径为 R 的实心球体与内、外半径分别为 $2R$ 和 $3R$ 的厚球壳同心，已知厚球壳所带的电荷量为 $+q_{shell}$，取球心处与无穷远处的电势相等。求以下两种情况下实心球体的电荷量 q_{sphere}：（a）若球壳内的球体为导体，（b）若球壳内的球体为绝缘体且均匀带电。●●●

74. 你很喜欢自己在原子物理实验室的新工作。你的领导提醒你氦离子（He^+）的电子会通过辐射的方式放出能量，即从半径为 0.42nm 的轨道跃迁到半径为 0.24nm 的轨道。为了给领导留下好印象，你想知道在计算辐射所放出的能量大小时，是否还需要其他信息。●●● **CR**

75. 你一直都很好奇原子核的强相互作用到底强到什么程度，并且猜想铀元素可以作为一个很好的测试样例。你想知道本章讨论的电势能是否可以帮助我们寻找答案。你从《原理篇》例 25.4 着手，该例题求的是将氢原子聚在一起的能量，但是氢原子核中只有一个质子，而铀原子核中有 92 个质子，相邻质子间的距离约为 2×10^{-15}m，很明显，一定有什么作用能够将所有这些质子都保持在如此近的距离内。●●● **CR**

76. 两个带电物体 1 和 2 之间的距离为 r，已知物体 1 的质量为 m，带电量为 $+2q$；物体 2 的质量为 2m，带电量为 $+q$。两物体都由静止释放。假设两物体之间的相互作用只来自于电场力，（a）在两物体运动的过程中，两物体的动能之比 K_2/K_1 为多少？（b）当两物体间的距离为 $4r$ 时，求物体 1 的速度大小。（c）当两物体间的距离为 $4r$ 时，求物体 2 的速度大小。（d）当两物体相距非常远的时候，求物体 1 的速度大小。（e）当两物体相距非常远的时候，求物体 2 的速度大小。●●●

复习题答案

1. 电势能是与带电物体的相对位置有关的势能。

2. 重力相互作用只能是吸引，但是电相互作用既可以是吸引，也可以是排斥，这由带电物体所带电荷的电性决定：同种电荷相互排斥，异种电荷相互吸引。对于带异种电荷的物体，随着物体间距的减小，电势能（类似于重力势能）随之减小；但对于带同种电荷的物体，随着物体间距的减小，电势能随之增大。

3. 当电偶极子的方向与带电体产生的电场的方向一致时，电偶极子的电势能最低，并且随着电偶极子方向与电场方向之间夹角的增大，其电势能随之增大。

4. 静电力做功就是静电场对带电粒子或带电物体所做的功。

5. 静电力对粒子做功的大小取决于粒子运动的始末位置，与路径长短和形状无关。

6. 静电场中任意两点 A 和 B 之间的电势差是带电粒子沿任意路径从点 A 运动到点 B 的过程中，电场对单位电荷做功的负值。

7. 电势差是与电场中的两个位置相关的物理量，其大小与单位电荷从一个位置运动到另一个位置的静电力所做的功成正比。一旦选择了电势零点的位置，就可以得到任意位置的电势值。

8. 等势线和等势面分别是指各点电势都相等的线和面。静电平衡状态下的导体是等势体，因为导体内部的电场强度大小为零，使其成为一个等势体。

9. 电场的等势线和等势面一定垂直于电场线。

10. 沿电场线方向电势降低。

11. 由粒子所带电荷的电性决定。带正电的粒子受到的电场力的方向与电场方向相同，这意味着电场力倾向于使带正电的粒子从高电势向低电势运动。带负电的粒子受到的电场力的方向与电场方向相反，所以带负电的粒子倾向于由低电势向高电势运动。

12. 电场力沿粒子运动路径的线积分的表达式由式（25.5）给出。

13. 没有关系。静电力所做功的大小与路径无关，只与带电粒子的始末位置有关。

14. 带电粒子从点 A 运动到点 B 的过程中，静电力对单位电荷所做的功等于 A、B 两点的电势能之差的负值。

15. 选取某带电粒子分布的电势能为零，由此再来定义系统的电势能。一般情况下会选择相对距离为无穷远的带电粒子系统的电势能为零（对应于带电粒子间静电力为零）。当带电粒子的间距为有限值时，系统的电势能就是有限大间距的带电粒子分布的 U^E 与无限大间距的 $U^E(=0)$ 的差值。

16. 多个带电粒子组成的系统的电势能，是系统中每个带电粒子对的电势能之和，如式（25.14）给出的三个带电粒子组成的系统的电势能。

17. V，等价于 J/C。

18. (a) 电势参考点的电势为零，通常选在无穷远处（粒子之间的距离无限大）或者（b）在处理电路问题时选在接地处。

19. 由式（25.30），可知，$V_P=\dfrac{1}{4\pi\epsilon_0}\sum_n\dfrac{q_n}{r_{nP}}$，其中，$r_{nP}$ 是带电量为 q_n 的粒子与要计算电势能的场点 P 之间的距离。

20. 不可能。因为静电场力做的功与路径无关，这意味着沿闭合路径运动时电场力所做的功为零，因为初末位置都位于同一个位置。

21. 将每一个无限小的带电微元都看成带电粒子，并对整个物体求积分，得到式（25.34）：$V_P=\dfrac{1}{4\pi\epsilon_0}\int\dfrac{dq_s}{r_{sP}}$，其中 r 是带电量为 dq 的带电微元与要计算的场点之间的距离。

22. 有优势。因为电势是标量（所以比计算电场强度这样的矢量更简单），而且电势和电场是表示相同信息的两种不同的方法。

23. 能。因为电场线与等势线或等势面垂直，且电场方向与电势降落的方向相同。电场强度大小与等势线或等势面的疏密程度相关，等势线或等势面越密的地方电场强度越大。

24. 静电场在笛卡儿坐标系 xyz 中各坐标轴上的分量等于静电势关于该坐标变量的导数的负值［式（25.40）］。

引导性问题答案

引导性问题 25.2

组成三角形所需外力做的功为

$$W_1=U_i^E=-\frac{7q^2}{4\pi\epsilon_0 l}$$

再组成直线所需外力做的功为

$$W_2=U_f^E-U_i^E=-\frac{q^2}{8\pi\epsilon_0 l}$$

引导性问题 25.4

与球心相距为 r 的场点和球心之间的电势差为

$$V_{0r}=-\frac{q_{\text{sphere}}r^2}{8\pi\epsilon_0 R^3},\text{当 } r<R \text{ 时；}$$

$$V_{0r}=\frac{q_{\text{sphere}}}{8\pi\epsilon_0}\left(\frac{2}{r}-\frac{3}{R}\right),\text{当 } r>R \text{ 时。}$$

引导性问题 25.6

圆环的中心在原点处，则 z 轴上各点的电势为

$$V(z)=\frac{\sigma_0}{2\epsilon_0}\ln\left(\frac{R_{\text{out}}+\sqrt{R_{\text{out}}^2+z^2}}{R_{\text{in}}+\sqrt{R_{\text{in}}^2+z^2}}\right)$$

引导性问题 25.8

$$E_z=\frac{1}{2\epsilon_0}\sigma z\left(\frac{1}{\sqrt{z^2}}-\frac{1}{\sqrt{z^2+R^2}}\right)$$

实践篇

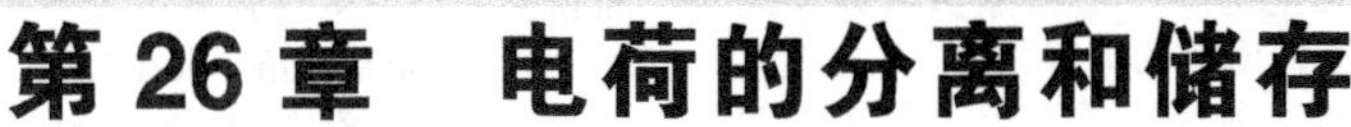

第 26 章　电荷的分离和储存

章节总结

电容器（26.1 节，26.2 节，26.5 节）

基本概念　电荷分离装置（例如电池）存在某种机制可以克服电场力来移动载荷子。这个过程中该装置所做的功使系统的电势能增加。

电容器由一对被绝缘材料或者真空分离的导电物体组成。当电荷从一个物体转移到另一个物体上时，电容器便储存了电势能。

平行板电容器由两个面积为 A、相距为 d 的平行导体平板组成。两板之间的电场均匀。

同轴的电容器由两个同轴的柱面组成，其半径分别为 R_1 和 R_2 且 $R_2>R_1$，长度 $l\gg R_2$。

球形电容器由两个同心的导体球壳组成，其半径分别为 R_1 和 R_2 且 $R_2>R_1$。

定量研究　电容器中的两个导体带等量异号的电荷 q。电荷分离使这两个导体之间产生了大小为 V_{cap} 的电势差。这个装置的电容 C 为

$$C\equiv\frac{q}{V_{cap}} \tag{26.1}$$

电容的单位是**法拉**（F）

$$1F\equiv1C/V$$

平行板电容器的电容为

$$C=\frac{\epsilon_0 A}{d}$$

同轴电容器的电容为

$$C=\frac{2\pi\epsilon_0 l}{\ln(R_2/R_1)}$$

球形电容器的电容为

$$C=4\pi\epsilon_0\frac{R_1R_2}{R_2-R_1}$$

电场能与电动势（26.4 节，26.6 节）

基本概念　电场的**能量密度**是电场单位体积内存储的能量。

一个电荷分离装置的**电动势**为分离单位正负电荷时，非静电力所做的功。

定量研究　存储在电容器中的电势能 U^E 为

$$U^E=\frac{1}{2}\frac{q^2}{C}=\frac{1}{2}CV_{cap}^2=\frac{1}{2}qV_{cap} \tag{26.4}$$

在空气中或真空中，电场的**能量密度** u_E 为

$$u_E=\frac{1}{2}\epsilon_0E^2 \tag{26.6}$$

电荷分离装置的**电动势** $\mathscr{E}$ 为

$$\mathscr{E}\equiv\frac{W_{nonelectrostatic}}{q} \tag{26.7}$$

电介质（26.3 节，26.7 节，26.8 节）

基本概念　电介质是可极化的不导电材料。有极分子电介质由具有固有电偶极矩的分子组成，而无极分子电介质则是由那些在无电场情况下电偶极矩为零的分子组成。

电容器两极板间插入的电介质被电容器的电场极化。这种极化使得电介质的两个表面带有大小相同的异号电荷。这种电荷是束缚电荷，因为载荷子不能自由移动。电容器两极板上的电荷是自由电荷，因为载荷子可以自由移动。

定量研究　电容器两平板间的材料的**相对介电常数** κ 为

$$\kappa\equiv\frac{V_0}{V_d} \tag{26.9}$$

其中，V_0 是电容器两板间没有电介质时的电势差；V_d 是有电介质存在时的电势差。

如果没有电介质时电容器的电容为 C_0，那么有电介质时电容器的电容是

$$C_d = \kappa C_0 \quad (26.11)$$

如果电容器的自由电荷是 q_{free}，那么**束缚电荷** q_{bound} 为

$$q_{\text{bound}} = \frac{\kappa - 1}{\kappa} q_{\text{free}} \quad (26.18)$$

介质中的高斯定理为

$$\oint \kappa \vec{E} \cdot \mathrm{d}\vec{A} = \frac{q_{\text{free,enc}}}{\epsilon_0} \quad (26.25)$$

其中，$q_{\text{free,enc}}$ 是高斯面包围的自由电荷。

复习题

复习题的答案见本章最后。

26.1 电荷的分离

1. 系统的电势差和电势能有什么区别？

2. 当构成系统的两个带电物体被分开一定距离时，系统的电势能由哪些物理量决定？

3. 在被分离开的两个带电物体所组成的系统中，电势能存储在空间中的何处？

4. 范德格拉夫发电机产生了什么？

26.2 电容器

5. 什么是电容器？

6. 描述平行板电容器。对于一个平行板电容器，我们通常做怎样的几何近似？对它的电场性质又会做什么简化？

7. 平行板电容器每个极板上的电荷量与两板间的电势差有什么关系？

8. 如果平行板电容器两极板间的电势差固定，那么随着板的面积和两板间距离的变化，每个极板上的电荷量会有什么变化？

9. 实际情况下，存储在平行板电容器两极板上的最大电荷量由什么因素决定？

26.3 电介质

10. 区分两种常见的电介质，并描述它们在外加电场作用下的行为。

11. 从宏观角度看，当电介质置于匀强外部电场中时，电介质材料会发生什么现象？

12. 束缚电荷和自由电荷的区别是什么？

13. 为什么平行板电容器的电场在没有电介质时会比有电介质时大？

14. 一个极性电介质（有极分子组成）产生的电场所储存的能量与在真空中等大的电场储存的能量相比，哪个更大？为什么？

26.4 原电池和电池

15. 什么是电池？它的作用是什么？

16. 什么是电动势？

26.5 电容

17. 电容器的电容是怎样定义的？

18. 电容大小与电容器的哪些性质有关？

19. 电容的单位是什么？这个单位的大小是否适用于大多数电子装置的实际情况？

26.6 电场能和电动势

20. 存储在电容器中的电势能与每个导体所带的电荷量有什么关系？

21. 存储在电容器中的电势能与导体间的电势差有什么关系？

22. 什么是能量密度？电场的能量密度与电场强度的大小有什么代数关系？

23. 对于理想的电荷分离装置和实际电荷分离装置而言，其电动势和正负两极间的电势差的关系是什么？

26.7 相对介电常数

24. 相对介电常数的定义是什么？

25. 为什么液态水的相对介电常数要比电容器中经常使用的材料（例如纸或者云母）大？

26. 对于一个两板之间充满电介质材料的平行板电容器，电介质表面的束缚电荷和邻近导体板上的自由电荷有什么关系？

27. 为什么插入电介质后，孤立带电电容器存储的能量会减少？

26.8 有电介质存在时的高斯定理

28. 在利用高斯定理计算电介质中的电

场时，我们所选高斯面包围的电荷量为 $q_{free,enc}-q_{bound,enc}$。在不知道 $q_{bound,enc}$ 时，如何应用高斯定理计算电介质中的电场？

29. 有电介质的高斯定理是怎样的？它和我们在第 24 章中使用的高斯定理在形式上有什么关系？

估算题

从数量级上估算下列物理量，括号中的字母对应于可能用到的提示。根据需要使用它们来指导你的思考。

1. 在空气中相距 100mm 的两个金属板之间电势差的最大值（A，D）
2. 空气中一个外层为金属材料的篮球所能带的最大电荷量。(A，J，S，Q)
3. 一次雷击产生的电势差。(A，O)
4. 两板间为空气的 1F 平行板电容器的正方形极板面积的大小。(T，U，F，K，P)
5. 在干燥的空气中一个雨滴的电容。(B，G)
6. 计算机内存芯片的一个 50fF 电容器的金属板面积（C，N）
7. 在空气中的电场能量密度的最大值。(A，V)
8. 一个充满电场的物理实验室能够储存的电场能的最大值。(A，H)
9. 连接电视机机顶盒和墙上插座间的同轴电缆的电容（E，I，M，R）
10. 一个金属外壳的垒球的电容。(G，L)

提示

A. 空气中电场的击穿阈值是多少？

B. 雨滴的球半径是多少？

C. 两平板间有什么？

D. 两平行板间电场的大小 E 和它们之间电势差的大小 V 有什么关系？

E. 电缆的长度是多少？

F. 对于一个给定的电容，平板的面积和两板间的距离有什么关系？

G. 在这个“电容器”中，充当导体的“另一个”球的半径是多少？

H. 实验室的体积是多少？

I. 导体的半径是多少？

J. 电势最大的位置在哪里？

K. 两个大的金属板之间能够维持的最小合理间距是多少？

L. 垒球的半径是多少？

M. 可以将电缆假定成什么形状？

N. 间距的宽度是多少？

O. 闪电的长度是多少？

P. 当平板相距 2mm 时，为了获得 1F 的电容，需要多大的平板面积？

Q. 篮球的半径是多大？

R. 电缆的相对介电常数的合理数值是多少？

S. 如果将这个球视为导体球，那么你该如何确定它的电容？

T. 1F 是一个常见的电容值还是一个非常大的电容值？

U. 一个大的电容对平板尺寸的要求是怎样的？

V. 电场的能量密度和电场大小之间有什么关系？

答案（所有值均为近似值）

A. 3×10^6V/m；B. 0.004m；C. 某种电介质材料，可能是二氧化硅（κ 近似为 5）；D. $V=Ed$；E. 3m；F. 随着距离的增加，为了维持电容恒定，平板面积也必须增加，这意味着你需要设置一个小的间距来保证平板面积不会过大；G. 无限大；H. 4×10^2m^3；I. $R_{inner}=5\times10^{-4}$m，$R_{outer}=3\times10^{-3}$m；J. 在球表面附近；K. 2mm；L. 50mm；M. 不考虑电缆的弯曲和卷绕，假定所有的曲率半径都远大于 R_{outer}，因此可以将电缆视为圆柱体；N. 1×10^{-8}m；O. 2×10^3m；P. 2×10^8m^2；Q. 0.1m；R. 塑料绝缘体的相对介电常数 κ 近似为 2；S. 考虑一个球和一个半径无限大的球同心，以该球面和无限大的球面作为两个导体，它们之间充满空气，这样这两个球就形成了一个电容器；T. 非常大的值；U. 平板必须非常大；V. 能量密度和电场强度大小的二次方成正比，比例系数是 $\epsilon_0/2$。

例题与引导性问题

步骤：计算一对导体的电容

为了计算一对导体的电容：

1. 让两个导体分别携带电荷量为 q 的等值导性电荷。

2. 运用高斯定理、库仑定律，或直接积分的方法来确定从带负电导体到带正电导体的路径上的电场强度。

3. 在两个导体间选择一条路径，计算带电量为 q_t 的试探电荷沿这条路径移动时，静电场对它所做的功［式（25.24）］，并由式（25.15）确定电容器的电势差

$$V_{cap}=-W_{q_t}(-\to+)/q_t$$

4. 运用式（26.1）：$C\equiv\frac{q}{V_{cap}}$ 来确定 C。

下列例题涉及本章内容，但又不仅仅局限于本章中的某一节。

其中一部分以例题的形式给出，另一部分则以引导性问题的形式给出。

例 26.1 卷起的电容器

如图 WG26.1 所示，在一个卷起的平行板电容器中，两板是很薄的金属箔片，板间是聚酯薄膜电介质。假设箔片和聚酯薄膜的厚度均为 0.0500mm，电容器有 20.00mm 高，半径为 6.00mm。如果电容器两端电线间的电势差是 25V，请估算出储存在这个电容器中的电荷。

图 WG26.1

❶ **分析问题** 首先，我们需要设想出这个电容器是如何构造的。我们先画一个草图，在本题中是画出包含各组成成分的草图——电容器还没有被卷曲之前——其组成是两个锡箔片与将其分隔开的聚酯薄膜片（见图 WG26.2）。我们将每个薄片的厚度设为 t。假设聚酯薄膜完全充满锡箔片之间的空隙，这样板间的距离就等于聚酯膜的厚度。现在我们将它卷起来。可是，这里隐藏着一个陷阱：如果我们把箔-聚酯材料-箔组成的物质卷起来，底部的锡箔片会碰到顶部的锡箔片，这样便会将两块板连接起来，电容器就作废了。为了避免这种情况出现，一开始没有卷曲的电容器结构应该是锡箔、聚酯、锡箔、聚酯这四种材料组成的物质（见图 W26.3）。该物质的厚度是 $4t$，其中，$t=0.0500$mm，是每一个薄片的厚度，这个卷曲的电容器的半径为 $R=6.00$mm。

图 WG26.2

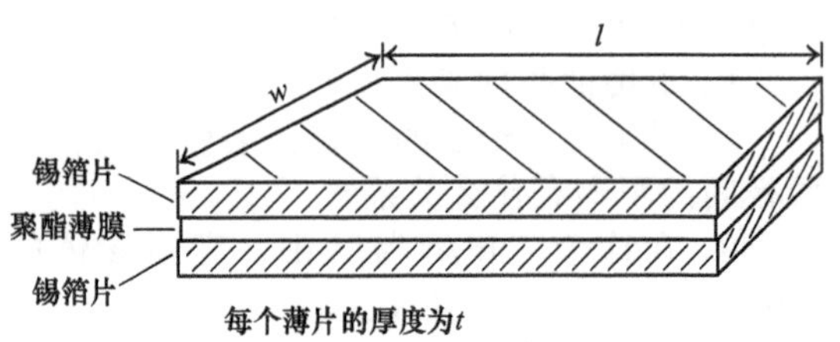

图 WG26.3

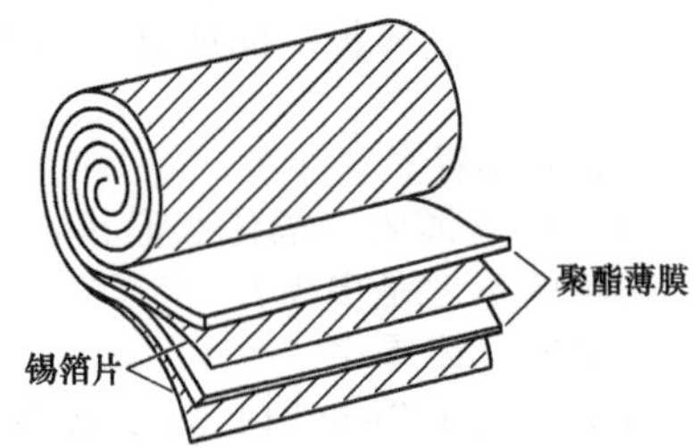

❷ **设计方案** 电容器的半径 R 跟薄片的厚度 t 和在长度 R 内薄片的数量有关。因为已知了电容器的高度和半径的数值，还有每个薄片的厚度，我们应该可以展开夹层结构，算出等效的平行板电容器的电容。题目问的是当电容器两端的电势差为 25V 时会有

多少电荷储存在电容器中。因为电容是根据给定某个电势差时储存的电荷量来定义的，所以计算出电容我们就可以求出储存的电荷的数量。

如果把电容器展开，我们就可以得到两块箔板（平行板），中间夹着同样尺寸的聚酯薄片（图 WG26.3 中的第二块聚酯薄片位于电容器的外面，因此与电容无关）。根据式（26.11）和《原理篇》中例 26.2 的结果：$C=\epsilon_0 A/d$，我们知道中间有电介质的平行板电容器的电容大小是

$$C=\frac{\kappa\epsilon_0 A}{d}$$

在这个表达式中，d 是指两板间的距离，而在本题中，这个距离就是聚酯薄片的厚度 $t=0.0500\text{mm}$。调查可知聚酯材料的相对介电常数（$\kappa=3.3$），我们需要做的是估算每一个锡箔片的面积 $A=lw$。当电容器展开后，电容器的高度就是每一个锡箔片的宽度，所以 $w=20.00\text{mm}$。我们知道锡箔片和聚酯薄片的长度为 l（公式 $A=lw$ 中的 l），它们的厚度加起来就是卷曲的电容器的半径 $R=6.00\text{mm}$。所以根据这些薄片的厚度以及卷曲电容器的半径就可以推算出锡箔片的长度。

❸ **实施推导** 估算展开的锡箔片长度的一种方法是假设电容器卷曲得非常紧，然后根据卷曲电容器的体积计算锡箔片长度。你可以想象，当你卷曲该四层物质（锡箔-聚酯-锡箔-聚酯）时，图 WG26.2 中的宽度 $w=20.00\text{mm}$ 就变成了电容器的高度，这四个薄片的另一个量度 l 与电容器的半径有关（$R=6.00\text{mm}$）。当电容器完全卷曲时，展开的平行板的体积（$w\times l\times 4t$）一定与圆柱形电容器的体积相同（$\pi R^2 w$）。因此，我们就有

$$V=\pi R^2 w=wl(4t)$$

$$l=\frac{\pi R^2}{4t}$$

估算薄片长度 l 的另一种方法就是注意到卷起这个电容器时需要卷很多圈。每一圈都是厚度为 $4t$ 的螺旋圈，但是因为有很多圈，我们可以假设这个电容器的螺旋都是圆。这就意味着这个电容器由一组嵌套的圆柱壳组成，每一个圆柱壳的厚度为 $4t$，但是半径不同，从最里面的半径 $r=2t$ 到最外面的半径 $r=R-2t$。$R/(4t)$ 表示由四片薄片组成的圆柱壳的数量。把这些壳的周长加起来，就得到了 l。这些壳的平均周长是 $2\pi R/2$，所以长度 l 就变成了

$$\begin{aligned}l&=(\text{由四片薄片组成的圆柱壳的数量})\times(\text{平均周长})\\&=\left(\frac{R}{4t}\right)\left(\frac{2\pi R}{2}\right)=\frac{\pi R^2}{4t}\end{aligned}$$

两种方法得到的薄片长度 l 的估计值相同，因此这个答案是可靠的。

注意到板间的距离 d 是两片锡箔片间的聚酯材料的厚度 t，因此可以得到这个充满了聚酯材料的电容器的电容表达式：

$$C=\frac{\kappa\epsilon_0 A}{d}=\frac{\kappa\epsilon_0 lw}{t}=\frac{\kappa\epsilon_0\left(\frac{\pi R^2}{4t}\right)w}{t}=\frac{\kappa\epsilon_0\pi R^2 w}{4t^2} \tag{1}$$

最终，我们得到两端电势差为 25V 的电容器储存的电荷量大小为

$$\begin{aligned}q&=CV=\frac{\kappa\epsilon_0\pi R^2 wV}{4t^2}\\&=\frac{3.3(8.85\times10^{-12}\text{F/m})\pi(6.00\times10^{-3}\text{m})^2(20.0\times10^{-3}\text{m})(25\text{V})}{4(5.00\times10^{-5}\text{m})^2}\\&=1.7\times10^{-7}\text{C}\ ✔\end{aligned}$$

❹ **评价结果** 我们的代数结果显示，对于一个更大的电容器（更大的 R 或者 w），意味着在给定电势差 V 的情况下，电容器可以储存更多的电荷，这是合理的。同时它也说明，如果薄片间靠得更紧（t 更小），电容器存储的电荷也会增加，因为同样体积装下了更多的锡箔。（然而，你需要考虑聚酯薄膜的电击穿）。式（1）得到的电容大小为 $6.6\times10^{-9}\text{F}$。你可能对电容器还没有一个很好的认识，但毫微法量级的电容对于这样大小和结构的电容器是合理的。而大多数电路中常见的电容器电容大小从几皮法到几百微法不等。因为我们知道 $q=CV$，并且知道 $V=25\text{V}$，所以几百纳库（$\text{nC}=10^{-9}\text{C}$）量级的电荷对于这个电容器是合理的。

引导性问题 26.2 自制电容器

在家里，将铝箔和蜡纸绕着一支二号铅笔卷曲成一个电容器，计算出你能够获得的最大电容。

❶ **分析问题**

1. 例 26.1 的结果是否适用？

❷ **设计方案**

2. 一支尚未使用的二号铅笔的长度是多少？

3. (a) 很容易得到并且 (b) 不需要帮助自己就能够卷制电容器的铝箔或蜡纸的最大长度是多少？

4. 上述这些长度与电容大小如何联系起来？

❸ **实施推导**

5. 蜡纸的相对介电常数的合理值是多少？

❹ **评价结果**

6. 你得到的数值合理吗？

7. 试一下，看看你是否可以做出这样一个电容器。

例 26.3 有线电视电缆的电容

估算长度为 L 的“RG-6”型号的有线电视同轴电缆的电容，这种电缆由半径为 0.50mm 的内部导体芯线和直径为 6.8mm 的同轴外层导体构成，芯线与外层导体中间充满了聚苯乙烯材料（相对介电常数 $\kappa=2.3$）。

❶ **分析问题** 我们需要估算出给定长度的电视同轴电缆的电容，它的几何构造与《原理篇》中的例 26.3 很相似，只是这次我们需要考虑两个导体间的电介质材料。当保持两导体间的距离不变时，使电缆的长度翻倍可以让每个导体的表面积翻倍，由此可知电容与长度 L 成正比。我们又知道，让电缆的芯线上带上 $+q$ 的电荷，电缆外层的导体带上 $-q$ 的电荷时，可以在两导体间产生沿径向方向指向外层导体的电场，从而在芯线与外层导体间产生一个电势差。因为两导体间的空隙充满了电介质材料，所以我们需要说明电介质材料对两导体间的区域电场的影响。

❷ **设计方案** 我们将要根据“计算一对导体的电容”步骤框中的步骤计算电容。对于电场力做功的路径，我们选择的是从外层导体的内表面（半径 3.4mm）到内部导体芯线的外表面（半径 0.50mm）的径向向内的方向。要计算出电场强度，我们需要使用介质中的高斯定理，即式 (26.25)。

❸ **实施推导** 设内部导体芯线的半径为 $R_1=0.50\text{mm}$，外层导体的半径为 $R_2=3.4\text{mm}$。$R_1<r<R_2$ 区域内的电场由介质中的高斯定理 $\oint \kappa\vec{E}\cdot d\vec{A}=q_{\text{free, enc}}/\epsilon_0$ 得出。我们选择一个与两导体同轴的圆柱体高斯面，它的半径为 r，长度为 L。因为电场方向是径向向外的，所以圆柱体的两个底面的 $\vec{E}\cdot d\vec{A}=0$。在圆柱体的侧面（面积 $A=2\pi rL$），由圆柱体对称性可知电场强度的大小恒定，所以高斯定理积分后简化为 $\kappa EA=q/\epsilon_0$，其中内轴导体上的 $+q$ 是高斯面所包围的自由电荷。$R_1<r<R_2$ 区域内的电场方向沿径向向外，大小为

$$E=\frac{q}{\kappa A\epsilon_0}=\frac{q}{\kappa 2\pi rL\epsilon_0}$$

根据式 (26.25)，两导体间的电势差为

$$V_{21}=-\int_{R_2}^{R_1}\vec{E}\cdot d\vec{l}=-\int_{R_2}^{R_1}E\,dr=-\frac{q}{2\pi\kappa\epsilon_0 L}\int_{R_2}^{R_1}\frac{dr}{r}$$

$$=-\frac{q}{2\pi\kappa\epsilon_0 L}[\ln(r)]_{R_2}^{R_1}=-\frac{q}{2\pi\kappa\epsilon_0 L}\ln\left(\frac{R_1}{R_2}\right)$$

$$=\frac{q}{2\pi\kappa\epsilon_0 L}\ln\left(\frac{R_2}{R_1}\right)$$

根据公式 $q=CV$，我们得到

$$C=\frac{q}{V_{21}}=\frac{2\pi\kappa\epsilon_0 L}{\ln(R_2/R_1)}$$

代入数值，可以算出单位长度上的电容大小为

$$\frac{C}{L}=\frac{2\pi\kappa\epsilon_0}{\ln(R_2/R_1)}=\frac{(6.283)(2.3)(8.85\times10^{-12}\text{F/m})}{\ln(3.4/0.50)}$$

$$=6.7\times10^{-11}\text{F/m}=67\text{pF/m} ✔$$

❹ **评价结果** 《原理篇》中例 26.3 得到同轴电缆的电容（内、外两导体间充满空气或

实践篇

者为真空时）是 $C=(2\pi\epsilon_0 L)/\ln(R_2/R_1)$。我们这里得到的结果要更大一些，其系数为 $\kappa=2.3$。这个结果是合理的，因为我们在其他的例题中也可以看到，当将两导体间的空隙充满着相对介电常数为 κ 的非导体时，电容变为原来的 κ 倍。同时，我们也可以上网查到，67pF/m 这个数值与商用有线电缆 RG-6 制表上所标明的单位长度的电容大小是一致的。

引导性问题 26.4　笔记本式计算机的电源

笔记本式计算机上的可充电电池不仅笨重而且昂贵；同时，很多充电电池的寿命相对来说很短——可能最多只有几千个充放电周期。正因如此，电容器被认为是一种可能的替代品，用以储存需要的能量。电容器充电很快，并且由于不涉及化学反应，其使用寿命也比电池长很多。如果你的极低功率的笔记本式计算机需要 8V 的电势差来工作，而且你想让它在平均功率为 1W 的情况下至少工作 4h。假设可以从一个额定电压为 8～48V 的电容器上获得一个恒定的电势差 8V。(a) 如果要在你的笔记本式计算机使用这个电容器，它的电容需要多大？(b) 如果这是个平行板电容器，两板间充满着厚度为 0.05mm 的聚酯材料，每块板的面积需要多大？这种电容器能成为现在的充电电池可能的替代品吗？

❶ 分析问题

1. 需要多少能量供给使用？

2. 4h 后，这个电容器是否处于充满电的状态？还是一定处于正在充电的状态？

❷ 设计方案

3. 用初始电势差和最终电势差表示出所需要的电容以及这个电容器所需要提供的能量。

4. 平行板电容器的电容与极板面积、间距和介电常数有什么关系？

❸ 实施推导

❹ 评价结果

5. 计算出电容器释放出的能量大小和计算机运行 4h 所需要的能量大小。它们是否相同？

6. 对于要放到笔记本式计算机中的电容器而言，这个平板面积的是否具有可行性？

7. 现代的电介质材料和制造工艺（可参考本章习题的 79 题）可以将 1F 量级的电容器放在体积为 10^{-5}m^3 的容器内。根据这条信息你能否知道自己的答案是否可行？

例 26.5　地球大小的电容器

如果可以将地球看作一个导体球，那么它的电容是多少？

❶ 分析问题　把地球当作一个电子设备的一部分（本题中指一个巨大的电容器）是很难理解的，但是为了接下来的讨论，我们先接受这个假设。我们知道电容的定义是：某一电容器的两个导体间的单位电势差所能储存的电荷量。如果在我们的电容器中地球是其中一个导体，那么另外一个导体是什么呢？球形物体的电势通常情况下是在定义无穷远处电势为零的条件下求得的，这可以为我们提供一个思路：我们应该把另外一个导体看作是与地球同心的无限大的球壳。

❷ 设计方案　由式（26.1）可知，电容 $C=q/V_{\text{cap}}$，但是这里的 q 是地球表面电荷量，而我们并不知道这一电荷量。另外，为了使用式（26.1），我们同样还需要知道地球表面的电势 V_{cap}。在《原理篇》部的 25.5 节中可以发现，距带电粒子 r 处的电势可由式（25.21）得到，即利用 $V(r)=q/(4\pi\epsilon_0 r)$ 计算。当我们把这个公式中求得的 V 代入到式（26.1）中时，这两个 q 正好抵消了，所以未知量 q 就不再是障碍了。

❸ 实施推导　在本题中，式（25.21）中的 r 是地球的半径 R_{E}。将式（25.21）中的 V 代入到式（26.1）中可得

$$C_{\text{E}}=\frac{q}{q/(4\pi\epsilon_0 R_{\text{E}})}=4\pi\epsilon_0 R_{\text{E}}$$

$$=4\pi[8.85\times10^{-12}\text{C}^2/(\text{N}\cdot\text{m}^2)](6.4\times10^6\text{m})=0.71\text{mF}$$

❹ **评价结果** 从这个表达式中我们可以看到如果地球的半径增大，它的电容也会相应增大，这也与我们的预期相符，因为随着半径增大，地球表面的载荷子之间的距离也会增大，因此平面上也就可以储存更多的电荷。我们也可以看到，《原理篇》例 26.4 中球形电容器的电容表达式为

$C=4\pi\epsilon_0 R_1 R_2/(R_2-R_1)$，当取其外球半径为无限大时，得到的结果与本题结论刚好一致。

引导性问题 26.6 锡罐电容器

一个实心圆柱体外被一个金属壳包围，从而形成一个电容器。这个金属壳的两端均有金属盖，因此整个壳的表面都是相连的，但与内部的圆柱体不接触。壳的半径为 R_{shell}，长度为 L。圆柱芯到金属壳的距离为 d，它的长度为 $L-2d$。假设 $d<<R_{\text{shell}}$，并且 $d<<L$。这个电容器的电容是多大？

❶ **分析问题**

1. 开始时，先画一个电容器的草图，标上所给的所有已知变量，说明需要求解的量。

2. 这个电容器与同轴电容器有什么异同？

3. 两端金属盖上的电势与金属壳是否一样？

4. 两个导体相匹配的表面积应为多少？

5. 圆柱体和壳（包括盖子）之间的距离，除了极少部分可以忽略的地方之外，是否是恒定的？

❷ **设计方案**

6. 同轴电容器的电容表达式是什么？

7. 在这个表达式中的两个半径分别对应哪些距离？

8. 你如何解释两端盖子对电容产生的影响？

❸ **实施推导**

❹ **评价结果**

9. 选取一些数值代入，比较这个电容与例 26.1 中相似大小的卷曲电容器的电容。你可以得到什么结论？

例 26.7 可变电容

在一对平行板中间插入电介质板，改变插入的距离，就可以得到可变电容器。有一个这样的电容器，它的极板面积为 A，长度为 l，两板间距离为 d。如果插入的材料的相对介电常数为 κ，则这个电容与电介质插入的距离有何函数关系？

❶ **分析问题** 图 WG26.4 表示了题目所给的信息。取沿着极板长度方向为 x 轴，这样可以用 x 来表示插入的长度。从图中可以看出这个电容器有两部分：区域 1 充满空气，长度为 $l-x$，区域 2 充满电介质材料，长度为 x。因为电介质的存在，两区域的电场强度大小并不一样。我们可能需要用到电容的一般定义 $C=q/V$，并推导出当给定电势差 V 时，对应于这两个区域的上、下板上的面电荷各是多少。

图 WG26.4

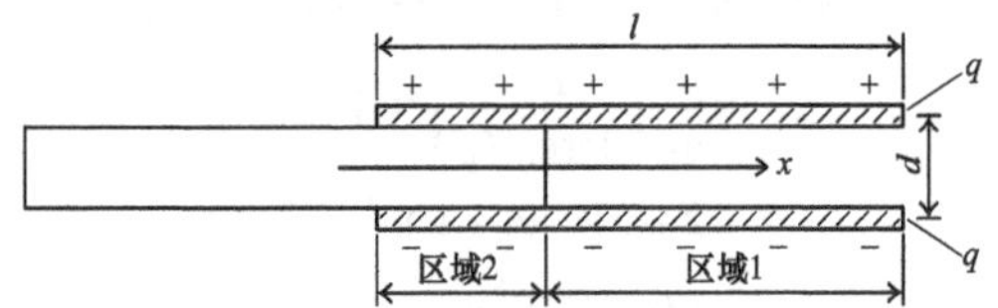

❷ **设计方案** 因为这个电容器中有两个区域，所以在使用电容公式的时候我们要格外小心。我们需要知道当给定两板间的电势差时，电容器能够储存多少自由电荷 $q_{\text{cap,free}}$。我们知道每个板上的电势处处相等，所以两板间的电势差 V_{cap} 也处处相等。根据公式 $V_{\text{cap}}=Ed$ 可知，每一区域的电势差都与场强相关，而 d 是常数，所以我们可得两板间的电场强度必定处处相同。当极板上的自由电荷密度固定时，电介质会使得电场强度减少为原来的 $1/\kappa$，因此区域 2（充满电介质的区域）的自由电荷密度一定会是区域 1（充满空气的区域）的 κ 倍。每一区域极板上的自由电荷 $q_{1\text{free}}$ 与 $q_{2\text{free}}$ 等于相应区域的自由电荷密度（单位面积的电荷量）与相应表面积的乘积。电容器储存的电荷 $q_{\text{cap,free}}$ 是 $q_{1\text{free}}$ 与 $q_{2\text{free}}$ 的总和。最后把 $q_{\text{cap,free}}$ 与 V_{cap} 相除就可以得到电容。

❸ **实施推导** 极板面积为 A，极板宽为

$w=A/l$。区域 1 的极板面积是 $A_1=(l-x)w$，区域 2 的极板面积是 $A_2=xw$。区域 1 内没有电介质，所以根据式（26.12）可以知道这一区域内的电场强度为

$$E_1=\frac{V_{cap}}{d}=E_{1free}=\frac{\sigma_{1free}}{\epsilon_0}=\frac{q_{1free}}{\epsilon_0 A_1}$$

因此可得

$$q_{1free}=\frac{V_{cap}}{d}\epsilon_0 A_1 \qquad (1)$$

根据式（26.14）可得，区域 2 的电场强度为

$$E_2=\frac{V_{cap}}{d}=E_{2free}-E_{2bound}=\frac{\sigma_{2free}-\sigma_{2bound}}{\epsilon_0}=\frac{q_{2free}-q_{2bound}}{\epsilon_0 A_2}$$

但是根据式（26.17）：$q_{free}-q_{bound}=q_{free}/\kappa$ 可知，最后这个式可以写成如下形式：

$$\frac{V_{cap}}{d}=\frac{q_{2free}}{\kappa\epsilon_0 A_2}$$

因此，板上的自由电荷为

$$q_{cap,free}=q_{1free}+q_{2free}=\frac{V_{cap}}{d}\epsilon_0 A_1+\frac{V_{cap}}{d}\kappa\epsilon_0 A_2=\frac{V_{cap}}{d}\epsilon_0[(l-x)w+\kappa xw]$$

这就意味着这个可变电容器的电容为

$$C(x)=\frac{q_{cap,free}}{V_{cap}}=\frac{\epsilon_0 w}{d}[(l-x)+\kappa x]=\frac{\epsilon_0 w}{d}[l+(\kappa-1)x]=\frac{\epsilon_0 A}{d}\left[1+(\kappa-1)\frac{x}{l}\right]$$

❹ **评价结果**　我们知道在电容器中放入电介质是为了增大电容，因此当在两板间插入的电介质增多时（x 增加），$C(x)$ 也应该增加。这与我们得到的结果一致，因为$\kappa-1>0$（注意：κ 总是大于 1）。同样我们也要检查一下 $x=0$ 和 $x=l$ 这两端的情况。当 $x=0$ 时（没有电介质），方程就变成了《原理篇》例 26.2 中无电介质的平行板电容器：$C_0=\varepsilon_0 A/d$。当电容器完全充满电介质时（$x=l$），方程变成了

$$C(l)=\frac{\epsilon_0 A}{d}\left[1+(\kappa-1)\frac{l}{l}\right]=\frac{\epsilon_0 A}{d}(1+\kappa-1)=\kappa\frac{\epsilon_0 A}{d}=\kappa C_0$$

这与式（26.11）中电容器完全充满电介质时的电容相一致。

引导性问题 26.8　真空电容器

大功率射频电器中的设备要求电容器能够在不发生电场击穿的情况下存储大量的电荷。由于电介质材料的击穿阈值有限，所以很难满足这些设备的要求。相反，通过真空电容器却可以获得高容量的大电容。真空电容器由两块相距非常大的导体板组成，并密封在一个真空罐中，这样一来，两极板间就不是空气，而是真空。这种电容器的一个问题是可能无法达到完全真空（也就是说其中会有一些空气分子），另一个问题是电场太大会使金属板电离，导致板上的电子脱离，从而发生击穿。假设一个真空电容器能够实现的最大电场强度是空气击穿阈值的 10 倍。求极板间距为 1.0mm、电容大小为 1.0nF 的真空平行板电容器所能够承受的最大电势差是多少？在不放电的情况下，这个电容器所能够储存的电荷的最大值是多少？

❶ **分析问题**

1. 平行板电容器的电势差和电场有什么关系？

2. 空气中电场强度最大的位置在哪里？针对这个电容器，电场强度最大的位置又在哪里？

❷ **设计方案**

3. 电容器储存的电荷和电势差有什么关系？

4. 真空电容器的相对介电常数应该取多少？

❸ **实施推导**

❹ **评价结果**

5. 与常见的小功率设备中的电势差相比，这个真空电容器的最大电势差是否已经很大了？

6. 该真空电容器储存的最大电荷量是不是非常大？

习题 通过《掌握物理》®可以查看教师布置的作业

圆点表示习题的难易程度：●=简单，●●=中等，●●●=困难；CR=情景问题。

26.1 电荷的分离

1. 如果两个物体通过一个电荷分离过程或装置而带上电荷，则两物体所带的电荷量之间有什么关系？●

2. 对一个含有正、负带电粒子的系统做正功，这些功全部用来改变系统的电势能。正、负带电粒子间的电场会怎样？其他地方的电场又会怎样？●●

3. 假设你正在设计一台范德格拉夫起电机，如果想要它储存尽可能多的电子，那么球的半径应该非常大还是非常小？●●

4. 请画出下列分离载荷子过程的能量示意图：(a) 摩擦，(b) 增大两个正、负带电物体间的距离，(c) 增大两个带正电的物体间的距离。●●

5. 一个塑料棒与羊毛织品摩擦产生正、负净电荷，正、负电荷分别集中分布在棒和羊毛织品的某处。这个电荷分布可以近似看作如图 P26.5 所示的两对带电小球上的电荷分布。距离 d 为 30.0mm，每个球上的电荷量为 2.00μC。如果有 34.0J 的功变为内能使棒和羊毛织品升温，那么摩擦过程对系统做的总功有多大？●●

图 P26.5

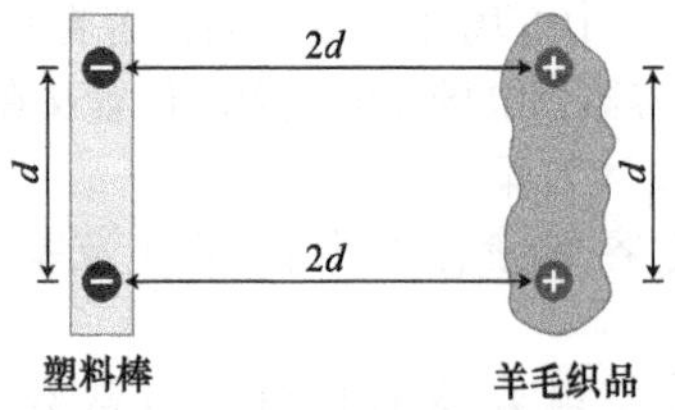

6. 用一块羊毛皮使两个塑料球带上电，当两球相距 200mm 时，各自所受的排斥力为 7.00N。若这块羊毛皮最终带有 23.5μC 的净电荷，那么每个球上的电荷量是多大？●●

7. 两个质量为 0.0450kg 的小球完全相同（带电量也相同），两个小球最初被大头针固定住，相距 200mm。现在拔掉大头针，并将 0.15N 的推力作用在两个小球上。当两球间的距离变为 400mm 时，每个小球的速率均为 500mm/s。则每个小球上的电荷量为多大？还有其他答案吗？●●

8. 有一位科学家同事听说制造于 70 年前的范德格拉夫起电机能够在半径为 1.1m 的圆顶上聚集 5.0C 的电荷，因此他向你挑战，询问你是否也能做一台这样的起电机。你打算使用的传送带的宽为 100mm，长为 10.0m（其中 5.0m 从底部向上连接至圆顶，另外 5.0m 返回底部）。给传送带充电，使得其表面的面电荷密度为 $45\mu c/m^2$。为了达到你的目标，电动机需要给传送带施加多大的力？如果给你更大的自由去自主设计，那么为了使你的电动机的充电过程更容易，你会改变什么？为什么？你的这个改变是否只改变了电动机所需的力，还是也影响了充电所需的能量？请说出任何你所做出的假设，并说明它们在物理上是否合理。●●●

26.2 电容器

9. 用电池给一个电容器的两个极板充电，从而在相距为 d 的两板间产生电场。在电池连接与断开的两种情形下，分别用推力将两板间的距离缩短到 $d/2$。请问哪种情形下产生的电场强度会更大？是什么因素造成的？●

10. 两个平行板电容器具有相同的极板面积，但电容器 1 的极板间距、板上的电荷量都是电容器 2 的两倍。请问这两个电容器极板间的电势差有何差别？●

11. 两个平行板电容器具有相同的极板面积，但电容器 1 的极板间距和两板间的电势差都是电容器 2 的两倍。请问这两个电容器所储存的电荷量有何差别？●

12. 用电池给电容器充满电后撤掉电池。正极板带 $+q$ 的电荷，负极板带 $-q$ 的电荷。如果电容器两板间的距离减少到原来的一半，极板的面积增大一倍，则负极板上的电荷变为多少？●●

13. 试解释为什么在平行板电容器两板间的区域之外总是一定有一些电场强度不为零的区域（见图 P26.13a）？这也就意味着如

实践篇

图 P26.13b 所示的理想情况，即所有的电场线都局限在两板间区域的情况必定是不精确的。（提示：考虑边缘外两板间路径的电势差）●●

图 P26.13

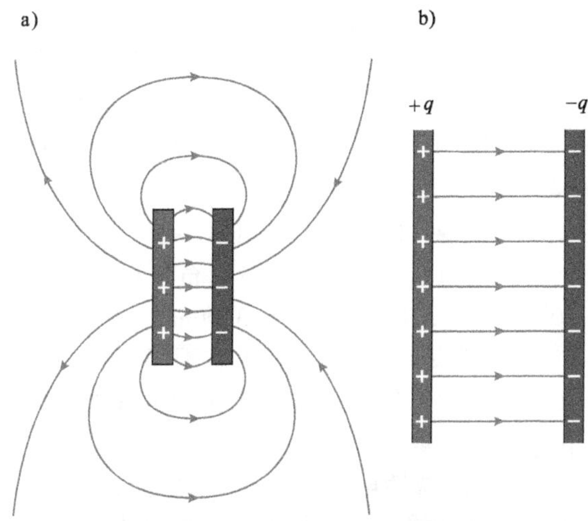

14. 图 P26.14 是电容器两板间的电场强度与到左板距离的函数图。两板间的距离是 d，电场强度方向向右，两极板与一个电池相连。(a) 哪个极板带正电？(b) 两板间插入了多少块材料板？(c) 关于插入的材料板的信息，你可以知道哪些？(d) 将两板间的材料板移除并保持两板与电池相连，画出电容器两板间的电场强度与到左板的距离的函数图。●●

图 P26.14

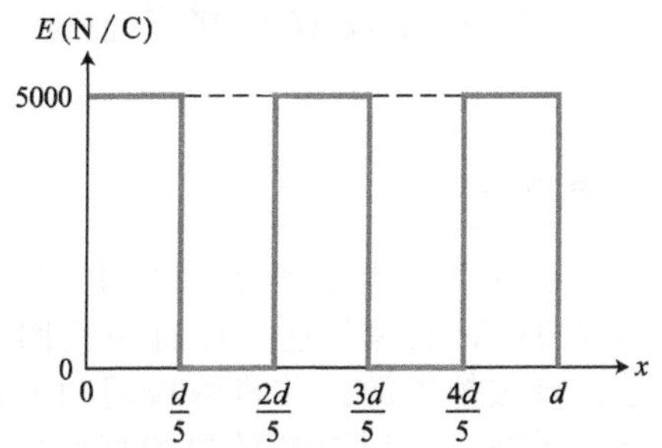

15. 相距为 d 的两个平行板与一个电池相连，使得两板间的电势差为 V，每块极板上积累的电荷量为 q。如果两板间的距离增大到 $2d$，并且用一个两端电势差为 $2V$ 的电池替代原来的电池，这时每块极板上的电荷是多少？●●

16. 假设电容器的两块极板的面积为 0.0100m^2，初始的板间距离为 1.00mm，每块板上所带电荷量为 3.30μc。问：需要多少能量才能使得两板间的距离增大至 2.00mm？●●

17. 用电池给一个电容器充满电，使得正极板上所带电量为 $+q$，负正极板上所带电量为 $-q$。现将两板间的距离变为原来的两倍。试分别说明在下列两种情形下正极板上的电荷量：(a) 保持电池与电容器相连，增大两板间的距离；(b) 先断开电池与电容器的连接，再增大两板间的距离。●●

18. 你需要在平行板电容器的两块极板间插入一块金属板。已知两极板间距为 d，通过一个电源维持两板间的电势差 V_{batt} 恒定。为了防止电介质被击穿，任何区域的电场强度都不能超过 $4V_{\text{batt}}/d$。(a) 在电介质不被击穿的情况下，插入的金属板所能允许的最大厚度是多大？(b) 插入所允许的最大厚度金属板，是否会对电容器上储存的电荷量产生影响？●●●

26.3 电介质

19. 在电容器的两板间可以插入一块电介质或者导体，针对插入电介质和插入导体产生的影响，(a) 说出至少两个相同点。(b) 说出至少两个不同点。●

20. 一个充满电的电容器两板间开始时充满空气，并与电源断开。若在两板间插入一块电介质，(a) 电容器极板表面上的自由电荷会有什么变化？(b) 电容器两极板表面处的总电荷（包括自由电荷和束缚电荷）分别会有什么变化？●

21. 两个平行板电容器的尺寸相同，极板上所带的电荷量也相同。只是电容器 1 的两板间填充的是空气，电容器 2 的两板间填充的是塑料。试比较这两个电容器 (a) 两板间的电场强度 E_1 和 E_2 的大小；(b) 两板间的电势差 V_1 和 V_2；(c) 两个电容器所储存的能量大小。●●

22. 两个平行板电容器的尺寸相同，极板间的电势差也相同。只是电容器 1 的两板间填充的是空气，电容器 2 的两板间填充的是塑料。试比较这两个电容器 (a) 两板间的电场强度 E_1 和 E_2 的大小；(b) 极板上的

电荷大小 q_1 和 q_2；（c）储存在电容器中的能量大小。●●

23. 一电容器与电池相连，开始时正极板带 $+q$ 的电荷，负极板带 $-q$ 的电荷，两板间的电场强度为 $\vec{E}$。现在两板间插入一块电介质，电介质发生极化，产生一个 $-0.30\vec{E}$ 的电场（负号在这里代表这个电场与原电场 $\vec{E}$ 方向相反）。计算此时正极板上储存的电荷。●●

24. 一个平行板电容器与一个电池相连，使得其两板间的电势差保持为 V_{batt}，两板间充满空气，板间距为 d。若用 x 表示到正极板的距离，则 $x=0$ 表示正极板所在的位置，$x=d$ 表示负极板所在的位置，试画出 V 随 x 变化（x 从 0 变化到 d）的函数图，并标出 $x=d/4$，$x=d/2$，$x=3d/4$ 以及 $x=d$ 点的数值。将一块厚度为 $d/2$ 的电介质板插入电容器中间，使得这块电介质板的中心正好处于距电容器两极板 $d/2$ 的位置，画出此种情形下的 $V(x)$ 的函数图。评价一下电介质板上极化的束缚电荷数量是如何影响你的图形变化的。●●

25. 平行板电容器开始时每个极板带电荷量为 q，当将一块电介质插入两极板间时，电介质两个面对极板的表面上的束缚电荷量为 $q/3$。试分析（a）在电源一直与电容器相连接，（b）在电介质插入之前拔掉电源的两种情形下，空电容器（没有电介质插入）的电场强度大小与插入电介质后的电场强度大小的比值。●●

26. 一电容器极板面积为 0.0045m^2，每个板上的电荷量为 q。两板间充满电介质，该电介质每个面所带的束缚电荷量为 $3q/4$。当移去电介质时，发现板间的空气产生了电击穿。试问 q 的最小值是多大？●●

27. 考试前夜，你的同学问你怎样才能避免平行板电容器发生空气电击穿，你回答应该插入一块绝缘的电介质材料。你的同学很困惑，为何其他东西就不行呢？比如说插入一块导体板，为何就不起作用？增大极板间的距离为何也不是一个有效的答案呢？毕竟，将载荷子分开足够远肯定会减弱对其间空气的影响。请问为何这些方案不可行呢？●●●

26.4 原电池和电池

28. 术语 emf 是 electromotiveforce 的首字母缩写。为什么说这是用词不当呢？●

29. 当用电池给电容器充电时，电池内的电荷总数是变小、变大，还是保持不变？●

30. 一个电池的寿命受什么限制？●

31. 一个铅酸电池内的反应方程式如下。

正极端：$PbO_2+HSO_4^-+3H^-+2e^-\rightarrow PbSO_4+2H_2O$

负极端：$HSO_4^-+Pb\rightarrow PbSO_4+H^++2e^-$

若某组电池每秒钟能够向负极提供 1.0×10^8 个电子，电池里含有 3.00mol 的电解质溶液（这也意味着溶液里含有 3.00mol 的 HSO_4^-），则每秒钟有多少比例的溶液在进行化学反应？●●

32. 某碱性电池的一个电极是锌，另一个是二氧化锰。（a）请补充锌电极上发生的化学反应的方程式：$Zn+2OH^-\rightarrow ZnO+$ ______ $+2e^-$；（b）请补充锰电极上发生的化学反应的方程式：$2MnO_2+H_2O+$ ______ $\rightarrow Mn_2O_3+2OH^-$；（c）哪个极板是正极，哪个极板是负极？●●

33. 假设一个电池里的两块金属电极形状类似于两个大的平行板，且彼此相距 1.00mm，所以本质上它们可以看作一个平行板电容器。如果电池能够在两电极间提供一个 4.5V 的电势差，则电极上的面电荷密度是多少（在电源没有连接任何东西之前）？●●

26.5 电容

34. 一平行板电容器的初始电容为 C，将其与 9.0V 的电源相连，并将两板间距增大一倍。现去掉电源，并将两板间的面积扩大一倍。最终，使用 20V 的电源将两极板相连。试问最终电容是多大？●

35. 现有两个电容器，其中一个由两个同心球组成，另一个则由两个同轴圆柱体组成，两者的内径均为 10.0mm，外径均为 30.0mm。如果它们的电容相同，问：圆柱体的长度为多少？●

36. 一平行板电容器的电容为 C，说明在发生下列单一变化后，电容器的电容分别变为多少？(a) 板间距增大一倍；(b) 插入电介质；(c) 两板间的电势差增大一倍；(d) 两板的面积减少一半；(e) 提高外加电动势直到两板上的电荷增大一倍。●

37. 同轴电容器由一个导体芯线和圆柱形导体壳构成，长度为 80.0mm，外径为 10.0mm。当与一个 18.0V 的电源相连时，这个电容器的电缆上能够储存 1.1nC 的电荷。问芯线的半径是多少？●●

38. 有一平行板电容器，其上板带电荷 $+q$，下板带 $-q$，极板的面积相对于板间距来说非常大；另有一个由一大一小同心球壳组成的球形电容器，电荷 $+q$ 均匀分布在外球壳上，电荷 $-q$ 均匀分布在内球壳上。比较这两个电容器，回答：(a) 正电荷和负电荷的分布对每个电容器内的电场的贡献是否一样大？如果不是，有多少比例的电场是来自负电荷的贡献？(b) 每个电容器外部的电场强度大小是多少？●●

39. 使平行板电容器的电容加倍的一种方法是让两板间的距离减半。可是，如果要使球形电容器的电容加倍则要稍微复杂一点。(a) 假设你有一个由同心球壳组成的球形电容器，内、外球壳的半径分别为 R_{inner} 和 R_{outer} ($>R_{inner}$)，通过使外球壳的半径从 R_{outer} 变到某个值 d，可以使得其电容加倍。试用 R_{inner} 和 R_{outer} 表示出 d。(b) 你也可以通过使内球壳的半径从 R_{inner} 变到某个值 d，使得其电容翻一倍。试用 R_{inner} 和 R_{outer} 表示出 d。(c) 若电容器由内、外半径分别为 R_{inner} 和 R_{outer} 的同心长圆柱组成，再次回答 (a)、(b) 两问。●●

40. 有一球形电容器由半径分别为 R 和 $2R$ 的两个同心导体球壳组成。(a) 现有某个由半径分别为 R 和 $2R$ 的两个同轴导体圆柱组成的圆柱形电容器，若要使其电容与球形电容器的电容大小相同，则该柱形电容器需要有多长？(b) 现有某个由半径均为 R 的圆形导体板组成的平行板电容器，若要使其电容与上述的球形电容器的电容大小相同，则该平行板电容器的板间距应为多少？●●

41. 两个很小的不规则形状的导体，分别带 $+q$ 和 $-q$ 的电荷，并分别位于 x 轴上 -4.0m 和 +4.0m 处。两物体间沿 x 轴方向的电场强度大小由 $E(x)=aq(x^2+b)$ 得出，其中 a、b 是常量。(a) 请问 a 和 b 的单位是什么？(b) 该结构的电容是多少？●●●

42. 我们曾经在《原理篇》例 26.2 中得到了两个面积为 A、间距为 d 的平行板电容器的电容表达式。(a) 请证明利用《原理篇》例 26.4 中球形电容器的电容表达式，在 R_1 趋近于 R_2 的情况下，令 $d=R_2-R_1$，就可以得到平行板电容器的电容表达式。(b) 请证明可以用《原理篇》例 26.3 中圆柱形电容器的电容表达式，在 R_1 趋近于 R_2 的情况下，令 $d=R_2-R_1$，就可以得到平行板电容器的电容表达式。[提示：你可能会用到 $\ln(1+x)$ 的泰勒展开式。]●●●

26.6 电场能和电动势

43. 两板间充满空气的平行板电容器与一个 9.00V 的电源连接时，电容器的带电量为 6.60μC。请问电容器中储存了多少能量？●

44. 假设某种电池内部的电动势是 9.00V，但是其两端的电势差只是这个值的 85.0%。如果将这个电池与 56.0μF 的电容器相连，电容器充满电时储存了多少能量？●

45. 与一电池相连的平行板电容器两端的电势差保持为 V，一开始储存的电势能为 U_1^E。如果将极板面积增大一倍，并且更换电池使得电容器两极板间的电势差变为 $2V$，此时电容器中储存的电势能是多少？●

46. 两个平行板电容器 1 和 2 是相同的，电容器 1 的两极板分别带电 $+q$ 和 $-q$，电容器 2 的两极板分别带电 $+2q$ 和 $-2q$。分别比较这两个电容器的 (a) 电容，(b) 两板间的电势差，(c) 两板间电场强度的大小，(d) 储存的能量。●●

47. 三个平行板电容器分别连接着相同的电源。电容器 1 的极板面积为 A，板间距离为 d。电容器 2 的极板面积为 $2A$，板间距离为 d。电容器 3 的极板面积为 A，板间距离为 $2d$。分别根据下列物理量从大到小的顺序对三个电容器进行排序：(a) 电容，(b) 储存的电荷，(c) 板间电场强度大小，(d) 储存的能量，(e) 能量密度。●●

48. 三个平行板电容器储存的电荷量相同。电容器 1 的极板面积为 A，板间距离为 d。电容器 2 的极板面积为 $2A$，板间距离为 d。电容器 3 的极板面积为 A，板间距离为 $2d$。分别根据下列物理量从大到小的顺序对三个电容器进行排序：(a) 电容，(b) 板间电势差，(c) 板间电场强度大小，(d) 储存的能量，(e) 能量密度。●●

49. (a) 一个球形电容器由两个同心的、半径分别为 R 和 $2R$ 的球体组成。如果两个球体的带电量分别为$+q$ 和$-q$，那么电容器的平均能量密度是多大？(b) 一个圆柱形的电容器由半径分别为 R 和 $2R$ 的两个同轴的圆柱导体组成。如果这两个圆柱导体的带电量分别为$+q$ 和$-q$，那么电容器的平均能量密度是多大？●●

50. 一个平行板电容器的极板面积为 A。两板最初相距为 d，但是这个距离可以变化。当电容器连接着电源时，如果要使电容器的 (a) 电容，(b) 储存的电荷，(c) 储存的能量以及 (d) 能量密度，分别变为原来的 4 倍，极板的间距应该分别是多大？●●

51. 一个平行板电容器的极板面积为 A。两极板最初相距为 d，但是这个距离可以变化。电容器最初与电源连接，后来将电源移走，如果要使电容器的 (a) 电容，(b) 储存的电荷，(c) 储存的能量，(d) 能量密度分别变为原来的 4 倍，极板的间距应该分别是多大？●●

52. 一个平行板电容器最初的电荷量为 q，两板相距为 d。在下列两种情况下：(a) 电容器孤立，(b) 电容器和电源连接，若要将两板间距离变为 $3d$，你分别需要做多少功？请用 q、d 以及板面积 A 表示结果。(c) 在这两种情况下，你做的功都是正的。但为什么一种情况下电势能增加，另一种情况下电势能却减少，请解释。●●●

26.7 相对介电常数

53. (a) 讨论一个导体的相对介电常数有意义吗？如果一定要讨论，这个常数的值是什么？ (b) 一个导体的击穿阈值是多少？●

54. 逐渐增加平行板电容器极板间的电势差。(a) 当超过击穿阈值时，会发生什么？(b) 如果在击穿之前想要增加电势差，你需要改变电容器的哪个变量？●

55. (a) 列出增大平行板电容器电容的方法。(b) 是否可以通过增加储存的电荷量或减小电势差来增大电容？●

56. 当你将一块电介质板从一个孤立的、已充电的电容器两板之间移走时，电容器中储存的能量发生了怎样的变化？为什么储存的能量会发生这样的变化？●●

57. 有两个相同的平行板电容器，只是电容器 1 的两板之间是真空的，而电容器 2 的两板之间充满相对介电常数为 κ 的电介质。两个电容器分别连接相同的电源。比较两个电容器中下列物理量的大小：(a) 电容，(b) 储存的电荷，(c) 储存的能量，(d) 电场强度的大小，(e) 能量密度。●●

58. 有两个相同的平行板电容器，只是电容器 1 的两板之间是真空的，而电容器 2 的两板之间充满相对介电常数为 κ 的电介质。每个电容器都是孤立的（也就是说，电容器不与电源连接），它们储存了相同的电荷量。比较两个电容器中下列物理量的大小：(a) 电容，(b) 两板间电势差，(c) 储存的能量，(d) 板间电场强度的大小，(e) 能量密度。●●

59. 当平行板电容器两板之间充满电介质板时，束缚电荷的数量是自由电荷的四分之一。(a) 这种电介质板的相对介电常数是多少？(b) 如果电介质板没有完全充满两极板之间，而只是填充了两极板间距一半的空间，那么束缚电荷的数量会发生变化吗？如果变了，会怎么变？●●

60. 如果你想要在平行板电容器的两板间获得一个 6000V 的电势差，当两板之间的空间被以下物质填充时，两板间距的最小值分别是多大？(a) 云母，(b) 钛酸钡。(c) 在 (a)、(b) 两种情况中，电容器的极板上可储存的最大电荷量的比值是多少？●●

61. 一个极板面积为 50mm^2 的平行板电容器，极板间每伏特电势差储存 5.5pC 的电荷量是极板之间的空气可以承受的数值。当钛酸钡完全充满两板间并且电容器和一个 9V 的电池相连接时，电容器内部的电场强度大小是多少？●●

实践篇

62. 你正在为一个研究中心做电荷储存设备方面的研究。你的目标是让一个指定的设备能储存尽可能多的电荷。有一个相应的装置可以产生你需要的任意数值的电势差。要求你必须使用单个平行板电容器，其板的面积和板间距离是固定的，可以选用的电介质材料有：

纸（$\kappa=3.0$，$E_{max}=4.0\times10^{7}$ V/m），聚酯薄膜（$\kappa=3.3$，$E_{max}=4.3\times10^{8}$V/m），石英（$\kappa=4.3$，$E_{max}=8\times10^{6}$V/m），云母（$\kappa=5$，$E_{max}=2\times10^{8}$V/m）。在选择你需要的最佳电介质材料时，这些电介质的哪些性质是必须考虑的？请根据你的目的，按照它们的优劣进行排序。●●

63. 一个球形电容器的内半径为 8mm，外半径为 8.5mm。两球之间充满空气，电容器和电池连接，并充满电。保持电容器与电池连接，在两球间填充油，使其充满两球之间的空间。在加油的过程中，电池对电容器又做了 8.90nJ 的功。电池提供的电势差是多大？●●●

64. 一个平行板电容器的两板之间充满电介质板。电介质板上束缚电荷的数量是每个极板自由电荷的 75%。该电容器的电容是 $480\varepsilon_0 l$，其中，l 为长度，它是个定值；能够储存在电容器中的最大电荷量是 $240l^2\varepsilon_0 E_{max}$，其中，$E_{max}$ 是击穿阈值。(a) 电介质板的相对介电常数是多少？(b) 用 l 表示出极板间距。(c) 用 l 表示出极板的面积。●●●

26.8 有电介质存在时的高斯定理

65. 两根长导线每根的线电荷密度为 λ。它们最初相互排斥的作用力大小为 F。如果将两个导线浸没在蒸馏水中，它们之间的斥力会变为多少？●

66. 一个带电量为 $+q$、半径为 R 的固体导体球嵌入在内半径为 R 外半径为 $2R$ 的电中性绝缘球壳内。球壳材料的相对介电常数为 3.0。(a) 选无穷远处电势为零，那么导体球中心的电势是多少？(b) 如果球壳的相对介电常数增加，那么球体中心的电势会怎样变化？●●

67. 一个半径为 R 的固体导体球嵌入在内半径为 R、外半径为 $2R$ 的电中性绝缘球壳内，其相对介电常数为 κ。球壳内部的场强大小为 $E=3Q/(4\pi\epsilon_0 r^2)$，选择无穷远处电势为零，导体球表面的电势为 $+15Q/(16\pi\epsilon_0 R)$，其中 Q 是一个常量，其单位为电荷单位。求：(a) 导体球上的电荷是多少？(b) 球壳的相对介电常数是多少？●●

68. 一个导体球的半径是 2.25m，带有 35.0mC 的正电荷。为了实验室工作人员的安全，球的表面被涂上了一层钛酸钡的保护层。安全起见，导体表面和绝缘体表层的电势差必须是 20000V（尽管这并不意味着在任何条件下都是安全的），则保护层需要多厚？●●●

附加题

69. (a) 当两个电性相反的物体间距增加时，将二者之间的电场线视为弹性绳，这会对理解系统电势能的变化有什么帮助？(b) 你认为在分析电场线时，这种弹性绳的类比会有哪些限制？●

70. 为什么由两个不导电的物体构成的电容器不如由两个形状相同的导电材料构成的电容器好呢？●

71. 两个平行板电容器有相同的板间距。电容器 1 的极板面积是电容器 2 的两倍。(a) 如果电容器 1 的电荷量是电容器 2 的两倍，那么两个电容器的电势差是什么关系？(b) 如果电容器 1 的电势差是电容器 2 的两倍，那么两个电容器极板的带电量有什么关系？●

72. 发生一次闪电，在电势差为 3×10^{8}V 的情况下，有 10C 的电荷传到地面上。求 (a) 云层和地面这个系统的电容是多少？(b) 在即将产生闪电之前，这个系统储存了多少能量？(c) 作为对 (b) 小问答案的数量级的核对，将闪电释放的能量转换成汽油的升数（每升汽油可储存 36MJ 的化学能。）●●

73. 考虑到电荷的分离可以增加系统的电势能，在只有静电相互作用的情况下，使一个由正、负带电粒子构成的系统保持静电平衡的原则是什么？●●

74. 一个平行板电容器的两极板和电源相连，直到两个极板的带电量分别为 $+q$ 和

$-q$。(a) 保持极板与电源相连，每个极板的面积扩大成原来的两倍。现在每个极板的电荷量是多少？(b) 极板面积扩大前后，哪种情况下分离两极板所需的力更大？使用第 69 题中的弹性绳模型来解释你的答案。●●

75. 一个平行板电容器两极板的带电量分别为$+q$和$-q$，板的面积为A。用q和A表示出一个极板施加给另一个极板的作用力大小？●●

76. 一个 30.5μF 的平行板电容器极板间最初充满空气，并且和一个 24V 的电源相连。然后将电容器浸没在蒸馏水中。以下两种情况下极板上的电荷分别为多大？(a) 保持电容器和电源连接，(b) 在浸没前断开电容器与电源的连接。●●

77. 你的公司正在使用一个大的平行板电容器来储存能量，你通过测量两板间的电场强度来确定储存的能量。在一项与再生能源有关的测试中，你意识到你的设备产生的电场太小了，以致无法准确测量。电容器的极板固定，并且你不能控制能量源以提供更大的电势差。你仅有四块厚度分别为$d/2$，$d/3$，$d/4$，$d/5$ 的大金属平板，其中d是电容器固定的板间距。你发现至少需要将E的大小扩大一个数量级，你需要好好想想如何去做。●●●**CR**

78. 你正在为一家生产汽车电池的公司工作，为了提升竞争力，需要生产寿命更加持久的电池，但需要减少金属或者金属氧化物用量。公司老板不在意电解质的使用量，但是电池必须能够在需要的时候快速地提供大量的能量。你开始思考：什么形状的电极能够更有利于提升电池的寿命和功率？先从一些特殊情况着手：例如，浸入电解质溶液中的类似于平行板电容器的片状电极或者是杆状电极。●●●**CR**

79. 为了使电子设备尽可能小，你受雇制作一个尺寸限制在 10mm×10mm×10mm 的立方体内的电容器，并且要求它的电容尽可能最大。你可以使用任意形状或者任意形状组合而成的电容器。为了简便，假定相对介电常数是 1000（如果发现了更好的材料，你可以适当增加电容）。你开始思考导体和电介质的最小厚度，发现 0.5μm 似乎是个合理数值。接下来的问题是，当保证刚好有两个导体面时，该如何填充该体积。●●●**CR**

复习题答案

1. 电势差是衡量在系统中将一个试探电荷（不属于系统的一部分）从一个位置移动到另一个位置时，电场对单位电荷所做的功。系统的电势能由组成这个系统的带电粒子的分布结构决定。

2. 电势能由物体所带电荷量以及物体的间距决定。

3. 电势能储存在系统的电场中，空间中任意有电场存在的地方都储存有电势能。

4. 范德格拉夫发电机在地球表面和用绝缘物体支撑的金属球之间产生了极大数量的电荷分离，因此在两者之间产生了一个非常大的电势差。

5. 一个电容器由被绝缘材料或者真空隔开的一对导体组成。当电荷从一个导体转移到另一个导体上时，这样的一对导体就储存了电势能。

6. 一个平行板电容器是由两个面积相同为A、间距为d的平行导体板组成。当间距d相对于板的平面尺寸而言非常小时，两板间的电场可近似为均匀分布，而两板外部的电场则可近似为零。

7. 每个极板所带电量的大小与两板间的电势差成正比。对于一个平行板电容器而言，这是因为电势差等于电场强度大小乘以极板间的距离，而电场强度大小和每个极板表面的电荷密度成正比。

8. 平行板电容器极板上的电荷量与极板面积成正比，与两极板间距离成反比。

9. 当极板上的电荷量足够大时，可以使极板间空气（或者其他材料）电离，就会发生电击穿。

10. 电介质是一种绝缘材料。极性电介质是由有永久电偶极矩的分子组成的，而非极性电介质是由在没有电场时，电偶极矩为零的分子组成的。当任意一种材料被放置在外加电场中时，分子中正、负电荷的中心都会分离，产生一个感应的电偶极矩。极性电介质中的分子在外加电场存在时也会与外场平行排列。

11. 在均匀外电场中，材料内部的任意体积内都没有剩余的感应电荷，但是在其表面会出现不能抵消掉的感应电荷密度。

12. 束缚电荷是由于在极化物质中载荷子受原子束缚，因此不能够在材料中自由移动的剩余电荷。自由电荷则是载荷子可以在材料中自由移动的剩余电荷。

13. 极板产生的电场 $\vec{E}_{cap}$ 的方向由正极板指向负极板，但是极板间由极化电介质产生的电场 $\vec{E}_{dielec}$ 的方向则相反：从负极板附近的感应正电荷指向正极板附近的感应负电荷。$\vec{E}_{cap}$ 和 $\vec{E}_{dielec}$ 的矢量和使得充满电介质的电容器场强的大小要比没有电介质时小。

14. 电介质中的电场比真空中的电场储存了更多的能量。因为为了使正负载荷子分开，外电场一定对电介质做了功。这个功使得储存在电介质电场中的电势能增加，所以它储存的能量要比真空中相同大小的电场中储存的能量大。

15. 电池是将一个或者多个原电池组装起来的装置，它通过将化学反应中释放的能量转化成电势能来分离载荷子。

16. 电动势是在电荷分离装置（例如电池）中非静电相互作用在分离正负电荷的过程中对单位电荷所做的功。

17. 电容等于组成电容器的任意一个导体上所带的电荷量与导体间电势差之比。

18. 在没有电介质的情况下，电容只由电容器的尺寸和几何形状决定——也就是由组成电容器的导体的形状和导体的间距决定。而在有电介质时，电容也由嵌入导体之间的电介质材料的性质决定。

19. 电容的单位是法拉，1F=1C/V。因为 1C 相对于电子装置中导体的电荷量来说是个非常大的量，所以从微法到皮法的范围才是更为常用的电容单位。

20. 电势能正比于每个导体所带电荷量的二次方：$U^E=q^2/(2C)$ [式(26.4)]。

21. 电势能正比于电势差的二次方：

$U^E=CV_{cap}^2/2$ [式(26.4)]。

22. 能量密度表示单位体积内储存在电场中的电势能：$u_E=U^E/$场体积。一个给定电场的能量密度与电场大小的二次方成正比，正如在式（26.6）中给出的：$u_E=\frac{1}{2}\varepsilon_0E^2$。

23. 在理想的电荷分离装置中，与非静电力做功相关的能量没有耗散，因此两极间的电势差等于电动势。在非理想装置中，某些能量会在装置中耗散，从而不能转变成静电力做功；此时装置两极的电势差比电动势小。［参见《原理篇》中关于式（26.8）的相关讨论］

24. 材料的相对介电常数等于极板间没有电介质时的电势差与充满电介质材料时的电势差的比值。

25. 水的相对介电常数比较大，这是因为水分子是极性的，在电场中转向与电场平行的方向，而纸或者云母中的分子则是非极性的。因此，在水中的极化效应比在纸和云母中的大。

26. 电介质表面的束缚电荷的符号和极板上自由电荷的符号相反，束缚电荷的数量要比自由电荷的数量小。两者的关系由式（26.18）给出：$q_{bound}=(\kappa-1)(q_{free})/\kappa$。

27. 储存的能量一定会减少，这是因为当电介质靠近电容器时，电容器对它做正功从而将其拉到导体之间的空间。

28. 我们在使用高斯定理求解电介质中的电场时，将 q_{bound} 替换为 $q_{free}=[(\kappa-1)/\kappa]$［式（26.18)］。这种替换使得我们得到一个不含 q_{bound} 的表达式。这样就可以在仅知道高斯面内自由电荷的情况下，用高斯定理求解电介质中的电场强度［式（26.25)］。

29. 电介质中的高斯定理是 $\oint\kappa\vec{E}\cdot d\vec{A}=q_{free,\ enc}/\epsilon_0$［式（26.25)］，其中，$\kappa$ 是电介质材料的相对介电常数；$q_{free,enc}$ 是被选择的高斯面所包围的自由电荷。当没有电介质时，$\kappa=1$。因此上述表达式就会简化为第 24 章中高斯定理的形式，即 $\oint\vec{E}\cdot d\vec{A}=q_{enc}/\epsilon_0$［式（24.8)］。

引导性问题答案

引导性问题 26.2

$$C=\frac{\epsilon_0\kappa lw}{d}=0.3\mu F$$

引导性问题 26.4

(a) $C=\dfrac{2P\Delta t}{V_i^2-V_f^2}=13F$

(b) $A=\dfrac{Cd}{\epsilon_0\kappa}=2.2\times10^7m^2=(4.7km)^2$

引导性问题 26.6

$$C=\frac{\epsilon_0A}{d}=\frac{2\pi\epsilon_0R_{shell}}{d}(L+R_{shell})$$

引导性问题 26.8

$V_{max}=E_{max}d=30kV$；$Q_{max}=CV_{max}=30\mu C$

第 27 章　磁相互作用

章节总结

磁场（27.1 节，27.2 节）

基本概念 每个**磁铁**都有两个磁极，吸引地球北极的称为北极，另一极则是南极。

同性磁极之间相互排斥，异性磁极之间相互吸引，地理位置的北极是磁场的南极，因为它吸引磁针的北极。

两个磁极都吸引**磁性材料**，磁铁的出现使得磁性材料发生**磁化**。

磁铁周围存在**磁场**，这个磁场使得处于磁场中的其他磁铁受到力的作用，我们用**磁场线**形象地描述磁场。在任意位置，磁场的方向沿着磁场线的切线方向，磁场线是闭合的，它从磁铁的北极出发，再从南极返回。在磁铁的外部，磁场线从北极指向南极，在空间任意位置，磁感应强度的大小正比于该处的磁场线密度。

电流和磁场（27.3 节，27.5 节）

基本概念 带电粒子的定向移动称为**电流**，电流产生磁场。

通过导体的电流的方向是正载流子的移动方向，从高电势指向低电势。

右手电流定则：如果右手的大拇指指向电流的方向，则其余四指环绕的方向就是该电流产生的磁场的方向。

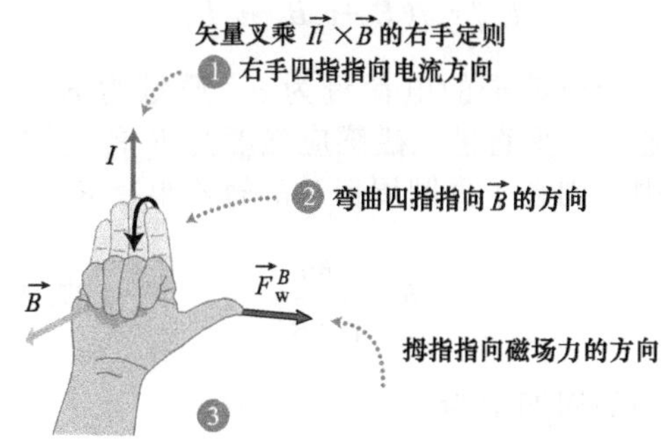

表 27.1 磁场中的右手定则

右手定则	大拇指的方向	四指弯曲方向
电流右手定则	电流	沿着磁场 $\vec{B}$ 的方向
力的右手定则	磁场力	从电流方向指向磁场 $\vec{B}$ 的方向

定量研究 如果一个粒子的带电量为 dq，通过某一导体横截面的时间为 dt，则通过横截面的电流为

$$I\equiv\frac{dq}{dt} \qquad (27.2)$$

我们用**安培**（A）为单位度量电流，这里

$$1C\equiv 1A\cdot s \qquad (27.3)$$

已知一个长度为 l 的载流导线，其电流 I 的方向垂直于匀强磁场 $\vec{B}$，它受到的力为 $\vec{F}^B_w$，则磁场的磁感应强度的大小为

$$B\equiv\frac{F^B_{w,max}}{|I|l} \qquad (27.5)$$

磁感应强度的国际单位为**特斯拉**（T）：

$$1T\equiv 1N/(A\cdot m)=1kg/(s^2\cdot A) \qquad (27.6)$$

在匀强磁场中载流直导线所受的**磁场力** $\vec{F}^B_w$ 为

$$\vec{F}^B_w\equiv I\vec{l}\times\vec{B} \qquad (27.8)$$

其中，$\vec{l}$ 的方向为导线中电流的方向，而力 $\vec{F}^B_w$ 的方向则通过让右手四指指向电流的方向，然后转向磁场 $\vec{B}$ 的方向而得到。

有些时候写出式（27.8）的各部分分量是有帮助的：

$$F_{wx}^{B}=Il_yB_z-Il_zB_y$$
$$F_{wy}^{B}=Il_zB_x-Il_xB_z$$
$$F_{wz}^{B}=Il_xB_y-Il_yB_x$$

磁通量（27.6 节）

基本概念 通过某曲面的**磁通量**是指穿过该曲面的磁场线的条数。因为磁场线是闭合的，所以通过任意闭合曲面的磁通量为零。

定量研究 通过某一曲面的**磁通量**为

$$\Phi_B\equiv\int\vec{B}\cdot d\vec{A} \qquad (27.10)$$

这里是对整个曲面进行积分

磁通量的单位是**韦伯**（Wb），这里

$$1Wb\equiv1T\cdot m^2=1m^2\cdot kg/(s^2\cdot A)$$

对于任意闭合的曲面，**磁场的高斯定理**是

$$\Phi_B=\oint\vec{B}\cdot d\vec{A}=0 \qquad (27.11)$$

运动粒子的受力（27.7 节）

定量研究 如果一个带电粒子的带电量为 q，在电磁场中运动时其速度为 $\vec{v}$，则该粒子所受到的**电磁力** $\vec{F}_{P}^{EB}$ 为

$$\vec{F}_{P}^{EB}\equiv q(\vec{E}+\vec{v}\times\vec{B}) \qquad (27.20)$$

为了使用方便，式（27.20）的各个分量表示如下：

$$F_{px}^{EB}=q(E_x+v_yB_z-v_zB_y),F_{py}^{EB}=q(E_y+v_zB_x-v_xB_z),$$
$$F_{pz}^{EB}=q(E_z+v_xB_y-v_yB_x)$$

带电粒子的电荷量为 q，质量为 m，以初速率 v 垂直进入磁感应强度为 $\vec{B}$ 的匀强磁场中，则粒子做圆周运动的轨迹半径 R 为

$$R=\frac{mv}{|q|B^*} \qquad (27.23)$$

运动的周期 T 为

$$T=\frac{2\pi m}{|q|B^*} \qquad (27.24)$$

角频率 ω 为

$$\omega=\frac{|q|B}{m} \qquad (27.25)$$

电与磁的统一（27.4 节，27.8 节）

基本概念 载荷子间的相互作用依赖于载荷子与观察者之间的相对运动：相互作用可以只有电场力，也可以只有磁场力，或者是电场力与磁场力的结合，电相互作用与磁相互作用是电磁相互作用的两个方面，磁性是电相互作用的相对论修正。

复习题

复习题的答案见本章最后。

27.1 磁性

1. 什么是磁铁？什么是磁性材料？

2. 什么是磁极？两种磁极是如何定义的？

3. 磁极间是如何相互作用的？

4. 什么是基本磁子？如何用基于基本磁子的模型来解释磁化？

27.2 磁场

5. 如何用磁场的概念描述磁铁的性质？

6. 磁场线反映了磁场的哪些性质？

7. 通过闭合曲面的磁通量与闭合曲面包围的基本磁子的数量和大小有关系么？

27.3 电荷运动与磁场

8. 本章描述了除磁铁外的另一个磁场源，这个源是什么，它是如何定义的？

9. 描述一个长直载流导线在其周围产生的磁场。

10. 正离子从左向右流动产生磁场，若等量的电子流产生相同的磁场，则电子流动方向应该是怎样的？

11. 当电子沿导线向上运动时，我们该如何描述相应的电流的方向？

12. 如果你面对钟表，并看到电流方向是从表盘的中心向外指向你，则磁场线的方向应该是顺时针还是逆时针？

13. 一个载流导线垂直于一个条形磁铁放置，则磁铁施加在导线上的力的方向与磁铁产生的磁场（称之为外磁场，是为了与导线中电流产生的磁场区分开）的方向有什么关系？磁铁施加在导线上的磁场力的方向与电流的方向有什么关系？

27.4 磁力的相对性

14. 为什么磁相互作用依赖于观测者所在的参考系？

15. 如果载流导线产生的磁场力仅仅是导线内部的电场力的相对论修正，那为什么导线施加的磁场力会这么容易被观察到？

16. 对于一个相对于载流导线静止的观察者，导线中固定不动的离子的线电荷密度与导线中可自由移动的电子的线电荷密度有什么区别？对于一个随着电子运动的观察者而言，这些带电粒子的线电荷密度有什么区别？

27.5 电流与磁场

17. 对于一个置于外磁场中的载流导线，若外加磁场施加在导线上的力最大，则导线应该沿什么方向？若外加磁场施加在导线的力最小，则导线应该沿什么方向？

18. 外加磁场施加在载流导线上的磁场力的大小与哪些因素有关？

19. 一个载流导线在匀强磁场中，已知导线中的电流方向沿 x 轴正方向，磁场方向沿 y 轴正方向，问：施加在导线上的磁场力的方向如何？

27.6 磁通量

20. 对于一个处于匀强磁场中的平面，如何定义通过该平面的磁通量？

21. 磁场的高斯定理是什么？如何应用磁场的高斯定理来解释磁场的来源？

22. 以同一个环路为边界张开的不同曲面的磁通量之间的关系是什么？

27.7 带电粒子在电磁场中的运动

23. 外部磁场施加在载流导线上的磁场力包含哪些组成部分？

24. 如果带电粒子在磁场中运动，则该粒子所受磁场力的方向如何？

27.8 电力和磁力的相对性

25. 为什么随着电子运动的观察者观测

到导线中的正离子的线电荷密度比电子的线电荷密度更大？

26. 在地球参考系中，一个带正电的粒子平行于载流导线运动，问：随着电子运动的观察者观测到的导线施加在粒子上的力与在地球参考系中的观察者观测到的力有什么不同？

估算题

从数量级上估算下列物理量，括号中的字母对应于可能用到的提示在题目后面给出。根据需要使用它们来帮助你思考。

1. 当距长直载流导线 1m 远处的磁场与地球的磁场相等时，求导线中的电流大小。（C，Q）

2. 求通过你桌面的地磁场的磁通量。（C，K，F）

3. 求在赤道上以 10^5m/s 的速率向西运动的电子所受地球的磁场力的大小和方向。（C，L，G）

4. 求在一个小的条形铁磁棒中一个基本磁子产生的磁场的磁感应强度的大小。（A，I，M，U）

5. 一个质子在匀强磁场中做圆周运动，且保证其速度大小恒为 10^6m/s，圆周半径等于篮球的半径，求该匀强磁场的磁感应强度的大小。（L，P，T）

6. 一个电子在匀强磁场中做圆周运动，其运动周期为 1ms，求该匀强磁场的磁感应强度的大小。（D，H，L）

7. 18-gauge（gauge 是美国导线直径规格单位，译者注。）的载流铜导线悬浮在磁感应强度大小为 0.5T 的水平匀强磁场中，铜导线中电流的最小值是多少？（V，R，N，J，B）

8. 将一根长 100mm、半径为 5mm、载有电流大小为 100A 的铜棒放在一个磁感应强度大小为 1T 的匀强磁场中，求铜棒的最大加速度。（O，J，S，E）

提示

A. 一个小的条形磁铁的磁感应强度的大小是多少？

B. 一条长为 l 的导线的质量是多少？

C. 地球表面的磁感应强度的大小是多少？

D. 电子的质量是多少？

E. 最多可获得多大的磁场力？

F. 桌面的面积通常是多大？

G. 沿着赤道的地磁场指向哪个方向？

H. 运动周期与磁感应强度之间有什么关系？

I. 一个小的条形磁铁的体积是多大？

J. 铜的质量密度是多大？

K. 地磁场的方向与水平面之间的夹角是多少？

L. 这个粒子（质子）的带电量是多少？

M. 铁的质量密度是多少？

N. 长为 l 的导线的体积有多大？

O. 棒的体积是多少？

P. 篮球的半径是多少？

Q. 长直导线的磁感应强度的大小 B 和电流 I 之间有什么关系？

R. 18gauge 电线的直径是多少？

S. 棒的质量多大？

T. 质子的质量多大？

U. 铁原子的质量多大？

V. 导线悬浮时必须要平衡哪些力？

答案（所有值均为近似值）

A. 0.01T（见《原理篇》中表 27.2）；B. $(7\times10^{-3}\text{kg/m})\,l$；C. 5×10^{-5}T；D. 9×10^{-31}kg；E. $IlB\sim10$N；F. 2m^2；G. 水平向北；H. $T=2\pi m/(qB)$；I. $1\times10^{-5}\text{m}^3$；J. $9\times10^3\text{kg/m}^3$；K. 美洲大陆的跨度是 50°～75°，所以说是 60°；L. 元电荷，$e=1.6\times10^{-19}$C；M. $8\times10^3\text{kg/m}^3$；N. $\pi r^2 l\approx(8\times10^{-7}\text{m}^2)\,l$；O. $8\times10^{-6}\text{m}^3$；P. 0.1m；Q. $B=2kI/c_0^2$；R. 1×10^{-3}m；S. 0.07kg；T. 1.7×10^{-27}kg；U. 9×10^{-26}kg；V. 重力和磁场力

例题与引导性问题

下列例题涉及本章内容，但又不仅仅局限于本章中的某一节。

其中一部分以例题的形式给出，另一部分则以引导性问题的形式给出。

例 27.1 轨道炮

轨道炮是一种用于加速子弹而不需要使用炸药的装置，图 WG27.1 为该装置的俯视图，一个横杆放在两个相距 100mm 的导轨上，电流从一个导轨流向横杆，再流到另一个导轨。一个外加的匀强磁场垂直纸面向外使横杆加速。（a）横杆沿着哪个方向被加速？（b）横杆被加速后以某一恒定速率运动，已知电流为 10A，磁感应强度的大小为 0.12T，横杆质量为 2.0kg 的，求导轨和横杆间的动摩擦系数 μ_k。

图 WG27.1

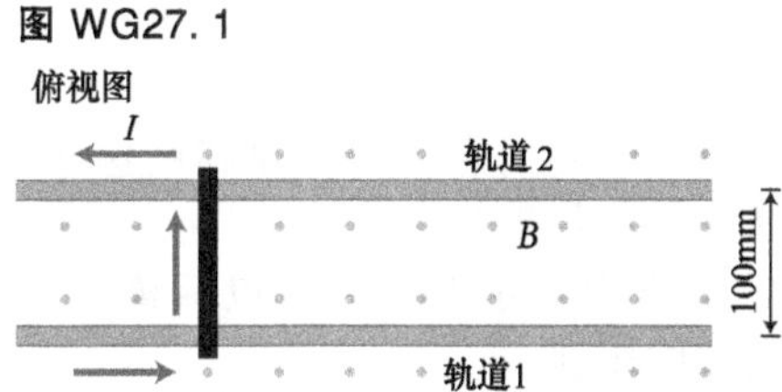

❶ **分析问题** 一根载流导线或者是本例情况下通有电流的横杆，都会受到外部磁场施加在其上的力的作用，这个力使横杆加速运动，我们的第一个任务就是判断在图 WG27.1 中横杆加速的方向是向左还是向右。(我们知道加速度的方向不可能是垂直于纸面向外或者向里，因为磁场力的方向一定与磁场垂直，而磁场的方向是垂直纸面向外的)。因为横杆在轨道上滑动，所以它必定受到与磁场力相反的摩擦力的作用。我们已知匀强磁场的磁感应强度的大小和方向、导轨间的距离、电流的大小、横杆的质量，以及最后横杆以恒定的速率运动。我们利用这些信息来完成第二个任务：计算动摩擦系数。

❷ **设计方案** 对于（a）问，磁场施加在横杆上的磁场力 $\vec{F}_c^B$ 的方向决定了横杆加速度的方向。我们用右手定则来判断这个力的方向，$\vec{F}^B=\vec{Il}\times\vec{B}$。对于（b）问，像所有涉及力的问题一样，我们首先都要画出力的示意图，这里画出横杆受力的侧视图（见图 WG27.2)。

图 WG27.2

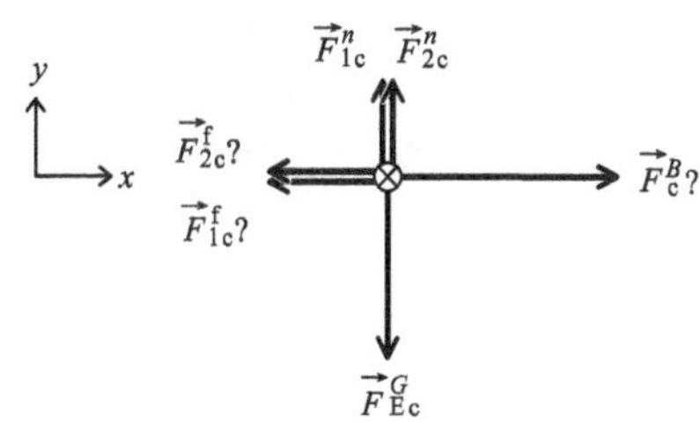

我们还不知道施加在横杆上的磁场力 $\vec{F}_c^B$ 的方向，因此我们任意画出磁场力的方向向右，并标注一个问号来提示我们这个方向有可能不一样。因为摩擦力的方向与磁场力的方向相反，所以我们画出 $\vec{F}_{1c}^f$ 和 $\vec{F}_{2c}^f$ 的方向向左，同时也标注一个问号。我们还要画出竖直向下的重力和两个导轨分别提供的向上的支持力。

我们可以利用式（27.8)：$\vec{F}_c^B=I\vec{l}\times\vec{B}$ 的标量形式 $F_c^B=|I|lB\sin\theta$［式（27.7)］，根据所给数值求出磁场力的大小。由式（10.55）可知，每个导轨和横杆间的摩擦力与每个导轨施加给横杆的支持力有关，$F_{2c}^f=\mu_k F_{2c}^n$ 和 $F_{1c}^f=\mu_k F_{1c}^n$，其中 μ_k 是动摩擦系数。

❸ **实施推导** （a）使用力的右手定则，我们在图 WG27.1 中将右手手背贴靠在横杆上，四指向上指向电流的方向，手掌面向自己，然后手指就可以向磁场的方向（指向纸面外）弯曲。此时大拇指指向右方，表明磁场力的方向向右，我们的猜测是正确的。✔

磁场力加速横杆使其向右运动，两个摩擦力 $\vec{F}_{2c}^f$ 和 $\vec{F}_{1c}^f$ 的方向一定向左，因为这两个摩擦力与磁场力的方向相反，摩擦力可以抵消磁场力使得横杆匀速运动。

（b）我们建立如图 WG27.2 所示的坐标系来求得力沿 x 轴和 y 轴的分量，在 x 方向，$a_x=0$，所以施加在横杆上的力的矢量和变成

$$\sum F_x=ma_x$$

$$F_c^B-(F_{2c}^f+F_{1c}^f)=0 \qquad (1)$$

实践篇

因为两个导轨相同，横杆是对称放置的，$F^{f}_{2c}=F^{f}_{1c}$ 和 $F^{n}_{2c}=F^{n}_{1c}$，这就意味着可以把每个导轨与横杆之间的摩擦力统一写成 F^{f}_{rc}，将每个轨道上的支持力统一写成 F^{n}_{rc}。式（1）就变成了

$$IlB\sin\theta-2F^{f}_{rc}=IlB\sin\theta-2\mu_k F^{n}_{rc}=0$$

因为磁场和通过横杆的电流方向的夹角是 $\theta=90°$，$\sin 90°=1$，我们得到

$$IlB-2\mu_k F^{n}_{rc}=0 \qquad (2)$$

在 y 方向上，对于两个相同的导轨有 $F^{n}_{2c}=F^{n}_{1c}=F^{n}_{rc}$，根据牛顿第二定律，我们得到

$$\sum F_y=ma_y=0$$

$$2F^{n}_{rc}-F^{G}_{Ec}=0$$

$$F^{n}_{rc}=mg/2 \qquad (3)$$

结合式（2）和式（3），重新整理得到

$$\mu_k=\frac{IlB}{mg}=\frac{(10\text{A})(0.100\text{m})(0.12\text{T})}{(2.0\text{kg})(9.8\text{m/s}^2)}=6.1\times10^{-3} ✓$$

❹ **评价结果** 因为我们在图 WG27.1 中根据力的右手定则判断出施加在横杆上电场力的方向向右，所以横杆向右加速是正确的。我们所求得的动摩擦系数 μ_k 的值貌似很小，但是这正是我们需要的，因为该装置的目的是使物体移动。理想情况是在电流比 10A 大的时候，比如说是 100A，你可以将横杆加速到很大的速率。

引导性问题 27.2 磁性天平

图 WG27.3 表示的是一台测量物体质量的精密仪器。用绳子将物体悬挂在通电的水平棒上，棒上的电流方向由左向右，棒可以自由地在一对竖直的圆柱体之间上下移动，它们之间的摩擦可以忽略不计。该装置置于外磁场中，调整棒中电流的大小使棒和物体都静止不动，当系统达到平衡时，磁场力和重力平衡，由此可以求出物体的质量。

为使天平正常工作，磁场应该是什么方向（如图 WG27.3 所示，垂直纸面向里还是向外）？当棒和物体的质量为 0.157kg、磁感应强度是 0.150T 时，电流的大小应该是多大才能达到平衡？

图 WG27.3

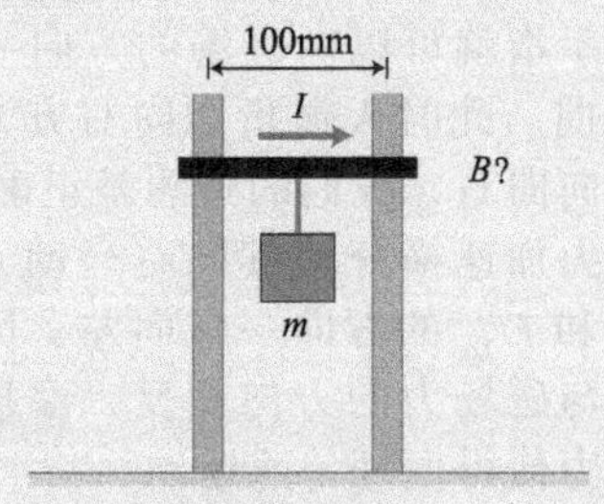

❶ **分析问题**

1. 用你自己的话描述该问题。题目中给出了哪些已知信息，你必须利用这些已知信息计算哪些物理量？

2. 画出力的示意图——包括棒、物体、或者其他的东西。

3. 这道题中用到了哪些磁学中的概念或原理？

❷ **设计方案**

4. 你计划如何判断磁场力的方向？

5. 你可以应用哪个方程，来用一些已知量表示未知的电流？

6. 棒中的电流的方向和磁场方向间的夹角是多少？

❸ **实施推导**

7. 判断磁场的方向。

8. 求未知量的代数表达式，然后代入已知量求出数值。

❹ **评价结果**

9. 你求出的磁场的方向有意义吗？

10. 你的结果中的电流数值是大还是小？将它与你家中使用的最大电流进行比较，你家的最大电流可以从断路器或熔丝的数据中得到。

例 27.3 导线的力矩

在磁感应强度大小为 0.0110T 的匀强磁场中有一根载流长直导线，它与磁场的夹角为 37.00°（见图 WG27.4），流经导线的电流大小为 10.0A，位于磁场内的导线长度为 $l=790\text{mm}$。(a) 导线所受外部磁场的磁场力的方向是怎样的？(b) 如果导线的底端是固定在铰链上的，而其他部分是可以绕底端自由转动，那么导线所受力矩是多大？力矩将使导线向什么方向转动？

图 WG27.4

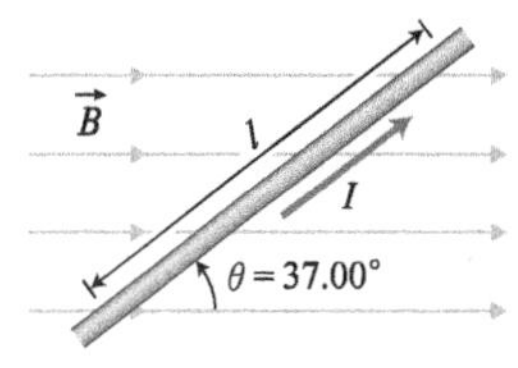

❶ **分析问题** 我们必须确定关于在外磁场中的载流导线的三件事情：磁场施加在导线上的磁场力的方向，该力对导线一端的力矩，力矩会使得导线向哪个方向旋转。对于 (a) 问，我们可以通过力的右手定则来判断磁场力的方向。对于 (b) 问，可以利用我们在第 12 章中学习的原理来确定导线上力矩的大小和方向。

❷ **设计方案** 式 (27.8) 和式 (27.7) 已经给出外加磁场施加在导线上的力 $\vec{F}^B_{\text{w}}$：

$$\vec{F}^B_{\text{w}}=I\vec{l}\times\vec{B} \text{ 或 } F^B_{\text{w}}=IlB\sin\theta \qquad (1)$$

每个小的导线元段 $\mathrm{d}l$ 受到的力为 $\mathrm{d}\vec{F}=I\mathrm{d}\vec{l}\times\vec{B}$，它们大小和方向都相同，所以在式 (1) 中力是沿着导线长度方向均匀施加在导线上的。因此，在计算力矩时，我们可以选取中点为力的作用点，就像我们选取重力的作用点在物体质量分布的中心一样。力矩已经通过式 (12.1) 给出，$\tau=rF\sin\theta$，其中，θ 是矢量 $\vec{r}$（是从旋转轴到力的作用点的位矢）和力的作用线间的夹角。✔

❸ **实施推导** (a) 利用力的右手定则，在图 WG27.4 中，将右手四指指向电流的方向，并使四指能够向磁场线的方向弯曲。当我们这么做的时候，我们的拇指垂直纸面向里，这就是磁场力 $\vec{F}^B_{\text{w}}$ 的方向。

(b) 在解决力矩的问题的时候，我们必须要注意标记，因为式 (1) 中的角度 θ 与式 (12.1) 中的角度 θ 不一样，为了使情况变得一致，我们依然将 θ 视为磁场与电流方向的夹角，而将式 (12.1) 变为 $\tau=rF\sin\phi$，这样 ϕ 就是 $\vec{F}^B_{\text{w}}$（垂直纸面向里）和矢量 $\vec{r}$（从旋转轴即棒的固定端，指向 $\vec{F}^B_{\text{w}}$ 的作用点）间的夹角（见图 WG27.5）。利用这些角度符号将式 (12.1) 变换成

$$\begin{aligned}\tau &=rF\sin\phi=r(IlB\sin\theta)\sin\phi\\ &=\frac{l}{2}(IlB\sin\theta)(\sin 90°)=\frac{1}{2}Il^2B\sin\theta\\ &=\frac{1}{2}(10.0\text{A})(0.790\text{m})^2(0.0110\text{T})(\sin 37.00°)\\ &=0.0207\text{N}\cdot\text{m}\end{aligned}$$ ✔

图 WG27.5

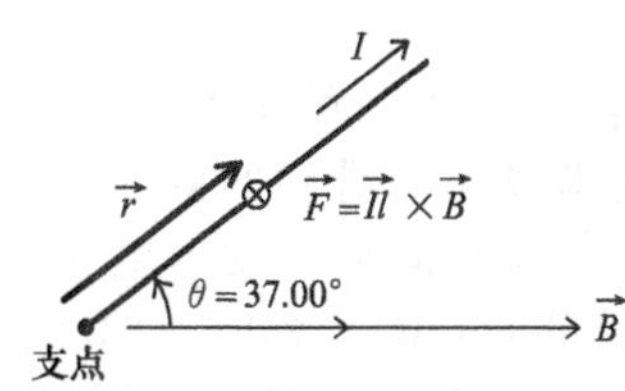

因为 $\vec{F}^B_{\text{w}}$ 的方向是垂直纸面向里，且导线初始时刻位于纸面所在平面上，所以导线的自由端倾向于垂直纸面向里旋转。✔

❹ **评价结果** 上面的力矩表达式与 B 成正比，也就是说，更大的磁场产生更大的力，因此产生的力矩也成比例地增大。当角度 θ 是 0 或者 180° 时力矩为零，这是合理的，因为此时导线平行于磁场，所以不受磁场力的作用；当导线与磁场垂直时，磁场力（因此力矩）是最大的。结果表明力矩与 l^2 成正比：其中一个 l 项来源于磁场力（$\vec{F}^B=I\vec{l}\times\vec{B}$）中，另外一个 l 项则是来源于力矩定义中的力臂长度 $l/2$。我们还注意到结果中力矩的单位是 N·m，这是正确的。

引导性问题 27.4 载流线圈的力矩

如图 WG27.6 所示，在磁感应强度大小为 0.23T 的匀强磁场中，有一个正方形载流线圈，线圈平面与磁场方向平行，已知，线圈的电流大小为 1.7A，边长为 10mm，磁感应强度的大小为 0.23T，问线圈受到哪些力的作用？计算这些力的矢量和。这个线圈上有力矩的作用吗？如果有，试判断旋转的方向和力矩的大小，如果没有，请解释原因。

图 WG27.6

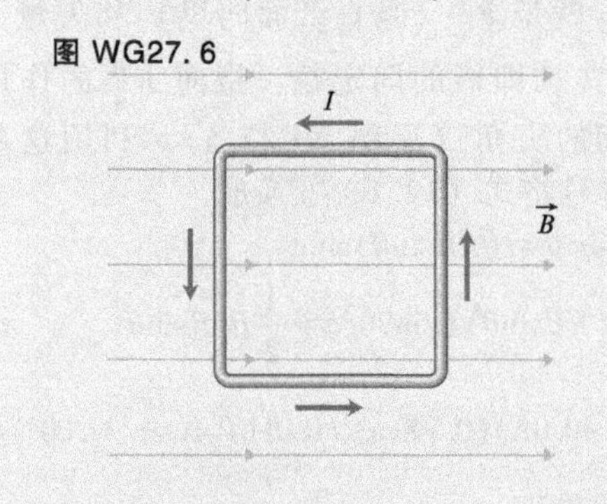

❶ **分析问题**

1. 用你自己的话阐述以上问题。磁场和电流如何影响线圈？

2. 因为本题涉及力，所以要画出力的示意图，使用力的右手定则判断施加在线圈各部分的力的方向。

❷ **设计方案**

3. 利用你画的力的示意图判断线圈是否受力矩的作用。利用右手定则判断力矩的方向或者得到不受力矩的结论。

4. 在计算力的矢量和及力矩的大小时，你需要用到哪些公式？

❸ **实施推导**

5. 代入数据求得数值结果

❹ **评价结果**

6. 你所得到的力和力矩的大小合理吗？将你计算得到的值与预期的值比较一下。

7. 力矩的方向与你的预期是否相同？

例 27.5 图像受干扰了吗？

在 20 世纪，当时的电视机是将电子发射到屏幕上形成人们看到的画面。电视机的主要组成部件就是向屏幕发射电子束的阴极射线管（Cathode Ray Tube，CRT）（见图 WG27.7）。电子束从 CRT 后面的电子枪射出，通过变化的磁场到达屏幕的各个部分。但是其他的磁场也会影响这些电子。(a) 一个电子以 3.0×10^7m/s 的初速率从电子枪中射出，瞄准前方 300mm 处的屏幕中心，假设地磁场方向为北偏下 45°，磁感应强度大小为 3.0×10^{-5}T，计算该电子的最大偏转距离。(b) 当屏幕面向东放置时，地磁场产生的影响会使得图像向哪个方向偏转，偏转距离为多少？(c) 当屏幕面向北放置时，偏转距离又会是多少？

图 WG27.7

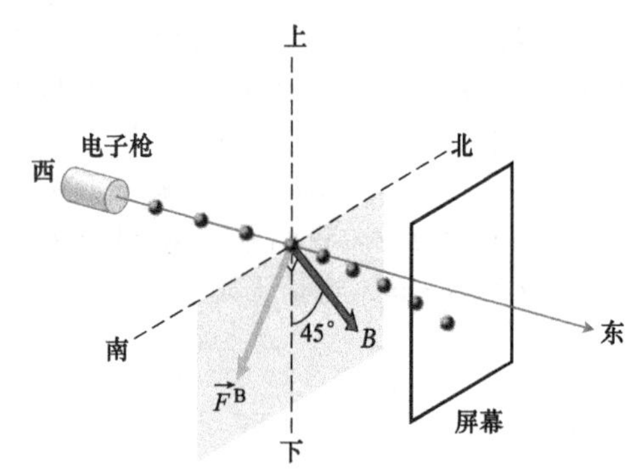

❶ **分析问题** 已知 CRT 中的电子束可能受到地磁场的影响而发生偏转，要求解每个电子在磁场中移动 300mm 可能的最大偏转距离，我们还要分别确定 CRT 在两种朝向不同的情况下电子偏转的大小与方向。

❷ **设计方案** 在磁场中运动的带电粒子（本题中指的是电子）所受地磁场的力已经由式（27.19）：$\vec{F}^B=q\vec{v}\times\vec{B}$ 给出，这个力的方向总是与粒子的运动方向垂直，导致每个电子的运动都会发生偏转，因此作用在电子上的磁场力的方向一直在改变。为了简化问题，我们假设电子的偏转不大，从而近似认为力的方向是不变的，且与电子的初始运动方向总是垂直的。然后我们就可以利用牛顿第二定律以及恒定加速度来确定电子的偏转，类似于恒定重力加速度的抛体运动。（在最后我们检验该近似是否合理）首先，我们需要判断使得电子偏转最大时的电视机的朝向。

实践篇

我们假设可以忽略重力的影响，因为在这个问题中空间的方向是很复杂的，我们首先要写出 $\vec{F}^B=q\vec{v}\times\vec{B}$ 的分量，然后利用力的右手定则来检验我们的结果。

❸ **实施推导** （a）我们先定义笛卡儿坐标，如$\hat{\imath}$指向东，$\hat{\jmath}$指向北，$\hat{k}$ 指向上。我们可以通过右手定则检查一下，$\hat{\imath}\times\hat{\jmath}=\hat{k}$。这样我们就可以写出地磁场为 $\vec{B}=(\hat{\jmath}\cos45°-\hat{k}\sin45°)B_0$，方向为北偏下 45°，大小为 $B_0=3.0\times10^{-5}$T，电子束向着与电视屏幕的朝向相同的方向射出，定义 θ_C 为指南针的方向（0°代表北，90°代表东），也就是电子的运动方向，我们可以把电子的速度写成 $\vec{v}=(\hat{\jmath}\cos\theta_C+\hat{\imath}\sin\theta_C)v_0$，大小为 $v_0=3.0\times10^7$m/s，现在我们可以写出 $\vec{F}^B=q\vec{v}\times\vec{B}$ 的分量：

$$F_x^B=q(v_yB_z-v_zB_y)=(-ev_0B_0)(-\cos\theta_C\sin45°)$$

$$F_y^B=q(v_zB_x-v_xB_z)=(-ev_0B_0)(\sin\theta_C\sin45°)$$

$$F_z^B=q(v_xB_y-v_yB_x)=(-ev_0B_0)(\sin\theta_C\cos45°)$$

$$F^B=\left(\frac{ev_0B_0}{\sqrt{2}}\right)\sqrt{1+\sin^2\theta_C}$$

其中，在写 F^B 的大小的时候，我们用到了 $\cos45°=\sin45°=1/\sqrt{2}$。从 F^B 的表达式中我们可以看出，无论 CRT 屏幕朝向何方，电子都会受到非零的磁场力，其大小随着指南针方向的变化而变化。

为了计算每个电子的偏转距离，我们首先计算电子以速率 v_0 运动到距其前方 300mm 处的屏幕上时所用的时间 $\Delta t=l/v_0$。然后我们可以根据磁场力 $\vec{F}^B$ 计算出偏转距离 d，其中我们近似将磁场力 $\vec{F}^B$ 看作是恒定的且垂直于 CRT 的长轴线。根据牛顿第二定律，电子的加速度为 $\vec{a}=\vec{F}^B/m_e$，其中电子的质量为 $m_e=9.11\times10^{-31}$kg，对于常量 $\vec{F}^B$，加速度是定值，且垂直于初速度，所以我们可以根据 $\vec{F}^B$ 求得偏转距离 d 为

$$d=\frac{1}{2}a\Delta t^2=\frac{1}{2}\left(\frac{F^B}{m_e}\right)\Delta t^2=\frac{1}{2}\left(\frac{F^B}{m_e}\right)\left(\frac{l}{v_0}\right)^2=\frac{F^Bl^2}{2m_ev_0^2}$$

$$d=\frac{ev_0B_0l^2}{2\sqrt{2}m_ev_0^2}\sqrt{1+\sin^2\theta_C}=\frac{eB_0l^2}{2\sqrt{2}m_ev_0}\sqrt{1+\sin^2\theta_C}$$

在 $\sin\theta_C=\pm1$ 的条件下，电子的偏转最大，即 $\theta_C=90°$（屏幕面向东）或者 $\theta_C=270°$（屏幕面向西）。代入 $\sin\theta_C=\pm1$，消掉分子和分母上的$\sqrt{2}$，得到最大的偏转距离为

$$d_{\max}=\frac{eB_0l^2}{2m_ev_0}=\frac{(1.6\times10^{-19}\text{C})(3.0\times10^{-5}\text{T})(0.300\text{m})^2}{(2)(9.11\times10^{-31}\text{kg})(3.0\times10^7\text{m/s})}$$

$$=7.9\text{mm}$$ ✔

（b）如果屏幕面向东，则 $\theta_C=90°$，所以 $\sin\theta_C=1$，$\cos\theta_C=0$，偏转距离大小为 7.9mm，偏转的方向沿着力 $\vec{F}^B$ 的方向，$\vec{F}^B$ 的分量为 $F_x^B=0$，$F_y^B<0$，$F_z^B=F_y^B$，所以偏转点沿对角线向下，南偏下 45°。对于面向西的观察者，图像向左下方偏转，偏转距离为 7.9mm。✔

（c）如果屏幕面向北，则 $\theta_C=0$，因此 $\sin\theta_C=0$，$\cos\theta_C=1$，并且偏转距离为 5.6mm。$\vec{F}^B$ 的分量为 $F_x^B>0$，$F_y^B=0$，$F_z^B=0$，因此偏转点在正东方。对于面向南的观察者，图像向左偏转 5.6mm。✔

❹ **评价结果** 这个偏转距离看起来很大，足以通过移动电视机的方向而观察到，但实际上，向左或者向右移动电视机屏幕时你只能观察到画面有几毫米的移动。我们已经将 $\vec{F}^B$ 的方向看成定值，现在可以通过评估电子初速度和末速度方向之间的最大夹角 $\alpha=\arctan(at/v_0)=3.0°(\sin\theta_C=\pm1)$ 来检验以上近似是否合理：3°是很小的角度，证实该近似是合理的。你可以计算重力对电子的影响来检测我们的假设，其实忽略重力的影响是没问题的。

我们可以利用力的右手定则来验证（b）和（c）问中的方向，对于面向东的屏幕，电子自西向东运动，观察者面向西，从观察者的视角看，地球的磁场方向为右偏下 45°，所以力的右手定则给出了磁场力的方向是左偏下 45°，这和我们计算出来的值是一样的。对于面向北的屏幕，电流向南运动，地磁场指向下，观察者面向南，所以力的右手定则得到的磁场力方向向左，这也与我们所求的结果是一致的。

引导性问题 27.6 聚变能

太阳释放能量的过程称为核聚变，它可以在实验室中通过将电子和质子气体（被称为等离子体）加热到 10^6K 来实现。当它们的能量足够高时，质子结合形成氢核，伴随着质子的聚变能量被释放，这些热的带电粒子被束缚在一个充满磁场的“密闭容器”中，麻省理工学院的 Alcator C-mod（译者注：核聚变反应堆设备）能实现大于 8T 的磁场，假设 C-mod 的“密闭容器”的横截面呈圆形并且磁场是匀强磁场，磁感应强度大小恒为 8T，则束缚质子和电子的“密闭容器”的最小半径是多大？粒子轨道运动的周期是多少？假设粒子平均速度大小为 2.0×10^7 m/s。

❶ **分析问题**

1. 用你自己的语言描述上述问题。你必须确定哪两个物理量？

2. “密闭”表明这属于哪种类型的运动？

3. 哪种粒子（质子还是电子）更难被束缚？

❷ **设计方案**

4. 在求最小的半径时要做出怎样的简化？

5. 半径和已知信息间有什么关系？

6. 你在确定区域轨道周期时必须用到哪个表达式？

❸ **实施推导**

7. 代数求解未知量，然后代入已知量算出数值结果。

❹ **评价结果**

8. 你所求得的区域半径是否合理？即这个设备的尺寸在实验室中是否合适？

9. 检验粒子在你所计算的半径中运动的速度和题目中给出的是否相同？

10. 所求得的两个半径之比与质子和电子的质量之比之间有什么关系？你的结果得到验证了吗？

例 27.7 顺流而行

一个质子平行于载流导线运动，与导线纵轴线相距 10mm，质子的速度与导线中电子的平均速度相同，在两个参考系中观察质子和导线间的相互作用：观察者 E 相对于地球参考系静止，而观察者 M 相对于地球参考系运动。对于观察者 E，导线是静止的，电流大小为 5.0A，带电离子的线电荷密度为 $\lambda_{E,ions}=+1.60\times10^3$C/m，电子密度为 $-\lambda_{E,ions}$，导线呈电中性。(a) 当观察者 M 观测察到质子与导线间只存在电场力而没有磁场力作用时，观察者 M 相对于地球参考系的运动速度必须是多少？(b) 观察者 M 观测的电场力的大小是多少？(c) 该力使得质子获得多大的加速度？

❶ **分析问题** 已知处于地球参考系中的观察者 E 和处于相对于 E 运动的参考系中的观察者 M 都观测到一个质子随着载流导线中的电子运动。我们还知道 M 观测到质子与导线的相互作用只有电场力，根据该信息我们必须确定 M 相对于 E 的运动速度，我们还必须计算出观察者 M 观测的导线施加在质子上的电场力的大小以及相应的质子加速度。

❷ **设计方案** 对于 (a) 问，只有当质子相对于 M 静止的时候，M 才能观测到导线和质子间的相互作用只有电场力，因此他的速度必须与质子（和电子）相同，质子的速度与电流和线电荷密度相关，由式 (27.36) 知它们之间的关系为 $I=\lambda_{proper}v$，其中 $\lambda_{proper}=\lambda_{E,ions}$ 是观察者 E 观测到的导线中的离子的线电荷密度。

接下来，我们可以利用计算得到的 v 去计算 (b) 问中要求的电场力，电场力由式 (27.32)：$\vec{F}^{E}_{Mwp}=q\vec{E}_M$ 给出，M 测得的电场强度由式 (27.31) 给出：

$$E_M=\frac{2k\lambda_{proper}}{r}\gamma\frac{v^2}{c_0^2}$$

其中，$\gamma=1/\sqrt{1-(v/c_0)^2}$。

对于 (c) 问，当我们求出了 $\vec{F}^{E}_{Mwp}$ 后，就可以通过力除以质子的质量来得到质子的加速度。

实践篇

❸ **实施推导** (a) 由式 (27.36) 知，观察者 E 观测到的电子的速率为

$$v=\frac{I}{\lambda_{\text{proper}}}=\frac{5.0\text{A}}{1.60\times10^{3}\text{C/m}}=0.0031\text{m/s}\checkmark$$

这也是观察者 M 相对于地球参考系的速率。

(b) 利用关于 E_M 的表达式 (27.31)，可以得到观察者 M 观测到的施加在质子上的力为

$$F_{\text{Mwp}}^{E}=qE_{\text{M}}=q\frac{2k\lambda_{\text{proper}}}{r}\gamma\frac{v^2}{c^2}$$

其中，q 是质子的电量，数值上等于元电荷 e，电子的线电荷密度就是 (a) 问中的 λ_{proper}，所以我们得到

$$F_{\text{Mwp}}^{E}=(1.6\times10^{-19}\text{C})\frac{2(9.0\times10^{9}\text{N}\cdot\text{m}^2/\text{C}^2)(1.60\times10^{3}\text{C/m})}{0.010\text{m}}\times(1.09\times10^{-22})=5.0\times10^{-26}\text{N}\checkmark$$

(c) 这个力作用在质子上产生的加速度的大小为

$$a=\frac{F_{\text{Mwp}}^{E}}{m_{\text{p}}}=\frac{5.0\times10^{-26}\text{N}}{1.67\times10^{-27}\text{kg}}=30\text{m/s}^2\checkmark$$

❹ **评价结果** 值得注意的是：电子的速率为 0.003m/s，非常小。而导线中电子的密度很大，以至于即使是电子运动的平均速率很小也可以产生几安培大的电流。正如我们所预期的，计算得到的力很小，这是因为元电荷 e 的质量很小，但是质子的加速度并不小：质子的加速度比重力场中自由下落的粒子的加速度还要大。

引导性问题 27.8 速度减半

设在例 27.7 中质子的速度大小是电子速度大小的一半，如果你是相对于导线静止的观察者，你观测到的导线施加在质子上的电场力是多大？你是否能观测到导线施加在质子上的磁场力？如果有，计算出磁场力的大小。

❶ **分析问题**

1. 例 27.7 中的哪部分适用于这道题？

2. 哪些公式可以帮助你判断两种类型的相互作用？

❷ **设计方案**

3. 哪些公式可以帮你计算出这种相对论情况下的电场和磁场？

4. 你需要做出什么重要的简化？

❸ **实施推导**

5. 根据需要推导出相应的关系式，然后代入数据得出结果。

❹ **评价结果**

6. 与例 27.7 相比，导线施加在质子上的电场力有什么不同？这是合理的吗？

习题 通过《掌握物理》®可以查看教师布置的作业 MP

圆点表示习题的难易程度：● = 简单，●● = 中等，●●● = 困难；**CR** = 情景问题。

27.1 磁性

1. 在南半球，指南针的北极指向什么方向？●

2. 哪种类型的磁极靠近地球地理位置上的南极？●

3. 图 P27.3 中的磁铁中的基本磁子（elementary magnets）是如何排列的？●

图 P27.3

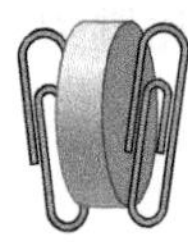

4. 磁铁能多于南极和北极这两个以上的磁极吗？●●

5. 给你三个条形金属，其中两个是磁铁，第三个是由磁性材料制成，但是没有被磁化。请说明你如何只利用这三个条形金属来判断哪个不是磁铁。●●

6. 给你两个金属棒，一个是磁铁，另一个由磁性材料制成但是不含有规则排列的基本磁子。在不使用其他物体的条件下，你如何判断哪个是磁铁？●●

7. 绘图并描述一个被均匀磁化的球形物体的两个磁极。●●●

27.2 磁场

8. 图 P27.8 中哪些场线的图案可以表示磁场？●

图 P27.8

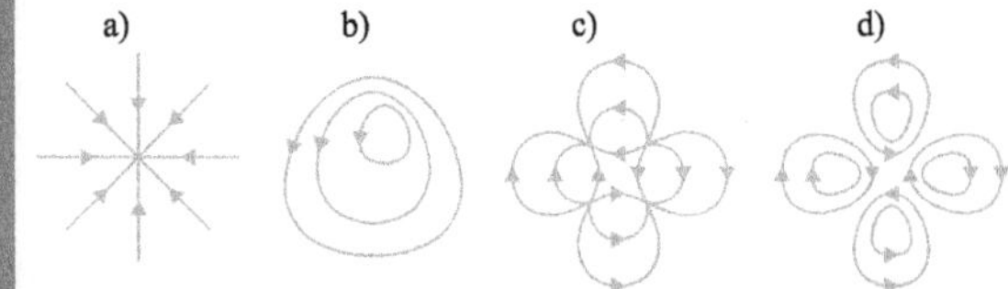

9. 球形闭合曲面内有一个条形磁铁。(a) 整个曲面的磁通量是多少？(b) 若离磁铁北极最近的半球的磁通量是正的，则离磁铁南极最近的半球的磁通量是正的、负的还是零？(c) 若移动磁铁将北极的那一半置于曲面外部，则整个闭合曲面的磁通量是多少？(d) 若将在曲面外部的那部分磁铁去掉，则整个闭合曲面的磁通量变为多少？●

10. 磁偶极子产生的磁场与电偶极子产生的电场一样吗？请画出这两种场。●●

11. 将一块条形磁铁放在图 P27.11 所示的非匀强磁场中，请描述磁铁在该外加磁场中会发生什么。●●

图 P27.11

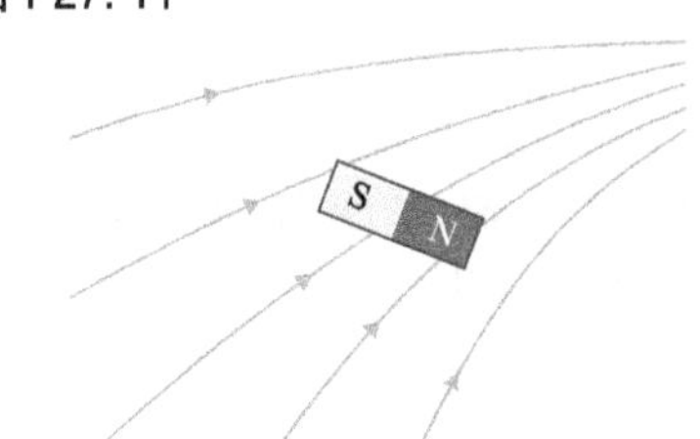

12. 一块条形磁铁放入图 P27.12 所示的非匀强磁场中，请描述磁铁在该外加磁场中会发生什么。●●

图 P27.12

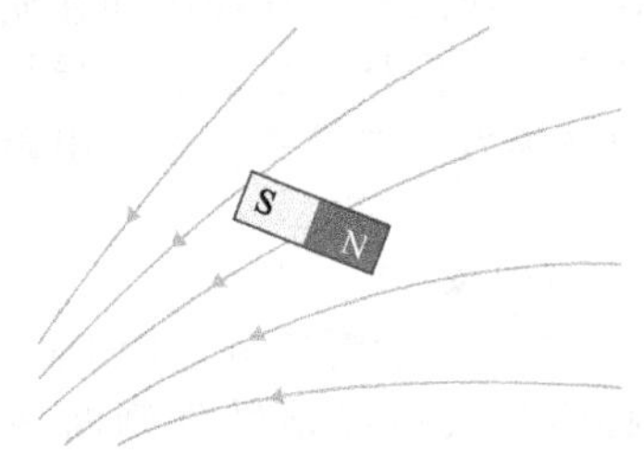

13. 是否存在这样的一种场线图案，在空间任意点，既可以用它来描述磁铁的磁场，也可以用它来描述固定带电粒子系统的电场？●●

14. 如果图 P27.14 中点 1 处的磁感应强度大小为 0.27T，请估计点 2 处的磁感应强度大小。注意实际上磁场线的分布是三维的，在图中只是画出了二维图像，但是你一

图 P27.14

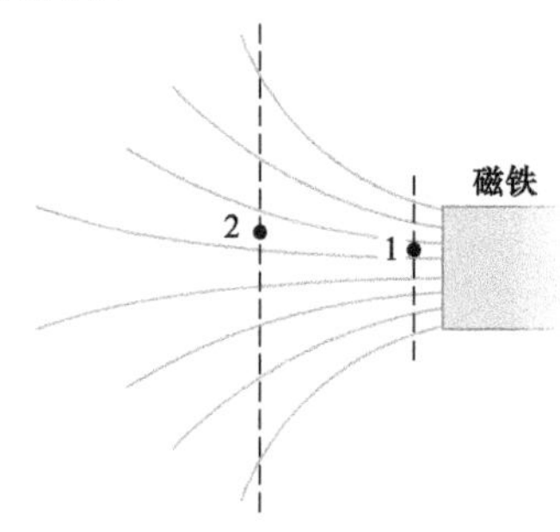

实践篇

定要将它想象成三维的，磁场线分布在纸面内部和外部都有。●●

15. 图 P27.15 中有五对磁铁，请按照磁铁 2 受到的力矩大小将它们由小到大进行排序。假设所有磁铁的磁感应强度是相同的，并且各组磁铁间的距离近似相等。●●●

图 P27.15

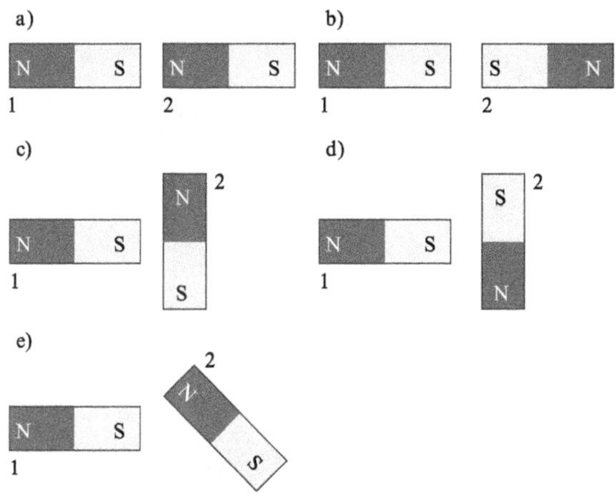

27.3 电荷运动与磁场

16. 如图 P27.16 所示，一个长直载流导线位于纸面所在的平面上，它在 P 点产生的磁场方向垂直纸面向外。问：(a) S 点处磁场的方向是什么？(b) 导线中电流的方向如何？●

图 P27.16

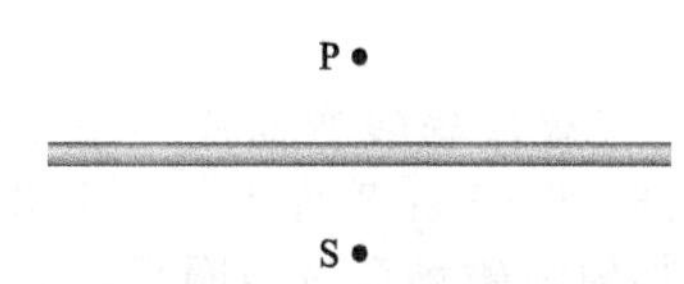

17. 如图 P27.17 所示，一个长直载流导线垂直纸面放置，电流在 P 点产生的磁场方向向右。问：(a) S 点处磁场的方向是什么？(b) 导线中电流的方向如何？●

图 P27.17

18. 如图 P27.18 所示，三个粒子从条形磁铁 N 极的附近经过，粒子 1 是电子，粒子 2 和 3 都是质子，三个粒子都以相同大小的速度运动。(a) 判断每个经过磁铁的粒子所受磁场力的方向。(b) 每个粒子施加在磁铁上的力（如果有）的方向如何？●

图 P27.18

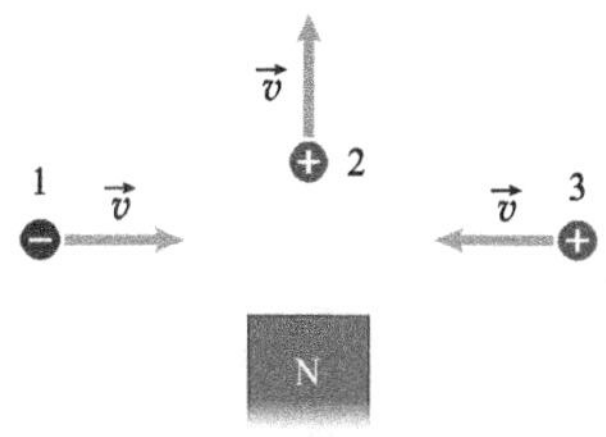

19. 如图 P27.19 所示，一个导体棒被弹簧悬挂在匀强磁场中，磁场方向垂直纸面向外，导体棒两端的细导线连接一个电池（图中没有画出），导体棒中有电流通过。(a) 弹簧的弹力大小是否取决于导体棒是否连接电池？(b) 弹簧的弹力是否取决于导体棒与电池的连接方式？如果是，为了增加弹力，导体棒的哪一端应该与电池的正极相连？●●

图 P27.19

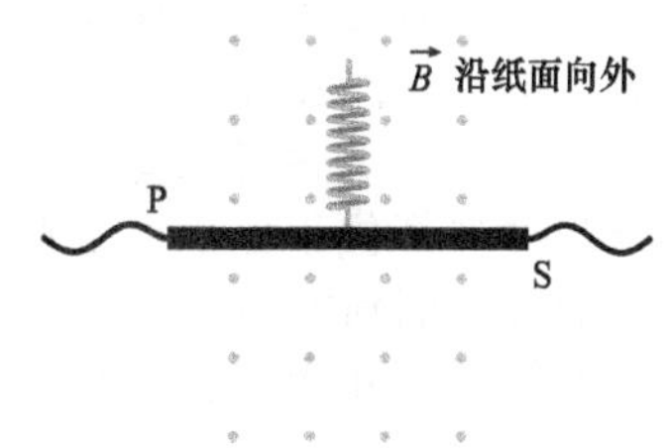

20. 一根导线被密绕成螺旋的弹簧的形状。(a) 当通有电流时，线圈会变长、变短还是保持原长？(b) 你的答案是否取决于电流的方向？●●

21. 如图 P27.21 所示，在磁场方向垂直纸面向外的匀强磁场中有一个正方形导线圈。如果作用在边 1 上的磁场力的方向向右，判断 (a) 线圈中电流的方向，(b) 施加在边 2、3 和 4 上的磁场力的方向。●●

图 P27.21

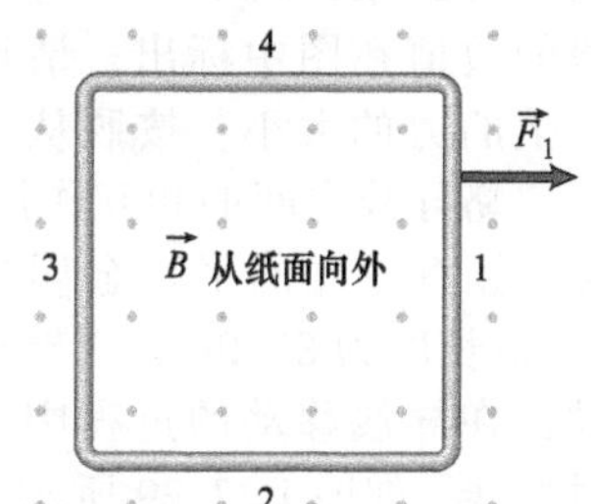

22. 如图 P27.22 所示，两个金属棒相互垂直放置，描述两个金属棒相互作用的力和力矩。●●●

图 P27.22

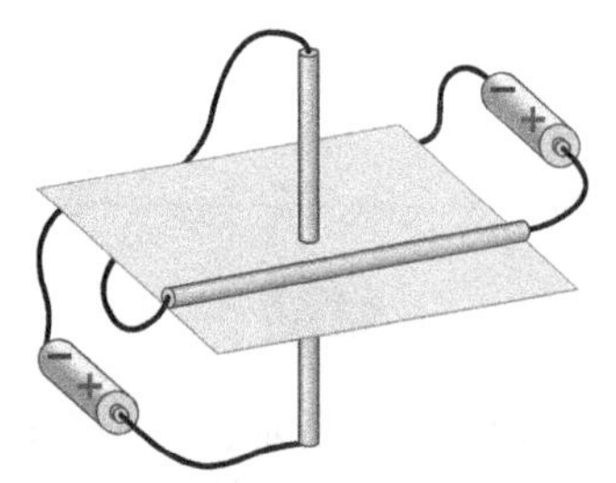

27.4　磁力的相对性

23. 如果两个带电粒子 M 和 S 相对静止，则它们之间没有磁场力，假设粒子 M 相对于 S 运动，且 S 相对于地球参考系静止，则 S 是否会受到磁场力的作用？●

24. 一个带正电的粒子静止于 S 参考系的 z 轴的正半轴上，参考系 S′沿着 S 系的 x 轴正方向运动，参考系 S″沿着 S 系的 x 轴负方向运动，S‴系沿着 S 系的 y 轴运动，相对运动速度大小均为 v，所有参考系的轴线正方向都是相同的，且观察者在每个参考系做测量时，$t=0$ 时刻都位于原点，在哪个参考系中观察者能够观测到电场？●

25. 写出第 24 题中电场大小的表达式和方向●●

26. 比较第 24 题中磁场的大小和方向●●

27.5　电流与磁场

27. 一根 0.70m 长的导线通有 1.4A 的电流，放在匀强磁场中，导线与磁场方向成 53°角，已知导线上的磁场力大小为 0.20N，求磁感应强度的大小。●

28. 如图 P27.28 所示，外加匀强磁场方向向上，其中有四条载流导线，每条导线的长度和电流的数值在图中标出，请根据磁场作用在导线上的力的大小，按照从小到大给它们排序。忽略导线之间的相互作用。●

29. 两个竖直放置的平行金属导轨相距 80.0mm。一根长度为 80.0mm 的导线在导轨上自由移动，在导线移动的过程中，导轨允许电流通过导线，如图 P27.29 所示，外加磁场的磁感应强度大小为 0.250T，方向垂直纸面向里，如果导线的质量为 4.00g，为使导线不因重力的作用下落，则导线中的电流应该是多大？●●

图 P27.28

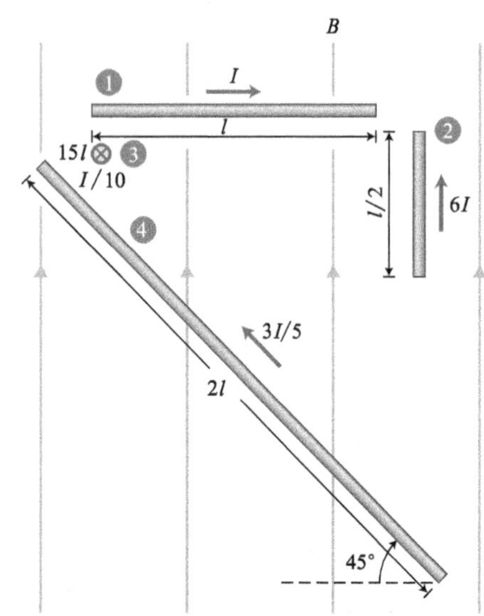

图 P27.29

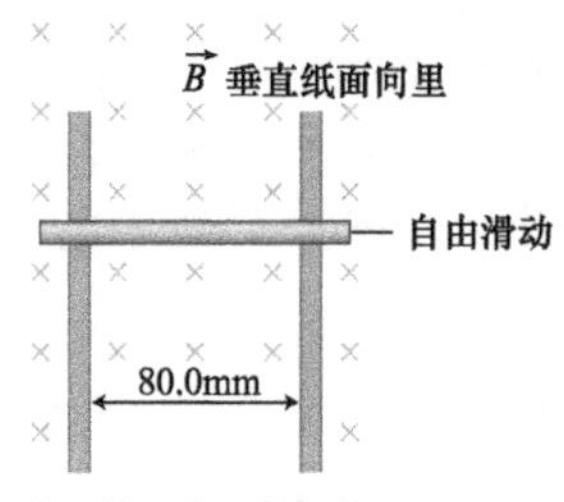

30. 一根载流导线弯曲成一个半径为 R 的圆形线圈，置于 xy 平面上，一个沿 z 轴正方向的外加匀强磁场穿过线圈平面。外加磁场作用在线圈上的磁场力的大小是多少？●●

31. 画一个 xyz 坐标系，其中 x 轴水平向右，y 轴沿纸面向上，z 轴垂直纸面向外。一个载流导线位于 x 轴上，电流大小为 2.5A，方向沿 x 轴正方向，(a) 如果载流子只有电子，那么每秒钟通过导线横截面的电子数是多少？(b) 电子运动的方向如何？(c) 如果载流导线位于垂直纸面向里的外加磁场中，且磁感应强度大小为 0.20T，那么磁场施加在每单位长度导线上的力是多大？(d) 请在图中表示出磁场的方向和磁场施加在导线上的力的方向。●●

实践篇

32. 现将一根长 70.00mm 的导线弯曲成合适的角度，使得导线能从原点出发沿直线经过 $x=30.0\text{mm}$，$y=0$，然后沿另一条直线从 $x=30.0\text{mm}$，$y=0$ 到 $x=30.0\text{mm}$，$y=40.0\text{mm}$。导线处于沿 z 轴正方向的外加匀强磁场中，磁感应强度大小为 0.500T，通过导线的电流大小为 4.10A，电流方向从原点进入导线。

(a) 求磁场施加在导线上的磁场力的大小和方向。(b) 现在用一根 50.0mm 长的、两端分别位于原点和 $x=30.0\text{mm}$，$y=40.0\text{mm}$ 的导线来代替原来的导线，如果通过的电流大小仍然是 4.10A，求施加在这根新的导线上的磁场力的大小和方向。●●

33. 图 P27.33 表示的是《原理篇》中例 27.2 的情形：一个长 0.20m 的金属棒被两个弹簧悬挂在顶棚下方，每个弹簧的劲度系数都为 $k=0.10\text{N/m}$，初始时刻金属棒中没有电流，棒静止在某个位置。当通过的电流为 0.45A 时，金属棒的位置上升了 $d=1.5\text{mm}$，假设没有电流，金属棒又回到原来的位置，在金属棒的中间放上一个 5.0mg 的塑料片，应该通多大的电流才能使它上升 $d=1.5\text{mm}$？●●

图 P27.33

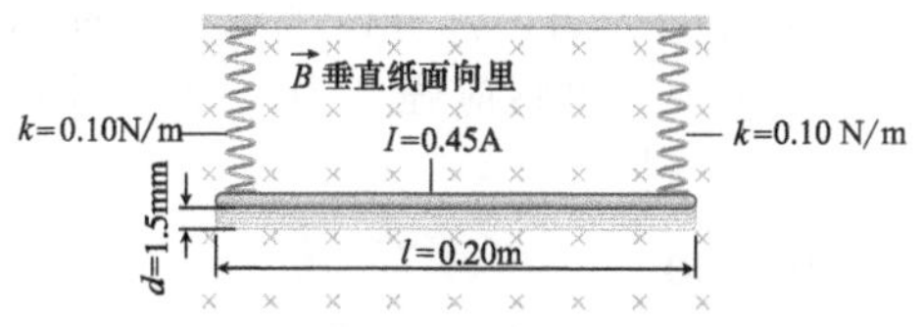

34. 在磁感应强度大小为 B、方向垂直纸面向外的匀强磁场中放置两个平行的水平导体棒，在两个导体棒上连接着一个可以自由移动的导体横杆，且电流恒为 I（见图 P27.34）。已知导体横杆的长度为 l，质量为 m。(a) 横杆向哪个方向移动？(b) 如果横杆和导轨棒间的静摩擦系数为 μ_s，则使横杆运动所需的最小电流 I_0 是多大？●●

图 P27.34

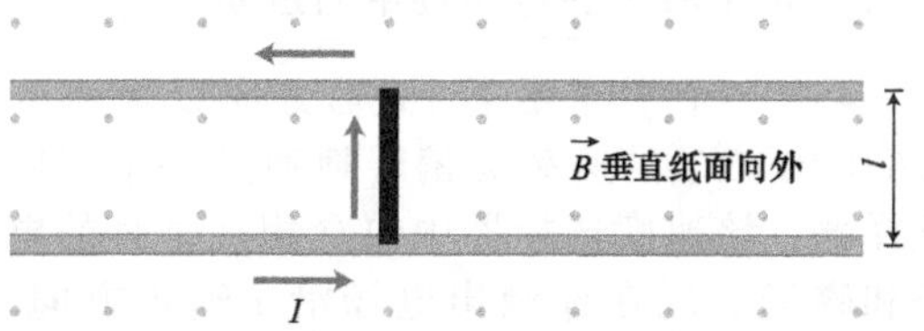

35. 图 P27.35 中左上角的矩形载流导线圈是可以任意弯曲的，线圈固定在底座上（没有画出）使之可以自由地向任意方向旋转，任何使它移动、旋转和变形的力都可以被检测到。如果通过线圈的电流的方向是逆时针的，磁场沿什么方向才可以使线圈产生下图 (a)~(e) 中的变化？如果不需要磁场也可以产生这样的变化，就写“不需要”；如果没有磁场可以产生这样的变化，就写“不可能”。●●

图 P27.35

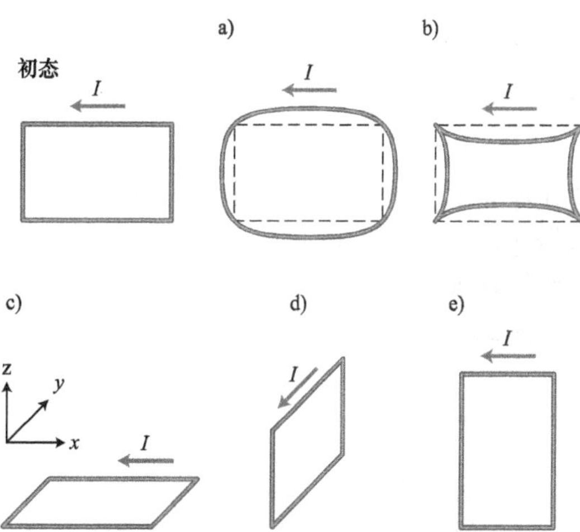

36. 在一个任意形状的缠绕载流导线中，其电流 I_0 流入的位置为 $\vec{r}_1$，流出的位置为 $\vec{r}_2$，将该导线置于外加匀强磁场 $\vec{B}_0$ 中，证明：外加磁场施加在导线上的力为 $\vec{F}^B_w=I_0(\vec{r}_2-\vec{r}_1)\times\vec{B}_0$。●●●

37. 在磁感应强度大小为 0.850T、方向竖直向上的匀强磁场中有一根长 1.00m、质量为 0.900kg 的金属棒，初始时刻金属棒被固定在水平面上方且与水平面呈 65°角的平面上（见图 P27.37）。金属棒与两个金属导轨相连，使得电流可以通过金属棒，金属棒和导轨连接处的静摩擦系数为 0.200，(a) 现释放金属棒，若金属棒静止不动，则金属棒中的电流方向如何？至少要通过多大的电流？(b) 保持电流方向不变，若仍保持金属棒静止不动，则金属棒中通过的电流是否存在最大值？●●●

图 P27.37

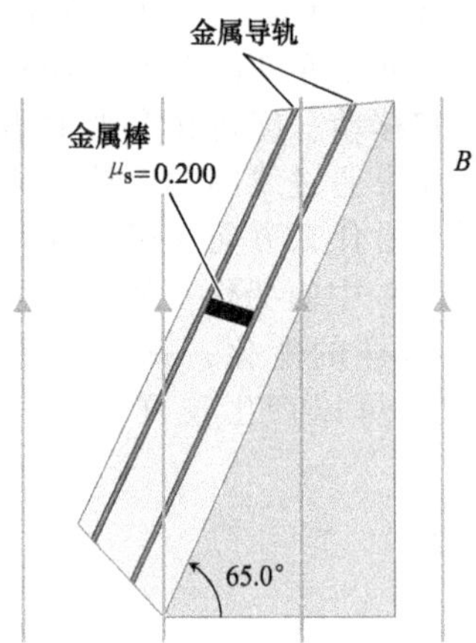

27.6 磁通量

38. 如图 P27.38 所示，分别将条形磁铁放在球壳上或者球壳附近的四个不同位置，依据通过球壳的磁通量的大小，由小到大对这些位置进行排序。●

图 P27.38

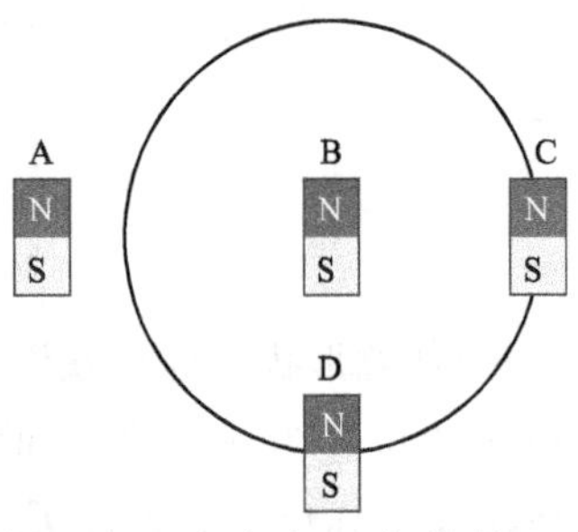

39. 图 P27.39 中有五个物体，都放置在相同方向（竖直向上）的匀强磁场中，根据通过每个物体的磁通量大小，由小到大对它们进行排序。●

40. 在磁感应强度大小为 0.25T 的匀强磁场中，有一个边长为 100mm 的正方形线圈，将其放在一个木制桌子上，并且当线圈平面平行于桌面时其磁通量最大。当线圈平面与桌面成 60°角时，通过线圈的磁通量是多大？作图表示所有必需的矢量。●●

41. 在磁感应强度大小为 0.030T 的匀强磁场中有一个半径为 100mm 的圆形线圈，如果通过线圈的磁通量为 $3.00\times10^{-4}\text{T}\cdot\text{m}^2$，则线圈平面和磁场间的夹角是多大？●●

42. 在磁场方向水平且磁感应强度大小为 0.100T 的匀强磁场中有一个周长为 4.00m 的正方形线圈，线圈的两个平行的边与水平面成 25°角。（a）计算通过线圈的磁通量；（b）现有另一个线圈与正方形线圈位于同一个平面上，但是形状不规则，像个海星，且它的面积与正方形线圈的面积相等。计算通过这一不规则线圈的磁通量。●●

图 P27.39

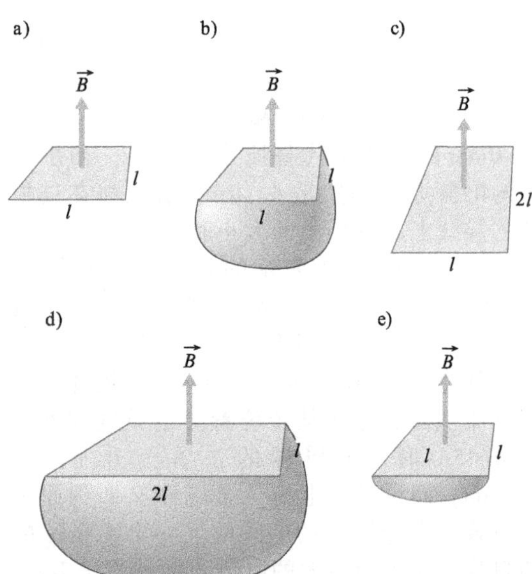

43. 有一个如图 P27.43 所示的线圈，一部分位于垂直纸面向外的匀强磁场中，磁感应强度为 2.0T，另一部分位于垂直纸面向里的匀强磁场中，磁感应强度为 1.0T，计算通过线圈的磁通量。●●

图 P27.43

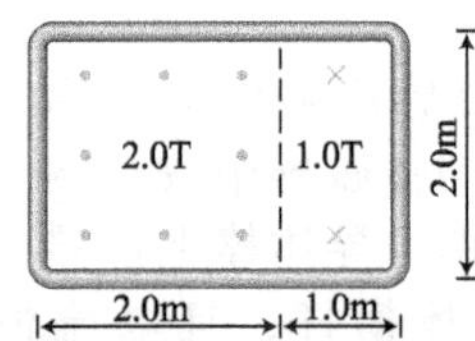

44. 在磁感应强度大小为 B_0，方向沿 z 轴正方向的匀强磁场中，有一个半球形的碗，其半径为 R，碗口在 xy 平面上。计算通过半球形碗表面的磁通量的表达式。●●

27.7 带电粒子在电磁场中的运动

45. 一个质子沿着 $+x$ 轴方向以大小为 6.67×10^5m/s 的速率无偏转地通过一个速度选择器，该速度选择器中包含相互垂直的电场和磁场。现在你测出电场沿 z 轴正方向，

实践篇

电场强度大小为 2.0×10^5N/C。(a) 磁感应强度 $\vec{B}$ 的大小和方向是什么?(b) 如果质子的速度大小变成原来的两倍，则质子会向哪个方向偏转? ●

46. 如图 P27.46 所示，带电粒子在质谱仪的磁场中的运动轨迹为半圆形。如果该粒子是氧离子且带电量为 $-2e$，且质谱仪中磁场的磁感应强度大小为 0.20T，则每个氧离子通过半圆形轨迹需要多长时间? 已知氧离子 (O_2^-) 的质量为 2.6×10^{-26}kg。●

图 P27.46

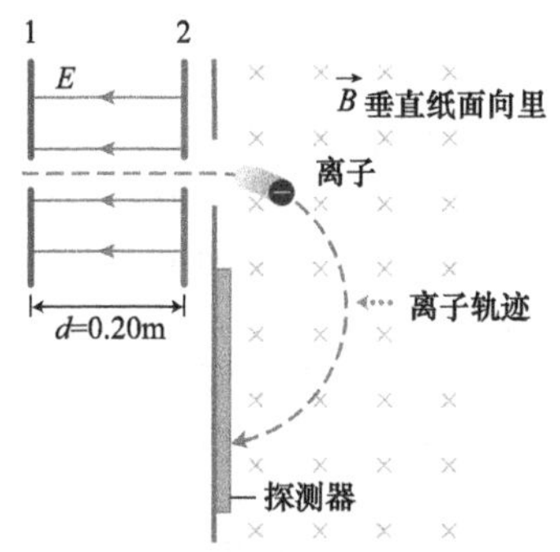

47. 一个 α 粒子 ($m=6.64\times10^{-27}$kg)，其带电量是质子的两倍，质量几乎是质子的四倍，在磁感应强度大小为 0.75T 的匀强磁场中做圆周运动，半径为 0.75m，运动平面与磁场方向垂直，计算 α 粒子的 (a) 角频率和运动周期，(b) 速率，(c) 动能。●●

48. 一个质子在磁感应强度大小为 0.25T 的匀强磁场中运动，该质子的运动轨迹是半径为 150mm 的圆，且该圆所在平面与磁场方向垂直，计算质子的 (a) 角频率和运动周期，(b) 速率，(c) 动能。●●

49. 一个电子的动能为 7.5×10^{-17}J，在磁感应强度大小为 0.35T 的匀强磁场中做圆周运动，运动平面与磁场方向垂直，求电子的 (a) 圆周运动的半径，(b) 角频率和运动周期，(c) 速率。●●

50. 氘核是一种与质子带电量相同的带电粒子，它的质量近似等于质子的两倍，一个 α 粒子的带电量是质子的两倍，质量近似等于质子的四倍。本题中，假设氘核与质子及 α 粒子与质子的质量比分别是 2 和 4，如果质子、氘核和 α 粒子在匀强磁场中做圆周运动的半径相同，比较它们的 (a) 速率，(b) 动能，(c) 角动量的大小。●●

51. 用质谱仪分离镁的两种同位素，镁-24 (质量为 3.983×10^{-26}kg) 和镁-26 (质量为 4.315×10^{-26}kg)，质谱仪中的磁感应强度大小为 0.577T，所用的这些离子 $^{24}Mg^+$ 和 $^{26}Mg^+$ 是由镁原子失去一个电子产生的，如果屏幕上的两种离子之间的距离为 2.60mm，则加速这些离子所需的电势差的最小值是多大 (假设质量比为 26/24)? ●●

52. 一个质量为 m、带电量为 q 的粒子，进入一个磁感应强度大小为 B，方向沿 x 轴的匀强磁场中，粒子的初始速度沿 xy 平面，(a) 描述粒子穿过匀强磁场时的路径。(b) 如果粒子在 $t=0$ 时刻进入磁场，则在 $t=2\pi m/(qB)$ 时刻粒子的角位移是多少? ●●

53. 在磁感应强度大小为 2.0T、方向竖直向上的匀强磁场中，有一个 1.0mm 厚、20mm 宽的水平金属带，电流沿长轴方向，电流大小为 20A，长和宽都垂直于磁场方向，且带宽两侧的电势差为 4.27μV，(a) 如果你沿着电流的方向观察，带宽左侧电势更高，那么载荷粒子是正的还是负的? (b) 速率是多少? (c) 载荷粒子的密度是多少? ●●

54. 在磁感应强度大小为 2T 的匀强磁场中有一个横截面厚 1.0mm、宽 20mm 的铜带，通过横截面的电流大小为 10 A，载荷粒子沿长轴方向运动，磁场方向垂直于铜带的长和宽。如果自由电子的密度为 8.47×10^{19}mm^{-3}，计算：(a) 铜带中电子的速度大小，(b) 带宽两侧的电势差。●●

55. 如图 P27.55 所示，一个质子被 120V 的电势差加速并射入室内。室内没有电场，但是有沿着 z 轴方向的、磁感应强度大小为 0.15T 的磁场。质子在水平面上方并以与水平方向成 25°角进入室内，射入点为 xyz 坐标系的原点，求：在室内运动的质子从室内一侧与墙壁发生撞击的位置坐标。●●

图 P27.55

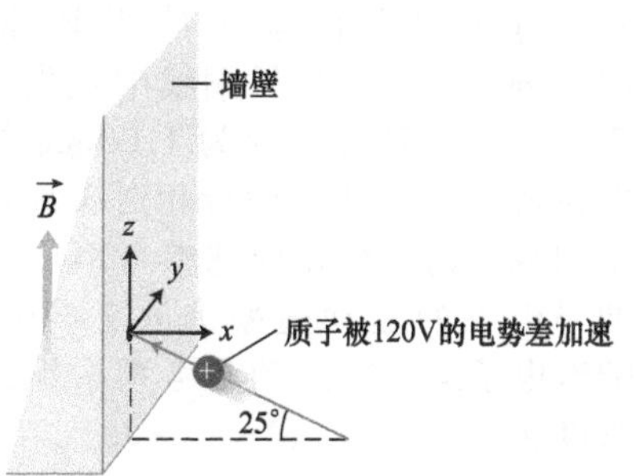

56. 一束质子流入如图 P27.56 所示的 5 个空腔中，初始速度大小为 300m/s，沿着图中的虚线运动，在每个空腔中，电场是确定的，图中标注的各曲率半径 R 都是 0.40m，分别计算每一个空腔中磁感应强度沿垂直于质子运动路径方向上的分量。●●●

图 P27.56

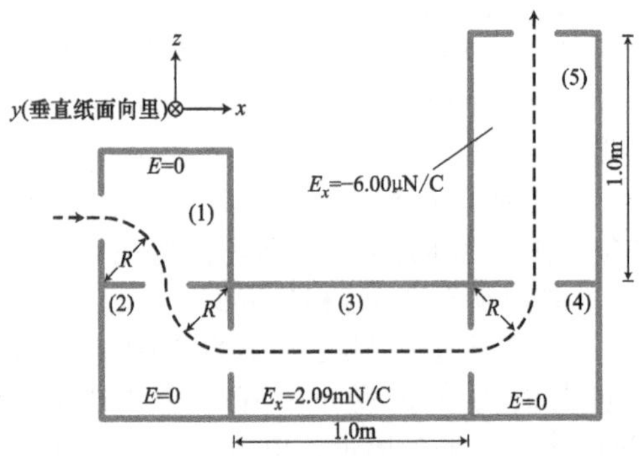

57. 电子沿着如图 P27.57 所示的铜带运动，铜带的横截面高 1.00mm，宽是 30.5mm，现将该铜带放在方向垂直纸面向外、磁感应强度大小为 2.00T 的匀强磁场中。如果铜带中每单位体积内的电子数是 $8.46\times10^{28}\text{m}^{-3}$，电流大小是 12A，那么当系统达到平衡时，计算带宽两侧的电势差。●●●

图 P27.57

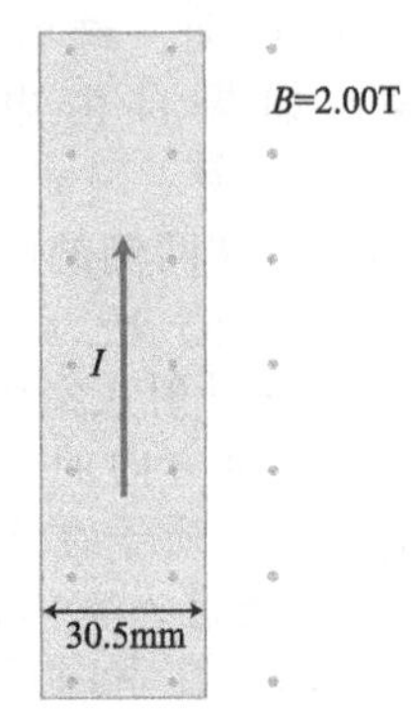

27.8　电力和磁力的相对性

58. 铜线中自由电子的平均密度为 $8.46\times10^{19}\text{m}^{-3}$，（a）如果铜线中缺失这些数量的自由电子，计算半径为 1.00mm 的铜线的线电荷密度 λ；（b）假设相对于地球参考系静止的载流铜导线在地球参考系中呈电中性，如果电子的运动速率为 4.7×10^{-4}m/s，计算随着电子运动的运动参考系中铜线的线电荷密度 λ'。●●

59. 一个边长为 1.00m 的正方形线圈相对于地球参考系静止，且在地球参考系中线圈的线电荷密度为零。该正方形线圈位于 xyz 坐标系中的 xy 平面上，从 z 轴正半轴向下看，线圈中的电流为顺指针方向，电子的运动速率为 v。若观察者 M 以相同的速率 v 沿着 y 轴向线圈方向运动（沿 y 轴正方向），则在线圈的哪个边上（$+x$，$+y$，$-x$，$-y$）观察者 M 会由于（a）载有剩余正电荷，（b）载有剩余负电荷，而观测到非零的线电荷密度。●●

60. 假设电子以速率 v 通过一根铜导线。将导线中相对于地球参考系固定不动的正离子的线电荷密度记为 λ_{Ep}，而（负）电子的线电荷密度记为 λ_{En}。观察者 E 处于地球参考系中（也就是正离子的参考系）观测到导线呈电中性。观察者 M 随着电子运动（和电子一样也以速率 v 沿着相同的方向运动）。如果速度大小分别为（a）3.0×10^5m/s 和（b）3.0mm/s（电子在铜导线中的运动速度），计算观察者 M 观测到的线电荷密度并用 λ_{En} 表示。●●

61. 一根长直导线相对于地球参考系静止，一开始没有电流通过。处于地球参考系的观察者 E 观测到导线中（负）电子的线电荷密度为 $\lambda_{\text{En}}=45.00\mu\text{C/m}$，正离子的线电荷密度为 $\lambda_{\text{Ep}}=60.00\mu\text{C/m}$。电子以速率 v 在导线中运动并形成电流，观察者 M 也随着电子以速率 v 运动。若观察者 M 测得导线上方 0.0100m 处的电场强度大小为 $E=3.00\times10^7$N/C，则速率 v 必须为多大？●●●

附加题

62. 在图 P27.62 中，外加磁场垂直纸面向外，逐次将 6 根导线放入磁场中（每次只

图 P27.62

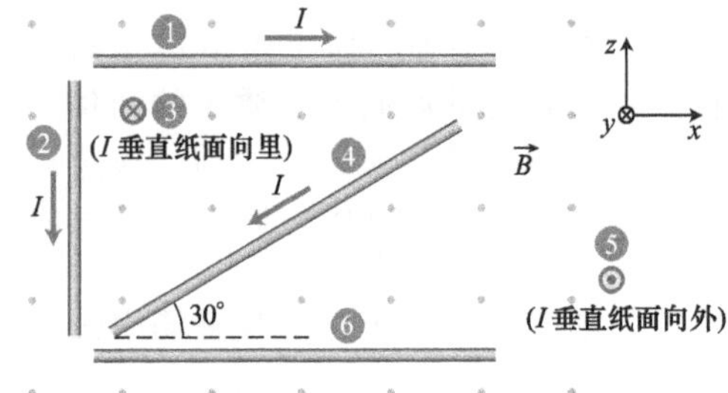

放一个导线），每个导线的电流方向已经给出，如果没有给出方向则电流为零，判断磁场施加在这些导线上的磁场力的方向。●

63. 在一匀强磁场中有三个带电粒子垂直于磁场方向运动，初始时刻三个粒子有相同的质量、电荷量和速率。因为它们在相同的磁场中且具有相同的质量、电荷量，所以所有这三个粒子都具有相同的回旋频率和周期 T。若粒子 1 的速率变成原来的两倍；粒子 2 进入一个磁感应强度大小为原来的一半的匀强磁场中；粒子 3 与一个质量相同的电中性的粒子发生碰撞后粘在一起使得速率改变。判断以上三种情况下每个粒子的周期和原周期 T 的关系。●

64. 在赤道上，地磁场的方向是水平向北的，磁感应强度大小为 3.5×10^{-5}T，(a) 若将一个半径为 0.10m 的圆形线圈平放在赤道平面上，则通过该线圈的磁通量是多少？现在通过线圈的一个边缘支撑起线圈使其平衡保持，线圈的轴线与线圈平面垂直且指向不同的方向，当轴线分别指向 (b) 西北方向，(c) 北方，(d) 西方时，通过线圈的磁通量的大小各是多少？●

65. 在一匀强磁场中有一根长 1m 的载流直导线，其电流大小为 20A，若电流沿 $+x$ 方向，则磁场施加在导线上的磁场力为 $F_x^B=0$，$F_y^B=3.0\text{N}$，$F_z^B=2.0\text{N}$。若旋转导线直到载荷子运动方向沿 $+y$ 方向，则施加在导线上的力为 $F_x^B=-3.0\text{N}$，$F_y^B=0$，$F_z^B=-2.0\text{N}$。求磁感应强度的大小与方向。●●

66. 血液中既有正离子也有负离子，一个被测试病人的大动脉中的这些离子的流速为 0.6m/s。若将该病人放在一个磁感应强度大小为 0.20T 的匀强磁场中，测得大动脉直径两端的电势差为 1.0×10^{-3}V，则大动脉的直径是多大？●●

67. 电子进入一个电场与磁场相互垂直的电磁场区域中（与《原理篇》中例 27.5 相似），该区域的长度为 40.0mm，电子的初速度方向为 x 方向，在穿过整个区域后，电子沿着 x 方向运动了 300mm 并撞击到一个屏幕上，电子的撞击使得屏幕发光。当 $E=2.0\times10^3\text{N/C}$，$B=1.2\times10^{-5}$T 时，电子在通过这个电场与磁场相互垂直的电磁场区域的过程中并没有发生偏转。(a) 求没有发生偏转的电子的速率。(b) 如果磁场的方向反向，而电场方向不变，则电子打到屏幕上时偏转的距离为多少？●●

68. 一个质量为 m、电荷量为 q 的粒子在磁感应强度大小为 B 的匀强磁场中做半径为 r 的圆周运动，证明：(a) 粒子的动量为 Bqr；(b) 粒子的动能为 $B^2q^2r^2/(2m)$。●●

69. 你正在制造一台磁性发动机，一位同事坚持认为磁铁的南极吸引南极，北极吸引北极，你觉得有必要纠正他的错误认识，现在你有 3 个没有标志的条形磁铁，证明有这些就足以纠正他的错误认识了。●●●**CR**

70. 如图 P27.70 所示，两个绳栓着一根 1.0m 长、质量为 0.350kg 的金属棒，金属棒呈水平状态。每根绳与水平方向呈 30°角，每个绳子的另一端通过定滑轮拴在一个质量为 m 的竖直棒上，假设滑轮的质量可以忽略，金属棒所在的区域磁场的磁感应强度大小为 0.25T，方向与 xy 平面平行，与水平金属棒所在轴线成 45°角。当水平金属棒上通有电流 I 时，棒开始向上移动直到绳与水平面的夹角为 5.0°，则 I 有多大？●●●

图 P27.70

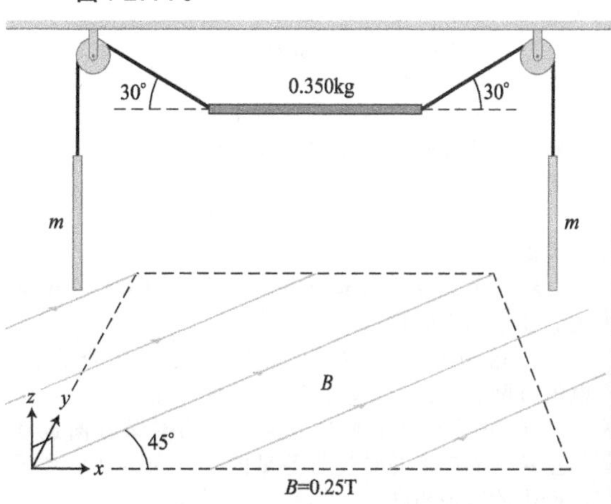

71. 一根导线被弯曲成半径为 R 的半圆，位于与匀强磁场 $\vec{B}$ 垂直的平面上，如果导线中的电流为 I，则磁场施加在导线上的磁场力的大小和方向如何？●●●

72. 如图 P27.72 所示的一个正方形导线圈。该正方形导线圈处于磁场中，与一个电池相连，固定在一个穿过其中心的轴线上，轴线与线圈所在的平面平行，线圈绕着轴线转动，初始时刻将线圈固定，释放后线圈立刻绕轴线旋转 180°。你知道磁场可以对载流导线有力矩作用，但是你对线圈绕轴线旋转 180°感到奇怪。在尝试解释为什么旋转 180°的过程中，你判断出线圈中电流的方向以及线圈所处区域的磁场的方向。你开始思考是否可能有多种答案，而且是否还能通过其他方式使线圈沿着相同的方向旋转。●●● CR

图 P27.72

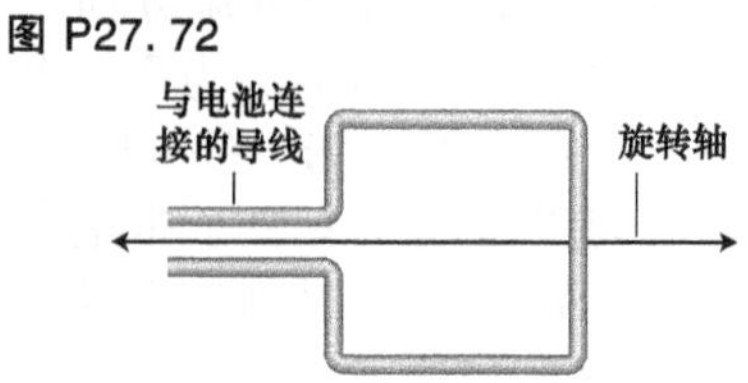

复习题答案

1. 磁铁是一种可以吸引由铁、镍、钴或特定合金（包含大多数类型的钢材）制成的物体的物体，磁性材料是可以被磁铁吸引的物质。

2. 磁极是指磁铁上对磁性物质吸引力最强的地方，对于一个可自由指向任意方向的磁铁，指向地理北极的磁极叫作磁铁的北极，另一个磁极叫作磁铁的南极。

3. 同性磁极相互排斥，异性磁极相互吸引。

4. 基本磁子指的是很小的磁偶极子，对应于铁、镍、钴等磁性材料中的单个原子或者如电子、质子等基本粒子。在基于磁性的基本磁子模型中，磁性材料中大量的基本磁子的北极都沿着某一方向排列，并且南极与北极反向。这些基本磁子 N 极和 S 极的排列组成了整个磁铁的 N、S 极。

5. 磁铁周围存在磁场，并对其他磁铁有力的作用。

6. 磁场线可以告诉我们磁感应强度的方向和相对大小，磁场线指向磁场的方向，磁场线密度与磁场的大小成正比。对于磁铁产生的磁场，磁铁外部的磁场线从北极出发指向南极，磁铁内部的磁场线从南极出发指向北极。

7. 没有关系，通过闭合曲面的磁通量总是零，因为磁场线总是闭合的。

8. 磁场的来源是运动载荷子形成的电流，定义为载荷子的定向移动。

9. 磁场线是一些以电流线为圆心的闭合的圆，电流过圆心，且与磁场线所在平面垂直。

10. 电子应从右向左运动，因为沿某方向运动的正粒子流产生的磁场与等量的反方向运动负粒子流产生的磁场相同。

11. 因为电子带负电，所以电流的方向向下。

12. 逆时针，利用电流的右手定则。如果你右手的大拇指指向电流的方向（即指向自己），则四指逆时针弯曲，表示的是电流产生的磁场的方向。

13. 根据力的右手定则，磁铁施加在导线上的力的方向与磁场的方向垂直，与电流的方向也垂直。当右手四指沿着电流的方向并且向磁场的方向弯曲时，大拇指指向的就是施加在导线上的力的方向。

14. 因为电流既可以产生磁场，也可以与磁场相互作用，电流与速度有关，而速度又取决于观察者所在的参考系。

15. 导线内部载荷子之间的电场力很大，但是由于正和负的载荷子是等量的，所以合力为零。然而，因为电场力很大，即使很小的相对论修正都是可以被观测到的，所有磁场力是可以观测的。

16. 在相对于导线静止的参考系中，观察者观测到的导线中电子和离子的线电荷密度是相等的，因此导线呈电中性。而对于随着电子运动的观察者来说，观察到的离子的线电荷密度大于电子的线电荷密度，因此导线不是电中性的。

17. 当导线与外加磁场垂直的时候，磁场力最大；当导线与磁场平行或者反向平行的时候，磁场力最小（为零）。

18. 取决于外加磁场的大小、电流的大小、磁场中导线的长度，以及电流方向和磁场方向之间的夹角：$F_{\mathrm{w}}^{B}=|I|lB\sin\theta$ [式（27.7）]。

19. 根据力的右手定则和式（27.8），磁场作用在导线上的力沿着 z 轴正方向：$\hat{\imath}\times\hat{\jmath}=\hat{k}$。

20. 通过曲面的磁通量是磁感应强度矢量和面积矢量的标量积。

21. 通过任何闭合曲面的磁通量都为零，这意味着没有孤立的磁单极存在。

22. 除了选择的面元法矢量方向不同而使结果的正负号不同以外，以同一个环路为边界张开的不同曲面的磁通量都是相同的。

23. 磁场施加在导线上的磁场力是导线中形成电流的运动电子所受磁场力的矢量和，施加在每个粒子上的力为 $\vec{F}_{\mathrm{p}}^{B}=q\vec{v}\times\vec{B}$ [式（27.19）]。

24. 磁场力的方向与磁场的方向垂直，与粒子的速度方向垂直，符合力的右手定则。

25. 离子相对于观察者是运动的，因此观测到离子间的距离减少，这是因为运动物体的长度沿运动方向缩短，离子间距离的减小意味着线电荷密度的增加。

26. 对于在地球参考系中的观察者，他观测到的只是粒子和电流间的磁相互作用，因为相对于地球参考系来说，导线中没有剩余电荷。随着电子一起运动的观察者观测到的力是电和磁的相互作用：电相互作用的出现是因为相对于随着电子运动的观察者来说导线中出现了正电荷；磁相互作用的出现是因为相对于运动电子参考系来说导线中的正离子是运动的。对于正粒子和负粒子的运动速度相同这样一个特殊情况，运动参考系中观测到的就只有电相互作用。

实践篇

引导性问题答案

引导性问题 27.2

$\vec{B}$ 垂直纸面向里，$I=\frac{mg}{lB}=103\text{A}$。

引导性问题 27.4

正方形的上边和下边不受力的作用。如图 WGA27.2 所示，作用于右边的力垂直纸面向里，作用于左边的力垂直纸面向外。这两个力的矢量和为零，力矩使线圈绕图中的虚线旋转，线圈的右边垂直纸面向里，线圈的左边垂直纸面向外，力矩的大小为 $\tau=2(l/2)(IlB)=3.9\times10^{-5}\text{N}\cdot\text{m}$。

图 WGA27.2

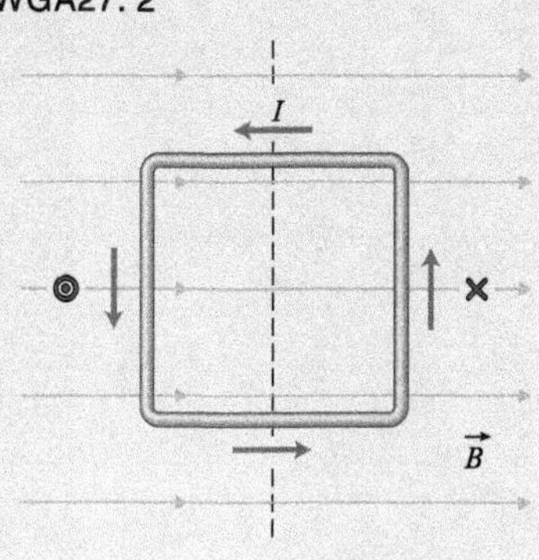

引导性问题 27.6

对于质子，$R=\frac{m_\text{p}v}{lB}=0.026\text{m}$，$T=\frac{2\pi m_\text{p}}{lB}=8.2\text{ns}$。

对于电子，$R=\frac{m_\text{e}v}{lB}=14\mu\text{m}$，$T=\frac{2\pi m_\text{e}}{lB}=4.5\text{ps}$。所以最小的半径为 26mm。

引导性问题 27.8

在地球参考系（相对于导线静止）观测不到导线对质子施加的电场力，所以 $F^E_{\text{Ewp}}=0$。

但是却能观测到磁场力 $F^B_{\text{Ewp}}=|q|v_\text{p}\frac{2kI}{rc_0^2}=2.5\times10^{-26}\text{N}$。

实践篇

第 28 章　运动电荷产生的磁场

章节总结

载流线圈（28.1 节~28.3 节）

基本概念 磁场可以由磁铁、载流导线、运动的带电粒子产生。

载流导线弯曲而成的**载流线圈**产生的磁场与磁偶极子产生的磁场相似。

一个自旋的带电粒子的磁场与一个无限小的磁偶极子产生的磁场相同。

磁偶极矩 $\vec{\mu}$ 是矢量，用来描述磁偶极子的方向和大小，$\vec{\mu}$ 的方向与磁偶极子中心的磁场方向相同。对于条形磁铁，$\vec{\mu}$ 的方向是从南极指向北极；对于载流线圈，$\vec{\mu}$ 的方向是右手四指沿着电流的方向弯曲时大拇指所指的方向。

磁场中的载流线圈倾向于旋转到使它的 $\vec{\mu}$ 的方向与磁场方向相同。

安培环路定理（28.4 节，28.5 节）

基本概念 **安培环路定理**描述的是磁感应强度沿着闭合路径（**安培环路**）的线积分与闭合路径中包含的电流成正比。在解决例题与引导性问题之前参考“用安培环路定理计算磁场”的步骤框。

定量研究 如果**安培环路**中包围的电流 I_{enc} 是恒定的，根据安培环路定理，磁感应强度沿着环路的线积分为

$$\oint \vec{B}\cdot \mathrm{d}\vec{l}=\mu_0 I_{\text{enc}} \qquad (28.1)$$

其中，$\mathrm{d}\vec{l}$ 是安培环路上无穷小的元段；μ_0 是**真空磁导率**，其值为

$$\mu_0=4\pi\times10^{-7}\mathrm{T\cdot m/A}$$

对于电流为 I 的长直导线，距离导线为 d 处的磁感应强度大小为

$$B=\frac{\mu_0 I}{2\pi d}$$

一个无限大均匀载流平面产生的磁场的磁感应强度大小为

$$B=\frac{1}{2}\mu_0 K$$

其中，K 是载流平面上单位宽度内的电流大小。

螺线管与螺绕环（28.6 节）

基本概念 **螺线管**是由一根导线密绕而成的长线圈。螺线管的直径远小于其长度。在无限长螺线管的外面，磁场近似等于零；在其内部，磁场与螺线管的长轴线平行。

螺绕环是把螺线管弯曲成一个圆环。整个磁场被包围在螺绕环中，磁场线形成以螺绕环中心为圆心的圆。

定量研究 如果无限长**螺线管**每单位长度有 n 匝线圈，电流为 I，则在螺线管内部的磁感应强度大小为

$$B=\mu_0 nI \tag{28.6}$$

如果**螺绕环**有 N 匝线圈，电流为 I，则螺绕环内部距螺绕环中心为 r 处的磁感应强度大小为

$$B=\mu_0 \frac{NI}{2\pi r} \tag{28.9}$$

毕奥-萨伐尔定律（28.7 节）

定量研究 **毕奥-萨伐尔定律**：如果一个小的电流元 $\mathrm{d}\vec{l}$ 上的电流恒为 I，则这部分电流元在距其 r_{sP} 处的 P 点产生的磁感应强度为

$$\mathrm{d}\vec{B}_s=\frac{\mu_0}{4\pi}\frac{I\mathrm{d}\vec{l}\times\hat{r}_{sP}}{r_{sP}^2} \tag{28.12}$$

其中，$\mathrm{d}\vec{l}$ 沿着电流的方向；$\hat{r}_{sP}$ 从该电流元指向 P 点。磁感应强度的大小为

$$\vec{B}=\int_{\text{current path}}\mathrm{d}\vec{B}_s \tag{28.10}$$

一个半径为 R、圆周角为 ϕ 的圆弧形导线，电流为 I，该圆弧形导线在圆弧中心处产生的磁感应强度大小为

$$B=\frac{\mu_0 I\phi}{4\pi R}$$

运动电荷产生的磁场（28.8 节）

定量研究 一个带电量为 q、速度为 $\vec{v}$ 的粒子在 P 点产生磁场的磁感应强度为

$$\vec{B}=\frac{\mu_0}{4\pi}\frac{q\vec{v}\times\hat{r}_{pP}}{r_{pP}^2} \tag{28.21}$$

其中，$\hat{r}_{pP}$ 从粒子指向 P 点；r_{pP} 为粒子到 P 点的距离。如果带电粒子 1 和 2 的带电量分别为 q_1 和 q_2，相距为 r_{12}，速度分别为 $\vec{v}_1$ 和 $\vec{v}_2$，那么粒子 1 施加在粒子 2 上的电磁力为

$$\vec{F}_{12}^{EB}=\frac{1}{4\pi\epsilon_0}\frac{q_1 q_2}{r_{12}^2}\left[\hat{r}_{12}+\frac{\vec{v}_2\times(\vec{v}_1\times\vec{r}_{12})}{c_0^2}\right] \tag{28.26}$$

其中，$\hat{r}_{12}$ 从粒子 1 指向粒子 2；$c_0=\frac{1}{\sqrt{\mu_0\epsilon_0}}$是光速，式（28.21）和式（28.26）只有在 $v\ll c_0$ 的条件下才成立。

实践篇

复习题

复习题的答案见本章最后。

28.1 磁场的来源

1. 磁场的基本来源是什么？

2. 所有的磁场力都是有心力吗？

3. 真的存在没有磁极的磁场吗？

28.2 载流线圈与自旋磁性

4. 载流线圈和条形磁铁产生的磁场线有哪些相同点？

5. 自旋带电粒子在周围产生的磁场的形状是什么样的？

28.3 磁偶极矩和力矩

6. 用来描述磁偶极子方向的磁偶极矩矢量的方向如何？

7. 描述学习磁场时用到的三种右手定则。

8. 描述一个放在匀强磁场中的载流线圈所受到的磁相互作用。

9. 电动机中的换向器的工作原理是什么？

28.4 安培环路

10. 通过任意闭合曲面的磁通量为零，但是电通量却不是，请根据电场线和磁场线的性质解释这种不同之处。

11. 比较在静电场中电场强度沿着包围电荷分布的闭合路径的线积分与磁感应强度沿着包围载流导线的闭合路径的线积分。

12. 描述安培环路定理。

13. 你如何判断磁感应强度沿着包围载流导线的安培环路的线积分是正的还是负的？

28.5 安培环路定理

14. 安培环路定理中的比例常数表示哪两个与载流导线相关的变量之间的关系？

15. 一个长直载流导线产生的磁场具有什么样的对称性？当你用安培环路定理计算磁感应强度大小的时候，这种对称性对于你选择安培环路有什么影响？

16. 已知半径为 R 的长直载流导线，场点与导线轴线之间的径向距离为 r，当 $r>R$ 时，磁感应强度的大小与 r 的关系是什么？若导线中的电流均匀分布，则当 $r<R$ 时磁感应强度的大小与 r 的关系是什么？根据安培环路定理做出解释。

17. 已知一个无限大载流平板，电流均匀分布，每单位宽度上的电流为 K，描述它产生的磁场。分别求在平板的上方和下方磁感应强度的大小和方向。

28.6 螺线管和螺绕环

18. 什么是螺线管？描述一个载有均匀恒定电流的长直螺线管产生的磁场的磁感应强度的大小和方向。

19. 什么是螺绕环？描述通有均匀恒定电流的螺绕环产生的磁场的磁感应强度的大小与方向。

20. 如果一个长直螺线管与螺绕环的电流和匝数都相同，那么它们在内部产生的磁场是否相同？如果相同，请说明原因。

28.7 电流产生的磁场

21. 比较用毕奥-萨伐尔定律［式(28.12)］所求得的在载流线圈上很小的电流元附近的 P 点的磁感应强度的表达式和用 23.7 节中库仑定律 $d\vec{E}_s(\mathrm{P}) = k(dq_s \hat{r}_{s\mathrm{P}}/r_{s\mathrm{P}}^2)$［式（23.14）］求得的在场源带电粒子附近 P 点的电场强度表达式的异同。

22. 两个平行的长直导线，长度均为 l，分别载有恒定电流 I_1 和 I_2，相距为 d，在计算它们之间的磁场力时，需要遵循哪些步骤？

23. 评价毕奥-萨伐尔定律和安培环路定理的适用性。

28.8 运动电荷产生的磁场

24. 在两个运动带电粒子 1 和 2 之间的电磁力的表达式［式（28.26）］中，两个矢量积的来源是什么？

25. 比例常量 μ_0 和 ϵ_0 的乘积是多少？它和光速 c_0 间有什么关系？

26. 两个运动的带电粒子间的力是否遵循牛顿第三定律？

估算题

从数量级上估算下列物理量，括号中的字母对应于可能用到的提示。根据需要使用它们来指导你的思考。

1. 在你家里，电线中的电流所产生的最大的磁感应强度是多少？（E，K，P）

2. 什么样的载流直导线可以使实验台上的小磁针指向反向？（H，A，O，W）

3. 距离一道闪电 10m 处的最大磁感应强度。（G，R）

4. 当实验台上的螺线管内部只有空气时，你能用螺线管产生的最大磁感应强度有多大？（D，N，Q，U）

5. 在家用导线中，每米长度载有反向平行电流的两个导线间的最大磁场力。（P，E）

6. 在地球北极产生地磁场所需要的环绕赤道的电流。（B，I，M，S）

7. 求玻尔氢原子模型中，电子绕核转动在轨道圆心处时所产生的磁感应强度的大小。（C，J，T）

8. 假设地球表面均匀带电，则由于地球的自转而在北极产生的磁感应强度的大小是多少？（F，L，I，V）

提示

A. 在你家附近，地磁场的磁感应强度的水平分量是多大？

B. 北极的磁感应强度大小是多少？

C. 轨道半径是多少？

D. 磁感应强度的最大值取决于哪些变量？

E. 电流分布如何？

F. 地球表面附近的电场强度的大小是多少？

G. 你该如何建立电流模型？

H. 导线该如何摆放？

I. 地球的半径是多少？

J. 电子的速率是多少？

K. 你距离导线多近？

L. 多大的面电荷密度才能产生这样大小的电场强度？

M. 从赤道上某点到北极的直线距离是多少？

N. 电流最大为多少时才是合理的？

O. 需要多大的磁感应强度？

P. 在每个导体中电流可能的最大值是多大？

Q. 对于家用的或者是建筑用的标准导线，其直径是多大？

R. 电流峰值是多少？

S. 如何计算载流线圈的大量电流元产生的磁场的矢量和？

T. 电子带电量是多少？电子质量是多大？

U. 每米螺线管的匝数 n 最多是多少？

V. 你应该如何建立电流的模型？

W. 你能把指南针放到距离导线多近的地方？

答案（所有值均为近似值）

A. 2×10^{-5}T；B. 7×10^{-5}T；C. 5×10^{-11}m；D. 因为 $B=\mu_0 nI$，所以 I 和 n（每单位长度的匝数）都应该是最大值；E. 一对导体相距 10^{-2}m（绝缘皮内包裹的两根铜导线）且载有大小相同的反向电流；F. 100V/m；G. 近似于竖直的线；H. 指南针检测水平方向的磁场，所以导线应竖直放置；I. 6×10^6m；J. 电场的吸引力提供向心力，所以电子的速率为 2×10^6m/s；K. 如果你靠近一面墙，则只有 0.1m；L. 根据库仑定律，10^{-9}C/m^2；M. 9×10^3km；N. 实验台使用的是 20A，120V 的电路，所以合理的电流大小近似为 20A；O. 大到可以抵消地磁场，即 4×10^{-5}T；P. 对于大型用电器，20A；Q. 导线直径大约为 2mm；R. 10^5A；S. 利用毕奥-萨伐尔定律；T. $e=1.6\times10^{-19}$C，$m_e=9.11\times10^{-31}$kg；U. 对于导线直径为 2mm 的螺线管，每米 500 匝（如果导线缠绕超过一层的话，能够达到 500 匝小一些的几倍，但倍数不会太大）是可能的；V. 把电流当作不同半径的水平载流线圈的堆叠（注意：电流与半径有关）；W. 0.02m

例题与引导性问题

步骤：用安培环路定理计算磁场

对于磁场线是直线或圆形的磁场，使用安培环路定理计算磁场时不需要进行积分。

1. 画一个二维的简图表示出电流分布，用电流右手定则判断磁场方向，画出一条或多条磁场线来表示磁场。

2. 如果磁场线是圆的，则安培环路应该是圆。如果磁场线是直的，则安培环路应该是矩形。

3. 选择合适的安培环路，使磁场方向要么与回路垂直，要么与回路相切并且磁场的大小处处相等。选择安培环路的方向：当回路与磁场线平行时，选择积分回路的方向与磁场方向相同。如果电流在空间的不同区域分布不同，则在每一个需要计算磁场的区域中分别画出安培环路。

4. 用电流右手定则确定穿过闭合回路的每个电流的磁场方向。如果磁场方向与安培回路方向相同，则该电流对 I_{enc} 的贡献是正的，反之则是负的。

5. 对于每一安培回路，计算出磁场沿该回路的线积分值，将结果用未知磁场 B 和安培回路表示。

6. 用安培环路定理［式（28.1）］将 I_{enc} 和磁场的线积分关联，从而解出 B。（如果计算得出的 B 为负值，则实际的磁场方向与步骤 1 中所假设的磁场方向相反。）

如果已知电流分布产生的磁场，则可以用同样的方法计算出电流的大小。使用同样的过程，但在第 4 步~第 6 步中用未知的电流 I 表示 I_{enc} 并最终解出 I。

下列例题涉及本章内容，但又不仅仅局限于本章中的某一节。

其中一部分以例题的形式给出，另一部分则以引导性问题的形式给出。

例 28.1 电线

一个业余爱好者决定在游艇上安装一些新的电器附件。为了给这些设备供电，如图 WG28.1 所示，她在船的顶棚上接了两根导线（图像平面对应于船的顶棚）。导线是为了承载如图所示的电流通过而设计的，但是她担心导线周围的磁场可能会足够强，以至于会干扰安装在顶棚上的罗盘的运作。为了消除她的疑虑，请你求出罗盘所在位置 $x=0$，$y=4\text{m}$ 处磁感应强度的方向和大小。

图 WG28.1

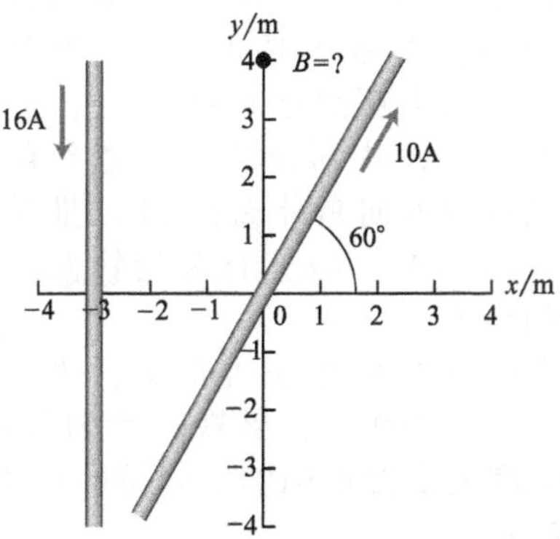

❶ **分析问题** 电流激发磁场，两个载流导线在标记处都会产生磁场，我们需要确定该处磁场的磁感应强度的大小和方向。

❷ **设计方案** 我们从《原理篇》例 28.3 中知道，距离长直载流导线径向距离为 r 处的磁感应强度大小为 $B=\mu_0 I/(2\pi r)$。由于磁感应强度是矢量，我们需要计算两个导线分别激发的磁场的磁感应强度的矢量和。我们还知道，靠近载流导线时，磁场线是围绕导线的同心圆。我们可以利用这个信息和电流右手定则来判断场的方向。

❸ **实施推导** 将载流为 10A 的电流记为 I_1，相应的磁感应强度记为 $\vec{B}_1$；将载流为 16A 的电流记为 I_2，相应的磁感应强度记为 $\vec{B}_2$。根据电流的右手定则，令右手大拇指指向 I_1 的方向，则在 $x=0$，$y=4\text{m}$ 处（记为 P），$\vec{B}_1$ 的方向垂直纸面向外（沿 $+\hat{k}$ 的方向）。同理，让大拇指指向 I_2 的方向，则在 P 点处 $\vec{B}_2$ 的方向也是垂直纸面向外。P 点到第一根导线的距离 $r_1=y\cos(60°)=2.0\text{m}$；P

点到第二个导线的距离为 $r_2=3\text{m}$。两个导线对于P点磁场的磁感应强度的贡献分别为$\vec{B}_1=+[\mu_0 I_1/(2\pi r_1)]\hat{k}$，$\vec{B}_2=+[\mu_0 I_2/(2\pi r_2)]\hat{k}$，所以在P点的总磁场的磁感应强度 $\vec{B}$ 为

$$\vec{B}=\frac{\mu_0}{2\pi}\left(\frac{I_1}{r_1}+\frac{I_2}{r_2}\right)\hat{k}$$

$$=\frac{4\pi\times10^{-7}\text{T}\cdot\text{m/A}}{2\pi}\left(\frac{10\text{A}}{2.0\text{m}}+\frac{16\text{A}}{3.0\text{m}}\right)\hat{k}$$

$$=+(2.1\times10^{-6}\text{T})\hat{k}\ \checkmark$$

❹ **评价结果** 这两个电流所产生的磁场的磁感应强度大小为 2.1×10^{-6}T，这是合理的，因为这比地磁场的1/20还小，因此不会影响罗盘的读数。而且该处的磁场指向的是天空，而罗盘则是为了测地磁场的水平分量，所以依然是合理的。最后，由几安培电流在几米之外的位置产生的磁场影响比地磁场小很多也是合理的，因为根据经验，罗盘只有在距离导线很近的时候才会受到通电导线的影响。

引导性问题 28.2 连接电铃的导线

一名学生在自己的房间里顺着一面墙壁引一根很长的导线，并在墙角处拐弯，然后顺着相邻墙壁继续连接到墙壁的电铃上。导线在墙角处形成一个半径为10mm的圆弧（见图WG28.2），当导线中的电流大小为540mA时，求图中P点的磁感应强度的大小和方向。

图 WG28.2

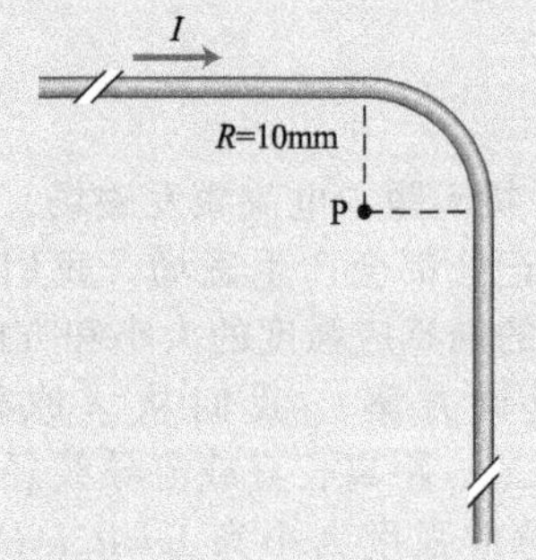

❶ **分析问题**

1. 用你自己的话描述该问题。
2. 在这个情境中用到了哪些概念？
3. 你必须做出怎样的假设？

❷ **设计方案**

4. 你能把这个问题分成几个部分？
5. 哪些公式可以帮助你计算各部分的磁感应强度大小？
6. 如何调整稍有不同的某种特定情境下的公式使其适合该题的情境？
7. 磁场是矢量，你该如何判断它的方向？

❸ **实施推导**

8. 求解未知量。代入已知量求得数值解，确保在答案中写明方向。

❹ **评价结果**

9. 当曲率半径改变时，你的答案是否和预期一样？

例 28.3 检流计

检流计是一种测量电流的设备，最简单的模型如图WG28.3所示，包括一个金属线圈、一个竖直弹簧、一个永久磁铁和一个指针。垂直纸面的一个刚性杆（图中未显示）与线圈连接，且线圈可以绕着杆轴自由旋转。（杆也是导线，允许电流流入、流出线圈。）弹簧的一端与线圈相连，另一端固定。当没有电流通过这个设备时，线圈是水平的，弹簧没有形变，指针指向上方。当线圈中有电流时，线圈所受力矩使线圈绕刚性杆旋转，并且弹簧被拉伸或者压缩。线圈的旋转导致指针向左或向右偏转，在数字表盘上显示电流的大小与正负（图WG28.3中没有显示）。只要指针偏离竖直方向的角度 ϕ 不是很大时，弹簧就只会在竖直方向上压缩或者伸长。(a) 通过上面的描述，图中所示当前位置线圈的偏转说明电流的方向是什么？(b) 推导 ϕ 与电流函数关系式。(c) 计算指针偏转5.7°所需要的电流。

线圈的横截面是正方形的，边长是 l，总匝数为 $N=100$ 匝，磁铁产生匀强磁场，磁感应强度大小为0.010T，弹簧的劲度系数为2.0N/m。

图 WG28.3

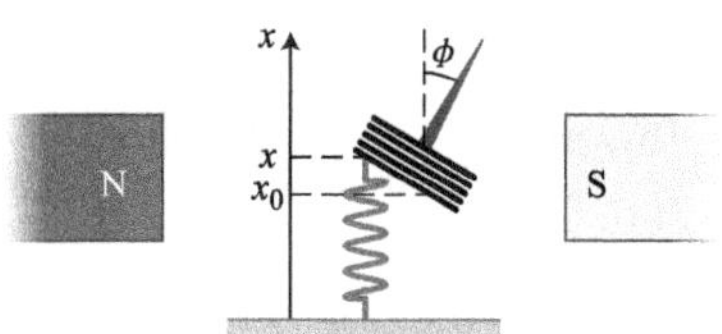

❶ **分析问题** 已知检流计的一些数据，要求（a）线圈中电流的方向，（b）指针偏转的角度与电流之间的关系式，以及（c）当偏转角度为5.7°时的电流值。我们知道磁铁产生的磁场从北极指向南极，即如图WG28.3所示，磁场方向从左向右。我们还知道载流线圈在磁场中会受到力矩的作用，并且我们知道如何计算力矩的大小。

❷ **设计方案** 为了推断电流的方向，我们可以使用力的右手定则确定线圈每一个边所受磁场力的方向。

为了推导出 ϕ 与 I 的函数关系式，我们想到将牛顿第二定律应用于旋转运动时，一个物体的旋转加速度是与物体受到的力矩和成正比的。在这个系统中有两个力矩，一个来自于弹簧的力，另一个来自于外加的磁场作用在线圈中电流的磁场力。当表盘上指针所指的数值与线圈中的电流大小相同时，这两个力矩相互抵消使得指针没有旋转加速度。我们可以计算这两个力矩，因为我们知道当一个力作用在一个物体上时，则该物体的力矩为 $\vec{\tau}=\vec{r}\times\vec{F}$ [式（12.38）]。如图WG28.3所示，弹簧伸长，所以线圈左侧受到向下的弹力。根据胡克定律 [式（8.20）]，我们知道弹簧弹力的大小为 $F^c=|-k(x-x_0)|$，其中，k 是弹簧的劲度系数。

正方形线圈的四条边都受到磁场力的作用。无论电流的方向如何，如图WG28.3所示，面对我们的一边和与其平行的一边（在纸面后面）的受力方向都与纸面垂直，且两个力的方向相反。这两个力不仅相互抵消而且对线圈产生的力矩为零，因为这两个力都沿着旋转轴，因此只有面向磁铁两极的两条边才会对线圈产生磁力矩。如图WG28.3所示，指针旋转到右方偏角为 ϕ 的位置，我们知道面对北极的边受到向上的力，面对南极的边受到向下的力，作用在直导线上力的大小可以根据式（28.13）计算：

$$F^B=|\vec{I}l\times\vec{B}|=lIB$$

其中，l 表示的是线圈的边长。注意线圈旋转时上述表达式的矢量积中的角度一直是90°，但是力矩 $\vec{\tau}=\vec{r}\times\vec{F}$ 中矢量积中的角度依赖于 ϕ。我们只需要将这些零散的信息组织在一起得到 ϕ 与 I 的函数表达式，然后就可以算出 $\phi=5.7°$ 时电流 I 的大小。

❸ **实施推导** （a）伸长的弹簧施加给线圈的力是向下的，因此为了使得左边的线圈向上倾斜，作用在这边的磁场力一定是向上的。同理，线圈的右边一定受到向下的磁场力。因此我们根据力的右手定则确定两个变量（磁场力的方向和磁场的方向），并利用该定则判断电流的方向。从上往下看，电流不是顺时针方向就是逆时针方向。如果电流方向为顺时针，则为了使得右手四指可以从 I 的方向弯曲指向 $\vec{B}$ 的方向，必须把手放在线圈的左边，让四指指向纸面内部，手心向右，这时我们的拇指指向下，即左边线圈所受磁场力的方向。但是我们知道这个力的方向应该是向上的，所以电流不是顺时针方向而是逆时针方向。✔

为了证实电流是逆时针方向，我们可以应用力的右手定则来分析线圈右边的受力情况。如果电流是逆时针方向的，则当我们的手指从 I 的方向弯曲指向 $\vec{B}$ 的方向时，拇指指示的方向就是 $\vec{F}^B$ 的方向，这就是前面分析得出的 $\vec{F}^B$ 的方向，所以证明电流确实是逆时针方向。✔

（b）因为一旦通过线圈的电流达到稳定时，指针没有加速度，两个磁场力的力矩之和的大小 τ^B 必须和弹力的力矩大小 τ^C 相等，因为只有当这两个力矩大小相等时才能保证相互平衡，即 $\tau^B=\tau^C$：

$$\tau_\vartheta^B+\tau_\vartheta^C=\tau^B+(-\tau^C)=0$$

$$\tau^B=\tau^C$$

线圈匝数为 N，每匝线圈都包含4条边，我们知道只有面对着磁铁南、北极的两条边才对力矩有贡献，所以我们只需要考虑这两条边所受的磁场力。每条边所受磁场力的力矩是磁力和力到转到轴的位矢 $\vec{r}$ 的矢量积。矢量积的大小是 $rF^B\sin\theta=rF^B\cos\phi$，其中 $\theta=\frac{\pi}{2}-\phi$ 是 $\vec{r}$ 和 $\vec{F}$ 间的夹角。因为有 N 匝线圈，

实践篇

所以每边都有 N 条导线，又因为有两条边受到磁场力的作用而产生力矩，所以在线圈上的力矩为

$$\begin{aligned}\tau^B &= 2|\vec{r}\times\vec{F}^B| \\ &= 2\left[\frac{1}{2}l(lNIB)\sin\left(\frac{\pi}{2}-\phi\right)\right] \\ &= l^2 NIB\cos\phi\end{aligned}$$

其中，I 是指通过每条导线的电流，因为角度很小，所以由弹簧弹力产生的力矩可以近似为

$$\begin{aligned}\tau^C &= |\vec{r}\times\vec{F}^C| \\ &= \frac{1}{2}l|k(x-x_0)|\sin\left(\frac{\pi}{2}-\phi\right) \\ &= \frac{1}{2}l\left|k\left(\frac{1}{2}l\sin\phi\right)\right|\cos\phi \\ &\approx \frac{1}{4}kl^2\sin\phi\cos\phi\end{aligned}$$

上面用到的 $\Delta x=\frac{1}{2}l\ \sin\phi$ 是一个近似，因为我们假设弹簧是沿竖直方向伸长的，然而实际上弹簧还会稍微向右伸长，不过，我们的近似处理对于小角度旋转来说是合理的，让这两个力矩大小相等，我们得到电流

$$I=\frac{k}{4NB}\sin\phi$$

当角度很小时，有 $\sin\phi\approx\phi$（弧度制），这就意味着角度与电流的关系近似是线性的：

$$I=\frac{k}{4NB}\phi \quad 或 \quad \phi=\frac{4NBI}{k} ✓$$

（c）当 $\phi=5.7°$时，我们得到

$$I=\frac{2.0\text{N/m}}{4(100)(0.010\text{T})}(5.7°)\left(\frac{1\text{rad}}{57.3°}\right)=50\text{mA} ✓$$

❹ **评价结果** 根据我们推导出的电流的表达式，我们知道指针偏转的角度跟线圈的大小没有关系，只与线圈的匝数 N 以及磁场的磁感应强度有关。你能解释为什么与线圈的大小没有关系吗？提示：观察这两个方向相反的力矩——一个来自于弹簧，另一个来自于电流产生的磁场力——与线圈的尺寸都有什么关系。

确保你完全理解了在问题解决过程中用到的每个矢量积和角度的来源。磁场力产生的力矩是复杂的，因为它涉及角度。

电流的大小既不是很大也不是很小，检流计经常可以转换量程使你可以测量不同范围的电流，此外，真正的检流计的结构和图 WG28.3 中的并不一样，一般使用的是螺旋式的弹簧，并且磁铁的设计尽量使其产生的磁场的方向几乎是沿着径向的，这些又该如何实现呢？

这个问题是一个把很多的小的知识片段放在一起组成的一道复杂问题。你可能需要回到第 8 章复习弹簧的工作原理，并回到第 12 章复习力矩。

引导性问题 28.4 矩形载流线圈上的力

一个电路板上有一个矩形载流线圈，线圈在长直导线旁边距离长直导线 $x=0.300\text{mm}$（见图 WG28.4），通过每部分的电流都是 39mA，求导线作用在线圈上的磁场力的大小。已知矩形的长 $l=5.7\text{mm}$，宽 $w=0.90\text{mm}$。

图 WG28.4

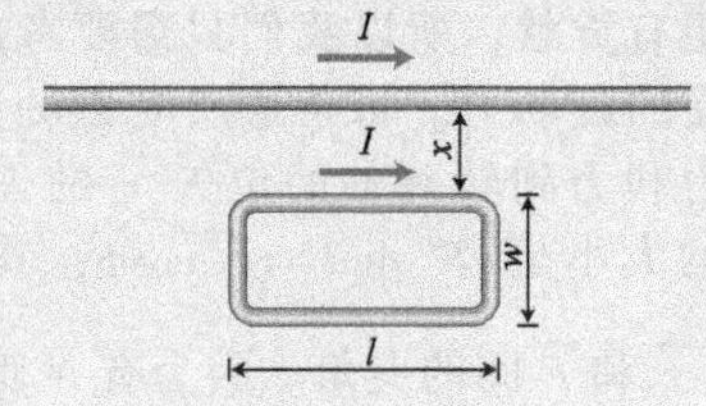

❶ **分析问题**

1. 你能把这个问题分解成几个部分？
2. 当你看到这个问题时，你立即能做出哪些简化？
3. 你需要做出哪些假设？

❷ **设计方案**

4. 在矩形的每个边上，长直导线所产生的磁场的方向是怎样的？每条边上所受的磁场力的方向是怎样的？
5. 有没有哪两个边的磁场力是相互抵消的？
6. 计算两个平行的载流导线所受磁场力的表达式是什么？

❸ **实施推导**

7. 应用电流的右手定则判断磁场的方向，应用力的右手定则判断力的方向。

8. 计算作用在线圈上的磁场力的矢量和，然后代数求解。

❹ **评价结果**

9. 你计算出的作用在线圈上的磁场力的数值是否合理？你预期该磁场力是大还是小？

10. 磁场力与线圈的尺寸有什么关系？如果长 l 和宽 w 都变得特别大，以至于只有一边是靠近导线的，则单位长度上导线所受的磁场力是否会变成熟悉的表达式？如果宽 w 很小，以至于矩形的两个长边靠得很近，则电流大小相同但是方向相反，你所求得的代数表达式是否还有意义？

例 28.5 电流非均匀分布的导线

一根长直导线横截面的半径为 R，通过的电流为 I，但是电流在横截面上的分布是不均匀的，电荷密度 n 与距离轴线的径向距离 r 线性相关：$n(r)=n_R r/R$，其中 n_R 表示的是导线表面处的电荷密度，所有载荷子均以相同的速度大小 v 运动。(a) 求出当 $r<R$ 和 $r>R$ 时，磁场 B 关于 r 的表达式。(b) 画出 B 关于 r 的图像。

图 WG28.5

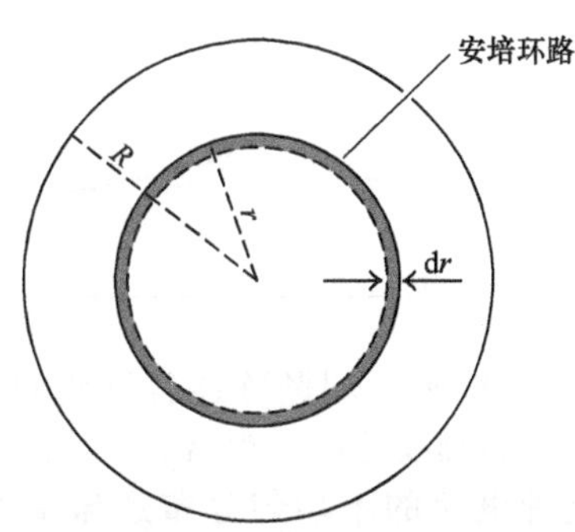

❶ **分析问题** 我们要求解载流导线内外的磁感应强度的表达式，而电流在导线内的分布是不均匀的（与我们在《原理篇》中讨论的无限长细导线外的磁场的情形不同），我们知道导线中电流产生的磁场的磁场线是围绕着导线的闭合圆圈。虽然也可以使用安培定理，但是在计算半径 r 内所包围的电流时，要考虑到电流是非均匀分布的，r 是到中心轴线的径向距离。这就意味着我们必须把电流的横截面分成无数个面元，每个面元足够小，因此可以认为其中的电流是均匀分布的，然后用积分求解 r 内包含的电流，最后我们可以画出 B 关于 r 的图像。

❷ **设计方案** 根据柱对称性，我们可以对选择的安培环路上的元段 $\mathrm{d}\vec{l}$ 使用安培环路定理：

$$\oint \vec{B}\cdot \mathrm{d}\vec{l}=\mu_0 I_{\mathrm{enc}}$$

计算任意安培环路中包围的电流时都要进行积分运算，但是我们应该如何做呢？由第 27 章可知，导线中的电流与电荷密度 n 有关，即式（27.16）：$I=nAqv$。因为我们要求电流，所以电荷量 q 就是一个电子具有的元电荷 e，且已知 v 与到导线中心轴线的距离 r 无关。但 n 是 r 的函数，所以我们不能简单地把导线体积内的电荷密度相加，我们必须把导线分成小的体积元，但是该怎么分？因为沿导线的长轴方向上电荷密度并没有变化，所以我们的小体积元的长度可以是任意值。这样做的好处是，我们的长度可以用载荷的速率 v 来表示。

在我们的体积元中，横截面的面积又是一个重要的物理量：因为 n 依赖于 r，我们必须把横截面 A 分成小份，使得每小份中的 n 近似为常数，这就意味着我们要使用非常细的圆环才能保证圆环上各部分有相同的 r。半径为 r、厚度为 $\mathrm{d}r$ 的一个小圆环（见图 WG28.5）的横截面积 $\mathrm{d}A$ 是它的周长乘以它的厚度：$\mathrm{d}A=2\pi r\mathrm{d}r$，这就是将环看成沿厚度 $\mathrm{d}r$ 切开并展开成一个长为 $2\pi r$、宽为 $\mathrm{d}r$ 的矩形。

把这些条件都应用于式（27.16），代入 $n=n(r)$，$A=2\pi r\mathrm{d}r$，$q=e$，我们得到通过半径为 r 的无限薄圆柱壳的电流 $\mathrm{d}I$ 为

$$\mathrm{d}I=n(r)ev2\pi r\mathrm{d}r$$

在任意到导线中心轴线的径向距离为 r 的位置，安培环路所包围的电流可以通过将上式从导线中心轴线到 r 积分求得，只要我们会积分，就可以使用安培环路定理解决电

实践篇

流非均匀分布的问题。

❸ **实施推导**　(a) 我们先在导线内部画一个半径为 r 的安培环路（见图 WG28.5），$\vec{B}$ 和 $\mathrm{d}\vec{l}$ 都沿安培环路，所以 $\vec{B}\cdot\mathrm{d}\vec{l}=B\mathrm{d}l\cos 0=B\mathrm{d}l$，因为电流只与到导线中心轴线的径向距离 r 有关，所以任何安培环路上的对称性都不会受干扰。因此，磁感应强度在安培环路上任一点的大小都是一样的，我们可以把它提到积分号外面：

$$B\oint \mathrm{d}l=\mu_0 I_{\mathrm{enc}}$$

$$2\pi rB=\mu_0 I_{\mathrm{enc}} \quad (1)$$

我们现在必须通过对无数个半径为 r、厚度为 $\mathrm{d}r$、通过的电流为 $\mathrm{d}I$ 的无限薄圆柱壳进行积分来计算内部包围的电流：

$$I_{\mathrm{enc}}(r)=\int \mathrm{d}I=\int_0^r 2\pi evn(r)r\mathrm{d}r$$

$$=2\pi ev\int_0^r n_R\frac{r}{R}r\mathrm{d}r=\frac{2\pi evn_R}{R}\int_0^r r^2\mathrm{d}r$$

$$=\frac{2\pi evn_R}{R}\frac{r^3}{3} \quad (2)$$

其中，R 为导线的半径。

接下来我们要把 I_{enc} 的表达式代入安培环路定理中，但是需要事先进行简化。虽然不知道 n_R 和 v 的值，但是我们知道导线中的电流为 I，也许我们可以通过计算电流从中心到导线表面（$r=R$ 处）的积分来消掉一些未知量，可以得到导线中的电流 I 的表达式：

$$I=\frac{2\pi evn_R}{R}\int_0^R r^2\mathrm{d}r=\frac{2\pi evn_R}{R}\frac{R^3}{3}$$

这使得我们将式（2）简化为任意半径为 r 的安培环路所包围的电流：

$$I_{\mathrm{enc}}(r)=I\frac{r^3}{R^3}$$

把 I_{enc} 代入式（1）中，得到在半径为 R 的导线内部，磁感应强度大小和到导线中心轴线的径向距离 r 的关系为

$$2\pi rB=\mu_0 I(r/R)^3$$

$$B=\frac{\mu_0 I}{2\pi}\frac{r^2}{R^3}$$

在导线的外部（$r>R$），任意半径为 r 的安培环路内部包围的电流就是 I，所以对于一个细导线，在到导线中心轴线的任意径向距离为 r 处的磁感应强度大小的表达式都是相同的：

$$B=\frac{\mu_0 I}{2\pi r}$$ ✔

(b) 图 WG28.6 是磁感应强度大小 B 关于到导线中心轴线径向距离 r 的函数图像。✔

图 WG28.6

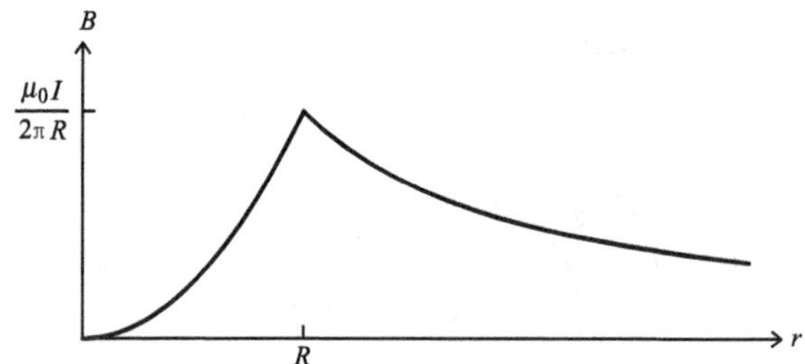

❹ **评价结果**　问题陈述告诉我们，n 随着到导线中心轴线的径向距离 r 的增长呈线性增长。这种电流的不均匀分布意味着当我们沿径向远离中心轴线时，安培环路包围的电流也会越来越大，因此从轴线到导线表面的磁感应强度也是逐渐增加的。而在导线外部，内部的电流永远是 I，所以磁感应强度开始随着 $1/r$ 下降，在这种情况下，该结果符合无限细导线的规律（见《原理篇》例 28.3）。

实践篇

引导性问题 28.6　同轴电缆的磁场

同轴电缆由两个同轴的元件组成，其内部是导线，外部是导体壳，导线与导体壳之间由绝缘材料分开。使用这种电缆的一个原因是当里面有电流时，由电流产生的磁场会被“禁锢”在电缆内部。可以通过推导在内部导线和外部导体壳之间区域的磁感应强度大小和壳外面的磁感应强度大小的表达式来证明这是对的。假设电流均匀且内部导线与导体壳的电流方向相反。你可以认为外面的导体壳的厚度是无限薄的。

❶ **分析问题**

1. 这个问题和例 28.5 有哪些相似之处？

2. 用什么方法解决这道题最合适？

❷ **设计方案**

3. 用符号标记每个半径，求解该题时你一共需要多少个不同的半径？

4. 例 28.5 中哪些部分与本题相关？

❸ **实施推导**

5. 需要应用多少次安培环路定理？

6. 画出磁感应强度大小和到导线中心的距离之间的关系图像，并检验电缆内外的情况。

❹ **评价结果**

7. 在每个区域中，半径和磁感应强度大小的关系是什么？你的结果是否合理？

8. 你的结果是否验证了题目中的说法，即磁场都“禁锢”在电缆里面？如果没有，你可能是哪里做错了，复查你的解题步骤。

例 28.7 等价性

一个带电粒子平行于一长直载流导线运动，粒子与导线的垂直距离为 a，粒子的速度方向和导线中电流的方向相同。证明：粒子所受导线施加的磁场力 F^B_{wp} 与粒子作用在导线上的磁场力 F^B_{pw} 大小相等，并且这两个力的方向相反。

❶ **分析问题** 已知带电粒子在载流导线旁运动，导线和粒子间的垂直距离是 a，粒子的运动方向和电流的方向相同。我们的任务是要证明在由导线电流激发的磁场中，运动的带电粒子所受导线施加的磁场力和粒子作用于导线上的磁场力大小相同、方向相反。一般情况下（正如在《原理篇》28.8 节中讨论过的），对于磁的相互作用，两个力等大反向（即 $\vec{F}^B_{\mathrm{wp}}=-\vec{F}^B_{\mathrm{pw}}$）不成立，但是在本题的这种特殊情况下是成立的。

让我们找出能够帮助我们解决问题的物理量，我们知道长直载流导线产生的磁场的磁场线环绕导线，我们又知道带电粒子在磁场中运动时会受到既垂直于磁场方向又垂直于粒子速度方向的磁场力。类似地，我们知道运动的带电粒子激发磁场，并且载流导线在该磁场中会受到力的作用。

❷ **设计方案** 如图 WG28.7 所示，设导线中电流 I 的方向为 $+x$ 方向，沿 x 轴。带电粒子所在位置 P 点位于 y 轴上的 $x=0$，$y=a$，$z=0$ 处。带电粒子的电荷量为 q，粒子运动速度 $\vec{v}$ 指向 x 轴正方向，即 $\vec{v}=v\hat{\imath}$。

为了计算导线在 P 点的磁感应强度 $\vec{B}_{\mathrm{w}}$，我们可以利用安培环路定理［式（28.1)］，就像在《原理篇》例 28.3 中所应用的一样，我们知道到长直导线的距离为 d 处的磁感应强度大小为

图 WG28.7

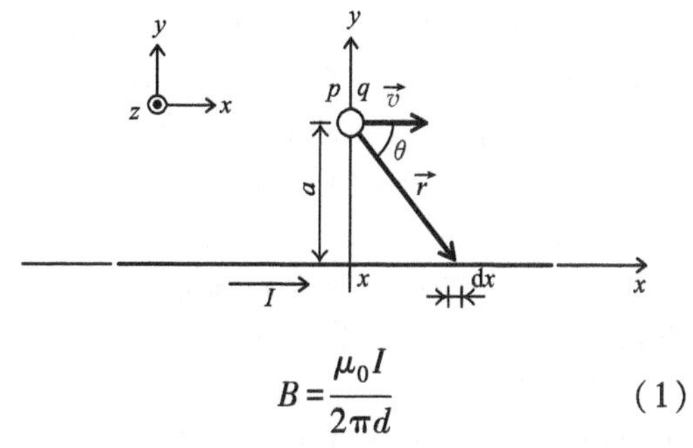

$$B=\frac{\mu_0 I}{2\pi d} \tag{1}$$

为了计算在导线产生的磁场中运动的电荷所受的磁场力 $\vec{F}^B_{\mathrm{wp}}$，我们可以利用式（27.19)：

$$\vec{F}^B_{\mathrm{p}}=q\vec{v}\times\vec{B} \tag{2}$$

为了计算运动电荷在导线上任意位置（x，0，0）的磁感应强度 $\vec{B}_{\mathrm{p}}$，我们可以利用运动带电粒子的磁感应强度的表达式［式(28.21)］，其中矢量 $\vec{r}$ 在图 WG28.7 中已经标出，由运动粒子（场源）指向导线上（x，0，0）处的元段 dx。最后，为了计算施加在导线上的磁场力 $\vec{F}^B_{\mathrm{pw}}$，我们可以把导线沿 x 轴分成无穷小的元段 $\mathrm{d}\vec{l}=\mathrm{d}x\hat{\imath}$，并用式(27.8) 计算每个小元段上受到的力 $\mathrm{d}\vec{F}^B_{\mathrm{w}}$：

$$\mathrm{d}\vec{F}^B_{\mathrm{w}}=I\mathrm{d}\vec{l}\times\vec{B} \tag{3}$$

接下来，我们可以将式（3）沿整个导线长计算积分得到整个导线所受到的力 $\vec{F}^B_{\mathrm{pw}}$。

最后，我们可以利用电流的右手定则和力的右手定则检验我们所求磁场和力的方向是否正确。

❸ **实施推导** 将距离 a 代入式（1），求得带电粒子所在 P 点的磁感应强度大小为 $B_{\mathrm{w}}=\mu_0 I/(2\pi a)$。根据电流的右手定则，将

实践篇

右手拇指指向 x 轴正方向，其余四指在 P 点垂直纸面向外。因为$\hat{\imath}\times\hat{\jmath}=\hat{k}$是一个恒等式，所以图 WG28.7 中 z 轴的方向一定是垂直纸面向外的。因此，导线在 P 点产生的磁场的磁感应强度是

$$\vec{B}_{\mathrm{w}}=\frac{\mu_0 I}{2\pi a}\hat{k} \tag{4}$$

将（4）式中的 $\vec{B}_{\mathrm{w}}$ 代入式（2）得到运动电荷所受的磁场力 $\vec{F}^B_{\mathrm{wp}}$ 为

$$\vec{F}^B_{\mathrm{wp}}=q\vec{v}\times\left(\frac{\mu_0 I}{2\pi a}\hat{k}\right)=(qv\hat{\imath})\times\left(\frac{\mu_0 I}{2\pi a}\hat{k}\right)=\frac{\mu_0 Iqv}{2\pi a}(-\hat{\jmath})$$

其中，我们利用了恒等式$\hat{\imath}\times\hat{k}=-\hat{\jmath}$，它表明当 $q>0$ 时力的方向是向下的，即沿 y 轴负方向。我们可以利用力的右手定则检验方向：如果 $q>0$，矢量 $q\vec{v}$ 的方向向右，而 $\vec{B}_{\mathrm{w}}$ 的方向垂直纸面向外。张开右手四指指向右，然后弯曲四指垂直纸面向外，拇指的方向向下，证明如果 $q>0$，则粒子所受磁场力的方向是向下指向导线（沿$-\hat{\jmath}$方向）的。

我们将矢量 $\vec{r}=x\hat{\imath}-a\hat{\jmath}$代入式（28.21），求得由运动带电粒子在导线上（x，0，0）处激发的磁场的磁感应强度 $\vec{B}_{\mathrm{p}}$ 为

$$\vec{B}_{\mathrm{p}}=\frac{\mu_0}{4\pi}\frac{q\vec{v}\times\hat{r}}{r^2}=\frac{\mu_0}{4\pi}\frac{(qv\hat{\imath})\times\left(\dfrac{x\hat{\imath}-a\hat{\jmath}}{\sqrt{x^2+a^2}}\right)}{(\sqrt{x^2+a^2})^2}$$

记住 $\vec{r}$ 是从运动的电荷出发，由（0，a，0）指向（x，0，0），其中（x，0，0）处的 $\vec{B}_{\mathrm{p}}$ 待求。矢量的模为 $r=\sqrt{x^2+a^2}$，单位矢量沿 $\vec{r}$ 的方向，即

$$\hat{r}=\frac{\vec{r}}{r}=\frac{x\hat{\imath}-a\hat{\jmath}}{\sqrt{x^2+a^2}}$$

将平方根合并进分母并化简，我们得到

$$\vec{B}_{\mathrm{p}}=\frac{\mu_0 qv}{4\pi}\frac{\hat{\imath}\times(x\hat{\imath}-a\hat{\jmath})}{(x^2+a^2)^{3/2}}=\frac{\mu_0 qva}{4\pi(x^2+a^2)^{3/2}}(-\hat{k})$$

其中最后一步我们用到了$\hat{\imath}\times(x\hat{\imath}-a\hat{\jmath})=(\hat{\imath}\times x\hat{\imath})-(\hat{\imath}\times a\hat{\jmath})=-a\hat{k}$，因为$\hat{\imath}\times\hat{\imath}=\vec{0}$且$\hat{\imath}\times\hat{\jmath}=\hat{k}$。磁场方向指向$-z$，垂直纸面向里。我们可以根据带正电的粒子（假设 $q>0$）向右运动形成方向向右的电流来验证方向，因此我们可以将右手拇指指向电流的方向，其他四指弯曲环绕粒子，在 x 轴上（载流导线所在位置）我们的四指指示方向垂直纸面向里，验证了磁场方向沿$-\hat{k}$。

现在我们把 $\vec{B}_{\mathrm{p}}$ 代入式（3）来计算载流导线小元段 dx 所受的磁场力 $\mathrm{d}\vec{F}^B_{\mathrm{pw}}$，我们知道电流的方向沿$+x$ 方向，代入 $I\mathrm{d}\vec{l}=I\mathrm{d}x\hat{\imath}$，得到

$$\begin{aligned}\mathrm{d}\vec{F}^B_{\mathrm{pw}}&=I\mathrm{d}\vec{l}\times\vec{B}_{\mathrm{p}}\\&=[I\mathrm{d}x\hat{\imath}]\times\left[\frac{\mu_0 qva}{4\pi(x^2+a^2)^{3/2}}(-\hat{k})\right]\\&=\frac{\mu_0 Iqva\mathrm{d}x}{4\pi(x^2+a^2)^{3/2}}\hat{\jmath}\end{aligned}$$

其中，我们用到了$\hat{\imath}\times\hat{k}=-\hat{\jmath}$，得出如果 $q>0$，则载流导线所受磁场力的方向就是沿$+\hat{\jmath}$方向的，并且指向带电粒子。我们可以用力的右手定则验证力的方向（$q>0$）是向上的，张开右手，将除大拇指以外的其余四指指向右方，沿着电流的方向，然后垂直纸面向内弯曲四指，沿着 $\vec{B}_{\mathrm{p}}$ 的方向，这时我们的拇指指向上方。接下来，将 $\mathrm{d}\vec{F}^B_{\mathrm{pw}}$ 沿着导线积分，计算导线所受磁场力 $\vec{F}^B_{\mathrm{pw}}$：

$$\begin{aligned}\vec{F}^B_{\mathrm{pw}}&=\frac{\mu_0 Iqv}{4\pi}\hat{\jmath}\left(\int_{-\infty}^{\infty}\frac{a\mathrm{d}x}{(x^2+a^2)^{3/2}}\right)\\&=\frac{\mu_0 Iqv}{4\pi}\hat{\jmath}\left(\frac{2}{a}\right)=\frac{\mu_0 Iqv}{2\pi a}\hat{\jmath}\end{aligned}$$

虽然我们也可以通过网络搜索到括号中的积分等于 $2/a$，但是如果我们关于图 WG28.7 中的角度 θ 积分而不是长度 x，则积分会更容易。因为我们可以从图中看出 $a/x=\tan\theta$，进而转化为 $x=a/\tan\theta$，微分得到 $\mathrm{d}x=-(a\mathrm{d}\theta/\sin^2\theta)$。然后，根据 $a/\sqrt{x^2+a^2}=a/r=\sin\theta$，我们可以写出

$$\frac{a\mathrm{d}x}{r^3}=-\frac{\sin\theta\mathrm{d}\theta}{a}$$

现在我们可以将积分变量由 x 代换为 θ 得到

$$\begin{aligned}\int_{-\infty}^{\infty}\frac{a\mathrm{d}x}{(x^2+a^2)^{3/2}}&=\int_{\pi}^{0}\left(-\frac{\sin\theta\mathrm{d}\theta}{a}\right)\\&=\frac{1}{a}\int_0^{\pi}\sin\theta\mathrm{d}\theta=\frac{2}{a}\end{aligned}$$

观察我们得到的 $\vec{F}^B_{\mathrm{wp}}$ 和 $\vec{F}^B_{\mathrm{pw}}$ 的表达式可以看出，$\vec{F}^B_{\mathrm{pw}}=-\vec{F}^B_{\mathrm{wp}}$，正如本题陈述所预期的那样。

实践篇

❹ **评价结果** 正如我们所预期的，磁场力的大小与电流以及运动带电粒子的速率和电荷量线性相关。在这里应用牛顿第三定律是可靠的，尽管我们知道对于磁的相互作用，牛顿第三定律并不一定满足。当 $q>0$ 时，粒子和导线相互吸引彼此靠近，当 $q<0$ 时，粒子和导线相互排斥，因为我们可以把带电粒子的运动看成电流，并且我们知道两个相互平行的电流相互吸引，方向相反的电流相互排斥。

引导性问题 28.8 管状的电流

一个很长的空心圆柱导体，内半径为 R_{in}，外半径为 R_{out}，横截面上电流 I 均匀分布（见图 WG28.8）。写出所有区域中磁感应强度大小关于距中心轴线的径向距离 r 的函数表达式：(a) $0 \leq r \leq R_{in}$，(b) $R_{in} \leq r \leq R_{out}$，(c) $r > R_{out}$。

图 WG28.8

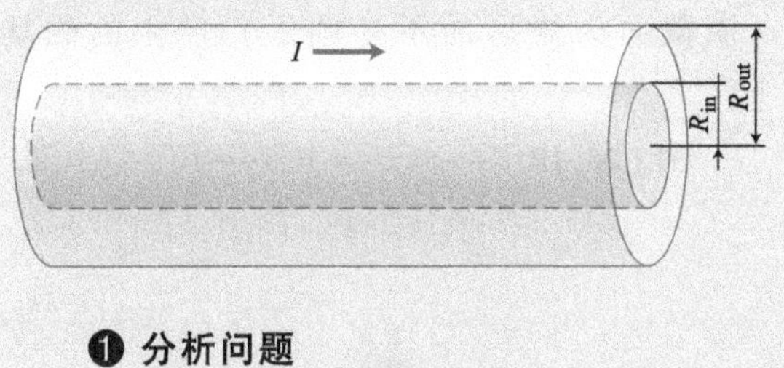

❶ **分析问题**

1. 电流分布具有怎样的对称性？

2. 用哪个一般性定理求解每个区域的磁感应强度大小最简单？

❷ **设计方案**

3. 对于你所选择的一般性定理，需要应用几次来求各部分的磁感应强度？

4. 哪个或哪些区域必须通过计算来确定内部包围的电流？

❸ **实施推导**

5. 在区域 b 中，半径为 r 的圆内所包围的电流多大？

❹ **评价结果**

6. 在每个区域中，磁感应强度大小如何随着 r 的变化而变化？在两个相邻区域的边界处，磁场是否连续？

习题 通过《掌握物理》® 可以查看教师布置的作业 MP

圆点表示习题的难易程度：● = 简单，●● = 中等，●●● = 困难；**CR** = 情景问题。

28.1 磁场的来源

1. 如图 P28.1 所示，在两个磁铁之间有一个带负电的粒子，它与两磁铁的距离相等，相对于磁铁静止。如果左边的磁铁的磁性是右边的两倍，则粒子所受磁场力的方向是什么？●

图 P28.1

2. 两根相互平行的导线，每根导线均载有沿 x 轴正方向的电流 I，在两根导线形成的平面上，两根导线之间的区域内的磁场的方向是怎样的？●

3. 已知一个正方形的载流导线圈，从上往下看电流方向为顺时针方向，则 (a) 左边，(b) 上边，(c) 右边，(d) 下边，在线圈的中心处产生的磁场的方向分别是怎样的？●

4. 已知一个带负电的粒子在磁场方向沿 x 轴正方向的匀强磁场和电场方向沿 y 轴正方向的匀强电场中静止，则粒子所受合力的方向是什么？●●

5. 假设两个电子相距很近，沿 z 轴正方向平行运动，且每个电子相对于地球参考系的速度都为 $\vec{v}$，讨论电子所受的所有力。●●

6. 假设两个质子相距很近，平行于 z 轴做相向运动，一个沿 z 轴正方向，另一个沿 z 轴负方向，当它们逐渐靠近时，它们之间的磁场力是相互吸引还是相互排斥，还是都不是？●●

7. 如图 P28.7 所示，两根绝缘的载流导线相互垂直，每根导线通过的电流都为 I，点 1~4 位于两根导线所在的平面上，每个点与导线间的垂直距离都为 d，这四个点中有几个点的磁场方向是（a）垂直纸面向外，还是（b）垂直纸面向里？（c）有几个点的磁场强度等于零？●●

图 P28.7

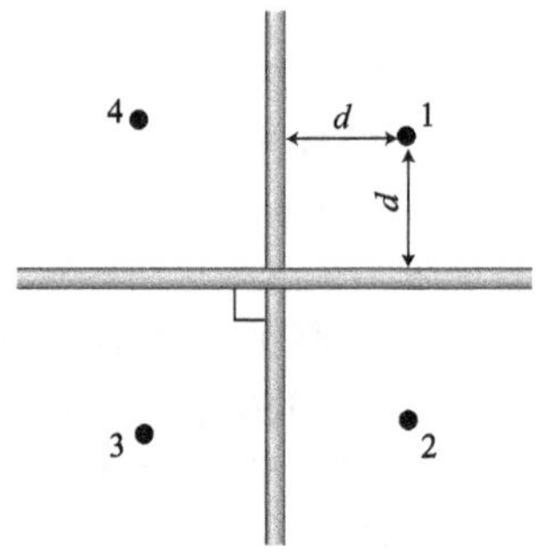

8. 如图 P28.8 所示，有三根导线，其中两根导线通过的电流为 I，第三根导线通过的电流为 $6I$，P 点与两根载流为 I 的导线之间的距离均为 d，问 P 点的磁场方向如何？●●

图 P28.8

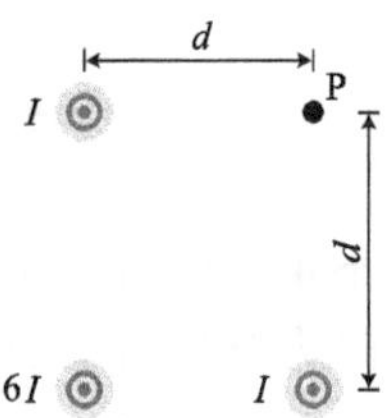

9. 两个带正电的粒子 1 和 2 在同一个平面内运动，粒子 1 和粒子 2 的速度方向相互垂直，在如图 P28.9 所示的时刻，粒子 2 位于粒子 1 的速度延长线上。描述并画出此时每个粒子所受磁场力的方向。●●●

图 P28.9

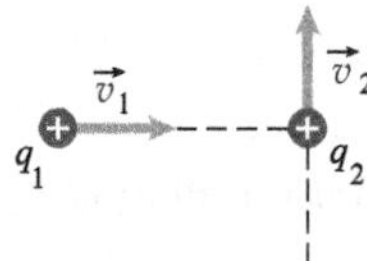

10. 在图 P28.10 中，（a）分别指出导线 1~4 各边在 P 点产生的磁场的方向；（b）哪个边在 P 点产生的磁场的磁感应强度最大？（c）要想确定整个线圈在 P 点产生的磁场的方向，还需要知道哪些信息？●●●

图 P28.10

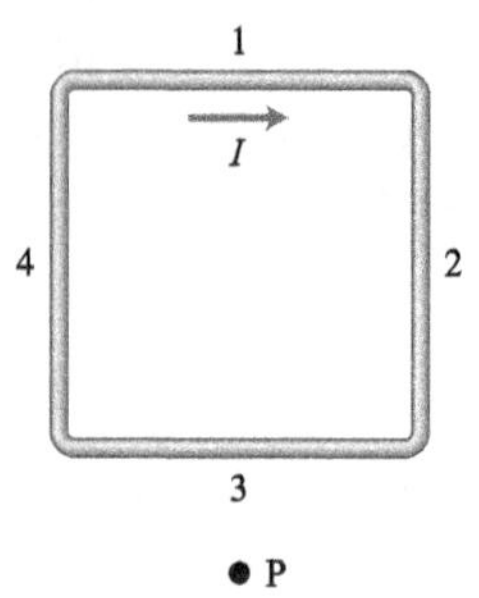

28.2　载流线圈与自旋磁性

11. 你认为圆形的载流线圈在哪里激发的磁场的磁感应强度最大？●

12. 图 P28.12 可以用来表示条形磁铁（横截面为矩形而不是圆形）产生的磁场吗？●

图 P28.12

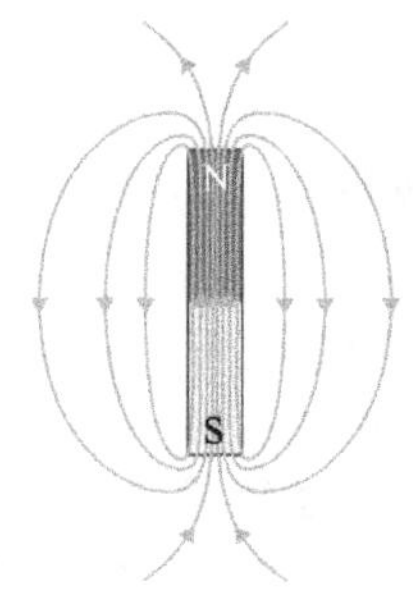

13. 如图 P28.13 所示，一个载流圆环上的电流为 I，判断图中标记的四个点的磁场的方向。●

图 P28.13

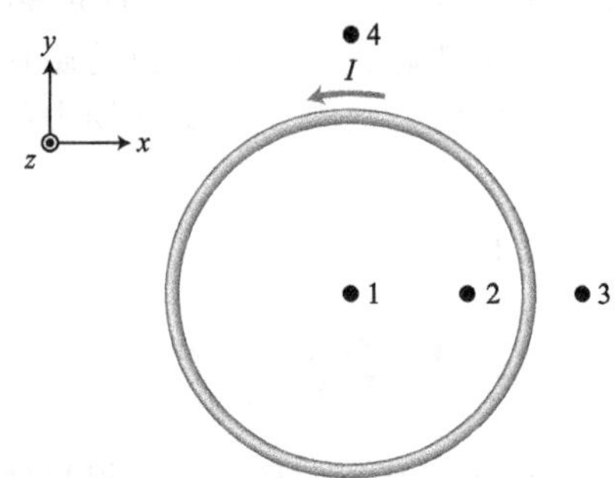

14. 如图 P28.14 所示，一个带正电的球形物体正在自旋，标记出图中所标注的每个点的磁场的方向。假设所有的点都在 xy 平面

实践篇

上。●●

图 P28.14

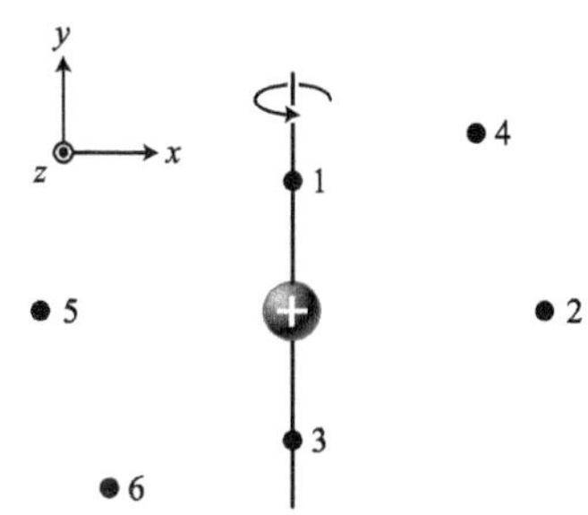

15. 在制作载流线圈的时候，矩形线圈要比圆形线圈更加方便。问：小的方形载流线圈产生的磁场和小的圆形载流线圈产生的磁场有什么不同？●●

16. 两个带电粒子 1 和 2，每个都可以移动和自旋，下面哪些情况下粒子间存在磁的相互作用：(a) 两粒子既不移动，也不自旋；(b) 两粒子都不移动，只有粒子 1 自旋；(c) 两粒子都不移动，但都自旋；(d) 粒子 1 静止且不自旋，粒子 2 移动但是不自旋；(e) 粒子 1 静止且不自旋，粒子 2 移动且自旋；(f) 粒子 1 自旋但是不移动，粒子 2 移动但不自旋；(g) 粒子 1 自旋但是不移动，粒子 2 移动且自旋；(h) 两粒子都移动，都不自旋；(i) 两粒子都移动，但只有粒子 2 自旋；(j) 两粒子都移动，都自旋。●●

17. 一个圆形载流导线圈产生磁场，一个电荷均匀分布的自旋圆盘也可以产生相似的磁场。你认为自旋圆盘与载流线圈产生的磁场有什么异同？●●

18. 如图 P28.18 所示有一条形磁铁，图中标记的 1、2、3、4 这四个点中哪个点的磁场线密度最大？●●

图 P28.18

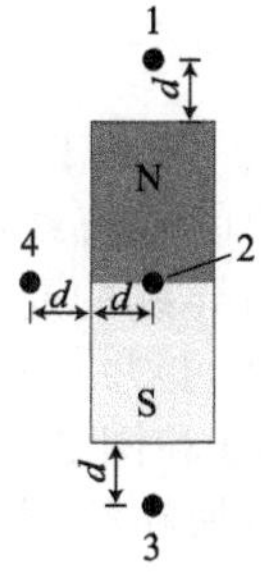

19. 一个带负电的粒子位于 xyz 坐标系的原点，以 x 轴为转轴沿顺时针方向自旋（当你在 x 轴正半轴任意位置观察时，粒子是顺时针转动的）。判断下列位置的磁场的方向：(a) 在 x 轴；(b) 在 y 轴；(c) 在 z 轴。●●

20. 如图 P28.20 所示，一段导线弯曲成半圆，圆心在 P 点，如果该段导线是长直导线的一部分，且导线中的电流为 I，求 P 点处磁场的方向。●●

图 P28.20

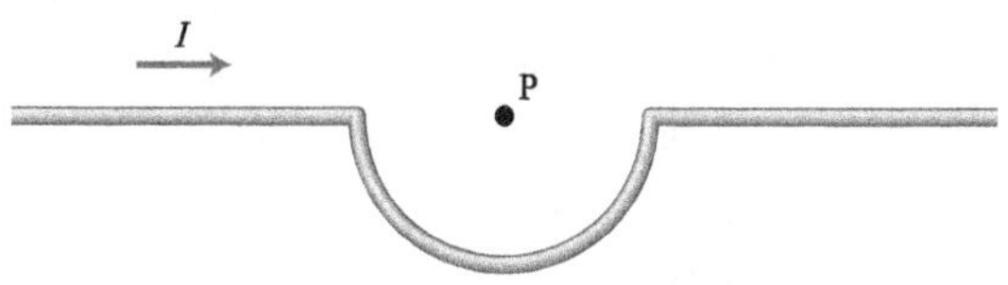

21. 在氢原子的玻尔轨道模型中，一个电子围绕着由一个质子组成的原子核做轨道运动。已知电子和质子都自旋，则与该氢原子有关的磁相互作用有哪几种类型？●●●

28.3 磁偶极矩和力矩

22. 在地球附近，地磁场主要是由磁偶极子产生的磁场组成，则地球磁偶极矩的方向如何？●

23. 地球的磁场被认为是由地球内部的电流产生的，则电流的方向是怎么样的？（当我们沿着自转轴从北向南看时，电流方向是顺时针还是逆时针？）●

24. 如图 P28.24 所示的圆盘带负电，从上往下看时，圆盘的旋转方向为逆时针，则从上往下看圆盘的磁偶极矩的方向是怎样的？●

图 P28.24

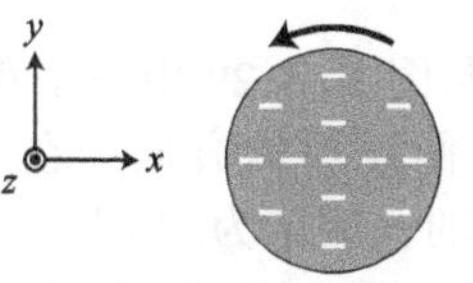

25. 如图 P28.25 所示，有一个开口的导体线圈，其中端点 1 的电势比端点 2 的电势高。(a) 问线圈中电子运动的方向如何？(b) 电流的方向如何？(c) 线圈的磁偶极矩

的方向如何？ ●●

图 P28.25

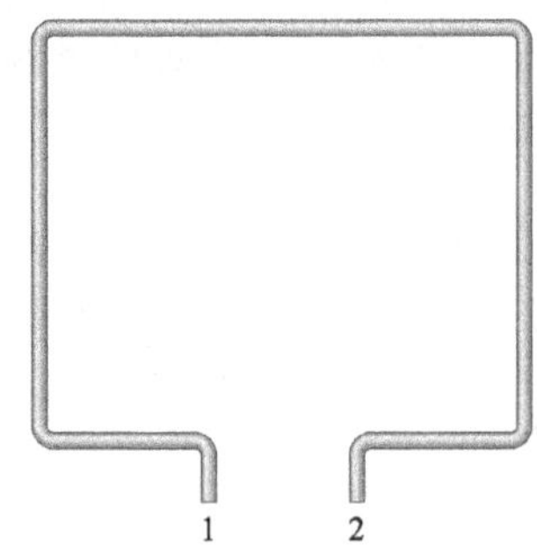

26. 图 P28.26 表示的是电动机旋转过程中的部分状态，哪种情况下线圈的磁偶极矩方向指向左边或有向左的分量？如果将整个旋转的过程都显示出来，线圈旋转到哪些状态时其磁偶极矩会有向右的分量？ ●●

图 P28.26

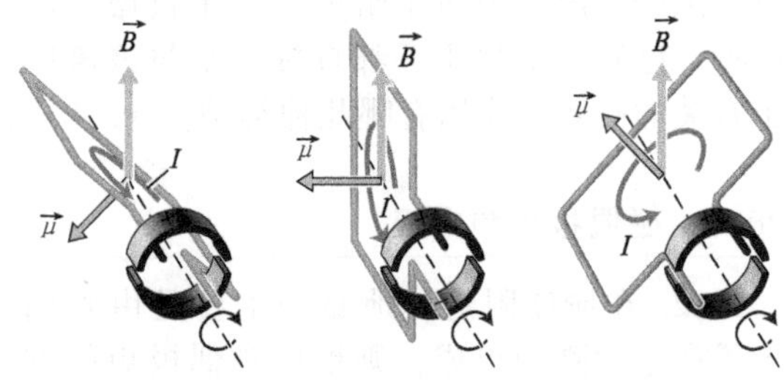

27. 在 xyz 坐标系中的 xy 平面上有一个载流线圈，该线圈受到一个以 y 轴为轴线的沿顺时针方向（从 y 轴的正半轴向原点看）的力矩的作用，该力矩是由沿 x 轴正方向的均匀外加磁场产生的，问线圈中电流的方向是怎样的？ ●●

28. 在 xyz 坐标系中的 xy 平面上有一个载流线圈，从 z 轴正半轴向原点看，电流为逆时针方向。当从 x 轴正半轴向原点看时，线圈受到一个以 x 轴为轴线的逆时针方向的力矩的作用，请描述产生该力矩的外加匀强磁场的方向。 ●●

29. 判断图 P28.29 中每个载流线圈或电荷分布的磁偶极矩的方向。在（c）中，线圈中电势高的一端记为“+”。 ●●

30. （a）图 P28.30 为电动机的示意图，图中哪些箭头可以表示不同时刻磁偶极矩的方向？（b）如果其中某些箭头不可以表示磁偶极矩矢量的话，说明为什么不可以。 ●●

图 P28.29

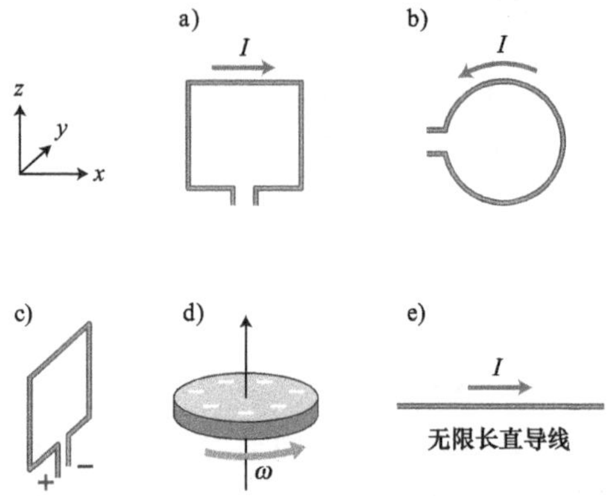

图 P28.30

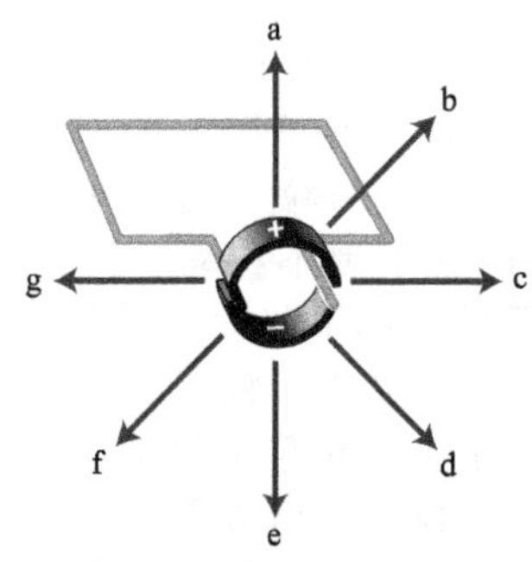

31. 如图 P28.31 所示，在一个外加磁场中有一个矩形载流线圈。初始时刻，线圈平面与磁场间的夹角为 65°。把边 4 看作是没有断开的导线，（a）判断线圈的每个边上所受磁场力的方向。（b）以如图所示的虚线为轴，判断线圈所受力矩的方向。（c）当系统达到平衡时，线圈的方向是怎样的？ ●●

图 P28.31

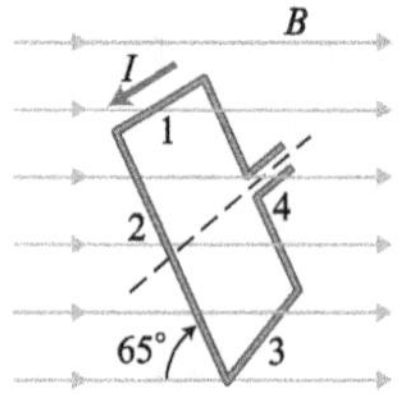

32. 《原理篇》中的图 28.10 呈现了一个处于外加磁场中的载流线圈以及该载流线圈上的不同长度的导线的受力情况。假设线圈固定在旋转轴心上并可以绕轴旋转（见《原理篇》图 28.10 和图 28.11）。（a）如果电流反向，判断施加在线圈上的所有力的方向；（b）这一新情境与《原理篇》中图

实践篇

28.11 的情境相比有什么不同？●●●

33. 空间某个区域中存在一个沿 x 轴正方向的匀强磁场和沿 y 轴正方向的匀强电场，在其中有一个带负电的粒子，从静止释放。已知粒子绕一个与 z 轴平行的轴线自旋，并且从 z 轴的正半轴向原点的方向看粒子的自旋方向为顺时针。(a) 该粒子受到的电磁力与其没有自旋时受到的电磁力相比有什么不同？(b) 如果粒子没有自旋，结果会有什么不同吗？如果有不同之处，请解释原因。●●●

28.4 安培环路

34. 如图 P28.34 所示，在 xy 平面上有一个载流线圈，对于 (a)~(e) 中的安培环路，磁感应强度的线积分分别是正的、负的，还是零？●

图 P28.34

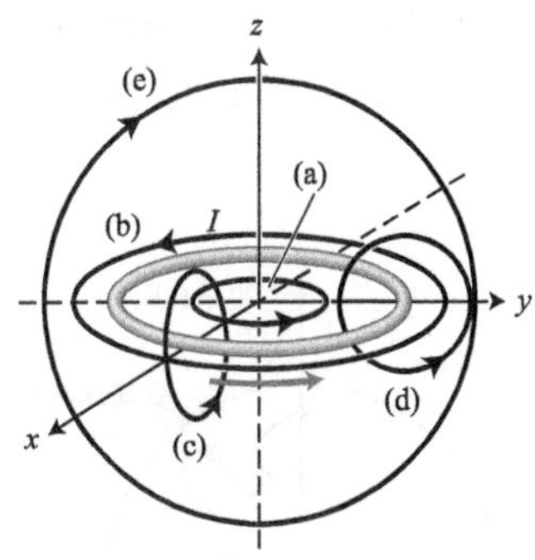

35. 如图 P28.35 所示，载流导线 1~5 的电流方向要么垂直纸面向里，要么垂直纸面向外。求：安培环路所包围的电流大小分别是多少？磁感应强度沿环路的线积分是正的、负的，还是零？●

图 P28.35

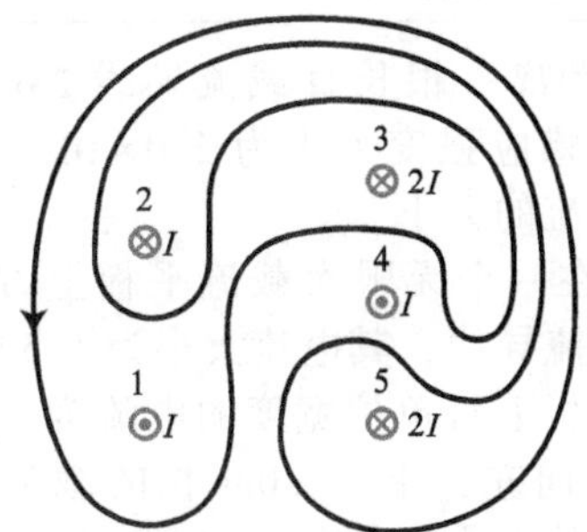

36. 如图 P28.36 所示，磁感应强度沿闭合路径的积分是正的、负的，还是零？取积分的方向与图中箭头的方向相同。●

图 P28.36

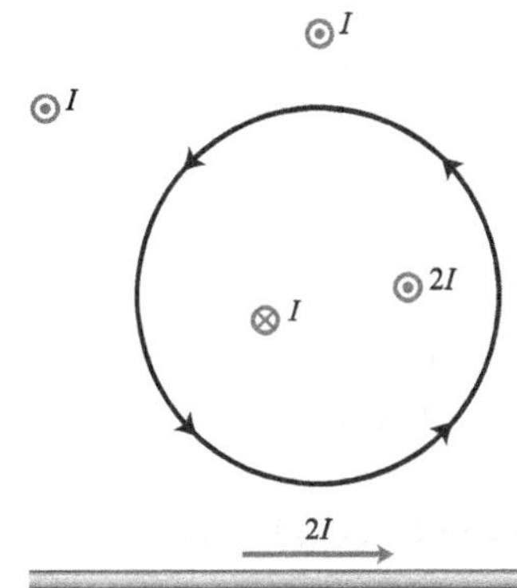

37. 图 P28.37 中有一系列载流导线和各种安培环路，将 a)~f) 中的 6 种情况按照各自的磁感应强度沿安培环路的线积分 $\left|\oint \vec{B} \cdot d\vec{l}\right|$ 的大小进行排序。●●

图 P28.37

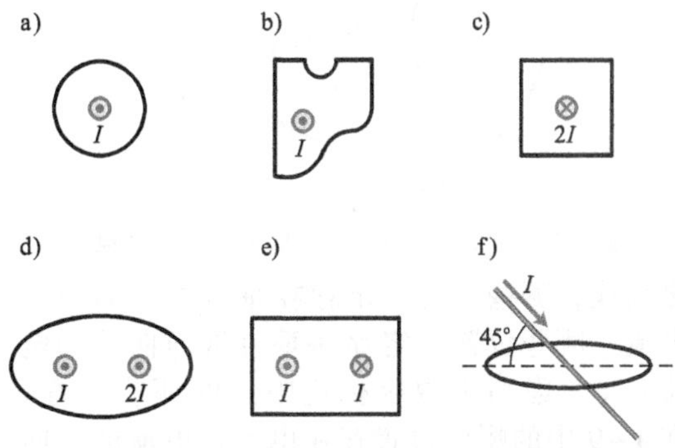

38. 一开始，磁感应强度沿某一特定路径的线积分是 L，然后，让穿过该路径的电流变成原来的两倍。此时如果磁感应强度沿该闭合环路的积分等于 (a) L 和 (b) $2L$，那么环路所包围的电流分别是多少？●●

39. 如图 P28.39 所示，已知三根载流导线的电流方向都与纸面垂直，磁感应强度沿三个安培环路的线积分也都是正的，试比较这三个电流的方向和大小。●●

图 P28.39

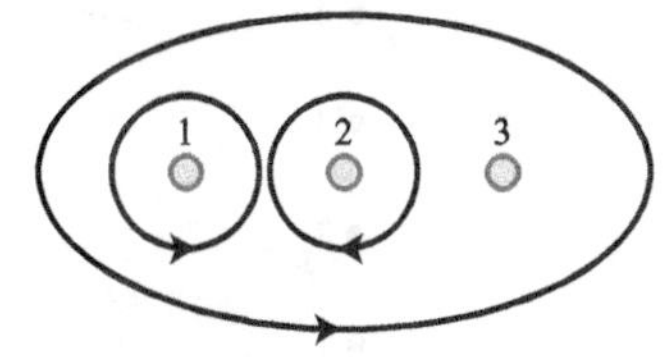

40. 在 xyz 坐标系的原点处有一个带正电的粒子绕 z 轴自旋，从 z 轴正半轴向原点看，该粒子的自旋方向为逆时针。以下安培环路中磁感应强度的线积分是正的、负的，还是零？(a) 从 z 轴正半轴向下看，粒子在 xy 平面上绕原点顺时针转动；(b) 从 x 轴正半轴向原点看，粒子在 yz 平面上绕原点顺时针转动；(c) 从 y 轴正半轴向原点看，粒子在 xz 平面上绕原点顺时针转动。●●

41. 如图 P28.41 所示，有 11 根导线和一个安培环路，电流大小和方向都已标出，则磁感应强度沿安培环路的线积分是大于零、小于零，还是等于零？●●

图 P28.41

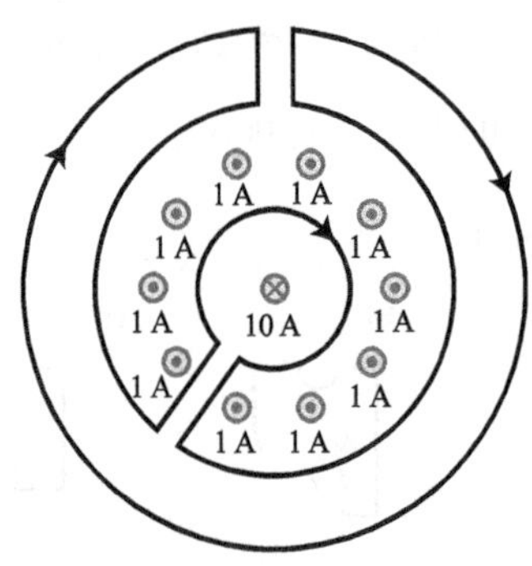

42. 图 P28.42 表示的是某特定区域内的磁场线，哪些位置一定存在垂直纸面向内的电流？哪些位置一定存在垂直纸面向外的电流？（考虑图中数字标记附近的那些位置）在 1~9 中的哪些位置存在电流？电流的方向如何？●●

图 P28.42

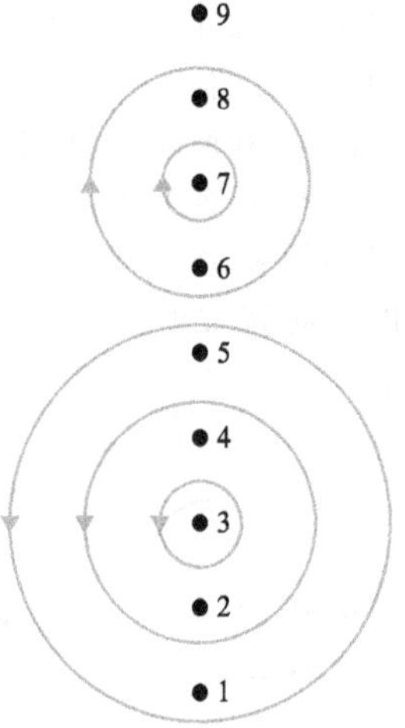

43. 如图 P28.43 所示，在载流导线周围有两条路径（A 和 B），电流为 I。(a) 磁感应强度沿哪条路径的线积分最大？(b) 哪条路径的平均磁感应强度最大？(c) 解释 (a) 和 (b) 小问的答案的一致性。●●●

图 P28.43

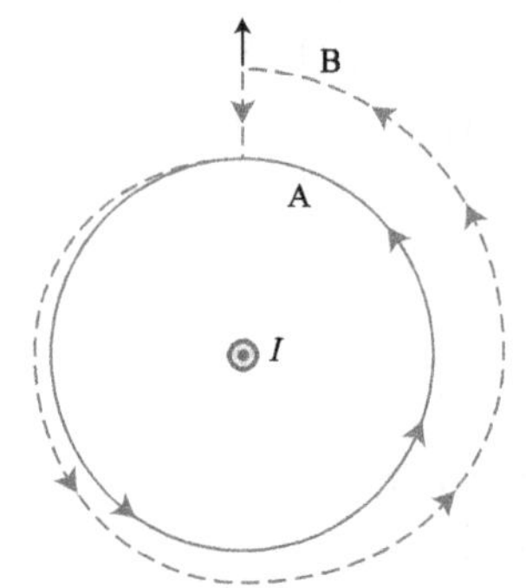

44. 如图 P28.44 所示，一个电流为 I、电流方向沿 z 轴正方向的长直载流导线以 xy 平面上的 (0, 0) 点为圆心。磁感应强度沿安培环路 1 的线积分是 $-5.50\text{T}\cdot\text{m}$，计算磁感应强度沿路径 2 的线积分。●●●

图 P28.44

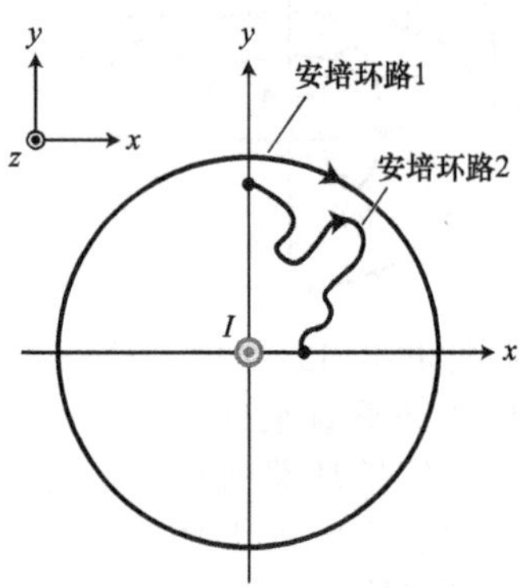

28.5 安培环路定理

45. 距离一根长直载流导线 25mm 处的磁场的磁感应强度大小为 $2.0\times10^{-5}\text{T}$，计算导线中电流的大小。●

46. 在一个无限大载流平板上方，有一根长直载流导线，其电流大小为 1.5A，方向向左，平板上每单位宽度的电流为 3.0A/m，电流方向向左，求：1.0m 长的载流导线所受磁场力的大小与方向。●

47. 距离一根长直载流导线 6.4mm 处的

实践篇

磁场的磁感应强度大小为 4.0mT，计算：(a) 导线中电流的大小，(b) 在距导线 77mm 远处磁场的磁感应强度大小。●

48. 非常靠近的两根直导线相互平行，其中一根导线载有 3.0A 的电流，电流方向向右，另一根导线载有 4.0A 的电流，电流方向向左，近似计算出与这两根导线的距离均为 r 处的磁感应强度的大小。●●

49. 一个带电量为 e 的粒子以 2.5×10^7m/s 的速率向右运动，一开始它并没有受到磁场力的作用，现将一根长直载流导线放在与粒子运动轨迹平行且距粒子 3.0μm 的位置，已知粒子所受力的大小为 7.0×10^{-13}N，问：导线中电流的大小是多少？●●

50. 直径为 50mm 的长直导线中载有均匀分布的电流，如果电流大小为 6.0A，计算：(a) 距离导线中心 20mm 处磁感应强度的大小，(b) 距离导线中心 50mm 处磁感应强度的大小。(c) 若距离导线中心 50mm 处的磁感应强度大小为 1.0T，则导线中的电流应该是多大？●●

51. 将两个大载流平面薄板平行放置，其中一个平面位于另一个平面的上方，上方平面每单位宽度的电流为 2.0A，方向向左，下方平面每单位宽度的电流为 5.0A，方向向右。计算下列各区域磁场的磁感应强度的大小：(a) 两平面之间；(b) 两平面上方；(c) 两平面下方。(d) 画图表示每个区域中磁场的方向。●●

52. 一个电子以 3.0×10^6m/s 的速率在两个平行薄板间向右运动，运动轨迹与平板平行，如果上方的平板每单位宽度的电流为 8.0A/m，方向向右，下方的平板每单位宽度的电流为 8.0A/m，方向向左，则电子所受的磁场力多大？画图表示平板间的磁场方向以及电子所受磁场力的方向。●●

53. 一根导线的横截面是半径为 R 的圆形，通过的电流为 I，假设所有的带电粒子都沿导线的表面移动，不穿过导体的横截面，(a) 写出磁感应强度大小与到导线中心的距离 r 的表达式 $B(r)$，检验当 $r<R$ 和 $r>R$ 时的表达式是否合理。(b) 画出表示导线内部和外部的磁感应强度大小关于 r 的函数图像，并在图中标注出导线的半径 R。●●

54. 一个大金属薄板上的电流为 40A，方向沿 x 轴正方向，P 点在其上方 $d_1=4.0$mm 处，在其下方 $d_2=3$mm 处有一根长直导线，电流为 0.35A，方向沿 x 轴正方向，已知 P 点的磁感应强度为零，计算金属板的宽度。●●

55. 两个平行载流金属板水平放置，两板间的垂直距离为 5.0mm，每个金属板上单位宽度的电流为 100A/m，电流都沿 x 轴正方向，求上方金属板单位面积所受下方金属板施加的磁场力的大小和方向。●●

56. 现有一条同轴电缆，其内部的导线电流为 I_{wire}，外部导体壳上的电流为 I_{shell}，导线的半径为 R_{wire}，电缆中心到导体壳内表面的距离为 R_{shell}，电缆中心到导体壳外表面的距离是 $2R_{shell}$，如果存在磁场，写出当 (a) $I_{wire}=I_{shell}$，(b) $I_{wire}=-I_{shell}$，(c) $I_{wire}=-I_{shell}/2$ 时，所有磁感应强度为零的位置。●●●

57. 一个带电量未知、质量为 9.1×10^{-31}kg 的粒子以 2.0×10^4m/s 的速率进入到由一个大的载流薄板产生的磁场中，薄板中的电流的方向与粒子初始运动的方向平行。粒子正好从所进入位置的正上方 90mm 处离开磁场。如果薄板每单位宽度的电流为 4A，求带电粒子的电荷量。●●●

28.6 螺线管和螺绕环

58. 一个长直螺线管，每单位长度有 300 匝，通过的电流为 1.0A，计算螺线管内部的磁感应强度的大小。●

59. 你需要用一个长直螺线管产生 0.070T 的磁场，如果能通过线圈的最大电流为 20A，则每一米长的螺线管上缠绕的线圈匝数至少应为多少？●

60. 现将一个小的螺线管插入到一个大的螺线管中（见图 P28.60），且小螺线管中的电流从 B 流向 A，(a) 判断初始时刻小螺线管的磁偶极矩的方向。(b) 假设大的螺线管是固定的，小的螺线管是可以自由旋转的，判断当小螺线管平衡时的它的磁偶极矩的方向。●

61. 一个电流大小为 2.5A，电流方向向右的长直导线位于螺线管的正下方并与螺线管的轴线平行，螺线管每单位长度上的线圈匝数为 1000，电流大小为 45mA，如果导线距螺线管中心 50mm 远，求螺线管中心轴线处的磁感应强度大小与方向，导线是否在螺线管内部对结果有影响吗？●●

图 P28.60

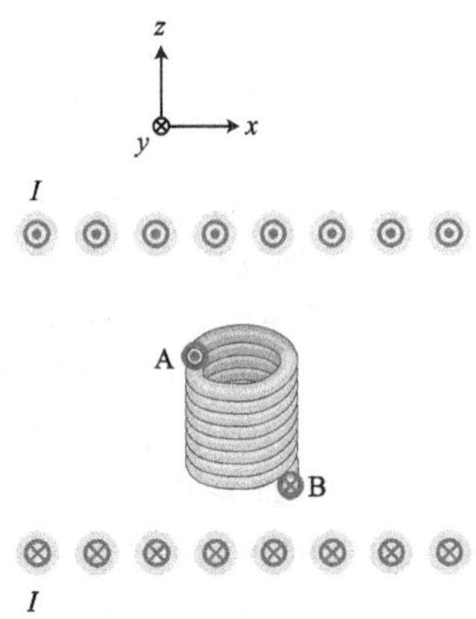

62. 有一根长 20mm、电流大小为 4A 的导线，将其放在螺线管内部使其与磁场方向的夹角为 45°，螺线管每单位长度的线圈匝数为 700，电流大小为 3.0A，求施加在导线上的磁场力的大小。●●

63. 一个螺绕环的横截面是正方形的，线圈匝数为 250，电流大小为 3.0mA，每个正方形的边长为 50mm，螺绕环内表面到中心的距离为 120mm，分别求（a）正方形线圈的中心处，（b）螺绕环的中心和内表面之间，（c）在外表面以外 30mm 处磁感应强度的大小。●●

64. 现有一个 200 匝线圈的螺绕环，问：当场点到螺绕环中心的径向距离 r 为多少时，磁感应强度大小和在每单位长度线圈匝数为 500 的螺线管内部的磁感应强度大小是一样的？假设螺绕环和螺线管通过的电流相等。●●

65. 一个螺绕环每单位长度的线圈匝数为 n，电流为 I，每个线圈的半径为 R_{winding}，螺绕环的内半径为 R_{toroid}，写出线圈内部任意位置的磁感应强度大小的表达式。●●

66. 如图 P28.66 所示，一个电子从螺线管的一端射入，电子从螺线管下方的边缘进入且与水平方向的夹角为 65°，螺线管的电流为 10A，沿 x 轴正方向看，电流沿顺时针方向，螺线管由 33.0m 长的导线制成，螺线管长为 200mm，有 400 匝线圈。（a）忽略边缘效应，电子通过螺线管而不碰到线圈所需要的最短时间是多少？（b）如果电子按照（a）小问计算的时间间隔所决定的最快的路径运动，则电子会绕螺线管的轴线转动几圈？●●●

图 P28.66

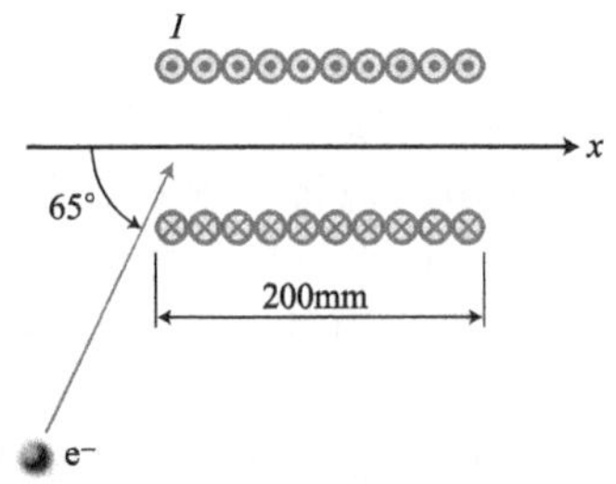

67. 你正在为一个粒子检测器校正电磁线圈，其中一个步骤涉及检查在螺绕环中不同位置的磁场，并且你被要求测量图 P28.67 中所标记的位于 1、2、3 和 4 处的磁场，你的同伴知道在螺线管内部的磁场是均匀的，而螺绕环只是把螺线管弯成环形，就质疑为什么要测量螺绕环中多个位置的磁场。你该如何对比较 1 和 2 处的磁感应强度大小的必要性做出解释？为什么要比较 3 和 4 处的磁感应强度大小？你该如何向同伴解释为什么尽管螺绕环是由螺线管弯曲环绕而成的，可是螺绕环中的磁场却不是均匀的？●●●

图 P28.67

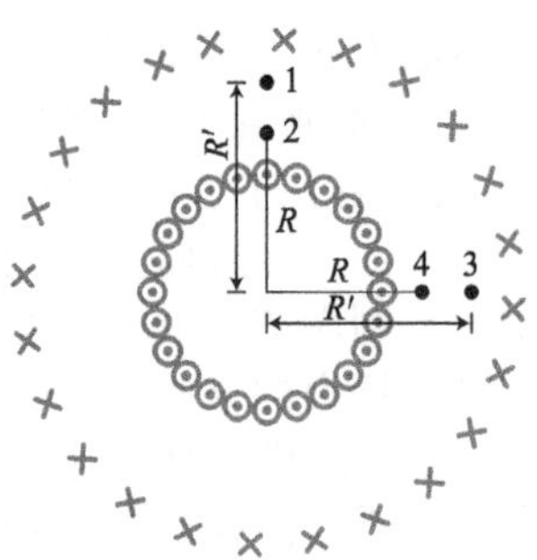

28.7　电流产生的磁场

68. 计算一个半径为 25mm、电流大小为 3.0A，且圆周角为 90° 的圆弧的中心处磁感应强度的大小。●

69. 导线 1 长 5m、电流为 3A，导线 2 与

实践篇

导线1平行，两者相距90mm，已知导线1所受的磁场力大小为4.0×10^{-7}N。求导线2中电流的大小。●

70. 利用毕奥-萨伐尔定律求在半径为0.22m、电流为3.0A的线圈中心上方70mm处的磁感应强度。●●

71. 导线1长3m、质量线密度为0.010kg/m、电流大小为10A、电流方向向右，且一开始导线1固定，现有一根很长的导线2与导线1平行放置，位于导线1的正上方5mm处，若导线1释放后仍静止在原来的位置上，求导线2中的电流的大小和方向。●●

72. 假设我们可以使用半径为1.0mm的导线制成一个线圈或者螺线管，我们希望可以比较电流相同的线圈或者螺线管的中心位置的磁场。(a) 利用毕奥-萨伐尔定律推导出环形载流线圈中心位置的磁感应强度大小的表达式；(b) 比较半径为10mm的环形载流线圈中心位置和半径同样为10mm的螺线管中心位置的磁感应强度大小。假设每1mm长的螺线管的线圈匝数为1匝，且通过载流线圈和螺线管的电流相同。●●

73. 如图P28.73所示，P点是两段圆弧导线的公共圆心，大圆弧的半径是70mm，小圆弧的半径是20mm，当导线中的电流为3.0mA时，求P点的磁感应强度的大小和方向。●●

图 P28.73

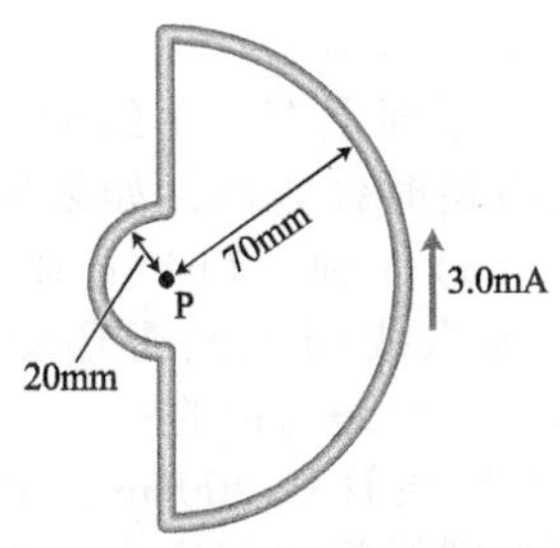

74. 将一根载流导线弯曲成如图P28.74所示的形状，半径为R_1的半圆弧位于xy平面上，通过两段直导线与yz平面上半径为R_2的半圆弧相连，电流方向如图所示，如果$R_2=1.5R_1$，求位于两个半圆的公共圆心处的P点的磁场方向。●●

75. 在xy坐标系中的x轴上的$x=0$和$x=10$m之间有一根电流大小为3.0A的导线，P点在$x=0$，$y=2.0$m处，求P点的磁感应强度的大小。●●●

图 P28.74

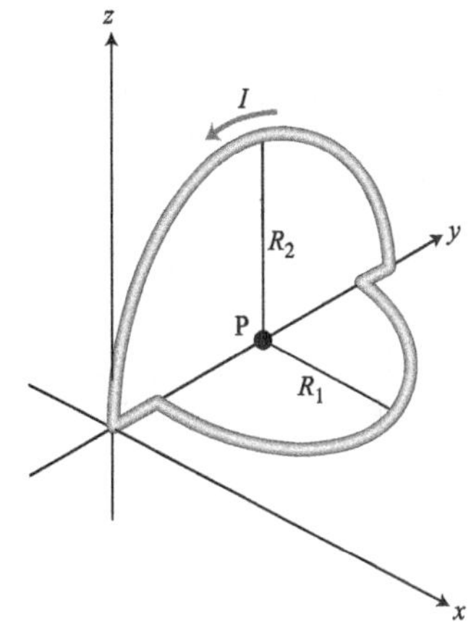

76. 如图P28.76所示，导线水平部分的长度为$l=0.100$m，点P在距水平部分中点正上方$d=30.0$mm处，导线中的电流大小为45.0A，两段倾斜的部分足够长。计算P点的磁感应强度的大小。●●●

图 P28.76

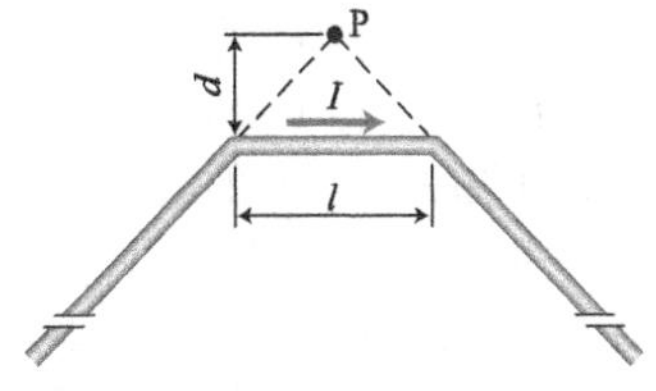

28.8 运动电荷产生的磁场

77. 一个电子沿直线运动，速度大小为6.0×10^7m/s，求在直线下方与直线相距15mm且在电子后方5.0mm处的磁感应强度的大小和方向。●●●

78. 一个质子沿x轴正方向运动，速率为4.00×10^4m/s，当质子通过原点时，计算点$(x, y)=(+2.00\text{mm}, +1.00\text{mm})$处的磁感应强度的大小。●

79. 写出做匀速直线运动的带电粒子的磁感应强度大小与它的电场强度大小之间的关系式。●

80. 电子1与电子2的运动轨迹反向平行，两粒子的运动轨迹相距10nm，分别以

$v_1=4.0\times10^7\text{m/s}$ 和 $v_2=7.0\times10^6\text{m/s}$ 的速率运动。电子 2 对电子 1 施加的磁场力的大小是多少？●●

81. 质子 1 以速率 v_1 向 x 轴负方向运动，质子 1 在质子 2 的正下方，质子 2 的运动速度大小为 v_2，方向与 x 轴正方向的夹角为 45°。如果两质子相距 r，计算每个质子对另外一个质子施加的磁场力的大小。●●

82. 一个带电粒子在匀强磁场中运动，其速度方向垂直于磁场方向。在 27.7 节，你知道了这样一个粒子受到磁场力的作用从而运动轨迹为圆形，又因为带电粒子是运动的，所以带电粒子产生磁场 $\vec{B}_p$。(a) 写出圆形轨迹中心处的磁感应强度大小 B_p 与均匀外加磁场的磁感应强度大小 B_{ext} 之间的关系表达式，其中粒子轨道半径为 R，带电量为 q，质量为 m。(b) 利用 $c_0=1/\sqrt{\epsilon_0\mu_0}$ 证明你的表达式可以转化为以下形式。●●

$$\frac{q^2}{4\pi\epsilon_0 R}\frac{1}{mc_0^2}B_{ext}$$

83. 电子 1 一开始以 $1.5\times10^6\text{m/s}$ 的速率向右运动，后来由于受电子 2 施加的电磁力作用，电子 1 向上加速运动，加速度的大小为 900m/s^2。已知：电子 2 在电子 1 的正下方，以 $4.0\times10^6\text{m/s}$ 大小的速率向左运动，两个电子之间的距离一定是多少？●●

84. 向相反的方向发射一个电子和一个质子，且在发射的瞬间，电子和质子相距最近，它们之间的距离为 3.0μm（见图 P28.84），两个粒子都以 $3.0\times10^4\text{m/s}$ 的速率运动，但是方向相反。对于发射的瞬间，(a) 求质子在该时刻对电子施加的磁场力的大小与方向。(b) 证明：该时刻磁场力与电场力之比等于 v^2/c_0^2，其中，$v=3.0\times10^4\text{m/s}$，且 c_0 是光速。●●

图 P28.84

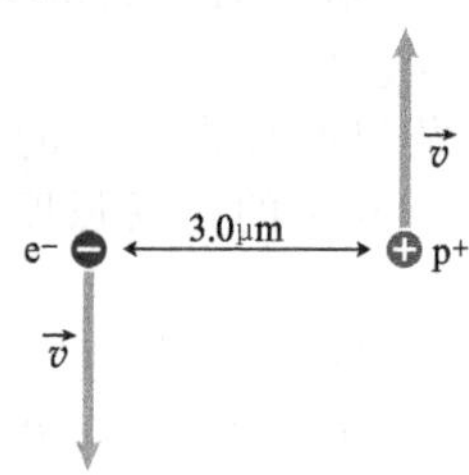

85. 两个电子做相向运动，在图 P28.85 所示的瞬间，两个电子相距 2.0mm，电子 1 的速度大小为 $v_1=300\text{m/s}$，电子 2 的速度大小为 $v_2=500\text{m/s}$，且运动方向如图 P28.85 所示。求：(a) 电子 1 对电子 2 施加的磁场力的大小和方向，(b) 电子 2 对电子 1 施加的磁场力的大小和方向。●●

图 P28.85

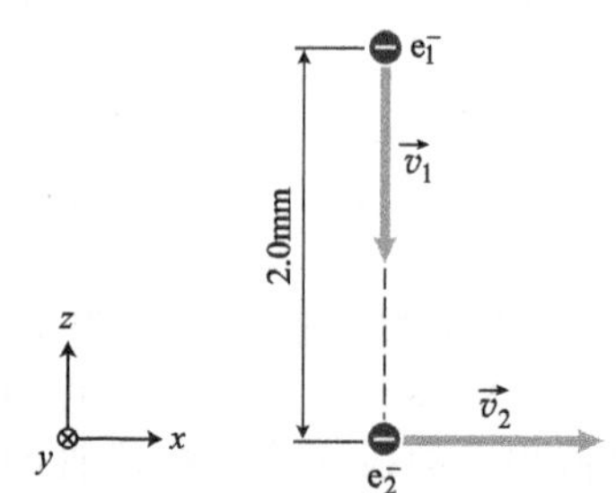

86. 在 $t=0$ 时刻，电子 1 以 $2.0\times10^3\text{m/s}$ 的速率从加速器中射出，在 $t=1.0\mu\text{s}$ 时刻，电子 2 以 $5.0\times10^3\text{m/s}$ 的速率从加速器射出，其运行轨道与电子 1 的轨道平行且在其正下方 10mm 处。(a) $t=3.0\mu\text{s}$ 时刻，领先电子 1 有 3.0mm 且位于其下方 5.0mm 处的磁感应强度的大小是多少？假设在之前的 2.0μs 内，两个电子之间相互作用的磁场力并没有明显改变两个电子的运动轨迹。(b) 在 $t=1.0\mu\text{s}$ 到 $t=3.0\mu\text{s}$ 时间内，电子对彼此施加的磁场力没有明显改变电子轨迹的假设是否合理？●●●

附加题

87. 在 xy 平面上有一个线圈，从 z 轴正半轴看电流沿逆时针方向，如果匀强磁场的方向分别沿 (a) x 轴，(b) y 轴，(c) z 轴的正方向，那么线圈上是否还受力矩的作用，如果有，方向是怎样的？●

88. 一个螺线管长 200mm，共 200 匝线圈，若要求在螺线管内部产生磁感应强度大小为 1.0T 的磁场，则需要通过多大的电流？●

89. 导线 1 长 2.3m，电流大小为 2.2A，电流方向向右，导线 2 的长度也是 2.3m，电流大小为 3A，电流方向向左，两根导线相互平行且相距 0.25m，求：导线 2 施加在导线 1 上的磁场力的大小与方向。●●

90. 如图 P28.90 所示，有两个正方形导线圈，右边的线圈是固定的，左边的线圈可以自由向任何方向转动的，从上向下看两个线圈中电流的方向都是逆时针的。(a) 右边的线圈在左边线圈产生的磁场的方向如何？(b) 初始时刻，左边线圈的磁偶极矩的方向如何？(c) 左边的线圈如何转动？(d) 若允许左边线圈转动，那么当系统达到平衡时，两个线圈的磁偶极矩是平行，反向平行，还是既不平行也不反向平行？●●

图 P28.90

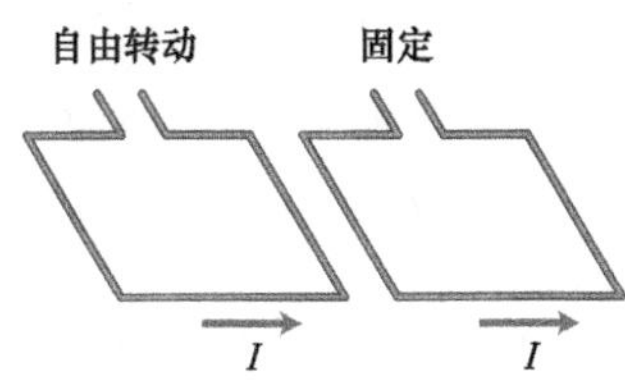

91. 导线 1 的质量为 0.010kg、长度为 1.0m、横截面为正方形，初始时刻静止于桌面上，通过柔性的电线与电源连接，电流大小恒为 1.5A。当导线 2 与导线 1 平行放置，相距 2.00mm 时，导线 1 开始远离导线 2，已知导线与桌面间的静摩擦系数为 0.050。通过导线 2 的最小电流是多大？●●

92. 你的两个朋友都在独立计算课后习题中磁感应强度关于长直载流导线的线积分，但是他们却得到了不同的答案，现在他们需要你的帮助，他们把各自的方法都告诉了你。Andy 选择的是对正方形路径进行线积分，路径平面与导线垂直；Beth 选择的则是与 Andy 相同的平面上包围导线的等边三角形的路径，三角形中的一边与 Andy 所选择的正方形的一条边完全重合，载流导线过正方形的中心，但不通过三角形的中心。Andy 得到的线积分结果是 64T · m，Beth 得到的结果是 89T · m。Andy 对公共边的线积分是 10T · m，Beth 对公共边的线积分是 45T · m。不幸的是，他们忘了告诉你关于导线中电流的信息。你发短信向他们获取更多的信息，突然你意识到你不再需要更多的信息来评估他们的工作了，这是为什么？●●● **CR**

93. 你的设计团队正在设计空心螺绕环，要求每安培电流能够产生最大的可行的磁场，而且最大的磁场必须是最小的磁场的 4 倍，由于时间和经费有限，你所能使用的导线的最大长度是 100m，半径最小是 30mm，你开始计算螺绕环需要多少匝线圈，螺绕环的内、外半径为多少，你能得到的磁场为多大。●●● **CR**

复习题答案

1. 运动的粒子——(无论是直线运动还是绕轴旋转)——都能产生磁场。

2. 磁场力一般是没有中心的；也就是说，它们一般不是沿着两个场源物体的连线。

3. 是的，例如，沿直线运动的带电粒子产生的磁场就是没有磁极的。

4. 这两个磁场的形状相似，都与无限小磁偶极子产生的磁场类似。

5. 自旋的带电粒子产生的磁场与无限小磁偶极子产生的磁场相似。

6. 磁偶极矩的方向与通过磁偶极子中心处的磁场线的方向相同。在条形磁铁中从 S 极指向 N 极，对于载流环路，其方向由环形电流磁偶极矩的右手定则判定。

7. 当电流方向已知时，由电流的右手定则可以判断磁场的方向，反之亦然。当电流和磁场方向都已知时，可以通过力的右手定则判断出磁场力的方向，反之亦然。当电流方向已知时，可以通过磁偶极子的右手定则判断出磁偶极矩的方向，反之亦然。这些定则见《原理篇》例 28.9。

8. 载流线圈所受力的矢量和为零，但力矩的矢量和不为零，趋向于使线圈的磁偶极矩矢量方向和外部磁场方向一致。

9. 电动机的换向器的作用是，在载流线圈每旋转半圈的时候（当线圈磁偶极矩和外部磁场方向相同时）使通过线圈的电流反向，从而保证作用在线圈上的磁矩总是可以使线圈朝同一方向旋转。

10. 静电场线起于并终于带电粒子；磁场线形成闭合回路。因此，通过一个闭合曲面的电通量等于其内部的电荷量，但是通过这个闭合曲面的磁通量等于零。

11. 不管电荷量如何，静电场的电场强度的线积分总是为零；而磁场的磁感应强度线积分则与所包含的电流大小有关。

12. 磁场的磁感应强度沿一个闭合环路的线积分与该闭合环路中所包围的电流大小成正比。

13. 如果包围电流的安培环路的方向和电流产生磁场的方向相同，那么电流对线积分的贡献为正，反之为负。

14. 该常数表示磁感应强度沿安培环路的线积分与安培环路所包围的电流大小之间的关系。

15. 导线是柱对称的。由于柱对称性，磁场线是一组同心圆，且在半径相同的位置上磁感应强度的大小相等。使用安培环路定理计算磁感应强度大小时，需要选择与其中一条磁场线吻合的路径作为安培环路。

16. 导线外部任意位置的磁感应强度大小与到导线轴线的径向距离成反比，这是因为导线内的全部电流都被安培环路包围，且环路长度与到导线轴线的径向距离成正比。在导线内部的任意位置的磁感应强度大小正比于到导线轴线的径向距离，因为在这种情况下，只有一部分电流被安培环路所包围。被安培环路包围的这部分电流的大小取决于安培环路环绕的面积与导线横截面的面积之比（见《原理篇》自测点 28.12）。

17. 平板两边的磁场均匀分布；换句话说，在平板上方和下方，所有位置的磁感应强度大小都相等，磁感应强度的大小见《原理篇》例 28.4：$B=\frac{1}{2}\mu_0 K$，其中，K 是单位宽度平板的电流。根据电流的右手定则，磁场方向与电流方向垂直，平板上方和下方的磁场方向相反。

18. 螺线管是紧密环绕的长线圈，它可以用来产生磁场。螺线管产生的磁场类似于条形磁铁产生的磁场，磁场方向沿螺线管轴线的方向，且内部磁感应强度大于外部的磁感应强度。内部磁感应强度近似均匀，与电流和单位长度的匝数成比例。外部磁感应强度近似等于零。

19. 螺绕环是紧密环绕的环状的导线圈，可以通过弯曲螺线管使其首尾相连成环形制成。螺绕环的磁场被限制在线圈内部，磁感应强度大小反比于场点到螺绕环中心的径向距离（到螺绕环中心轴的距离），磁场的方向可以用电流的右手定则判断。

20. 螺线管内部的磁感应强度近似均匀，但是螺绕环内部磁场的磁感应强度大小却与到中心轴的径向距离成反比。

21. 磁场的磁感应强度大小和静电场的电场强度大小都与场源强度成正比（磁场的场源是 $I\mathrm{d}\vec{l}$，静电场的场源是 $\mathrm{d}q$），而与径向距离的二次方成反比，静电场方向是沿着场源指向场点的单位矢量方向，而磁场的方向则取决于电流元和该单位矢量的矢量积。

22. 首先，沿以导线 1 为中心、半径为 d 的环路使用安培环路定理［式（28.1）］，求得导线 1 中的电流在导线 2 中各处产生的磁场。然后，使用电流在磁场中受力的定律［式（27.8）］计算导线 1 产生的磁场对导线 2 施加的磁场力。结果是 $F_{12}^{B}=\mu_0 l I_1 I_2/(2\pi d)$［式（28.16）］。

23. 安培环路定理只有在磁场方向对称且磁感应强度大小可以被确定的情况下才能使用。而毕奥-萨伐尔定律则不受对称性的限制，并且可以用来计算任何闭合电路中稳恒电流产生的磁场，但是需要满足式（28.10）的积分有解析解或数值解。

实践篇

24. 矢量积 $\vec{v}_1 \times \hat{r}_{12}$ 源于使用毕奥-萨伐尔定律求粒子 1 在粒子 2 处产生的磁场。矢量积 $\vec{v}_2 \times (\vec{v}_1 \times \hat{r}_{12})$ 源于粒子间的磁相互作用：即粒子 2 受粒子 1 产生的磁场的作用。

25. $\epsilon_0\mu_0 = [8.85\times10^{-12}\mathrm{C}^2/(\mathrm{N}\cdot\mathrm{m}^2)](4\pi\times10^{-7}\mathrm{T}\cdot\mathrm{m/A}) = 1.11\times10^{-17}\mathrm{s}^2/\mathrm{m}^2 = 1.11\times10^{-17}(\mathrm{m/s})^{-2} = 1/(8.99\times10^{16}\mathrm{m}^2/\mathrm{s}^2) = 1/(3.00\times10^8\mathrm{m/s})^2$。这是光速的二次方的倒数。

26. 不遵循，牛顿第三定律要求两个物体间的相互作用力大小相等且方向相反。而两个运动的带电粒子施加给彼此的磁场力在一般情况下大小不相等，方向也不相反，只有一些特殊的情况（比如两个带电粒子并排平行运动）才满足 $\vec{F}^B_{12} = -\vec{F}^B_{21}$。这是因为牛顿第三定律中 $\vec{F}_{12} = -\vec{F}_{21}$，要求系统满足动量守恒，而当涉及场的时候，只针对粒子使用第三定律是不够的，而是应该在所分析的系统中同时包括运动粒子和它们产生的电磁场。

引导性问题答案

引导性问题 28.2

$\dfrac{\mu_0 I}{2\pi R} + \dfrac{(\mu_0 I)(\pi/2)}{4\pi R} = 1.9\times10^{-5}\mathrm{T}$，垂直纸面向里

引导性问题 28.4

$F = \dfrac{\mu_0 I^2 l}{2\pi}\left(\dfrac{1}{x} - \dfrac{1}{x+w}\right) = 4.3\times10^{-9}\mathrm{N}$，导线吸引线圈

引导性问题 28.6

当 $R_{\mathrm{wire}} < r < R_{\mathrm{shell}}$ 时，$B(r) = \dfrac{\mu_0 I}{2\pi r}$；

当 $r > R_{\mathrm{shell}}$ 时，因为 $I_{\mathrm{enc}} = 0$，所以 $B(r) = 0$。

引导性问题 28.8

（a）$B = 0$，（b）$B = \dfrac{\mu_0 I}{2\pi r}\dfrac{(r^2 - R_{\mathrm{in}}^2)}{(R_{\mathrm{out}}^2 - R_{\mathrm{in}}^2)}$，（c）$B = \dfrac{\mu_0 I}{2\pi r}$。

实践篇

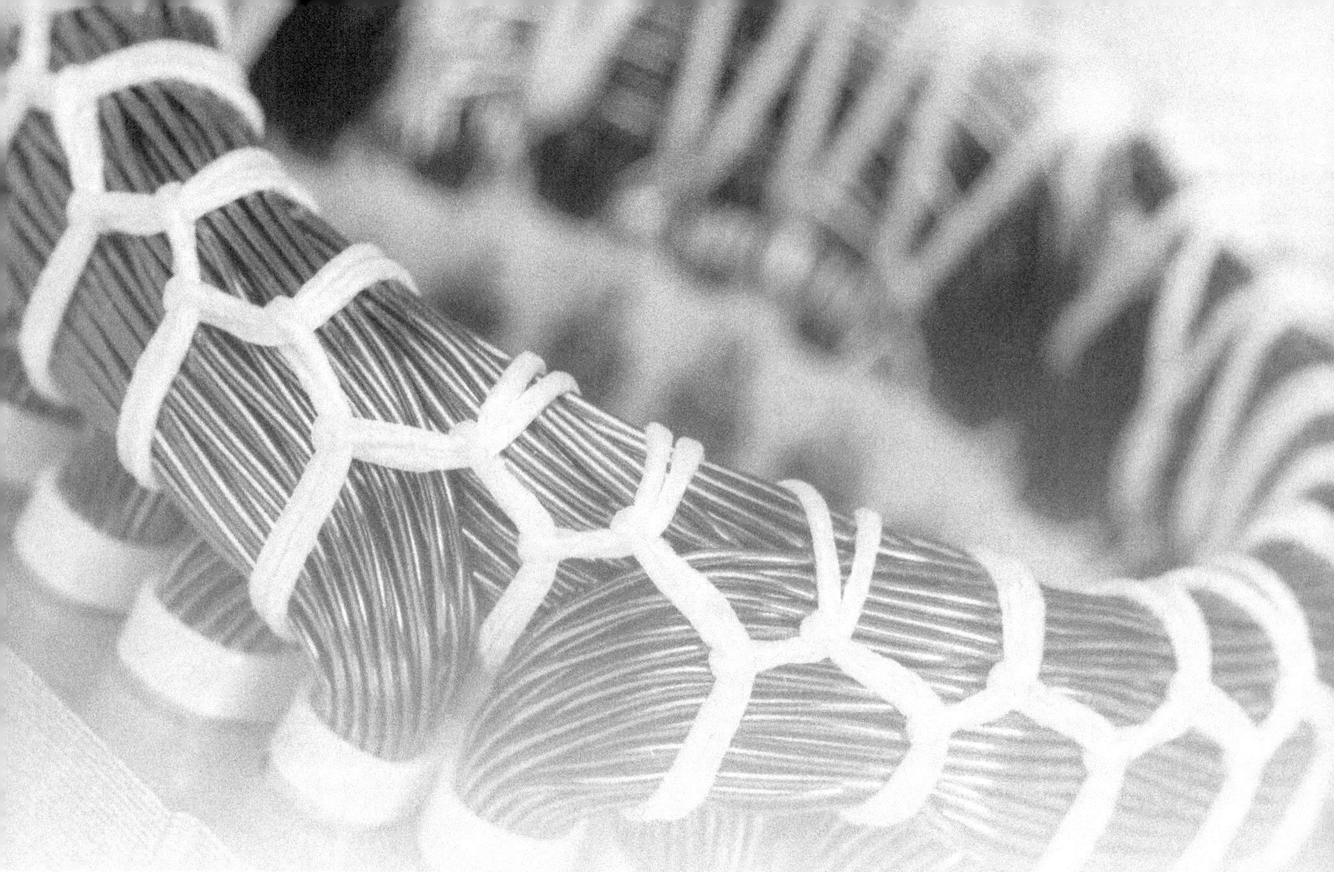

第 29 章　变化的磁场

章节总结

感应电动势和感应电流（29.1 节，29.2 节，29.4 节，29.5 节）

基本概念 若通过闭合导体线圈的磁通量发生变化，则线圈上会出现**感应电流**，这个过程称为**电磁感应**。

根据**楞次定律**，感应电流具有这样的方向，即感应电流的磁通量总要阻碍引起感应电流的磁通量的变化。

定量研究 若在一个磁感应强度大小为 B 的磁场中，一长为 l 的金属棒以速度大小 v 垂直于磁场方向运动，则金属棒两端的**感应电动势**为

$$|\mathscr{E}_{\text{ind}}| = Blv \quad (29.3)$$

根据**法拉第电磁感应定律**（简称法拉第定律），由于闭合路径所包围的区域中的磁通量变化而激发的闭合路径上的感应电动势为

$$\mathscr{E}_{\text{ind}} = -\frac{\mathrm{d}\Phi_B}{\mathrm{d}t} \quad (29.8)$$

其中，$\mathrm{d}\Phi_B/\mathrm{d}t$ 就是磁通的变化率。则电阻为 R 的导体线圈上的感应电流为

$$I_{\text{ind}} = \frac{\mathscr{E}_{\text{ind}}}{R} \quad (29.4)$$

注意：通过某曲面的**磁通** Φ_B 为

$$\Phi_B \equiv \int \vec{B} \cdot \mathrm{d}\vec{A} \quad (27.10,\ 29.5)$$

其中积分要取遍整个曲面。磁通的单位是**韦伯**（Wb），$1\text{Wb} \equiv 1\text{T} \cdot \text{m}^2$。

伴随着变化磁场产生的电场（29.3 节，29.6 节）

基本概念 变化的磁场伴随着一个电场。与静电场情况不同的是，该电场对沿闭合路径运动的带电粒子做功不一定为零。

定量研究 变化的磁场伴随着一个电场，该电场的电场强度沿任意闭合路径的积分为

$$\oint \vec{E} \cdot \mathrm{d}\vec{l} = -\frac{\mathrm{d}\Phi_B}{\mathrm{d}t} \quad (29.17)$$

其中线积分是沿一个闭合路径进行的积分，而磁通量是穿过以该闭合路径为边界的曲面的磁通量。

自感（29.7 节）

定量研究 若一个闭合线圈中产生了感应电动势 $\mathscr{E}_{\text{ind}}$，而闭合线圈中电流的变化率为 $\mathrm{d}I/\mathrm{d}t$，则闭合线圈中的**自感** L 可以由下面的公式给出

$$\mathscr{E}_{\text{ind}} = -L\frac{\mathrm{d}I}{\mathrm{d}t} \quad (29.19)$$

下面看一下计算 L 的过程：在国际单位制中，自感的单位是**亨利**（H），

$$1\text{H} \equiv 1\text{V} \cdot \text{s/A} = 1\text{kg} \cdot \text{m}^2/\text{C}^2 \quad (29.20)$$

一个长为 l、横截面面积为 A、匝数为 N 的螺线管的自感为

$$L = \frac{\mu_0 N^2 A}{l}$$

磁能（29.8节）

定量研究 自感为 L、载荷电流为 I 的电感中磁场的**磁能** U^B 为

$$U^B = \frac{1}{2}LI^2 \qquad (29.25)$$

磁感应强度大小为 B 的磁场中磁能的**能量密度** u_B（单位体积的磁能）为

$$u_B \equiv \frac{1}{2}\frac{B^2}{\mu_0} \qquad (29.29)$$

复习题

复习题的答案见本章最后。

29.1 导体在磁场中的运动

1. 已知外磁场方向向北，当一根竖直导体棒在外磁场中向东运动时，会发生什么现象？

2. 已知平面导体线圈的面法矢指向北方，当它从磁感应强度为零的区域向东运动逐渐进入到磁场方向向北的匀强磁场中时，会发生什么现象？

3. 什么是感应电流？

4. 一导体在外磁场中运动，导体中产生的感应现象是否取决于导体相对于磁场的运动方向？

29.2 法拉第定律

5. 一线圈从磁感应强度为零的区域进入到均匀的外磁场中，若改变参考系，是否会影响对线圈中产生感应电流的解释？如何影响？

6. 什么是法拉第定律？

7. 什么是电磁感应？

29.3 伴随着多个变化磁场产生的电场

8. 为使导体线圈中产生感应电流，则线圈中的载荷子一定会受到磁场力的作用吗？

9. 引起电磁感应的力本质上是否依赖于参考系的选择？如果是的话，该力本质上与参考系有什么关系？如果不是，请给出解释。

10. 伴随着变化的磁场产生的感应电场与静止带电粒子产生的静电场，这两种电场的电场线有何不同？

29.4 楞次定律

11. 如何根据楞次定律判断导体线圈中的感应电流的方向？

12. 楞次定律以哪个物理基本原理为基础？（正因为如此，楞次定律中的电流方向不能反向。）

13. 什么是涡流？

29.5 感应电动势

14. 什么是感应电动势？

15. 当一导体线圈在非匀强外磁场中运动时，线圈中的载荷子运动会产生感应电流。即使线圈中的感应电流的方向与磁场力的方向垂直，也会产生感应电流，而此时磁场力对载荷子做功为零。那么使载荷子运动的能量来源是什么？

16. (a) 法拉第电磁感应定律的定量描述是什么？(b) 式中负号的物理意义又是什么？

17. 描述感应电动势与电势差的区别。

18. 一个平面导体线圈在匀强磁场中以恒定的角速率 ω 转动，线圈中产生的感应电动势是如何随着线圈的转动而变化的？

29.6 伴随着一个变化磁场产生的电场

19. 伴随着磁场变化而产生的感应电场与磁通变化区域的感应电动势之间的关系是什么？

20. 某螺线管的磁场随时间变化，其内外的感应电场方向如何？

21. 复习题20中所描述的变化的磁场在螺线管内外激发的感应电场的电场强度大小是多少？

29.7 自感

22. 导体线圈中电流的变化是否会在线圈中产生感应电动势？

23. 在国际单位制中，自感的单位是什么？

24. 什么是电感？它在电路中起什么作用？

25. 自感描述了导体线圈或装置的哪方面特征？自感与导体线圈的哪些性质有关？

29.8 磁能

26. 为了改变电感中的电流，必须克服感应电动势做功。哪些能量变化可以解释这个功？

27. 电感中储存的磁能与通过电感的电流之间的关系是什么？磁能还与电感的其他性质有关吗？

28. 电感中储存的磁能与磁感应强度大小的关系是什么？这个关系除了适用于电感以外，还适用于其他情况吗？

估算题

从数量级上估算下列物理量，括号中的字母对应于可能用到的提示。根据需要使用它们来指导你的思考。

1. 在不使用磁铁的情况下，旋转一个金属衣架所能产生的电动势。(P，K，G，B)

2. 当你拿着一根金属窗帘杆绕你身体转动时，窗帘杆上产生的最大电势差。(H，S，K，G)

3. 当你扔下一块体积很小但是磁性很强的条形磁铁，并让它穿过一个电阻是 $R=0.1\text{V/A}$ 的金属钥匙环时，金属钥匙环中产生的最大感应电流。(R，I，M)

4. 在地球表面的附近 1m^3 的体积中储存的磁能。(G)

5. 当你在一根 100A 的住宅电力线路下行走时，你的金属钥匙环上产生的最大感应电动势。(W，A，Q，L，F)

6. 在 100A 的住宅电力线路下面的狗舍中储存的最大磁能。(W，A，Q，C)

7. 当你把车停在来自于核电站的高压电线的下方时，在你车外由于变化的磁场激发的感应电场的大小。(W，D，J，Q，U，F，X)

8. 当磁场能量密度与汽油的能量密度相同时，磁感应强度的大小。(N)

9. 金属丝缠绕在铅笔的外表面，可以将其看成一个螺线管，此装置的自感为 1H 时所需要的金属丝的长度。(E，O，V)

10. 一根长为 2m 的金属棒从十楼下落，下落过程中金属棒保持水平，金属棒两个端点之间的最大电势差。(K，G，T)

提示

A. 你与上方的电线距离有多远？
B. 你可以多快地转动线圈？
C. 狗舍的体积有多大？
D. 载流电线的电流大小是多少？
E. 自感与铅笔的半径及长度有什么关系？
F. 电流是如何随时间变化的？
G. 磁感应强度的大小是多少？
H. 窗帘杆的标准长度是多少？
I. 哪个面上的磁通在变化？
J. 上方的电线距车有多远？
K. 磁场的来源是什么？
L. 导体线圈的面积有多大？
M. 磁通量变化的时间间隔最小值是多少？
N. 1L 的汽油中的能量有多少？
O. 一支标准的铅笔的半径有多大？
P. 衣架形成的线圈所围起来的面积有多大？
Q. 你该如何估计磁感应强度的最大值？
R. 在磁铁的两极附近，磁感应强度有多大？
S. 杆上各点的平均移动速率有多大？
T. 杆的最大速率有多大？
U. 汽车的“半径”多长？
V. 每个线圈的周长有多长？
W. 你应该如何将电线模型化？
X. 对于包围变化磁通的半径为 R 的环形回路，其感应电动势和感应电场之间有什么样的关系？

答案（所有值均为近似值）

A. 6m；B. 绕绳子一端转动，比如说每秒钟 3 次；C. 1m^3；D. 1GW 的核电站约 $1\times10^3\text{A}$；E. $L=\dfrac{\mu_0 N^2(\pi R^2)}{l}$；F. 电流在 1/60s 内从最大的正值变到最大的负值然后返回；G. $5\times10^{-5}\text{T}$；H. 1m；I. 磁铁的横截面面积为 10^{-4}m^2；J. 20m；K. 地球；L. 10^{-3}m^2；M. 磁铁穿过环的时间约为 10^{-2}s；N. 约 $3\times10^7\text{J}$；O. $l=0.2\text{m}$，$R=3\times10^{-3}\text{m}$；P. $3\times10^{-2}\text{m}^2$；Q. 根据《原理篇》例 28.3 给出的安培环路定理可以得到磁感应强度大小为 $B=\dfrac{\mu_0 I}{2\pi d}=\dfrac{(2\times10^{-7}\text{T}\cdot\text{m/A})I}{d}$；R. 1 T；S. 5m/s，假设转速小于 2rev/s；T. $2\times10^1\text{m/s}$；U. 1m；V. $2\pi R$；W. 将其看成无限长的载流直导线；X. $\mathscr{E}=2\pi RE$

实践篇

例题与引导性问题

步骤：计算自感

自感的物理意义是：当电流发生变化时，载流装置或电流线圈产生自感电动势的能力。使用下面四个步骤可以确定载流装置或线圈的自感。

1. 找到载流装置或线圈的磁场与电流 I 的函数关系，有时候磁场还是载流装置或线圈的位置的函数。

2. 计算穿过该装置或线圈的磁通量 Φ_B，如果在第1步中得到的磁场表达式是位置的函数，就要对装置或电路进行积分，利用柱对称性简化积分并且将整个装置划分成许多小的单元使得每个小单元中的 B 是近似均匀的。

3. 将得到的 Φ_B 代入式（29.21），对 Φ_B 关于时间求导数时，记住只有电流会随时间变化，从而得到一个等号两边都有导数 $\mathrm{d}I/\mathrm{d}t$ 的式子。

4. 最后在等式两边同时消掉 $\mathrm{d}I/\mathrm{d}t$ 就可以得到自感 L 的表达式。

下列例题涉及本章内容，但又不仅仅局限于本章中的某一节。
其中一部分以例题的形式给出，另一部分则以引导性问题的形式给出。

例 29.1 导线附近的长方形线圈

图 WG29.1 中的长直导线上载有一随时间变化的电流 i，在时间间隔 $0<t\leq2.0\mathrm{s}$ 内时，$i(t)=a+bt$，$a=0.50\mathrm{A}$，$b=4.0\mathrm{A/s}$；当 $t>2.0\mathrm{s}$ 时，电流大小是一常数。长直导线位于静止的长方形线圈的上方 $h=0.040\mathrm{m}$ 处。线圈的宽 $w=0.10\mathrm{m}$，长 $l=0.60\mathrm{m}$，电阻 $R=2.8\mathrm{V/A}$。求当 $0<t\leq2.0\mathrm{s}$ 和 $t>2.0\mathrm{s}$ 时，线圈中产生的感应电动势和感应电流大小和方向。

图 WG29.1

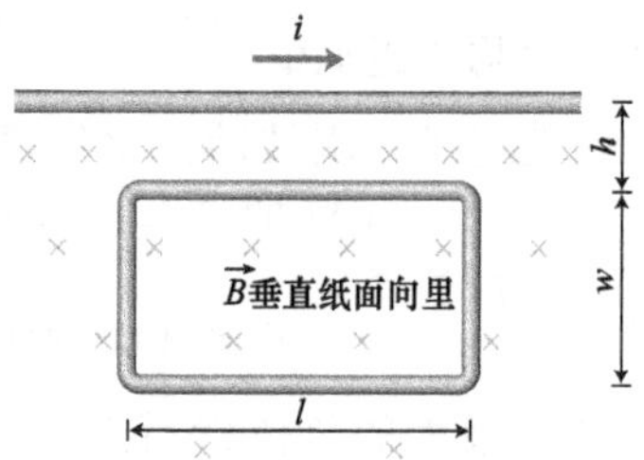

❶ **分析问题** 已知长方形金属线圈上方有一根载流直导线，位于线圈所在的平面。我们的任务是要求出线圈中的感应电动势和感应电流的大小，并判断感应电流的方向。我们知道变化的磁通产生感应电动势和感应电流，并且知道在 $0<t\leq2.0\mathrm{s}$ 内载流直导线中的电流发生变化，因此它周围的磁场也会发生变化，从而导致通过线圈的磁通量发生变化。

❷ **设计方案** 我们可以根据安培环路定理计算由长直导线上的电流激发的磁场。回顾《原理篇》例 28.3，磁感应强度的大小与距导线的垂直距离 r 成反比：$B=\mu_0 I/(2\pi r)$。因为导线周围的磁场线是环绕导线的圆环，所以存在穿过长方形线圈的磁通量，由式（29.5）可知：

$$\Phi_B=\int\vec{B}\cdot\mathrm{d}\vec{A}$$

在线圈包围的区域内，磁感应强度大小是场点到导线的距离的函数。为了计算磁通量，我们需要计算磁感应强度对线圈包围区域的面积分。

一旦知道磁通量的变化，我们就可以依据磁通量随时间变化的规律，用法拉第电磁感应定律来计算感应电动势。因此为了计算线圈中的感应电动势，我们需求出磁通量在 $0<t\leq2.0\mathrm{s}$ 内关于时间的导数：

$$\mathscr{E}_{\text{ind}}=-\frac{\mathrm{d}\Phi_B}{\mathrm{d}t}=-\frac{\mathrm{d}}{\mathrm{d}t}\int\vec{B}\cdot\mathrm{d}\vec{A}$$

最后一步就用式（29.4）：$I_{\text{ind}}=\mathscr{E}_{\text{ind}}/R$ 来计算感应电流的大小，用楞次定律确定感应电流的方向。

❸ **实施推导** 长直导线中电流与线圈中的磁通只有在 $0<t\leq2.0\mathrm{s}$ 内才有变化。当 $t>2.0\mathrm{s}$ 时，导线上的电流与它激发的磁场以及穿过线圈的磁通量都是常数，因此感应电流和感应电动势都为零。✔

实践篇

当 $0<t\leqslant 2.0\mathrm{s}$ 时，由载流长直导线激发的磁感应强度大小为

$$B=\frac{\mu_0 i}{2\pi r}=\frac{\mu_0(a+bt)}{2\pi r}$$

其中，r 是场点到直导线的垂直距离。我们在线圈围成的平面上先选取一细窄的长条区域：长为 l，宽为 $\mathrm{d}r$，其面积为 $\mathrm{d}A=l\mathrm{d}r$（见图 WG29.2）。我们可以认为在这无限窄的长条上的磁感应强度为常数，则穿过这个面元 $\mathrm{d}A$ 的磁通量 $\mathrm{d}\Phi_B$ 为

$$\mathrm{d}\Phi_B=B\mathrm{d}A=Bl\mathrm{d}r=\frac{\mu_0(a+bt)}{2\pi r}l\mathrm{d}r$$

图 WG29.2

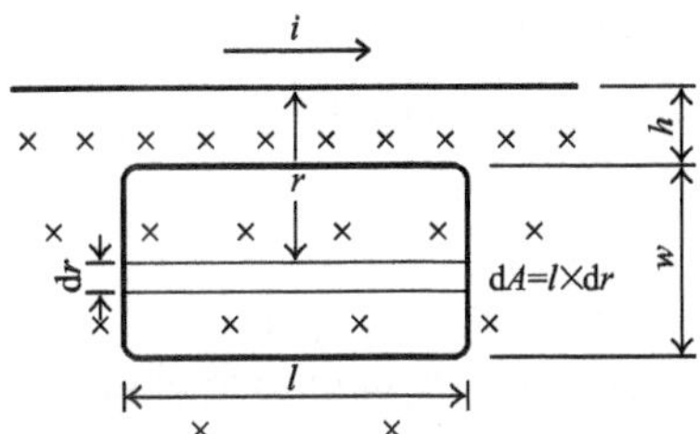

将上式从 $r=h$ 到 $r=h+w$ 进行积分得到穿过这个线圈的磁通量：

$$\Phi_B=\int\vec{B}\cdot\mathrm{d}\vec{A}=\frac{\mu_0(a+bt)}{2\pi}\int_{r=h}^{r=h+w}\frac{l\mathrm{d}r}{r}$$

$$=\frac{\mu_0(a+bt)l}{2\pi}\ln\left(\frac{h+w}{h}\right)$$

应用法拉第电磁感应定律得到

$$\mathscr{E}_{\mathrm{ind}}=-\frac{\mathrm{d}\Phi_B}{\mathrm{d}t}=-\frac{\mathrm{d}}{\mathrm{d}t}\left[\frac{\mu_0(a+bt)l}{2\pi}\ln(1+w/h)\right]$$

$$=-\frac{\mu_0 bl}{2\pi}\ln(1+w/h)$$

因此，感应电动势的大小为

$$|\mathscr{E}_{\mathrm{ind}}|=(2\times10^{-7}\mathrm{T\cdot m/A})(4.0\mathrm{A/s})(0.60\mathrm{m})\times\ln[1+(0.10\mathrm{m}/0.040\mathrm{m})]$$

$$=6.0\times10^{-7}\mathrm{T\cdot m^2/s}$$

（注意 $0<t\leqslant 2.0\mathrm{s}$ 内感应电动势与 t 无关。）

因为“伏特”是电动势的单位，所以在最后我们需要再检查一下这个等式的单位。利用 $1\mathrm{T}=1\mathrm{N/(A\cdot m)}$ 可以得到

$$\frac{\mathrm{T\cdot m^2}}{\mathrm{s}}=\frac{\mathrm{N\cdot m^2}}{\mathrm{A\cdot m\cdot s}}=\frac{\mathrm{N\cdot m}}{\mathrm{A\cdot s}}=\frac{\mathrm{N\cdot m}}{\mathrm{C}}=\frac{\mathrm{J}}{\mathrm{C}}=\mathrm{V}$$

所以最后感应电动势的大小就是

$$|\mathscr{E}_{\mathrm{ind}}|=6.0\times10^{-7}\mathrm{V}$$ ✓

如图 WG29.2 所示，长直导线中的电流 $i(t)$ 在金属线圈包围面上的磁通垂直纸面向里。由于磁感应强度随时间而不断增大，因此穿过线圈的磁通也随时间增大。根据楞次定律，为了阻碍由于磁感应强度变化而引起的磁通量的增加，线圈中感应电流的方向一定是逆时针方向。感应电流的大小为

$$I_{\mathrm{ind}}=\frac{|\mathscr{E}_{\mathrm{ind}}|}{R}=\frac{6.0\times10^{-7}\mathrm{V}}{2.8\mathrm{V/A}}=2.1\times10^{-7}\mathrm{A}$$ ✓

❹ **评价结果** 移动磁铁穿过绕着许多匝金属丝的螺线管所产生的感应电流是微安级的，因此即使长直导线中通过的电流相当大并且离线圈很近，我们也不必惊讶于产生的感应电流大约是 0.2μA。电磁感应的效应的确很小。

考虑线框中心处的情况是检查所求 $\mathscr{E}_{\mathrm{ind}}$ 值的一种方法。长直导线到线圈中心的距离为 $r=h+(w/2)=0.090\mathrm{m}$，我们可以利用安培环路定理得到该处在 $t=0$ 时的磁感应强度的大小：

$$B(t=0)=\frac{\mu_0 i}{2\pi r}=\frac{\mu_0(a+bt)}{2\pi r}$$

$$=(2\times10^{-7}\mathrm{T\cdot m/A})\left(\frac{0.50\mathrm{A}}{0.090\mathrm{m}}\right)$$

$$=1.1\times10^{-6}\mathrm{T}$$

当 $t=2.0\mathrm{s}$ 时，线圈中心的磁感应强度大小是该值的 17 倍：$B(t=2.0\mathrm{s})=1.9\times10^{-5}\mathrm{T}$。[因子 17 是在两个时刻 t 值下电流的比值：$(8.5\mathrm{A})/(0.50\mathrm{A})=17$。] 线圈中心处磁感应强度大小的平均变化率为

$$\frac{\Delta B}{\Delta t}=\frac{(17-1)(1.1\times10^{-6}\mathrm{T})}{2.0\mathrm{s}}$$

$$=8.9\times10^{-6}\mathrm{T/s}$$

我们可以通过将该值与线圈面积相乘来估算磁通变化的平均值：

$$\frac{\Delta\Phi_B}{\Delta t}\approx\left(\frac{\Delta B}{\Delta t}\right)(\ell w)$$

$$=(8.9\times10^{-6}\mathrm{T/s})(0.60\mathrm{m})(0.10\mathrm{m})$$

$$=5.3\times10^{-7}\mathrm{V}$$

这与我们计算得到的值 $\mathscr{E}_{\mathrm{ind}}=6.0\times10^{-7}\mathrm{V}$ 十分接近，也让我们确信前面的结果是正确性。

引导性问题 29.2 运动的线圈

一长为 l、宽为 w 的长方形线圈以恒定的速度 $\vec{v}$ 远离电流为 I 的载流长直导线（见图 WG29.3）。长直导线与线圈处于同一平面，线圈的电阻为 R。求：当长方形线圈中靠近长直导线的一边与长直导线之间的垂直距离为 r 时，线圈上的感应电流的大小和方向。

图 WG29.3

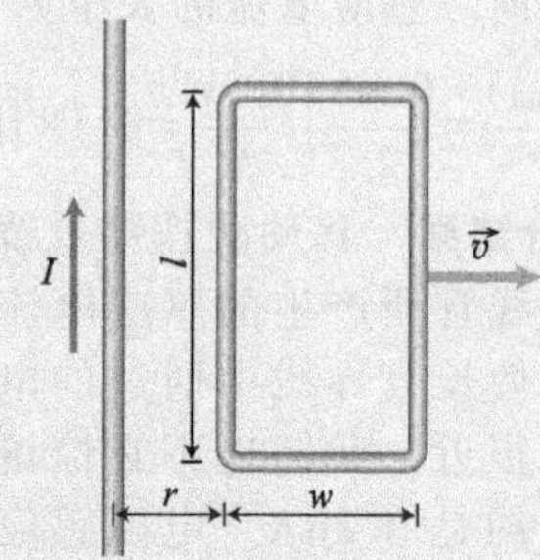

❶ **分析问题**

1. 寻找该题与例 29.1 之间的异同。应用例 29.1 中的方法在解决本题时需要修改吗？

2. 在例 29.1 中，哪部分的结果可以直接使用？

❷ **设计方案**

3. 推导距长直导线垂直距离为 r 处的磁感应强度的表达式。

4. 为了计算磁通量，你需要将磁感应强度沿线圈进行积分吗？如果确实要这么做，你能利用例 29.1 中所使用的微分面元吗？

5. 你很可能需要对穿过线圈的磁通量关于时间求导，从而得到磁通量的变化率。注意：由于线圈在运动，所以 r 是时间的函数。

6. 计算磁通对时间的导数可以帮助你得到感应电动势与线圈速度的关系式吗？若确实如此，这会帮助你求得感应电流吗？

❸ **实施推导**

7. 计算磁通量的积分的上下限各是多少？

8. 下面给出两个可能会用到的导数公式：

$$\frac{\mathrm{d}}{\mathrm{d}t}\ln(r+w)=\frac{1}{r+w}\frac{\mathrm{d}r}{\mathrm{d}t} \text{和} \frac{\mathrm{d}}{\mathrm{d}t}\ln r=\frac{1}{r}\frac{\mathrm{d}r}{\mathrm{d}t}$$

9. 用楞次定律判断 I_{ind} 的方向。记住不仅要考虑穿过线圈的磁场方向，还要考虑磁通量随时间是*增加*还是*减少*。

❹ **评价结果**

10. 检验你所得到的电流的方向是否阻碍磁通量的变化。你可以根据感应电流的方向来判断长直导线作用在线圈各点的磁场力方向，并以此来验证结果的合理性。线圈所受磁场力一定是阻碍线圈运动的。

11. 如何将本题中求得的电动势与例 29.1 中获得的值进行比较？本题的结果是否合理？

例 29.3 伴随着变化磁场产生的电场

如图 WG29.4 所示，在磁感应强度随时间增加的匀强磁场中有三个导体线圈 A、C、D。图中各同心圆环的间隔都相等，各圆环半径分别为 R、$2R$、$3R$、$4R$，都被径向射线分成 12 等份，磁场强度只在 $r=5R/2$ 以内的区域不为零。求三个导体线圈 A、C、D 上感应电动势的表达式，然后用楞次定律判断三个线圈中感应电流的方向。

图 WG29.4

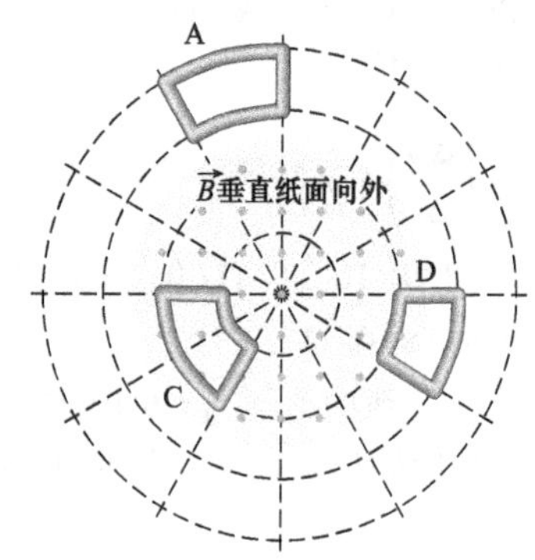

❶ **分析问题** 图中的三个导体线圈都垂直于变化的磁场。我们要求每个线圈中的感应电动势、感应电流并判断感应电流的方向。看起来在三个线圈中好像只有两个有磁通的变化，因此我们预期线圈 C、D 中的感应电动势和感应电流不为零。因为阴影区域中的磁场是均匀的，我们还预期可以利用图中阴影区域的柱对称性来简化问题。最后，我们还记得在《原理篇》例 29.7 中曾经看到过类似的柱对称性。

❷ **设计方案** 因为变化的磁场具有柱对称性，所以伴随着变化磁场产生的感应电场的电场线一定是如图所示的同心圆环。

实践篇

由变化的磁场激发的感应电场 $E(r)$ 的大小可由式 (29.17)：$\oint \vec{E} \cdot \mathrm{d}\vec{l} = -\mathrm{d}\Phi_B/\mathrm{d}t$ 计算得到。我们分别在半径为 R、$2R$、$3R$、$4R$ 的四个圆环上计算线积分。因为每个圆环都与感应电场的电场线相切，并且任意一条电场线上各点的电场强度大小都是常数，那么沿着半径为 r 的圆有 $\left|\oint \vec{E} \cdot \mathrm{d}\vec{l}\right| = 2\pi r E(r)$，得到

$$2\pi r E(r) = \left| -\frac{\mathrm{d}\Phi_B}{\mathrm{d}t} \right| \tag{1}$$

这里用绝对值是因为 $E(r)$ 只表示大小，因此一定是非负。

因为在图中的阴影区域中磁场是均匀的，所以我们可以简单地把通过线圈的磁通写为乘积的形式 $\Phi_B = BA$，其中，B 是磁感应强度的大小；A 是半径为 r 的圆中包围的阴影的面积。如果我们把阴影区域的半径记为 $R_{\text{shaded}} = 5R/2$，那么当 $r \leqslant R_{\text{shaded}}$ 时，磁通量为 $\Phi_B = \pi r^2 B$，而当 $r \geqslant R_{\text{shaded}}$ 时，磁通量为 $\Phi_B = \pi R^2_{\text{shaded}} B$。

一旦计算得到了感应电场强度大小 $E(r)$，我们就可以通过联立式 (29.8) 和式 (29.17) 求得每个导体线圈的感应电动势：$\mathscr{E}_{\text{ind}} = \oint \vec{E} \cdot \mathrm{d}\vec{l}$。我们必须把每个导体线圈的线积分分成四个部分：两部分沿着径向，两部分沿着圆弧边。因为感应电场的电场线都是同心圆，故在每个线圈上感应电场沿半径方向的积分为零，沿着圆弧的积分不为零。

最后，我们可以用楞次定律判断每个线圈中感应电流的方向。

❸ 实施推导 联立式 (1) 和我们在前面通过计算得到的穿过每个同心圆的磁通量 Φ_B 的表达式，不难得到对于 $r \leqslant R_{\text{shaded}}$，有 $2\pi r E(r) = \pi r^2 |\mathrm{d}B/\mathrm{d}t|$，故 $E(r) = r/2\,|\mathrm{d}B/\mathrm{d}t|$。对于 $r \geqslant R_{\text{shaded}}$，有 $2\pi r E(r) = \pi R^2_{\text{shaded}} |\mathrm{d}B/\mathrm{d}t|$，因此 $E(r) = [R^2_{\text{shaded}}/(2r)]\,|\mathrm{d}B/\mathrm{d}t|$。因为磁场方向垂直于纸面向外并且磁感应强度的大小随时间增大，由楞次定律可知感应电场一定沿着圆的顺时针方向。

线圈 A 全部位于磁场以外，意味着没有磁通量穿过该线圈，因此这个线圈中没有感应电动势和感应电流。[注意环路 A 的两条弧上存在非零电场，但是电场强度沿内圆弧的积分与沿外圆弧的积分都非零且两者等值异号，所以电场强度对这个闭合路径的线积分为零。两者对电动势的贡献大小相等，相互抵消，这是因为（当 $r > R_{\text{shaded}}$ 时）弧长正比于 r，而电场强度正比于 $1/r$。] ✓

线圈 C 完全处于磁场区域内。内弧的半径为 R，外弧的半径为 $2R$。求电场强度对线圈 C 沿顺时针方向的线积分 $\mathscr{E}_{\text{ind}} = \oint \vec{E} \cdot \mathrm{d}\vec{l}$，计算得到外弧对电动势的贡献为正（$\vec{E}$ 与 $\mathrm{d}\vec{l}$ 同向），径向边对电动势无贡献（$\vec{E} \perp \mathrm{d}\vec{l}$），内弧对电动势的贡献为负（$\vec{E}$ 与 $\mathrm{d}\vec{l}$ 反向），并且另外一条径向边对电动势的贡献也是零。因为每个弧的弧度都为圆周的 1/6，所以 $r = 2R$ 和 $r = R$ 这两个圆弧所对应的弧长就是 $2\pi r/6$。将四条边对感应电动势的贡献相加，得到

$$\mathscr{E}_{\mathrm{C}} = \frac{2\pi(2R)E(2R)}{6} + 0 - \frac{2\pi R E(R)}{6} + 0$$

再将 $r = 2R$ 和 $r = R$ 代入 $E(r) = (r/2)(\mathrm{d}B/\mathrm{d}t)$，有

$$\mathscr{E}_{\mathrm{C}} = \frac{2\pi}{6}\left(\frac{4R^2}{2} - \frac{R^2}{2}\right)\frac{\mathrm{d}B}{\mathrm{d}t} = \frac{\pi R^2}{2}\frac{\mathrm{d}B}{\mathrm{d}t}$$

这就是线圈 C 中感应电动势的大小。因为穿过线圈的磁通量垂直于纸面向外且随时间增大，因此感应电流的方向一定是沿线圈 C 的顺时针方向。✓

对于线圈 D，感应电动势的计算也是类似的。这时，$r = 3R$ 的外弧不在磁场内，而 $r = 2R$ 的内弧在磁场区域内。并且，每一段弧的弧度都是圆周的 1/12，所以 $r = 2R$ 和 $r = 3R$ 的这两段弧对应的弧长为 $2\pi r/12$。将电场强度沿着线圈 D 按顺时针的方向进行积分（外弧、径向边、内弧、径向边）$\mathscr{E}_{\text{ind}} = \oint \vec{E} \cdot \mathrm{d}\vec{l}$，有

$$\mathscr{E}_{\mathrm{D}} = \frac{2\pi(3R)E(3R)}{12} + 0 - \frac{2\pi(2R)E(2R)}{12} + 0$$

对于内弧，由于 $2R < R_{\text{shaded}}$，所以我们再次用 $E(r) = (r/2)(\mathrm{d}B/\mathrm{d}t)$ 得到 $E(2R) = R(\mathrm{d}B/\mathrm{d}t)$。而对于外弧，由于 $3R > R_{\text{shaded}}$，我们要用 $E(r) = [R^2_{\text{shaded}}/(2r)](\mathrm{d}B/\mathrm{d}t)$，因此有

$$E(3R) = \frac{(5R/2)^2}{6R}\frac{\mathrm{d}B}{\mathrm{d}t} = \frac{25R}{24}\frac{\mathrm{d}B}{\mathrm{d}t}$$

将感应电场的电场强度值代入，就得到了线

圈 D 上的感应电动势的大小：

$$\mathscr{E}_{\mathrm{D}}=\frac{2\pi}{12}\left[(3R)\frac{25R}{24}-(2R)R\right]\frac{\mathrm{d}B}{\mathrm{d}t}=\frac{3\pi R^2}{16}\frac{\mathrm{d}B}{\mathrm{d}t}$$

因为穿过线圈的磁通量垂直于纸面向外并且随时间增大，所以在线圈 D 中的感应电流方向是顺时针方向。✔

❹ **评价结果**　因为线圈 A 完全在磁场之外，所以线圈 A 上不会有感应电动势这一说法是合理的。线圈 C 和 D 上磁通量的变化不同，所以我们预期它们的感应电动势也应该是不同的。正如我们所预期的那样，磁通通过面积更小的线圈 D 激发的感应电动势更小。

引导性问题 29.4　下落的线圈

在匀强磁场 $\vec{B}$ 中有一质量为 m、长为 l、宽为 w 的长方形线圈在重力的作用下下落（见图 WG29.5）。将线圈由静止释放，释放的瞬间，线圈下边正好处于磁场下方边界。在图中所示的瞬间，线圈以速率 $v(t)>0$ 离开磁场（也就是线圈向下运动）。求出从线圈释放的瞬间到线圈上边离开磁场区域的瞬间，这一段时间内线圈的运动速率关于时间的函数。在线圈的上边离开磁场后会发生什么？

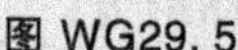
图 WG29.5

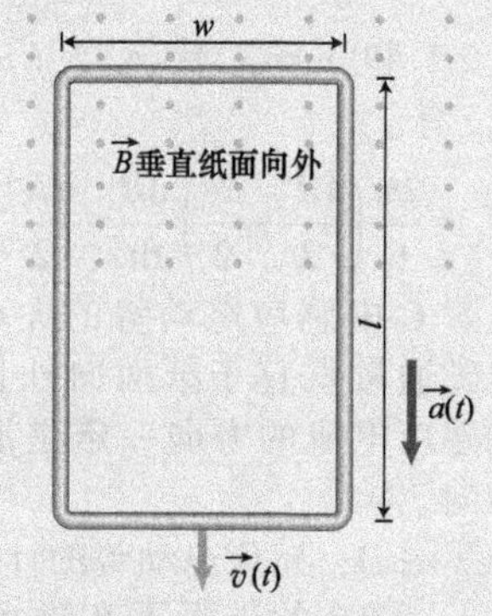

❶ **分析问题**

1. 当线圈下落时，穿过线圈的磁通量会发生变化，从而产生感应电流，电流会阻碍线圈下落（楞次定律）。第一步最好是找出 t 时刻穿过线圈的磁通量与线圈下落速率的关系。但是要小心，在任意时刻，线圈的下部分区域没有磁场，而线圈的上部分区域的磁场非零且均匀。

2. 在这里感应电动势与感应电流可能比简单的磁通量更为有用。

3. 你可能需要额外的条件来求解速率，所以要考虑受力分析或者能量分析。记住要寻找速率与时间之间的关系。

4. 可能必须要解微分方程来求解 $v(t)$，所以不要忽略加速度这一个有用的物理量。

❷ **设计方案**

5. 求 $\mathrm{d}\Phi_B/\mathrm{d}t$ 的表达式，其中应包含 $v(t)$。

6. 电流可能与磁通量和磁场力都有关系。在如图 WG29.5 所示的时刻，线圈中的感应电流大小是多少？（用 $I_{\mathrm{ind}}=\mathscr{E}_{\mathrm{ind}}/R$）

7. 包含所有作用于线圈的竖直方向的力的受力分析图有帮助吗？回顾作用于线圈上的磁场力，用已知量表示力的大小和方向。[提示：参照式（28.13）：$\vec{F}=I_{\mathrm{ind}}\mathrm{d}\vec{l}\times\vec{B}$。] 利用这个力的竖直分量得到线圈在竖直方向上的运动方程。

8. 已知 $a=\mathrm{d}v/\mathrm{d}t$，由此是否可以写出速率关于时间的微分方程式？

❸ **实施推导**

9. 若你已得到形式为 $\mathrm{d}v/\mathrm{d}t=\alpha-\beta v$ 的微分方程，其中 $v(0)=0$，你就可以尝试求出形式为 $v=(\alpha/\beta)[1-\exp(-\beta t)]$ 的解。

❹ **评价结果**

10. 对 $v(t)$ 的表达式求导就可以得到加速度的表达式，同时还可以检验结果的合理性。

例 29.5　螺绕环的自感

求螺绕环的自感 L 的表达式（参看第 28.6 节），其中线圈的横截面是半径为 R_{w} 的圆，螺绕环的半径为 R_{t}，$R_{\mathrm{t}}\gg R_{\mathrm{w}}$。

❶ **分析问题**　我们在开始之前先画出螺绕环的示意图（见图 WG29.6）。根据《原理篇》第 28.6 节，我们知道磁场全部存在于由螺绕环的线圈围成的空腔内，并且磁场线是以螺绕环中轴线（垂直于图像平面的轴线）为圆心的圆环

图 WG29.6

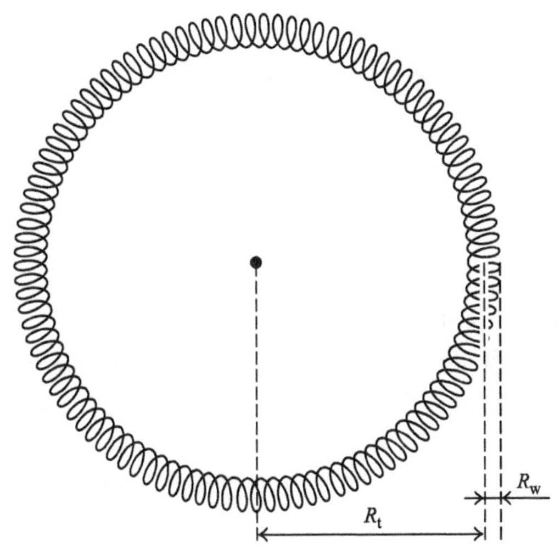

❷ **设计方案** 为计算螺绕环的自感，我们可以利用本章开始介绍的“计算自感”步骤框。首先，需要根据通过螺绕环的电流 I 求出磁感应强度的大小。我们已在《原理篇》第 28.6 节中推导出这个表达式了，并发现距有 N 匝线圈的螺绕环中心的径向距离为 r 处，$B=\mu_0 NI/(2\pi r)$ ［式（28.9）］。条件 $R_t \gg R_w$ 意味着式（28.9）中的 r 可以近似为 $r\approx R_t$，从而得到 $B=\mu_0 NI/(2\pi R_t)$。利用 B 的这个表达式，我们就可以计算磁通量关于电流的函数表达式。接下来可以将该结果代入式（29.21），即 $\frac{\mathrm{d}\Phi_B}{\mathrm{d}t}=L\frac{\mathrm{d}I}{\mathrm{d}t}$ 中，就能解得 L。

❸ **实施推导** 穿过一个线圈的磁通量为穿过这个线圈的磁感应强度大小 B 与这个线圈所包围面积 πR_w^2 的乘积。所以整个螺绕环的磁通量为

$$\Phi_B=N(\pi R_w^2)B=\frac{\mu_0 N^2 I R_w^2}{2R_t}$$

把 Φ_B 的表达式代入式（29.21）中，有

$$\frac{\mathrm{d}}{\mathrm{d}t}\frac{\mu_0 N^2 I R_w^2}{2R_t}=L\frac{\mathrm{d}I}{\mathrm{d}t}$$

而方程左边只有电流才是随时间变化的，因此

$$L=\frac{\mu_0 N^2 R_w^2}{2R_t}✓$$

❹ **评价结果** 以上结果说明，螺绕环的自感随匝数 N 的二次方增大而增大。这是合理的，因为在螺绕环空腔中的磁场和穿过该螺绕环的磁通量都随匝数 N 的增加而增大。自感与线圈圆形横截面的半径 R_w 的二次方有关也是正确的，因为随着 R_w 的增大，每匝线圈所围成的面积也在增大，从而磁通量按因子 R_w^2 增加。

最后，自感与半径 R_t 成反比也是合理的，因为磁感应强度的大小随 R_t 的增大以 $1/R_t$ 的因数减少，因此，磁通量也这样变化。（注：对于螺绕环，上述自感表达式只有在 $R_t \gg R_w$ 的条件下才成立。）

引导性问题 29.6 同轴电缆的自感和磁能

如图 WG29.7 所示，有一个由两个电阻可以忽略的同轴空心圆柱组成的同轴电缆。内圆柱半径为 R_{inner}，外圆柱半径为 R_{outer}，两个圆柱的长度都为 l，且 $l\gg R_{outer}$。在电缆中有一电流 I，方向从电池流进内圆柱，然后流经外圆柱后回到电池。那么电磁场中储存了多少磁能？电缆的自感有多大？

图 WG29.7

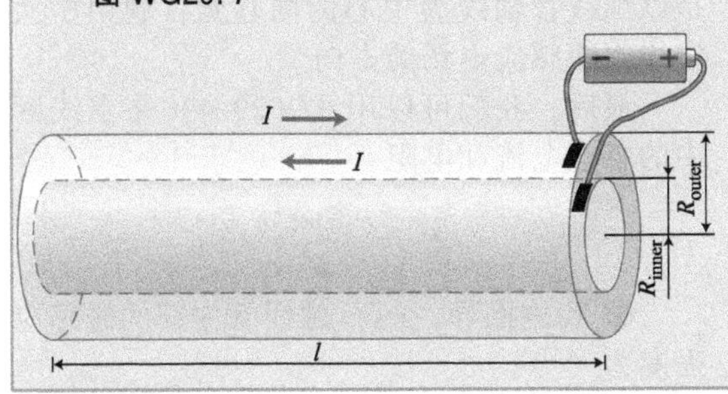

❶ **分析问题**

1. 为求出磁场中所储存的磁能，我们必须知道磁感应强度大小与半径之间的函数关系。安培环路定理［式（28.1）］适用于这种情形吗？

2. 储存在电感中的磁能与自感有何关系？

❷ **设计方案**

3. 为得到各处磁感应强度大小的表达式，可以用安培环路定理 $\oint \vec{B}\cdot \mathrm{d}\vec{l}=\mu_0 I_{enc}$ ［式（28.1）］求出电缆外部（$r>R_{outer}$）、内圆柱内部（$r<R_{inner}$），以及两圆柱之间（$R_{inner}<r<R_{outer}$）的磁感应强度的大小。

4. 用式（29.29）求出在磁感应强度大小不为零的区域中的磁能密度。

5. 储存的磁能大小可以通过磁能密度关于 $B\neq 0$ 的区域体积积分求得。这些区域的磁场是否均匀？你可能要选取一个体积元进行积分。根据对称性，一半径为 r、厚度为 dr、长为 l 的薄圆柱壳体积元可表示为 $dV=2\pi rl dr$。

6. 积分的上下限是什么？

7. 一旦求得 U^B，就可以用 U^B 和式（29.25）求电缆的自感。

❸ **实施推导**

❹ **评价结果**

8. 考虑当同轴电缆的尺寸变化时，储存的能量会怎样变化？

例 29.7 电场与法拉第电磁感应定律

在一个空心非铁磁性的圆柱体上缠绕 100 匝金属丝，制成一个长为 $l=2.5\times10^{-1}$m、半径为 $a=3.0\times10^{-2}$m 的螺线管（见图 WG29.8）。现有一个半径为 $r_{loop}=1.0\times10^{-2}$m、电阻 $R=5.0$V/A 的小金属线圈位于螺线管轴线的中点处，且与螺线管同心。从 $t=0$ 到 $t=2.0$s 时间段内，通过螺线管的电流以 $I=bt$ 增大，其中，$b=2.0\times10^{-1}$A/s。在 $t=2.0$s 之后，电流为常数。那么当 $0<t<2.0$s 和 $t>2.0$s 时，求：（a）线圈中的感应电动势；（b）由线圈中变化的磁通量激发的感应电场的大小及方向；（c）线圈中感应电流的大小及方向。

图 WG29.8

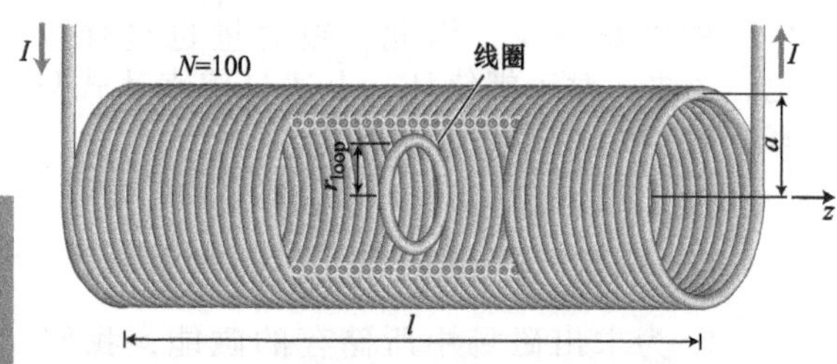

❶ **分析问题** 当 $t>2.0$s 时，电流不会发生变化，因此感应电动势、感应电场和感应电流均为零。这时我们已经完成了一部分工作。✔

我们现在要考虑的是在 $0<t<2.0$s 时间段内，电流发生变化时的情况。在这段时间内，穿过螺线管内部的磁通量发生了变化，因此线圈包围的区域的磁通量也发生了变化。根据法拉第定律，由式（29.17）可知，穿过线圈的磁通量变化，一定会在线圈中激发感应电场。这个感应电场是产生感应电流的感应电动势的来源。我们可以根据楞次定律或通过判断电场的方向来判断感应电流的方向。注意流过螺线管的电流方向已经在图 WG29.8 中标出。

❷ **设计方案** 为了求线圈中的感应电动势，我们首先要计算螺线管内的磁感应强度大小。为此，我们可以用式（28.6），即 $B=\mu_0 nI$，其中 n 是单位长度螺线管的匝数：

$$B=\mu_0 nI=\mu_0\frac{N}{l}I$$

我们可以通过式（29.5）对 B 进行积分来求线圈中的磁通量：

$$\Phi_B=\int\vec{B}\cdot d\vec{A}$$

其中，$d\vec{A}$ 是垂直于螺线管轴线的面元矢量。然后式（29.8）形式的法拉第电磁感应定律给出了线圈的感生电动势：

$$\mathscr{E}_{ind}=-\frac{d\Phi_B}{dt}=-\frac{d}{dt}\left(\int\vec{B}\cdot d\vec{A}\right)$$

接下来我们应该能够根据电动势的定义（电场强度对闭合线圈的环路积分）来求电场强度大小。联立式（29.8）和式（29.17）我们得到

$$\mathscr{E}_{ind}=\oint_{loop}\vec{E}\cdot d\vec{l}=-\frac{d}{dt}\int\vec{B}\cdot d\vec{A} \tag{1}$$

其中，线积分路径是以螺线管的轴线为中心、半径为 r 的圆，这样就可以算出由变化的磁场激发的感应电场的大小 $E(r)$。我们可以通过类比《原理篇》自测点 29.12 来推断感应电场的方向，也就是说感应电场的场线是以螺线管轴线为中心的同心圆，利用楞次定律判断感应电场的方向。

最后，我们可以用式（29.4）来求线圈中的感应电流和电阻：

$$I_{ind}=\frac{|\mathscr{E}_{ind}|}{R}$$

❸ **实施推导** （a）螺线管内部的磁感应强度为

实践篇

$$\vec{B}=\mu_0 nI\hat{k}=\frac{\mu_0 NI}{l}\hat{k}=\frac{\mu_0 Nbt}{l}\hat{k}$$

（由图 WG29.8 所示的螺线管中线圈的方位和电流的方向，我们看到螺线管产生的磁场沿 z 轴的正方向，所以 $\vec{B}$ 的方向与 $\hat{k}$ 的方向一致。）我们取磁通量积分中的面元 $d\vec{A}$ 的方向与 $\hat{k}$ 的正方向一致，也就是与磁场方向平行：$d\vec{A}=dA\hat{k}$。然后，穿过线圈的磁通量就是

$$\Phi_B=\int\vec{B}\cdot d\vec{A}=\int B\hat{k}\cdot dA\hat{k}=\int BdA$$

由于螺线管内部的磁感应强度大小是常数，且线圈的面积为 $A=\pi r_{\text{loop}}^2$，所以线圈中的磁通量为

$$\Phi_B=\int BdA=\frac{\mu_0 Nbt}{l}\int dA=\frac{\mu_0 Nbt}{l}\pi r_{\text{loop}}^2$$

因此，感应电动势为

$$\mathscr{E}_{\text{ind}}=-\frac{d\Phi_B}{dt}=-\frac{d}{dt}\left(\frac{\mu_0 Nbt}{l}\right)\pi r_{\text{loop}}^2=-\frac{\mu_0 Nb\pi r_{\text{loop}}^2}{l}$$

$$=-\frac{(4\pi\times10^{-7}\text{T}\cdot\text{m/A})(100)(2.0\times10^{-1}\text{A/s})\pi(1.0\times10^{-2}\text{m})^2}{(2.5\times10^{-1}\text{m})}$$

$$=-3.2\times10^{-8}\text{T}\cdot\text{m}^2/\text{s}=-3.2\times10^{-8}\text{V} ✔ \qquad (2)$$

（b）我们通过将式（1）中线积分里出现的感应电场 $\vec{E}$ 提到积分号外来求变化的磁通激发的感应电场强度，方程变为

$$\mathscr{E}_{\text{ind}}=\oint_{\text{loop}}\vec{E}\cdot d\vec{l}=E(2\pi r_{\text{loop}}) \qquad (3)$$

值得注意的是线圈上的 E 是处处等值的，因为线圈以螺线管的对称轴为中心，并且在螺线管内部半径为 r_{loop} 的圆上电场强度大小处处相等。把 $\mathscr{E}_{\text{ind}}$ 的表达式（2）代入式（3）并取绝对值（求电场强度大小 E），即得

$$E(2\pi r_{\text{loop}})=\frac{\mu_0 Nb\pi r_{\text{loop}}^2}{l}$$

$$E=\frac{1}{2\pi r_{\text{loop}}}\frac{\mu_0 Nb\pi r_{\text{loop}}^2}{l}=\frac{\mu_0 Nbr_{\text{loop}}}{2l}$$

$$=\frac{(4\pi\times10^{-7}\text{T}\cdot\text{m/A})(100)(2.0\times10^{-1}\text{A/s})(1.0\times10^{-2}\text{m})}{2(2.5\times10^{-1}\text{m})}$$

$$=5.0\times10^{-7}\text{T}\cdot\text{m/s} ✔$$

因为 $\vec{B}$ 指向 z 轴的正方向并且其大小随时间增大，导致从 z 轴正半轴看感应电场的场线一定是顺时针方向的圆环：就是当大拇指指向 z 轴负方向时，四指的绕行方向指向电场方向，感应电场的方向阻碍 $d\vec{B}/dt$ 的变化（利用磁偶极子的右手定则）。✔

（c）感应电流的方向与感应电场的方向相同。因此，线圈中的感应电流的方向与螺线管中电流的方向相反。✔

线圈上的感应电流大小为

$$I_{\text{ind}}=\frac{|\mathscr{E}_{\text{ind}}|}{R}=\frac{\mu_0 Nb\pi r_{\text{loop}}^2}{Rl}=\frac{3.2\times10^{-8}\text{V}}{5.0\text{V/A}}$$

$$=6.4\times10^{-9}\text{A} ✔$$

❹ **评价结果** 感应电流的方向也可以由楞次定律得到。穿过线圈的磁通量是正的（磁场指向 z 轴正方向）且随螺线管中的电流增大而增大。所以为了阻碍磁通量的变化，感应电流的方向应该与螺线管中电流的方向相反。

引导性问题 29.8 电子回旋加速器

在磁铁的南极和北极之间的非匀强磁场中，一质量为 m、带电量为 $q=-e$ 的电子做半径为 R 的圆周轨道运动（图 WG29.9 是一种称为电子感应加速器的粒子加速器的示意图）。磁场的磁感应强度大小为 $B(r)$，其中 r 是场点到垂直于圆周轨道平面并过圆心的轴线的径向距离。虽然 B 随 r 的变化而变化，但磁场关于该轴线具有轴对称性。磁场的方向垂直于轨道平面。圆周轨道包围区域中磁感应强度大小的平均值为

$$B_{\text{av}}=\frac{1}{\pi R^2}\int_{\text{area}}B(r)dA$$

假设 $B(r)$ 也是随时间变化的。那么为了使电子处于稳定的圆周轨道上，电子运动轨道包围的区域中磁感应强度大小平均变化率 dB_{av}/dt 与半径 $r=R$ 轨道上的磁感应强度大小的平均变化率 $dB(R)/dt$ 之间必须满足什么关系？

图 WG29.9

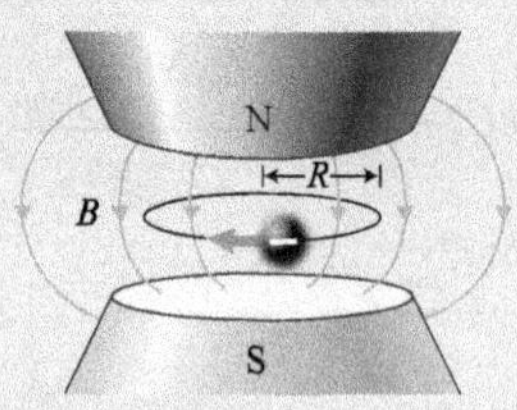

❶ 分析问题

1. 假设电子在半径恒为 R 的圆轨道上运动，但电子的速率可能随时间变化。(改变电子的速率正是电子加速器的目标。) 为保证电子的轨道是圆轨道，那么在运动中的电子所受的磁场力必须沿着什么方向？

2. 如果在半径为 R 的圆轨道上的磁感应强度的大小 $B(r)$ 随时间变化，为保证电子保持在这个轨道上做圆周运动，电子的速率必须多大？

3. 对于圆周运动，速度和力的关系是什么？磁场对电子的磁场力与磁感应强度的大小有关系吗？

❷ 设计方案

4. 写出磁场对电子的作用力关于电子的速率 v、轨道半径 R 的表达式，以及当 $r=R$ 时磁感应强度大小 $B(R)$ 的表达式。

5. 使粒子以某一给定速率做圆周运动，需要多大的径向作用力（垂直于电子的速度方向）？

6. 用加速度和力之间的关系求出电子的运动速率的表达式。

7. 求电子的速率关于时间的导数，得到电子速率随时间变化的函数关系式，式中包含 $\mathrm{d}B(r)/\mathrm{d}t$、$R$、$-e$ 和 m。

8. 当磁感应强度的大小以 $\mathrm{d}B(r)/\mathrm{d}t$ 的速率增大时，变化的磁通量就会激发感应电场。你可以用 $\mathrm{d}B_{av}/\mathrm{d}t$ 和 R 表示磁通量的变化吗？

9. 写出距轨道中心为 R 处的电场强度关于 $\mathrm{d}B_{av}/\mathrm{d}t$ 和 R 的表达式。感应电场的方向与电子运动的方向相同还是相反？

10. 建立 $\mathrm{d}v/\mathrm{d}t$ 与距圆轨道中心 R 处的电场强度大小的关系式。

11. 求 $\mathrm{d}v/\mathrm{d}t$ 关于 $\mathrm{d}B_{av}/\mathrm{d}t$、$R$、$-e$ 和 m 的函数表达式。

❸ 实施推导

12. 比较上述 $\mathrm{d}v/\mathrm{d}t$ 的两种表达式，得到为使电子一直处于半径为 R 的圆轨道上运动，B_{av} 和 $B(r)$ 之间必须满足的关系条件。

❹ 评价结果

13. 考虑极限情况。

实践篇

习题 通过《掌握物理》®可以查看教师布置的作业

圆点表示习题的难易程度：● = 简单，●● = 中等，●●● = 困难；**CR** = 情景问题。

29.1 导体在磁场中的运动

1. 如果图 P29.1 中的导体棒（a）沿 z 轴的任一方向运动，（b）沿 y 轴的任一方向运动分别会发生什么现象？●

图 P29.1

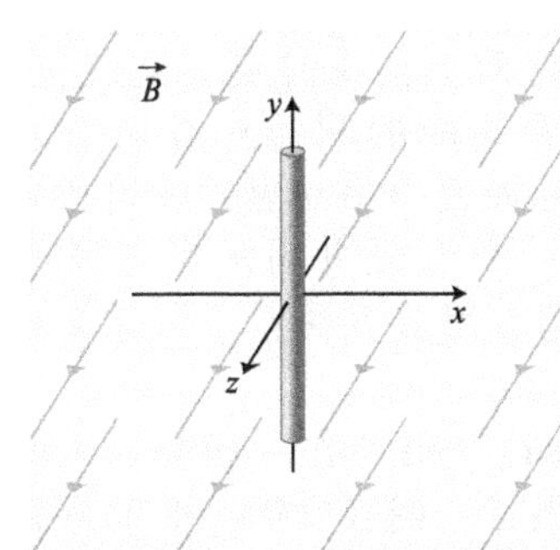

2. 空军雷鸟特技飞行表演团队在地磁场赤道附近表演空中特技。为了使得飞机的金属表面不发生电荷分离，飞机可以朝哪个方向飞行？●

3. 为了在翼梢之间产生最大的电荷分离，习题 2 中的飞机应该怎样飞行？（考虑运动方向和机翼的方向。）●●

4. 如图 P29.4 所示，一正方形导体线圈的中心在 x 轴上，所有的边平行于 y 轴或 z 轴。将一个小磁棒放置于坐标原点处，其极轴沿 x 轴，线圈以恒定的速度沿 x 轴负方向向小磁棒运动，在图中所示的瞬间，线圈每条边的中点处的电子所受磁场力的方向如何？线圈的运动是否会导致线圈上的电荷分离？这样的运动是否会在线圈中产生感应电流？如果会，那么感应电流的方向如何？●●

图 P29.4

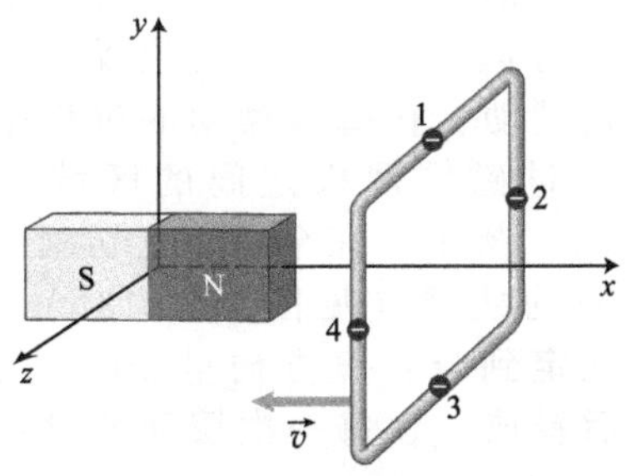

5. 图 P29.1 中的金属棒按照以下几种方式转动，分别会发生什么现象？（a）从 z 轴正半轴向原点看沿顺时针方向转动，（b）从 x 轴正半轴向原点看沿顺时针方向转动，（c）从 y 轴正半轴向原点看沿顺时针方向转动。●●

29.2 法拉第定律

6. 如图 P29.6a 所示，一个载流大线圈连接一个灯泡，电流流入灯泡然后流出，电流的方向随时间不断改变。现将一个半径为 R 的金属圆环置于 A、C、D 中的某处。（a）A、C、D 中哪个位置上的感应电流最大？哪个位置的感应电流最小？（b）家里或其他建筑物内的实际线路并不是如图 a 所示的大线圈，而是彼此靠近且相互平行进出灯泡的，如图 P29.6b 所示。金属圆环中的感应电流是如何被这线路的几何形状所影响的？●

图 P29.6

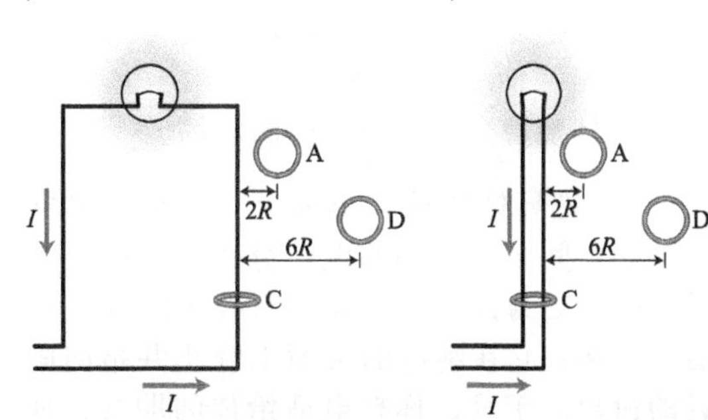

7. 如图 P29.7 所示，一个条形磁铁绕垂直纸面并穿过磁铁中心的轴线旋转，角速率为 ω。一线圈位于磁铁旁边，如图所示，过线圈中心与线圈平面垂直的轴线位于条形磁铁的旋转的平面上。（a）线圈上是否有感应电流？（b）若存在，则感应电流是常数还是随时间变化的？●

图 P29.7

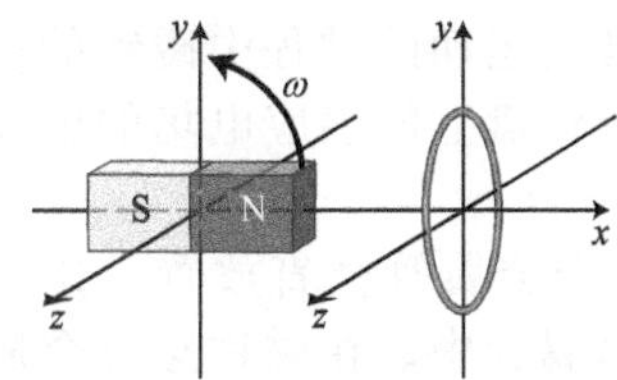

8. 假设你把《原理篇》例 29.1 中的长方形线圈替换成等面积的圆形线圈。那么你将在图 P29.8a～e 的每个环节中看到哪些相同点和不同点？ ●●

图 P29.8

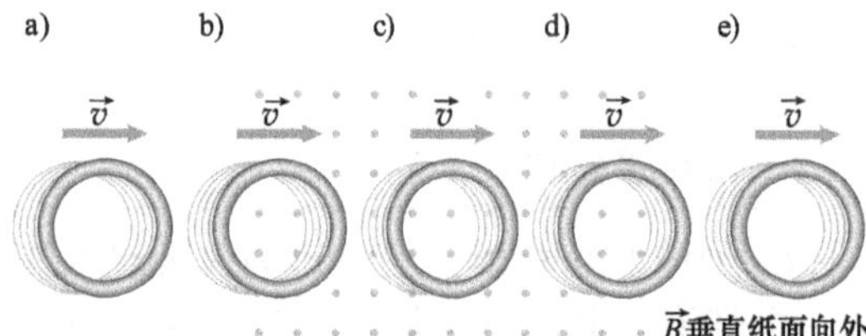

9. 某区域中包含一随时间增加的匀强磁场。你有一根长为 l 的金属丝，并想用它做成一个线圈。当把线圈放在变化的磁场中时，要产生最大的感应电流，线圈应该做成什么形状、绕多少匝？ ●●

10. 把一根长为 1.00m 的金属丝做成一个长方形线圈，并将另一根同样长为 1.00m 的金属丝做成圆形线圈。两个线圈以相同的速率进入同一匀强磁场然后离开。长方形线圈中产生的感应电流比圆形线圈上产生的感应电流大还是小，抑或是相等？ ●●●

29.3　伴随着变化磁场产生的电场

11. 把导体棒放在桌面上，你会看到在其两端之间会有很小的电荷分离。这是令人困惑的，因为该导体棒并没有与电源或其他能源连接；它在绝缘的桌面上静止并指向附近的窗户。于是，你打电话给你的朋友，他问你在哪里。你就回答说正在乘高速列车飞驰在巴黎与阿维尼翁之间。你的朋友给出了在两个不同的惯性参考系中电荷分离的解释，这些解释是什么呢？ ●

12. 一个 xyz 坐标系中的 xy 面位于水平面，将一平面导体盘放在 xy 平面上。一条形磁铁竖直向下靠近导体盘。若在磁铁向导体盘运动的过程中磁铁的北极指向原点，则导体盘上的感应电场的电场线是怎样的？若在磁铁向导体盘运动的过程中磁铁的南极指向原点，则导体盘上的感应电场的电场线又是怎样的？ ●

13. 一个金属管竖直放置，让一条形磁铁落入该金属管中。在磁铁穿过金属管下落的过程中金属管中的感应电场的电场线是怎样的？ ●●

14. 你有一块条形磁铁和一个圆形导体线圈，你希望在线圈上得到方向呈周期性变化的感应电流：顺时针、逆时针、顺时针、逆时针……你将线圈放置在一个木制桌面上并保持静止，请解释如何做才能在该线圈上产生满足上述要求的感应电流？ ●●

29.4　楞次定律

15. 你有一块条形磁铁和一个金属线圈，线圈位于纸面上，我们定义电流正方向为：从上往下看线圈的顺时针方向是电流正方向。那么你该怎样移动磁铁才可以使其在线圈中激发一个电流方向沿正方向的感应电流？（该题有很多方法；尽可能多地写出这些方法。） ●

16. 你让一磁铁在一根长为 l 的铜管中下落，磁铁穿过铜管所需的时间（即使磁铁不与管壁接触的情况下）远远多于磁铁在空气中下落 l 长度的时间，这是为什么？ ●

17. 如图 P29.17 所示，一长直导线载有随时间变化的电流 I，而 $I=I_0\sin(\omega t)$，一金属线圈固定在长直导线旁边。问：何时线圈中的感应电流沿顺时针方向？何时为零？何时沿逆时针方向？ ●●

图 P29.17

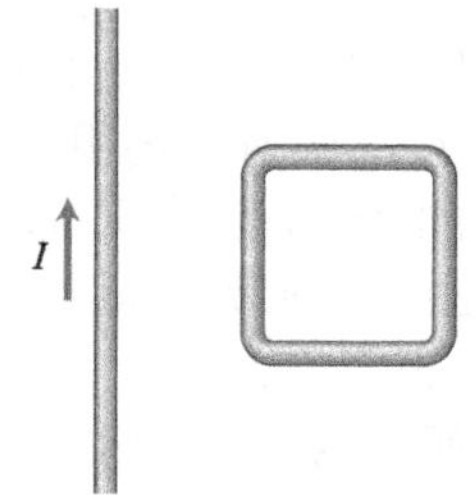

18. 转轴上悬挂着一个由铝制金属盘和连杆组成的单摆。一开始，将单摆固定在与竖直方向夹角为 30°的位置，释放后单摆开始摆动，在每次摆动的过程中金属盘都会穿过磁铁两极之间的区域（见图 P29.18a）。接下来在金属盘上切割一系列竖直方向的狭缝（见图 P29.18b），将单摆再次固定到与竖直方向呈 30°角的位置上，然后释放，在每一次摆动的过程中金

实践篇

属盘都会穿过磁铁两极之间的区域。请描述这两种情形之下单摆的运动情况并给出解释。忽略轴上的摩擦力。●●

图 P29.18

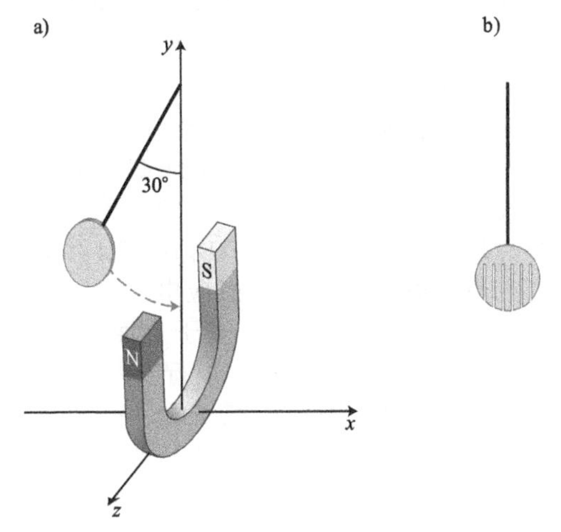

29.5 感应电动势

19. 穿过导体线圈的磁通量以 $3.0\text{T}\cdot\text{m}^2/\text{s}$ 的变化率增大，在线圈中产生的感应电动势有多大？●

20. 开始时，没有磁通穿过导体线圈。现在在线圈的附近突然加一外磁场，并且在 5.0s 之后，穿过线圈的磁通量为 $1.0\text{T}\cdot\text{m}^2$。在 5.0s 的时间段内，线圈中的平均感应电动势大小为多少？●

21. 在磁感应强度大小为 $B=0.50\text{T}$ 的匀强磁场中有一长为 $l=80\text{mm}$、宽为 $w=60\text{mm}$、内阻为 $R=20\text{V/A}$ 的长方形线圈。线圈的面元矢量方向与磁场方向的夹角为 45°。在 0.40s 时刻，磁场完全反向，那么在这段时间内线圈的平均感应电流有多大？●

22. 你正在制作一个测量地球磁场方向的装置，该装置由一包围面积为 $A=400\text{mm}^2$ 的单匝导体线圈组成，并且线圈以 1000 r/min 的转速旋转。如果地磁场的磁感应强度大小为 50μT，那么感应电动势最大约为多少？●

23. 在一个磁感应强度大小为 $B=0.50\text{T}$ 的匀强磁场中有一个半径 $R=50\text{mm}$ 的圆形线圈绕与匀强磁场方向垂直的轴线转动（见图 P29.23）。已知线圈每秒钟转 60 圈，产生的感应电动势为 $\mathscr{E}_{\text{ind}}(t)=V_{\max}\sin(\omega t)$，其中 $V_{\max}=155\text{V}$，求线圈的匝数。●●

图 P29.23

24. 如图 P29.24 所示，在磁场中有一个正方形导体线圈位于 xyz 坐标系中的 xy 平面上，匀强磁场方向为 z 轴正方向并且磁感应强度大小以 0.070T/s 的变化率衰减。(a) 线圈中感应电动势大小是多少？(b) 线圈中感应电流的方向如何？●●

图 P29.24

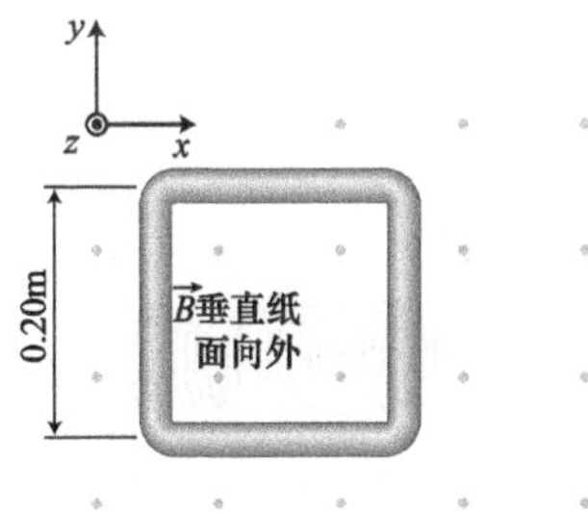

25. 现在越来越多的产品都含有储存和传递信息的射频身份识别芯片，比如护照、信用卡。其实芯片中并没有电源，能量来自用于储存信息的装置的电磁感应。读取装置会产生磁场，含有线圈的护照或信用卡可以穿过该磁场。如果某一芯片正常工作时所需要的感应电动势最大值约 4.0V，而磁感应强度大小随时间的变化为 $B(t)=B_{\text{peak}}\sin(\omega t)$，其中 $B_{\text{peak}}=5.0\text{mT}$、$\omega=8.52\times10^7\text{s}^{-1}$。那么乘积 AN 多大时才能使芯片正常工作？其中 A 是线圈的面积，N 是线圈的匝数。●●

26. 在匀强磁场中有一个长为 100mm 的金属棒，金属棒的长轴线垂直于磁场方向（见图 P29.26）。金属棒以 0.20m/s 的速率运动，而速度矢量与金属棒长轴线之间的夹角为 60°。如果磁感应强度大小为 0.40T，那么金属棒两端的电势差为多少？●●

图 P29.26

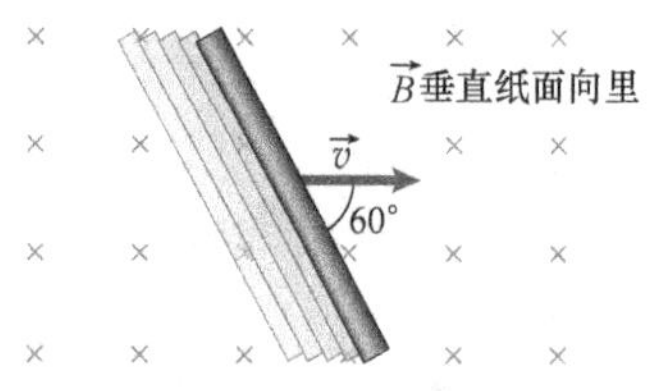

27. 如图 P29.27 所示，有一根非常长的圆柱形螺线管，其半径为 0.50m，沿长轴方向上每米长度上有 1000 匝线圈。另有一半径为 1.0m 的圆形导体线圈包围该螺线管，并且螺线管的中心长轴线穿过圆形导体线圈的中心，线圈面元法矢方向与螺线管的轴线平行。一开始螺线管载有稳定的电流 I，但电流在 0.100s 的时间内降为零。若在这段时间内线圈上的平均感应电动势为 0.10V，那么初始的电流有多大？●●

图 P29.27

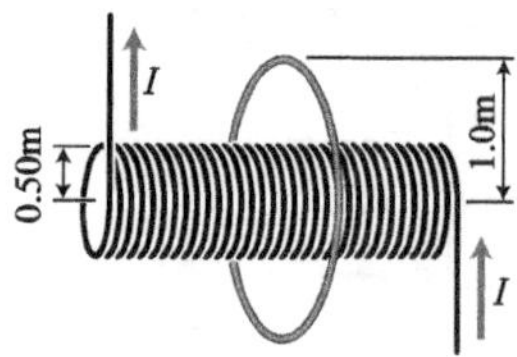

28. 如图 P29.28 所示，在 y 轴右边空间有一磁感应强度大小未知、磁场方向沿 z 轴正方向的匀强磁场。当一个位于 xy 平面上（水平边平行于 x 轴，竖直边平行于 y 轴）的正方形导体线圈以恒定的速率 2.0m/s 沿 x 轴向右运动时，线圈中会产生 0.24V 的感应电动势。(a) 如果线圈的边长为 0.30m，则匀强磁场的磁感应强度的大小为多少？(b) 线圈的感应电流的方向如何？●●

图 P29.28

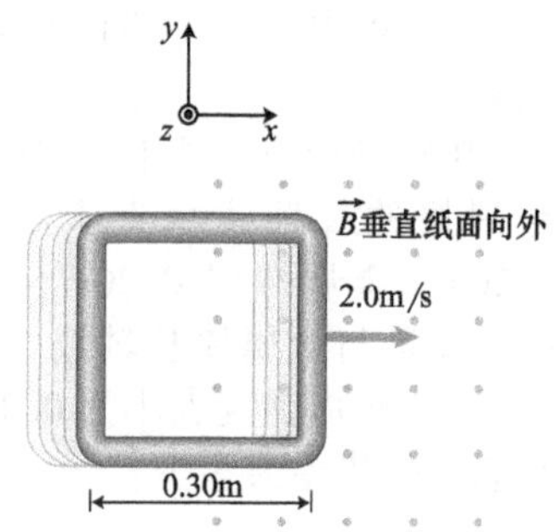

29. 空间区域中存在一变化的磁场 $\vec{B}(t)=B_0e^{-t/\tau}\hat{k}$，有一半径为 R 的圆形线圈位于 xy 平面上。(a) 求穿过线圈的磁通量随时间变化的函数关系式。磁通量随时间增加还是减少？(b) 求线圈中的感应电动势随时间变化的函数关系式。(c) 判断线圈中感应电流的方向。●●

30. 发电机中的线圈有 100 匝，横截面面积为 $0.0100m^2$。(a) 如果线圈以恒定转速旋转，并且发电机中的磁场的磁感应强度大小与地球类似（$B=0.500\times10^{-4}$T），那么为产生最大值为 1.00V 的感应电动势，线圈每秒钟要转多少圈？(b) 基于上面的计算，在发电机中利用地磁场是否可行？●●

31. 你有两个圆柱形螺线管，一个螺线管嵌在另一个螺线管内部，并且两个螺线管同轴。外部的螺线管长为 $l_{outer}=400$mm、半径为 $R_{outer}=50$mm、匝数为 $N_{outer}=1000$。内部的螺线管长为 $l_{inner}=40$mm、半径为 $R_{inner}=20$mm、匝数为 $N_{inner}=150$。若外部的螺线管载有电流 $I(t)=I_0\sin(\omega t)$，其中 $I_0=600$mA、$\omega=100s^{-1}$，那么内部螺线管的感应电动势的最大值是多少？●●

32. 在每毫米 2 匝线圈的长直螺线管中有一横截面面积为 $A=0.40m^2$ 的长方形金属线圈。线圈的面元法矢与螺线管的轴线重合，并且螺线管的电流随时间的变化如图 P29.32 所示。在 $t=10$s 的瞬间线圈上的感应电动势有多大？●●

图 P29.32

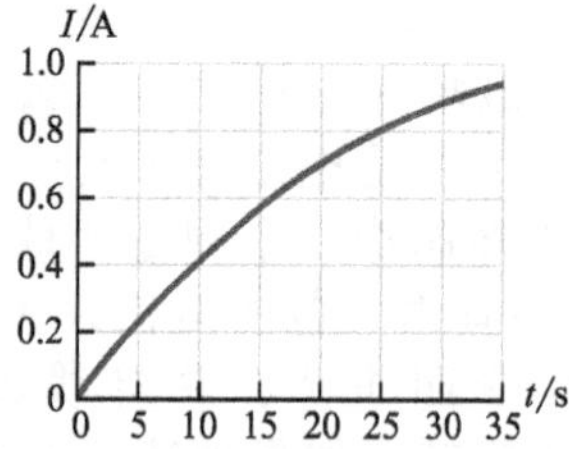

32. 如图 P29.33 所示，在一磁感应强度大小为 1.5T 的匀强磁场中有一金属圆盘上装有一根穿过圆盘圆心的金属杆，圆盘绕其中心轴线旋转，且磁场方向与杆的方向平行。将两个触头连接到该装置上，其中一个触头与金属盘边缘相连，而另一个触头与金属杆末端相连。(a) 如果金属盘的半径为

100mm，并且每分钟转 300 圈，则在两个触头之间产生的感应电动势为多少？（b）哪个触头的电势更高？●●

图 P29.33

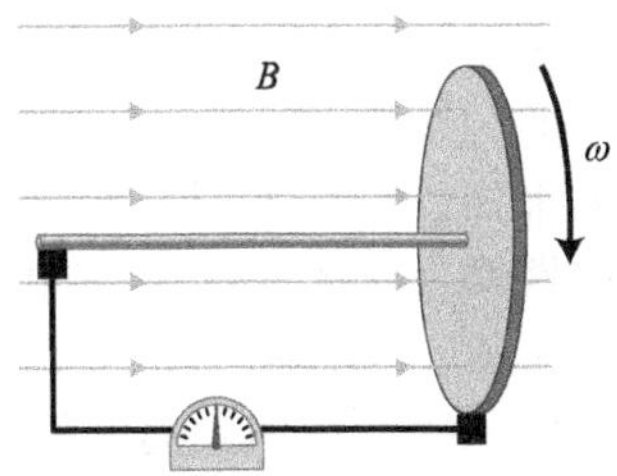

34. 如图 P29.34 所示，在一磁场中，有一个规格为 $l=50\text{mm}$、$w=40\text{mm}$ 的矩形线圈以 $v=30\text{mm/s}$ 的速率运动。从 $x_i=300\text{mm}$ 到 $x_f=900\text{mm}$，磁场的磁感应强度大小从 $B_i(x_i)=10\text{mT}$ 线性增加到 $B_f(x_f)=60\text{mT}$。线圈的面法矢与磁场的方向平行。线框中的感应电动势有多大？●●●

图 P29.34

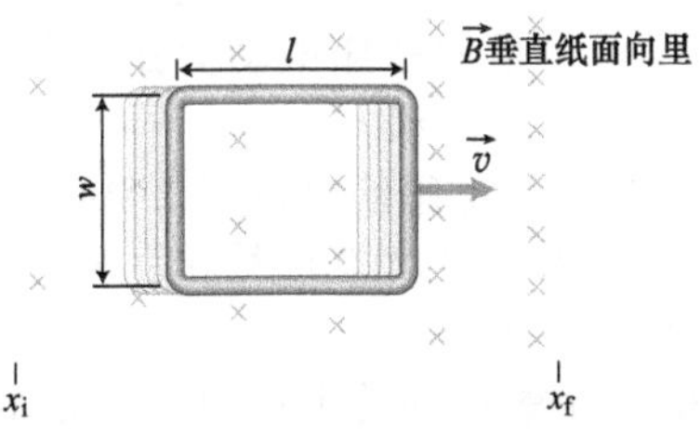

35. 如图 P29.35 所示，一矩形线圈的规格为 $l=400\text{mm}$、$w=120\text{mm}$，线圈的质量为 10g，电阻为 5.0V/A，且在进入到图示磁感应强度大小为 5.0T 的磁场区域之前，线圈以恒定速率 v_i 运动，线圈的面法矢与磁场方向平行。从线圈进入磁场到线圈的速率降为原来的一半需要多长时间？忽略所有摩擦。●●●

图 P29.35

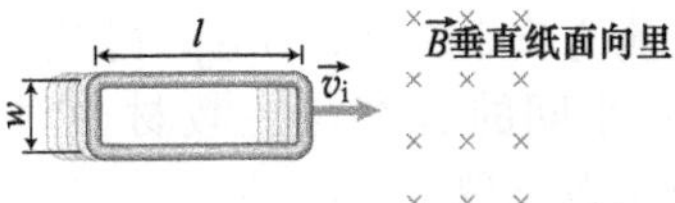

36. （a）现有一长为 $l=800\text{mm}$、宽为 $w=500\text{mm}$ 的矩形线圈。如图 P29.36 所示，你把 l 边弯曲成半圆形，而 w 边仍保持伸直的状态，然后以 $v=0.800\text{m/s}$ 的速率移动线圈使其进入磁感应强度大小为 $B=0.600\text{T}$ 的匀强磁场中，标记为 w 的边与磁场方向垂直。（a）线圈上的感应电动势为多大？（b）如果线圈转过 90°，使得弯曲的金属边 l 最先进入磁场区域，那么线圈上的感应电动势又是多大？●●●

图 P29.36

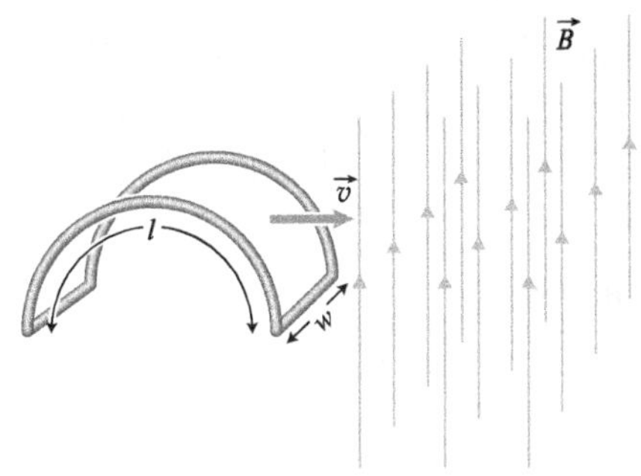

37. 如图 P29.37 所示，一金属棒在彼此连接的两根金属导轨上滑动。金属棒获得的初始速度为 $\vec{v}_i$，方向向右，之后可以自由运动。金属棒的质量为 m，两导轨之间的距离为 l（也是金属棒的长度）。由相连的金属导轨和金属棒构成的回路的总电阻为 R。证明金属棒的运动速率随时间呈指数减少，并计算时间常数。●●●

图 P29.37

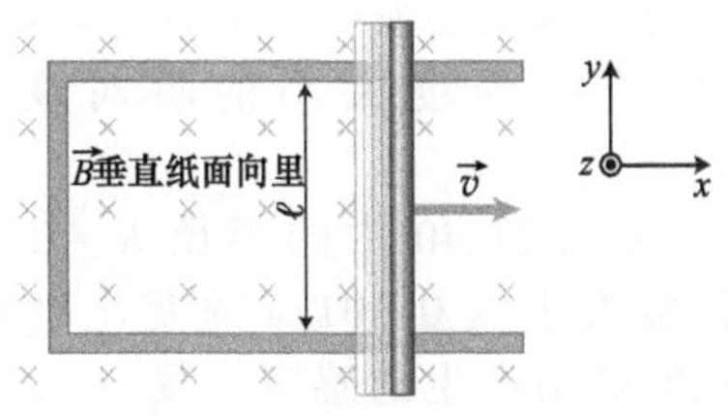

38. 一个初始长度为 $l_i=300\text{mm}$、宽为 $w_i=200\text{mm}$ 的矩形线圈的面法矢方向与初始磁感应强度大小为 $B_i=500\text{mT}$ 的匀强磁场的方向相同。现在你想要使磁场的磁感应强度大小在 10s 内平稳地增大到 $B_f=700\text{mT}$，同时保证线圈中不会有感应电流。你计划在增加磁感应强度的过程中通过改变线圈的长度 l 来实现这个目标。为了使得线圈中不会有感应电流（$I_{ind}=0$），则线圈在 3.00s 之后和 10.0s 之后的长度必须为多少？●●●

29.6 伴随着变化磁场的电场

39. 在一圆形区域中存在一匀强磁场。将一个电荷量为 $q=5.0\text{mC}$ 的带电粒子置于距圆形区域中心 $r_P=20\text{mm}$ 处。如果粒子受到大小为 $F=4.00\mu\text{N}$、方向与磁场方向垂直的力，则磁感应强度大小的变化率为多少？●

下面 4 道题（40~43）都基于图 P29.40 所示的情景。匀强磁场方向沿 z 轴正方向，并且充满整个截面半径为 R 的柱形空间，柱形空间的中心轴与 z 轴重合。在该区域外部没有磁场。

图 P29.40

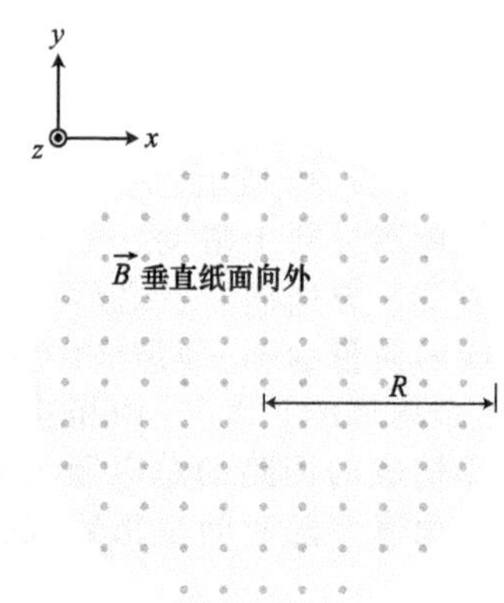

40. 在图 P29.40 中，半径 $R=0.12\text{m}$，变化的磁场在距磁场圆心径向距离 $r=0.060\text{m}$ 处的感应电场的电场强度大小为 $E=10\text{V/m}$，则此刻磁感应强度大小的瞬时变化率多大？●

41. 若图 P29.40 中的半径 $R=0.25\text{m}$，磁感应强度大小以 0.30T/s 的变化率减少，则由变化的磁场产生的感应电场（a）在距圆心径向距离为 $r=0.20\text{m}$ 处多大？（b）在距圆心径向距离 $r=0.50\text{m}$ 处多大？（c）当从 z 轴正半轴向原点看时，感应电场的电场线方向是顺时针还是逆时针？●●

42. 如果图 P29.40 中的磁感应强度大小随时间的变化为 $B=B_{\max}\sin(\omega t)$，计算下列随时间 t 变化的磁场在距磁场圆心径向距离 r 处激发的感应电场的电场强度大小：（a）当 $r<R$ 时和（b）当 $r>R$ 时。（c）在 $t=0$ 时刻，感应电场的方向如何？●●

43. 图 P29.40 中的磁场的磁感应强度大小随时间变化，并且激发出了大小为 $E(r,t)=3Crt^2$ 的感应电场，其中 C 为大于零的常量，r 是到磁场中心的径向距离。假设 $t=0$，$B=0$，求当 $t>0$ 时，磁感应强度大小随时间变化的函数表达式。●●

44. 在半径为 R 的圆柱形空间中充满了随时间变化的匀强磁场，但其磁感应强度大小的变化率未知。已知在某一时刻，到磁场中心的径向距离 $r_1<R$ 处的感应电场的电场强度大小为 E_1。此刻，在（a）$r<R$ 和（b）$r>R$ 的区间中，径向距离 r 各为多大时，其电场强度大小满足 $E=E_1/3$？●●

45. 电离空气中的粒子形成闪电大约需要 10^6V/m 大小的电场。是否有可能将一长直螺线管中的磁场增加到足够大以致产生闪电？设螺线管的半径为 30mm。●●●

29.7 自感

46. 一个 2.0H 的电感上载有以 0.40A/s 的变化率增大的电流。电感上产生的感应电动势多大？产生的感应电动势是会促进还是会阻碍载荷子的运动？●

47. 当通过电感的电流以 2.0A/s 的变化率增大时，感应电动势的大小为 6.0V，则电感的自感为多少？●

48. 一个螺绕环的半径为 $R_t=0.10\text{m}$，线圈的横截面是圆形。每匝线圈的半径 $R_w=10\text{mm}$，线圈的匝数为 $N=400$。求这个螺绕环的自感。●

49. 通过自感为 L 的电感的电流为 $I(t)=I_{\max}\sin(\omega t)$。（a）写出电感中感应电动势随时间变化的函数关系式。（b）在 $t=0$ 时刻，通过电感的电流是增大还是减小？（c）在 $t=0$ 时刻，感应电动势是会促进还是会阻碍电感中载荷子的流动？（记住感应电动势正方向与电流的方向相同，而感应电动势负方向与电流方向相反）。（d）讨论（b）小问和（c）小问的答案与主教材中讨论的电感的行为是否一致？●●

50. 一自感为 L 的电感产生的感应电动势为 $\mathscr{E}_{\text{ind}}=-2Ct$，其中 C 为大于零的常量。（a）如果在 $t=0$ 时刻，没有电流流过电感，求 $t>0$ 时电流关于时间的函数关系式。（b）当 $t>0$ 时，电流是增大还是减小？

(c) 讨论 (b) 小问中的答案是如何与 $\mathscr{E}_{ind}$ 的正负保持一致的，同时你又能知道电感的哪些行为？●●

51. 你和你的朋友有一根长为 0.65m、直径为 4.115mm 的铜丝以及一根长为 85mm、直径为 10mm 的木棒。你打算把铜丝缠绕在木棒上，大约绕 40 匝做成电感。(a) 这个装置可以实现的最大的自感有多大？(b) 你的朋友通过下面的推理解决该问题：依据金属丝的长度可以推断出将其缠绕在木棒上后的柱体长度远大于螺线管的半径，因此她使用《原理篇》例 29.8 的结果来求电感：

$$L=\frac{\mu_0 N^2 A}{l}$$

$$=\frac{(4\pi\times10^{-7}\mathrm{T\cdot m/A})(40^2)\pi(0.0020575\mathrm{m})^2}{0.65\mathrm{m}}$$

$$=4.1\times10^{-8}\mathrm{H}$$

试评价你的朋友这样做的合理性。●●

52. 图 P29.52 中的螺绕环上绕有 200 匝矩形线圈，螺绕环内半径 $R_{in}=160$mm、外半径 $R_{out}=240$mm。每个线圈高为 $h=20$mm，因此矩形横截面面积为 $(R_{out}-R_{in})\times h=(80\mathrm{mm})\times(20\mathrm{mm})$。螺绕环的自感为多少？●●●

图 P29.52

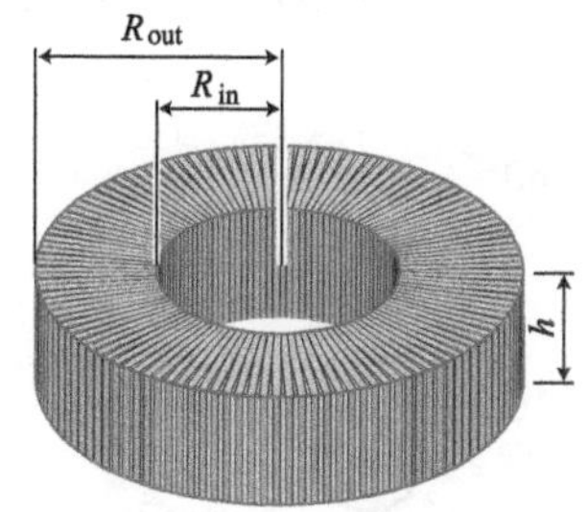

29.8 磁能

53. 当流过 0.60H 的电感中的电流大小为 6.0A 时，求储存在这个电感中的磁能大小。●

54. 若一 5.0H 的电感中储存了 10J 的磁能，那么流过这个电感的电流有多大？●

55. 一圆柱形空间中有一磁感应强度大小为 0.12T 但方向未知的匀强磁场。如果这个圆柱形区域的长为 $l=0.060$m、半径为 $R=0.040$m，则该区域磁场中所储存的磁能有多大？●●

56. 当你拔出插在多用插座上的咖啡机插头时会看到有火星冒出，你担心咖啡机可能会出现故障，就把插头拔掉，并发现发热元件是钨丝。标签上标明发热元件由 600 匝的钨丝缠绕在非铁磁性心上制成。心的半径为 $R=2.0$mm、长为 $l=200$mm。咖啡机的外面标有 12V，3.2A。那么冒出的火星是从哪里来的？●●

57. 磁共振成像（Magnetic Resonance Imaging，MRI）仪的磁感应强度大小最大可达 $B=3.0$T。在一般情况下，关掉开关后，磁场不能瞬间消失，而是慢慢地减为零。但在紧急情况下，可用磁铁在 20s 内将 B 降为零。这种方法的成本很大，也可能会损坏磁铁。假设磁场只存在于半径 $R=300$mm、长为 $l=200$mm 的圆柱中，则这个退磁过程要消耗多大的磁能？磁能耗散的平均变化率有多大？●●

58. 一根无限长直导线的半径为 $R_{wire}=2.1$mm，并且载有 $I=2.3$A 的电流。导线外有一个和导线同轴的圆柱形，其长为 $h_{cylin}=50$mm、半径为 $R_{cylin}=24$mm，求该圆柱形空间中所含的磁能。●●●

59. 一根长为 l、半径为 R、载有电流 I 的螺线管单位长度上绕有 n 匝线圈。(a) 用《原理篇》例 29.8 中的自感 L 的表达式 $L=(\mu_0 N^2 A)/l$ 以及式 (29.25)：$U^B=LI^2/2$，推导出螺线管内所储存的磁能关于电流和螺线管尺寸的函数关系式。(b) 利用式 (29.30)：$U^B=\int u^B \mathrm{d}V$ 推导出一个相同的关系式。●●●

附加题

60. 用一个长为 0.20m、$n=2000$ 匝的圆柱形螺线管做成一个电感，其中每匝线圈的半径为 0.03m。求电感的自感。●

61. 从 $t_i=3.0$s 到 $t_f=5.0$s，圆柱形螺线管中通过的电流从 $I_i=0.40$A 平稳地增大至 $I_f=1.2$A。如果螺线管长为 $l=150$mm，共有 400 匝线圈，且每个线圈的半径 $R=20$mm，

那么在这段时间内的感应电动势有多大？●

62. 一边长为 50mm 的立方体区域中有一匀强磁场。如果储存在此立方体中的磁能是 12J，那么该匀强磁场的磁感应强度大小为多少？●

63. 有一实验用的大型电磁铁，两极的横截面是直径为 100mm 的圆形，其两极相距 25mm。如果两极之间存在磁感应强度大小为 1.3T 的匀强磁场，则磁场中储存的磁能有多大？●

64. 金属线圈中的磁通量的变化由 $\Phi_B(t)=\Phi_{B,\mathrm{i}}e^{-\beta t}$ 给出，其中，$\beta=0.50/\mathrm{s}$；$\Phi_{B,\mathrm{i}}=4.0\mathrm{Wb}$。如果线圈的电阻为 $R=2.0\mathrm{V/A}$，那么线圈中感应电流的大小为多少？●●

65. 你制作了一个长为 0.20m、共 400 匝线圈的螺线管，其中每匝线圈的半径为 0.025m。如果流过螺线管的电流为 3.0A，则（a）激发的磁场的磁感应强度的大小是多少？（b）螺线管的自感是多少？（c）利用（a）小问得到的磁感应强度大小求储存在螺线管中的磁能。（d）利用（b）小问得到的自感 L 求储存在螺线管中的磁能。●●

66. 在磁感应强度大小为 $B=0.60\mathrm{T}$ 的磁场中有一根条形导体棒长为 $l=40\mathrm{mm}$，它可以无摩擦地在两个平行的金属导轨上滑动，金属导轨与水平面之间的夹角为 15°（见图 P29.66）。初始时刻，条形导体棒在磁场中静止。条形导体棒开始下滑后 0.20s 的时刻，它还在磁场中，此时两导轨间的电动势是多大？●●

图 P29.66

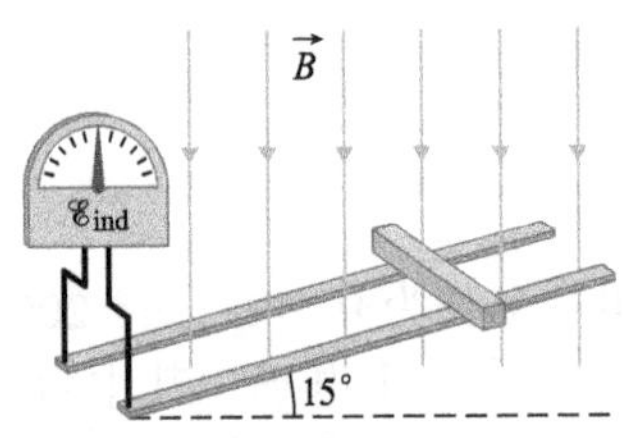

67. 有一半径 $a=0.50\mathrm{m}$ 的圆形金属线圈，线圈的电流在 0.30s 内从 0A 线性地增大至 4.5A。线圈中心有一个半径为 $b=0.0020\mathrm{mm}$、电阻为 $R=0.80\mathrm{V/A}$ 的小线圈。两线圈共面，则小线圈上的感应电流有多大？●●

68. 一开始，你将一个柔性电线弯成半径 $r_{\mathrm{i}}=30\mathrm{mm}$ 的线圈，然后你将线圈置于均强磁场中，并以 $v=6.0\mathrm{mm/s}$ 的速率朝相反方向拉电线的两端使得环形线圈变小（见图 P29.68）。如果磁感应强度大小为 $B=0.70\mathrm{T}$，求在开始拉电线之后 2.0s 的时刻，电线两端之间的感应电动势有多大？●●

图 P29.68

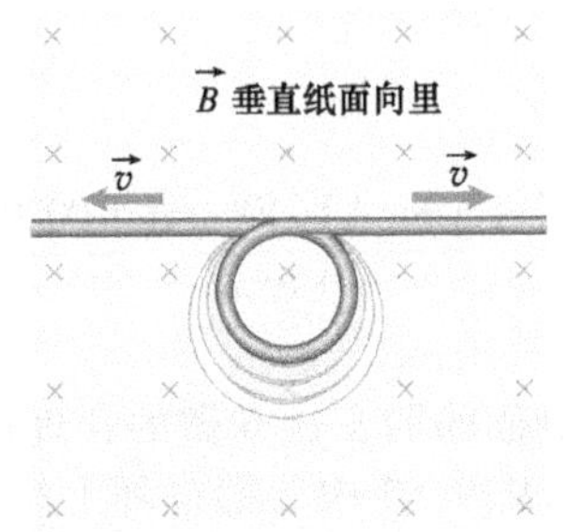

69. 在匀强磁场 $\vec{B}$ 中有一根长为 l 的金属棒以恒定的角速率 ω 绕棒的一端转动，已知转轴与 $\vec{B}$ 平行（见图 P29.69）。（a）根据 l、B 和 ω，求出金属棒两端之间的电势差。（b）哪一端的电势更高？（c）若 $l=0.15\mathrm{m}$、$B=1.0\mathrm{T}$、$\omega=377\mathrm{s}^{-1}$，则电势差为多少？●●

图 P29.69

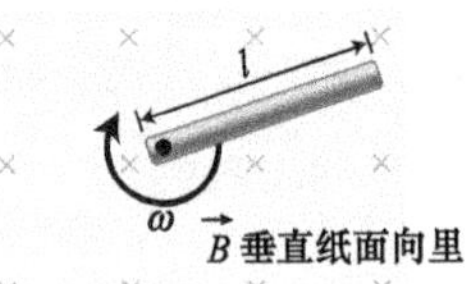

70. 磁感应强度大小为 B 的匀强磁场充满整个空间并指向 z 轴正方向（见图 P29.70）。一个位于 xy 平面上的圆形导体线圈的半径随时间增大，半径与时间的关系为 $r(t)=vt$，其中 v 是大于零的常量。（a）推导出线圈中感应电动势随时间变化的函数关系式。（b）线圈中感应电流的方向如何？●●

实践篇

图 P29.70

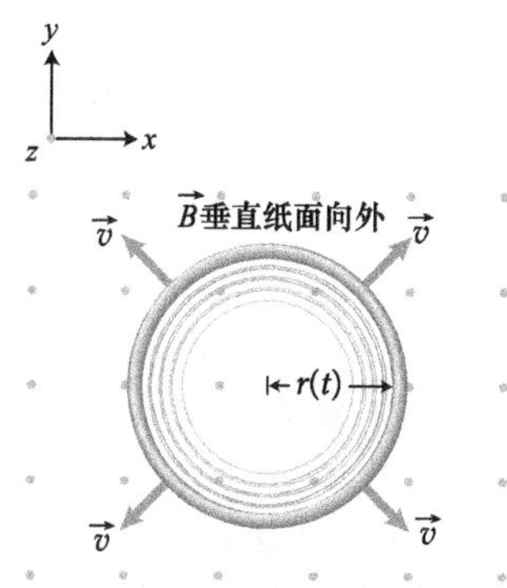

71. 在磁感应强度大小为 $B=0.50\text{T}$、方向竖直向下的匀强磁场 $\vec{B}$ 中有一宽为 $w=0.12\text{m}$、质量为 $m=8.0\text{g}$ 的条形导体棒沿两根平行导轨自由地向下滑落，导轨与水平面之间的夹角为 $\theta=15°$（见图 P29.71），两导轨在其底部由一个导体相连，两导轨之间的距离为 w、总电阻为 $R=0.20\text{V/A}$。金属棒下滑过程中达到的恒定速率（终极速率）有多大？忽略摩擦。●●

图 P29.71

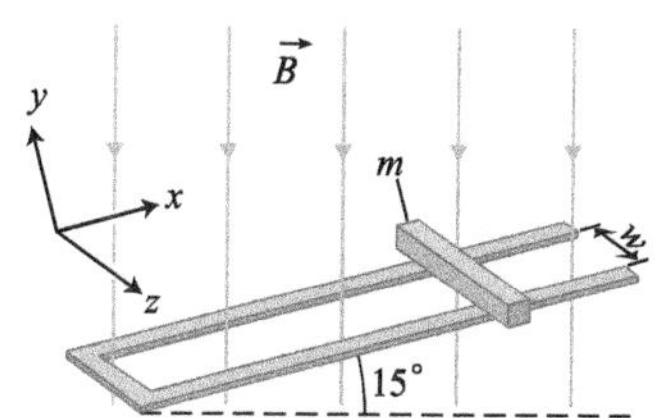

72. 在习题 71 所描述的系统中，你测出的恒定速率为 1.0m/s。当你忽略摩擦力时，计算出的值并非系统的实际值，因为轨道上的摩擦力很大所以不能忽略。那么当动摩擦系数取何值时速率才能与你测量的结果 1.0m/s 相等？●●●

73. 边长为 a、电阻为 R 的正方形导线圈的左边放置了一根无限长直导线，两者相距为 x。线圈固定，长直导线位于线圈平面中，平行于正方形导线圈的一条边，并且导线中的电流方向竖直向上，电流大小为 $I=I_{\max}\sin(\omega t)$。写出线圈中的感应电动势关于 $I_{\max}$、ω、a、x 和 t 的函数关系式。●●●

74. 有一家公司的业务是通过测量地球表面磁场大小的变化来研究地壳的地质构造。你在这家公司工作，任务是设计一台可以测量地面磁场微小变化的仪器。你设计在仪器中使用一个旋转线圈，认定这个设计（线圈匝数、横截面面积、转速等）必须能在地磁场中产生 1mV 的信号才可以适用。●●● CR

75. 雷雨天你在物理楼 5 层的一个实验教室中研究电磁感应。你正使用计算机测量螺线管的电动势时，突然有一道闪电，你看到了计算机屏幕上有一个大的扰动信号，并且 2.0s 后又听到了巨大的雷声。从窗户望出去，你可以看到前面有一棵树被闪电击中了。你就快速地把数据保存下来（见图 P29.75），并注意到螺线管与你看树的视线之间有 40°的夹角。已知螺线管横截面面积为 $A=0.10\text{m}^2$，匝数为 $N=100$。你想知道闪电击中树时的电流是多少。●●● CR

图 P29.75

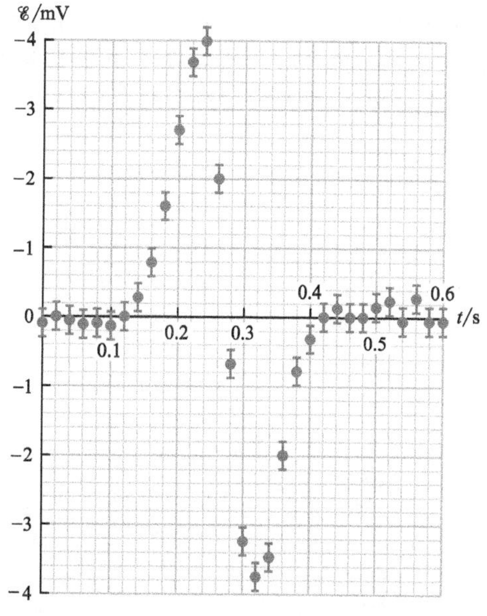

76. 物理实验室里的电磁铁正在损坏附近的电子设备。您怀疑损坏是由每次打开电磁铁电源时产生的异常大的感应电流造成的，所以你决定监测电磁体的磁场。图 P29.76 画出了接通电源开关后 18s 内磁感应强度大小随时间变化的曲线。磁感应强度大小不是平稳地增加到额定值 0.90T，而是在 3.0s 左右时开始减小，这很可能是由于其电源的波动造成的。不清楚的是，这些波动是否能解释这种损坏，因为电子装置的设计是基于磁感应强度大小随时间线性变化的。●●● CR

图 P29.76

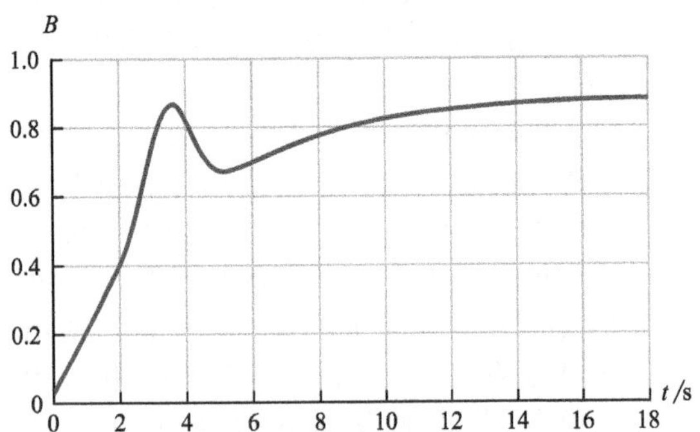

77. 磁带收录机读取记录在磁带上的声音。录音就是使磁带磁化的过程，磁场在各个方向的大小变化都沿着磁带的长度被记录在磁带上。磁带通常被分成几条纵向轨道，以便不同的信号可以被并行地记录下来。在播放机中，当磁带穿过读取头时，在环绕头部的 C 形金属心线圈上会产生一个变化的电动势（见图 P29.77）。然后这个电动势被放大并发送给扬声器。为了进一步了解这项技术的物理原理，你会发现，所记录的信号量通常是以磁通量线密度（fluxivity）来表示的，即每单位磁道宽度的峰值磁通。另外，你发现一篇论文中给出在宽度为 6.3mm 的轨道上记录的 1000Hz 的正弦波的最大磁通量线密度是 320nWb/m［O. Schmidbauer, *J. AudioEng. Soc.*, 46（10），859（1998）］。当然，并不是所有产生的磁通都通过线圈，你搜索结果表明，播放器读取头的"磁通效率"为 98%［J. G. Mcknight, B. E. Cortez, and J. A. Mcknight, *J. AudioEng. Soc.*, 46（10），845（1998）］，标准线圈的匝数是 250 匝。你现在想知道线圈中的感应电动势的大小，以及记录声音的频率与磁带运动速率 v 之间的关系。●●● CR

图 P29.77

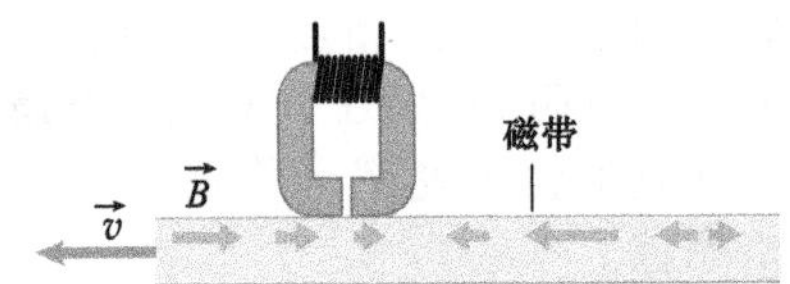

实践篇

复习题答案

1. 外磁场对金属棒中的载荷子有磁场力的作用，对正载荷子的作用力向上，而对负载荷子的作用力向下，结果使得正、负电荷分离，导致金属棒的上、下两端之间会有一个很小的电势差。

2. 对于磁场非零区域的部分，线圈中的正载荷子会在磁场的作用下向上移动，而负载荷子会向下移动。只要线圈的一部分处于磁场非零的区域，而另一部分处于磁场为零的区域就会在线圈中产生电流。而当整个线圈处于非零的匀强磁场中时，不会激发感应电流。

3. 感应电流是由电磁感应引起的载荷子的定向移动，它不同于由电源电势差产生的电流。虽然这两种电流的产生原因不同，但感应电流与其他电流在物理上并没有差异。

4. 是的。当物体速度反向时，电磁感应的作用也会反向。并且当物体运动速度的方向与磁场方向平行时，电磁感应的作用为零。

5. 改变参考系不会对解释有什么影响。不论你说线圈是在静止的外磁场中移动还是外磁场移动而线圈静止，结果都是相同的：当线圈在不同磁场的区域之间移动时，在线圈中就会感应出电流。

6. 当穿过导体线圈的磁通量发生变化时，在线圈中就会产生感应电流。

7. 电磁感应指的是变化的磁通使得导体中的载荷子移动的过程。当穿过导体线圈的磁通发生变化时，线圈中就会有感应电流产生。

8. 不一定。在线圈静止的参考系中，没有磁场力作用在线圈中的载荷子上产生感应电流。但是变化的磁场却能激发感应电场，该电场使线圈中的载荷子受到电场力的作用，从而产生感应电流。

9. 是的。如果在某一参考系中导体线圈静止，而磁场源是运动的，电磁感应则源于随时间变化的磁通量所激发的感应电场。如果在某一参考系中，导体线圈运动并经过非匀强的外加磁场，则电磁感应源于线圈中的载荷子所受的磁场力。

10. 伴随着变化的磁场产生的感应电场的场线会形成一个闭合的环路，但是静止带电粒子激发的电场的场线则是从正电荷出发终止于负电荷且不会闭合。

11. 穿过线圈的磁通量发生变化时会激发感应电流，根据楞次定律，感应电流的方向就是使得感应电流激发的磁场阻碍线圈中磁通量的变化。

12. 楞次定律以能量守恒定律为基础。如果感应电流的方向是增强磁通量的变化，而不是抑制磁通量的变化，就会导致在不做功的条件下，系统的能量会增加。

13. 涡流是由导体附近的变化的外磁场在导体上激发的感应电流。一般来说，这些电流不会像导线中的电流那样局限于单一路径，而是像小漩涡一样流动。

14. 感应电动势是与某一闭合环路中的磁通量变化有关的电动势（是在分离正、负带电粒子的过程中非静电力对单位电荷所做的功）。

15. 载流子获得的能量源于使线圈运动的机制。例如，在拉动线圈穿过磁场的过程中，外界对线圈所做的机械功转化为载荷子的能量。

16. (a) 法拉第电磁感应定律认为，沿着某一闭合路径的感应电动势等于这一闭合路径所围成的面内的磁通量随时间的变化率的负数：$\mathscr{E}_{\text{ind}}=-\mathrm{d}\Phi_B/\mathrm{d}t$。(b) 负号在楞次定律中的作用是为了说明 $\mathscr{E}_{\text{ind}}$ 的方向，也就是为了说明感应电流阻碍产生感应电流的磁通量的变化。

17. (1) 感应电动势和电势差都与对单位电荷的带电粒子所做的功有关。电势差中是静电力做的功，而感应电动势中则是非静电力做的功。

(2) 电势差与路径的选取无关，也就是说作用于带电粒子上的静电力所做的功只取决于粒子的始末位置，而与两点之间的路径选取无关。由变化磁场所激发的感应电动势做的功与带电粒子的运动路径有关，即非静电力做功取决于产生感应电动势的环路的形状。

18. 感应电动势是按照表达式 $\mathscr{E}_{\text{ind}}=\omega BA\cos(\omega t)$（其中 A 指的是环路所包围的面积）简谐振荡的。

19. 感应电动势是伴随着变化磁场产生的感生电场的线积分，穿过以积分路径为边线的面上的磁通量是变化的。

20. 电场的方向与电场线相切，电场线是以螺线管的轴线为圆心的环线。电场线位于垂直于螺线管轴线的平面上，并且电场的方向遵从楞次定律。不论是螺线管的内部还是外部，以上陈述都成立。

21. 电场强度的大小正比于磁感应强度大小关于时间的导数，即 $E\propto \mathrm{d}B/\mathrm{d}t$。从《原理篇》例 29.7 的公式你可以知道，在磁场区域中，E 与场点到螺线管轴线的径向距离成正比，同时从自测点 29.13 中又知道，在磁场区域外，E 与场点到螺线管轴线的径向距离成反比。

22. 会。电流变化会导致穿过线圈的磁通量发生改变，并且法拉第电磁感应定律告诉你变化的磁通会激发阻碍磁通变化的感应电动势。

23. 在国际单位制中，自感的单位是亨利，$1\mathrm{H}=1\mathrm{V}\cdot\mathrm{s}/\mathrm{A}$。

24. 电感是一种有着确定自感的电子元件，使得只要给定 $\mathrm{d}I/\mathrm{d}t$ 就有确定的电动势。因为感应电动势会阻碍电流的变化，所以电感的一个用途就是是稳定载流线圈中电流的变化。

25. 导体线圈或元件的自感描述了当线圈中的电流变化时，穿过导体线圈或元件的磁通量的变化量。自感只与导体线圈或元件的几何性质（即它的形状和尺寸）有关。例如，螺线管的自感只取决于它的长度、横截面面积和线圈匝数：$L\propto N^2A/l$。

26. 为改变电感的电流所做的功，要么转化为磁能储存在电感的磁场中要么消耗电感的磁场中所储存的磁能。也就是电流的减小可以解释为储存的磁能减少了。存在外界能源做功才能使得电流增大，外界做功增加了储存在电感中的磁能。

27. 磁能大小与流过电感的电流的二次方以及自感有关：$U^B=LI^2/2$。因为自感取决于电感的物理维度，所以又可以说电感中储存的磁能大小取决于流过电感的电流的二次方以及电感的尺寸和形状，例如对于一个螺线管电感有 $U^B\propto N^2AI^2/l$。

28. 电感中储存的磁能等于磁场中的能量密度对体积的积分，即 $U^B=\int u_B\mathrm{d}V$。能量密度正比于磁感应强度大小的二次方，也就是 $u_B=B^2/(2\mu_0)$，这个公式对于任意的磁场都是成立的。(如果电感中的磁场近似均匀，那么磁能就是能量密度乘以体积。)

引导性问题答案

引导性问题 29.2

$I_{\text{ind}}=\dfrac{\mathscr{E}_{\text{ind}}}{R}=\dfrac{\mu_0 Ilv}{2\pi R}\left(\dfrac{1}{r}-\dfrac{1}{r+w}\right)$。在图 WG29.3 中，感应电流沿线圈呈顺时针方向。

引导性问题 29.4

当线圈上方的边仍在磁场中时，$v=(g\tau)(1-\mathrm{e}^{-t/\tau})$，其中，$\tau=mR/(w^2B^2)$。在线圈上方的边离开磁场后，速率以恒定的加速度 g 逐渐增加。

引导性问题 29.6

$U^B=\dfrac{\mu_0 I^2 l}{4\pi}\ln\left(\dfrac{R_{\text{outer}}}{R_{\text{inner}}}\right)$，$L=\dfrac{\mu_0 l}{2\pi}\ln\left(\dfrac{R_{\text{outer}}}{R_{\text{inner}}}\right)$。

引导性问题 29.8

$$\frac{\mathrm{d}B(R)}{\mathrm{d}t}=\frac{1}{2}\left(\frac{\mathrm{d}B_{\text{av}}}{\mathrm{d}t}\right)$$

实践篇

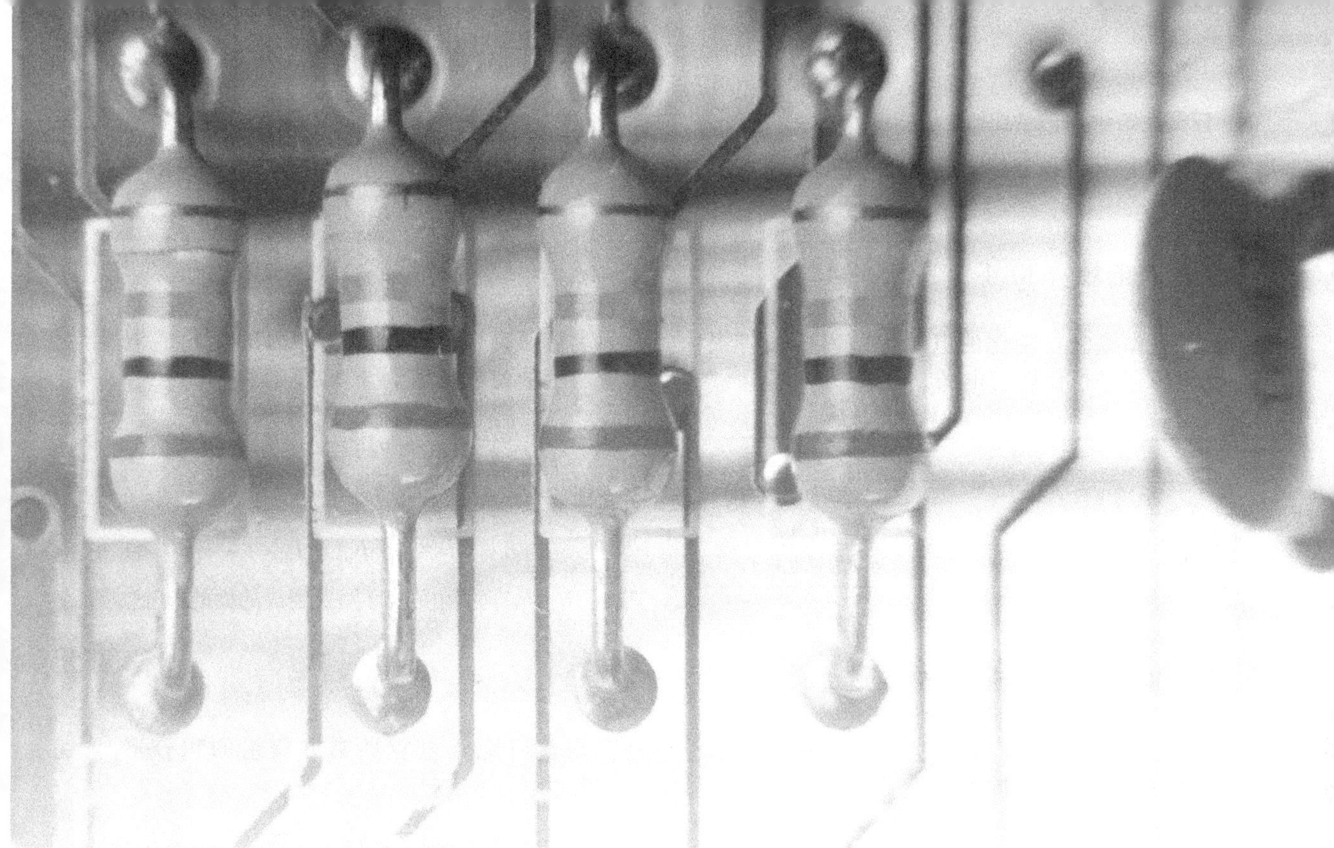

第 30 章　变化的电场

章节总结

变化的电场（30.1 节，30.4 节）

基本概念 变化的电场伴随着磁场，而变化的磁场也伴随着电场。

表 30.1 电场和磁场的性质

	电场	磁场
源于	带电粒子 变化的磁场	运动的带电粒子 变化的电场
施力于	任何带电粒子	运动的带电粒子

定量研究 由穿过某一个面的变化的电通量产生的**位移电流**为

$$I_{\text{disp}} \equiv \epsilon_0 \frac{\mathrm{d}\Phi_E}{\mathrm{d}t} \qquad (30.7)$$

麦克斯韦-安培定理为

$$\oint \vec{B} \cdot \mathrm{d}\vec{l} = \mu_0 (I_{\text{int}} + I_{\text{disp}}) \qquad (30.8)$$

其中，I_{int} 是穿过由安培环路所围成的面的电流。

麦克斯韦方程组（30.5 节）

基本概念 **麦克斯韦方程组**为电磁现象以及电场与磁场之间的关系提供了一个完整的数学描述。

定量研究 麦克斯韦方程组的积分形式为

$$\Phi_E \equiv \oint \vec{E} \cdot \mathrm{d}\vec{A} = \frac{q_{\text{enc}}}{\epsilon_0} \qquad (30.10)$$

$$\Phi_B \equiv \oint \vec{B} \cdot \mathrm{d}\vec{A} = 0 \qquad (30.11)$$

$$\oint \vec{E} \cdot \mathrm{d}\vec{l} = -\frac{\mathrm{d}\Phi_B}{\mathrm{d}t} \qquad (30.12)$$

$$\oint \vec{B} \cdot \mathrm{d}\vec{l} = \mu_0 I_{\text{int}} + \mu_0 \epsilon_0 \frac{\mathrm{d}\Phi_E}{\mathrm{d}t} \qquad (30.13)$$

电磁波（30.2，30.3，30.6，30.7 节）

基本概念 电磁波是电场和磁场在空间的传播。电磁波中的电场和磁场相互垂直，波的传播方向为 $\vec{E}\times\vec{B}$。

平面电磁波指波振面为平面且与传播方向垂直的波。对于平面电磁波的波振面上的每一点，电场大小的瞬时值都是相同的，磁场大小的瞬时值也是相同的。

振荡的电偶极子和连接交变电压的天线均可发射电磁波。

电磁波的**偏振**是观测者沿着电磁波前进的方向看到的电场的方向。

定量研究 在真空中，电磁波传播的速率为

$$c_0 = \frac{1}{\sqrt{\epsilon_0 \mu_0}} \qquad (30.26)$$

在介电常数为 κ 的电介质中，电磁波的传播的速率为

$$c = \frac{c_0}{\sqrt{\kappa}}$$

坡印亭矢量 $\vec{S}$ 给出了电磁波在传播过程中，单位时间内穿过垂直于传播方向上单位面积的能量：

$$\vec{S} \equiv \frac{1}{\mu_0} \vec{E} \times \vec{B} \qquad (30.37)$$

电磁波穿过某个面的功率为

$$P = \int_{\text{surface}} \vec{S} \cdot \mathrm{d}\vec{A} \qquad (30.38)$$

实践篇

复习题

复习题的答案见本章最后。

30.1 伴随着变化电场产生的磁场

1. 除了电流可以产生磁场之外，还有什么也可以产生磁场？

2. 变化的电场激发的磁场的方向与电场方向之间有什么关系？

3. 分别描述产生电场和磁场的场源之间的相同点和不同点。

4. 电场与磁场作用于带电粒子的效应的不同点是什么？

5. 请描述电场线和磁场线在空间形态上主要的相同点和不同点。

30.2 运动电荷的场

6. 以恒定速度运动的带电粒子激发的电场是否是球对称的？如果不是，请描述一下电场是什么样子的？

7. 以恒定速度运动的带电粒子，其周围的电场线的非对称性的程度是由什么决定的？

8. 什么时候带电粒子周围的电场线会出现扭曲？一个给定场线中的哪两个区域之间会有扭曲连接？

9. 一个电磁波的两个分量是什么？

30.3 振荡电偶极子和天线

10. 从 $t=0$ 到 $t=\dfrac{T}{2}$ 的时间内一个电偶极子的极性方向改变一次（从正电荷在上负电荷在下改变为负电荷在上正电荷在下），而后从 $t=\dfrac{T}{2}$ 到 $t=T$ 的时间内电偶极子保持不动，请描述在 $t=T$ 时刻电偶极子附近的三个我们所感兴趣的区域的电场线。

11. 在一横向电磁波中，电场方向和磁场方向有什么关系，它们与电磁波的传播方向又有什么关系？

12. 在一个电磁波中，电场和磁场的相位相同是什么意思？

13. 电磁波的偏振是如何定义的？

14. 什么是天线？

15. 发射天线中的振荡电流是怎么产生的？

30.4 位移电流

16. 用什么样的电子元件可以证明第 28 章中介绍的安培环路定理 $\oint\vec{B}\cdot\mathrm{d}\vec{l}=\mu_0 I_{\text{enc}}$ 是不完备的？利用一个环绕这种电子元件的环路以及由这个环路围成的面来说明这种不完备性。

17. 在电场发生变化时，安培环路定理的一般形式是什么？

18. 在安培定理的一般形式中，等号右边的每一项各代表什么意思？

19. 位移电流是真实存在的电流吗？如果不是，为什么称之为电流？

20. 如果在电容器极板间填入电介质，那么对广义的安培定理中的位移电流必须做怎样的修改？

30.5 麦克斯韦方程组

21. 写出《原理篇》中的麦克斯韦方程组的四个方程及每一个方程的名称。

22. 既然所有关于电场和磁场的四条定律都是在麦克斯韦对它们修改之前被发现的，那为什么仍然要把它们放在一起统称为麦克斯韦方程组呢？

23. 试说明每一个麦克斯韦方程的实验证据。

30.6 电磁波

24. 在离加速运动的带电粒子很远的地方，由它发射的电磁波脉冲的横向（扭曲）部分是怎样的？

25. 电磁波脉冲在真空中传播时，其电场大小和磁场大小之间有什么关系？

26. 电磁波脉冲在穿过一电介质材料时，其电场大小和磁场大小之间有什么关系？

27. 根据真空介电常数 ε_0 和真空磁导率 μ_0，电磁波在真空中和电介质中传播的速率分别是多少？

28. 对于平面电磁波，磁场方向、电场方向和电磁场传播方向三者之间有什么关系？

29. 在真空中，不同频率的电磁波传播的速率会不同吗？

30. 电磁波在真空中传播时，其速率与频率及波长有什么关系？

31. 电磁波谱由哪几个主要部分组成，

其名称分别是什么？

30.7 电磁场的能量

32. 真空中平面电磁波的电场能量密度与磁场能量密度之间的关系是什么？

33. (a) 用电场分量和磁场分量表示真空中电磁波能量密度 u 的表达式是什么？(b) 如果知道电磁波的电场分量但不知道磁场分量，那么该如何确定电磁波的能量密度表达式？(c) 如果知道电磁波的磁场分量但不知道电场分量，那么又该如何确定电磁波的能量密度表达式？

34. 真空中的电磁波的坡印亭矢量是什么？这个矢量代表了电磁波的什么性质？

35. 什么是电磁波的强度？

36. 电磁波的强度和能量密度之间有什么关系？

估算题

从数量级上估算下列物理量，括号中的字母对应于可能用到的提示。根据需要使用它们来指导你的思考。

1. 通过挥动带电棒所能产生的最短波长的电磁波。(T, F, B)

2. FM 104 无线电台发出的无线电波的波长。(A, K, F, B)

3. 波长等于网球场长度的无线电波的频率。(F, B, U)

4. 某个电子的能量为 10^{-12} J 并以恒定的速率运动，求距离该电子 1m 处电场强度的最大值。(W, G, DD, S, FF)

5. 一无线电波脉冲从地面发射到一个轨道速率为 3×10^3m/s 的、位于地球同步轨道的通信卫星上，再从通信卫星返回到地面的时间间隔有多长？（地球同步轨道卫星的平动速率等于地球自转角速率与轨道半径的乘积，所以它总是停留在地球表面某一点的上方。）(B, P, CC, N, H)

6. 当 1μF 电容器在 0.1s 内充电到 10V 时产生的平均位移电流。(J, O)

7. 距离一个 AM 无线电台的发射电线 1km 处电场强度大小的方均根。(E, I, X, Q, V, M)

8. 距离一个 125mW 的移动电话 100mm 处的磁场强度的最大值。(E, Z, X, Q, BB)

9. 当手指接近金属门把手时会产生电火花，求手指与门把手之间的电通量的变化。(Y, EE, C, R)

10. 美国所有的 AM 无线电台的辐射功率。(M, D, L, AA)

提示

A. 无线电台的数字代表什么意思？

B. 波速是多少？

C. 空气电离（产生电火花）的电场是多少？

D. 中等大小的城市会有多少个 AM 无线电台？

E. 电场大小的方均根值和磁场大小的方均根值的关系是什么？

F. 波长和频率之间的关系是什么？

G. 距离一个静止电子 1m 处的电场大小是多少？

H. 从地球表面到地球同步轨道的高度是多少？

I. 波的平均强度和 E_{rms} 的关系是什么？

J. 在电容器完全充满电时，每个板上的电荷量有多少？

K. FM 广播的频率单位是什么？

L. 美国有多少个中等大小的城市？

M. 一个典型的商业无线电台的辐射功率有多大？

N. 地球半径有多长？

O. 给电容器充电的常规电流是多大？

P. 地球同步轨道的轨道周期是多少？

Q. 在距波源径向距离 $r=R$ 处，波的平均强度和波源的平均功率之间的关系是什么？

R. 电场强度最大处的横截面面积是多大？

S. 对于一个运动的电子，垂直于电子运动方向且距离电子 1m 处的电场分量的大小与距静止电子 1m 处的电场大小相比如何？

T. 你挥动带电棒的最大频率有多大？

U. 网球场的长度是多少？

V. P_{av} 与 E_{rms} 的大小有什么关系？

W. 电子的电荷量是多少？

X. 一半径为 R 的球的表面积是多少？

Y. 你应该如何对这种情形建模使其与《原理篇》中的内容相关联？

Z. 波的平均强度与 B_{rms} 的大小有什么关系？

AA. 在美国的郊区，AM 电台数量的合理值是多少？

BB. P_{av} 与 B_{rms} 的大小有什么关系？

CC. 物体在做匀速圆周运动时的周期与圆的半径有什么关系？

DD. 运动的电子产生的电场强度在什么方向上最大？

EE. 电容器的两个带电金属板之间的电场是均匀的还是非均匀的？

FF. 对于能量为 10^{-12} J 的电子，因子 γ 是多大？

答案（所有值均为近似值）

A. 由电台天线发射的电磁波的频率；B. 3×10^{8}m/s；C. 3×10^{6}V/m；D. 30 个电台；E. $B_{rms}=E_{rms}/c_0$；F. $f=c_0/\lambda$；G. $ke/r^2=1\times10^{-9}$V/m（$k=9\times10^{9}$N·m^2/C^2，库仑定律）；H. $R-R_E\sim4\times10^{7}$m；I. $S_{av}=E_{rms}^2/(c_0\mu_0)$；J. $q_{max}=CV=10^{-5}$C；K. 兆赫（MHz）；L. 大约有 100 个中等大小的城市，因为每个州至少有一个中等大小的城市，而人口众多的州中有可能会有多个中等大小的城市；M. 10^{4}W；N. 6×10^{6}m；O. $I=\Delta q/\Delta t=10^{-4}$A；P. $T=1\text{d}=9\times10^{4}$s；Q. $P_{av}=S_{av}A=S_{av}4\pi R^2$；R. 较小物体的截面面积，即你的手指的面积 10^{-4}m^2；S. 两者的大小因尺缩效应而不同：$\gamma=1/\sqrt{1-v^2/c_0^2}$；T. 5Hz；U. 3×10^{1}m；V. $P_{av}=E_{rms}^2 4\pi R^2/(c_0\mu_0)$；W. -1.6×10^{-19}C；X. $A=4\pi R^2$；Y. 将手指和金属门把手当作平行板电容器；Z. $S_{av}=c_0B_{rms}^2/\mu_0$；AA. 设每个州的郊区有 20 个电台，则总共有 1000 个电台；BB. $P_{av}=c_0B_{rms}^2 4\pi R^2/\mu_0$；CC. $T=2\pi R/v$［式（11.20）］；DD. 垂直于运动方向；EE. 均匀的；FF. 1×10^{1}

例题与引导性问题

下列例题涉及本章内容，但又不仅仅局限于本章中的某一节。
其中一部分以例题的形式给出，另一部分则以引导性问题的形式给出。

例 30.1　电生磁

一个正弦平面电磁波的电场分量为 $\vec{E}(z,t)=E\sin(kz-\omega t)\hat{\imath}$，其中 $k=9.0\text{m}^{-1}$，$E=6.0\times10^2\text{V/m}$。(a) 这个电磁波的波长和角频率各是多少？(b) 伴随电场产生的磁场的大小和方向分别是什么？

❶ **分析问题**　我们已知电磁波的方程以及场强 E 和波数 k。从正弦函数中的 z 和负号可以看出波沿 z 轴正方向传播 [式 (16.12)]。因为是平面波，我们从《原理篇》的图 30.38 中可以看出在每个 $z=a$ 的平面上，电场大小是均匀的，方向沿 x 轴方向。

❷ **设计方案**　对于 (a) 小问，我们可以从式 (16.7)：$k=\dfrac{2\pi}{\lambda}$中计算波长，也可以依据式 (16.11) 和式 (16.9)，即 $\omega=\dfrac{2\pi}{\tau}$、$\lambda=cT$ 计算出角频率，此处 $c=c_0=3.0\times10^8\text{m/s}$。对于 (b) 小问，可以使用我们已学过的正弦平面电磁波知识，也就是电场和磁场相互垂直以及它们所构成的波的传播方向可由$\vec{E}\times\vec{B}$ 给出。电磁场的大小关系是$B=\dfrac{E}{c_0}$ [式 (30.24)]，且两个场的相位相同。

❸ **实施推导**　(a) 由式 (16.7)，即$k=\dfrac{2\pi}{\lambda}$，可求得波长为 $\lambda=2\pi/k=2\pi/(9.0\text{m}^{-1})=7.1\times10^{-2}\text{m}$。✔。因此角频率就是

$$\omega=\frac{2\pi c_0}{\lambda}=\frac{2\pi(3.0\times10^8\text{m/s})}{(2\pi/9.0)\text{m}}=2.7\times10^9\text{s}^{-1}\ ✔$$

(b) 考虑一对值 (z,t) 使之满足 $0<kz-\omega t<\dfrac{\pi}{2}$，在 (z,t) 指定的位置和瞬间，正弦函数值为正，所以电场指向 x 轴，而波沿 z 轴正方向传播。因此在 (z,t) 处，$\vec{E}\times\vec{B}$ 一定指向于 z 轴的正方向。由于$\hat{\imath}\times\hat{\jmath}=\hat{k}$，所以磁场指向 y 轴正方向，并且形式为

$$\vec{B}(z,t)=B\sin(kz-\omega t)\hat{\jmath}$$

磁场的大小为

$$B=\frac{E}{c_0}=\frac{6.0\times10^2\text{V/m}}{3.0\times10^8\text{m/s}}=2.0\times10^{-6}\text{V}\cdot\text{s/m}^2$$

我们已经知道 $1\text{V}=1\text{N}\cdot\text{m/C}$，所以 $1\text{V}\cdot\text{s/m}^2=1\text{N}\cdot\text{s/(C}\cdot\text{m)}$，同时磁场的单位是特斯拉，而 $1\text{T}=1\text{N}\cdot\text{s/(m}\cdot\text{C)}$。因此磁场的大小为 $B=2.0\times10^{-6}\text{T}$，如果我们将方向考虑进来则得到的结果是

$$\vec{B}(z,t)=(2.0\times10^{-6}\text{T})\sin[(9.0\text{m}^{-1})z-(2.7\times10^9\text{s}^{-1})t]\hat{\jmath}\ ✔$$

❹ **评价结果**　我们在 (a) 中计算的结果介于商用无线电波和微波之间，且满足 $c_0=\lambda f$。在 (b) 中，计算出了磁场的大小，大约是地球近赤道磁场的 1/25。而这个电磁波的电场大小是典型的大气层电场大小 100V/m 的 6 倍。因此我们得到的结果是有道理的。

引导性问题 30.2　磁生电

平面电磁波的磁场矢量为

$$\vec{B}(y,t)=B\cos(ky+\omega t)\hat{k}$$

其中，$B=2.0\times10^{-5}\text{T}$；$\omega=3.0\times10^9\text{s}^{-1}$；$\hat{k}$ 是沿 z 轴方向的单位矢量。(a) 波数 k 的大小是多少？(b) 求伴随磁场产生的电场的大小和方向的表达式。

❶ **分析问题**

1. 例 30.1 的方法在这个问题上是否可行？
2. 波传播的方向如何？
3. 磁场是沿着哪个轴振荡的？

❷ **设计方案**

4. 波数 k 与角频率 ω 有什么关系？

5. 电场是沿着哪个轴振荡的？

6. 电场的大小和磁场的大小有什么关系？

7. 你现在应该可以写出电场的表达式。

❸ **实施推导**

8. 计算 k 的数值。

9. 写出波的电场分量的表达式。

10. 电场的大小是什么？

11. 你是否得到了电场的正确单位？

❹ **评价结果**

12. 考虑与地球赤道附近的磁场大小和典型的大气层电场大小（大约为 100V/m）相比，你计算出来的电场大小 E 和磁场大小 B 合理吗？

例 30.3 天线的信号接收

某种类型的 FM 无线电接收器，运行时所需要的最小无线电信号要求电场的方均根值为 1.2×10^{-2} N/C，一个无线广播电台发射电磁信号的平均功率是 100kW，则在距离电台多远的范围内接收器可以工作？

❶ **分析问题** 我们知道无线电台发射电磁信号的功率为 100kW，我们要计算的是从发射天线到电磁波的电场分量方均根大小为 1.2×10^{-2}N/C 的位置之间的距离。假设电磁波发射后是各向均匀的，这样就可以认为任何时刻的功率是均匀分布在球面上的。因此，我们所要求的就是满足 $E_{rms}=1.2\times10^{-2}$N/C 的球面半径 r。

❷ **设计方案** 我们可以用式（30.38）得到电磁波穿过的任意球面的面积与电磁波平均功率和平均强度之间的关系。因此，利用 $A_{sphere}=4\pi r^2$ 就能得到我们要求的半径 r。但是为了应用式（30.38），我们一定要知道电磁波的平均强度，所以第一步就是根据式（30.40）计算该值，即利用$S_{av}=E_{rms}B_{rms}/\mu_0$。

❸ **实施推导** 将 B_{rms} 替换成 E_{rms}/c_0 并代入式（30.40），就得到电磁波的平均强度

$$S_{av}=\frac{E_{rms}^2}{\mu_0 c_0}=\frac{(1.2\times10^{-2}\mathrm{N/C})^2}{(4\pi\times10^{-7}\mathrm{N\cdot s^2/C^2})(3.0\times10^8\mathrm{m/s})}$$
$$=3.8\times10^{-7}\mathrm{N/m\cdot s}$$

已知 1W = 1N · m/s，所以 $S_{av}=3.8\times10^{-7}$ W/m^2。式（30.38）中的一段时间间隔内的平均值是

$$P_{av}=\int\vec{S}_{av}\cdot d\vec{A}=S_{av}4\pi r^2$$

从而在 $E_{rms}=1.2\times10^{-2}$N/C 处的距离 r 为

$$r=\sqrt{\frac{P_{av}}{4\pi S_{av}}}=\sqrt{\frac{1.0\times10^5\mathrm{W}}{(4\pi)(3.8\times10^{-7}\mathrm{W/m^2})}}$$
$$=1.4\times10^5\mathrm{m}$$

❹ **评价结果** 我们的结果约为 100mile（1mile = 1.609km），接近我们驾车到美国各地时 FM 电台信号消失的距离。因此，我们得到的答案与经验一致。

引导性问题 30.4 来自外太空的电磁信号

在地球上空 120AU（1AU = 1 天文单位 = 1.5×10^8 km）的宇宙飞船上有一个 20W、80GHz 的定向碟形发射天线（见图 WG30.1）。同时，该发射天线指向在地球上一直径为 34m 的接收天线。假设现在想从地球的接收天线接收一个电场方均根值为 1.0×10^{-3}V/m 的信号，则信号波的波束角宽度 θ 必须要多大？

图 WG30.1

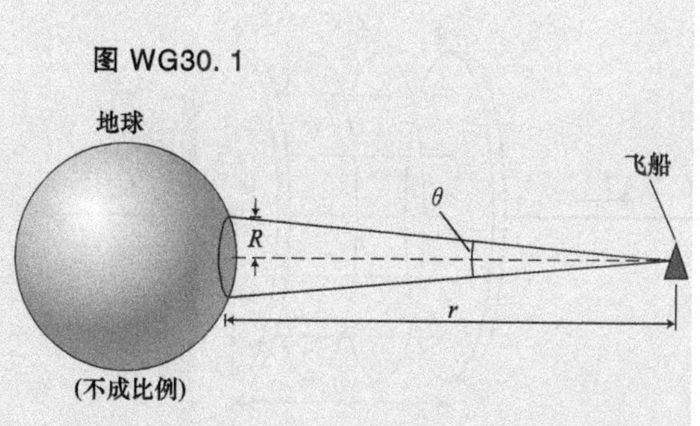

❶ 分析问题

1. 定向发射天线与各向均匀的发射天线之间有什么不同？

2. 你应该对功率发射方向做出什么样的假设？

3. 假设信号被发射到地球表面的圆形区域。画一张图说明电磁波的波束宽度与圆形区域的半径 R 和宇宙飞船到地球的距离 r 之间的关系。

❷ 设计方案

4. 你该如何计算信号的电磁波的平均强度？

5. 你用什么关系式可以计算出沿发射方向打在地球表面且有信号的最大覆盖面积？又用什么关系式可以计算出信号束覆盖地球表面且可以被探测到的最大面积。

6. 一旦你知道信号在地球上所能够覆盖的最大面积，你该如何确定最大电磁波信号束的宽度？

❸ 实施推导

7. 计算与电场强度方均根相关的信号最大强度。

8. 计算电磁波信号束覆盖地球表面并且可以被探测到的最大面积范围。

9. 计算地球表面上被信号覆盖的圆形区域的半径 R。

10. 用你计算出来的 R、r 以及第 3 步中画出的图来计算电磁波波束的角宽度。

❹ 评价结果

11. 对于你计算出来的电磁波波束的角宽度，你认为直径为 34m 的接收天线是否可以探测到信号？

例 30.5　放电辐射

一电容器由半径为 $R=150\text{mm}$、间距为 $d=20\text{mm}$ 两个圆形平行板组成。初始时，板上所带的电荷量为 $q_0=9.0\times10^{-8}\text{C}$，之后电容器通过稳定的电流 $I=3.0\text{mA}$ 进行放电。在放电 $2.0\times10^{-5}\text{s}$ 后，求穿过两个圆形平行板之间的闭合圆柱面的功率。

❶ 分析问题　我们先画一个示意图，表示出电容器的放电过程和与其相关的电场线和磁场线（见图 WG30.2）。围绕电容器两极板间的闭合圆柱面是由两个底面和一个连接两个底面的侧面组成的，两个底面分别与极板面相重合，圆柱的侧面则包围了两极板之间的空间。由于两极板间的距离比金属板的半径小得多，因此我们可以假设在任何时刻 t，极板上的电荷量 $q(t)$ 是均匀分布的，并且两板间的电场 $\vec{E}(t)$ 也是均匀分布的（忽略边缘效应）。这个均匀电场已经在图中画出。当电容器放电时，$\vec{E}$ 的数值变小，因此存在一个位移电流 I，其方向是指向 $\Delta\vec{E}$ 方向的，与电场 $\vec{E}$ 的方向相反。

图 WG30.2

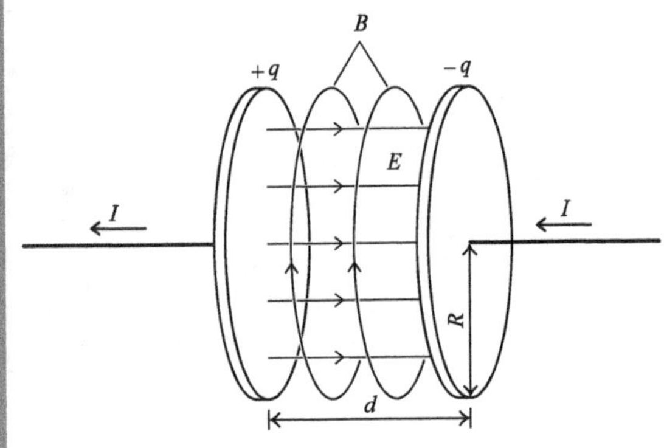

当电场发生变化时，就会在两极板间激发出磁场 $\vec{B}(t)$，并且该磁场的磁场线是圆形的。我们对位移电流使用右手定则，借此来确定回路的绕行方向，并将这些圆形的线画在图 WG30.2 中。

在两极板间的各点的电场和磁场都相互垂直。因为电场在减小，所以储存在电场中的能量也会减少。利用我们画的示意图和这些信息，就能确定在 $t=2.0\times10^{-5}\text{s}$ 时，穿过由电容器体积构成的闭合圆柱面的功率 P。

❷ 设计方案　为了计算 P，我们必须要计算出坡印亭矢量［式（30.38）］的通量。我们从式（30.37）中知道坡印亭矢量正比于 $\vec{E}\times\vec{B}$，所以我们必须确定两板之间的电场和磁场大小。电场 E 取决于板上的电荷，我们可以利用高斯定理［式（30.10）］得到 E。因为电流是稳定的，所以可以确定板上电荷随时间变化的函数。当我们用

实践篇

式（30.8）确定出 B 后，就可以计算出通过闭合圆柱面的坡印亭矢量通量，以及穿过该闭合圆柱面上的功率。

❸ **实施推导** 图 WG30.3 表示一个半径为 R 的圆，它的圆心在两个圆形极板中心的连线上，且圆面垂直于该直线。考虑这个圆上的一点 Z。我们的第一个任务是用高斯定理来计算在 Z 点处 $\vec{E}(t)$ 的大小。我们选取图 WG30.4a 中的闭合圆柱面为高斯面。请注意，圆柱面中的一部分位于电容器两极板之间的空间内，另一部分则位于该空间之外，Z 点位于圆柱高斯面的底面上，该底面位于电容器两极板之间，如图 WG30.4b 所示。在整个高斯面上，只有在该底面上有非零的通量。因此，对应面积为 A_{endface}，高斯定理 $\Phi_E = \oint\vec{E}\cdot \mathrm{d}\vec{A} = q_{\text{enc}}/\epsilon_0$［式（24.48）］变为

$$EA_{\text{endface}} = \frac{\sigma A_{\text{endface}}}{\epsilon_0} = \frac{q(t)A_{\text{endface}}}{\pi R^2\epsilon_0}$$

$$E(t) = \frac{q(t)}{\pi R^2\epsilon_0} \tag{1}$$

图 WG30.3

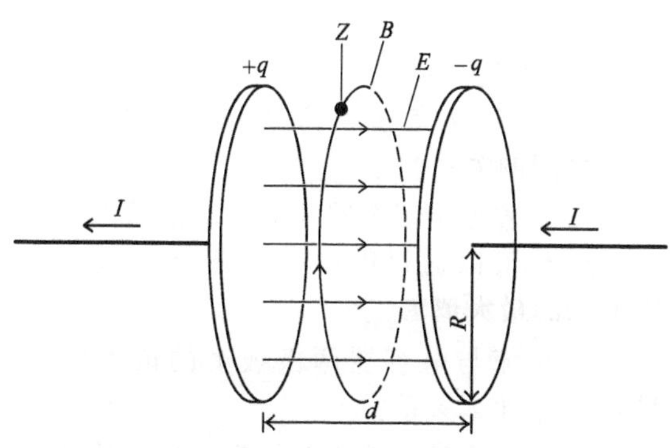

图 WG30.4

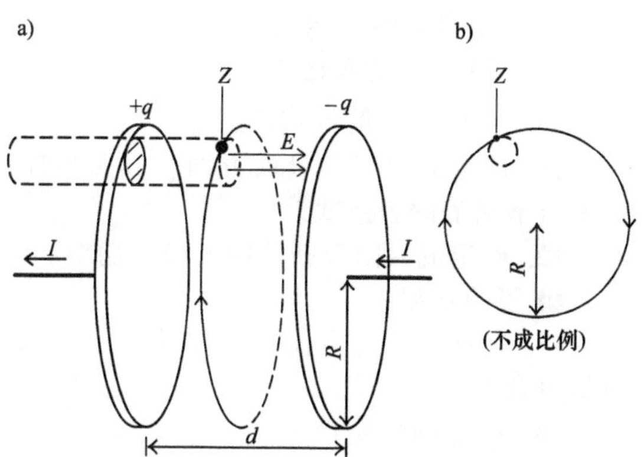

现在可以用式（30.8）得到 Z 处 $\vec{B}(t)$ 的大小。在图 WG30.3 上选取半径为 R 的圆作为（安培环路）积分路径。因为 B 的大小沿着积分路径是常数，所以式（30.8）中左边的积分就成了 $B(2\pi R)$。积分路径对应的一个开放面，即半径为 R 的圆面，由于没有电流穿过该圆面，因此方程的右边为 $I_{\text{int}}=0$。因为电场是均匀的，它的通量为 $\Phi_E = E(\pi R^2)$，所以从式（30.7）得到的位移电流是

$$I_{\text{disp}} = \epsilon_0 \frac{\mathrm{d}E}{\mathrm{d}t}\pi R^2$$

把关于 E 的式（1）代入上式，可得

$$I_{\text{disp}} = \epsilon_0 \frac{\mathrm{d}}{\mathrm{d}t}\left[\frac{q(t)}{\pi R^2\epsilon_0}\right]\pi R^2 = \frac{\mathrm{d}q(t)}{\mathrm{d}t}$$

电流是稳定的，电荷在不断减少，恒定的电流为 $I=-\frac{\mathrm{d}q(t)}{\mathrm{d}t}$。而位移电流的大小等于恒定电流的大小，因此式（30.8）就变成 $B(2\pi R)=\mu_0 I$。我们有

$$B = \frac{\mu_0 I}{2\pi R} \tag{2}$$

我们现在应用式（30.37）计算在 Z 处的坡印亭矢量 $\vec{S}(t)$ 的大小和方向。因为点 Z 可以选择在电容器内的任何一个圆上，所以坡印廷亭量的表达式应该是通用的。对图 WG30.5a 中的矢量积 $\vec{E}\times\vec{B}$ 使用右手定则，我们可以看到矢量积的方向为远离闭合圆柱的侧面——即图 WG30.5b 中 Z 处径向向外的方向。这也就是 $\vec{S}$ 的方向，由式（1）和式（2）得到其大小为

$$S(t) = \frac{1}{\mu_0}EB = \frac{q(t)}{\pi R^2\epsilon_0}\frac{I}{2\pi R}$$

图 WG30.5

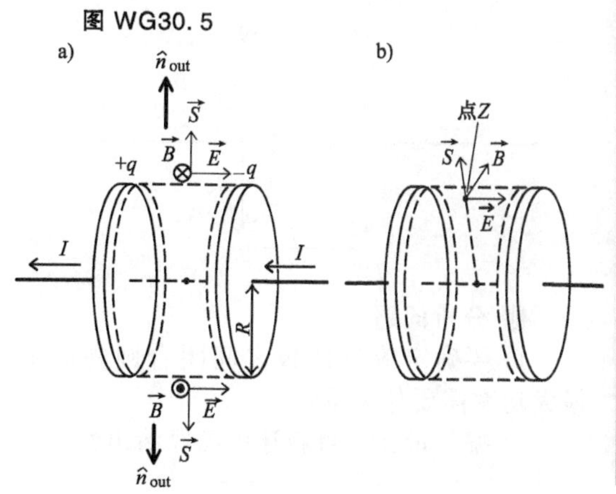

实践篇

要注意的是在电容器中的每一点坡印亭矢量的方向均为径向向外，所以能量不会穿过圆柱的两个底面。穿过闭合圆柱面侧面的功率可以用式（30.38）计算。对于封闭曲面，我们总是选择外法矢 $\hat{n}_{out}$，即与曲面垂直并指向闭合曲面外部。因为 $\vec{S}(t)$ 是指向圆柱弯曲的侧面向外的，所以我们所要做的就是用 S 乘以圆柱侧面的面积 $A=2\pi Rd$。因此，穿过这个面的功率就是

$$P(t)=S(t)A=\frac{q(t)}{\pi R^2\epsilon_0}\frac{1}{2\pi R}2\pi Rd=\frac{q(t)I}{\pi R^2\epsilon_0}d$$

因为电流是恒定的，板上电荷随时间的变化就是 $q(t)=q_0-It$。因此穿过闭合圆柱面的侧面的功率随时间变化的函数是

$$P(t)=\frac{(q_0-It)I}{\pi R^2\epsilon_0}d$$

在 $t=2.0\times10^{-5}$s 时，功率就是

$$P=\frac{[(9.0\times10^{-8}\text{C})-(3.0\times10^{-3}\text{A})(2.0\times10^{-5}\text{s})]}{\pi(0.150\text{m})^2[8.85\times10^{-12}\text{C}^2/(\text{N}\cdot\text{m}^2)]}\times(3.0\times10^{-3}\text{A})(2.0\times10^{-2}\text{m})=2.9\text{W}$$ ✓

❹ **评价结果** 在《原理篇》的例30.10中，由半径为 $R=0.10$m 的圆形平行板构成，板间距为 $d=0.10$mm，并以稳定的电流 1.0A 充电的电容器，穿过并进入其两板间的圆柱形空间的功率为 $(3.6\times10^8\text{W/s})\Delta t$。对于这个电容器，在 $\Delta t=2.0\times10^{-5}$s 时的功率是 7.2×10^3W。由《原理篇》例30.10可知，功率正比于 I^2 和 d，反比于 R^2。对我们的电容器应用该关系，其中 $I_{discharging}=3.0$mA、$R=150$mm、$d=20$mm，我们要求的功率为

$$\frac{P_{discharging}(\Delta t=2.0\times10^{-5}\text{s})}{P_{charging}(\Delta t=2.0\times10^{-5}\text{s})}=\frac{(q_0-I_{discharging}\Delta t)I_{discharging}d_{discharging}}{(I_{charging}\Delta t)I_{charging}d_{charging}}\frac{(R_{charging})^2}{(R_{discharging})^2}$$

$$P_{discharging}(\Delta t=2.0\times10^{-5}\text{s})=(7.2\times10^3\text{W})\frac{(3.0\times10^{-8}\text{C})}{(2.0\times10^{-5}\text{C})}\frac{(3.0\times10^{-3}\text{A})}{(1.0\text{A})}\times\frac{(20\text{mm})}{(0.10\text{mm})}\frac{(0.10\text{m})^2}{(0.150\text{m})^2}=2.9\text{W},$$

而这与我们算出来的结果一致。

引导性问题 30.6 充电

一电容器由半径为 $R=200$mm 的圆形平行板制成，板间距为 $d=15$mm（见图WG30.6）。在一段时间 $\Delta t=7.7\times10^{-6}$s 内，以恒定电流对电容器充电。在这段时间内，两板之间磁场的最大值是 $B_{max}=1.2\times10^{-8}$T。穿过两板之间闭合圆柱面的最大功率是多少？

图 WG30.6

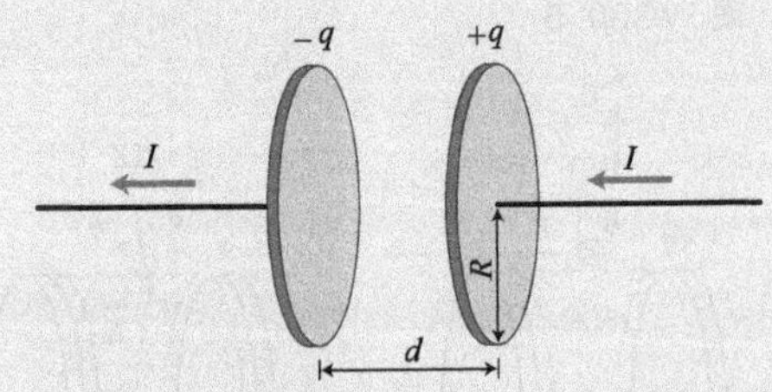

❶ **分析问题**

1. 要确定流过两板之间闭合圆柱面的最大功率需要什么量？

2. 哪些量在题目叙述中已经给出？

❷ **设计方案**

3. 哪个麦克斯韦方程给出了电流与 B_{max} 之间的关系？

4. 沿着哪个闭合路径的磁场值最大？

5. 你可以通过哪个麦克斯韦方程来确定电场的最大值 E_{max}？

6. 电流与电容器两极板上的最大电荷量 q_{max} 有什么关系？

7. 你怎么计算流入两板间的最大功率？

❸ **实施推导**

8. 写出电流的表达式。

9. 写出 q_{max} 的表达式。

10. 写出 E_{max} 的表达式。

11. 确定坡印亭矢量的方向，以及坡印亭矢量最大值的表达式。

12. 确定流入闭合圆柱面的最大功率。

❹ **评价结果**

13. 在这个恒定电流下，你计算出来的值是否合理？

14. P_{max} 的值是否合理？

实践篇

例 30.7 螺线管天线

如图 WG30.7 所示，螺线管的半径为 $a=0.10\text{m}$、高度为 $h=0.60\text{m}$。电流以 $I(t)=I_0-bt$ 的形式减小，其中 $I_0=0.40\text{A}$，$b=0.200\text{A/s}$，电流方向如图所示。如果螺线管有 $N=500$ 匝，在 $t=1.0\text{s}$ 时，电磁能离开螺线管内部的圆柱形空间的速率是多少？

❶ **分析问题** 螺线管每单位高度就有 N/h 匝，电流在螺线管中随时间减小。当电流减小时，螺线管内部的磁场也会减小。变化的磁场伴随着产生电场。因为磁场减小，所以我们预测电磁能会离开螺线管的内部，而我们要确定的就是能量离开的速率。

图 WG30.7

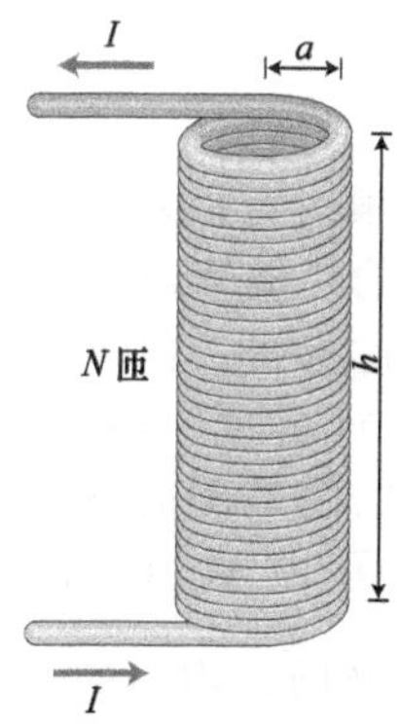

因为螺线管的高度远远大于其半径，我们可以忽略边缘效应。由 28.6 节知道，螺线管内部的磁场是均匀的且沿螺线管的长（竖直）轴方向。电场是以这个轴为中心的圆环形，并且在螺线管内的每个位置，电场和磁场都相互垂直。该信息如图 WG30.8 所示。

图 WG30.8

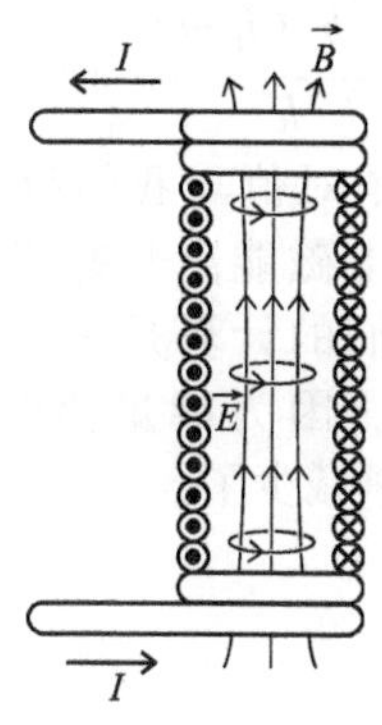

❷ **设计方案** 电磁能离开螺线管内圆柱形空间的速率，即功率，由穿过螺线管曲面的坡印亭矢量通量给出。能量离开螺线管内部的空间，由此我们知道坡印亭矢量的方向为平行于圆柱体的两个底面，并且指向外部、远离圆柱体的中心轴。

我们可以用式（30.36）计算坡印亭矢量的大小。为了用这个方程，我们必须要知道 E 和 B 的大小。我们可以用式（30.12）的法拉第定律计算出 E。因为电流随着时间线性地减小，螺线管内部磁通量的变化率 $\dfrac{\mathrm{d}\Phi_B}{\mathrm{d}t}$ 是常数，所以电场大小是常数。因此，没有与电场相关的位移电流。这意味着式（30.6），即广义的安培环路定理 $\oint B\cdot \mathrm{d}l=\mu_0 I_{\text{int}}+\mu_0\epsilon_0(\mathrm{d}\Phi_E/\mathrm{d}t)$ 会简化为式（28.1），我们可以用后者计算出磁场大小。

为确定功率，我们必须计算坡印亭矢量对螺线管内壁围成的圆柱侧面的面积分。因为电场和磁场相互垂直，且方向都与这个侧面相切，大小在这个面上都均匀，所以功率大小等于坡印亭矢量的大小与圆柱侧面面积的乘积。

❸ **实施推导** 我们从没有位移电流的安培环路定理 $\oint \vec{B}\cdot \mathrm{d}\vec{l}=\mu_0 I_{\text{enc}}$［式（28.1）］开始，其中 $\mathrm{d}\vec{l}$ 是安培环路的路径长度 l 的微元，如图 WG30.9 所示。积分的方向（从下往上看）是顺时针方向。在螺线管外部磁场为零，在螺线管内部磁场方向竖直向上。所以式（28.1）的左边是 $\oint \vec{B}\cdot \mathrm{d}\vec{l}=Bl$。在我们所选的安培环路包围的螺线管区域内，电流流向为垂直纸面向里，所以 $I_{\text{enc}}=\left(\dfrac{N}{h}\right)lI$。因此磁场大小就是

$$Bl=\frac{\mu_0 NI(t)l}{h}\Rightarrow B(t)=\frac{\mu_0 N(I_0-bt)}{h} \quad (1)$$

实践篇

图 WG30.9

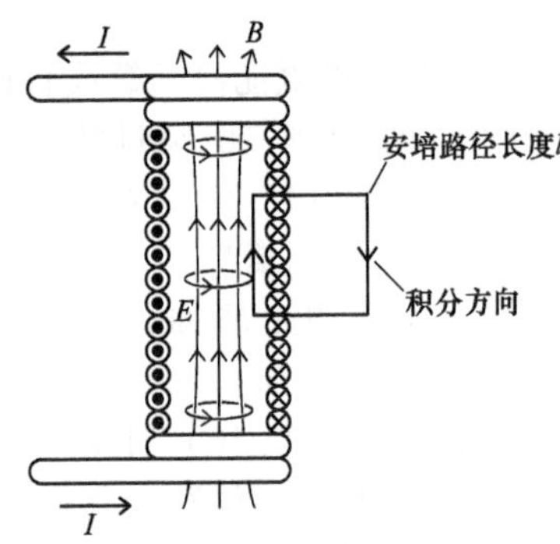

接下来为了得到 E 的表达式，我们利用式（30.12），即 $\oint \vec{E}\cdot \mathrm{d}\vec{l}=-\mathrm{d}\Phi_B/\mathrm{d}t$ 形式的法拉第定律。其中，$\mathrm{d}\vec{l}$ 代表半径为 r 的闭合路径圆周 l 上的微元，如图 WG30.10 所示。我们还是按顺时针（从下往上看）方向积分。变化的磁通是

$$\frac{\mathrm{d}\Phi_B}{\mathrm{d}t}=\frac{\mathrm{d}B}{\mathrm{d}t}\pi r^2$$

并且我们可以利用式（1）重写这个方程

$$-\frac{\mathrm{d}\Phi_B}{\mathrm{d}t}=-\frac{\mu_0 N\pi r^2}{h}\frac{\mathrm{d}(I_0-bt)}{\mathrm{d}t}=\frac{\mu_0 N\pi r^2 b}{h}$$

因为电场是圆环形的，所以电场绕着这个闭合路径的线积分是 $\oint \vec{E}\cdot \mathrm{d}\vec{l}=E2\pi r$。由法拉第定律求得的电场大小为

$$E2\pi r=\frac{\mu_0 N\pi r^2 b}{h}\Rightarrow E=\frac{\mu_0 Nrb}{2h} \qquad (2)$$

图 WG30.10

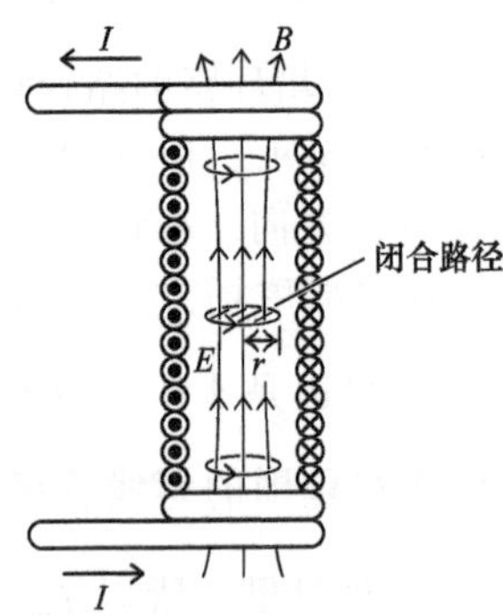

因为电场在式（2）中的符号为正，所以电场的方向与积分的方向相同。

现在我们要确定电磁能离开螺线管内部的速率。该速率可以借由计算坡印亭矢量穿过半径为 $r=a$ 的螺线管的圆柱面的通量来求得。首先，我们通过确定 $\vec{E}\times\vec{B}$ 的方向来检查坡印亭矢量的方向，它沿径向向外，远离螺线管中心轴的方向。现在我们将式（1）和式（2）代入式（30.36），计算坡印亭矢量的大小：

$$S(r=a)=\frac{1}{\mu_0}EB=\frac{\mu_0 N^2 ab(I_0-bt)}{2h^2}$$

为确定在 $t=1.0\mathrm{s}$ 时的功率，我们用 S 乘以圆柱体侧面面积 $2\pi ah$：

$$P=2\pi ahS(r=a)=\frac{\mu_0 N^2 b(I_0-bt)}{h}\pi a^2$$
$$=\frac{(4\pi\times10^{-7}\mathrm{N\cdot s^2/C^2})(500)^2(0.200\mathrm{A/s})}{(0.60\mathrm{m})}\times$$
$$[0.40\mathrm{A}-(0.200\mathrm{A/s})(1.0\mathrm{s})]\pi(0.10\mathrm{m})^2$$
$$=6.6\times10^{-4}\mathrm{W}$$ ✓

❹ **评价结果** 可以看出能量离开螺线管的速率是很小的，虽然对于这个功率值我们没有明确的对比标准。但是，我们预期电磁能离开螺线管内圆柱空间的速率应该等于储存在该空间中的磁能随时间的变化率。磁场的能量密度可由式（30.28）给出，即 $u_B=\frac{B^2}{2\mu_0}$。因为磁场是均匀的，所以储存在螺线管中的能量 U^B 就是能量密度与圆柱体体积 $\pi a^2 h$ 的乘积：

$$U^B=\frac{B^2}{2\mu_0}\pi a^2 h=\frac{\mu_0 N^2(I_0-bt)^2}{2h^2}\pi a^2 h$$

因此，储存的磁能随时间的变化率为

$$\frac{\mathrm{d}U^B}{\mathrm{d}t}=\frac{\mathrm{d}}{\mathrm{d}t}\left[\frac{\mu_0 N^2\ (I_0-bt)^2}{2h}\pi a^2\right]$$
$$=-\frac{\mu_0 N^2 b\ (I_0-bt)}{h}\pi a^2$$

这个表达式的绝对值与我们得到的 P 的大小相同，而 P 是电磁能离开螺线管的速率，这让我们确信我们的计算是正确的。其中的负号是有意义的，因为能量离开螺线管内部，所以储存的能量减少了。

实践篇

引导性问题 30.8 再解螺线管

在图 WG30.7 中，螺线管有 N 匝，半径为 a，并且高度 $h \gg a$。流过线圈的电流为 $I(t)=bt$，其中 b 是一个正的常数，单位是安培每秒。电磁能以什么速率穿过由线圈确定的圆柱面？这个能量转移的方向是什么？

❶ **分析问题**

1. 这个螺线管中的情形与例 30.7 中的情形有什么不同？

2. 你是否有足够的信息来确定螺线管中电场和磁场的大小和方向？是否需要任何假设？

3. 画出螺线管的草图，标出电流的方向以及你确定的或假设的 $\vec{E}$ 和 $\vec{B}$ 的方向。

❷ **设计方案**

4. 为写出 $\vec{B}(t)$ 和 $\vec{E}(t)$ 大小的表达式，哪个位置是常用且方便的？

5. 你可以用什么方程计算 $\vec{B}(t)$ 的大小和方向？

6. 你可以用什么方程确定 $\vec{E}(t)$？

7. 如何确定 $\vec{S}(t)$ 的大小和方向？

8. 你能用什么方程确定功率？

❸ **实施推导**

❹ **评价结果**

9. 写出在时刻 t 储存在磁场中的能量表达式。

10. 储存的磁场能量关于时间的导数是什么？

习题 通过《掌握物理》® 可以查看教师布置的作业 MP

圆点表示习题的难易程度：● = 简单，●● = 中等，●●● = 困难；**CR** = 情景问题。

除非有另外的说明，否则我们用 $c_0 = 3.0\times10^8$ m/s 作为电磁波在真空中传播的速率。

30.1 伴随着变化电场产生的磁场

1. 图 P30.1 中的电场大小随时间变化。由于这个电场的变化，在位置 P 点有一个向上的磁场，则电场大小是在增加还是减少？●

图 P30.1

2. 如图 P30.2 所示有两个电场，一个处于圆形截面区域，另一个处于矩形截面区域。在两种情况下，电场随时间减小。那么每种情况下，随之产生的磁场的方向是什么？●

图 P30.2

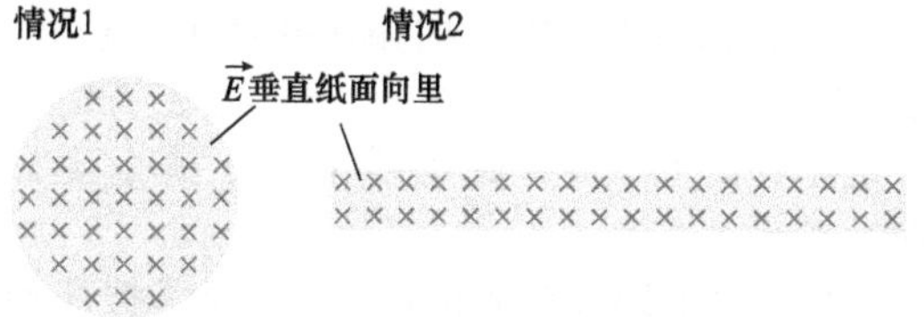

3. 用电源给一个平行板电容器充电，直到一块板带电荷$+q$，另一块板带电荷$-q$。之后电容器与电源断开并单独存在。带电电容器周围的磁场方向如何？●

4. 如图 P30.4 所示，均匀电场的方向为垂直纸面向外并处于圆柱空间内。如果快速关掉电场，就会产生磁场。(a) 这个磁场的方向如何？(b) 这个磁场只存在于非零电场的圆柱形空间内，还是只存在于外部，或者在圆柱形空间的内外都存在？●●

图 P30.4

5. 如图 P30.5 所示，用一恒定电流 I 给电容器充电。求：(a) 两极板间电场的方向如何？(b) 电场变化的方向如何？(c) 两极板间磁场的方向如何？●●

实践篇

图 P30.5

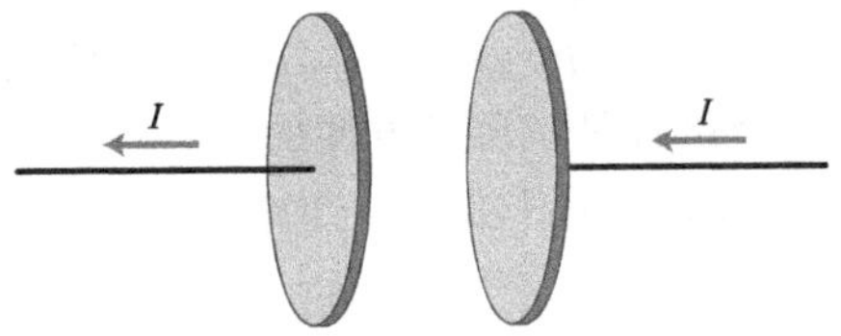

6. 如图 P30.6 所示，有一个在不断增大的磁场和一个根据法拉第定律随之产生的电场。如果磁场以不断上升的速率增大，(a) 电场大小是不变、增大，还是减小？(b) 电场的行为会产生附加的磁场吗？如果会，则附加的磁场方向如何？它是加强还是抵消原磁场？●●

图 P30.6

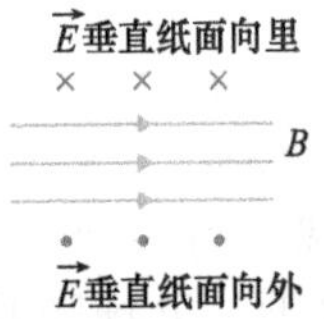

30.2 运动电荷的场

7. 当带电粒子 (a) 静止，(b) 匀速运动，(c) 加速运动时，从带电粒子发出的电场线在粒子周围区域是否为直线？●

8. 图 P30.8 中，哪些场线的图案可以表示 (a) 电场线和 (b) 磁场线？●

图 P30.8

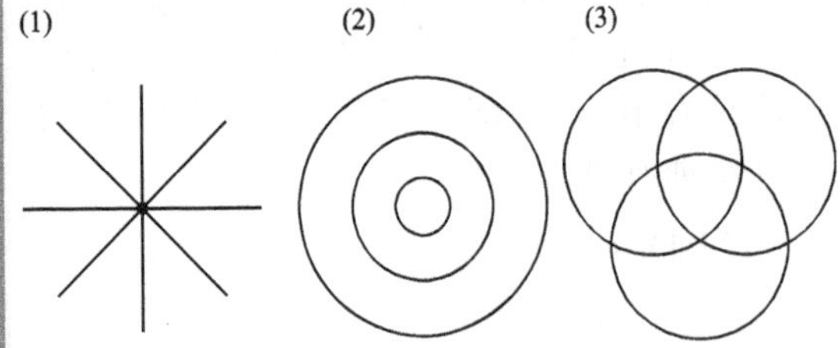

9. 带电粒子做高速圆周运动时，其电场中是否会产生扭曲？●

10. 一个向右运动的带正电的粒子急速停止。画出由此产生的辐射脉冲。●●

11. 判断在下列情形下是否能产生电场？(a) 当一根导线上的净电荷为零并且载有恒定的电流时；(b) 当一根导线上的净电荷为零，但载有随时间变化的电流时；(c) 当一个条形磁铁匀速平动时；(d) 当一个条形磁铁绕着连接它的两个磁极的对称轴旋转时。●●

12. 判断在下列情形下是否会产生磁场？(a) 当一个均匀带电的球以恒定的转速绕着穿过球心的轴转动时；(b) 当一个带电粒子以恒定的速度平动时；(c) 当一个带电粒子加速平动时。●●

13. 分别画出图 P30.13 中的四种情况下产生的电场线和磁场线图案：(a) 带有线电荷密度为$+\lambda$ 的静止带电棒；(b) 带有线电荷密度为$+\lambda$ 的带电棒以恒定的速度沿着杆的长度方向运动；(c) 带有线电荷密度为$+\lambda$ 的静止带电棒与一平行的带有线电荷密度为$-\lambda$ 的静止带电棒无限靠近；(d) 带有线电荷密度为$+\lambda$ 的带电棒以恒定的速度沿着杆的长度方向运动，它无限靠近一个平行的带有线电荷密度为$-\lambda$ 的带电棒，并且这个棒以相反的方向运动。●●

图 P30.13

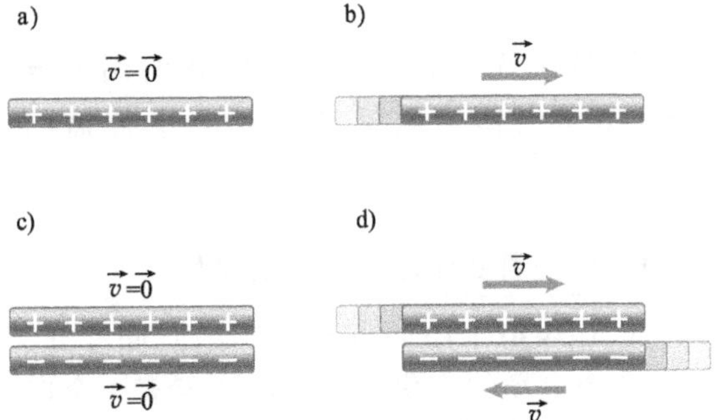

30.3 振荡电偶极子和天线

14. FM 无线广播的典型频率为 100MHz，可以发射这样频率电磁波的偶极子天线的长度是多少？●

15. 一个电磁波向东传播。已知在某一时刻，一部分波的磁场指向南方，求该时刻这部分电磁波中的电场指向什么方向？●

16. 一个电偶极子的中心处于笛卡儿坐标系原点，沿着 x 轴方向振荡并产生电磁波。在 z 轴上远离原点的位置，(a) 电磁波的偏振是怎样的？(b) 磁场线平行于哪个坐标轴？●●

17. 图 P30.17 画出了因电偶极子振荡而

辐射出的磁场线。(a) 在接下来无限小的时间间隔内，P 点磁场变化的方向如何？(b) 用你在 (a) 小问中的答案确定 P 点周围的电场环绕的方向。(c) 相对于纸面，电偶极子是左右振荡、上下振荡，还是内外振荡？●●

图 P30.17

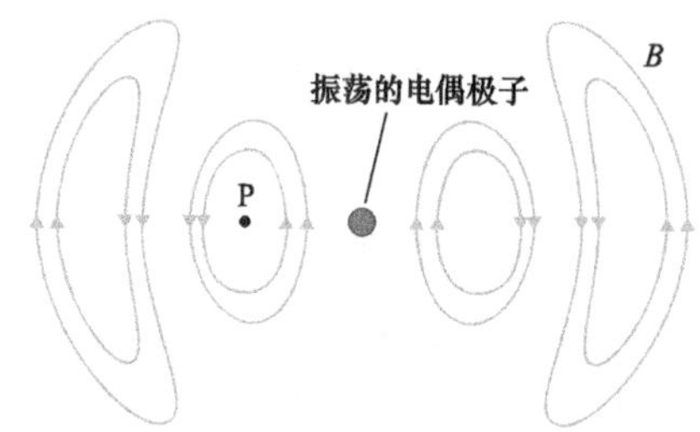

18. 用于无线上网的路由器采用的是 802.11g 标准，工作频率为 2.4 GHz。(a) 从路由器发射的电磁波的波长是多少？(b) 偶极子天线需要多长？这个长度是否与你所见过的路由器天线的长度相当？●●

19. 为什么无线电发射塔是垂直放在地面上而不是水平放在地面上的？●●

20. 为了探测一个入射的平面电磁波，我们观察一个从静止开始并且只能在 xy 平面上自由运动的带电粒子。如果我们观察到粒子沿着 y 轴振荡而无 x 方向的运动，那么电场、磁场和波传播的方向各是怎样的？●●

21. 一个带电粒子突然竖直向下加速，产生的电场线如图 P30.21 所示。当扭曲的场线到达左边竖直放置的金属棒上时，会在棒中产生向下的电流。请问被加速的粒子是带正电还是带负电？●●

图 P30.21

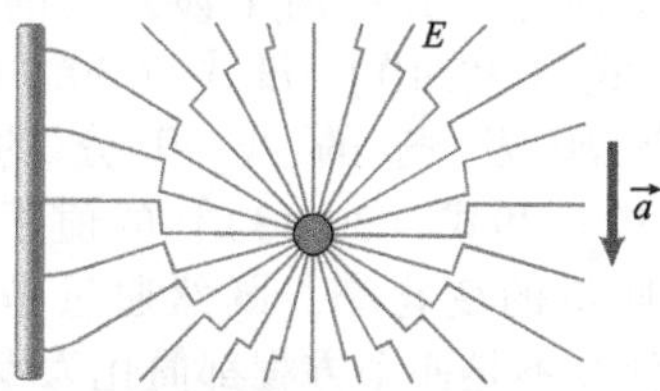

22. 正如我们在《原理篇》自测点 30.9 中看到的，接收偶极子天线必须与振荡的电场平行，以便在天线中产生可测量的电势差。如果我们想要检测由变化的磁场引起的电势差，(a) 我们需要什么形状的天线？(b) 为了使它探测波的能力最大化，相对于波的方向这根天线应该如何放置？(c) 用法拉第定律解释这根天线能更好地探测低频电磁波还是高频电磁波？●●●

30.4 位移电流

23. 用恒定电流给一个圆形平行板电容器充电，电线分别与两极板中心相连，电流大小为 5.0A。如果每块板的半径是 40mm 而且两板之间没有电介质，求在两极板间距离两板圆心连线（假想的）30mm 处的磁场强度的大小。●

24. 一个空间体积中包含着大小为 $E=E_0\cos(\omega t)$ 的电场。假设 $E_0=10\text{V/m}$，且 $\omega=1.0\times10^7\text{s}^{-1}$。(a) 求穿过该体积中一个 0.50m^2 横截面的最大位移电流。(b) 这个面的方向与电场方向满足什么关系时位移电流最大？●

25. 除了在电路内接入一个电容外，我们还可以通过将电路中的电线沿垂直于长轴方向横切成两段而得到相同的效果。如果电线的直径为 10.0mm，并使电线的两个圆形横断面间隔 0.010mm，当电线中的电流为 2.0A 时，求在两横断面之间并距电线长轴线 2.0mm 处的磁场大小？假设产生电流的载荷子均匀地分布于电线的横截面上。●●

26. 用 5.0A 的恒定电流给一个平行板电容器充电。(a) 两极板间的电通量随时间的变化率是多少？(b) 两板之间的位移电流是多少？ (c) 如果两板之间有介电常数为 $\kappa=1.5$ 的电介质，那么 (a)、(b) 两问的答案会有什么改变？假设极板的面积远远大于两板间距离。●●

27. 用恒定电流 I 给平行板电容器充电。已知在某时刻，距离连接电容器的导线中心 7.0mm 处的 $B=1.6\times10^{-8}\text{T}$。(a) 计算在该时刻的电流大小。(b) 画出左板上的电流以显示无论将安培环路界定的表面放在哪里，都能获得相同的 B 值。按比例画出电流矢量的长度，说明板上不同位置的电流大小是否会改变。●●

28. 对于电容为 C 的电容器，证明电容器两板之间的位移电流为 $C\ (\mathrm{d}V/\mathrm{d}t)$，其中 V 是电容器两极板之间的电势差。●●

29. 圆形平行板电容器的极板半径为

30mm，初始时刻不带电，用 2.0A 的恒定电流给它充电，并且面电荷均匀分布于两板上。(a) 写出两板间电场强度大小随时间变化的函数表达式。(b) 在图 P30.29a 中，已知电容器两板间有一个半径为 10mm 的圆平面。求穿过这个面的位移电流是多少？(c) 在图 P30.29b 中有一个右端开口的圆柱面穿过电容器左板。已知圆柱底端圆平面的半径是 10mm，求通过该开口圆柱面的位移电流是多少？(d) 为什么你从 (c) 问得到的答案与从 (b) 问得到的答案是不同的？为什么这两个答案都不等于通过电容器的电流$I=2.0\text{A}$？●●

图 P30.29

a)

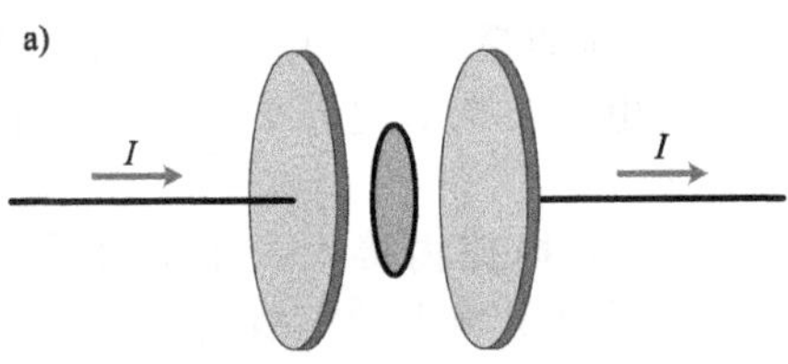

b)

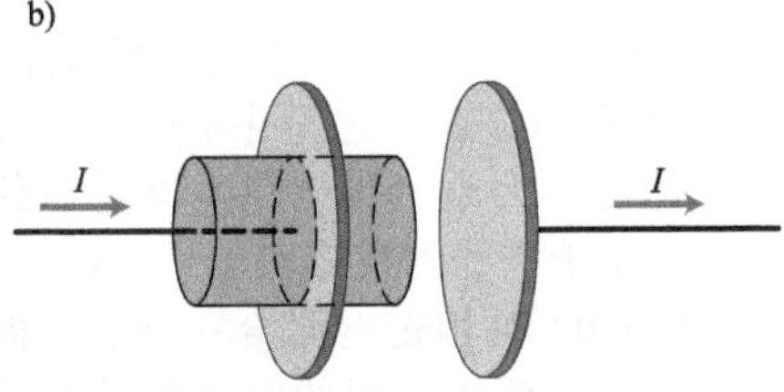

30. 一根短导线沿着 x 轴从 $x=-a$ 到 $x=a$ 放置（见图 P30.30）。$t=0$ 时，在 $x=a$ 处有一个很小的球载有电荷$+q_0$，在 $x=-a$ 处的小球载有电荷$-q_0$。当两个球放电在导线上产生电流时，试说明当 $t>0$ 时，对于 y 轴上距离原点为 b 处的磁场大小，无论是广义的安培环路定理［式（30.13）］还是毕奥-萨伐尔定律［式（28.12）］都能给出相同的结果。(提示：先求 yz 平面上穿过以原点为圆心的圆盘的电通量。因为电场在这个盘面上不是常量，因此必须将圆盘分成一些不同半径的圆环并进行积分。每个圆环一般用半径 r 和径向变量 dr 表示。) ●●●

图 P30.30

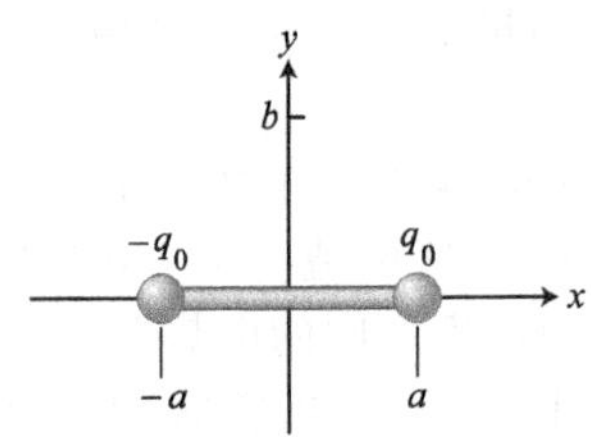

31. 一个平行板电容器的圆形极板的半径为 $R=0.300\text{m}$，板间距为 $d=0.10\text{mm}$。当这个电容器充电时，两板之间的电势差为 $V(t)=V_{\max}(1-e^{-t/\tau_0})$，其中 $V_{\max}=15\text{V}$，$\tau_0=3.0\text{ms}$。在 $t=1.30\text{ms}$ 时，极板之间距离电容器中轴 $r=0.20\text{m}$ 处的磁场大小是多少？●●●

30.5 麦克斯韦方程组

32. 当你使用麦克斯韦方程组来确定电场和磁场时，很大程度上取决于你能否选取“正确”的积分路径。那么如果选择“错误”的路径结果会怎样？这些方程仍会成立吗？考虑一个圆形平行板电容器，如果选取长方形的积分路径，如图 P30.32 所示，使其两边平行于金属板，另外两边垂直于金属板，那么你会得到什么结论？●

图 P30.32

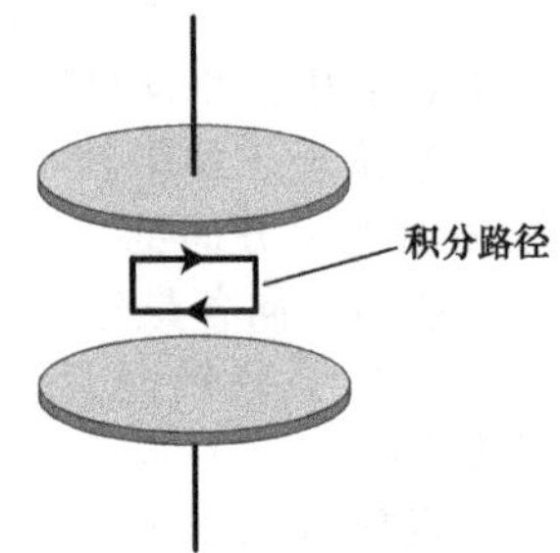

33. 用式（30.11）证明：穿过任何面的磁场的法向分量都是连续的。●●

34. 在自由空间中，麦克斯韦方程组可以被大大地简化。其中两个涉及场的面积分的方程［式（30.10）和式（30.11）］为零，两个涉及场的线积分的方程［式（30.12）和式（30.13）］的值正比于另一个场的通量的变化率。既然通量是场的面积分，为什么不是四个方程都简化为零？●●

35. 一个理想的导体内部 $E=0$，同时，不论载荷子是否在流动，所有的电荷都在导体表面上。(a) 用麦克斯韦方程组证明在导体内部磁场是常量。(b) 用麦克斯韦方程组证明穿过用理想导体围成的圆环的磁通量为常量。(c) 一个超导体不仅仅是理想导体，

而且在超导体内部有 $B=0$。用麦克斯韦方程组证明为什么超导体中的电流局限于导体表面。●●●

36. 一位物理老师尝试用一个装置演示麦克斯韦的广义安培定理。她在平行金属板电容器两板的中心分别挖一个小洞，然后用一根导线穿过两个洞（见图 P30.36）。导线与两个金属板之间没有连接，但是金属板之间的电势差可以调控。这位老师是否可以通过调节电势差，使得在距离导线为 r 处的磁场为零？特别地，当导线载有 0.0200A 的恒定电流并且两板间距为 $d=3.0$mm 时，如果她希望在距导线 $r=20$mm 处的磁场为零，那么电势差的变化率应该为多大？●●●

图 P30.36

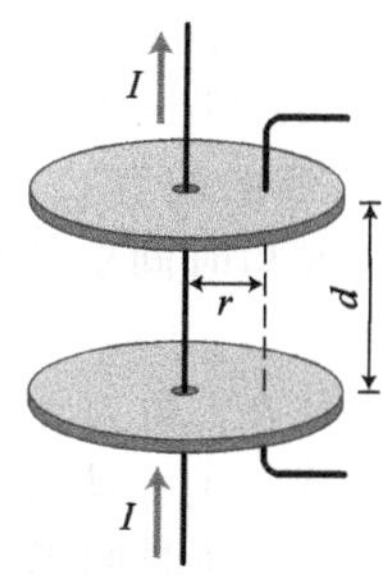

30.6 电磁波

37. 通常 AM 无线广播电台的频率范围是 $10^5 \sim 10^6$Hz。这些波的波长范围是多少？FM 波的波长范围是 1.0～10m。这些波的频率范围又是多少？●

38. 光在水中传播的速率会降为 2.26×10^8m/s，则水的介电常数是多少？●

39. 用于通信的光纤的介电常数为 $\kappa=1.6$。一个信号在加利福尼亚产生，通过光纤电缆到达纽约需要多久？●

40. 你从美国打到德国的电话是通过位于 36000km 高度的地球同步轨道上的卫星进行的。从你说“你好”的那一刻到你的问候到达德国的那一刻之间的时间间隔有多长？忽略美国到德国之间的距离。●

41. 无线网络（WiFi）接入点处的天线长约为 80mm。这说明无线网络的可能频率是多少？●

42. （a）在空气干燥的条件下，距发射天线有一定距离的某处的电场最大值为 15V/m，求这个地方磁场的最大值。（b）当空气很潮湿的时候会增加空气的介电常数，那么 E_{max} 是如何变化的？（c）在潮湿的空气中 B_{max} 的值是如何变化的？假设天线的电势差不受潮湿空气的影响。●●

43. 通常不能用电磁波解决比波长还要小的结构问题。CD、DVD 和蓝光碟播放器都是用很小的“凹槽”来编码储存在它们上面的数字信息 0 和 1——凹槽越小，储存的信息量越大。一张 DVD 可以储存 4.7GB 的信息，一张蓝光碟可以储存 25GB 的信息。如果 DVD 播放器通常使用的是发射波长范围为 640nm～660nm 的红光的激光，那么你对蓝光碟激光的波长和颜色有何预测？●●

44. 蓝光在真空中的波长是 430nm。那么在进入介电常数为 $\kappa=1.45$ 的介质中后，其波长为多少？●●

45. 3K 宇宙背景辐射是宇宙处于非常早期发育阶段时发生的事件所遗留下来的能量。已知与任何辐射相关的能量大小都线性正比于辐射频率，并且与频率为 10^6Hz 的无线电波相关的能量为 6.6×10^{-28}J，那么宇宙微波背景辐射的频率是多少？假设该辐射的能量近似等于 $\kappa_B T$，其中 $T=3.0$K（该辐射的名称也因此得名）。●●

46. 如果距离无线电发射天线 100mm 处的电磁波中的电场最大值为 6.0×10^5V/m，求在距离天线 500m 处的磁场最大值。●●

30.7 电磁能量

47. 一个电磁波的平均坡印亭矢量大小是 8.00×10^{-7}W/m^2。电场的最大值是多少？●

48. 一个电磁波的磁场方均根大小为 $B_{rms}=1.5\times10^{-6}$T。求电场的方均根大小和电磁波的平均强度。●

49. 激光的功率远比白炽灯泡的功率小，但是激光灯的光束不太会发散。请解释为什么激光趋于不发散的特性能持续这么长的距离？●

50. 一束 1.0mW 激光束的半径为 0.6mm。求这束光的强度是多少？●

51. “大力神”（HERCULES）激光是世

界上功率最大的激光之一，它的强度为 $2.0\times10^{20}W/mm^2$。诚然，其光脉冲只能持续30fs，但如果我们假设光束是电磁脉冲，那么其平均能量密度有多大？一个脉冲发射到 $1.0\mu m^2$ 的靶上时的能量是多少？●●

52. 无线电信号的强度一般非常小。想象一辆轿车接收到了 $10\mu W/m^2$ 的信号。(a) 电场最大值和磁场最大值分别为多少？(b) 如果无线电波发射塔位于离车8.0km的位置，那么发射天线的功率是多少？●●

53. 一个电容器的两个金属极板是圆形的且相互平行，它们的直径为150mm，间隔为0.200mm，则对于0.20A的恒定电流，需要多长的时间才能将1.0MW的功率输送到电容器两板之间的空间？●●

54. 假设一个60 W的白炽灯朝各个方向均匀辐射。在距离白炽灯2.0m处，求(a) 电磁波的强度，(b) 电场的最大值，以及 (c) 磁场的最大值。●●

55. 一个100kW无线电台的发射天线在各个方向均匀辐射。(a) 离天线100m处和 (b) 离天线50km处的 E_{max} 和 B_{max} 的大小分别是多少？ (c) 针对这两个位置，计算1.0m长的接收天线两端之间产生的最大电势差，假设天线与无线电波的电场完全平行。●●

56. 一个激光束的半径为1.5mm。激光必须有多大的功率才能使光束中的磁场最大值为 $5.0\mu T$？●●

57. 地球上阳光的平均强度约为 $S=1.0kW/m^2$。一块太阳能电池板长为2.0m、宽为1.6m，效率为20%，如果阳光的入射方向与太阳能板表面法向矢量的夹角为 $\theta=20°$，那么从太阳能板中能获取多大的电功率？●●

58. 你想要用微波炉将0.20L的水从室温加热到沸腾。水被放置于半径为30mm的杯中，并且你希望水能够在3.00min内达到沸点。假设所有微波从顶部进入且完全被水吸收，则微波炉的 (a) 平均功率有多大？(b) 平均强度有多大？(c) 微波电场的方均根大小有多大？●●

59. 人类眼睛能捕捉到的最小光强为 $S_{min}=10^{-12}W/m^2$。如果一个100W的白炽灯泡的效率约为10%，在最简单的假设下，离光源多远的距离处你还能看到光？你的结果是否有意义？●●

60. 类似于听觉上的感知强度，人眼和大脑感知到的亮度与光源强度的关系是对数的而不是线性的。举例来说，你不会感觉到强度为 S 的光是强度为 $\frac{S}{2}$ 的光的两倍。如果将你与灯泡之间的距离加倍，那么你感知到的灯泡亮度会怎么样？●●

61. 一个电磁波的坡印亭矢量为 $(100W/m^2)\ \sin^2[(1000m^{-1})z-(3.0\times10^{11}s^{-1})t]\hat{k}$。求：(a) 波传播的方向以及 (b) 单位时间内，电磁波通过一个面积为 $1.0m^2$、面法矢方向与波传播方向平行的平面的平均能量。(c) 在某一时刻，当电场沿 $+x$ 方向时，磁场沿着什么方向传播？(d) 求这个电磁波的波长和频率（你可能需要复习一下第16章的内容）。(e) 电场矢量和磁场矢量随位置和时间变化的函数表达式分别是什么？●●●

62. 一半径为 R、高为 h 的圆柱形螺线管由 N 匝线圈组成。有一电流流过线圈，并且这个电流以 $I=\alpha t$ 随时间增大，其中 α 是常数。(a) 请描述电场、磁场和坡印亭矢量的方向。(b) 求距离螺线管长中心轴轴线 $r=R$ 处的坡印亭矢量的大小。(c) 利用 (b) 小问的结果推导出进入螺线管的功率随时间变化的函数表达式。(d) 用理想螺线管的电感公式，根据存储的磁能的变化率计算功率。这个答案是否与你在 (c) 小问中得到的答案一致？●●●

63. 一块塑料偏振片，它只允许电磁波中电场的某些特定的分量通过，通过这种偏振片后的波被称为偏振波。例如，电磁波通过如图P30.63a所示的偏振片之后，波中的电场只有竖直分量被保留。因为水平分量被挡住了，所以通过偏振片后电磁波的强度就会损失一半。如果这个偏振波再经过如图P30.63b所示的偏振片，若偏振片的偏振方向与竖直偏振波的方向的夹角为 θ，这个波的强度会失去更多。如果偏振波在进入图P30.63b中的偏振片之前强度为 $S_{before}=200W/m^2$ 并且 $\theta=20°$，波穿过偏振片后的强度是多少？●●●

实践篇

图 P30.63

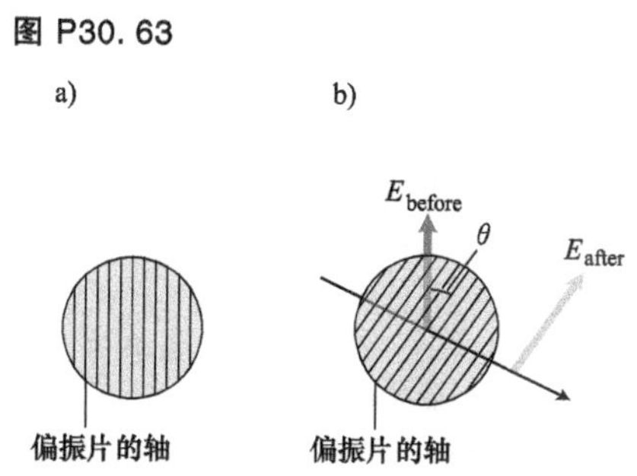

附加题

64. 液氩的介电常数为 $\kappa=1.5$。一个电磁波脉冲通过这个介质时的速率是多少？●

65. 对于一个发射 90.5MHz 信号的无线电台，需要的半波天线长度是多少？●

66. 机场中的全身扫描仪有时被称为*毫米波扫描仪*，有时也被称为*太赫兹扫描仪*。其含义是什么？●

67. 家用微波炉一般使用频率为 2.45GHz 的微波，餐厅厨房用的微波炉更多的是以 915MHz 的频率运行。计算每种频率的波长和每种情况需要的发射天线的长度。●

68. 一正弦电磁波的电场最大值为 $E_{max}=500\text{N/C}$。电场的方均根值是多少？●

69. 通过聚焦紫外激光脉冲，能产生一个明显漂浮在半空中的等离子体点。如果它需要大小为 $1.0\times10^6\text{N/C}$ 的电场来电离空气，那么激光脉冲的强度必须是多少？●●

70. 对于特定的电磁波，其 B_{rms} 是 $0.30\times10^{-6}\text{T}$。对于这个波，计算（a）$E_{rms}$，（b）平均能量密度，以及（c）强度。●●

71. 一个 500W 的工业二氧化碳切割激光器能以 20mm/s 的速率切断厚度为 3.0mm 的薄钢层。二氧化碳激光器的波长为 10.6μm。如果切割激光的光斑直径为 0.17mm，而且该光斑的强度均匀。这束激光的坡印亭矢量大小、磁场方均根大小和电场方均根大小各是多少？●●

72. 一无线电台通过 20kW 的发射天线发送信号。假设信号在各方向上均匀发射并且没有信号强度损失。在距离发射天线 10km 处的信号中，每单位面积的功率为多少？●●

73. 从太阳发出的光到达地球的时间约为 8min，且在地球上的平均强度为 1400W/m^2。如果光从太阳到木星要花 44min，那么木星上的阳光强度为多少？●●

74. 穿过地球高层大气的太阳光强度约为 $1.35\times10^3\text{W/m}^2$。（a）计算在这个位置的 E_{max} 和 B_{max}。（b）地球到太阳的距离为 $1.5\times10^{11}\text{m}$，太阳的辐射功率有多大？（c）如果穿过地球高层大气的所有阳光都能到达地球表面，那么有多少瓦特的功率会到达地球表面？（提示：日地距离非常大以至于可以假设所有的阳光都是垂直于地球的表面。）●●

75. 在 50mm 的距离上（大约从你的耳朵到你的大脑中心的距离），从手机上辐射出的 824.6MHz 微波的强度为 35W/m^2。在相同的距离上，电磁炉可允许的最大辐射泄漏约为 10W/m^2。请估算出这两个设备产生的磁场强度的平均值。我们知道有一些人因为担心手机辐射可能对大脑有影响，从而使用蓝牙耳机，因为蓝牙耳机在 50mm 距离的强度仅为 0.080W/m^2。但通常情况下，手机可能放置在你的腰部附近——在腰带上、口袋中或手提包中。这样做的结果一定会使大脑中心的电磁波强度和场强大小有所改善，否则人们不会这么做。另外，在考虑这些情况时，你意识到手机辐射的波长与头骨的大小相当。●●● **CR**

76. 一些人会担心“电磁烟雾”而在窗户上安装铁丝网以吸收电磁波。一则特殊产品宣称“在 10MHz～3GHz 范围内都可以衰减 50dB”，衰减的定义㊀是

$$\text{衰减 (dB)} = 10\log\left(\frac{\text{入射的强度}}{\text{出射的强度}}\right)$$

这些网（有时称为法拉第笼或法拉第网）一般在其孔径小于辐射波的波长时才会起作用。你自然想知道对于减小波的强度和场强来说这意味着什么。你对制造商所宣传的频率范围也很好奇，于是开始考虑对于允许的最大网格直径而言，是否也有一个最小值的要求。●●● **CR**

㊀ 这里的“log”是指以 10 为底的对数。——编辑注

复习题答案

1. 变化的电场也可以产生磁场。

2. 磁场绕着变化的电场形成一个环路。使用电流右手定则，用 $\Delta\vec{E}$ 的方向替换其中的“电流”的方向，就可以确定任何位置处的磁场方向。

3. 带电粒子不论处于运动状态还是静止状态都会产生电场；而只有当带电粒子运动时才会产生磁场。任意一种场都能由另外一种场的变化而产生。

4. 不论带电粒子是运动还是静止，电场都会在带电粒子上施加作用力。而磁场仅对运动的带电粒子有作用力。

5. 当两类场的场源都是变化的场时，它们的主要性质有相似性：磁场线绕着变化的电场形成一个闭合环线；电场线绕着变化的磁场形成一个闭合的环线。而在场源为带电粒子时，电场和磁场的主要性质不同：磁场线绕着运动的带电粒子形成闭合的环线；但电场线与之不同：不论带电粒子是运动还是静止，电场线从带正电的粒子出发向外扩散并会聚在带负电的粒子上。

6. 电场不是球对称的。电场在沿带电粒子运动速度的方向上最弱，在垂直于速度的方向上最强。

7. 非对称性的程度取决于粒子的速度：粒子的运动速度越快，粒子周围的场就越偏离球对称性。

8. 当带电粒子加速的时候就会出现扭曲。任何给定电场线中的扭曲都会将粒子在加速开始前产生的场线与粒子速度改变后产生的场线相连接。

9. 电磁波由电场和磁场组成。

10. 在电偶极子附近区域，以电偶极子为中心且距电偶极子距离为 $d=cT/2$ 的所有方向的范围内，此区域内场线的方向是从电偶极子的正极到负极并且连接这两极。这个范围是电偶极子中电荷位置变化完成之后的电场传播所能达到的范围，其中 $T/2$ 是从 $t=T/2$ 到 $t=T$ 的时间间隔。在远离电偶极子的区域，即在 $t=0$ 和 $t=T$ 之间的间隔 T 内，电偶极子方向翻转完成后的一段时间间隔内电场传播达不到的范围，此区域中的场线不会与电偶极子中的电荷相连，它们仍然保持着电偶极子处于原来方向上时在该区域产生的场线模式。而在这两个区域之间的区域，场与电偶极子的场不同，因为此区域中没有电荷使场线可以发出和终止，所以场线必定形成闭环。这些环线将存在于电偶极子附近区域和远端区域之间的一些场线的断点连起来。在这个区域中包含有一系列的环线，这些环线像是从电偶极子源中“分离”出来的。详见《原理篇》中的图 P30.13。

11. 磁场垂直于电场，且两者均垂直于波的传播方向。

12. 相位相同意味着两个场以相同的频率振荡并且同时达到它们的最大值（或最小值）。

13. 偏振的定义是：当观察者沿着波的传播方向看时，波的电场方向。

14. 天线是用于接受或发射电磁波的导体装置。

15. 通过在天线上施加交替的电势差驱动天线中的载荷子往复运动，从而产生振荡电流。载荷子的这种振荡运动构成了天线中的电流。

16. 用充电状态下的电容器可以说明第 28 章中的安培环路定理的形式是不完备的。检验该定理时应该让安培环路环绕连接金属极板的导线，而选取的面在两金属板之间。穿过这个面的电流为零，所以这个面上的 I_{int} 就是零。但金属板之间有磁场，从而说明第 28 章中的形式一定是不完备的。

17. 安培环路定理的一般形式就是 $\oint\vec{B}\cdot\mathrm{d}\vec{l}=\mu_0 I_{\text{int}}+\mu_0\epsilon_0(\mathrm{d}\Phi_E/\mathrm{d}t)$。

18. 任意选定一个安培回路，以它为边线张开一个面，$\mu_0 I_{\text{int}}$ 这一项表示穿过这个面的电流对 $\oint\vec{B}\cdot\mathrm{d}\vec{l}$ 的贡献。$\mu_0\varepsilon_0\left(\dfrac{\mathrm{d}\Phi_E}{\mathrm{d}t}\right)$ 表示穿过这个面的电通量变化对 $\oint\vec{B}\cdot\mathrm{d}\vec{l}$ 的贡献。

19. 位移电流不是载荷子移动意义上的电流。这个名称源于广义的安培定理中的因子 $\epsilon_0\left(\dfrac{\mathrm{d}\Phi_E}{\mathrm{d}t}\right)$，因为该项关联着没有载荷子运动的区域中的磁场。这个名称同样提醒我们可以用电流的右手定则来确定伴随着变化电场 $\Delta\vec{E}$ 产生的磁场方向。

20. 当出现电介质时，其介电常数 κ 一定包含于位移电流项中，即 $\mu_0\epsilon_0\kappa\left(\dfrac{\mathrm{d}\Phi_E}{\mathrm{d}t}\right)$。

21. 式（30.10）：$\Phi_E=\oint\vec{E}\cdot\mathrm{d}\vec{A}=(q_{\text{enc}}/\epsilon_0)$ 是高斯定理；式（30.11）：$\Phi_B=\oint\vec{B}\cdot\mathrm{d}\vec{A}=0$ 是磁场的高斯定理；式（30.12）：$\oint\vec{E}\cdot\mathrm{d}l=-(\mathrm{d}\Phi_B/\mathrm{d}t)$ 是法拉第定律的定量形式；式（30.13）：$\oint\vec{B}\cdot\mathrm{d}\vec{l}=\mu_0 I_{\text{int}}+\mu_0\epsilon_0(\mathrm{d}\Phi_E/\mathrm{d}t)$ 是麦克斯韦的广义安培定理。

22. 这是理所当然的，因为是麦克斯韦第一个认识到这四个方程与电荷守恒一起才能完全描述所有的电磁现象。

23. 式（30.10）（高斯定理）：从实验中得到的两个带电粒子之间的电场力与两电子之间的距离成平方反比关系，从结果可以看出在稳定状态下空心的带电导体内部没有剩余电荷。式（30.11）（磁场的高斯定理）：从观察结果看，不存在磁单极子，这就保证了穿过任意闭合曲面的磁通量一定为零。式（30.12）（法拉第定律）：来自电磁感应实验。式（30.13）（安培定理的广义形式）：从测量载流导线之间的力以及有关电磁波的观测中得到。

24. 在远离加速运动的载荷子的地方，脉冲的横向部分看起来像三维平板，其中的二维无限延伸，第三维是一个薄的有限厚度。平板沿着其厚度所在维度的方向远离载荷子。

25. E/B 等于脉冲的传播速率 c_0。

26. E/B 等于脉冲的传播速率 c，等于真空中光速除以介电常数的平方根。

27. 在真空中，传播速率等于这两个常数乘积的平方根的倒数：$c_0=\dfrac{1}{\sqrt{\mu_0\epsilon_0}}$。在电介质中，传播速率等于 c_0 除以介电常数的平方根：$c=\dfrac{c_0}{\sqrt{\kappa}}=\dfrac{1}{\sqrt{\mu_0\epsilon_0\kappa}}$。

28. 电场、磁场和速度两两垂直。传播方向与 $\vec{E}\times\vec{B}$ 的方向相同。

29. 不会。在真空中，所有频率的电磁波都以相同的速率 c_0 传播。

30. 波传播的速率等于波的频率与波长的乘积，即 $f\lambda$。

31. 频率由低到高，分别为无线电波、红外线、可见光、紫外线、X 射线、γ 射线。

32. 电场和磁场的能量密度在数值上相等。

33. (a) $u=EB\sqrt{\epsilon_0/\mu_0}$；(b) $u=\epsilon_0E^2$；(c) $u=B^2/\mu_0$

34. 坡印亭矢量是波的电场矢量和磁场矢量的矢量乘积除以磁导率。它代表单位时间流过单位面积的波的能量。

35. 波的强度是波的坡印亭矢量的大小。对于平面电磁波，这个值等于穿过垂直于 $\vec{E}\times\vec{B}$ 方向的单位面积的瞬时电磁功率。

36. 波的强度等于波的能量密度与其速度的乘积。$S=uc_0$ [式（30.35）]。

引导性问题答案

引导性问题 30.2

(a) $k=\dfrac{\omega}{c_0}=\dfrac{3.0\times10^9\,\text{s}^{-1}}{3.0\times10^8\,\text{m/s}}=1.0\times10^1\,\text{m}^{-1}$；

(b) $\vec{E}(y,t)=(6.0\times10^3\,\text{V/m})\cos[(1.0\times10^1\,\text{m}^{-1})y+(3\times10^9\,\text{s}^{-1})t]\hat{\imath}$

引导性问题 30.4

$\theta=5.4\times10^{-9}\,\text{rad}$

图 P30.4

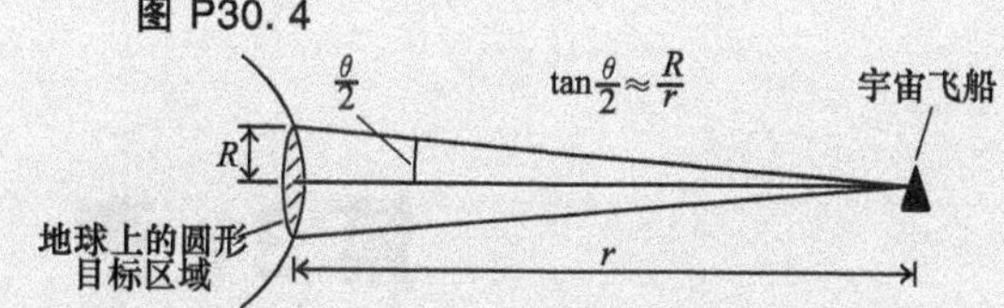

引导性问题 30.6

$P_{\max}=15\text{W}$

引导性问题 30.8

$\dfrac{\mathrm{d}U^B}{\mathrm{d}t}=\dfrac{\mu_0N^2}{h}b^2t\pi a^2$；能量流入螺线管

实践篇

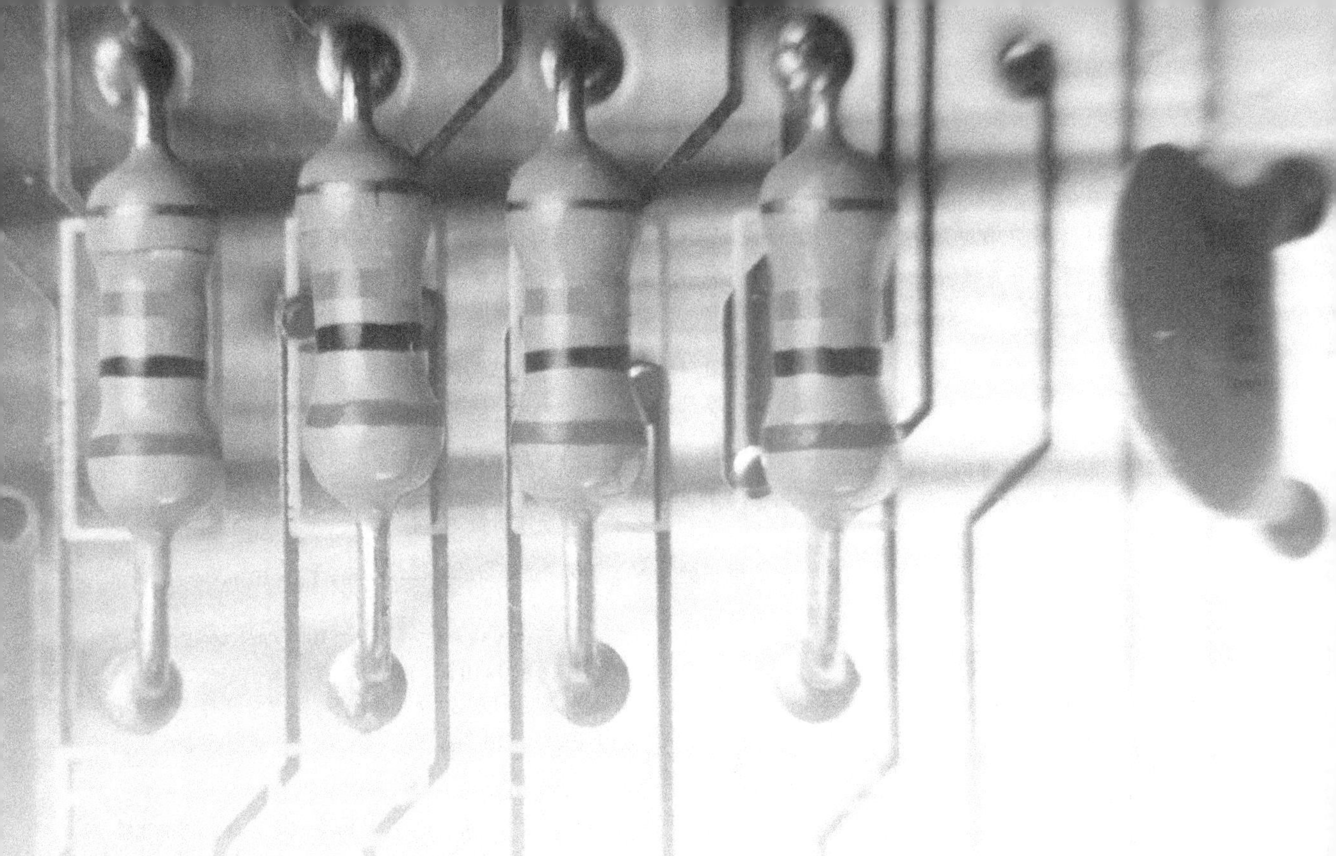

第 31 章　电　　路

章节总结

基本电路（31.1 节）

基本概念 **电路**是电器元件（电路元件）之间相互连接形成的。**回路**指的是电路中任意闭合的导电路径。而**电源**是任何可以为电路提供电势能的设备。电源两端的电势差可以驱动载荷子穿过电路从而产生电流。电路中的**负载**是所有与电源相连的电路元件。在负载中，电势能转化为了其他形式的能量。

定量研究 电路图中，一些常用的电路元件的标准表示：

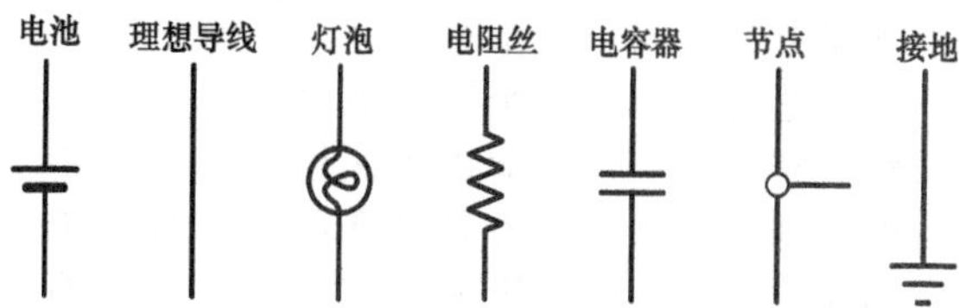

电流和电阻（31.2 节，31.4 节，31.5 节，31.8 节）

基本概念 当回路中各点的电流都是常量时，我们称该回路处于**稳态**。**电流连续性定理**表明：处于稳态的单一回路中的电流处处相等。

电路元件的**电阻**用来度量在流过一定电流的情况下元件两端的电势差。国际单位制中电阻的单位是**欧姆**（Ω），1Ω≡1V/A。材料的**电导率** σ 是衡量载荷子通过传导材料的能力的参数。其单位在国际单位制中表示为 A/(V·m)。

当有电流流过导体时，导体中一定存在一个电场用来产生该电流。在一个横截面均匀一致、载有稳定电流的导体内，导体内各处电场大小相等，电场方向平行于导体壁。

当金属中有电流存在时，载荷子的**漂移速度** $\vec{v}_d$ 是载荷子运动的平均速度。

金属导体中**电流密度** $\vec{J}$ 为矢量，它的方向与带正电的载荷子的漂移速度方向相同，而与带负电的载荷子的漂移速度方向相反。

定量研究 **电流密度** $\vec{J}$ 的大小为

$$J \equiv \frac{|I|}{A} = n\,|q|\,v_d \qquad (31.5)$$

其中，n 是导体单位体积中的载荷子数目；v_d 是载荷子漂移速度的大小。如果金属中的电场强度为 $\vec{E}$，则载荷子（自由电子）的**漂移速度**为

$$\vec{v}_d = -\frac{e\vec{E}}{m_e}\tau \qquad (31.3)$$

其中，m_e 为电荷的质量；τ 为电子与金属离子之间碰撞的平均时间间隔。

金属的**电导率**为

$$\sigma \equiv \frac{J}{E} = \frac{ne^2\tau}{m_e} \qquad (31.8,\ 31.9)$$

电路元件的**电阻**为

$$R \equiv \frac{V}{I} \qquad (31.10)$$

其中，V 是施加在电路元件两端的电势差；I 为通过电路元件的电流。对于一个导体，如果 I 随 V 变化的曲线是一条直线，则该导体遵循**欧姆定律** $I=V/R$［式（31.11）］，我们称之为具有欧姆性质（电阻性）。

长为 l、横截面面积为 A 的导体，其电阻为

$$R = \frac{l}{\sigma A} \qquad (31.14)$$

在电阻上消耗能量的速率为

$$p = I^2R \qquad (31.43)$$

而电源上输出能量的速率为

$$P = I\mathscr{E} \qquad (31.45)$$

其中，$\mathscr{E}$ 为电源电动势。

电路（31.3节，31.6节，31.7节）

基本概念 电路中的**节点**是电路中超过两条的导线连接在一起的点。电路中的**支路**是两节点之间的一条电路，其中不包含其他节点。根据**支路定则**，多回路电路中的某一个支路上的电流处处相同。

若通过两个或两个以上电路元件的电流通路只有一条，且载荷子依次经过这些电路元件，则这些电路原件是串联的。串联电路中的电势差为单个电路元件两端电势差之和。

若两个或两个以上电路元件的两端连在相同的两个节点上，则称这些元件是并联的。并联电路中的每个电路元件两端的电势差都相等。

定量研究 根据**回路定则**，稳态时任一回路中的所有电源电动势与所有用电器两端的电势差之和为零：

$$\sum \mathscr{E}+\sum V=0 \tag{31.21}$$

对于处于稳态的多回路电路，**节点定则**表明所有流入节点的电流之和等于所有流出节点的电流之和：

$$I_{in}=I_{out} \tag{31.27}$$

参考“在单回路电路中应用回路定则”和“分析多回路电路”步骤框。

在串联电路中**等效电阻**为

$$R_{eq}=R_1+R_2+R_3+\cdots \tag{31.26}$$

在并联电路中**等效电阻**为

$$\frac{1}{R_{eq}}=\frac{1}{R_1}+\frac{1}{R_2}+\frac{1}{R_3}+\cdots \tag{31.33}$$

复习题

复习题的答案见本章最后。

31.1 基本电路

1. 直流电路和交流电路的供电方式的主要区别是什么？

2. 电路中的回路的定义是什么？

3. 电路中的负载的定义是什么？

4. 电路中的导线是负载的一部分吗？

5. 请描述一下直流电路中的能量守恒。

31.2 电流与电阻

6. 在电路中，什么情况下才能称之为稳态？

7. 什么是电流连续性定理？

8. 根据电流连续性定理，说明在单回路电路中的任一位置处电荷是如何积累或流失的？

9. 当载荷子从电路中某一个地方移动到另一个地方时，会有多少电势能转变为其他形式的能量？

10. 串联电路中的电路元件是如何连接在一起的？

11. 为了维持一个确定的电流通过电路元件，需要在元件两端提供电势差，电路元件的什么性质决定了这个电势差的大小？

31.3 节点与多回路

12. 在稳态下，根据电流连续性定理，下列情形下的电流满足什么样关系？(a) 多回路电路中任意一个支路中的电流；(b) 节点中流进和流出的电流。

13. 两个灯泡串联时什么电学量相同？两个灯泡并联时又有什么电学量相同？

14. 什么是短路，短路会造成什么后果？

15. 在电路图中，电路元件接入电路的方向是否会对电路图表示电路的正确性带来影响？连接线的长度或弯曲情况是否会对电路图表示电路的正确性带来影响？

31.4 导体内的电场

16. 一个横截面均匀、载有恒定电流的导体，其内部的电场是怎样的？

17. 一个具有均匀截面的导体的电阻取决于哪三个因素？

31.5 电阻和欧姆定律

18. 描述金属导体的微观结构。

19. 德鲁德（Drude）模型是如何描述位于电场中的导电体内部的自由电子的平均运动速度的？

20. 什么是金属的电导率？电导率表示金属的什么性质？

21. 什么性质决定了金属的电导率？

22. 怎么定义电路元件的电阻？

23. 什么是欧姆材料？

24. 画出电流随电势差变化的图，我们可以从中得到关于电阻的什么信息？对于由电阻性材料制成的电路元件，其电流随电势差的变化曲线是什么样的？

31.6 单回路电路

25. 在稳态中，单回路电路满足哪两个条件？

26. 多个电阻串联后，其等效电阻是多少？

27. 什么是电池的内阻？当我们分析含有电源的电路时，内阻的影响应该如何考虑？

31.7 多回路电路

28. 多个电阻并联后，其等效电阻是多少？

29. 总结多回路电路的分析策略。

31.8 电路的功率

30. 写出电能在电路元件中转化为另外形式的能量的速率的一般表达式。

31. 电阻中消耗能量的速率的表达式如何用通过电阻的电流来表示？这种消耗反映了这是一种什么类型的能量转化？

估算题

从数量级上估算下列物理量，括号中的字母对应于可能用到的提示。根据需要使用它们来指导你的思考。

1. 一个发光强度为100W的电灯泡的电阻。(W，E，R)

2. 浴室中插在插座上的5W小夜灯的电阻。(W，E，R)

3. 你从多高掉下来时获得的动能等价于一个100W的电灯泡点亮1h所用的能量。(H，A，O)

4. 一个100W的电灯泡里面的钨丝有多长？(J，C，M)

5. 一个15m长的重载延长电缆的铜丝的直径有多大？(D，L，P，S)

6. 一个100W灯泡发光时，灯丝中的电场强度有多大？(E，T)

7. 在一节C型电池（译者注：即2号电池）中，可用于转化的能量有多大？(Q，U)

8. 为产生1MJ（10^6 J）能量所需购买C型电池的成本。(I，F)

9. 一个普通的美国家庭消耗电能的平均速率。(N，G，V)

10. 普通的美国家庭每年所用的电费。电费的价格为0.15美元/(kW·h)（0.04美元/MJ）。(K，B)

提示

A. 如何求出你下落到地面时的动能？

B. 美国的普通家庭每年会消耗多少能量？

C. 钨丝的直径是多少？

D. 电缆两端的电势差有多大？

E. 电势差是多大？

F. 购买一节C型电池的价格是多少？

G. 当绝大多数的电器都开起后，能量的消耗速率是多少？

H. 灯泡用1h所消耗的能量有多少？

I. 1MJ的电能需要多少节C型电池提供？

J. 钨丝的电阻有多大？

K. 家中消耗的功率有多大？

L. 重载电缆上可以载有多大的电流？

M. 在工作温度下，钨的电导率有多大？

N. 一个普通家庭中，会使用多少电灯和电器？

O. 你的惯性质量是多少？

P. 铜的电导率是多少？

Q. 手电筒从打开到最后变得昏暗需要多长时间？

R. 如果你选用公式 $R=P/I^2$，那么当你知道功率和电势差的时候，该怎么计算电流？

S. 请描述你需要分析的电路。

T. 钨丝的长度有多长？

U. 手电筒的功率有多大？

V. 每天的家庭用电的高峰期占全天时间段的比例是多少？

W. 当电路元件的功率已知时，该电路元件的电阻的表达式是什么？

答案（所有值均为近似值）

A. 在你下落之前，重力势能 mgh 会全部转化为你下落后的动能；B. 3×10^{10} J/y；C. 5×10^{-2} mm；D. 应该将电缆当成理想的导线，所以只有很小的电势差，大约为5V；E. 典型的家用电线为 1×10^2 V；F. 每节1美元；G. 主要是加热或制冷，大约5kW；H. 7×10^5 J；I. 10节电池，参考本章估算题中的第7题；J. $10^2\Omega$，参考本章估算题中的第1题；K. 1kW，参考本章估算题中的第9题；L. 2×10^1 A；M. 1×10^6 A/(V·m)；N. 一打电灯，电冰箱、烘烤箱、电视机、计算机各一台，以及加热或制冷系统；O. 6×10^1 kg；P. 6×10^7 A/(V·m)；Q. 5h；R. $P=IV$；S. 将两根长为15m的电线并排置于一个绝缘外皮中，电线的一端连接一个未知的电路元件，另一端与插头相连并插入到供电的插座中，由此构成一个单回路电路，这里用美国的家用120V电源线路为该回路供电；T. 10^{-1} m，参考本章估算题中的第4题；U. 5W；V. 1/3；W. 用 $R=P/I^2$ 或 $R=V^2/P$ 均可。

例题与引导性问题

步骤：在单回路电路中应用回路定则

当对一个包含电阻、电池以及电容器的单回路电路应用回路定则时，我们需要做出多种选择去计算电流或每个电路元件两端的电势差。

1. 在回路中选取电流参考方向。（这个方向是任选的，既可以是电流的方向，也可以不是，不过不用担心，在步骤 4 中会解决这个问题。）用箭头标明所选择的参考方向，并用电流符号 I 标记箭头。

2. 选取回路绕行方向。这个方向也是任选的，并且与步骤 1 中电流的参考方向的选择无关（可以在环内用圆弧形顺时针或逆时针箭头标记）。

3. 从回路上的任意点沿步骤 2 所选择的方向开始。当遇到电路元件时，每个电路元件就在式（31.21）中贡献一项。使用表 31.2 确定每项的符号和值。将所有项相加得到式（31.21），确保你完整地计算了整个回路。

4. 根据方程求解未知物理量。如果你的答案为 $I<0$，则电流的方向与步骤 1 中所选择的参考方向相反。

表 31.2　电阻和电池两端电势差的符号及大小
（见《原理篇》中的图 31.35）

电路元件	正号的情况	大小
理想电池	回路绕行方向从负极到正极	$\mathscr{E}$
电容器	回路绕行方向从负极到正极	$q(t)/C$
电阻	与电流的参考方向相反	IR

步骤：分析多回路电路

下面是计算多回路电路的电流或电势差的步骤。

1. 确定并标出电路中的节点。

2. 标出电路中每个支路的电流，为每个电流任意指定一个方向。

3. 对除一个节点外的其他所有节点应用节点定则（节点是任意选择的，但所选择的节点要与需计算的物理量有关）。

4. 确定电路中的回路并应用回路定则（见前面介绍的“在单回路电路中应用回路定则”步骤框）得到一个方程。需要确定多个不同的回路以获得与该问题的未知物理量个数相当的联立方程组。回路的选择是任意的，但每个支路都必须在某一回路中至少出现一次。沿着选取的方向计算整个支路，但要确保每条回路都是按照之前所选取的回路绕行方向和电流参考方向，而且还要完整地计算其中的每一段。

在分析的时候可以做一些简化：

1. 在多回路电路中，有时可以通过用等效电阻取代并联或串联电阻的组合来简化电路。如果我们可以把电路减少到单回路，就可以得到电源中的电流。然后再撤销上述简化以计算通过特定电阻的电流或电势差。

2. 一般地，在解决问题的时候，我们应该在代入数值前先求出方程的解析解。但是，当我们解多回路电路所得到的联立方程组时，如果能提前代入已知数值，则常常可以简化代数计算。

下列例题涉及本章内容，但又不仅仅局限于本章中的某一节。
其中一部分以例题的形式给出，另一部分则以引导性问题的形式给出。

例 31.1　蓄电池电源

有一电动势为 $\mathscr{E}$、内阻为 R_{batt} 的电池。当电池为新的时，可以保证其电动势不变而在两极间输运电荷量为 q，但在使用一段时间后，输运电荷的同时也会伴随着电动势值迅速下降。假设电池与一个电阻为 R 的负载相连。(a) 电阻 R 取何值的时候，负载转化能量的速率最大？(b) 推导负载转化能量的最大速率的表达式。(c) 推导电池报废之前转化为热能的电势能总量的表达式。

❶ **分析问题**　在某电路中，给定电池的电动势和内阻，且电路中串联一个电阻 R。电池在报废之前可以输运的电荷量为 q。我们的任务是 (a) 确定能够使电池提供的能量具有最大速率的电阻 R 的值。(b) 求出最大功率。(c) 用给出的变量表示出负载转化的总能量。首先，画出电路并设定在分析每个电路元件的电势差时所需的电流的参考方向和电路的绕行方向（见图 WG31.1）。

图 WG31.1

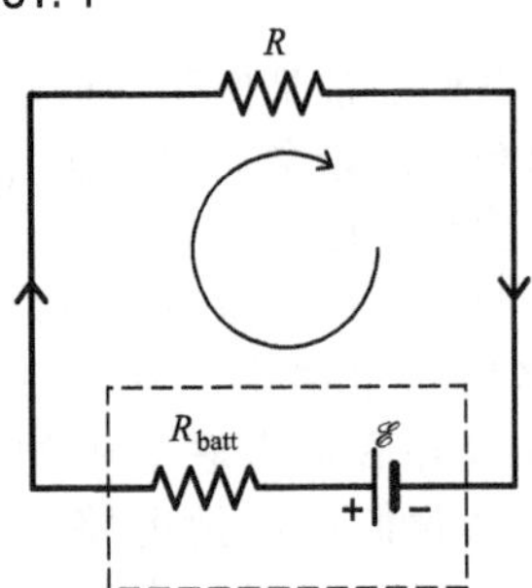

❷ **设计方案**　首先，我们应用回路定则［式 (31.21)］来确定电路中的电流，再用式 (31.43) 得出功率 P 的表达式，也就是负载转化能量的速率。为计算出达到最大功率 P 时的 R 值，我们需要将 P 对 R 求导，最后利用 $dP/dR=0$ 得出 R 的值。一旦有了 R 的值，我们就可以再用式 (31.43) 解出 (b) 问。而对于 (c) 问，我们用式 (31.41) 来求出电池报废前在负载上转化了多少能量。

❸ **实施推导**　(a) 在我们选取了电路中电流参考方向以及绕行方向后，回路定则可写成

$$\mathscr{E}-IR_{batt}-IR=0$$

所以电流为

$$I=\frac{\mathscr{E}}{R_{batt}+R} \qquad (1)$$

由式 (31.43) 得出负载转化能量的速率为

$$P=I^2R=\left(\frac{\mathscr{E}}{R_{batt}+R}\right)^2R$$

下面我们对这个等式关于 R 求导并令其为零：

$$\frac{dP}{dR}=\mathscr{E}^2\left[\left(\frac{1}{R_{batt}+R}\right)^2-2R\left(\frac{1}{R_{batt}+R}\right)^3\right]=0$$

根据这个方程解出的 R 为

$$\left(\frac{1}{R_{batt}+R}\right)^2=2R\left(\frac{1}{R_{batt}+R}\right)^3$$

$$R_{batt}+R=2R$$

$$R=R_{batt} ✔$$

当负载的电阻与电池的内阻大小相同的时候，负载转化能量的速率达到最大值。

(b) 在式 (1) 中用 R_{batt} 代换 R，我们就可以得到最大功率时的电流：

$$I_{max}=\frac{\mathscr{E}}{R_{batt}+R}=\frac{\mathscr{E}}{2R_{batt}}$$

最大的功率为

$$P_{max}=I_{max}^2R=\left(\frac{\mathscr{E}}{2R_{batt}}\right)^2R_{batt}=\frac{1}{4}\frac{\mathscr{E}^2}{R_{batt}} ✔$$

(c) 至此，我们可以用式 (31.41) 得到负载转化的能量的表达式：

$$\Delta E=-qV_{ab}=IRq=\frac{\mathscr{E}}{2R_{batt}}R_{batt}q=\frac{\mathscr{E}q}{2} ✔$$

❹ **评价结果**　电池在报废之前，其转化为电势能的化学能总量为 $\Delta E=q\mathscr{E}$，所以我们的结果说明一半的化学能在负载上被转化。而另一半的化学能必定在电池内阻上发生了转化！在电池的内阻或负载的电阻上，所有的化学能均转化为热能。对于电阻性负载，比如吹风机或是烤箱，这是合理的。但令人惊讶的是，当负载上能量转化的速率达到最大时，我们会在电池上“浪费”一半的化学能。回到式 (1)，我们能够看到，如果负载电阻远比电池的内阻大，电流就会很小。假设 $R=100R_{batt}$。如此一来，负载转化能量的速率会大幅变小，但式 (31.41) 表明，99%的化学能消耗在了负载上，而电池只“浪费”了 1%的化学能。通过延长能量转换的时间，我们可以更高效地利用电池中储存的能量。

实践篇

引导性问题 31.2 电池供电起重机

一节标准的 D 型电池可在提供电势差为 1.5V、电流为 25mA 的情况下持续工作 300h。这种电池的内阻约为 1.0Ω。一台使用该电池的变速起重机的工作效率为 50%，可以用这种起重机吊起置于地上的 60kg 的物体。当起重机设定的速率非常小的时候，负载电阻远比电池的内阻大。起重机的最大速率由电池的最大输出功率限定。(a) 在这种情况下，当电池的能量用光时，起重机提起重物的最大高度有多高？(b) 求起重机在提物体的时候，其最大的速率以及提起物体的最小时间间隔。假设电池容量（电流与时间的乘积）与放电速率无关，尽管对于真实电池而言这个假设并不准确。

❶ **分析问题**

1. 画出电路图。哪个电路元件符号可以代表起重机？

2. 当起重机起重的速率非常慢的时候，电池内阻消耗的能量大小与转化为提升重物的机械能大小相比如何？

❷ **设计方案**

3. 什么关系可以告诉你电池在报废前输运了多少电荷？

4. 什么关系可以告诉你电池在报废前输运了多少能量？

5. 你如何应用能量关系来确定在电池耗尽前物体提升的高度？

6. 什么表达式可以让你计算能量传递给负载的速率大小？

7. 你如何求能量传递给负载的最大速率？

8. 你如何确定起重机拉起重物的最大速率。

❸ **实施推导**

9. 在电池报废之前，计算传递的电荷与能量的大小。

10. 起重机的起重速率很慢的时候，计算重物能够到达的高度。

11. 重物获得的最大提升速率有多大？

12. 在这个最大的提升速率之下，求电池耗尽时重物的最高高度？

13. 求重物到达最高高度所需的最短时长。

❹ **评价结果**

14. 你求得的用最大速率提升货物至最高处所需的时间是否合理？可以尝试检验一些极限情况。

例 31.3 欧姆表的设计

一个安培计的电阻为 20Ω，满偏电流为 50μA。将其与一个 1.5V 的电池以及大小分别为 R_1 和 R_2 的电阻进行组合，可以把安培计变成欧姆表。当表的两个接头相互接触时（相当于连接一个零电阻的电路元件），指针满偏。这个满偏就同时表示出了 50μA 的电流和大小为零的电阻。为了用仪表测量任意电路元件的电阻，你必须要把仪表盘的刻度从安培变成欧姆。一旦你已经确定了刻度并且把两个接头连到未知电阻为 R_u 的电路元件的两端，手动校准的刻度表上的读数就是元件的电阻。(a) 若你想要在 15Ω 时达到半偏，那你该怎么连接电路元件，如何选取电阻 R_1 和 R_2 的值？(b) 当你将欧姆刻度和安培刻度在仪表上对应校准后，在满偏 50μA 时对应于 $R=0$，则待测电阻为 5.0Ω 时，指针对应安培表电流刻度的哪个位置？当待测电阻为 50Ω 时，指针又对应哪个位置？

❶ **分析问题** 我们有一个内阻为 20Ω 的安培计、一个 1.5V 的电池，以及大小分别为 R_1 和 R_2 的电阻，并分别记为电阻 1、电阻 2。我们现在要在电路中组合这四个电路元件使其构成一个欧姆表，并用其测量电路中第五个元件的电阻 R_u。我们先画出一个盒状的欧姆表，里面有四个电路元件，但是彼此之间不相连（见图 WG31.2）。欧姆表"盒"上必须有两个接头用于连接第五个待测元件 R_u 的两端。

图 WG31.2

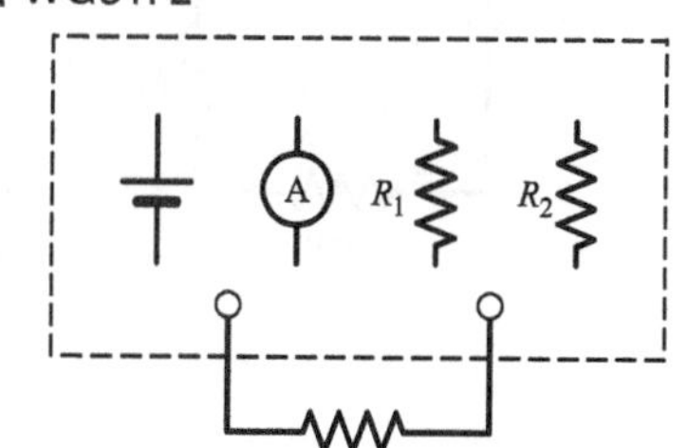

❷ **设计方案** （a）为了说明为什么需要两个电阻以及它们是如何连接的，我们首先假设 R_1 和 R_2 的电阻很小，可以用导线代替。然后我们只连接一个电源、一个安培计以及外电阻 R_u。但如果 $R_u=0$，我们得到的是一个电池和一个安培计串联，此时的电流就是 $I_{noresistors}=\mathscr{E}_{batt}/R_A=1.5V/20\Omega=75mA$。虽然数值很小，但已经是满偏电流的 1500 倍大小了！因此我们需要用电阻来将电流限制在电流表规定的 $50\mu A$。我们可以将电阻与电池和安培计串联，使安培计与电阻组合的等效电阻很大。但是我们还要调节电路使得指针半偏时对应的外电阻为 $R_u=15\Omega$，同时还不会影响到先前调好的电路的读数。所以至少需要并联一个电阻，而且它的值要非常小（小到几乎不会改变之前情况下电流表的数值）。其数值可以用串并联电阻及其对应的电流和电势差的相关知识计算出来。

（b）组装完欧姆表之后，我们就可以用节点定则和回路定则校准任何外电阻在仪表盘上的刻度读数。如果我们读出了安培计上的电流，就可以得出这个电流与满偏电流的比例，从而在对应的电流刻度位置标上相应的欧姆刻度。

❸ **实施推导** （a）通过计算在 $R_u=0$ 时为满偏，$R_u=15\Omega$ 时为半偏，校准我们的新“欧姆表”的刻度。为满足第一个要求，我们只在欧姆表“盒”内串联电源、安培计和电阻 1（即一条导线），并且令外电阻 R_u 为零（见图 WG31.3）。而 R_1 的值必须使电流表达到满偏（即 $I_{full\text{-}scale}$），因此

图 WG31.3

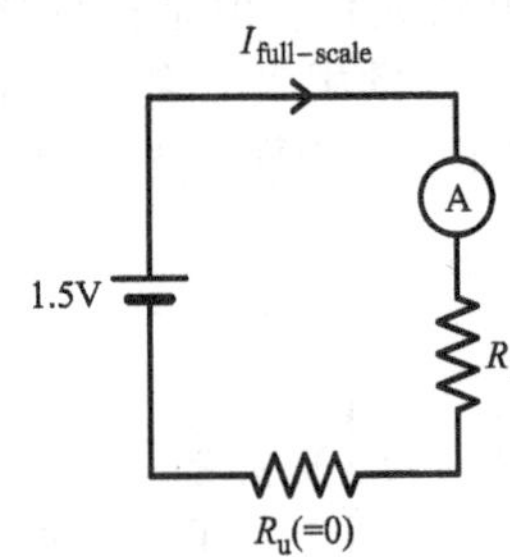

$$I_{full\text{-}scale}=\frac{\mathscr{E}_{batt}}{R_1+R_A}$$

$$R_1=\frac{\mathscr{E}_{batt}-R_AI_{full\text{-}scale}}{I_{full\text{-}scale}}$$

$$=\frac{1.5V-(20\Omega)(50\times10^{-6}A)}{50\times10^{-6}A}$$

$$=3.0\times10^4\Omega$$

现在我们添加并联电阻 2，同时将外电阻用 $R_u=15\Omega$ 代替（见图 WG31.4）。我们现在有两个回路，然后为其标上电流和绕行方向。因此我们可以写出节点方程和两个回路方程：

$$I_u=I_1+I_2 \quad (1)$$

$$+\mathscr{E}_{batt}-I_2R_2-I_uR_u=0 \quad (2)$$

$$+I_2R_2-I_1R_A-I_1R_1=0 \quad (3)$$

图 WG31.4

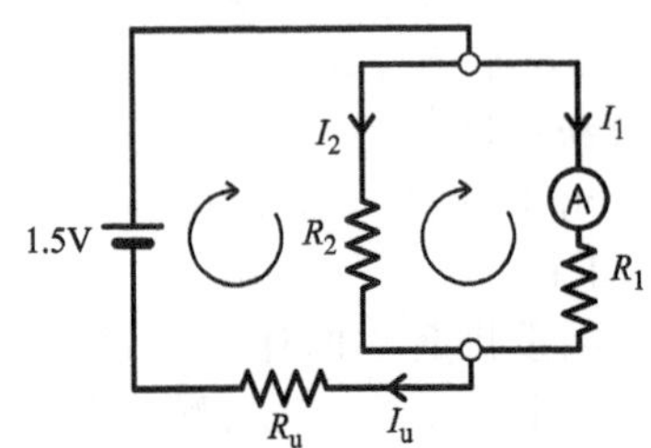

我们知道在这种情形下，安培计中的电流为 $I_1=25\mu A$。因此，我们可以利用式（3）计算通过电阻 2 的电势差：

$$I_2R_2=I_1(R_A+R_1)=(25\times10^{-6}A)(20\Omega+3.0\times10^4\Omega)$$

$$=0.75V$$

接下来就是由式（2）得出通过 R_u 的电势差：

$$+\mathscr{E}_{batt}-I_2R_2-I_uR_u=0$$

$$1.5V-0.75V-I_uR_u=0$$

$$I_uR_u=0.75V$$

从而通过外电阻的电流为

$$I_u=\frac{V_u}{R_u}=\frac{0.75V}{15\Omega}=50mA$$

因为电源与外电阻串联，所以通过电池中的电流肯定与外电阻上的电流相等。而安培计中的电流已知，所以电源中的电流就可用式（1）计算：

$$I_2=I_u-I_1=50mA-25\mu A=50mA$$

值得注意的是与通过电源、电阻 2 和外电阻的电流相比，安培计中的电流是完全可以忽略的。事实上，针对题目要求的电流表的两个特定数值的情况，这三个电流均相等。这允许我们求出电阻 R_2 的大小：

实践篇

$$R_2=\frac{V_2}{I_2}=\frac{0.75\text{V}}{50\times10^{-3}\text{A}}=15\Omega$$

欧姆表设计完毕。✓

(b) 用图 WG31.4 中所示的电路图可以求解这两种特殊的情况。因此我们可以只改变 R_u 的值而同样应用式 (1)~式 (3)。每种情形下的电阻都是已知的，我们需要从三个式子中计算出未知的电流。因为我们想要求解 I_1，因此用式 (1) 来消去式 (2) 中的 I_u 会非常便利。如此，只剩下两个未知方程：

$$I_2R_2-I_1(R_A+R_1)=0 \quad (3)$$

$$+\mathscr{E}_{\text{batt}}-I_1R_u-I_2(R_2+R_u)=0 \quad (4)$$

接下来我们用式 (3) 来消去式 (4) 中的 I_2，然后解出 I_1：

$$+\mathscr{E}_{\text{batt}}=I_1R_u-\frac{I_1(R_A+R_1)(R_2+R_u)}{R_2}=0$$

$$I_1=\frac{\mathscr{E}_{\text{batt}}R_2}{R_2R_u+(R_A+R_1)(R_2+R_u)} \quad (5)$$

假设 $R_u=5.0\Omega$。则

$$I_1=\frac{(1.5\text{V})(15\Omega)}{(15\Omega)(5.0\Omega)+(20\Omega+3.0\times10^4\Omega)(15\Omega+5.0\Omega)}$$

$$=37\mu\text{A}$$

安培计的指针指向 37μA，即满偏时的 75% 时，其刻度就是 5.0Ω。✓

相似地，若 $R_u=50\Omega$，则安培计的电流为

$$I_1=\frac{(1.5\text{V})(15\Omega)}{(15\Omega)(50\Omega)+(20\Omega+3.0\times10^4\Omega)(15\Omega+50\Omega)}$$

$$=12\mu\text{A}$$

所以对于 50Ω 的刻度，指针会指向 12μA，即满偏时的 23%。✓

❹ **评价结果** 我们这里设计的电路是合理的，因为我们可以很容易地找出所需阻值的电阻：15Ω 和 $3.0\times10^4\Omega$。还有另一种可能的组合方式是：安培计与第一个电阻并联，再和第二个电阻串联。通过这种组合方式以及给定的电源会导致第一个电阻值非常小，这个电阻很难找到，并且该电阻还会出现小到导线电阻不能忽略的问题。你试着做一做！

我们假设电源的内电阻为零，这也是唯一的方法。内阻的大小在任意情形之下都应该很小，我们也没有足够的信息（碱性的？可充电的？铅酸电池？）来帮助我们查找到一个合适的值。

根据我们得到的流过安培计的电流表达式，即式 (5)，我们得出该电流会随着外电阻 R_u 的增大而减小。这是合理的，因为电阻刻度与电流刻度的增大方向是相反的。式 (5) 中的零电流同样对应于无穷大时的 R_u，这也与我们计算结果所要求的非线性电阻表的刻度保持一致。

我们应该测试一下电阻 2 对于电阻为零时所对应满偏电流的情形的影响。从式 (5) 解出外电阻为零时所对应的电流为

$$I_1=\frac{(1.5\text{V})(15\Omega)}{(15\Omega)(0)+(20\Omega+3.0\times10^4\Omega)(15\Omega+0)}$$

$$=50\mu\text{A}$$

因此，增加一个很小的并联电阻实际上对满偏电流没有任何影响，至少在两位有效数字上没有影响。

引导性问题 31.4 四个电阻

如图 WG31.5 所示，电源与电阻 1、2、3、4 相连。用电阻 R_1 和电源电动势 $\mathscr{E}$ 表示出通过每个电阻的电流。

图 WG31.5

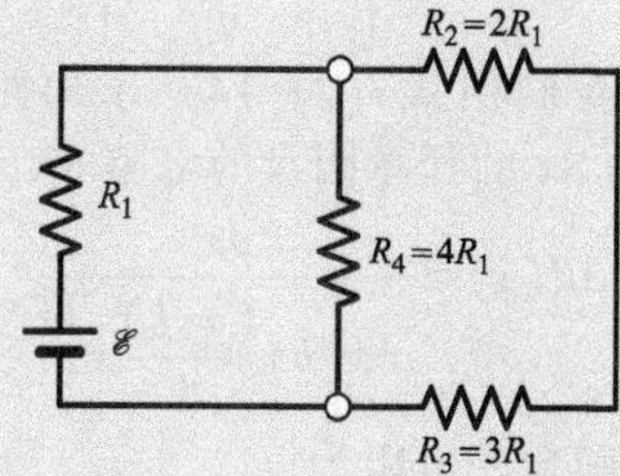

❶ **分析问题**

1. 应用“分析多回路电路”步骤框中的步骤。针对每个电流选择一个参考方向然后分别标记三个支路的电流为 I_1、I_2 和 I_4。(任意) 画出回路的绕行方向，表明你将要依此方向遍历回路。

2. 为什么在你的图中不需要电流 I_3？

❷ **设计方案**

3. 解这个问题需要多少个独立的方程？

4. 是否存在能有效简化电路的方式？

❸ **实施推导**

5. 根据需要计算等效电阻。
6. 流过电阻 1 的电流为多少？
7. 流过电阻 4 的电流为多少？
8. 流过电阻 2 和 3 的电流分别为多少？

❹ **评价结果**

9. 证明结果满足节点定则。

例 31.5 圆台的电阻

考虑一个由电导率为 σ 的材料制成的底面半径为 b、顶面半径为 a、高为 l 的圆台（见图 WG31.6）。圆台的底面和顶面相互平行。用以上变量表达出顶面与底面之间的电阻表达式。

图 WG31.6

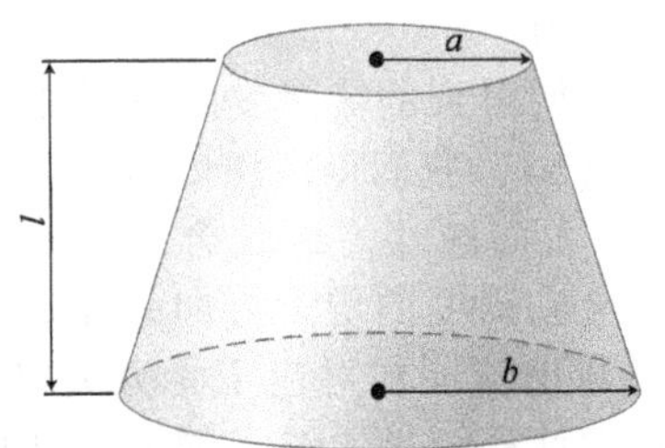

❶ **分析问题** 我们知道怎么计算一个截面处处相同的物体的电阻，但是这个圆台的截面面积沿着其长度方向是变化的。这说明我们需要积分。因此可以将题目中的圆台建模为一系列平行于底面的薄圆盘堆叠而成，每个圆盘的半径为 r 厚度为 dx。由于 dx 无限小，所以每个圆盘的截面面积近似均匀大小均为 $A=\pi r^2$。这些圆盘相互之间是串联的，因为每个载流子都会按照圆盘的先后顺序依次通过每个圆盘。

❷ **设计方案** 图 WG31.7 画出了圆台的一个截面，它是半径为 r 厚度为 dx 的薄圆盘。我们可以用式（31.14）求出每个圆盘的电阻 dR 关于 x 的函数，其中 x 为距底面的距离。依靠圆台的几何关系我们就可以计算出半径 r 随 x 的变化关系，进而求出面积 A 随 x 的变化关系。由于每个圆盘是串联的，所以它们的电阻之和就是圆台的电阻。为了求和，我们将电阻 $dR(x)$ 从 $x=0$ 到 $x=l$ 积分。

图 WG31.7

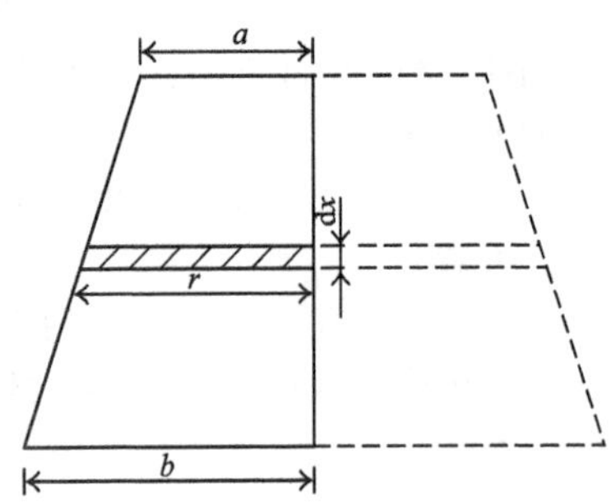

❸ **实施推导** 我们首先利用圆台中的相似三角形来确定任意一个圆盘半径 r 和与之对应的 x 之间的关系，如图 WG31.8b 所示。该图来源于图 WG31.8a：在图 WG31.7 所示的圆台中，画出一条从顶面左边缘到底面的竖直线即可得到。在这个相似三角形中，r 和 x 之间的关系为

$$\frac{b-r}{x}=\frac{b-a}{l}$$

图 WG31.8

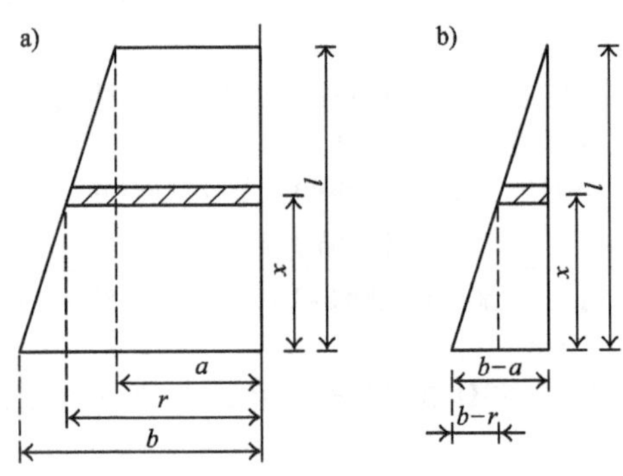

将这个方程变形，我们就能得到 $r(x)$ 的表达式：

$$r(x)=b+\frac{(a-b)}{l}x$$

圆盘面积关于 x 的函数为

$$A(x)=\pi\left[b+\frac{(a-b)}{l}x\right]^2$$

现在我们用式（31.14）求出距底面为 x、厚度为 dx 的任意圆盘的电阻 $dR(x)$：

$$dR(x)=\frac{dx}{\sigma\pi\left[b+\frac{(a-b)}{l}x\right]^2}$$

从而圆台的电阻为

实践篇

$$R = \int_{x=0}^{x=l} \frac{dx}{\sigma\pi\left[b + \frac{(a-b)}{l}x\right]^2}$$

利用恒等式（参考附录 B）

$$\int \frac{dx}{(\alpha + \beta x)^2} = -\frac{1}{\beta(\alpha + \beta x)}$$

就有

$$R = \int_{x=0}^{x=l} \frac{dx}{\sigma\pi\left[b + \frac{(a-b)}{l}x\right]^2}$$

$$= -\frac{1}{\sigma\pi}\frac{1}{\left[\frac{(a-b)}{l}\right]\left[b+\frac{(a-b)}{l}x\right]}\Bigg|_{x=0}^{x=l}$$

$$= -\frac{1}{\sigma\pi}\left\{\frac{1}{\left[\frac{(a-b)}{l}\right](b+(a-b))} - \frac{1}{\left[\frac{(a-b)}{l}\right](b)}\right\}$$

$$= -\frac{1}{\sigma\pi}\left\{\frac{(b-a)}{\left[\frac{(a-b)}{l}\right](ab)}\right\} = \frac{l}{\sigma\pi ab}$$

❹ **评价结果** 很明显，在我们的表达式中涉及圆台的尺寸；即电阻会随着圆台长度变长而增大，同时会随顶面和底面面积增大而减小。如果 $b=a$，那么截面积就处处相等为 $A=\pi a^2$，从而电阻的表达式约化为 $R=l/(\sigma\pi a^2)=l/(\sigma A)$。这个表达式与式（31.14）相同，也就是与圆柱或矩形的电阻表达式相同。这也反映了我们计算出来的结果应该是正确的。

引导性问题 31.6 海水的电导率

一位海洋学家用电导率研究离子浓度随海水的深度变化的关系。她在海水中沉入一个内半径为 $r_{inner}=10.0\text{mm}$ 的由金属制成的实心圆柱装置，其外面裹着一个外半径为 $r_{outer}=40.0\text{mm}$ 的同轴金属圆柱壳（见图 WG31.9）。实心圆柱和圆柱壳的长度均为 $l=400\text{mm}$。这个设备与一根电缆的末端相连，现在将电缆沉至 $D=4000\text{m}$ 的深度，此位置的温度为 0.00℃，海水的盐度为 $3.50\times10^4\text{mg/L}$。这时，这个海洋学家在圆柱体及圆柱壳之间加一大小为 $V_{outer}-V_{inner}=0.500\text{V}$ 的电势差，以产生沿径向向外呈放射状的电流，其大小 $I=2.93\text{A}$。求处于这个深度的海水的电导率。

图 WG31.9

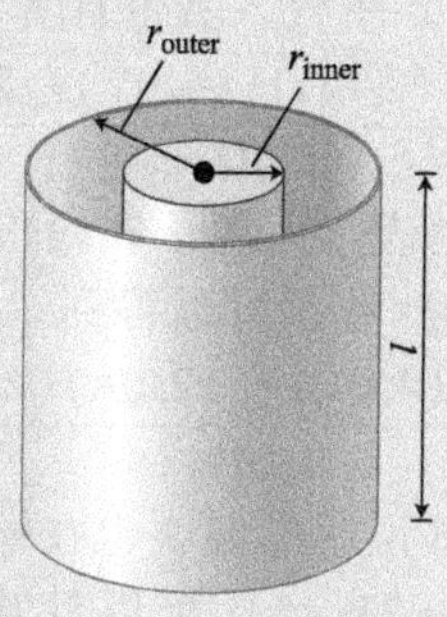

❶ **分析问题**

1. 如何将灌满实心圆柱和圆柱面之间的海水模型化，并表示出两者间的电阻？

2. 在你的模型中，每一层薄壳层之间是串联的还是并联的？

❷ **设计方案**

3. 你如何计算每一壳层海水的电阻 dR？

4. 你又如何计算所有海水壳层的贡献，进而求出整个电阻大小？

5. 电阻与电势差和电流之间的关系是什么？

6. 如何计算海水的电导率？

❸ **实施推导**

7. 利用壳层的半径 r、厚度 dr 以及长度 l，表示出海水薄壳层之间的电阻 dR 的表达式。（注意：哪个维度与电阻的长度相对应？）

8. 利用积分将所有海水薄壳层的电阻相加。

9. 用式（31.11）将这个 R 的表达式与电势差及电流相联系。

10. 利用这个关系计算出电导率。

❹ **评价结果**

11. 查阅文献寻找海水的电导率。与查出的值相比，你计算出来的结果是否有意义？

例 31.7　多电源电路

如图 WG31.10 所示，图中共有三个电源，计算每一个电源释放或吸收（状态待定）能量的速率大小。假设所有的电源内阻都为零，已知电路中各电路元件的参数为 $R_1=R_3=1.0\Omega$，$R_2=2.0\Omega$，$\mathscr{E}_1=2.0\text{V}$，$\mathscr{E}_2=\mathscr{E}_3=4.0\text{V}$。

图 WG31.10

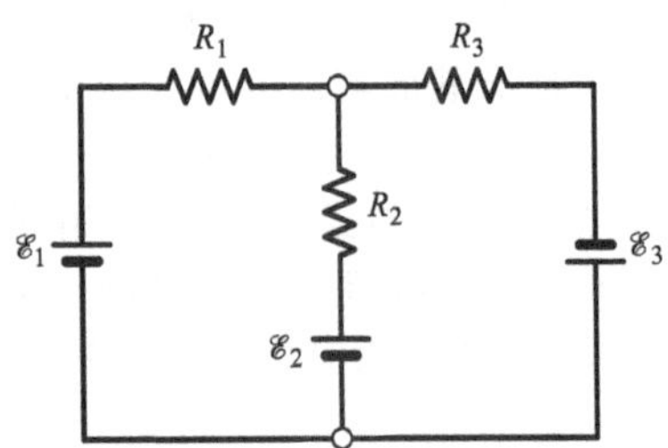

❶ **分析问题**　我们首先观察到这个多回路电路中含有两个节点。我们重新绘制这个电路图并沿着导线标记出各点以方便识别我们将使用的每个回路。两个节点位于我们任意标记的符号 b 和 d 处。接下来我们用 I_1、I_2 和 I_3 标记每个支路的电流和方向，同时在左边和右边的回路中都画上顺时针的箭头方向作为回路方向（见图 WG31.11）。

图 WG31.11

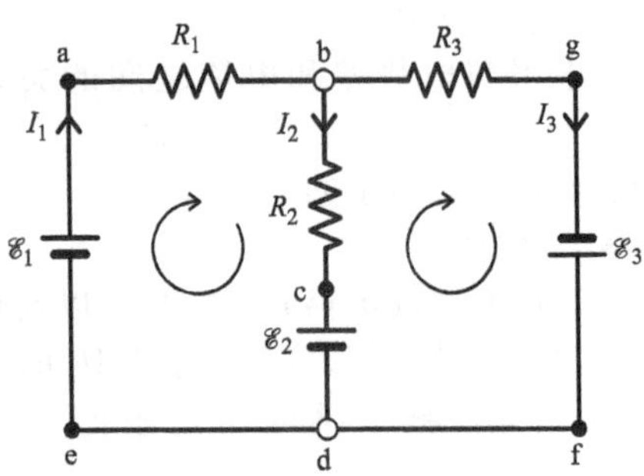

❷ **设计方案**　为解决这个问题，我们必须确定每个支路中电流的大小，然后用电流大小计算出每个电源的功率。为了确定电流的值，我们在其中一个节点上应用节点定则［即式（31.27）］，再对必要数目的回路应用回路定则［式（31.21）］。因为有三个未知电流，因此我们需要三个独立的方程。由于仅有两个节点，因此独立的节点方程只有一个，所以我们需要对两个回路分别应用回路定理，由此我们才能得到三个独立的方程。一旦求出电流 I_1、I_2 和 I_3 的大小，我们就可以用式（31.45）计算出每个电源的功率。

❸ **实施推导**　在节点 b 上用节点定则，有

$$I_1=I_2+I_3 \tag{1}$$

其中，$I_{\text{in}}=I_1$；$I_{\text{out}}=I_2+I_3$。

对于回路 abcdea，从 a 处开始沿顺时针方向移动，有

$$-I_1R_1-I_2R_2-\mathscr{E}_2+\mathscr{E}_1=0 \tag{2}$$

对于回路 bgfdcb，从 b 处开始沿顺时针方向移动，有

$$-I_3R_3+\mathscr{E}_3+\mathscr{E}_2+I_2R_2=0 \tag{3}$$

现在我们必须要用这三个方程得到 I_1、I_2 和 I_3 的表达式。从式（2）中可以解出 I_1：

$$I_1=\frac{-I_2R_2-\mathscr{E}_2+\mathscr{E}_1}{R_1} \tag{4}$$

而从式（3）中可以解出 I_3：

$$I_3=\frac{\mathscr{E}_3+\mathscr{E}_2+I_2R_2}{R_3} \tag{5}$$

将上面两个关于 I_1、I_2 的表达式代入式（1）中：

$$\frac{-I_2R_2-\mathscr{E}_2+\mathscr{E}_1}{R_1}=I_2+\frac{\mathscr{E}_3+\mathscr{E}_2+I_2R_2}{R_3}$$

解出 I_2 的表达式并代入数值，有

$$I_2=\frac{-\mathscr{E}_2(R_3+R_1)+\mathscr{E}_1R_3-\mathscr{E}_3R_1}{R_1R_3+R_1R_2+R_2R_3}$$

$$=\frac{-(4.0\text{V})(1.0\Omega+1.0\Omega)+(2.0\text{V})(1.0\Omega)-(4.0\text{V})(1.0\Omega)}{(1.0\Omega)(1.0\Omega)+(1.0\Omega)(2.0\Omega)+(2.0\Omega)(1.0\Omega)}$$

$$=-2.0\text{A}$$

负号表示 I_2 的方向实际上与我们在图 WG31.11 中选取的方向是相反的。因此，电源 2 在输出能量。

在式（4）中代入数值计算出 I_1：

$$I_1=\frac{-(-2.0\text{A})(2.0\Omega)-(4.0\text{V})+(2.0\text{V})}{1.0\Omega}=+2.0\text{A}$$

电流是正的，表示电源 1 在输出能量。

由式（5）我们可以得到

$$I_3=\frac{(4.0\text{V})+(4.0\text{V})+(-2.0\text{A})(2.0\Omega)}{1.0\Omega}=+4.0\text{A}$$

I_3 是正的，这说明电源 3 也在输出能量。

利用式（31.45）可以计算出电源 1 向电路中释放能量的速率为

$$P_1=\mathscr{E}_1I_1=(2.0\text{V})(2.0\text{A})=4.0\text{W} ✓$$

实践篇

而电源 2 释放能量的速率为

$$P_2=\mathscr{E}_2|I_2|=(4.0\text{V})(2.0\text{A})=8.0\text{W}✓$$

在此式中我们使用的是 I_2 的绝对值，这是因为这个电流的大小是负的，而我们已经得知它为负意味着电源 2 在向电路中输出能量。最后，电源 3 输出能量的功率为

$$P_3=\mathscr{E}_3I_3=(4.0\text{V})(4.0\text{A})=16\text{W}✓$$

❹ **评价结果** 我们可以用两种方法验证我们的结果。第一种是用求得的电流数值来验证它是否满足节点定则：

$$I_{in}=I_1=2.0\text{A}$$

$$I_{out}=I_2+I_3=-2.0\text{A}+4.0\text{A}=2.0\text{A}$$

另外，我们可以验证电源输出能量的速率是否等于电阻上消耗能量的速率。电源输出能量的速率为 4.0W + 8.0W + 16W = 28W。电阻上消耗的功率为

$$P_1=(I_1^2)(R_1)=(2.0\text{A})^2(1.0\Omega)=4.0\text{W}$$

$$P_2=(I_2^2)(R_2)=(2.0\text{A})^2(2.0\Omega)=8.0\text{W}$$

$$P_3=(I_3^2)(R_3)=(4.0\text{A})^2(1.0\Omega)=16\text{W}$$

$$4.0\text{W}+8.0\text{W}+16\text{W}=28\text{W}$$

引导性问题 31.8 电阻网络中电阻的功率

考虑如图 WG31.12 所示的电路，电路中包含电阻 1、2、3、4，电阻的大小分别为 $R_1=2.0\Omega$，$R_2=4.0\Omega$，$R_3=4.0\Omega$ 和 $R_4=2.0\Omega$。两个电源的电动势分别为 $\mathscr{E}_1=50\text{V}$，$\mathscr{E}_2=20\text{V}$。能量传输到每个电阻上的速率各是多少？

图 WG31.12

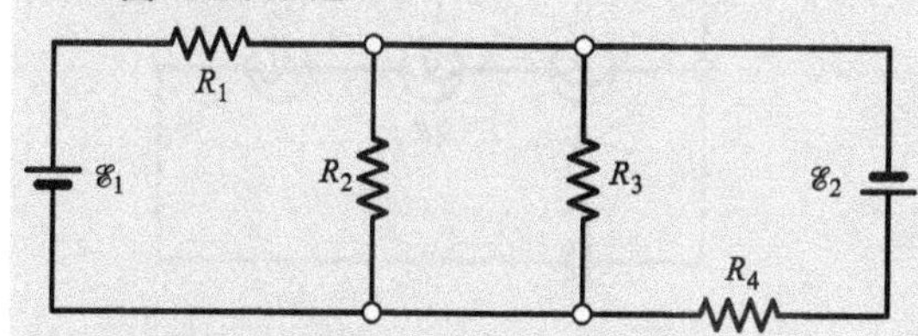

❶ **分析问题**

1. 如何简化电路？

2. 根据“分析多回路电路”步骤框中的标准步骤重画电路图。

❷ **设计方案**

3. 你必须求出多少个未知电流？

4. 利用节点定则和回路定则得到你所需要的方程。

5. 如何计算每一个电阻上的功率？

❸ **实施推导**

6. 应用节点定则。

7. 应用回路定则。

8. 解出方程组中每个支路上的电流。

9. 在原始电路图 WG31.12 中，穿过电阻 2 和电阻 3 的电流分别为多少？

10. 计算出能量传输给每一个电阻的速率。

❹ **评价结果**

11. 验证电流在数值上满足节点定则。

12. 验证电源输出能量的速率与电阻消耗能量的速率相等。

习题 通过《掌握物理》® 可以查看教师布置的作业 MP

圆点表示习题的难易程度：● = 简单，●● = 中等，●●● = 困难；CR = 情景问题。

31.1 基本电路

1. 一个电池初始含有 3.0×10^{24} 个电子用于给一个电灯泡供电，已知在一段时间间隔内通过灯泡的电子数量为 1.1×10^{24} 个，则仍有多少个电子留在电池中？●

2. 在由两个通常的电路元件组成的电路中，如何表示其中的能量转化？●

3. 图 P31.3 中的电路中有一个电源和四个相同的电灯泡。将图中 9 个字母所标注位置的电流按由大到小的顺序排列。●

图 P31.3

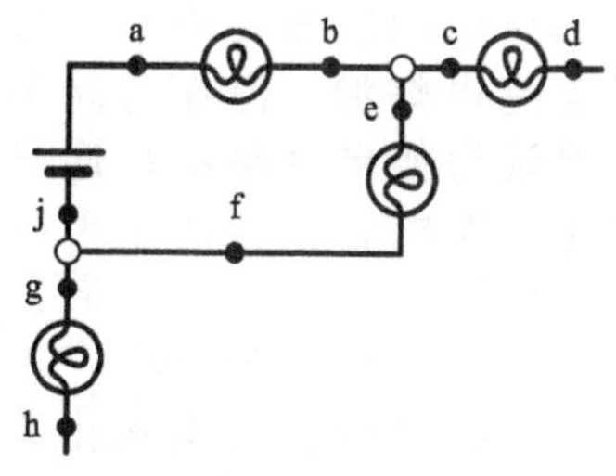

实践篇

4. 图 P31.4 中的七个电灯泡都相同，哪些灯泡可以亮起来？●

图 P31.4

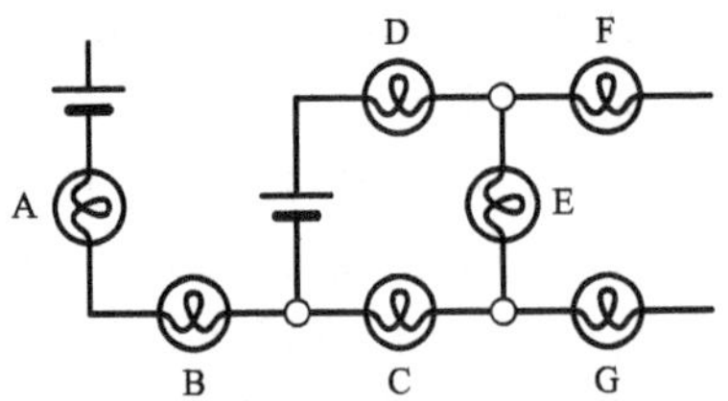

5. 你现在有一个电灯泡、一个电源和一条导线（不允许切为两段来使用）。画出可以使电灯泡亮起来的 4 种连接方法。●●

6. 除了在 31.3 节中提到的电池、太阳电池和发电机之外，说出任何其他的可在电路中充当电源的设备。●●

7. 画出一个典型的家用吹风机的电路图。在使用吹风机的时候，电势能都转化成了哪种（或哪些）形式的能量？●●

8. 图 P31.8 中画出了五个相同的灯泡 A～E 与一个电池相连。开始时，有一些电灯泡可以亮起来，因为该灯泡两端与电源的正负极相连。如果切断电路中的某一条导线，则一些电灯泡就会熄灭。如果切断的位置分别是（a）a 点，（b）b 点，（c）c 点，（d）d 点的导线，那么哪些地方的灯泡会熄灭？●●●

图 P31.8

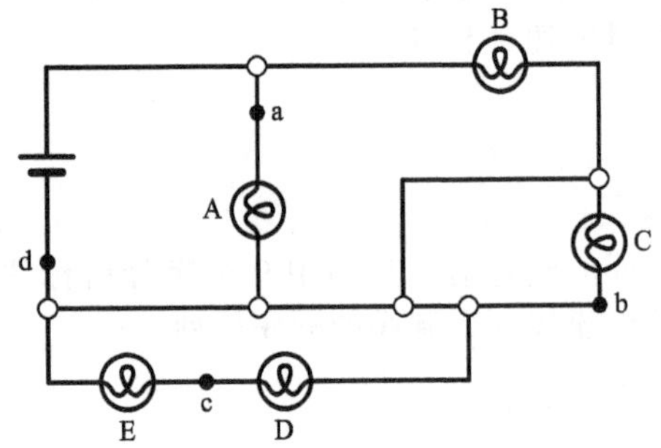

9. 你和你的同事想要用平行板电容器作为电源点亮电灯泡。但你的同事反对这个设计，他认为如果电路不是连续的就不能点亮灯泡，而电容器的两个平行板之间有空气，这会导致电路中有间断，从而使电路呈断开状态。他认为载荷子不能越过板间空隙，怎么可能会有电流出现呢？你该如何反驳他？●●●

31.2　电流与电阻

10. 在图 P31.10 中，哪些灯泡是相互串联的（如果有的话）？●

图 P31.10

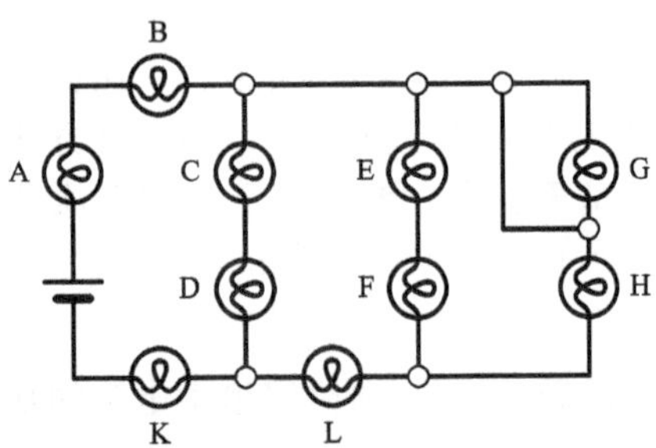

11. （a）在如图 P31.11 所示的电路中，四个灯泡都能亮起来吗？（b）将灯泡亮度从最亮到最暗排序。●

图 P31.11

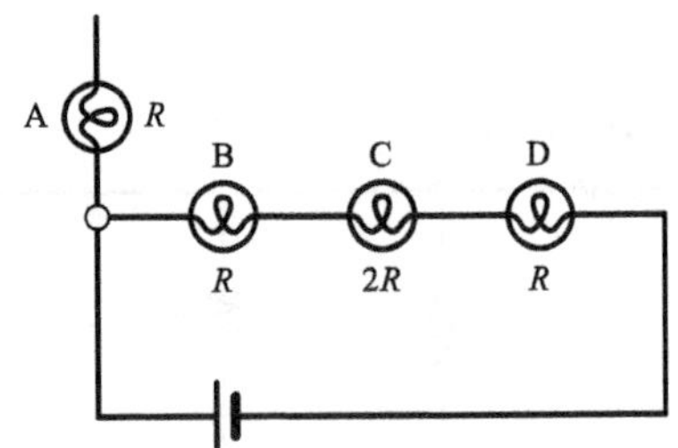

12. 如图 P31.12 所示，所有电源（电池或是电容器）两端的初始电动势都是 9.0V，并且两端的电势差都随时间下降。将灯泡亮度从最暗到最亮排序。图 d～图 g 中的 t 值指的是电源与负载接通后经历的时间。●●

图 P31.12

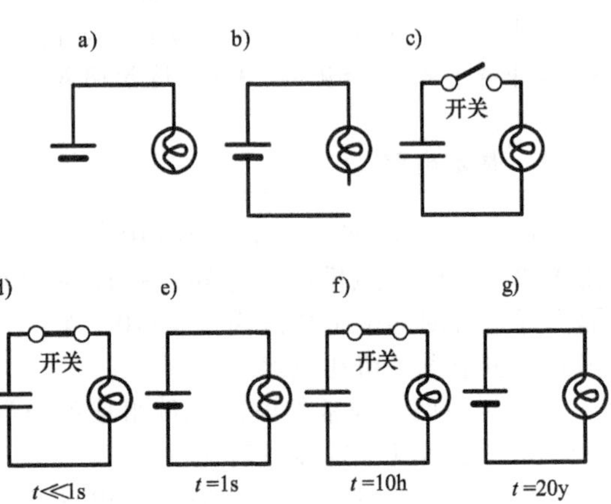

实践篇

13. 如图 P31.13 所示，灯泡 A 比灯泡 B 亮，灯泡 B 比灯泡 C 亮，而灯泡 C 又比灯泡 D 亮。在灯泡 C 上的电势差是否可能为（a）3V，（b）2V？ ●●

图 P31.13

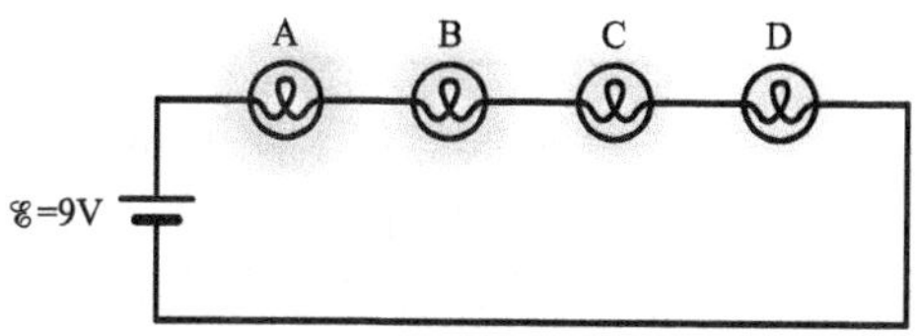

14. 将灯泡 A 和 B 串联接到电池上，发现 A 很亮而 B 比较暗。若将灯泡 B 从电路中拿掉，使电路中只剩电源与灯泡 A 相连，同时将 B 与一个同源电路中完全相同的电池相连，也就是说将这两个灯泡分别独立地与相同的电源相连，它们的亮度是否相同？ ●●

15. 灯泡 B 产生的光能和热能是灯泡 A 的两倍。灯泡 C 产生的光能和热能是灯泡 A 的三倍。所有的灯泡都与一个 9.0V 的电源串联，其中稳定流过灯泡 A 的电流为 1.0A。则在 1.0s 内，每个灯泡上消耗多少能量转化为光能和热能？ ●●●

31.3 节点与多回路

16. 导线 A、B 和 C 相交于一个节点。导线 A 进入节点的电流为 3.2mA，导线 B 从节点中流出的电流为 4.3mA。那么导线 C 上的电流为多少？其方向是流进节点还是流出节点？ ●

17. 如图 P31.17 所示电路中，哪些电灯泡之间是相互并联的（如果有的话）？ ●

图 P31.17

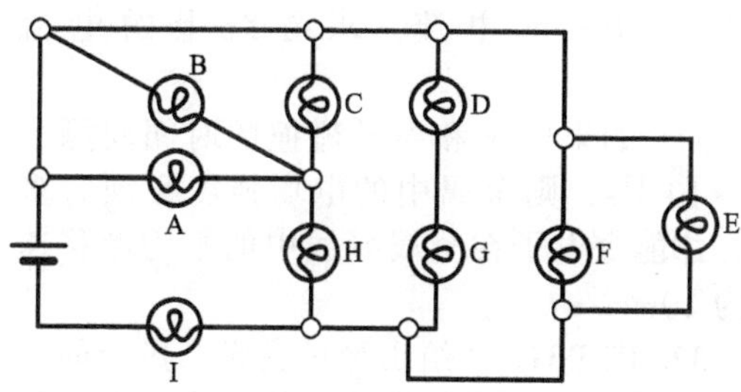

18. 图 P31.18 中哪些灯泡之间是相互串联的？哪些电灯泡之间是相互并联的？ ●

图 P31.18

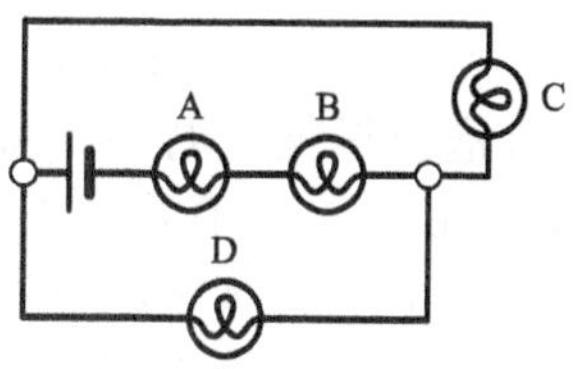

19. 画出图 P31.19 中所示电路的电路图。 ●●

图 P31.19

20. 在如图 P31.20 所示的电路图中，灯泡 A 明亮，灯泡 B 昏暗。则哪个灯泡上的（a）电势差更大，（b）电流更大，（c）电阻更大？ ●●

图 P31.20

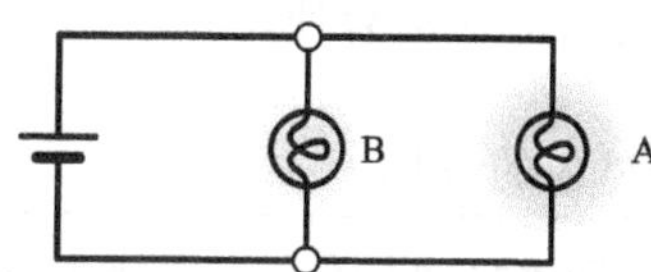

21. （a）如图 P31.21 所示，该电路含有一个电源和四个相同的灯泡，画出这个电路的电路图。（b）所有的灯泡都会亮吗？（c）哪个灯泡最亮？哪个灯泡最暗？（d）哪些灯泡之间是相互并联？哪些灯泡之间是相互串联？ ●●

图 P31.21

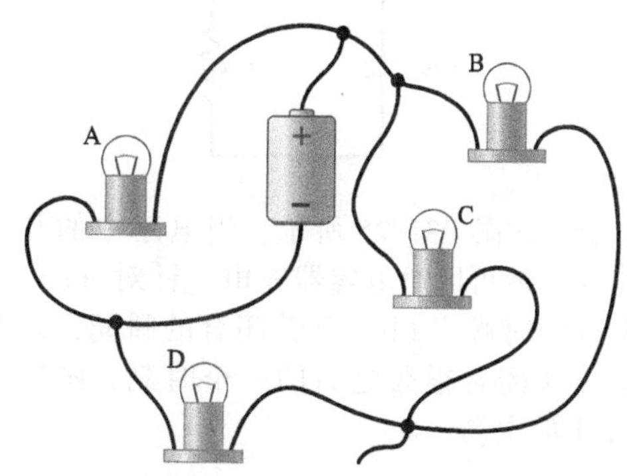

实践篇

22. 几十年前，过节用的小灯泡都是用导线串联的，所以一串灯泡中如果有一个小灯泡烧断了，那么一整串的灯泡都会熄灭，因为烧坏的灯泡使得整个电路都断掉了。而现在的一串灯泡中至少有部分灯泡是并联的，所以如果一个灯泡断掉，那么许多其他的灯泡还可以继续亮着。在如图 P31.22 所示的几个电路中，是否存在当一个灯泡烧掉了而其他所有的灯泡还能继续亮着的电路？是否存在当一个灯泡烧掉时导致至少一个或其他灯泡熄灭的电路？●●

图 P31.22

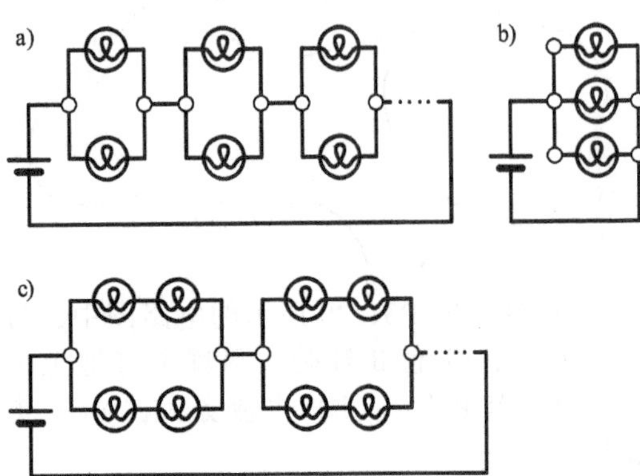

23. 家中的电灯之间是并联的、串联的还是两种连接方法混合使用？●●●

31.4 导体内的电场

24. 如图 P31.24 所示，连接电池正极与电阻顶端的导线长为 100mm，连接电池负极与电阻底端的导线长也为 100mm，如果电阻的长度为 10mm，则 a、b、c 位置处的电场强度大小各为多少？●

图 P31.24

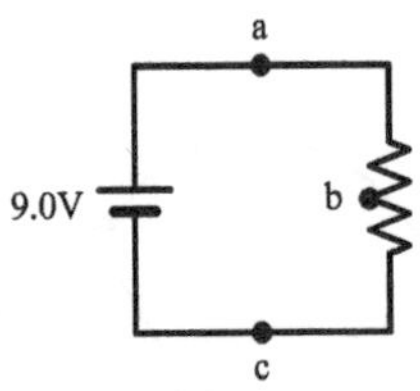

25. 如图 P31.25 所示，当电路中的开关闭合时，就可以对电容器充电。针对（a）开关断开的时候，（b）开关闭合的瞬间，以及（c）开关闭合很久之后的一个时刻，画出导线 A 中的电场。●

图 P31.25

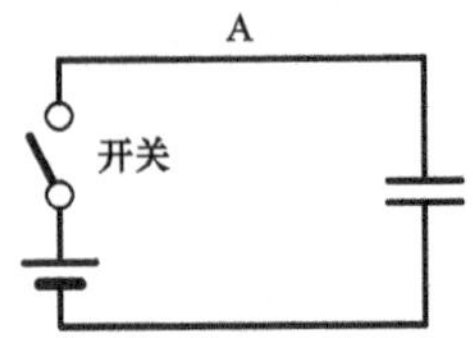

26. 一个圆柱形的导线，刚开始时的电阻为 R，长为 l。从中点将导线夹住，对左边未做任何改动，但将右边的导线长度拉伸至 l。根据 R 写出新电阻 R'。假设拉伸是均匀的，导线仍为圆柱形。●●

27. 你现在要用带有外皮（绝缘）的刚性金属棒放掉平行板电容器上面的电荷，但是要求金属棒中的电场强度不超过 1000N/C。已知电容器每个金属板的面积 A 为 1.00m^2，两板间距为 $d=100\text{mm}$，板间没有电介质。初始时刻，每个金属板所带的电荷为 $4.51\times10^{-8}\text{C}$。如果金属棒的一端与金属板 1 一边的中心相连，描述金属棒在金属板 2 上所有可以连接的位置。画图说明你的答案。●●●

31.5 电阻和欧姆定律

28. 一个长为 600mm、半径为 1.0mm 的铜丝与 9.0V 的电源相连，求穿过这根导线的电流。[$\sigma_{铜}=5.9\times10^7\text{A/(V}\cdot\text{m)}$]●

29. 镍铬合金经常被制成加热元件。典型的家用烤箱里面的加热元件的电阻为 12Ω。如果这个加热元件由直径为 0.40mm 镍铬导线组成，则导线的长度应该有多长？如果用相同直径的铜线，求其长度。[$\sigma_{镍铬}=6.3\times10^7\text{A/(V}\cdot\text{m)}$，$\sigma_{铜}=5.9\times10^7\text{A/(V}\cdot\text{m)}$]●

30. 一根 6 号铜线（直径为 4.115mm）载有 1.20A 的电流，求导线上的电流密度。●

31. 如果电子和离子碰撞的时间间隔为 $1.0\times10^{-14}\text{s}$，则金属中的电场强度必须有多大，才能令电子在金属导线中的平均漂移速率为 10mm/s？●

32. 图 P31.32 给出穿过发光二极管的电流随其两端电势差变化的函数图像。求电势差为 3.0V 时二极管的电阻大小。●

图 P31.32

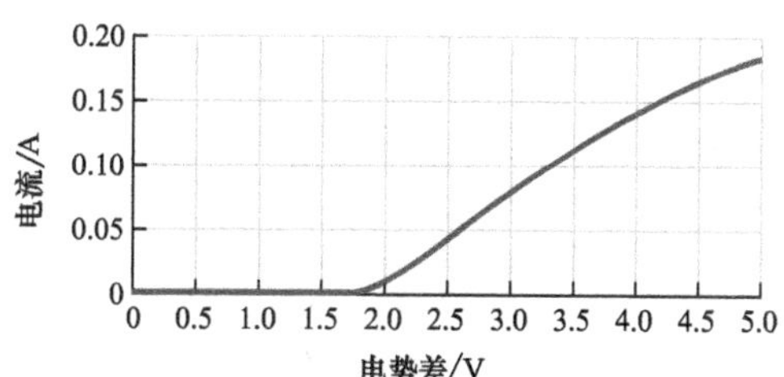

33. 线规（导线规格型号）用于描述导线的大小：线规数值越大，导线的直径越小。在室温下，线规为 4 的导线的直径为 5.19mm，线规为 22 的导线的直径为 0.64mm。对于铜线而言，每种规格的导线需要多长才能有 1.0Ω 的电阻？[$\sigma_{铜}=5.9\times10^7$A/(V·m)] ●●

34. 两根导线由相同的材料制成。如果两根导线所处的温度相同，但其中一根的直径和长度分别是另一根的两倍和三倍，则哪根导线的电阻更大？两者的比值是多少？●●

35. 立方体金属材料上的电势差为 1.00V，而这个材料上的电荷数密度为 $n=6.60\times10^{28}/\text{m}^3$，通过的电流为 $I=6.10\times10^5$A。如果这个立方体的边长为 10.0mm，求其电子与离子之间的平均碰撞时间 τ。●●

36. 一根铝线的半径为 1.0mm，载有 4.0A 的电流，求铝线中的电场强度的大小。[$\sigma_{铝}=3.6\times10^7$A/(V·m)] ●●

37. 预测金属发生下列变化时，其中的电子和晶格离子间的碰撞的平均时间间隔是增加了还是减小了？(a) 晶格离子的空间密度增大，(b) 晶格离子的尺寸减小，(c) 晶格离子的电荷增加。●●

38. 铜丝的直径为 1.63mm，电子的漂移速率为 7.08×10^{-4}m/s。假设每个铜原子有一个自由的电子，则 (a) 铜丝中的电流有多大？(b) 电流密度有多大？(c) 电路中这根铜丝连接着灯泡、电源和开关，而开关与灯泡之间的距离是 3.00m，一个电子初始在开关处，经历多长时间才能到达灯泡处？●●

39. 在粒子加速器中，质子束中的质子以 $0.100c_0$ 的速率朝着靶的方向运动。如果质子束的半径为 0.100μm，所载的电流为 2.00nA，则 1.00s 内有多少质子会打到靶上？假设靶足够大，可以使所有质子都打到靶上。●

40. 当你踩下汽车上的制动踏板的时候，电流就会从电池流到后刹车灯上。假设连接开关与刹车灯的导线由铜制成，其直径为 1.1mm。若穿过导线的电流为 2.0A，则电子从踏板处的开关到刹车灯所花的平均时间为多长？设铜丝中自由电子的数密度为 $n=8.4\times10^{28}/\text{m}^3$。●●

41. 虽然银的导电性质比铜好，但是大多数的电缆都是由铜制成的。主要的原因就是成本问题：每千克的银所需价格是铜的 100 倍。如果你要一个长为 l、电阻为 R 的导线，那么银所要的成本为铜的多少倍？（银的质量密度为 $\rho_S=10490\text{kg/m}^3$，铜的质量密度为 $\rho_C=8969\text{kg/m}^3$。）●●

42. 现有一根铜丝和一根碳棒，长度均为 1.5m，而且横截面面积均为 $8.0\times10^{-6}\text{m}^2$。当把这根铜丝与一个 9.0V 的电源相连时，通过导线中的电流是 I。现想要将碳棒连接到另一个电源上，要求其电流也要是 I，则电源电势差需要多大？[$\sigma_{铜}=5.9\times10^7$A/(V·m)，$\sigma_{碳}=7.3\times10^4$A/(V·m)] ●●

43. 在一根长为 300mm、半径为 1.00mm 的导线中有一个电场，其大小为 4.50×10^2V/m。导线中的载荷子数密度为 $1.20\times10^{27}/\text{m}^3$，则在电子通过导线长度的这段时间内，金属离子晶格获得了多少能量？●●●

31.6 单回路电路

44. 在图 P31.44 所示的电路中，每一个电路的电流大小和方向分别是什么？●

图 P31.44

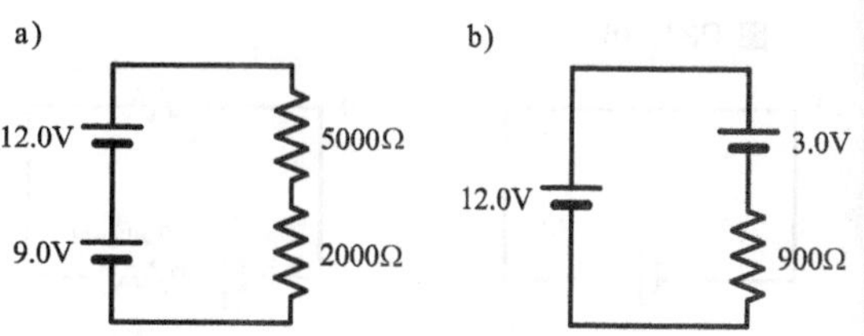

45. 在图 P31.45 所示的电路中，电流的大小和方向分别是什么？●

图 P31.45

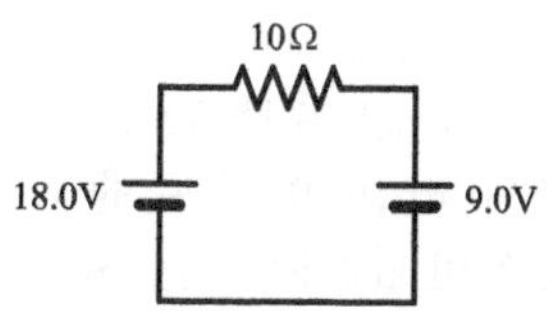

实践篇

46. 三个电阻与电源串联。如果电阻的大小分别是 $R_1=15\Omega$，$R_2=20\Omega$ 和 $R_3=25\Omega$，且通过 R_1 的电流为 2.3A，求下列两种情况下电源两端的电势差：(a) 电池是理想的，(b) 电池的内阻是 5.0Ω。●

47. 在图 P31.47 中，每一个电路中电流的大小和方向分别是什么？●

图 P31.47

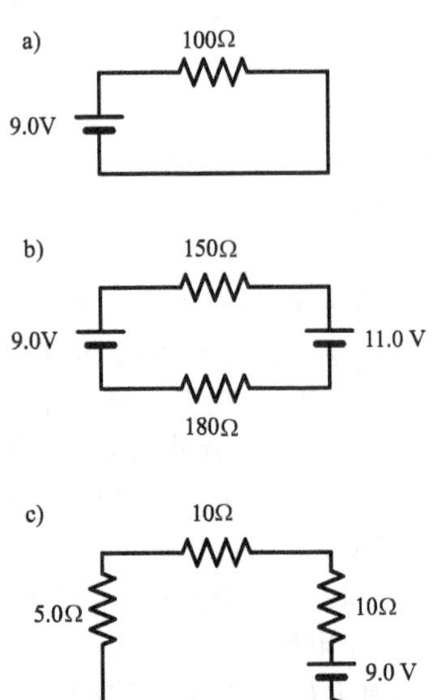

48. 当使用回路定则时，你会在图 P31.48a 中遇到什么问题？现实的电路中导线会有很小的非零电阻，电池也会存在内阻，那么你预计在 P31.48b 中所示的更真实的电路中，电流应该是什么样的？●●

图 P31.48

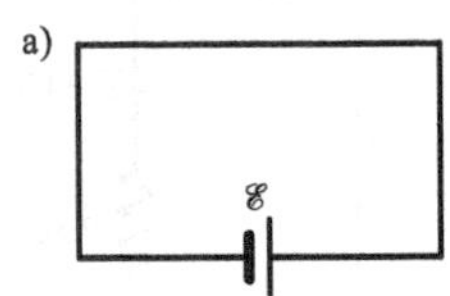

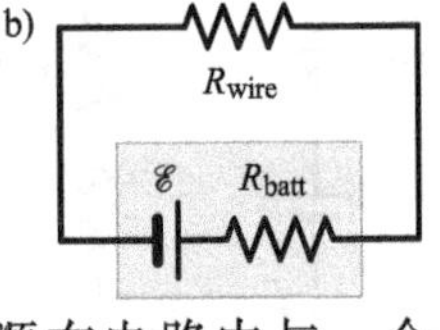

49. 一个非理想的电源在电路中与一个 2.0Ω 的电阻相连，电路中的电流为 2.0A。将该电源与一个 1.0Ω 的电阻相连时，所产生的电流为 3.0A。求 (a) 电源的内阻，(b) 电源的电动势。●●

50. 两个电阻串联后的等效电阻为 8.0Ω。这两个电阻并联后的等效电阻为 1.5Ω，求每个电阻的阻值。●●

51. 在图 P31.51 中，a、b 两点之间的电势差为 5.5V，且已知 $R_1=5.0\Omega$、$\mathscr{E}_1=8.0V$、$\mathscr{E}_2=4.0V$，求电阻 R_2 的电阻●●

图 P31.51

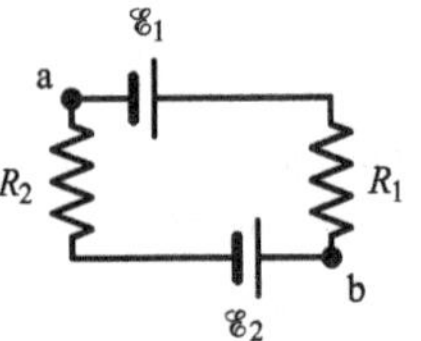

52. 一种典型的车用蓄电池可以认为是由一个理想的电源 $\mathscr{E}$ 与内阻 R_{batt} 串联而成。用这样的一个新电池“跳线跨接起动”（jump start）快报废的旧电池，如果处理不当的话会相当危险。(a) 若想要一个新电池与一个报废的电池相连后流过报废电池的电流尽可能小，那么应该串联（+与-相连，-与+相连）还是并联（+与+相连，-与-相连）？假设新电池的电动势 $\mathscr{E}_{good}=12.0V$，内阻 $R_{batt,good}=0.0200\Omega$，而报废电池的电动势 $\mathscr{E}_{dead}=11.0V$，内阻 $R_{batt,dead}=0.200\Omega$。(b) 求串联时通过两个电池的电流；(c) 求并联时通过两个电池的电流。●●

53. 在如图 P31.53 所示的电路图中，已知：$R_1=5.0\Omega$、$R_2=3.0\Omega$、$R_3=6.0\Omega$、$\mathscr{E}_1=10V$、$\mathscr{E}_2=2.0V$。求：(a) 电流的大小和方向，以及 (b) 电势差 V_{ab}、V_{bc}、V_{cd} 和 V_{da} 的大小。●●

图 P31.53

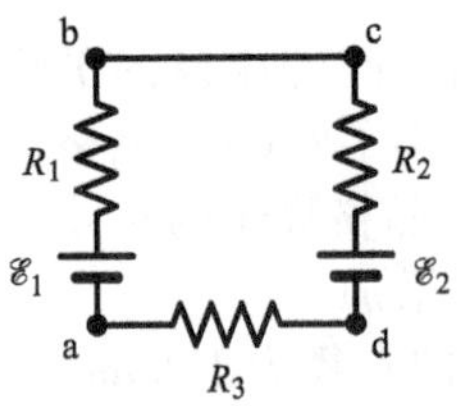

54. 电池是新的时内阻相对较小，但随着使用时间的增加，内阻就会不断地增大。当一个新的 12.0V 的电池与一个 100Ω 的负载相连后，负载两端的电势差为 11.9V。在电路运行一段时间后，负载两端的电势差变为 11.5V。在这段时间内，电源的内阻改变了多少？●●

55. (a) 如图 P31.55 所示，已知电阻大小为 $R_1=200\Omega$、$R_2=900\Omega$、$R_3=100\Omega$，电路中的等效电阻为多大？(b) 假设 $\mathscr{E}=12V$，求电路中的电流。(c) 因电池的负极与大地相连，所以 d 点的电势为零。求 a、b

实践篇

和 c 点处的电势。●●

图 P31.55

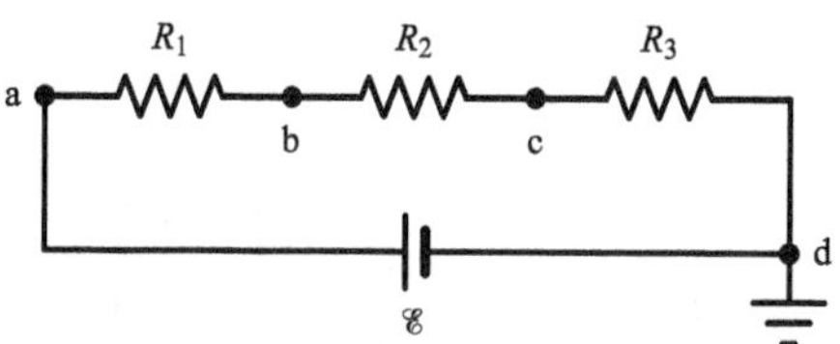

56. 电阻 $R_1=40\Omega$、$R_2=70\Omega$ 串联后与 4.5V 的电池连接。(a) 求电阻 R_1 两端的电势差，(b) 如果降低 R_1 的大小，通过电阻 R_1 的电流和其两端电势差的大小会如何变化？●●

57. 一个灯泡的电阻 $R_{bulb}=5.0\Omega$ 且应在电势差 $V_{bulb}=3.0V$ 的状态下工作。如果你一定要把这个灯泡接入含有电动势为 $\mathscr{E}=9.0V$ 的电池的电路中，则需要在电路中串联多大的电阻才能使灯泡上的电势差为 3.0V？●●

58. 在如图 P31.58 所示的电路中，你必须实现让电源中流出的电流为 0.300A。已知：在没有负载的情况下，电池的电势差为 10.0V，电池的内阻为 $R_{batt}=18.0\Omega$。现在你只有一个体积为 $20mm^3$ 的镍铬合金，而且必须要全部用光。你计划将这个合金做成圆柱形的电阻，则这个电阻的长度和横截面面积分别是多少？[镍铬合金的电导率为 $6.7\times10^5A/(V\cdot m)$]●●●

图 P31.58

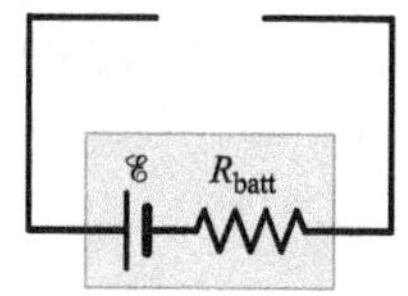

31.7 多回路电路

59. 图 P31.59 中的电路的等效电阻有多大？已知 $R_1=2.0\Omega$、$R_2=1.5\Omega$、$R_3=2.0\Omega$、$R_4=1.5\Omega$、$R_5=2.0\Omega$、$R_6=1.5\Omega$。●

图 P31.59

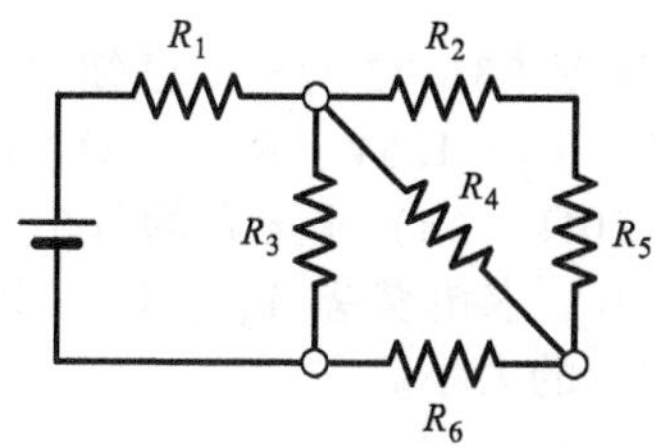

60. 如图 P31.60 所示的三个电路中均包含 4 个相同的电阻，电阻大小均为 R。哪个电路的等效电阻最小？哪个电路的等效电阻最大？●

图 P31.60

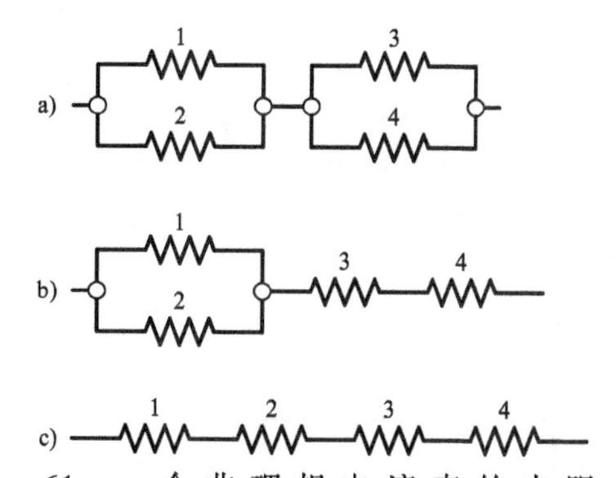

61. 一个非理想电流表的内阻为 0.503Ω，将它与一个 3.00V 的电源和 40.0Ω 的电阻串联。接入电流表对电流值测量带来的偏差的百分比是多少？●

62. 在图 P31.62 中，每个电灯泡的亮度与通过它的电流大小有关。图中的几个灯泡都是相同的，从最亮到最暗排出它们的顺序，(a) 在连接两节点 a、b 间的导线未剪断之前；(b) 剪断之后。(c) 剪断导线会导致 A、B、C 的亮度增大还是减小？●●

图 P31.62

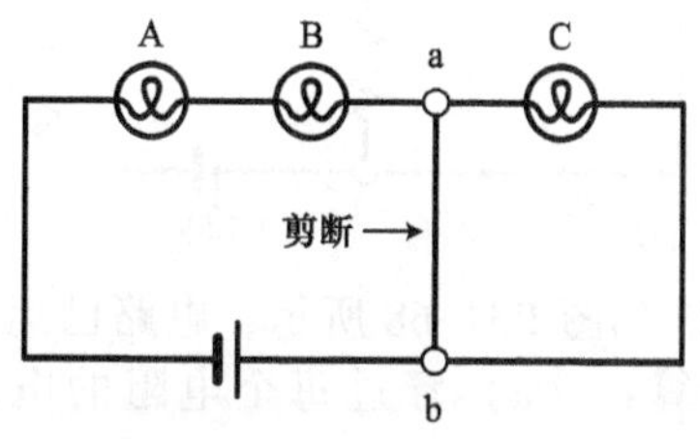

63. 只用 10.0Ω 的电阻（可选用任意数量的电阻）建立一个电路，使其电阻为 27.5Ω。●●

64. 一根铜丝的直径为 0.20mm、长为 $l_{wire}=10m$。(a) 导线的电阻有多大？(b) 将导线切成相同的 N 份，然后相互并联组成一个电阻。要求这个电阻 $R_{resistor}<1.0\Omega$，则 N 的最小值是多少？[铜的电导率 $\sigma_{铜}=5.9\times10^7A/(V\cdot m)$]●●

65. 如图 P31.65 所示电路，假设电池负极的电势为零。计算：(a) 电路等效的电阻，(b) 在位置 a 处的电势，以及 (c) 通

过每个电阻的电流的大小和方向。●●

图 P31.65

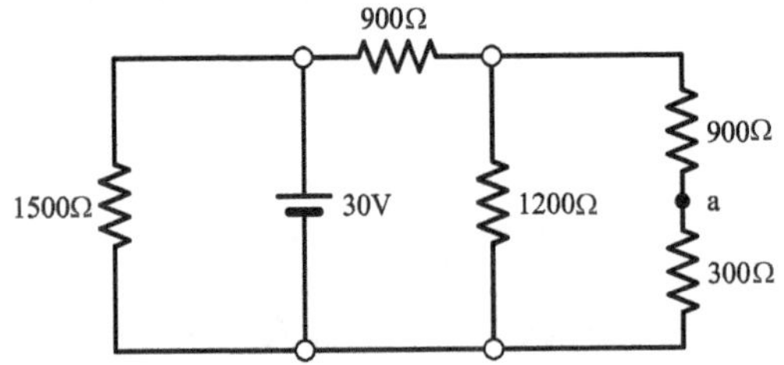

66. 如图 P31.66 所示电路，求出电流 I_1 的大小。●●

图 P31.66

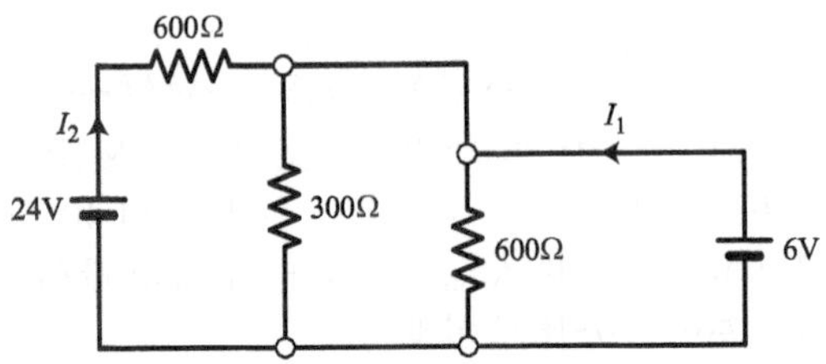

67. 如图 P31.67 所示电路，求出电流 I_1、I_2、I_3 的大小。●●

图 P31.67

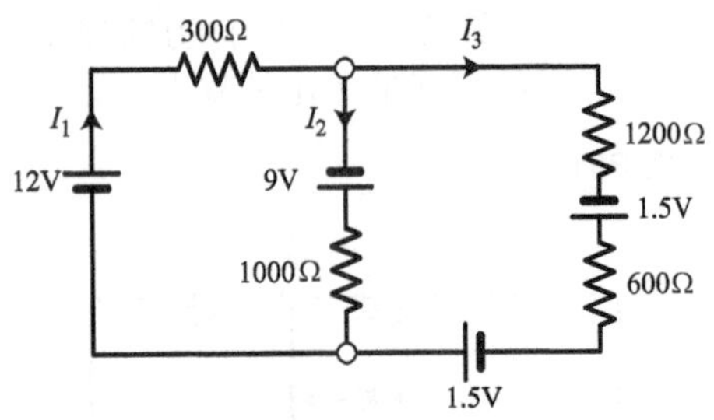

68. 如图 P31.68 所示，电路已运行几分钟。计算：（a）穿过每个电阻的电流以及（b）每个电容器平板上的电荷量。●●

图 P31.68

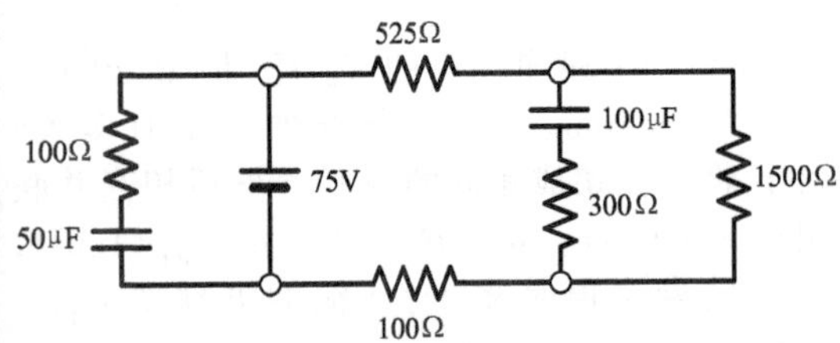

69. 如图 P31.69 所示，计算：（a）电路的等效电阻以及（b）通过每个电阻的电流大小。已知：$R_1 = 1.0\Omega$、$R_2 = 2.0\Omega$、$R_3 = 2.0\Omega$、$R_4 = 3.0\Omega$、$R_5 = 1.0\Omega$、$R_6 = 1.0\Omega$，以及 $\mathscr{E} = 14\text{V}$。●●

图 P31.69

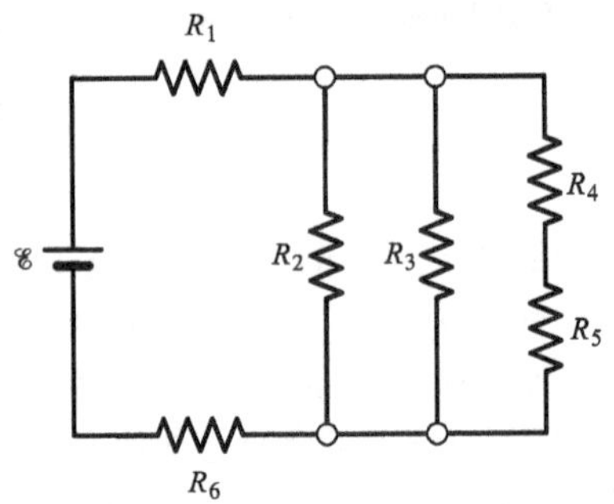

70. 如图 P31.70 所示，求出电流 I_1、I_2、I_3 的大小，并判断电流的真实方向与图中给出的方向一致还是相反。已知 $R_1 = 80\Omega$、$R_2 = 80\Omega$、$\mathscr{E}_1 = 6.0\text{V}$、$\mathscr{E}_2 = 6.0\text{V}$ 以及 $\mathscr{E}_3 = 9.0\text{V}$。●●

图 P31.70

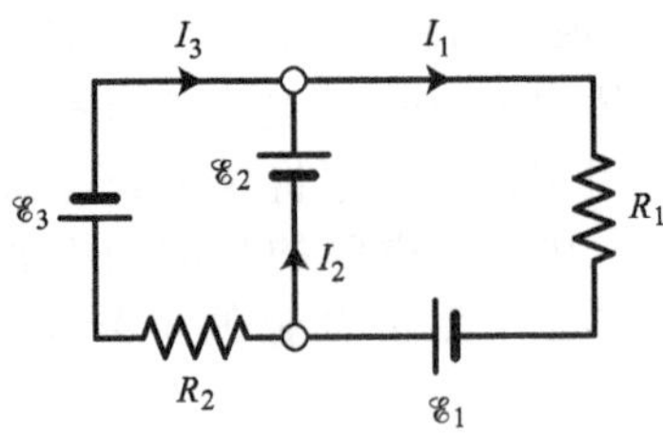

71. 如图 P31.71 所示的电路中有 8 个相同的电阻，阻值均为 $R = 200\Omega$。求从电池上流出的电流大小。●●

图 P31.71

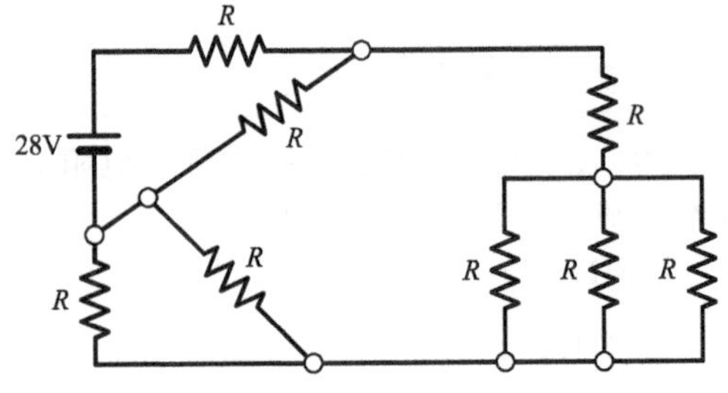

72. 如图 P31.72 所示，已知 $\mathscr{E}_1 = 5.0\text{V}$、$\mathscr{E}_2 = 5.0\text{V}$、$\mathscr{E}_3 = 1.5\text{V}$、$R_1 = 50\Omega$、$R_2 = 50\Omega$ 以及 $R_3 = 50\Omega$。（a）求电路的每个支路中的电流，（b）求电势差 V_{ab}、V_{bc}、V_{cd}、V_{de}、V_{ef} 以及 V_{fa} 的大小。●●

图 P31.72

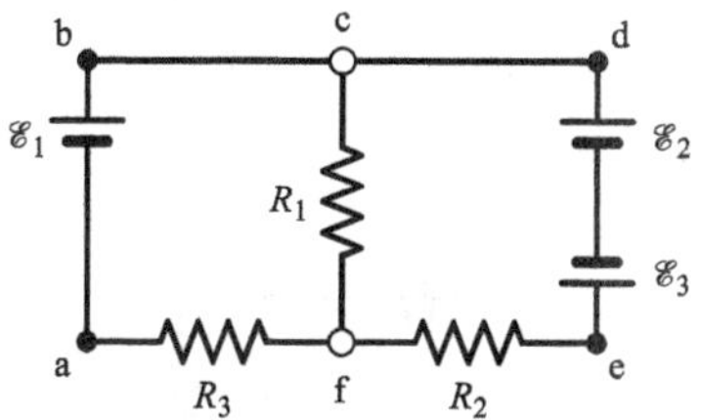

73. 一串冬季节日用灯由 N 个灯泡组成，每个灯泡的电阻都为 R_b（见图 P31.73）。与灯泡并联的电阻的阻值为 R_p。求整串灯的电阻大小。如果一个灯泡烧掉了，那么其余的 $N-1$ 个灯泡会发生什么变化？●●

图 P31.73

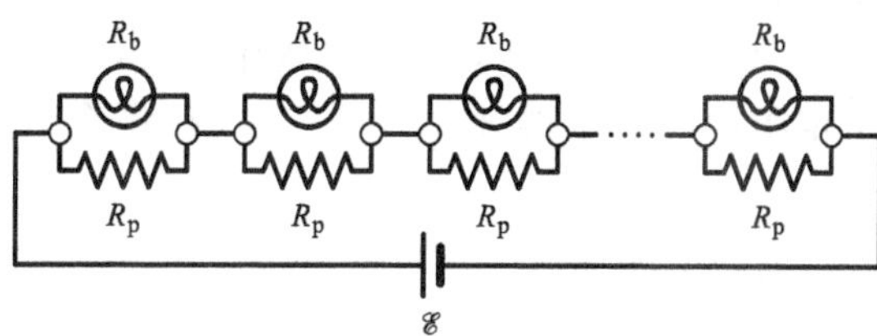

74. 一个电流表的内阻为 $R_{am}=0.504\Omega$，可测量的最大电流为 $I_{max}=100mA$。你想要用这个电流表测一个由 3.00V 的电池与 4.00Ω 的电阻组成的电路所产生的电流。（a）你会遇到什么问题？（b）如何通过在电流表中加入第二个电阻并校准仪表盘的读数来解决这个问题（即在原读数前乘以一个常数）？●●

75. 如图 P31.75 所示电路，如果每个电阻的大小为 $R=5.0\Omega$，其等效的电阻有多大？●●

图 P31.75

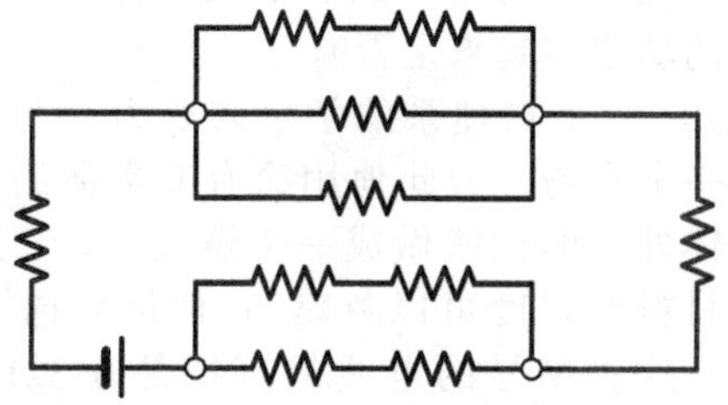

76. 如图 P31.76 所示电路，已知 $R_1=2.0\Omega$、$R_2=1.5\Omega$、$R_3=2.0\Omega$、$R_4=1.0\Omega$、$R_5=2.0\Omega$、$R_6=1.0\Omega$、$C_1=20\mu F$、$C_2=40\mu F$，以及 $\mathscr{E}=12.0V$。假设电路已接通数分钟。（a）计算通过电源和每个电阻的电流。（b）计算两个电容器中每个平板上所带的电量。●●●

图 P31.76

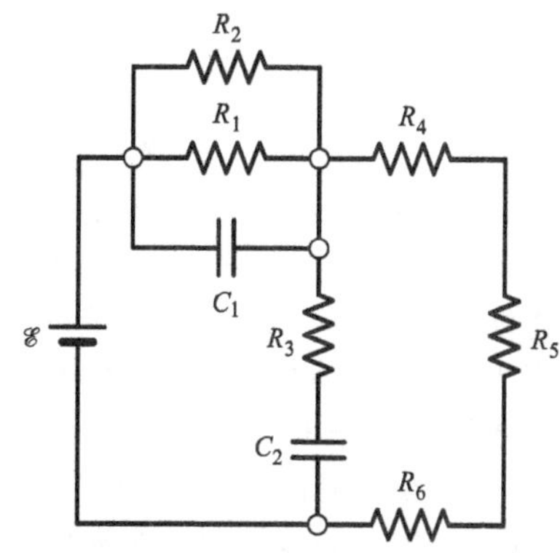

77. 如图 P31.77 所示电路，已知三个电源的电动势都是 6.0V，并且四个电阻的阻值都是 3.0Ω。计算五个电流 $I_1 \sim I_5$ 的大小。●●●

图 P31.77

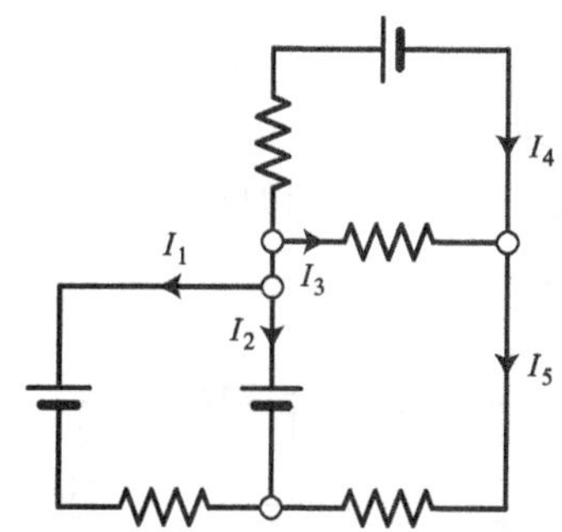

78. 如图 P31.78 所示电路，当可变电阻 R_{var} 为 185Ω 时，惠斯通电桥中的安培计测到的电流为零，求穿过电桥左边支路的电流 I_L 的大小。●●●

图 P31.78

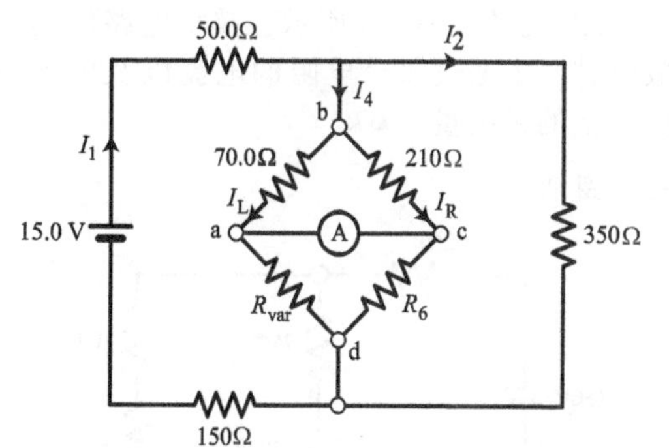

31.8 电路的功率

79. 如果一个电阻为 5.5Ω 的灯泡消耗能量的速率为 9.0W，（a）求通过灯泡中的电

流以及（b）灯泡两端的电势差。●

80. 如果通过一个阻值为 10.0Ω 的电阻的电流为 2.0A，则一个小时内在这个电阻上消耗的能量有多大？●

81. 灯泡 1 和灯泡 2 并联之后与一个 8.00V 的电源相连。（a）如果两个灯泡的电阻分别是 $R_1=4.0\Omega$ 和 $R_2=6.0\Omega$，求每个灯泡上消耗能量的速率。（b）电路消耗能量的速率为多少？（c）将两个灯泡改为串联后，再次求上述三个功率的值。●

82. 一个车用蓄电池上面的标签为“12V 40Ah”。但你忘记关掉储物箱里面的灯，其灯上标着“0.80A”。求过多长时间，蓄电池中的电量会用完？●●

83.（a）如图 P31.83 所示电路，已知 $R_1=R_2=R_3=R_4=50.0\Omega$、$\mathscr{E}_1=10.0\text{V}$、$\mathscr{E}_2=5.00\text{V}$，求通过每个电阻的电流及其两端的电势差。（b）在每个电阻上消耗能量的速率分别是多大？（c）确定每个电源是消耗还是提供能量，并计算它们的功率。●●

图 P31.83

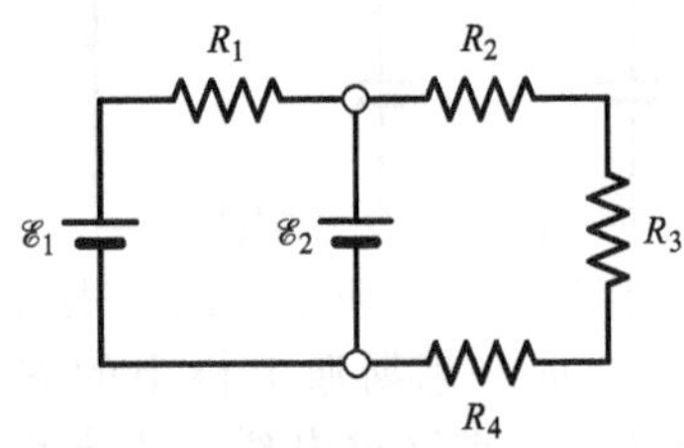

84. 当一个电阻为 $R=10.00\Omega$ 的灯泡与一个电动势为 $\mathscr{E}=120.0\text{V}$ 的电池相连时，该灯泡的功率为 60W。电池的内阻 R_{batt} 为多少？●●

85. 如图 P31.85 所示，整个电路已连接数分钟，求通过每个电阻的电流以及电容器极板上的带电量。●●

图 P31.85

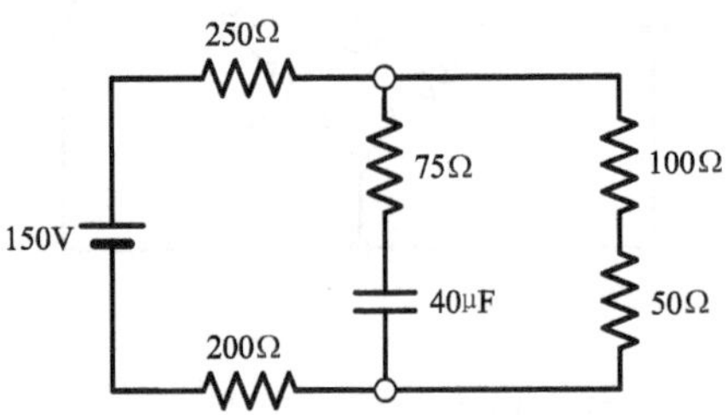

86. 如图 P31.86 所示电路，如果电阻 1 消耗能量的速率为 0.75W，且 $R_1=12\Omega$、$\mathscr{E}_1=4.5\text{V}$、$\mathscr{E}_2=8.0\text{V}$，（a）求 R_2 的大小。（b）电阻 2 上消耗能量的速率有多大？（c）哪个电源为电路提供能量，其速率有多大？（d）另一个电源上消耗能量的速率有多大？●●

图 P31.86

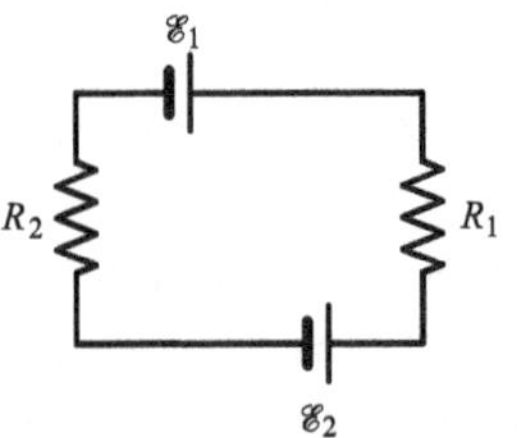

87. 一根长为 $l=1.0\text{km}$、半径为 $r=1.2\text{mm}$ 的铜线上面载有电流 $I=20\text{A}$。这根导线上耗散能量的速率有多大？为什么长距离传输时要用高压电？●●

88. 如图 P31.88 所示电路中，（a）哪个电阻消耗能量的速率最大，（b）哪个最小？●●●

图 P31.88

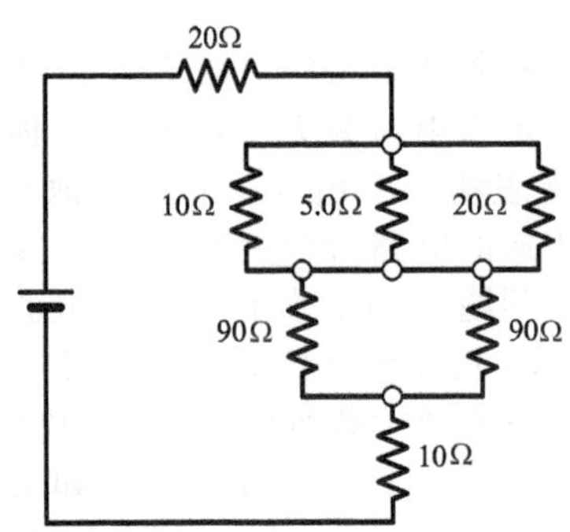

89. 如图 P31.67 所示的电路中，每个电源输出或接收能量的速率分别是多少？每个电阻消耗能量的速率又有多大？将每个电路元件的功率加起来是否有意义？●●●

90. 一个物理系的学生需要为一个项目提供一个磁场，为此他用涂有非常薄的搪瓷绝缘体外衣的铜线做成一个螺线管。（这里绝缘材料的厚度可以忽略。）他最后选用 28 号线，这种型号的电线的直径是 0.321mm，用它绕成一个直径为 50mm、长为 0.20m 的螺线管。给它接上 3.0A 的电流，但令人失望的是螺线管内的磁场非常小，并且在几分钟之后其发热程度相当惊人。计算磁场大小以及由于发热而消耗电能的速率大小。你认为这个学生应该怎么做才能在获得更大的磁场同时减少能量的损耗？●●●

实践篇

附加题

91. 白炽灯泡中的灯丝其实是一个电阻，它在室温下的阻值为 9.5Ω。将一个 100W 的灯泡接连到 120V 的电源后使它的电阻增加到原来的多少倍才能使其变热？●

92. 如图 P31.92 所示的灯泡是否会亮？为什么？●

图 P31.92

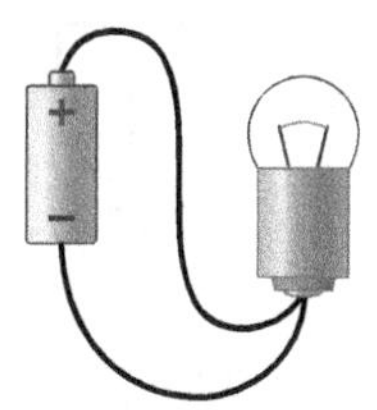

93. 在何种电导体的电流中载荷子所带的电荷量不是 e？●

94. 当一个 1.0A 的电流通过一个电阻时，电阻两端的电势差为 12V。当通过的电流为 3.5A 时，电阻两端的电势差有多大？●

95. 如图 P31.95 所示的电路中，电池的内阻为 $R_{batt}=13.0\Omega$，电动势为 $\mathscr{E}=20.0V$。现在有一个电阻 R 与该电源串联，求当电阻取什么值的时候，电路中的电流为 0.100A？●

图 P31.95

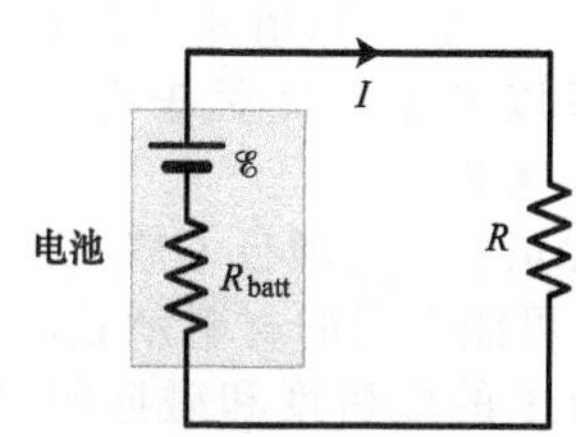

96. 如图 P31.96 所示电路中，已知所有电阻的阻值均为 240Ω，且 $I_3=2.0A$，计算电路中 I_1 和 I_2 的大小。●●

图 P31.96

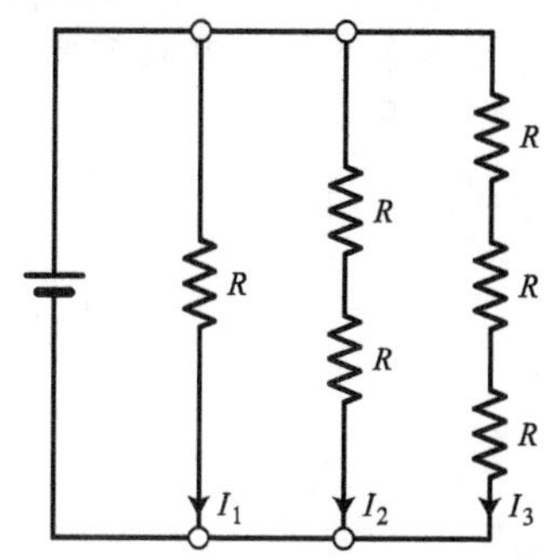

97. 如图 P31.97 所示的电路中，如果每个电源的电动势都为 9.0V，则在每个电路中灯泡两端的电势差分别有多大？●●

图 P31.97

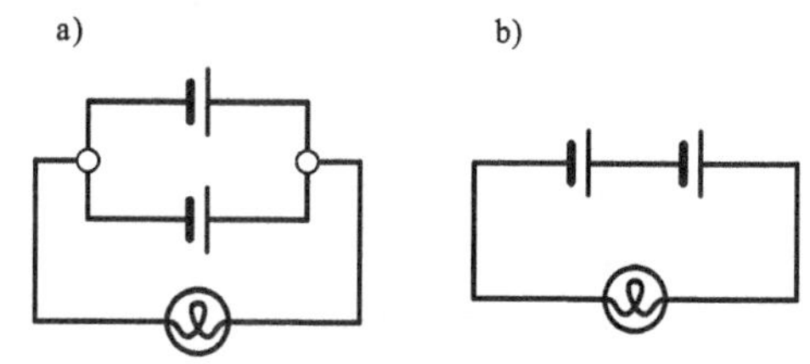

98. 如图 P31.98 所示电路中存在由相同的材料制成的两个等长的电阻，两个电阻唯一的区别是上方电阻的半径比下方电阻的大。(a) 穿过哪个电阻的电流相对较大？(b) 哪个电阻两端的电势差相对较大？(c) 电路中的总电阻与两个分电阻相比，其结果如何？●●

图 P31.98

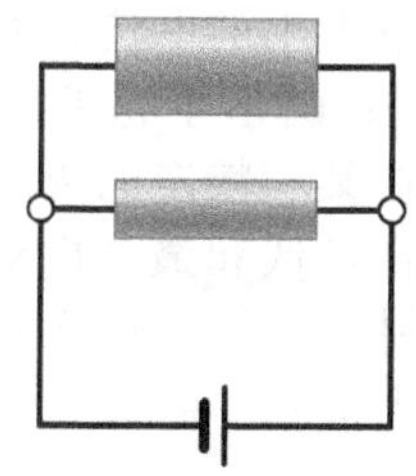

99. 如图 P31.98 所示，若想要在电路中增加第三个电阻，以此来尽量减小电路的阻值，那么应该是并联还是串联该电阻？第三个电阻的横截面应该较大（像图 P31.98 中上方的电阻一样），还是应该较小（就像下方的电阻一样）？●●

100. 如图 P31.100 所示电路中，已知 $\mathscr{E}_1=3.0V$、$\mathscr{E}_2=5.0V$。(a) 当 $\mathscr{E}_3$ 取何值时，电阻 1 两端的电势差为零？(b) 在上述的情形之下，通过电阻 2 的电流为多大？●●

图 P31.100

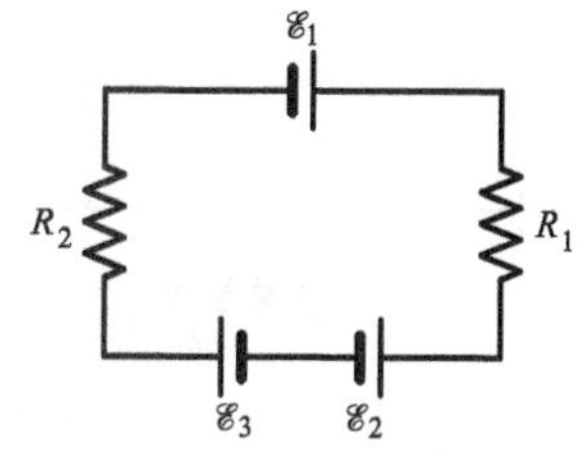

实践篇

101. 老板给了你一个未完成的电路图，如图 P31.101 所示，他要求你用这个电路图求出电池可提供的最大和最小电流。问题的关键是你要在实验室中找到相应的电阻来连接电路图中的空白处。你在实验室中四处寻找，终于找到了满是电阻的橱柜，电阻的阻值从很小到很大都有。●●●

图 P31.101

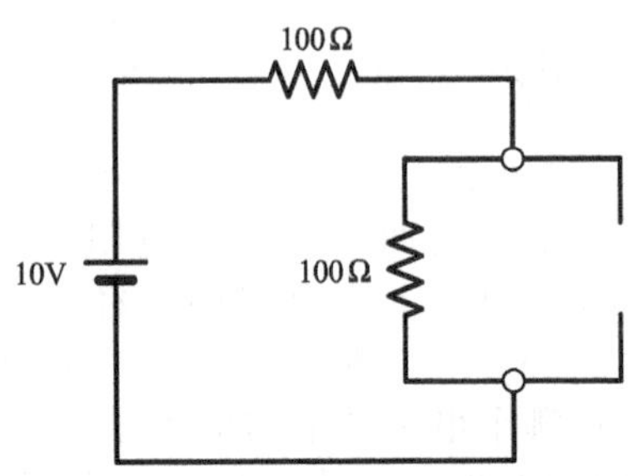

102. 用光伏电池点亮装有卤素气体的灯泡。电池与一个电流表、电压表和一个滑动变阻器相连（见图 P31.102a），并且测出了通过不同的电阻大小的电流及其两端的电势差。图 P31.102b 画出了这些测量数据，图中每个点代表在某一特定的 R_{var} 值时的电流和电势差。求在最低和最高电势差的数据点处，R_{var} 值分别是多少？什么时候光伏电池的功率达到最大值？●●●

图 P31.102

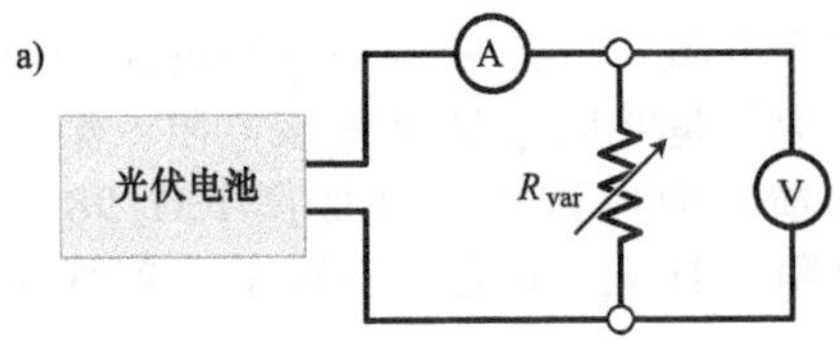

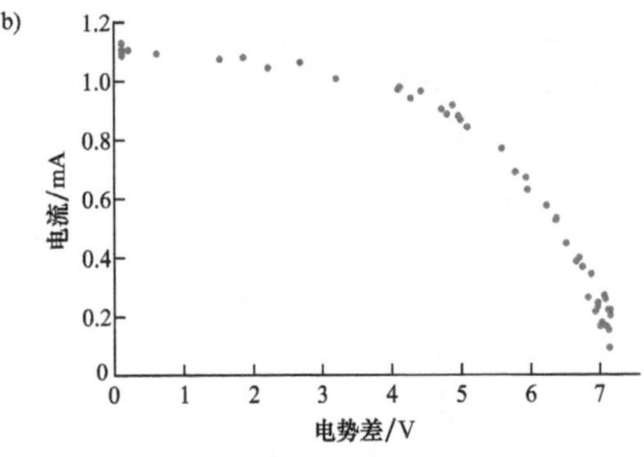

103. 如图 P31.103 所示，电路已经连通数分钟。求通过每个电阻和电池上的电流以及每个电容器任意一块极板上所带的电荷量。已知电阻值 $R_1 = R_2 = 5.00\Omega$、$R_3 = 4.00\Omega$、$R_4 = 6.00\Omega$、$R_5 = 10.0\Omega$、$R_6 = 0.500\Omega$、$R_7 = 1.00\Omega$ 以及 $R_8 = 0.500\Omega$。●●●

图 P31.103

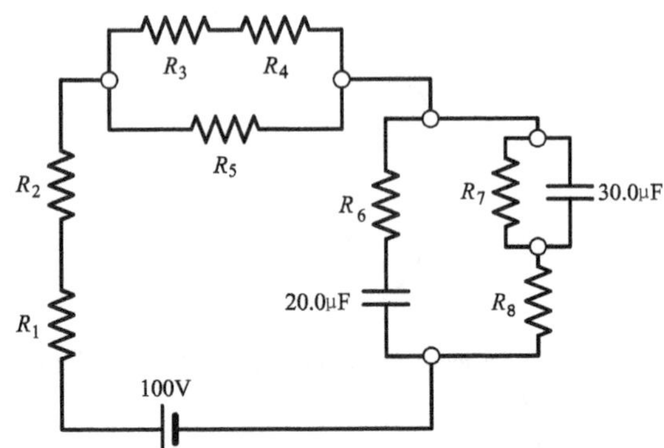

104. 三个学生合租了一个三层楼的公寓。但在签了租约之后，发现三楼没有电！他们从二楼拉出用一根 30.5m 长，将规格为 18 号的延长线连接到配电盘，把所有用电器都插在该配电盘上。一个电工在造访这个公寓的时候说道："你们不能这么做，这样会让整个公寓起火！马上换上 12 号的重载延长线。"你不知道这之间有什么重大的区别，所以开始查阅关于电线规格的参考表。●●● **CR**

105. 你正在做的项目中需要用到液体导电体，一种可能实现的材料就是海水。你已经知道载荷子的数密度和碰撞的平均时间。你曾经在《原理篇》式（31.9）中用一个电子的质量和所带的电荷量计算出了理论上的电导率 σ_{theory}。但是在测量海水的电导率的时候发现实际测量得到的数值比计算出来的 σ_{theory} 小了不止两千倍（$\sigma_{test} < \sigma_{theory}/2000$）。你十分纠结于这个矛盾，并且想要找出其中的原因。●●● **CR**

复习题答案

1. 在直流电路中，由电源提供的电势差是常数，而在交流电路中，电源的电势差会随时间变化（交替变化）。

2. 回路是电路中任意一条闭合导电路径。

3. 负载是所有与电源相连的电路元件。

4. 在非理想电路中是正确的，因为电源的部分电势差会在导线上转化为其他形式的能量。由于相对于负载上的能量转化，导线上的能量转化可忽略不计，因此在本章中不考虑电线上的能量转化。

5. 电源中的载荷子初始时储存的电势能会在负载上转化为其他形式的能量。

6. 电路的稳态是指电路中各处的电流都不随时间变化。

7. 单回路的电路处于稳态时，电流在电路中处处相等。

8. 这个原理表明电路处于稳态时，载荷子不会在电路中的任何点积累。例如，当有一个载荷子从电源中出发流到电路的某部分时一定伴随着有一个载荷子从电路的其他部分流回电源。

9. 电势能转化的数量等于两点之间的电势差乘以载荷子的电荷量。

10. 连接所有元件后只能有一个电流路径经过它们，所以载荷子只能先流过第一个元件再流过第二个，依此类推。

11. 元件的电阻是起决定性作用的性质。

12. (a) 在复杂电路中的任何一个给定的支路中电流处处相同（支路定则）。(b) 进入一个节点的载荷子数等于流出的载荷子数（节点定则）。

13. 对于串联的灯泡，其相等的电学量是通过它们的电流。并联时相等的电学量则是每个灯泡两端的电势差。

14. 电路中的短路是指可以忽略电阻的支路与另外的电路元件并联。基本上所有的载荷子都会穿过短路的支路，而不会有载荷子穿过与之并联的任何元件。

15. 不会。在电路图中只要能把电路元件之间的连接正确画出来，那么任何方向都是可以的。由于导线被认为是理想的，所以绘制的长度以及画成弯的或是直的都不会影响电路图的正确性。

16. 电场在导体内大小处处相等，场的方向与导体的壁平行（与电流方向一致）。

17. 一个均匀截面导体的电阻大小由材料本身的性质以及长度和横截面面积决定。电阻正比于长度、反比于横截面面积。

18. 一个金属由一些保持在固定位置的正离子晶格组成，正离子在它所在位置的附近振动。这些离子是由金属原子失去一个或多个外层电子形成的，这些电子在晶格中高速自由移动，与离子随机碰撞。

19. 在任何时刻，每个电子的速度等于它最后一次碰撞之后（译者注：原书写成“之前”有误）的速度加上电场力在电子上的单位质量的冲量。所有电子的平均速度是它们最后一次碰撞后的平均速度加上单位质量的平均冲量。由于电子在碰撞后可以沿任何方向运动，所以电子在刚刚碰撞后的平均速度为零。从而电子在任何时刻的平均速度仅取决于两次碰撞之间电场施加在电子上的每单位质量的平均冲量除以时间。单位质量上的平均冲量就是力与电子两次碰撞之间的时间间隔的乘积再除以电子的质量。这个源于冲量的平均速度就是电子的漂移速度，其方向与电场方向相反。

20. 电导率是电流密度与由某种材料制成的导体中电场强度大小之间的比例系数。它表征材料导电性的好坏。

21. 电导率依赖于载荷子的数密度、带电量和质量，以及碰撞之间的平均时间间隔与温度。

22. 电阻就是在电路元件两端的电势差与通过这个元件的电流的比值。

23. 欧姆（电阻性）材料就是遵循欧姆定律的材料，$I=V/R$［式（31.11）］。

24. 曲线的斜率就是电路元件电阻值的倒数。对于一个由欧姆材料制成的电路元件，其曲线就是直线，这意味着这个元件的电阻值与其两端的电势差无关。

25. 电流的连续性要求在单回路中所有位置上的电流都是相同的。能量守恒要求沿着一个回路的电势差之和为零（回路定则）。

26. 多个电阻串联后的等效电阻就是各个电阻之和。

27. 电池的内阻说明了一部分能量（通常很小）会在电池内部消耗，从而不能用于电池以外的电路。当我们分析电路的时候，应将电池表示为一个很小的电源内阻 R_{batt} 与电源电动势 $\mathscr{E}$ 串联。

28. 多个电阻并联后的等效电阻为各个电阻的倒数之和的倒数。

29. 辨别所有的节点并将各支路中的电流标记。除了一个节点外，在所有其他节点上应用节点定则写出等式。按照需要，对足够多的回路应用回路定则，并与节点定则一起建立起足够多的独立的方程，其数量应与未知量的数目相同。之后用代数的方法解出要求的未知量。

30. 能量转化的速率就是功率，而电路中一般的功率的表达式就是通过电路元件的电流与这个元件两端的电势差的乘积。

31. 电阻上消耗能量的速率等于电流的二次方乘以电阻值，这表示电势能转化为热能［式（31.43)］。

引导性问题答案

引导性问题 31.2

(a) $h_{\text{slow}}=\dfrac{\Delta E_{\text{batt}}}{2mg}=\dfrac{(4.1\times10^4\text{J})}{2(60\text{kg})(9.8\text{m/s}^2)}=34\text{m}$,

$h_{\max}=\dfrac{1}{4}\left(\dfrac{\Delta E_{\text{batt}}}{mg}\right)=\dfrac{1}{4}\dfrac{(4.1\times10^4\text{J})}{(60\text{kg})(9.8\text{m/s}^2)}=17\text{m}$;

(b) $v_{\max}=\dfrac{(\text{工作效率})(P_{\max})}{mg}=4.8\times10^{-4}\text{m/s}$,

$\Delta t_{\min}=\dfrac{2R_{\text{batt}}\Delta E_{\text{batt}}}{\mathscr{E}_2}=\dfrac{(2)(1.0\Omega)(4.1\times10^4\text{J})}{(1.5\text{V})^2}$

$=3.6\times10^4\text{s}=10\text{h}$

引导性问题 31.4

$I_1=\dfrac{\mathscr{E}}{R_1+R_{\text{eq}2,3,4}}=\dfrac{9}{29}\dfrac{\mathscr{E}}{R_1}$,

$I_4=\dfrac{\mathscr{E}-I_1R_1}{R_4}=\dfrac{5}{29}\dfrac{\mathscr{E}}{R_1}$,

$I_2=I_3=\dfrac{\mathscr{E}-I_1R_1}{R_{\text{eq}2,3}}=\dfrac{4}{29}\dfrac{\mathscr{E}}{R_1}$

引导性问题 31.6

$\sigma=\dfrac{I}{\Delta V2\pi l}\left(\ln\dfrac{r_{\text{outer}}}{r_{\text{inner}}}\right)=3.23\text{A/(V}\cdot\text{m)}$

引导性问题 31.8

$P_{\text{R1}}=I_1^2R_1=8.0\times10^2\text{W}$，$P_{\text{R2}}=25\text{W}$，

$P_{\text{R3}}=25\text{W}$，$P_{\text{R4}}=4.5\times10^2\text{W}$

实践篇

第32章 电 子 学

章节总结

交流电路（32.1 节，32.2 节，32.5 节）

基本概念　**交流电流**（Alternating Current，AC）是指电流方向周期性变化的电流。

在包含电容器的交流电路中，通过电容器的电流的相位会比电势差的相位超前 90°（振荡的四分之一周期）。

在包含电感的交流电路中，通过电感的电流的相位会滞后电势差 90°。

在包含电容器或电感的任何电路中，**电抗**为电势差振幅与电流振幅的比值。

一个交流电路的**相位常数** ϕ 指的是电源电动势与电流之间的相位差，它在电流超前电源电动势的时候为负，而在电流滞后电源电动势的时候为正。

定量研究　由交流电源提供的瞬时电动势为

$$\mathscr{E}=\mathscr{E}_{max}\sin\omega t \tag{32.1}$$

交流电路中的瞬时电流为

$$i=I\sin(\omega t-\phi) \tag{32.16}$$

其中，I 为电流的振幅（最大值）；ϕ 为**相位常数**。

在含有电容器的交流电路中，容抗为

$$X_C\equiv\frac{1}{\omega C} \tag{32.14}$$

电容器两端的电势差的振幅为

$$V_C=IX_C \tag{32.15}$$

在含有电感的交流电路中，感抗为

$$X_L\equiv\omega L \tag{32.26}$$

电感两端的电势差的振幅为

$$V_L=IX_L \tag{32.27}$$

RC 串联电路和 *RLC* 串联电路（32.6 节）

基本概念　一个与交流电源相连的负载，其**阻抗**是电势差振幅与通过负载的电流振幅的比值。

定量研究　在一个 *RC* **串联电路**中，所有负载两端的瞬时电势差之和等于电源电动势：

$$\mathscr{E}=v_R+v_C \tag{32.28}$$

电流的振幅为

$$I=\frac{\mathscr{E}_{max}}{Z} \tag{32.33}$$

其中，Z 为负载的**阻抗**。对于一个 *RC* 串联电路，阻抗为

$$Z_{RC}\equiv\sqrt{R^2+1/(\omega^2C^2)} \tag{32.34}$$

电势差的振幅为

$$V_R=IR=\frac{\mathscr{E}_{max}R}{\sqrt{R^2+1/(\omega^2C^2)}} \tag{32.35}$$

$$V_C=IX_C=\frac{\mathscr{E}_{max}/(\omega C)}{\sqrt{R^2+1/(\omega^2C^2)}} \tag{32.36}$$

电路中的**相位常数**为

$$\phi=\arctan=\left(-\frac{1}{\omega RC}\right) \tag{32.38}$$

在一个 *RLC* **串联电路**中，所有负载两端的瞬时电势差之和等于电源电动势：

$$\mathscr{E}=v_R+v_L+v_C \tag{32.39}$$

RLC 串联电路的**阻抗**为

$$Z_{RLC}\equiv\sqrt{R^2+\left(\omega L-\frac{1}{\omega C}\right)^2} \tag{32.43}$$

电流的振幅为

$$I=\frac{\mathscr{E}_{max}}{Z_{RLC}}=\frac{\mathscr{E}_{max}}{\sqrt{R^2+[\omega L-1/(\omega C)]^2}} \quad (32.42)$$

电路的**相位常数**为

$$\tan\phi=\frac{\omega L-1/(\omega C)}{R} \quad (32.44)$$

AC 电路中的共振和功率（32.7 节，32.8 节）

基本概念 当处于**共振角频率**时，*RLC* 串联电路的电流达到最大值。

功率因数是交流电路中电源为负载提供能量的效率。

定量研究 **共振角频率**为

$$\omega_0=\frac{1}{\sqrt{LC}} \quad (32.47)$$

对于正弦交变电流，电流的**方均根值**为

$$I_{rms}=\frac{I}{\sqrt{2}} \quad (32.53)$$

并且电势差的**方均根值**为

$$V_{rms}=\frac{V}{\sqrt{2}},\quad \mathscr{E}_{rms}=\frac{\mathscr{E}_{max}}{\sqrt{2}} \quad (32.55)$$

平均功率为

$$P_{av}=\mathscr{E}_{rms}I_{rms}\cos\phi \quad (32.61)$$

其中，余弦项是电路的**功率因数**：

$$\cos\phi=\frac{R}{Z} \quad (32.62)$$

半导体设备（32.3 节，32.4 节）

基本概念 **半导体**是包含有限数量的可自由移动载荷子的材料，其电导率介于导体和绝缘体之间。

本征半导体由只有一种元素的原子构成。非本征（掺杂）半导体包含其他元素的原子，这些原子散布在其主要元素的原子中。这些掺杂的原子改变了可以自由移动的电子数量，从而改变了半导体的电性。

空穴是半导体中一种不完整的键，其行为类似于自由移动的正载荷子。

在 *p* 型半导体中，空穴是自由载荷子。在 *n* 型半导体中，电子是自由载荷子。

二极管通过使一块 *p* 型半导体与一块 *n* 型半导体接触制成。其行为类似于电流的单向阀。

二极管中的**耗尽区**是一个很薄的绝缘区域，该区域在 *p* 型半导体和 *n* 型半导体的接合处，在该区域正负载荷子重新组合并变得无法移动。

晶体管（三极管）由两层相同类型的非本征半导体薄层中间夹一相反类型的非本征半导体薄层组成（如 *npn* 型）。其行为类似于电流开关或电流放大器。

复习题

复习题的答案见本章最后。

32.1 交流电流

1. 什么是交流电流?

2. 带电电容器与电感组成一个电路，请描述该电路中的电流如何变化。

3. 当我们用节点定则、回路定则或者欧姆定律的时候，一定要考虑交流电路的什么性质?

32.2 交流电路

4. 确定一个随时间变化的正弦函数，必须要知道哪两个量?

5. 什么是相矢量? 在分析振荡量中用到了相矢量的哪些性质?

6. 当把超前和滞后的描述应用到两个以相同角频率变化的振荡量A和B时，这两个词分别是什么意思?

7. 在包含一个电容器、一个电感和一个电阻的串联交流电路中，通过每个电路元件的电流与这个元件两端的电势差有什么关系?

32.3 半导体

8. 什么是半导体?

9. 本征半导体与非本征半导体之间的区别是什么?

10. 请描述在非本征半导体中的空穴如何表现为带正电的粒子。

11. 硅的掺杂半导体是如何分类的，这个分类意味着什么?

32.4 二极管 晶体管 逻辑门

12. 二极管的两个主要组成部分是什么?

13. 二极管中的耗尽区是什么?

14. 描述耗尽区在二极管中是如何形成的?

15. 当二极管中的 n 端与电源的正极相连、p 端与电源的负极相连时，会发生什么? 而当 n 端与负极相连、p 端与正极相连时又会怎样?

16. 什么是偏置电势差，它在 npn 型晶体管中的作用是什么?

17. 晶体管在电路中的两个主要功能是什么?

18. 试解释在场效应晶体管中是如何形成电流的。

19. 什么是逻辑门?

32.5 电抗

20. 一个电容器与交流发电机相连，比较通过电容器的电流和电容器两端电势差的角频率、振幅和相位常数。

21. 在交流电路中什么是容抗，它依赖电路的哪些特性?

22. 一个电感与交流发电机相连，比较通过电感的电流和电感两端电势差的角频率、振幅和相位常数。

23. 在交流电路中什么是感抗，它依赖于电路的哪些特性?

32.6 *RC* 串联电路和 *RLC* 串联电路

24. 如何利用相矢量的大小来确定两个或多个相同角频率的正弦变化量之和?

25. 在交流电路中，负载的阻抗如何定义?

26. 将一个电阻和一个电容器串联到一个交流电源中，试解释为什么这样的一个组合可以充当频率滤波器。

32.7 共振

27. 什么是 *RLC* 串联电路中的共振角频率 ω_0，它由电路的哪些性质决定?

28. 在一个 *RLC* 串联电路中，电流的振幅如何随电源的角频率而变化?

29. *RLC* 串联电路的哪些特性决定了电流的最大振幅?

32.8 交流电路的功率

30. 在分析交流电路中的功率时，使用正弦振荡电流或电动势的**方均根值**有什么优点?

31. 交流电路中电阻的平均功率是什么? 与这个功率相关的能量是什么?

32. 交流电路中电容器或者电感的平均功率是多少? 试分别描述这两个元件的瞬时功率。

33. 与交流电源相连的负载的功率因数是多少?

估算题

从数量级上估算下列物理量，括号中的字母对应于可能用到的提示。根据需要使用它们来指导你的思考。

1. 与你家灯相连的电线中电子的最大位移。(E, Q, K)

2. 在一个 60Hz 的电路中，一个 1μF 电容器的容抗。(H, A)

3. 在典型的以 FM 无线电频率振荡的电路中，一个 1μF 电容器的容抗。(H, O)

4. 在典型的以 FM 无线电频率振荡的电路中，一个 5Hm 电感的感抗。(C, O)

5. 家用立体声音响系统中的 8Ω 高音扬声器（高频扬声器）的高通滤波器所需的电容。(F, M)

6. 家用立体声音响系统中的 8Ω 超低音扬声器（极低频扬声器）的低通滤波器所需的自感。(J, D)

7. 一个 *RLC* 串联电路由一个电感、10μF 电容器、1kΩ 电阻和 60Hz 电源组成，求共振所需的自感。(L)

8. 在家用交流电路中，一个与 5μF 电容器串联的 100W 灯泡消耗能量的速率。(R, S, T, I, K, A, B, P)

9. 在家用交流电路中，一个与 10mH 电感串联的 100W 灯泡消耗能量的速率。(R, S, T, I, K, A, B, N)

10. 厨房中的食品加工器的电动机在工作时的最大功率为 200W，如果此装置中有一个 5μF 的电容，求电动机的自感。(K, G)

提示

A. 角频率如何随频率变化？

B. 功率因数的公式是什么？

C. 感抗如何随角频率变化？

D. 截止角频率如何随自感变化？

E. 家用导线中电子的典型漂移速率有多大？

F. 对于配有高通滤波器的高频扬声器，其典型的截止角频率有多大？

G. 功率因数达到最大的要求是什么？

H. 容抗如何随角频率变化？

I. 电路中的 R 是多少？

J. 对于配有低通滤波器的超低音扬声器，其典型的截止角频率有多大？

K. 家用交流电源的频率有多大？

L. 共振的条件是什么？

M. 截止角频率如何取决于电容？

N. 在含有电容器的电路中，阻抗是多少？

O. FM 电台的典型广播频率是多少？

P. 在含有电感的电路中，阻抗是多少？

Q. 一个电子沿一个方向移动的最大时间间隔是多少？

R. 灯泡消耗能量的速率如何确定？

S. 家用导线的 $\mathscr{E}_{max}$ 是多少？

T. 电路中的 I 有多大？

答案（所有值均为近似值）

A. $\omega=2\pi f$; B. $\cos\phi=R/Z$; C. $X_L=\omega L$; D. $\omega_c=R/L$; E. 10^{-4}m/s（见《原理篇》例 31.7）; F. 10^4s^{-1}; G. 当 $\omega L=1/(\omega C)$ 时，系统的角频率一定是共振角频率; H. $X_C=1/(\omega C)$; I. 对灯泡而言，$R=\mathscr{E}_{max}^2/(100\text{W})=10^2\Omega$; J. 10^3s^{-1}; K. 60Hz; L. $\omega_0=1/\sqrt{LC}$; M. $\omega_c=1/(RC)$; N. $1\times10^2\Omega$; O. 10^8Hz; P. $5\times10^2\Omega$; Q. 交流电路周期的一半; R. $P_{av}=\frac{1}{2}\mathscr{E}_{max}I\cos\phi$; S. 170V; T. $I=\mathscr{E}_{max}/Z$

例题与引导性问题

步骤：分析交流串联电路

在分析交流串联电路的时候，我们通常已知各种电路元件的性质（比如 R、L、C 和 $\mathscr{E}$ 等）。但并不知道它们两端的电势差。为了确定这些电势差的数值，我们可以参考下列步骤。

1. 为电路建立一个相矢量图，它可以帮助我们了解问题并评估结果。

2. 用式（32.43）确定整个负载的阻抗。若电路中没有电感，则忽略包含 L 的项；如果没有电容器，则忽略包含 C 的项，依此类推。

3. 用式（32.42）确定电路中电流的振幅。用式（32.44）确定电流相对于电动势的相位。

4. 用 $V=XI$ 确定各电抗元件两端的电势差振幅，其中 X 为元件的阻抗。而对于电阻则应用 $V=RI$。

下列例题涉及本章内容，但又不仅仅局限于本章中的某一节。

其中一部分以例题的形式给出，另一部分则以引导性问题的形式给出。

例 32.1　*LC* 电路

在如图 WG32.1 所示的 LC 电路中，$C=80\mu F$。初始时，开关 S 断开，电容器所带的电荷量为 q_0。然后将开关闭合，在 20ms 之后，储存在电容器中的电势能是其初始值的四分之一。自感 L 是多少？

图 WG32.1

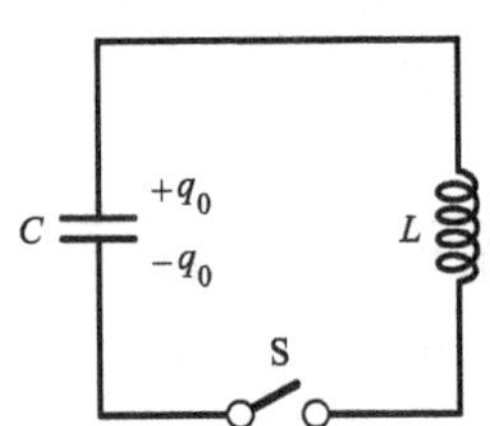

❶ 分析问题　LC 电路中的势能储存在电感与电容器中。我们知道初始时电容器所带的电荷为 q_0，而且由于开关是断开的，所以电感中不会有电流通过。同时我们也知道，在闭合开关的 20ms 后，储存在电容器中的电势能变为初始的四分之一。我们所要做的就是求出电感的自感。

❷ 设计方案　因为在一个 LC 电路中的能量为常数，所以电路中所发生的事情类似于一个简谐振荡，即其能量在电容器和电感之间来回振荡。储存在电容器中的能量正比于电荷量的二次方［见式（26.4）］，并且电容器两端的电势差以正弦振荡 $v_C=V_0\cos\omega_0 t$（见《原理篇》中的图 32.4）。对于电容器，我们知道 $q/v_C=C$［见式（26.1）］，所以有 $q=Cv_C=CV_0\cos\omega_0 t$。因为 q 的初始（$t=0$）值为 $q(0)=q_0=CV_0\cos(0)=CV_0$，所以任何时刻电容器的电荷量为 $q=q_0\cos\omega_0 t$。我们知道在 $t_1=20\text{ms}$ 的时刻，电容器中的能量只有初始值的四分之一。因此，我们就可以根据 t_1 确定 ω_0 的值。又知道 $\omega_0=1\sqrt{LC}$，所以我们可以利用 C 和 t_1 确定 L 的值。

❸ 实施推导　在任何时刻 t 储存在电容器中的电势能由式（26.4）给出

$$U_C^E(t)=\frac{q^2}{2C}=\frac{(q_0\cos\omega_0 t)^2}{2C}=\frac{q_0^2}{2C}\cos^2\omega_0 t$$

因此，可利用在 $t_1=20\text{ms}$ 时，电容器中的能量为 $t=0$ 时的四分之一这个条件得到

$$\frac{U_C^E(t_1)}{U_C^E(0)}=\frac{\cos^2\omega_0 t_1}{\cos^2(0)}=\frac{\cos^2\omega_0 t_1}{1}=\frac{1}{4}\Rightarrow\cos\omega_0 t_1=\frac{1}{2}$$

求解 $\omega_0 t_1$ 的余弦表达式得到

$$\omega_0 t_1=\arccos\left(\frac{1}{2}\right)=\frac{\pi}{3}\text{rad}=60°$$

因此，根据 $\omega_0=1/\sqrt{LC}$，我们得到

$$t_1=\frac{\pi}{3\omega_0}=\frac{\pi}{3}\sqrt{LC}$$

以及自感

$$L=\frac{1}{C}\left(\frac{3t_1}{\pi}\right)^2=\frac{1}{(80\times10^{-6}\text{F})}\left[\frac{3(20\times10^{-3}\text{s})}{\pi}\right]^2$$

$$=4.6\text{s}^2/\text{F}=4.6\text{H}✔$$

❹ 评价结果　我们求得的自感 $L=4.6\text{H}$，与《原理篇》中例 32.6 相比是合理的。我们

实践篇

可以通过计算储存在电感中的磁场能来验证这个结果。电路中的电流大小为

$$i=\mathrm{d}q/\mathrm{d}t=-\omega_0 q_0\sin\omega_0 t$$

储存在电感中的能量为

$$U_L^B(t_1)=\frac{1}{2}Li^2=\frac{1}{2}L\omega_0^2 q_0^2\sin^2\omega_0 t_1$$

$$=\frac{1}{2}L\frac{1}{LC}q_0^2\sin^2\omega_0 t_1=\frac{q_0^2}{2C}\sin^2\omega_0 t_1$$

当 $\omega_0 t_1=\pi/3\text{rad}$ 时，$\sin^2\omega_0 t_1=\frac{3}{4}$。因此 $U_L^B(t_1)=\frac{3}{4}q_0^2/(2C)$，并且在 t_1 时刻储存在电路中的能量为

$$U_L^B(t_1)+U_C^E(t_1)=\frac{3}{4}\frac{q_0^2}{2C}+\frac{1}{4}\frac{q_0^2}{2C}=\frac{q_0^2}{2C}=U_C^E(0)$$

因为在开关闭合之前，没有电流通过电路，因此 $U_L^B(0)=0$，并且有

$$U_L^B(t_1)+U_C^E(t_1)=U_C^E(0)+U_L^B(0)$$

因此正如我们所预期的那样，因为电路中没有电阻，所以能量是常数。

引导性问题 32.2 *RLC* 电路

如图 WG32.2 所示，电路由自感为 $L=(8.0/\pi^2)\times10^{-3}\text{H}$ 的电感、阻值为 R 的电阻、电容为 $C=0.50\text{nF}$ 的电容器、电动势为 $\mathscr{E}=4.0\text{V}$ 的电源，以及两个开关 S_1 和 S_2 组成。初始时 S_1 闭合，S_2 断开。在较长的时间间隔 $\Delta t\gg RC$ 后，S_1 断开而 S_2 闭合。在 t_{equal} 时刻储存在电感中的磁能等于储存在电容器中的电势能，求此刻电路中的电流。

图 WG32.2

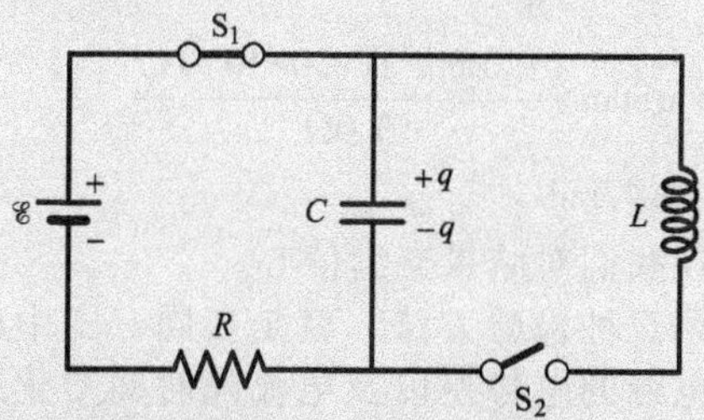

❶ 分析问题

1. 当开关 1 闭合而开关 2 断开的时候，电容器上会发生什么？

2. 当开关 1 断开而开关 2 闭合之后，电容器上的电势差和电流会如何变化？

❷ 设计方案

3. 储存在电容器中的电势能如何随电势差和电容变化？

4. 储存在电感中的磁能如何随电流和自感变化？

5. 如何用能量条件确定在 t_{equal} 时刻通过电感的电流？

❸ 实施推导

6. 在开关 1 断开、开关 2 闭合的瞬间，电容器两端的电势差以及电路中的势能有多大？

7. 在 t_{equal} 时刻，储存在电感中的能量有多大？

8. 在该时刻，电路中的电流振幅有多大？

❹ 评价结果

9. 这个范围内的电流值是否可用大学物理实验室中的仪器轻松测量？

10. 在电感中存储的能量等于电容器中存储的能量的瞬间，电流振幅 I 与电流可能的最大值 $I_{\max}$ 相比如何？

11. $I_{\max}$ 有多大？

12. 电流最大值与你计算出来的值相比如何？

例 32.3 驱动 *RL* 电路

考虑如图 WG32.3 所示的 *RL* 电路，其中交流电源产生一个随时间变化的电动势 $\mathscr{E}=\mathscr{E}_{\max}\sin\omega t$。电动势的振幅为 $\mathscr{E}_{\max}=120\sqrt{2}\text{V}$，角频率为 $\omega=120\pi\text{s}^{-1}$。如果 $R=3.0\Omega$ 且 $L=4.0\times10^{-3}\text{H}$，则由交流电源传输的平均功率为多少？

图 WG32.3

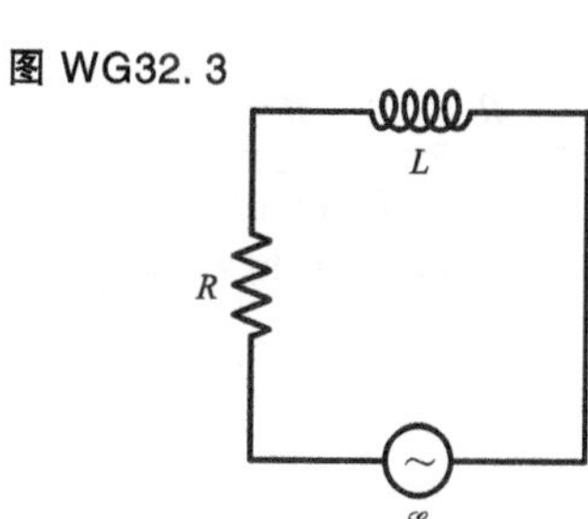

实践篇

❶ **分析问题** 首先，画出电路的相矢量图并在图中表示出 V_R、V_L 和 I（见图 WG32.4）。已知 V_R 和 I 在交流电路中是同相位的，所以我们绘制的这两个相矢量会相互重叠。又知道在交流电路中电感两端的电势差超前电流 90°，所以相矢量 V_L 与另外两个相矢量的夹角为直角。我们的目的是计算电源的平均功率，即电源传输能量的平均速率。

图 WG32.4

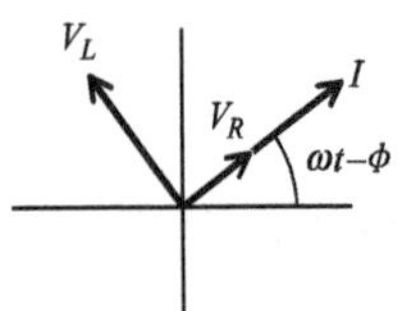

❷ **设计方案** 我们可以用式（32.60），即 $P_{av}=\frac{1}{2}\mathscr{E}_{max}I\cos\phi$，来计算由交流电源传输的平均功率，这意味着我们必须知道 $\mathscr{E}_{max}$、I 和 $\cos\phi$。$\mathscr{E}_{max}$ 的值已经给出，我们还需要确定 I 和 $\cos\phi$。我们可以用式（32.42）得到 I，且不需要其中的电容项（因为我们的电路中不含电容器）。而对于功率因数 $\cos\phi$ 则可用式（32.62）求出。然而，为了应用上述关系，我们还必须要知道电路的阻抗 Z，而由式（32.43）确定 Z 所需的所有值都已经全部给出。

❸ **实施推导** 我们可以利用式（32.42），用已知的值求得的电流振幅为

$$I=\frac{\mathscr{E}_{max}}{\sqrt{R^2+(\omega L)^2}}$$

由式（32.43）得到电路的阻抗为

$$Z=\sqrt{R^2+(\omega L)^2}$$

把 Z 的表达式代到式（32.62）中求得功率因数 $\cos\phi$：

$$\cos\phi=\frac{R}{Z}=\frac{R}{\sqrt{R^2+(\omega L)^2}}$$

因此可以用式（32.60）求得交流电源传输的平均功率为

$$\begin{aligned}P_{av}&=\frac{1}{2}\mathscr{E}_{max}I\cos\phi=\frac{1}{2}\frac{\mathscr{E}^2_{max}R}{[R^2+(\omega L)^2]}\\&=\frac{1}{2}\frac{(120\sqrt{2}\,\mathrm{V})^2(3.0\,\Omega)}{[(3.0\,\Omega)^2+(120\pi\,\mathrm{s}^{-1})^2(4.0\times10^{-3}\,\mathrm{H})^2]}\\&=3.8\times10^3\,\mathrm{W}\end{aligned}$$ ✔

❹ **评价结果** 对应于如此大的平均功率，我们猜想其电流振幅应该也是非常大的，则我们可以验证电流值：

$$\begin{aligned}I&=\frac{\mathscr{E}_{max}}{\sqrt{R^2+(\omega L)^2}}\\&=\frac{120\sqrt{2}\,\mathrm{V}}{\sqrt{(3.0\,\Omega)^2+(120\pi\,\mathrm{s}^{-1})^2(4.0\times10^{-3}\,\mathrm{H})^2}}\\&=5.1\times10^1\,\mathrm{A}\end{aligned}$$

这个相对较大的 I 值令我们确信所计算的功率的数量级是正确的。

另一种评估结果的方法就是检验相位差，我们希望相位差能够满足条件 $0<\phi<\pi/2$。由式(32.44)有

$$\begin{aligned}\phi&=\arctan\frac{\omega L}{R}\\&=\arctan\frac{(120\pi\,\mathrm{s}^{-1})(4.0\times10^{-3}\,\mathrm{H})}{3.0\,\Omega}\\&=0.47\,\mathrm{rad}\end{aligned}$$

再次让我们对结果充满信心。

第三种检验方法，就是在同一图中画出交流电源的电势差以及电流随时间变化的函数图（见图 WG32.5）。正如我们所预期的那样，电势差超前电流。

图 WG32.5

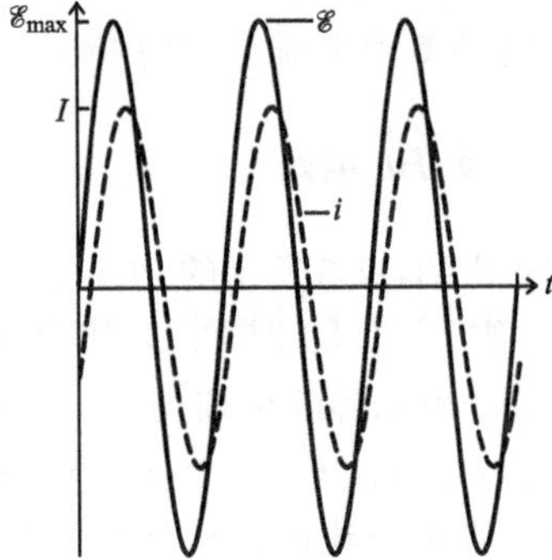

引导性问题 32.4 驱动 *RC* 电路

在一个如图 WG32.6 所示的 *RC* 电路中，交流电源的电动势为 $\mathscr{E}=\mathscr{E}_{max}\sin\omega_1 t$。电动势的振幅为 $\mathscr{E}_{max}=10V$，角频率为 $\omega_1=100s^{-1}$。当角频率变成新的值 ω_2 时，电源的平均功率减弱为原来的一半。如果 $R=3.0\Omega$、$C=5.0\times10^{-2}F$，求 ω_2 的值。

图 WG32.6

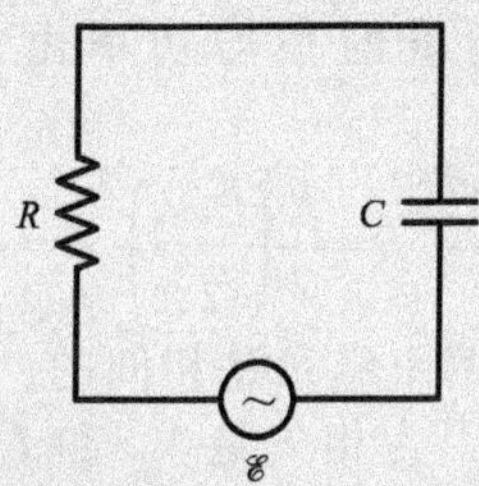

❶ **分析问题**

1. 画出电路的相矢量图，表示出 V_R、V_C 和 I。

❷ **设计方案**

2. 电流振幅关于 ω 的函数是什么？
3. 相位差关于 ω 的函数是什么？
4. 由交流电源传输的平均功率关于 ω 的函数是什么？
5. 写出当 $\omega=\omega_1$ 和 $\omega=\omega_2$ 时的两个平均功率之比的表达式。
6. 从这个表达式中解出 ω_2。

❸ **实施推导**

7. 从给定值中计算 ω_2。

❹ **评价结果**

8. 已知当角频率从 ω_1 变成 ω_2 时，平均功率会减小。你预测电流的振幅应该增大还是减小？
9. 平均功率是否如你预期的那样随着 ω 的变化而变化？
10. 你得到的 ω_2 与你的预期一致吗？

例 32.5 未知电路元件 I

如图 WG32.7 所示，电路包含交流电源和电阻，其中交流电源的电动势随时间变化的关系为 $\mathscr{E}=\mathscr{E}_{max}\sin\omega t$，电阻的阻值为 R。带有问号的正方形表示的是电感或电容器（但两者不会都存在）。电动势的振幅为 $\mathscr{E}_{max}=100\sqrt{2}V$，角频率为 $\omega=10s^{-1}$。电流随时间变化的关系为 $i=(10A)\sin(\omega t+\pi/4)$。那么未知元件是电容器还是电感？$R$ 的值是多少？未知元件的电容或自感有多大？

图 WG32.7

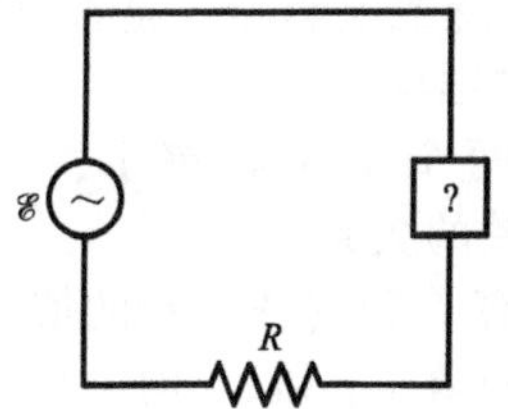

❶ **分析问题** 我们从电流表达式 $i=(10A)\sin(\omega t+\pi/4)$ 中可知，交流电源电动势与电流之间的相位差为 $\phi=-\pi/4$。负号表示电流超前于交流电源电动势。因此未知元件必定为电容器，这样我们就已经回答了第一个问题。

根据这些信息，我们可以画出电路的相矢量图，表示 V_R、V_C 和 I（见图 WG32.8）。

图 WG32.8

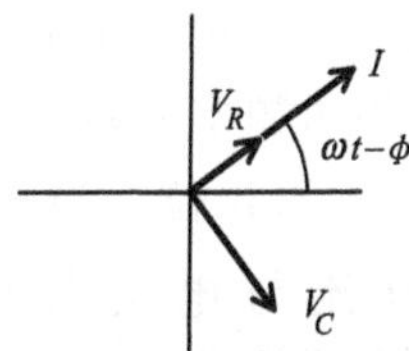

❷ **设计方案** 因为有两个未知量 R 和 C，所以应该找到包含这两个未知量的两个独立方程。我们知道未知元件为电容器，并且相位常数为 ϕ。因此，可以用没有电感项的式（32.44）作为包含 C 和 R 的一个方程。从问题陈述中给出的电流方程得到电流振幅为 $I=10A$，且 $\mathscr{E}_{max}$ 值已知。因此，我们可以用没有电感项的式（32.42）作为包含 C 和 R 的第二个方程。

❸ **实施推导** 已知 $\phi=-\pi/4$ 且 $\tan(-\pi/4)=-1$。因此，由式（32.44）有

$$-1=\frac{-1/(\omega C)}{R}$$

$$\frac{1}{\omega C}=R \tag{1}$$

根据这个结果，我们可以将式（32.42）中

的 $1/(\omega C)$ 约掉，解出关于 R 的方程，并代入我们已知的数值：

$$I=\frac{\mathscr{E}_{\max}}{\sqrt{R^2+1/(\omega C)^2}}=\frac{\mathscr{E}_{\max}}{\sqrt{R^2+R^2}}=\frac{\mathscr{E}_{\max}}{\sqrt{2}R}$$

$$R=\frac{\mathscr{E}_{\max}}{\sqrt{2}I}=\frac{100\sqrt{2}\,\mathrm{V}}{\sqrt{2}(10\mathrm{A})}=10\mathrm{V/A}=10\Omega ✓$$

现在我们知道了 R，就可以解出式（1）中的电容大小：

$$C=\frac{1}{\omega R}=\frac{1}{(10\mathrm{s}^{-1})(10\Omega)}=1.0\times10^{-2}\mathrm{F} ✓$$

❹ **评价结果** 我们求得的电容值有些大，而电阻值则比较小，但这是合理的。因为 $\phi=-\pi/4$，所以电容器的容抗等于电阻，电路的阻抗为 $Z=\sqrt{R^2+X_C^2}=\sqrt{2}R$，从而得到电流的振幅为

$$I=\frac{\mathscr{E}_{\max}}{\sqrt{2}R}=\frac{100\sqrt{2}\,\mathrm{V}}{\sqrt{2}(10\Omega)}=10\mathrm{A}$$

这与我们上面的结果一致，所以我们的计算是正确的。

也可以通过比较交流电源的平均功率（电源传输能量到电阻的平均速率）和电阻上的功率（电阻消耗能量的平均速率）来检验我们的结果。已知 $\cos\phi=\cos(-\pi/4)=1/\sqrt{2}$，从而电源传输的平均功率由式（32.60）可得

$$P_{\mathrm{av}}=\frac{1}{2}\mathscr{E}_{\max}\frac{\mathscr{E}_{\max}}{\sqrt{2}R}\frac{1}{\sqrt{2}}=\frac{1}{4}\frac{\mathscr{E}_{\max}^2}{R}$$

电阻消耗能量的平均功率由式（32.52）求得

$$P_{\mathrm{av}}=\frac{1}{2}I^2R=\frac{1}{2}\left(\frac{\mathscr{E}_{\max}}{\sqrt{2}R}\right)^2R=\frac{1}{4}\frac{\mathscr{E}_{\max}^2}{R}$$

我们看到这两个结果是相同的，这正是我们所期望的，因为相矢量 V_C 和 I 的相位差为 90°，所以电容器中没有能量耗散。

引导性问题 32.6 未知电路元件Ⅱ

图 WG32.9 为一个包含交流电源的电路，其电源电动势随时间变化为 $\mathscr{E}=\mathscr{E}_{\max}\sin\omega t$。电动势的振幅为 $\mathscr{E}_{\max}=6.0\mathrm{V}$，电阻为 $R=3.0\Omega$。带有问号的正方形表示的是电感、电容器或者两者都有。当角频率为 $\omega_1=1.0\mathrm{s}^{-1}$ 时，电流与电源电动势同相位。当角频率为 $\omega_2=2.0\mathrm{s}^{-1}$ 时，电流与电动势的相位差为 $|\pi/4|$ rad。当角频率为 ω_1 时，在这个电路中能量消耗的平均速率为多大？当角频率为 ω_2 时呢？

图 WG32.9

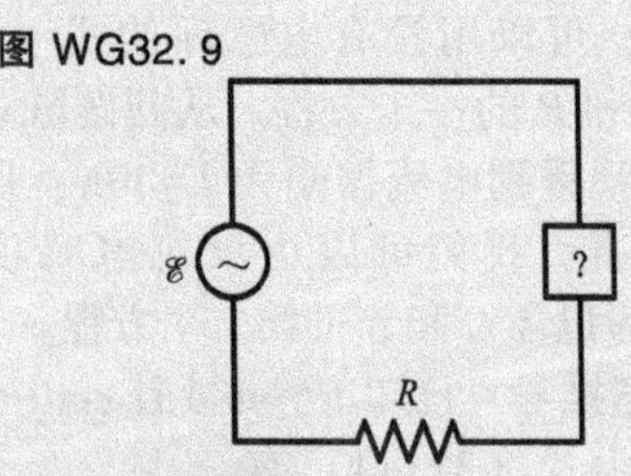

❶ **分析问题**

1. 正方形表示的是电感、电容器还是两者都有？

2. 当角频率为 $\omega_2=2.0\mathrm{s}^{-1}$ 时，必须考虑哪些电抗？

3. 画出电路的相矢量图。

❷ **设计方案**

4. 角频率与自感和（或）电容的关系式是什么？

5. 在角频率为 ω_2 时，如何确定电源电动势是超前还是落后于电流？

6. 如何确定 L 或 C 的值？

7. 当角频率分别为 ω_1 和 ω_2 时，如何确定电流的振幅？

8. 如何确定电阻中能量消耗的平均速率？

9. 在电感或电容器上是否有能量消耗？

❸ **实施推导**

10. 在两个给定频率下，写出与 L 和（或）C 相关的关系式。

11. 计算 L 和（或）C 的值。

12. 计算在 ω_1 和 ω_2 时，电流的振幅。

13. 求在 ω_1 和 ω_2 时，能量消耗的平均速率。

❹ **评价结果**

14. 当角频率为 ω_1 时，由交流电源传输的平均功率是多少？这是你所期望的结果吗？

例 32.7 FM 广播调谐器

假设你想用一个 RLC 串联电路与一个广播频率为 89.7MHz 的无线广播调谐，但是不想接收到以 89.5MHz 广播的电台信号。为达到这个目的，对于来自天线的给定输入信号，你希望共振曲线足够窄，使得 89.7MHz 电路中的电流比 89.5MHz 电路中的电流大 100 倍。你必须使用一个 $R=0.100\Omega$ 的电阻，而实际考虑要求取 L 的最小可能值，则你必须使用的 L 和 C 的值各是多少？

❶ **分析问题** 我们先画出相矢量图，表示 V_R、V_C、V_L 和 I（见图 WG32.10）。首先，画出相矢量 V_R 和 I 同相，然后再画出 V_L 比 I 超前 90°，以及 V_C 比 I 滞后 90°。我们通过正弦函数 $\mathscr{E}=\mathscr{E}_{max}\sin\omega t$ 建立与时间相关的输入信号，然后通过 $i=I\sin(\omega t-\phi)$ 建立电路中与时间相关的电路电流。我们希望共振在 $\omega_{89.7}=(2\pi)(89.7\times10^6\text{Hz})$ 时出现。我们也希望在 $\omega_{89.5}=(2\pi)(89.5\times10^6\text{Hz})$ 时的电流振幅 $I(\omega_{89.5})$ 是共振时最大电流 $I(\omega_{89.7})$ 的百分之一：$I(\omega_{89.5})=0.0100I(\omega_{89.7})$。已知 $R=0.100\Omega$。

图 WG32.10

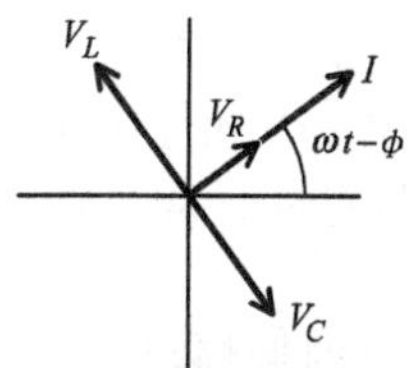

❷ **设计方案** 电流振幅 I 是 ω 的函数 [见式（32.42）]。我们用共振条件，即式（32.47），来简化 $I(\omega_{89.7})$ 的表达式。现在有 $I(\omega_{89.5})$ 和 $I(\omega_{89.7})$ 这两个表达式以及它们之间的关系 $I(\omega_{89.5})=0.0100I(\omega_{89.7})$。由此可以获得 L 和 C 之间的关系。我们可以利用共振条件，即式（32.47），给出 L 和 C 的第二个条件。至此，我们可以求解方程组得到 L 和 C 的值。

❸ **实施推导** 式（32.42）给出了电流振幅关于 ω 的函数：

$$I=\frac{\mathscr{E}_{max}}{\sqrt{R^2+[\omega L-1/(\omega C)]^2}} \quad (1)$$

由式（32.46）可知，在共振时 $\omega L=1/(\omega C)$，这意味着在共振角频率 $\omega_{89.7}$ 下，式（1）可化简为

$$I(\omega_{89.7})=\frac{\mathscr{E}_{max}}{R} \quad (2)$$

令式（1）中的 $\omega=\omega_{89.5}$：

$$I(\omega_{89.5})=\frac{\mathscr{E}_{max}}{\sqrt{R^2+[\omega_{89.5}L-1/(\omega_{89.5}C)]^2}} \quad (3)$$

现在要确定 L 和 C 的值。为保持符号简单，我们用 h 表示两个不同的电流振幅之间的比值：$h=0.0100$。从而有

$$I(\omega_{89.5})=hI(\omega_{89.7})$$

再根据式（2）和式（3），我们能够得到

$$\frac{\mathscr{E}_{max}}{\sqrt{R^2+[\omega_{89.5}L-1/(\omega_{89.5}C)]^2}}=h\frac{\mathscr{E}_{max}}{R}$$

对两边求平方并约掉 $\mathscr{E}_{max}$，得

$$\frac{1}{R^2+[\omega_{89.5}L-1/(\omega_{89.5}C)]^2}=h^2\frac{1}{R^2} \quad (4)$$

经过简单的代数处理后得到

$$[\omega_{89.5}L-1/(\omega_{89.5}C)]^2=\left(\frac{1}{h^2}-1\right)R^2$$

对两边取平方根，有

$$\omega_{89.5}L-\frac{1}{\omega_{89.5}C}=-\sqrt{\frac{1}{h^2}-1}R$$

等式右侧有个负号这是因为电路频率是低于共振频率的，这意味着 $[\omega_{89.5}L-1/(\omega_{89.5}C)]<0$。接下来我们使用 $C=1/(L\omega_{89.7}^2)$ 形式的式（32.47），其中 $\omega_{89.7}$ 为共振角频率，我们得到

$$\omega_{89.5}L\left[1-\left(\frac{\omega_{89.7}}{\omega_{89.5}}\right)^2\right]=-\sqrt{\frac{1}{h^2}-1}R$$

得到

$$L=\frac{\sqrt{\left(\frac{1}{h^2}-1\right)}R}{\omega_{89.5}[(\omega_{89.7}/\omega_{89.5})^2-1]}$$

$$=\frac{\sqrt{(1.00\times10^4-1)}(0.100\Omega)}{(5.62\times10^8\text{s}^{-1})[(89.7/89.5)^2-1]}$$

$$=3.97\times10^{-6}\text{H} ✔$$

从而电容为

$$C=\frac{1}{L\omega_{89.7}^{2}}=\frac{1}{(3.97\times10^{-6}\mathrm{H})(5.63\times10^{8}\mathrm{s}^{-1})^{2}}$$
$$=7.92\times10^{-13}\mathrm{F}$$ ✔

❹ **评价结果**　假设天线产生的最大信号为 $\mathscr{E}_{max}=100\mu\mathrm{V}$。在共振即 $\phi=0$ 时，利用式（32.60）求得信号的平均功率为

$$P_{av}(\omega_{89.7})=\frac{1}{2}\mathscr{E}_{max}I(\omega_{89.7})=\frac{1}{2}\frac{\mathscr{E}_{max}^{2}}{R}$$
$$=\frac{(1.00\times10^{-4}\mathrm{V})^{2}}{2(0.100\Omega)}$$
$$=5.00\times10^{-8}\mathrm{W} \qquad (5)$$

其中我们将式（2）中的 $I(\omega_{89.7})$ 代入。信号在 $\omega=\omega_{89.5}$ 时的平均功率为

$$P_{av}(\omega_{89.5})=\frac{1}{2}\mathscr{E}_{max}I(\omega_{89.5})\cos\phi$$

在 89.5MHz 时的功率因数由式（32.62）给出

$$\cos\phi=\frac{R}{Z}=\frac{R}{\sqrt{R^{2}+[\omega_{89.5}L-1/(\omega_{89.5}C)]^{2}}}$$

因此，代入 $\cos\phi$ 的表达式和式（1）中 $I(\omega_{89.75})$ 的表达式之后，可以得出在 89.5MHz 时的平均功率为

$$P_{av}(\omega_{89.5})=\frac{1}{2}\frac{\mathscr{E}_{max}^{2}R}{R^{2}+[\omega_{89.5}L-1/(\omega_{89.5}C)]^{2}}$$

我们可以用式（4）和式（5）将上式写为

$$P_{av}(\omega_{89.5})=\frac{1}{2}\frac{\mathscr{E}_{max}^{2}}{R}h^{2}=P_{av}(\omega_{89.7})h^{2}$$
$$=(5.00\times10^{-8}\mathrm{W})(1.00\times10^{-4})$$
$$=5.00\times10^{-12}\mathrm{W}$$

所以处于 89.5MHz 的电流是共振时电流最大值 $I(\omega_0)$ 的 1/100，同时处于 89.5MHz 的输入信号的平均功率会减小为原来的 $1/10^4$，与我们想要的信号相比，这是一个很小的功率值。

引导性问题 32.8　*RLC* 电路

一个 *RLC* 串联电路中 $R=10.0\Omega$、$L=400\mathrm{mH}$、$C=2.0\mu\mathrm{F}$，它们与一个交流电源相连，电源电动势为 $\mathscr{E}=\mathscr{E}_{max}\sin\omega t$，电动势的振幅为 $\mathscr{E}_{max}=100\mathrm{V}$。角频率为 $\omega=4000\mathrm{s}^{-1}$，电流随时间变化的关系为 $i=I\sin(\omega t-\phi)$。

（a）计算电流的振幅 I 以及表示电流和电源电动势间相位差的相位常数 ϕ。

（b）求电感两端的电势差的振幅 V_L 与电容器两端的电势差振幅 V_C 的比值。

❶ **分析问题**

1. 画出电路的相矢量图。

❷ **设计方案**

2. 为计算电流振幅，必须要知道哪些量？

3. 为计算相位常数，必须要知道哪些量？

4. 如何确定振幅 V_C 和 V_L 的值？

5. 如何确定式（32.15）中 X_C 的值和式（32.27）中 X_L 的值？

❸ **实施推导**

6. 现在你由式（32.42）获取 I 值所需的所有数据。但是，你现在注意到许多电路问题要求你计算 ωL 和 $1/(\omega C)$，所以通常最有效的方法就是先计算这两个值然后计算阻抗。

7. 计算电流的振幅。

8. 计算相位常数。

9. 计算比值 V_L/V_C。

❹ **评价结果**

10. 计算共振角频率 ω_0。

11. 当 $\omega=4000\mathrm{s}^{-1}$ 时，驱动电路的角频率比电路的共振角频率大还是小？

12. 关于预期的电流和预期的比值 V_L/V_C，你能够知道什么？

习题 通过《掌握物理》® 可以查看教师布置的作业 MP

圆点表示习题的难易程度：● = 简单，●● = 中等，●●● = 困难；**CR** = 情景问题。

32.1 交变电流

1. 如图 P32.1 所示，一个充满电的平行板电容器与一个电感相连，则在电感中产生的磁场大小的时间平均值是多少？●

图 P32.1

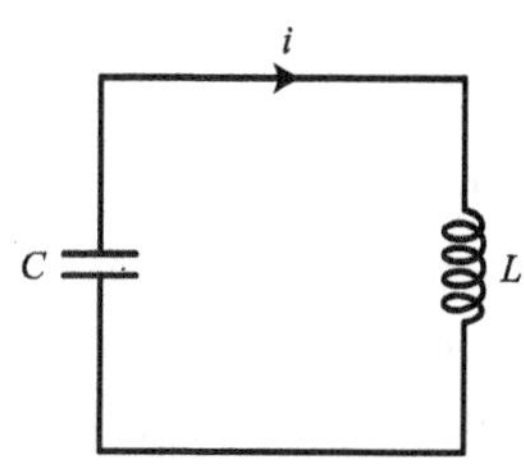

2. (a) 如果在《原理篇》中图 P32.4b 中的每一条竖直灰线代表 0.020s，则振荡的频率是多少？(b) 一个周期内电容器两端的平均电势差有多大？●

3. 对于《原理篇》中图 P32.4a 所示的电路，令振荡周期 T 为 1.0 s。在哪个（或哪些）时刻储存在电感中的能量达到最大值？●

4. (a) 对于如图 P32.4a 所示的电路，（定性地）画出电流和平行板电容器两端的电势差关于时间的函数曲线。假设电容器在 $t=0$ 时已经充满电，并且当上面极板带正电时电势为正，电流方向如图。(b) 对于如图 P32.4b 所示的电路，再次回答上述问题。●●

图 P32.4

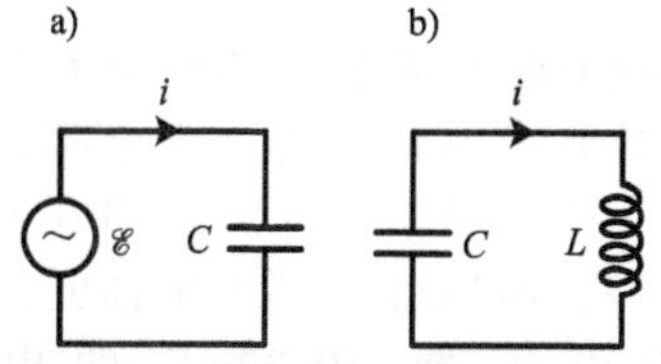

5. 两个电路 X 和 Y 都含有一个平行板电容器并且还可能包含其他元件。两个电路中的电容器是相同的，每个电容器上的电势差如图 P32.5 所示。哪个电路（X，Y，或两者）可能含有一个电阻？在什么情况下它（们）含有电阻？●●

图 P32.5

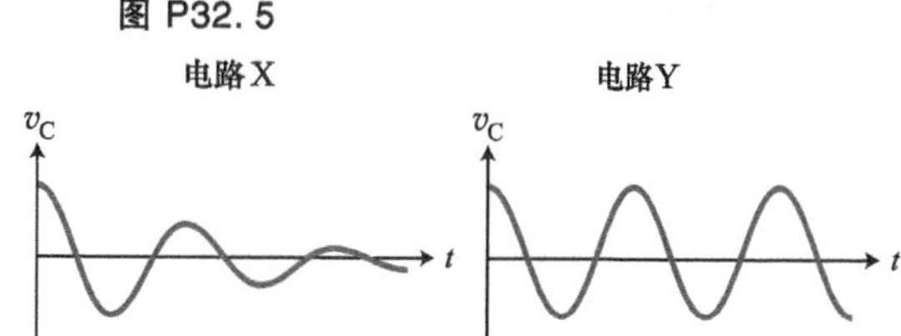

6. 如图 P32.1 所示，在一个 LC 电路中，下面哪些量同时达到其最大值：$|v_C|$、$|q_C|$、$|i|$、$|B|$、$|U^E|$、$|U^B|$？●●

7. 一个平行板电容器充满电并与一个电感相连。电容器初始时刻储存的电荷量为 q，电势能为 U^E。一旦电路闭合，载荷子就会从电容器中流出，在电路中形成电流。当在电容器上的电荷量减为 $q/2$ 时，储存在电感中的磁能 U^B 是多少？用 U^E 来表示你的答案。●●

8. 如果如图 P32.8 所示的电路在 60Hz、$\mathscr{E}_{max}=170$V 下工作，且 $R=9.0\Omega$，则电阻在 0.75s 内所消耗的能量为多少？●●

图 P32.8

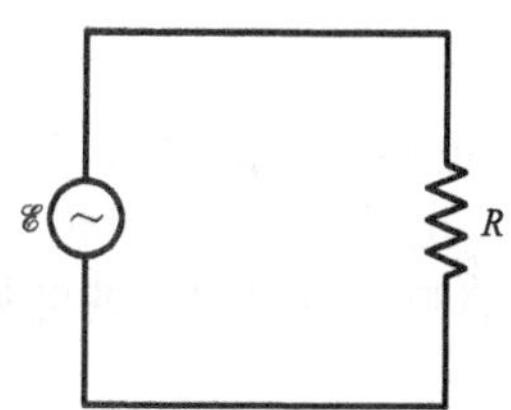

9. 一个电路由平行板电容器、电感和一个开关组成，开关最初是断开的。电容器平行板的面积为 $1.00\times10^{-4}\text{m}^2$，两块板之间用钛酸钡薄层隔开，相距 0.100mm。将电容器充电至电势差为 10V，然后将开关闭合。当储存在电感中的能量增大为其最大值的 85% 时，电容器上剩余多少电荷？●●●

10. 在一个 LC 电路中，总有一些能量会随着电能转化为热能而消散。(a) 电路的什么性质使得电能转化为热能？(b) 试描述电容器极板上带电量随时间变化的函数图像的形状。(c) 哪一类函数可以描述能量转换的速率？[提示：可以参考第 15 章中关于阻尼机械振荡的讨论。] ●●●

32.2 交流电路

11. 已知电路中瞬时电流 i 和瞬时电势

差 v 如图 P32.11 所示，画出在 t_0 时刻电路元件的相矢量图。●

图 P32.11

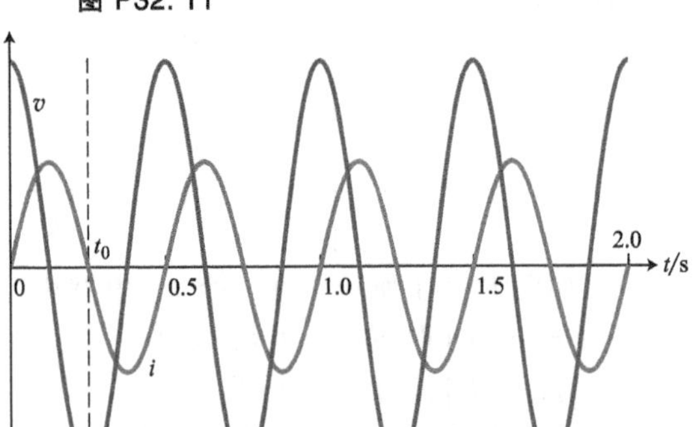

12. 已知电路中的电流和电势差如图 P32.12 所示，画出在 $t=T$ 时它们的相矢量图。注意它旋转的方向。●

图 P32.12

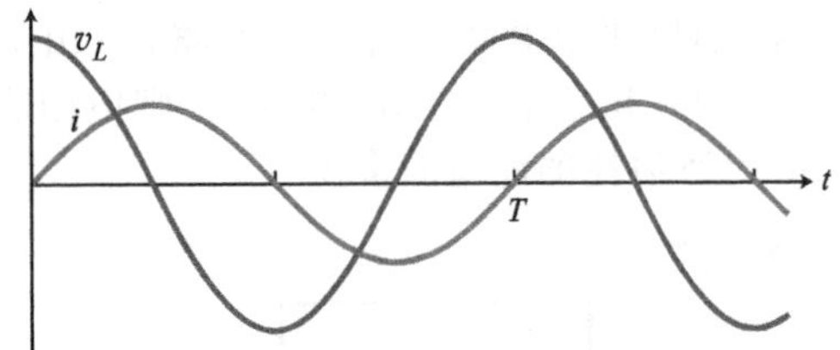

13. 一个电感与非正弦交流电源相连组成一个电路。电流随时间变化的函数如图 P32.13 所示。画出电感两端的电势差随时间的函数。●●

图 P32.13

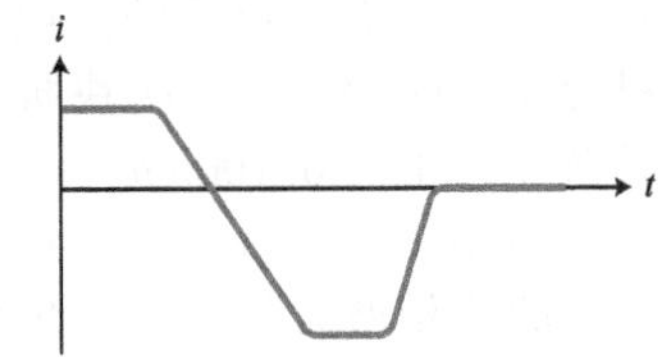

14. 如图 P32.14 所示的相矢量图，表示在 $t=0$ 时，一个电路元件两端的电势差以及通过这个元件的电流。(a) 这个元件是电阻、电容器还是电感？(b) 在同一张图中画出 v 和 i 关于时间的函数曲线。●●

图 P32.14

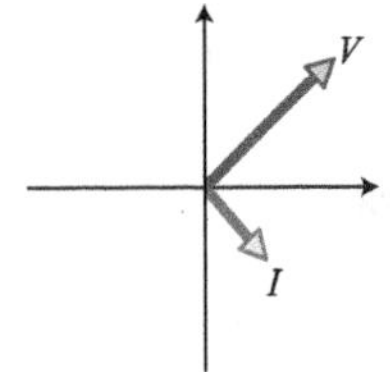

15. 对于一个交流电路，图 P32.15 显示在 $t=0$ 以及 $t=1.0\text{s}$ 时，电流和电势差的相矢量。在每种情形中，假设矢量大小为 $I=1.0\text{A}$、$V=9.0\text{V}$。尽可能多地给出有关这个电路的信息。●●

图 P32.15

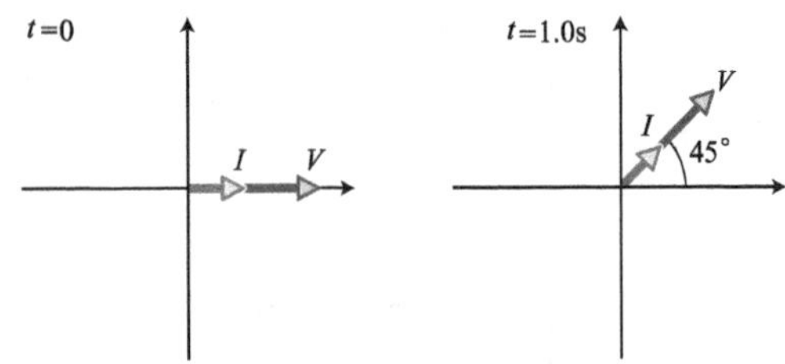

16. 电路由一个元件以及一个交流电源组成，图 P32.16 显示了通过这个元件的电流以及该元件两端的电势差随时间变化的函数。则这个元件是电感、电容器还是电阻？●●

图 P32.16

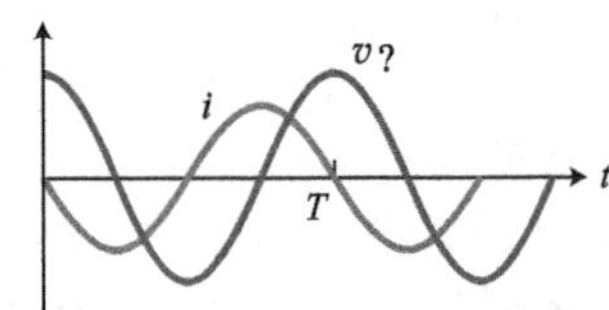

17. 在一个由非正弦交流电源和一个附加元件组成的电路中，瞬时电流变化如图 P32.17 所示。如果该元件分别是 (a) 电容器和 (b) 电感，画出这个附加元件两端的电势差随时间变化的函数。●●●

图 P32.17

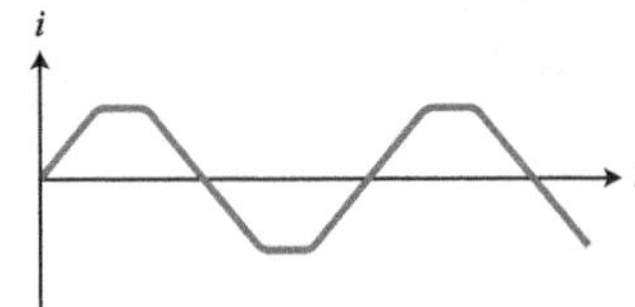

18. 一个朋友组装了一个交流电路来让你分析。你知道电路包含一个电阻，但它还包含另外一个元件。因为知道朋友可以使用的电路元件，所以确定哪个未知元件一定为 0.32F 的电容器，0.32mF 的电容器，6.28mH 的电感，或 62.8mH 的电感。图 P32.18 画出了穿过未知元件的电流曲线以及它两端的电势差曲线。已知电流的最大值为 1.00mA，电势差的最大值为 1.00V。那么在这四个元件中，你的朋友用的是哪一个，你是如何判断的？●●●

实践篇

图 P32.18

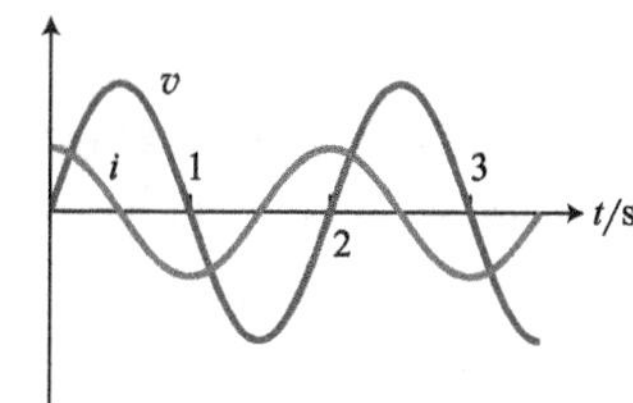

32.3 半导体

19. 一个样品含有 3.0×10^{22} 个 Si 原子且没有别的其他物质。(a) 这个样品包含多少价电子? (b) 样品中有多少价电子才能导电? ●

20. 硅掺杂了其他元素。在分别掺杂以下元素的情形下，得到的非本征半导体是 n 型还是 p 型? 铟，镓、磷、硼、砷、铝、锑。●

21. 通过添加极少量的掺杂原子，即使是百万分之一，半导体的导电性也会有极大的提高。解释为什么添加了如此小百分比的掺杂原子，也可以如此有效地增强导电性? ●

22. 与电子不同，半导体中的空穴不会离开半导体。但是把空穴看成是正载荷子。当一个空穴移动到半导体的边缘上并到达电线端时，那么接下来它会如何运动? ●●

23. 你现在有一块本征半导体、一块 p 型半导体、一块 n 型半导体。每个掺杂样品含有相同数量密度的掺杂原子。三个半导体中哪一个 (a) 与相同的电源相连时，载运电流的能力最大，(b) 有最多的电子数，(c) 离开半导体进入电源的空穴数目最多? ●●

24. 你从一个实验室供应公司订了一块 10.00mm×10.00mm×2.000mm 的纯硅片。但公司送过来的硅片的质量为 463.05mg。你知道这家公司同时也生产掺有硼的硅，你想知道它是否有一些污染。两种物质的密度分别为 $\rho_{Si}=2329.6\text{kg/m}^3$、$\rho_B=2340\text{kg/m}^3$，它们的原子质量为 B = 10.81 个原子单位，Si = 28.085 个原子单位。求出尽可能多关于这块硅片的污染信息。如果你需要的是纯硅的导电性，这块硅片是否满足你的需要? ●●●

32.4 二极管 晶体管 逻辑门

25. 如图 P32.25 中的哪个电路在发射极产生的电流最大? ●

图 P32.25

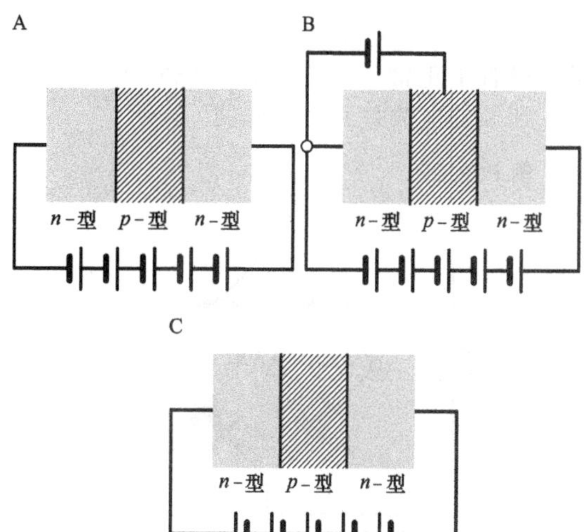

26. 如图 P32.26 所示，有两个晶体管通过导线相互连接，且与输入导线端 A 和 B 也连接。这个组合的输出取决于 A 和 B 的输入。根据这个电路对 A 和 B 输入的反应，这是哪种逻辑类型在执行操作? ●

图 P32.26

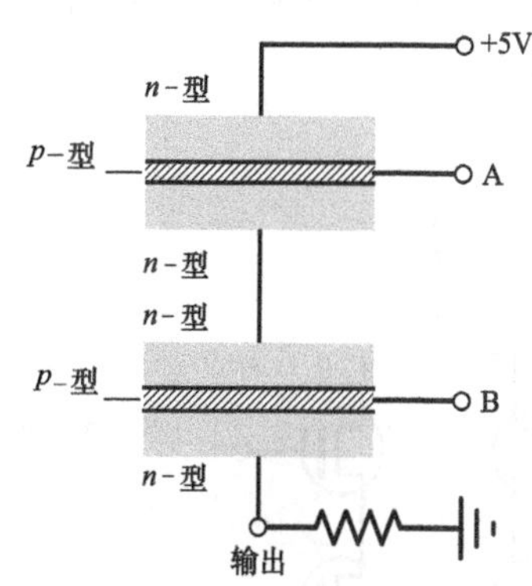

27. 图 P32.27 中的灯泡是否会亮? ●

图 P32.27

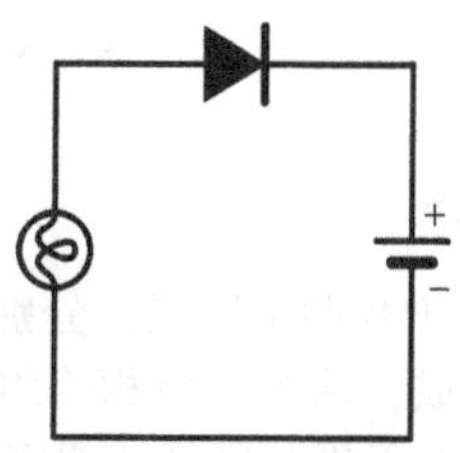

28. 如图 P32.28 所示的整流器使交流电源的交流电动势转化为从 a 到 b 恒定为正的电势差。画出 (a) 电源电动势关于时间的

实践篇

函数，(b) 从 a 到 b 的电势差关于时间的函数。(c) 如果二极管 1 烧断并作为开路，那么从 a 到 b 输出的电势差是怎样的？(d) 如果二极管 1 正常，但二极管 2 烧断了，那么从 a 到 b 的电势差又是怎样的？●●

图 P32.28

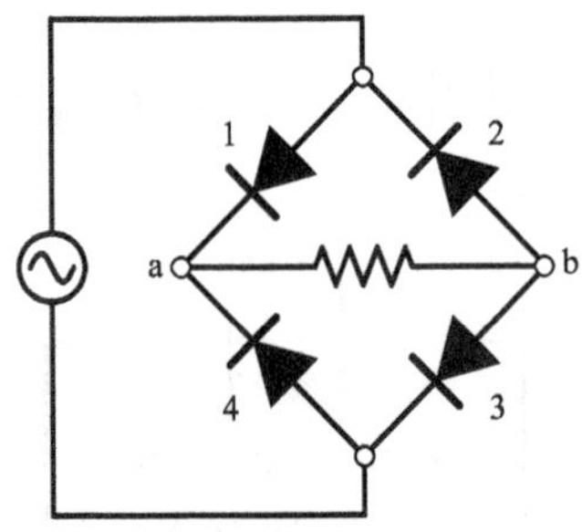

29. 整流器的电路图通常会在中心有一个电阻。如果用电容器取代这个电阻，还会起到整流器的作用吗？●●

30. 如图 P32.30 所示的逻辑门包含四个场效应晶体管。晶体管的每个门 A～D 可能是正向偏置的（表中的 Y）也可能是反向偏置的（表中的 N）。根据不同的偏置组合，载荷子可能穿过也可能不穿过电路。完成下表的输出栏。●●

图 P32.30

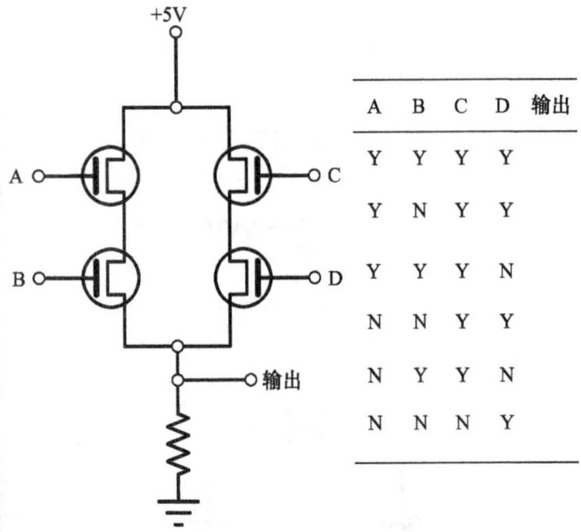

A	B	C	D	输出
Y	Y	Y	Y	
Y	N	Y	Y	
Y	Y	Y	N	
N	N	Y	Y	
N	Y	Y	N	
N	N	N	Y	

31. 有 A 和 B 两个区域，分别由硅与不同掺杂物结合而成，两个区域相连组成连续的硅晶片。当电源的正极与区域 A 相连，负极与区域 B 相连时，没有载荷子流动。当调换极端的连接之后，载荷子会流动。(a) 如果有电流，正载荷子移动的方向是从 A 到 B 还是从 B 到 A？(b) 电子朝哪个方向移动？(c) 哪个区域是 p 型，哪个区域是 n 型？(d) 哪个区域可能含有硼，哪个区域可能含有磷？●●

32. 假设晶体管由一个非常狭窄的 p 型材料夹在两个很宽的 n 型材料中间组成。(a) p 型区域中的电荷是正的还是负的，为什么？(b) n 型区域中的电荷是正的还是负的，为什么？●●

33. 如图 P32.33 所示，针对 A、B、C、D 正向偏置（输入信号）的哪些组合可以将灯泡变亮？●●

图 P32.33

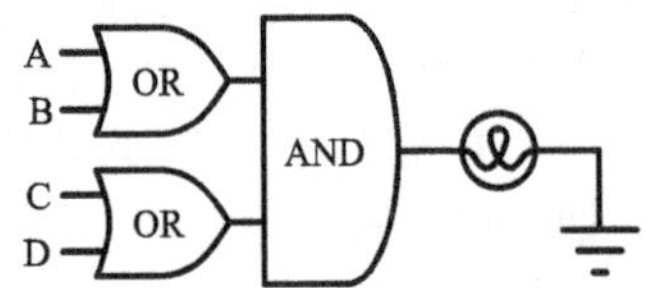

34. 如果图 P32.33 中左边的两个门都是“与”门，右边的门是“或”门，针对 A、B、C、D 正向偏置（输入信号）的哪些组合可以使灯泡变亮？●●

35. 你正要用如图 P32.35 所示的逻辑门测试一些晶体管和电源。逻辑门产生的输出取决于输入端 A 和输入端 B 相对于地面的电势。你唯一可以用的电源种类就是交流电源，但使用任意一个偏置输入端 A 或者输入端 B 均会因产生振荡电势而使输入电势有偏差。考虑如何使用交流电源来影响 A 或 B 相对于地面的电势。分别针对一般电路情况和此电路的特殊情况进行讨论，描述使用交流电源与使用直流电源的区别。是否可以对电路进行修改或添加，使得它与交流电源一起工作的方式可以更像它与直流电源一起工作的方式。画出一张有用的经修改的电路图。●●●

图 P32.35

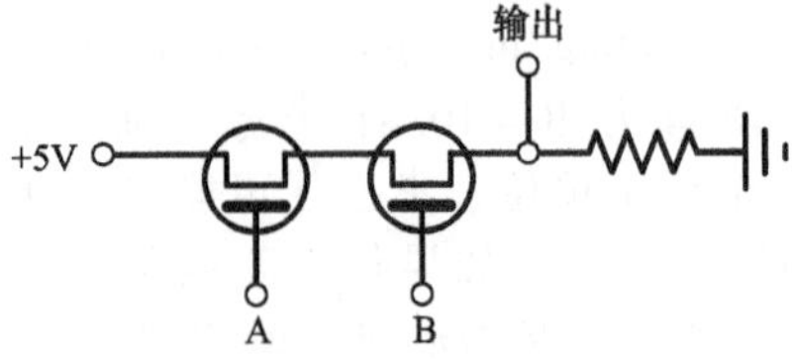

32.5 电抗

36. 当 50.0mH 的电感与频率为 120Hz 的交流电源相连时，其感抗是多少？●

37. 一个 30.0μF 电容器的容抗为 $X_C = 1.0\times10^4\Omega$。通过电容器的电流的角频率为多少？●

38. 如图 P32.38 所示的电路，为了使电容器两端的电势差振幅 V_C 等于电阻两端的电势差振幅 V_R，交流电源的频率 f 必须为多大？●

图 P32.38

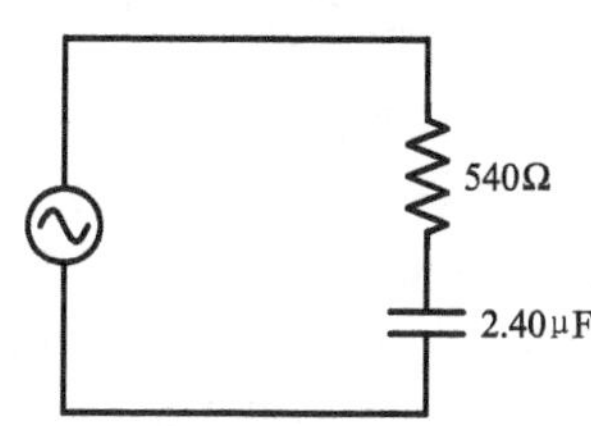

39. 一个 $C=10\text{mF}$ 的电容器与一个交流电源相连。电源电动势为 $\mathscr{E}=\mathscr{E}_{max}\sin\omega t$，其中 $\mathscr{E}_{max}=5.0\text{V}$、角频率为 $\omega=20\text{s}^{-1}$。(a) 通过电容器的电流振幅有多大？(b) 随着电源角频率的增加，电流的振幅将会如何变化？●●

40. 一个 $L=10\text{mH}$ 的电感与一个交流电源相连。电源电动势为 $\mathscr{E}=\mathscr{E}_{max}\sin\omega t$，其中 $\mathscr{E}_{max}=5.0\text{V}$、角频率为 $\omega=200\text{s}^{-1}$。(a) 通过电感的电流振幅有多大？(b) 随着电源角频率的减小，电流的振幅将会如何变化？随着自感的减小，电流的振幅将会如何变化？●●

41. 如图 P32.41 所示，电阻 $R_1=30.0\Omega$ 和 $R_2=10.0\Omega$ 与一个交流电源并联。(a) 如果电路中电流的最大值为 2.03A，则交流电源的振幅 $\mathscr{E}_{max}$ 有多大？(b) 如果电源电动势的最大值出现在 $t=0$ 时刻，并且频率为 60.0Hz，在 $t=20.2\text{ms}$ 时每个电阻两端的电势差是多少？●●

图 P32.41

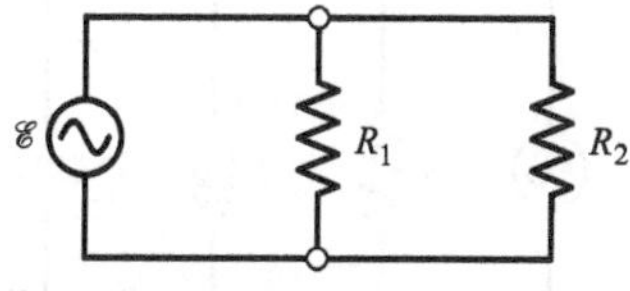

42. 你必须要将一个电阻、一个电容器或一个电感连接到电路中的空白中。你希望通过电路元件的电流尽可能大以确保它能够被轻松地检测到。如果通过的电流是 (a) 很高的频率（Very High Frequency，VHF），(b) 很低的频率（Very Low Frequency，VLF），(c) 直流电，(d) 随时间变化、时而高频时而低频，你应该分别选用哪个电路元件？●●

43. 一个设备与电动势为 $\mathscr{E}=\mathscr{E}_{max}\sin\omega t$ 的 60.0Hz 交流电源相连。如果在 5.00ms 之后电流变为最大值的 30.9%，则电流是超前还是滞后于电源电动势？●●

44. 一个 $R=60.0\Omega$ 的电阻与一个交流电源相连。电源电动势为 $\mathscr{E}=\mathscr{E}_{max}\sin(\omega t+\phi_i)$，其中 $\mathscr{E}_{max}=5.00\text{V}$、$\omega=2\pi(30\text{Hz})$ 且 $\phi_i=\pi/4$。在哪个时刻电路中没有电流？如果用一个 $C=200\text{mF}$ 的电容器代替电阻，则在哪个时刻电路中没有电流？●●

45. 在如图 P32.45 所示的并联电路中，通过电感支路、电容支路以及电阻支路的电流振幅相同。如果 $L=20.0\text{mH}$ 且 $C=10.0\text{mF}$，则电源角频率和电阻 R 分别为多大？●●●

图 P32.45

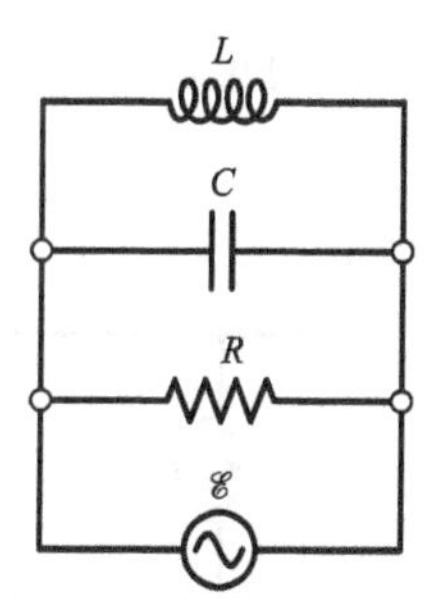

32.6 *RC* 串联电路和 *RLC* 串联电路

46. 一个电路中串联着一个 $1.00\times10^3\Omega$ 的电阻和一个 $5.00\times10^2\text{mH}$ 的电感。当使用 1.00kHz 的交流电源时，电路的阻抗是多少？●●

47. 一个 *RLC* 串联电路由一个交流电源驱动，电感两端的电势差振幅为 29.0V，电容器两端的电势差振幅为 13.0V。如果通过 900Ω 电阻的电流振幅为 5.00mA，则电源电动势的振幅有多大？●

48. 一个 *RC* 串联电路由一个交流电源、一个 6.00mF 的电容器以及一个 20.0Ω 的电阻组成。如果电源电动势为 $\mathscr{E}=\mathscr{E}_{max}\sin\omega t$，其中 $\mathscr{E}_{max}=5.00\text{V}$、$\omega=10.0\text{s}^{-1}$，则电流振幅有多大？●

49. 一个电路由一个 1000Ω 的电阻，一个 1.00μF 的电容器及一个交流电源串联组成。电源电动势振幅为 $\mathscr{E}_{max}=35.0\text{V}$，若电源的频率为 (a) 60Hz 和 (b) 2100Hz，分

别计算相位常数 ϕ 以及振幅 V_C 和 V_R。●

50. 一个电路由 $\mathscr{E}_{max}=18V$ 的交流电源、1200Ω 的电阻及一个电容器串联组成。如果当电源在 1500Hz 下工作时，电阻两端的电势差振幅为 $V_R=9.0V$，那么电容器的电容为多大？●●

51. 一个 120V 的交流电源的频率为 60Hz，并且在两个串联电路中这个电源产生的最大电流相同。已知两个电路都含有一个 100Ω 的电阻。电路 1 包含一个 4.50mF 的电容器，而电路 2 包含一个电感。求电路 2 中的自感是多少？●●

52. 你需要一个滤波电路以除掉 60Hz 及以下频率的信号。你尝试驱动的负载电阻为 50Ω。你决定设计一个低通滤波器，其截止频率为 200Hz。如果你用如图 P32.52 所示的电路，则应该用多大的电容 C？60Hz 信号电势差有多大比例通过电路？●●

图 P32.52

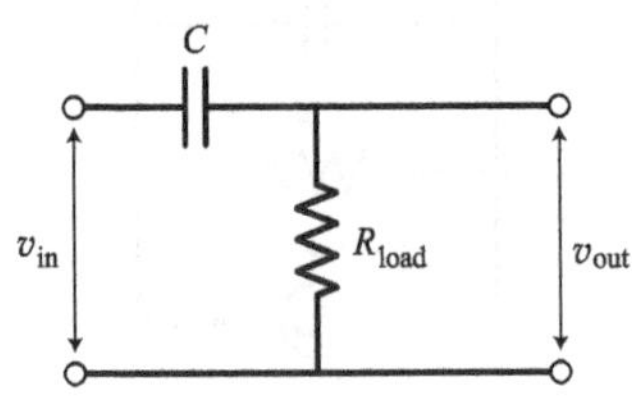

53. (a) 画出如图 P32.53 所示电路的相矢量图。(b) 如果 $C_1=1.00\mu F$、$C_2=3.00\mu F$、$R_1=200\Omega$、$R_2=400\Omega$、$\omega=4000s^{-1}$，则相位常数为多少？●●

图 P32.53

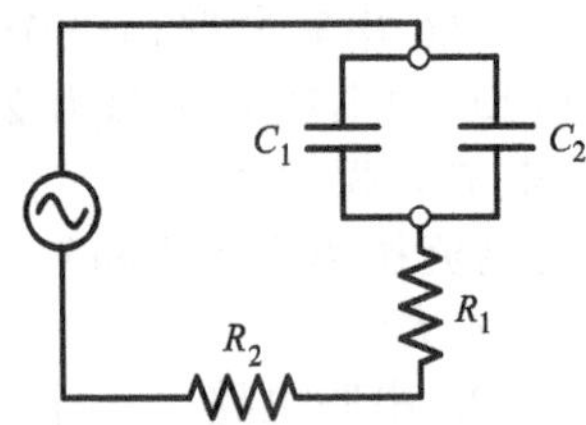

54. 一个扬声器的电阻为 $R=8.0\Omega$。如果你将它与一个 10.0mH 的电感串联，对于一个纯频率为 1000Hz 的声音，你将获得的电流是原始最大电流的百分之多少？●●

55. 在如图 P32.55 所示的电路中，通过 RL 支路的电流振幅与通过 RC 支路的电流振幅相同。如果 $R=10.0\Omega$、$C=50.0\mu F$，且电源在 $\omega=80.0s^{-1}$ 下工作，自感 L 为多大？●●

图 P32.55

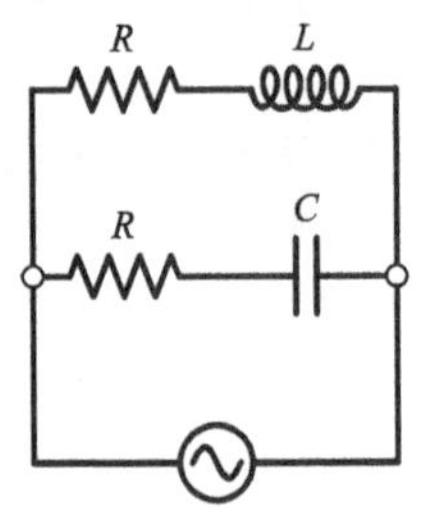

56. 一个 RC 串联电路由一个 20.0Ω 的电阻、一个 300μF 的电容器以及一个交流电源组成，电源的频率为 $150s^{-1}$。如果电流的最大值出现在 $t=0$ 时刻，那么之后在什么时刻电源电动势达到它的最大值？●●

57. 在一个 RLC 串联电路中有一个 200Hz 的电源，它会提供一个交流电势差且振幅为 60V。电流的振幅为 1.0A，电流的相矢量图如图 P32.57 所示。电路的电阻有多大？●●

图 P32.57

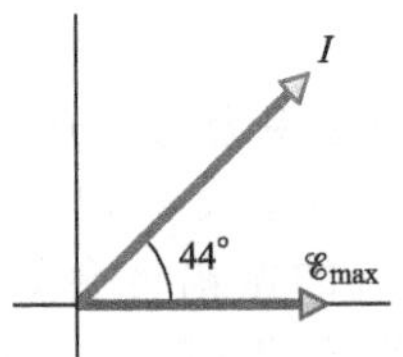

58. (a) 在如图 P32.58 所示的并联电路中，在任何时刻你可以得到关于 v_R、v_C 和 v_L 的哪些信息？(b) 画出 V_R、V_C、V_L 和 $\mathscr{E}$ 的相矢量图以及 i_R、i_C 和 i_L 的相矢量图。(c) 电源电流是多少？(d) 证明：电流在频率为 $\omega=\sqrt{1/(LC)}$ 时为最小。●●●

图 P32.58

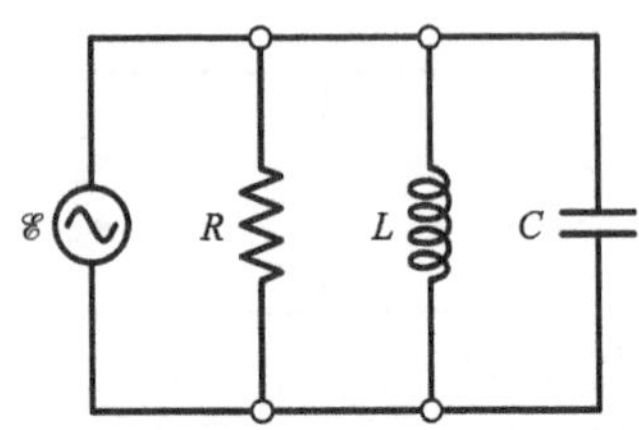

59. 两个交流电的电势差分别为 $v_1=V_1\sin(\omega t+\phi_1)$ 和 $v_2=V_2\sin(\omega t+\phi_2)$，将它们相加，得

$$v_{sum}=V\sin(\omega t+\phi)=v_1+v_2$$
$$=V_1\sin(\omega t+\phi_1)+V_2\sin(\omega t+\phi_2)$$

其中，$\omega=10.0s^{-1}$；$V_1=5.00V$；$V_2=8.00V$。

实践篇

在 $t=0$ 时，$v_1(t=0)=4.50\text{V}$；$v_2(t=0)=3.70\text{V}$。(a) 使用相矢量确定表达式 $v_{sum}=V\sin(\omega t+\phi)$ 中 V 和 ϕ 的值以及 $v(t=0.0500\text{s})$ 时的值。(b) 使用三角法则重复上面的计算，然后比较两种方法得到的结果。●●●

60. 在如图 P32.60 所示的电路图中，$\mathscr{E}=\mathscr{E}_{max}\sin\omega t$，且 $\omega=100\text{s}^{-1}$。如果 $R=20.0\Omega$、$R_C=18.0\Omega$、$R_L=15.0\Omega$，那么 L 和 C 必须取什么值才能使支路 1、2、3 中的电流振幅 I 相同？●●●

图 P32.60

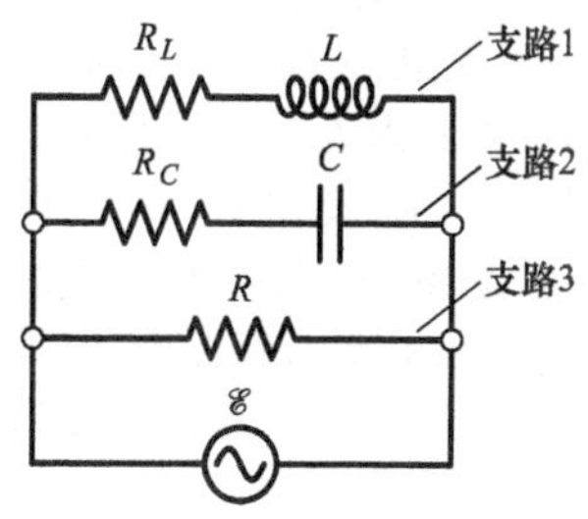

32.7 共振

61. 一个 RLC 电路由一个 $20\mu\text{F}$ 的电容器、一个 300Ω 的电阻、一个 50mH 的电感以及一个交流电源串联而成，则这个电路的共振角频率有多大？●

62. 一个 6.00mH 的螺线管与一个 $1.0\mu\text{F}$ 的电容器和交流电源串联。螺线管的内阻为 3.0Ω，可以将它看成是在电路中串联了一个电阻。(a) 共振角频率有多大？(b) 如果电源电动势的振幅为 $\mathscr{E}_{max}=15\text{V}$，则处于共振角频率时，电流的振幅有多大？●

63. 一个电路含有电磁铁，电磁铁可模型化为自感为 0.80H 的电感与一个 0.5Ω 的电阻串联组成。若与电磁铁串联一个电容器使得电路在频率为 380s^{-1} 时共振，则 C 的值必须取多大？●

64. 一个串联 RLC 电路由共振的交流电源驱动。电阻的阻值为 $R=10\Omega$，而且交流电源的电动势振幅为 $\mathscr{E}_{max}=12\text{V}$。电流的振幅为多大？●

65. 一个 RLC 串联电路初始时的共振角频率为 ω_{0i}。然后改变电路元件使得对于任何固定的工作角频率，容抗和感抗都为其初始值的两倍，则改变后的共振角频率 ω_{0f} 有多大？●●

66. 在一个 RLC 串联电路中，$R=X_C=X_L$。当电路在共振时工作，电流的振幅为 1.0A。当电流角频率加倍时，新的电流振幅有多大？●●

67. 电感与一个 $2.00\mu\text{F}$ 的电容器串联后，在频率为 $4.08\times10^4\text{s}^{-1}$ 时共振。当以该共振角频率驱动时，$\mathscr{E}_{max}=5.00\text{V}$ 的交流电源会在电路中产生 0.400A 的电流。求自感有多大？电路中的电阻有多大？●●

68. 如图 P32.68 所示，$C_1=1.00\mu\text{F}$、$C_2=2.00\mu\text{F}$，$L=47.0\text{mH}$。哪个电路的共振角频率更低？这个共振角频率为多少？●●

图 P32.68

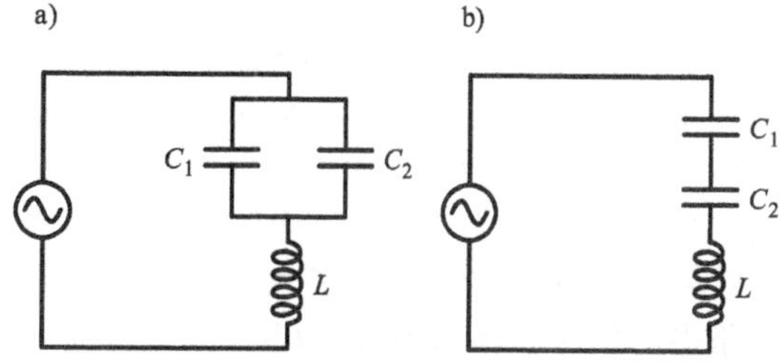

69. 一个 RLC 串联电路中含有一个电动势为 $\mathscr{E}_{max}=30.0\text{V}$ 的交流电源、一个 5.00Ω 的电阻、一个 4.00mH 的电感，以及一个 $8.00\mu\text{F}$ 的电容器。(a) 共振角频率为多大？(b) 如果以共振角频率驱动，电流的振幅为多大？(c) 如果用一个 1.00kHz、30.0V 的电源，则电流的振幅为多大？●●

70. 一个 RLC 串联电路由一个 350mH 的电感、一个 25.0Ω 的电阻、50Hz 的交流电源、一个可变电容器串联而成。(a) 电容值必须设定为多少才能使电路处于共振状态？(b) 如果电源产生 $\mathscr{E}_{rms}=120\text{V}$，则共振时，电感和电容器的最大电势差有多大？●●

71. 你想要制作一个用串联 RLC 电路进行调谐的 AM 收音机。电路由一个 30.0Ω 的电阻、一个 $15.0\mu\text{H}$ 的电感以及一个可调电容器组成。电容器应调到多大的电容才能接收到 870kHz 的电台发出的信号？怎样做才能使得调谐有更多选择性？●●

72. 两个相同的 RLC 电路 1 和 2 的共振角频率为 ω_0。计算发现在共振时由电源传输的功率太大，于是你就将电路 1 中电源的角频率减小至 $\omega_1=\omega_0/2$。则电路 2 中电源的角频率 $\omega_2\neq\omega_1$ 必须设定为多少才能使得电路 1 的电源所传输的功率与电路 2 的相等？●●●

32.8 交流电路的功率

73. 一个 RLC 电路由一个 200Ω 的电阻、一个 300μF 的电容器、一个 3.00H 的电感组成。该电路与电动势峰值为 170V、振荡频率为 400Hz 的电源相连，则电路中能量消耗的平均速率为多大？●

74. 一个烤箱有一个电阻加热元件。它以热量形式消耗能量的平均速率为 1.00kW。在美国，家用电路的电动势振幅为 $\mathscr{E}_{max}=170V$，交流振荡的频率为 60Hz。通过加热元件的电流的有效值是多少？●

75. 一根交流电力线上通过的电流振幅为 4.00A，电线的电阻为 0.500Ω。在电力线上能量损失的平均速率为多大？●

76. 对于美国的家用电源插座，电源电动势的有效值为 120V。(a) 一个吹风机的额定功率为 1875W，通过这个吹风机的电流有效值及电流振幅分别有多大？忽略吹风机电路中的任何容抗和感抗。(b) 如果一个相同功率的吹风机被出售到德国，其家用电源插座为 $\mathscr{E}_{rms}=220V$，则 I_{rms} 和 I 分别为多大？●●

77. 在 RLC 电路闭合的第一个 100.0ms 内，电阻上消耗了 5.005J 的能量。在第一个 200.0ms 内，电阻上消耗了 10.03J 的能量。如果电路包含了一个 70.0mH 的电感，则电路中可能出现的最小的感抗是多大？●●

78. 在习题 69 的电路图中，当电路以共振频率工作时，由电源传输能量的平均速率为多大？当电源以 1.00kHz 工作时情况如何呢？每种情况下的功率因数分别为多少？●●

79. 一个 RLC 串联电路包含一个 6.00mH 的电感、一个 100Ω 的电阻、一个 4.00μF 的电容器和一个 $\mathscr{E}_{max}=30.0V$ 的交流电源，该电路在 $5000s^{-1}$ 的角频率下工作。求相位常数、功率因数、阻抗、电源电动势的有效值、电流有效值以及电源输出能量的平均速率。●●

80. 一个 120V 的交流电路由一个 20.0Ω 的电阻与一个容抗为 $X_C=35.0\Omega$ 电容器串联组成。(a) 相位常数为多少？(b) 电路中能量耗散的平均速率为多大？(c) 如果电路中的电阻为 25.0Ω，要使功率因数为 0.25，容抗必须为多大？●●

81. 一个 RLC 串联电路含有一个 5.0Ω 的电阻、一个 15mH 的电感、一个 10mF 的电容器，该电路由 $\mathscr{E}_{max}=8.0V$ 的交流电源以 8.0Hz 的频率驱动，则 (a) 能量消耗的平均速率有多大？(b) 在共振时的平均能量消耗速率有多大？●●

82. 你需要设计一根电缆，将位于海岸的储能设施连接到离海岸 2km 的风力发电场（见图 P32.82）。发电场输出能量的平均速率为 45MW，你需要使用一根电缆以此速率来传输能量（发电设备与能量储存设备都接地）。电缆的电阻为 R，这会导致在传输过程中有能量损失。假设电路中其他所有负载（由这个储存设备供应的电子设备）没有容抗或感抗。在输电线的两端使用不同的变压器，可以改变 $\mathscr{E}_{max}$ 和 I 的值而保持电能传输到电缆上的速率相同，则应该选取大的还是小的 $\mathscr{E}_{max}$？●●●

图 P32.82

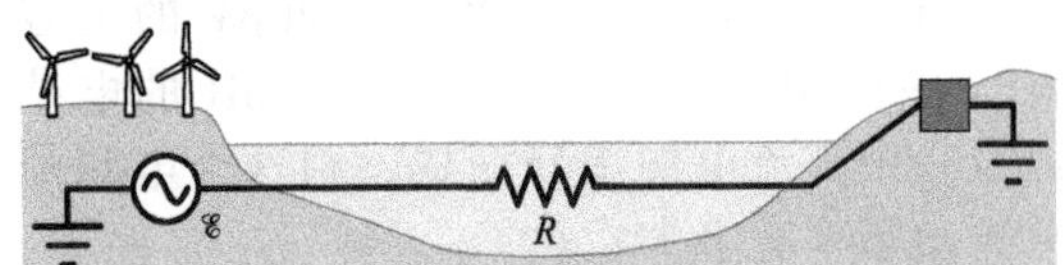

83. 一个 RLC 串联电路由一个 450Ω 的电阻、一个 3.00mF 的电容器和一个 1.00H 的电感组成。这个电路由 $\mathscr{E}_{rms}$ 为 60.0V、振荡频率为 20.0Hz 的电源驱动。电源开关在 $t=0$ 时闭合，同时电动势达到最大值。计算在以下时刻电源提供的功率：(a) $t=0.0200s$，(b) $t=0.0375s$，以及 (c) $t=0.500s$。●●●

附加题

84. 如图 P32.84 所示，画出任意 $t\neq0$ 时刻 v_C、v_L 以及电路瞬时电流的相矢量图。如果电容器的电势差在 $t=0$ 时刻最大，则 v_C、v_L 和 i 的初相位分别是多少？●

85. 一个电容器与交流电源相连。画图表示出随着交流电的角频率增大，电流振幅如何变化。●

86. 二极管是否还能控制除电流方向之外的其他东西吗？●●

实践篇

图 P32.84

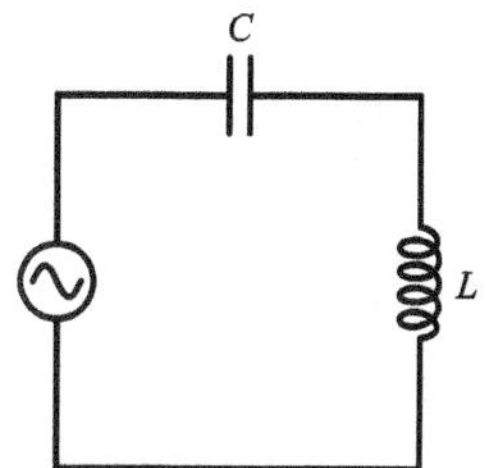

87. (a) 在“与”逻辑门中，A 和 B 输入的四种可能组合是什么？每种组合的输出各是什么？(b) 在“或”逻辑门中，A 和 B 输入的四种可能组合是什么？每种组合的输出各是什么？●●

88. 一个螺线管可认为是一个串联的 *RL* 电路。如果一个螺线管的自感为 6.0mH、电阻为 3.0Ω，并由 60Hz、15V 的交流电源驱动，则相位常数和电流振幅分别是多少？●●

89. 一个电路由一个交流电源、一个 100Ω 的电阻和 1.00μF 的电容器组成，已知这个电路的阻抗为 1330Ω。(a) 电源的频率为多大？(b) 电流与电源电动势之间的相位差有多大？●●

90. 一个串联 *RLC* 电路包含一个 20.0Ω 的电阻、一个 30.0mH 的电感和一个 300μF 的电容器，该电路由一个频率非常高的交流电源驱动。如果电源的振幅为 $\mathscr{E}_{max}=12.0V$，那么你能知道电路中关于电流的哪些信息？●●

91. 在如图 P32.91 所示的电路图中，交流电源的振荡频率为 60Hz、电动势为 $\mathscr{E}=\mathscr{E}_{max}\sin(2\pi ft)$，其中，$\mathscr{E}_{max}=15V$，$R=150\Omega$。电源的工作频率为 60Hz。画出电阻上的电流、电势差以及功率随时间变化的函数曲线。●●

图 P32.91

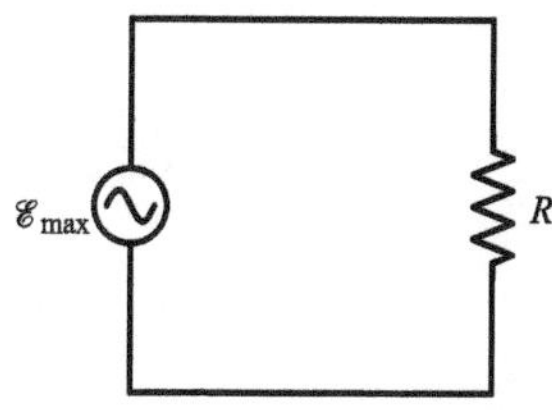

92. 如图 P32.92 所示，随着交流电源的频率增大，灯泡会怎样变化？●●

图 P32.92

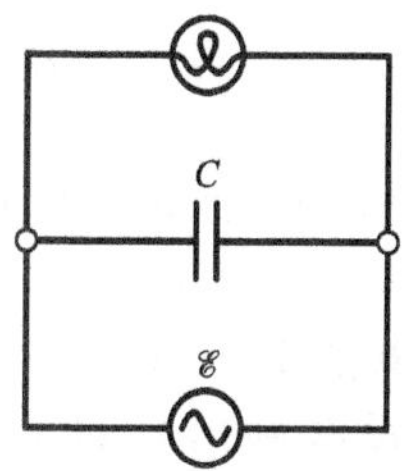

93. 二极管限幅器是用于消除输入电势极端值的电路。如果图 P32.93 代表的是电路的输入电势随时间变化的函数图像，画出输出的电势随时间变化的函数图像。●●

图 P32.93

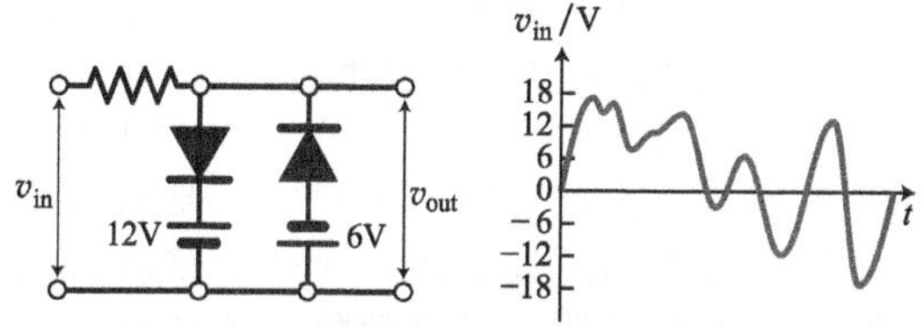

94. 在一个交流电路中，通过电路元件的瞬时电流和该元件两端的电势差如图 P32.94 所示。你能获得关于该元件的哪些信息？●●●

图 P32.94

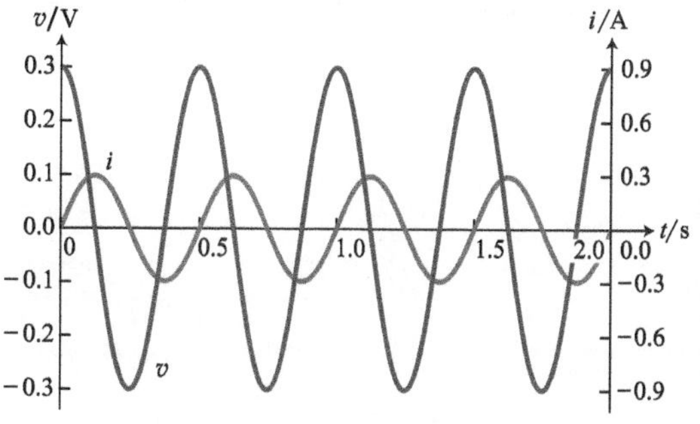

95. 你的老板买了一台新的交流电源来驱动高电压、低电流的显示器，但是显示器并没有正常工作。当老板感到很愤怒的时候，你查阅了用户手册，发现上这个电源只能提供显示器工作时所需电势差峰值的一半的电势。因为你很确定在工作台上有一个变压器，可以用变压器来解决这个问题，因此你告诉老板自己可以解决这个问题。当回到工作台后，你惊讶地发现你们组的成员不仅清理了变压器，还清理了大部分其他零件！除了连接线和焊料，你现在只有两个相同的电容器和两个相同的二极管。你瘫坐在实验室的凳子上，思考如何向老板道歉，你突然意识到自己其实还是可以解决这个问题的！●●●CR

96. 如图 P32.96 所示的电路表示的是你准备设计的一个墙上电源，这个电源可以驱动通常在 9V 电池上运行的收音机。电源用一个变压器（没有画出）将 110V 的墙上家用交流电动势转化为 9V 的交流电动势。如果不在这个电路中添加其他元件，电势差随时间的变化将如图 P32.96a 所示，这是一个典型的正弦变化的 $v(t)$ 曲线。但是电池提供的是直流电，并且依靠电池运行的收音机不能在交流电流下运行。如果你在电路中添加一个整流器就能解决这个问题，电势差随时间的变化将如图 P32.96b 所示。即使如此，收音机仍然不能正常工作，因为 120Hz 的频率要么会让收音机失去功能，要么就会产生烦人的 120Hz 嗡嗡声。通过在整流器上并联一个大电容器，可以消除电势变化，因为电容器会在周期内充电和放电。尽管如此，在直流信号的顶端仍然存在残余的 120Hz “摆动”，如图 P32.96c 所示。你可以通过使用电感作为低通滤波器来消除这种摆动。如果收音机的内阻为 $R = 20.0\Omega$，你需要多大的自感才能将摆动减少一半？●●●

图 P32.96

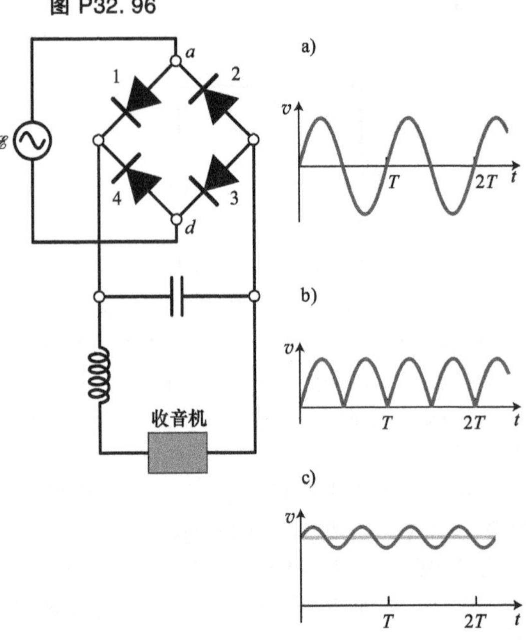

97. 你工作的实验室与一个频率为 1100kHz 的无线电广播站的发射天线相距不到一个街区。你注意到除想要的信号之外，实验室中的每一个设备都有一个 1100kHz 的噪声，而你想要的信号频段范围是 2～5kHz。你想知道是否能够借助某种简单的电路把它接到实验设备，然后使你想要的频率通过且不会有太多的损失，同时又能将 1100kHz 的信号降低至原来的 1/10。●●●CR

复习题答案

1. 交流电流是一种随时间变化的电流，它会周期性地改变方向。

2. 电流正弦变化。在电容器开始放电之前，电流为零。随着电容器放电，电流在某一方向上增大至最大值，然后返回到零，之后继续增加到相反方向的最大值，接着又回到零，形成一个周期。在任何非理想电路中，因为电路中有电阻，所以电流振荡的振幅会衰减。

3. 需要考虑交流电路中的电势差和电流随时间变化而不是常量的性质。

4. 正弦函数的相位描述了函数如何随时间变化。为确定任意时刻 t 的相位所必需的两个量有角频率 ω 和在 $t=0$ 时刻的相位值 ϕ_i。在任何时刻 t 的相位为 $\omega t+\phi_i$。

5. 相矢量就是一个旋转的箭头，它在竖直轴上的分量可以表示一个振荡量。相矢量的竖直分量表示振荡量的数值，相矢量的长度表示这个振荡量的振幅，而在任何时刻，相矢量的相位角是从参考圆的水平轴开始沿着逆时针方向测量到相矢量所在位置的角度，它表示在那个时刻这个谐振量的相位 $\omega t+\phi_i$。

6. 量 A 超前量 B 指的是在一个振荡周期中，A 的最大值比 B 的最大值出现得早。量 A 滞后量 B 指的是在一个振荡周期中，A 的最大值比 B 的最大值出现得晚。

7. 通过电容器的电流超前其两端的电势差 90°，通过电感的电流滞后其两端的电势差 90°，而通过电阻的电流与其两端的电势差同相位。

8. 半导体是包含有限自由载荷子的材料，所以它的电导率介于金属和绝缘体之间。

9. 本征半导体在化学上是纯态；它的导电性对于很多实际应用来说比较小（除非作为电绝缘体）。而非本征半导体（也称掺杂半导体）中会被加入精准控制的定量杂质原子（称为掺杂物），因此可以调节导电率以适应具体应用。

10. 在一个 p 型半导体中，掺杂原子的价电子比主晶格原子的价电子少，从而在周围的共价键上产生一个电子缺失——空穴。来自另外一个共价键的电子可以移动到空穴中，就像是空穴“吸引”了电子。空穴就会被移动到先前被电子占据的位置，并且这个过程可以重复。因为空穴移动的方向与电子移动的方向相反，所以空穴的行为就像是在晶格点之间移动的带正电粒子。

11. 硅的掺杂半导体可以分为 p 型（p 表示正）和 n 型（n 表示负）。掺杂原子在 p 型半导体中含有的价电子数比主晶格原子的价电子数少，因此在半导体晶格中产生空穴；空穴的行为就像是带正电的自由粒子。掺杂原子在一个 n 型半导体中含有的价电子数比主晶格原子的价电子数多，提供了带负电的自由粒子。

12. 一个二极管由相互接触的 p 型硅半导体以及 n 型硅半导体构成。

13. 耗尽区是不含自由载荷子的薄区域，在二极管的 n 型和 p 型之间的结合处形成。

14. 自由电子从 n 型材料漂移到 p 型材料填满空穴，同样 p 型材料中的空穴漂移到 n 型材料中并与电子结合，从而形成耗尽区。这些电子-空穴的重新组合导致在耗尽区的 p 型一侧累积负电荷，在耗尽区的 n 型一侧累积正电荷，这样就导致了方向从 n 侧指向 p 侧的电场。

15. 将半导体的 n 型端与正极相连、p 型端与负极相连，这会在耗尽区中产生从 n 指向 p 的电场。这个外电场将会增大耗尽区并且维持没有载荷子可以流进二极管中的状态。而将半导体的 n 型端与负极相连、p 型端与正极相连，则会在耗尽区中产生从 p 指向 n 的电场；当外电场足够强时，它会令耗尽区缩小然后消失，从而使载荷子可以流过二极管。因此，二极管只允许单向电流流过。

16. 在发射极与基极之间的电势差缩小了基极-集电极的耗尽区，使得电子可以从发射极移动到集电极，从而产生穿过晶体管的电流。

17. 晶体管可以作为开关或者电流放大器。

18. 首先，在一层 p 型材料中形成两个 n 型阱，然后在 p 型区域上方添加绝缘层和金属栅极。在 n 型和 p 型之间产生的耗尽区阻止载荷子通过该区域。当金属栅极接收到一个很小的正电荷时，在金属栅极下面的 p 型材料中会有空穴出现，而且在两个 n 型材料区域的边界处的耗尽区会相连。在金属栅极上更大的正电荷会推开它下面的耗尽区，产生一个 n 型通道从而连接两个 n 型阱，并允许两个 n 型材料之间的传导。

19. 逻辑门是一个接收两个输入信号从而对它们进行逻辑操作并将结果作为输出信号发出的设备。在例如计算机芯片的集成电路中，逻辑门经常用场效应晶体管实现。

20. 电流和电势差以相同角频率振荡。根据 $I=\omega CV_C$，电流振幅 I 正比于电势差振幅 V_C。电流超前电势差 90°，因此相对于发电机 $\phi=0$，电流的相位常数为 $\phi=-\pi/2$。

21. 一个含有电容器的电路，电容器两端电势差的振幅正比于穿过电容器的电流振幅，比例系数为电路的容抗。容抗的大小取决于振荡的角频率以及电容：$X_C=1/(\omega C)$。

22. 电流和电势差以相同角频率振荡。根据 $I=$

$V_L/(\omega L)$，电流振幅 I 正比于电势差振幅 V_L。电流落后于电势差90°，因此相对于发电机 $\phi=0$，电流的相位常数为 $\phi=+\pi/2$。

23. 对于一个含有电感的电路，电感两端电势差的振幅正比于穿过电感的电流振幅，比例系数为电路的感抗。感抗的大小取决于振荡的角频率以及自感：$X_L=\omega L$。

24. 任何给定时刻多个相矢量的和，由所有相矢量的竖直分量相加求得。这个相加的结果等于相矢量的矢量和在竖直方向上的分量。

25. 阻抗为电源电动势的振幅与通过负载的电流振幅的比值：$Z=\mathscr{E}_{max}/I$。

26. 式（32.34）说明了由电阻和电容器串联而成的负载的阻抗在低角频率时非常大，在高角频率时几乎就等于电阻。因此如果电源（输入）的角频率很低，电阻两端的（输出）电势差振幅就会很小，但如果电源角频率极高，则电阻两端的电势差就几乎等于电源电动势的振幅 $\mathscr{E}_{max}$。阻抗的这种差异允许高频信号穿过电路同时也会削弱低频信号使得它们无法穿过电路，即低频信号会被过滤掉。

27. 共振角频率是电流振幅达到最大时的电源角频率。当 ωL 与 $1/(\omega C)$ 相等，也就是 $\omega_0=1/\sqrt{LC}$ 时会发生共振。自感和电容是决定 ω_0 值大小的电路属性。

28. 当电源角频率 ω 等于电路共振角频率 ω_0 时，电流振幅达到其最大值，随着 ω 变得比 ω_0 小或者大，电路的振幅都会减小。

29. 最大电流振幅取决于电路中的电阻以及电源电动势振幅。

30. 任何正弦振荡量的时间平均值等于零，且由 $I_{av}=0$ 以及 $\mathscr{E}_{av}=0$ 不能观察到这些量如何随时间变化。但是一个正弦振荡量的方均根（有效值）是非零的，所以测量方均根更有意义。

31. 一个电阻的平均功率为 $P_{av}=I^2_{rms}R=\frac{1}{2}I^2R$。能量以热能的形式耗散掉了。

32. 一个电容器或者一个电感的平均功率为零，因为这些电路元件两端的电势差与通过元件的电流间的相位差为90°（i 比 v_C 超前90°，i 比 v_L 滞后90°）。在 i 和 v_C 或 v_L 有相同符号的振荡周期中，电路元件上的瞬时功率为正（能量从电源转移到电路元件上）；在 i 与 v 有相反符号的一个振荡周期中，瞬时功率为负（能量从电路元件转移到电源）。

33. 功率因数等于电源电动势和电流间相位差的余弦。因为一个负载的平均功率为 $P_{av}=\frac{1}{2}\mathscr{E}_{max}I\cos\phi$，所以功率因数就是电源将能量传到负载上的效率。

引导性问题答案

引导性问题 32.2

$$I=\sqrt{\frac{C}{2L}}\mathscr{E}=2.2\times10^{-3}\,\mathrm{A}$$

引导性问题 32.4

$$\omega_2=\sqrt{\frac{1}{C^2R^2+2/\omega_1^2}}=6.6\,\mathrm{s}^{-1}$$

引导性问题 32.6

正方形中包含有一个电容器和一个电感，它们是串联的。当角频率为 ω_1 时，$P_{av}=\frac{1}{2}I^2R=6.0\mathrm{W}$；当角频率为 ω_2 时，$P_{av}=3.0\mathrm{W}$。

引导性问题 32.8

(a) $I=\dfrac{\mathscr{E}_{max}}{\sqrt{R^2+[\omega L-1/(\omega C)]^2}}=6.8\times10^{-2}\,\mathrm{A}$，

以及 $\phi=\arctan\left[\dfrac{\omega L-1/(\omega C)}{R}\right]=1.6\mathrm{rad}$；

(b) $\dfrac{V_L}{V_C}=\dfrac{X_L}{X_C}=13$。

实践篇

第 33 章　光线光学

章节总结

光线（33.1节，33.2节，33.3节，33.5节）

基本概念 **光线**是一条可以代表光的传播方向的线。

对于**反射光**，**入射角** θ_i 是入射光线和反射面法线之间的夹角，**反射角** θ_r 是反射光线和法线之间的夹角。反射定律告诉我们，当一条光线入射到一个光滑的表面时，$\theta_r=\theta_i$，而且两个角在同一个平面内。

折射是当光线从一种介质传播到另一种介质时，光线的偏折。折射角是折射光线和两种介质分界面的法线之间的夹角。

当光线从光密介质传播到光疏介质时，光线会向远离法线的方向偏折。**临界角** θ_c 是使折射角为90°的入射角，这意味着折射光线将沿着分界面射出。如果入射角大于 θ_c，那么光线将全部反射回光密介质（发生**全反射**）。

像是从一个物体发出的光线在某一位置相交或貌似相交而形成的。当光线真实地在像的位置相交时，形成实像；当没有实际光线到达像的位置时，形成虚像。

光的**色散**是指光线中不同波长的光发生的空间上的分离。当发生折射时，因为光的速率依赖于光的频率，所以不同频率的光线会发生空间上的分离。

费马原理 光线在空间中两点间传播的实际路径是传播时间最短的路径。

定量研究 介质的**折射率** n 为

$$n \equiv \frac{c_0}{c} \tag{33.1}$$

其中，c_0 是光在真空中的传播速率；c 是光在介质中的传播速率。

如果光在真空中的波长为 λ，那么它在折射率为 n_1 的介质中的波长 λ_1 为

$$\lambda_1 = \frac{\lambda}{n_1} \tag{33.3}$$

折射（斯涅耳）定律 光从折射率为 n_1 的介质入射到折射率为 n_2 的介质中时，入射角、折射角与折射率 n_1、n_2 的关系为

$$n_1 \sin\theta_1 = n_2 \sin\theta_2 \tag{33.7}$$

其中，θ_1 是入射角；θ_2 是折射角。

对于从折射率为 n_2 的光密介质传播到折射率为 n_1 的光疏介质（$n_1<n_2$）的光线，**临界角**为

$$\theta_c = \arcsin\left(\frac{n_1}{n_2}\right) \tag{33.9}$$

薄透镜成像（33.4节，33.5节，33.6节，33.8节）

基本概念 **透镜**是一种光学元件，它通过折射改变光线的传播方向而成像。透镜的轴线是通过透镜中心并且和透镜表面垂直的线。靠近透镜轴线的光线被称为近轴光线。近轴光线与透镜轴线平行或与其成一个小角度。

与薄会聚（凸）透镜轴线平行的近轴入射光线会会聚到一点，这一点叫作透镜的**焦点**。而对薄发散（凹）透镜，在左侧与轴线平行的近轴入射光线会发散，但这些光线看起来会像从左侧的同一点发出的，这一点就是凹透镜的**焦点**。

定量研究 **透镜方程**是

$$\frac{1}{f} = \frac{1}{o} + \frac{1}{i} \tag{33.16}$$

其中，f 是薄透镜的**焦距**；o 是物距；i 是像距。f、o 和 i 正负符号的规定将在下面的表33.2中给出。

透镜的**放大率**为

$$M \equiv \frac{h'}{h} = -\frac{i}{o} \tag{33.17}$$

其中，h' 是像高；h 是物高。如果 M 是正的，则像是正立的；如果 M 是负的，则像是倒立的。

实践篇

一个透镜的**焦距**是指焦点到透镜中心的距离。

为了确定透镜成像的位置和方向，用主光线作出**光路图**。参见下面的解题步骤框。

透镜设计公式 由折射率为 n 的材料制成的曲率半径分别为 R_1、R_2 的透镜置于空气中，其焦距由下式给出

$$\frac{1}{f}=(n-1)\left(\frac{1}{R_1}+\frac{1}{R_2}\right) \tag{33.36}$$

其中，凸面的半径为正；凹面的半径为负；平面的半径为无穷大。

表 33.2 f、i、o 的符号规则（正表示实像；负表示虚像）

符号	透 镜	面 镜
$f>0$ $f<0$	会聚透镜 发散透镜	会聚面镜 发散面镜
$o>0$ $o<0$①	物体在透镜前② 物体在透镜后	物体在面镜前 物体在面镜后
$i>0$ $i<0$	像在透镜后 像在透镜前	像在面镜前 像在面镜后
$h_i>0$ $h_i<0$	正立的像 倒立的像	正立的像 倒立的像
$\|M\|>1$ $\|M\|<1$	像大于物 像小于物	像大于物 像小于物

① 仅在多个透镜或面镜组合情况下存在。

② 对透镜和面镜而言，在透镜前代表光线入射的一侧，在透镜后代表另一侧。

光学仪器（33.6 节）

基本概念 通过眼睛的晶状体能在视网膜上成像。近点是眼睛可以自如地成像的最小物距，对于成年人来讲，这个距离约为 0.25m。

一台复合式显微镜使用了两个会聚（凸）透镜成像。第一个透镜（物镜）形成的像作为第二个透镜（目镜）的物。

折射望远镜使用了两个会聚（凸）透镜成像。两个透镜摆放的位置使得一个远处的物体经过物镜形成实像，这个实像又经过目镜在无穷远处形成了虚像。

定量研究 透镜的**角放大率** M_θ 的定义是

$$M_\theta=\left|\frac{\theta_i}{\theta_o}\right| \tag{33.18}$$

其中，θ_i 是像对应的角度；θ_o 是物对应的角度。

角度较小时，置于物体和眼睛之间的会聚（凸）透镜的角放大率为

$$M_\theta\approx\frac{0.25\text{m}}{f} \tag{33.21}$$

一个透镜的屈光度 d 是

$$d\equiv\frac{1\text{m}}{f} \tag{33.22}$$

复合式显微镜的放大率 M 为

$$M=M_1M_{\theta2}=\frac{-0.25\text{m}}{f_2\left(\frac{o_1}{f_1}-1\right)}$$

其中，M_1 是物镜的放大率；$M_{\theta2}$ 是目镜的角放大率；o_1 是物体和物镜间的距离；f_1 是物镜的焦距；f_2 是目镜的焦距。

折射式望远镜的角放大率 M_θ 为

$$M_\theta=\left|\frac{\theta_i}{\theta_o}\right|\approx\left|\frac{f_1}{f_2}\right|$$

其中，f_1 是物镜的焦距；f_2 是目镜的焦距。

实践篇

面镜（33.2 节，33.7 节）

基本概念 平面镜形成物体的虚像。平面镜后的虚像与平面镜的距离等于平面镜前的物与平面镜的距离。

凹球面镜将近轴入射的平行光线会聚在镜前的一点（**焦点**）处。凹球面镜的焦点是实焦点。凸球面镜使平行的入射光线发散，出射光线看起来来自镜子后面的一个点（焦点）。凸球面镜的焦点是虚焦点。

为了确定镜子形成的像的位置和方向，可以作出三条**主光线**的光路图。参见后面相应的步骤框。

定量研究 球面镜的焦距是其曲率半径的一半：

$$f=\frac{R}{2} \tag{33.23}$$

对于一个球面镜，焦距 f、物距 o 和像距 i 之间的关系由透镜方程给出：

$$\frac{1}{f}=\frac{1}{o}+\frac{1}{i} \tag{33.24}$$

其中，f、o 和 i 的正负符号规则在表 33.2 中给出。

复习题

复习题的答案见本章最后。

33.1 光线

1. 我们是如何看到物体的？

2. 什么是光线？一条光线和一束光的关系是什么？

3. 什么是影子？

33.2 吸收 透射 反射

4. 描述当光线照射到物体上时可能发生的三种情况。

5. 大多数照射到一个不透明物体上的光会发生什么现象？大多数照射到一个半透明物体上的光会发生什么现象？

6. 描述反射定律。

7. 镜面反射和漫反射之间的区别是什么？

8. 既然照射到表面粗糙物体上的每一条光线都遵循反射定律，那为什么不能形成像？

9. 什么是像？

10. 实像和虚像之间的区别是什么？

11. 解释形成物体的像意味着什么——例如镜子中的像。为什么人能在镜子前看到位于镜子后的像？

12. 可见光的不同颜色对应于什么物理量？

13. 相对于光线传播方向而言，光波的波前和光线的方向该如何画？它们之间的方向关系如何？

33.3 折射和散射

14. 什么是折射，为什么会发生折射？

15. 当光线从光密介质到光疏介质时，波长是否会变化？如果变化，又是怎么变的？

16. 对于一条折射的光线，与光线弯曲有关的两个角分别叫什么？它们的相对大小和介质的相对密度之间有什么关系？

17. 当光线从一种介质传播到另一种介质发生折射时，临界角是怎样定义的？

18. 描述全反射是如何发生的。

19. 费马原理是什么？

20. 什么是光的散射，为什么会发生散射？

33.4 成像

21. 沿着介质 A 中某条路径传播的光线传播到介质 B 中时，会发生折射。如果光的传播方向反向，即当光线从介质 B 传播到介质 A 中时，路径又会发生怎样的变化？

22. 什么是近轴光线？

23. 对于从左向右穿过透镜的光线来说，描述用来确定透镜成像位置的三条主光线的路径。

24. 描述凸透镜和凹透镜表面形状的差别，以及当光线穿过它们时的现象有何不同。

33.5 折射定律

25. 允许光线穿过的材料的折射率是如何定义的？

26. 穿过透明材料的光的波长与该材料的折射率有什么关系？

27. 什么是折射定律？

28. 在质量密度不同的两种介质分界面上发生全反射时的临界角与这两种介质的折射率之间的关系是什么？

33.6 薄透镜和光学仪器

29. 透镜方程是什么？其中距离 f、i、o 的符号是如何规定的？

30. 像的放大率的表达式是什么？放大率的正负说明什么？

31. 人眼的近点是什么？

32. 透镜成像的角放大率是怎样定义的？

33. 什么是屈光度？

33.7 球面镜

34. 球面镜的焦距与镜子的曲率半径的关系是什么？

35. 透镜方程 $\frac{1}{f}=\frac{1}{o}+\frac{1}{i}$ 能够用于分析球面镜成像吗？如果能，这三个变量的符号规则是怎样的？

36. 什么决定了会聚面镜是成实像还是虚像？

33.8 透镜设计公式

37. 透镜设计公式的限制条件是什么？

38. 透镜设计公式中的曲率半径的符号规则是什么？

估算题

从数量级上估算下列物理量，括号中的字母对应于可能用到的提示。根据需要使用它们来指导你的思考。

1. 若光在玻璃中比在真空中传播同样距离需要的时间长 1μs，求玻璃的厚度。（H，A，L）

2. 若光在空气（标准状况下）中比在真空中传播同样距离需要的时间长 1μs，求所需空气的厚度。（H，D，L）

3. 当水平光线穿过汽车的风窗玻璃时，发生的垂直于玻璃的位移。（I，A，M，Y）

4. 从水下抬头看空气中的物体时其观测角的取值范围。（J，V）

5. 当太阳光的方向和地球表面相切时，因阳光经过大气导致的太阳的角位移。（D，Q，K，I，X）

6. 从太阳落到地平线下到再次看到太阳所需的时间间隔。（F，R）

7. 为了看清近处的物体和远处的物体，眼睛的平均焦距的变化。（G，S，Z，N）

8. 使你看起来非常胖的哈哈镜的曲率半径。（U，B，O，W）

9. 玻璃透镜的一面的屈光度为+5，另一面是平的，求其曲率半径。（A，P，E，AA）

10. 一架大型的飞机不会在地面上投下影子所需的高度。（C，T）

提示

A. 玻璃的折射率是多少？

B. 物距是多少？

C. 一架飞机有多大？

D. 在标准温度和压强下空气的折射率比真空的折射率大多少？

E. 透镜设计公式是什么？

F. 当太阳光和地球表面相切时，由于光在大气中传播而带来的太阳的角位移是多少？

G. 透镜方程是什么？

H. 对于任何一种材料，光传播的距离、传播速率和穿过该材料的时间间隔之间的关系是什么？

I. 在介质 1 和介质 2 的分界面上，入射角和折射角的关系是什么？

J. 临界角是多少？

K. 如果将大气看作一个质量密度均匀（因此有均匀的折射率）的球壳，它的有效高度是多少？

L. 光在某种介质中的传播速率和该介质

的折射率有什么关系？

M. 风窗玻璃的厚度是多少？

N. 眼睛的晶状体到像之间的距离是多大？

O. 放大率和f、i、o之间的关系是什么？

P. 屈光度和焦距之间的关系是什么？

Q. 大气层中空气的折射率会改变吗？

R. 地球绕地轴旋转的速度有多快？

S. 能被人眼晶状体看清的物体的最小物距是多少？

T. 太阳张角的大小是多少？

U. 你的像需要横向放大多少倍才能让你看起来很胖？

V. 水的折射率是多少？

W. 焦距和曲率半径之间的关系是什么？

X. 怎样确定折射角？

Y. 进入风窗玻璃的光线的入射角是多少？

Z. 物体距眼睛晶状体的最远距离是多大？

AA. 一个平面的曲率半径是多大？

答案（所有值均为近似值）

A. $n=3/2$；B. 1m；C. 大约 50m（长度或者翼展）；D. 3×10^{-4}；E. $1/f=(n-1)(1/R_1+1/R_2)$；F. 10^{-2}rad（参考估算题 5）；G. $1/f=1/o+1/i$；H. $d_{mat}=c_{mat}\Delta t_{mat}$；I. $n_1\sin\theta_1=n_2\sin\theta_2$；J. $\theta_c=\arcsin(n_1/n_2)$；K. 为了产生大气压力，质量密度（$1kg/m^3$）均匀的空气球壳必须有 $h=P_0/(\rho g)=1\times10^4$m 的高度；L. $c_{mat}=(3\times10^8 m/s)/n_{mat}$；M. 5mm；N. 眼球直径，即 25mm；O. $M=-i/o$ 和 $1/f=1/o+1/i$；P. $d=(1m)/f$；Q. 是的，因为大气的质量密度从海平面的数值非线性地降至真空，折射率也随之指数降低；R. $\omega=2\pi$/天$=7\times10^{-5}s^{-1}$；S. 大约 0.25m；T. 和一个手指在约手臂长度的位置处所对应的角度大小相当：$\theta=0.01m/1m=0.01rad$；U. 3 倍；V. $n=\frac{4}{3}$；W. $f=R/2$；X. 画出草图，在草图中，折射光线和地球表面相切，折射角是一个直角三角形的内角，该直角三角形的两条边中的一条边是地球半径（$R_E=6\times10^6$m），另一条边是地球中心到大气层顶端的距离（R_E+h）；Y. 50°；Z. 无限远；AA. $R=\infty$。

例题与引导性问题

步骤：透镜的简化光路图

确定透镜成像的位置和方向的步骤如下。

1. 画一条水平线代表透镜的光轴（该线过透镜中心并且与透镜垂直）。在光路图的中间画一条垂直线代表透镜。在该垂直线的上方标记“+”代表凸透镜，或者加一个“−”代表凹透镜。

2. 在透镜两侧的光轴上分别画两个点表示透镜的焦点。两个焦点到透镜的距离相等。

3. 在轴线上的适当位置处（到透镜的距离适当）画一个向上的箭头代表物体。例如，如果物体在距透镜两倍焦距的位置上，那么就将箭头画在上一步骤中距透镜两倍焦距的位置处。箭头的高度应该是透镜高度的一半。

4. 按照后面的“透镜的主光线”步骤框中的方法，从代表物体的箭头的顶端画出两到三条主光线。

5. 出射光线的交点是像的顶端（如果出射光线是发散的，将它们反向延长去确定交点）。如果出射光线的交点和物体分居透镜两侧，那么成的是实像；如果出射光线的交点和物体在透镜同一侧，则成的是虚像。画一个从轴线指向出射光线交点的箭头表示像（用虚线箭头表示虚像）。

一般地，画两条主光线就足够了，但是在有些情况下，某些光线比其他光线更容易画。你也可以画出第三条光线来确认其是否也穿过交点，因为这条线也必然通过同一个相交点。（如果第三条光线不通过交点，那就证明你画错了。）

步骤：透镜的主光线

会聚透镜和发散透镜的主光线的传播是相似的。下面描述适用于光线从左向右传播的情形。

会聚透镜

1. 平行于透镜光轴的光线穿过透镜后通过右焦点。

2. 通过透镜中心的光线继续沿原方向传播，没有偏离方向。

3. 通过透镜左焦点的光线经过透镜后出来的光线平行于透镜光轴的方向。如果物体在焦点和透镜之间，那么这条光线不通过焦点，但它在焦点到光线发出位置的连线上。

发散透镜

1. 平行于透镜光轴的光线穿过透镜后，光线沿着入射点和透镜左焦点的连线向右传播。

2. 通过透镜中心的光线方向不变。

3. 朝着透镜右侧焦点入射的光线穿出透镜后沿平行于透镜光轴的方向向右传播。

步骤：球面镜的光路图

球面镜的光路图和透镜的光路图非常相似。下面的描述适用于光线从左向右传播的情形。

1. 画一条水平线表示球面镜的轴线。在轴线的中间画一个圆弧表示球面镜。会聚球面镜的圆弧开口向左，发散球面镜的圆弧开口向右。

2. 在光轴上的圆弧的圆心处画一个点，并将其标记为 C。在 C 点到球面镜距离一半的位置再画一点，这个点就是焦点，标记为 f。

3. 在球面镜左端的轴上离镜面一定距离处画一个向上的箭头代表物体。例如，物体放在与会聚球面镜间的距离是镜子曲率半径的三分之一的位置上时，就在焦点右边一点的位置处画一个箭头。箭头的长度约为镜子高度的一半。

4. 从代表物体的箭头顶部画出“球面镜的主光线”步骤框中介绍的主光线两到三条。

5. 像的顶端是镜子反射光线的交点。如果这个交点在球面镜的左侧，那么形成的是实像。如果这个交点在球面镜的右侧，那么形成的是虚像。从轴线到交点的箭头用来表示像（我们用虚线箭头表示虚像）。

步骤：球面镜的主光线

下面的描述适用于光线从左向右传播的情形。

会聚球面镜

1. 平行于光轴的入射光线被球面镜反射后通过焦点。

2. 通过球面镜所在球面中心的光线会沿原路返回。如果物体位于球面镜和这个中心之间，从物体发出的光线不会穿过中心，但如果这条光线的反向延长线经过球面中心，那么这条光线经过反射后也沿原路返回。

3. 一条通过焦点的光线会沿平行于光轴的方向反射。如果物体在焦点和球面镜之间，则该光线不会通过焦点，但如果这条光线的反向延长线过焦点，则光线会沿平行于光轴的方向反射。

发散球面镜

1. 平行于光轴方向入射到球面镜上的光线，反射光线沿着焦点和反射点的连线方向。

2. 光线通过球面镜所在球面中心的光线入射到球面镜上，反射光沿原路返回。

3. 入射光线的延长线通过焦点时，反射光线平行于光轴。

无论是会聚球面镜还是发散球面镜，如果入射光线与球面镜交于光轴上，则反射光线与入射光线关于光轴对称。

下列例题涉及本章内容，但又不仅仅局限于本章中的某一节。
其中一部分以例题的形式给出，另一部分则以引导性问题的形式给出。

例 33.1 水箱中的光束

将一束激光从上方照射入盛水的水箱中。激光与入射表面的法线成40.0°，然后射入水槽的一侧玻璃壁内。这束光会穿过玻璃壁出射到空气中吗？如果会，折射角是多大？

❶ 分析问题 这个问题涉及一束激光在传播路径上通过几个不同折射率介质间的界面。我们的目标是确定这束光是否能穿过侧壁射到空气中。如果能，折射角是多少？我们要解决的问题是：在每一个界面上：(1) 空气-水，(2) 水-玻璃，(3) 玻璃-空气。光束是全反射还是会进入到下一种材料中发生折射？因此，我们需要计算出在每一个界面上光束方向的改变。

为了可视化这个物理过程，我们选择水箱的右壁作为出射壁，画一个图表示出水箱右壁、水面和激光束（见图 WG33.1）。如果这束光穿过了所有的界面，最后射到空气中。在这过程中该光束首先会从空气中射到水面，然后从水面射到玻璃壁的左侧面，又穿过玻璃壁射到右侧面，最后进入空气。为了使图像简洁，我们忽略了所有反射光线。我们将这三个界面编号，然后画出当光线穿过界面1和界面2时，光束向靠近法线的方向偏折（这两种情形中光都是从光疏介质到光密介质），穿过界面3时光束向远离法线方向偏折，因为此时光从光密介质到光疏介质。我们用6个角分别表示各光束与对应法线的夹角记为 θ_{a1}，θ_{w1}，θ_{w2}，θ_{g2}，θ_{g3} 和 θ_{a3}。

图 WG33.1

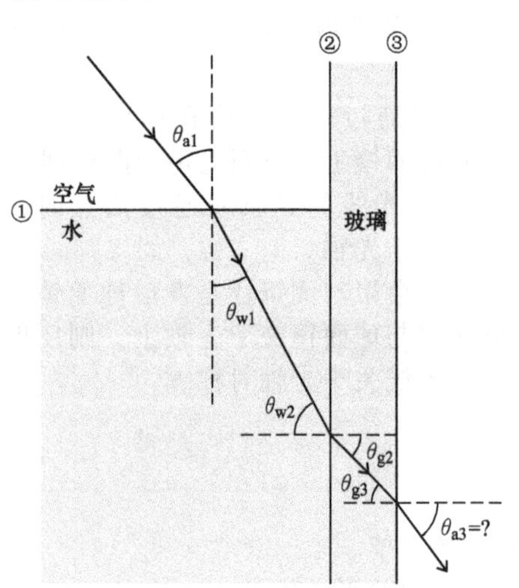

❷ 设计方案 我们从《原理篇》中表33.1中知道空气的折射率比水的小，而水的折射率又比玻璃的折射率小。因此全反射如果发生，只能发生在玻璃-空气的界面上，因为只有在这种情况下光才会从折射率 n 较大的材料折射到折射率 n 较小的材料中。如果全反射发生了，折射角的数值就超过了临界角的值，玻璃-空气界面上的折射定律不能适用。我们从《原理篇》表33.1中获得需要的折射系数。表中列出了两种类型的玻璃的折射率，我们假定水箱是用火石玻璃制成的。

表 33.1 常见透明材料的折射率

材料	$n(\lambda=589\text{nm})$
空气（在标准温度和大气压下）	1.00029
液态水	1.33
糖溶液（30%）	1.38
糖溶液（80%）	1.49
显微镜盖玻片玻璃	1.52
氯化钠（食盐）	1.54
火石玻璃	1.65
金刚石	2.42

我们多次使用折射定律，同时应用三角函数知识来确定折射角，从而确定在界面3上是否依旧满足折射定律。如果不能计算 θ_{a3} 的值，就发生了全反射，光束不能从玻璃射入空气；如果可以计算 θ_{a3} 的值，那么 θ_{a3} 就是出射角。

❸ 实施推导 我们按顺序在每个界面上应用折射定律，从界面1开始：即空气-水的界面。

$$n_{\text{air}}\sin\theta_{a1}=n_{\text{water}}\sin\theta_{w1}$$

已知 $\theta_{a1}=40.0°$，从《原理篇》表33.1中我们知道 $n_{\text{air}}=1.00029$ 和 $n_{\text{water}}=1.33$。因此

$$\theta_{w1}=\arcsin\left(\frac{n_{\text{air}}\sin\theta_{a1}}{n_{\text{water}}}\right)=\arcsin\left(\frac{1.00029\sin 40.0°}{1.33}\right)$$

$$=28.9°$$

接着我们看到界面1和2形成直角，光束在水中的部分为该直角三角形的斜边。因此有 $\theta_{w1}+\theta_{w2}=90°$，进一步

$$\theta_{w2}=90.0°-28.9°=61.1°$$

我们现在将式（33.7）用到界面2：

实践篇

$$n_{water}\sin\theta_{w2}=n_{glass}\sin\theta_{g2}$$

$$\theta_{g2}=\arcsin\left(\frac{n_{water}\sin\theta_{w2}}{n_{glass}}\right)=\arcsin\left(\frac{1.33\sin61.1°}{1.65}\right)$$

$$=44.9°$$

界面 2 和 3 是平行的，这意味着 $\theta_{g2}=\theta_{g3}$，我们可以计算 θ_{a3}：

$$n_{glass}\sin\theta_{g3}=n_{air}\sin\theta_{a3}$$

$$\theta_{a3}=\arcsin\left(\frac{n_{glass}\sin\theta_{g3}}{n_{air}}\right)=\arcsin\left(\frac{1.65\sin44.9°}{1.00029}\right)$$

$$=\arcsin(1.16)$$

因为正弦函数的值大于 1，没有满足条件的角度存在。这表明 θ_{g3} 超过了玻璃-空气界面的临界角。光线在界面 3 处全反射，无法从水箱中射出。✔

❹ **评价结果** 我们知道全反射只有在光线从光密介质射到光疏介质时才有可能发生，本题中的情况，即光束从玻璃（$n_{glass}=1.65$）射到空气（$n_{air}=1.00029$）符合这个条件。为了发生全反射，$\theta_{g3}=\theta_{g2}=44.9°$必须大于玻璃-空气界面的临界角 θ_c。为了判断是否存在 $\theta_{g3}>\theta_c$，我们可以应用式（33.9），并令其中的介质 2 为玻璃、介质 1 为空气：

$$\sin\theta_c=\frac{n_{air}}{n_{glass}}=\frac{1.00029}{1.65}=0.606;$$

$$\theta_c=\arcsin\left(\frac{n_{air}}{n_{glass}}\right)=37.3°$$

因此 $\theta_{g3}>\theta_c$，与上面算得的在界面 3（玻璃-空气界面）发生全反射的结论一致。

引导性问题 33.2 空气或液体中的棱镜

如图 WG33.2 所示，一束光垂直射入 AB 面上，射入火石玻璃棱镜中。当棱镜处在空气中时，光束在 AC 面发生全反射。当棱镜处在一种纯净的液体中时，光束会穿过 AC 边并射出棱镜。能允许光束射出棱镜的液体的折射率的最小值是多少？

图 WG33.2

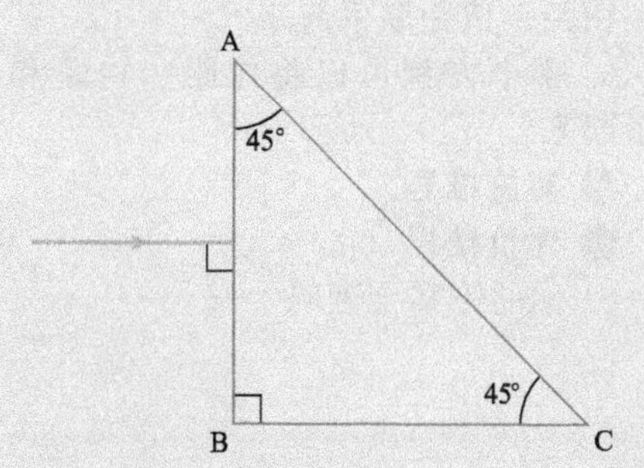

❶ **分析问题**

1. 在图 WG33.2 中，画出当棱镜处在空气中时的光路图，并在图中标记出各个角度。

2. 什么物理原理决定了光束的路径？

3. 当光束射入棱镜时，传播方向是否会改变？

❷ **设计方案**

4. 棱镜处在空气中或者液体中时，其中光束的路径是怎样的？

5. 画出棱镜浸在液体中时的光路图。

6. 光束射到 AC 面上时的角度由什么决定？

7. 你怎样运用上面问题 6 中算出的角度和全反射来确定液体的最小折射率？

8. 你需要查找哪些值来计算液体的折射率？

❸ **实施推导**

❹ **评价结果**

9. 你的结果是否合理，为什么？

例 33.3 放大的昆虫

你在户外使用放大镜研究昆虫。你发现：将一张纸放在透镜下，纸离透镜 150mm 时，阳光穿过透镜形成了最小的亮点。为了形成一个正立的且将昆虫放大为三倍的像，需将透镜放在哪里？

❶ **分析问题** 这是一个关于放大镜成像的问题，我们需要确定像正立且为物体大小三倍时的物距。我们知道放大镜是会聚透镜，由于太阳光会聚在离透镜 150mm 的纸上，形成一个最小的亮点，因此透镜的焦距为+0.150m（因为是会聚透镜，所以焦距为正）。首先，画一个简化的光路图（见图

WG33.3)。因为像是正立的，我们将物的位置画在焦距以内。

图 WG33.3

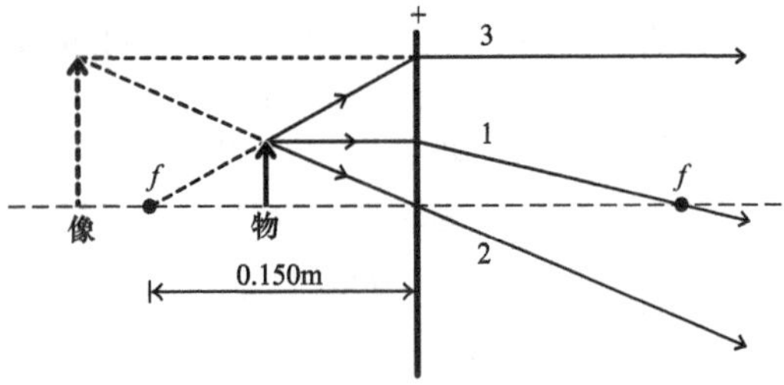

❷ **设计方案** 通过式（33.17）可以确定像距 i 和物距 o 的关系。随后我们运用透镜方程［式（33.16）］并结合已知的焦距 f 来确定物距 o。图 WG33.3 显示像和物在透镜的同一侧，因此像距 i 是负的。像是正立的，因此像的高度和放大率是正的。

❸ **实施推导** 式（33.17）告诉我们 $i=-Mo$。将这个结果代入式（33.16），得到

$$\frac{1}{f}=\frac{1}{i}+\frac{1}{o}=-\frac{1}{Mo}+\frac{1}{o}=\left(\frac{M-1}{M}\right)\frac{1}{o}$$

可得 o 的表达式为

$$o=\left(\frac{M-1}{M}\right)f=\left(\frac{3-1}{3}\right)(0.150\text{m})=0.100\text{m}$$ ✔

❹ **评价结果** 根据简化的光路图，我们期待获得的结果是 $o<f$，计算结果也确实如此。0.100m 的物距是非常短的，但是从我们拿着放大镜靠近观察的物体的经验可以知道这个结果是合理的。

引导性问题 33.4 纸上的像

你的朋友使用一个透镜和一张纸靠近一朵花，以便在纸上形成花的像。花离透镜 0.10 m，像的大小是花的 4 倍。为了形成这个图像，你的朋友向实验室借了什么样的透镜？

❶ **分析问题**

1. 哪个物理量（数值和符号）可以用来确定一个透镜？哪个代数符号是用来表示这个物理量的？

2. 哪类透镜（会聚透镜还是发散透镜）能够在纸上形成一个像，或是两类透镜都可以？

3. 画一个简化的光路图来表示一个在纸上形成的放大的图像，利用你在问题 2 中确定的透镜，同时标记相对的距离。如果你选择了不止一种透镜，则对于每一种透镜都画出一个光路图，然后确定哪一种可以产生一个放大的像。

❷ **设计方案**

4. 哪个方程可以将像的大小、物的大小和物距、像距联系起来？

5. 哪个方程可以将像距、物距和焦距联系起来？

❸ **实施推导**

❹ **评价结果**

6. 你的答案合理吗？

例 33.5 矫正视力的透镜

你朋友的眼镜是用一种折射率为 1.498 的材料制成的，它有一个凸面和一个凹面。凹面是靠近眼睛的一面，曲率半径为 71.3mm，凸面的曲率半径为 125mm。如果你的朋友在距离计算机屏幕 500mm 的位置，像在距离她眼睛多远的地方形成？她是近视眼（看远处的东西有困难）还是远视眼（看近处的东西有困难）？

❶ **分析问题** 我们需要知道由眼镜片的透镜观察到的物距为 500mm 的计算机屏幕（物）所形成的像的像距是多少。已知眼镜材料的折射率（$n=1.498$），透镜两个表面的曲率半径分别为 $R_{\text{convex}}=125\text{mm}$ 和 $R_{\text{concave}}=-71.3\text{mm}$，物距 $o=500\text{mm}$。

为了确定你的朋友是近视眼还是远视眼，我们必须确定眼镜的两个透镜的总体效果是会聚的还是发散的。我们也需要根据这个信息来画光路图。凸面比凹面的曲率半径大意味着凸面比凹面平。因此凹面折射光线的能力更强，因此透镜整体是一个凹透镜。我们在透镜上方标一个负号来表示凹透镜（见图 WG33.4）。就像图中画的那样，对于一

个凹透镜，无论物距小于焦距还是大于焦距，都成虚像，虚像出现在透镜和物体之间。

图 WG33.4

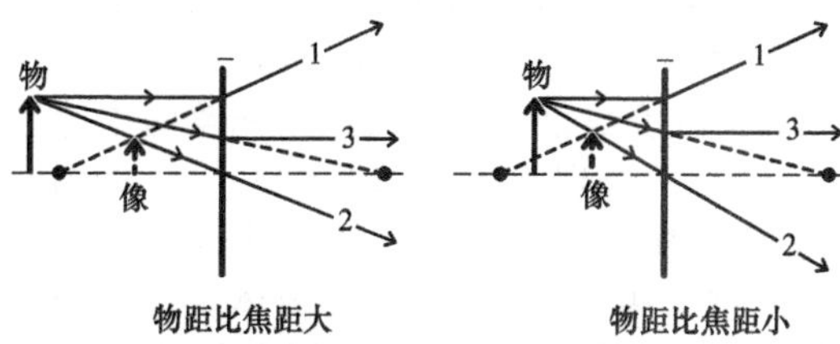

❷ **设计方案** 我们可以运用透镜方程［式 (33.16)］用 f 和 o 表示 i。首先，我们需要运用透镜设计公式［式 (33.36)］计算 f。

❸ **实施推导** 在式 (33.36) 中，一个凸面的曲率半径是正的，一个凹面的曲率半径是负的。将已知量代入这个方程，我们得到

$$\frac{1}{f}=(1.498-1)\left(\frac{1}{125\times10^{-3}\mathrm{m}}+\frac{1}{-71.3\times10^{-3}\mathrm{m}}\right)$$
$$=-3.00/\mathrm{m}$$

现在我们将 $1/f$ 和已知量 o 代入式 (33.16) 中来确定 i：

$$\frac{1}{f}=\frac{1}{i}+\frac{1}{o}$$

$$i=\frac{1}{\frac{1}{f}-\frac{1}{o}}=\frac{1}{-3.00/\mathrm{m}-\frac{1}{0.500\mathrm{m}}}=-0.200\mathrm{m}$$

负的像距表示像和物在透镜的同一侧，所以像出现在计算机屏幕和你朋友的眼睛之间，距离眼睛 0.200m 处。

根据像距比物距小的事实，我们推断出你的朋友是近视眼，也就是说她看近处的物体更清楚。因此她需要一个能将远处物体的像更靠近她眼睛的透镜，以便图像出现在她眼睛可以看清的位置。

❹ **评价结果** 曲率半径的相对大小告诉我们这个眼镜整体上是发散透镜，这意味着像距是负的，正如我们的计算结果所说明的。根据光路图，像距应该比物距小，这使得我们的计算结果显得更为合理。

引导性问题 33.6 矫正近视眼

一个近视眼的人的视网膜距离晶状体太远，导致他的眼睛不能在视网膜上清晰地成像。近视眼的人看近处的东西很清楚，是因为近处的物体成像离晶状体更远，可以到达视网膜。因此近视眼的矫正透镜被设计成将远处物体成像在“远点”（一个人能看清物体的最远距离）。如果一个人有一副屈光度为-3.00 的眼镜，但是没有戴，那么他的远点在哪里？

❶ **分析问题**

1. 屈光度为-3.00 的透镜是会聚透镜还是发散透镜？你是怎么知道的？
2. 这个透镜将远处物体成像在哪里？
3. 画一个远处物体经这个透镜成像的光路图。
4. 你必须明确哪个物理量？它和你的光路图有什么关系？

❷ **设计方案**

5. 光路图中的哪个距离由透镜的屈光度确定？
6. 用哪个方程可以将光路图中的各个距离联系起来？

❸ **实施推导**

❹ **评价结果**

7. 你的结果合理吗？

例 33.7 面镜成像

你在一个球面镜中看自己的脸，看见了一个正立的、被放大了 1.5 倍的像。(a) 这个镜子是发散的还是会聚的？(b) 你与镜子之间的距离比镜子的焦距短还是长？(c) 如果镜子曲率半径的绝对值是 0.96m，像在哪里？

❶ **分析问题** 已知球面镜形成了一个正立的、大小为物体大小 1.5 倍的像，问题为球面镜是会聚的还是发散的，以及相对于镜子的焦点，物的位置在哪里。我们已知镜子曲率半径的绝对值，需要确定像距。

实践篇

❷ **设计方案** 所有的发散球面镜成像都比物体小，所以这个问题中的镜子一定是会聚面镜。对于问题（b），我们知道一个球面会聚面镜只有当物距小于焦距时才会成正立的像。为了确定像距，我们利用包含焦距f、物距o、像距i的式（33.24）。为了从这个方程中获得i，我们必须知道f和o。我们知道，式（33.17）中的放大率与o和i有关，因此可以用i来表示o，即

$$M=1.50=\frac{-i}{o}$$

对于f，我们知道在球面镜中，$|f|=R/2$。

❸ **实施推导**

（a）像是放大的说明是会聚面镜。✔

（b）正立的像告诉我们物（你的脸）离面镜的距离小于焦距。✔

（c）会聚面镜的焦距是正的。因此，对于这个面镜，$f=0.96\text{m}/2=+0.48\text{m}$。通过式（33.17）用$i$来表示$o$：

$$M=-\frac{i}{o}$$

$$o=-\frac{i}{1.50}$$

现在可以确定i：

$$\frac{1}{f}=\frac{1}{i}+\frac{1}{o}=\frac{1}{i}+\left(\frac{-1.50}{i}\right)=\frac{-0.50}{i}$$

$$i=-0.50f=-0.50(+0.48\text{m})=-0.24\text{m}$$

因此，脸的像在镜子后面0.24m的位置。✔

❹ **评价结果** 我们可以用光路图来检查计算结果的合理性（见图WG33.5）。如图所示，成虚像，所以我们预期会获得一个负的i值。这个像看起来大约是物体大小的1.5倍。尽管我们没有计算o，但我们也可以通过$|i|=0.24\text{m}$比$f=0.48\text{m}$小，确认$o<f$。当像比物大的时候，物体和镜子的距离比像和镜子的距离小。因此，由$|i|<f$和$o<|i|$可知，$o<f$。

图 WG33.5

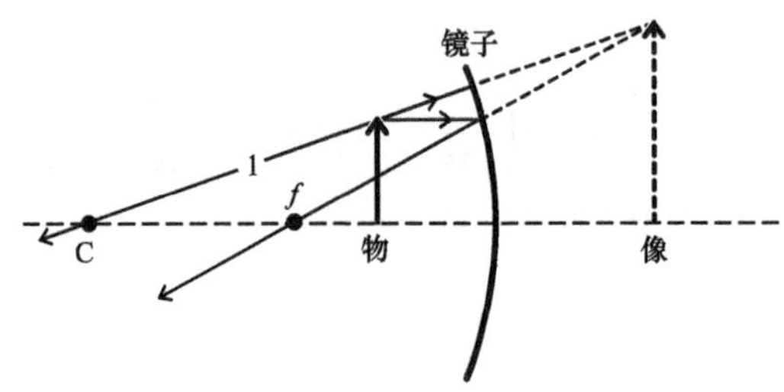

引导性问题 33.8 反射火焰

你想用球面镜将一个蜡烛火焰的像投在纸上。

（a）应该用发散面镜还是会聚面镜？

（b）如果你所用镜子曲率半径的绝对值是300mm，并将蜡烛放在了镜子前360mm处，你能在纸上看见火焰的像吗？如果要看到像，你必须令镜子和纸相距多远，成的像有多大？

❶ **分析问题**

1. 在纸面上观察到的是哪种像：实像还是虚像？

2. 会聚面镜成的是哪种像？发散面镜成的又是哪种像？

3. 结合你对问题1和2的答案，回答（a）问题。

❷ **设计方案**

4. 画一个光路图来表示蜡烛和面镜，画出用来确定像所在位置的两条主光线。检验你是否获得了正确类型的像。

5. 面镜的种类如何决定焦距的符号？

6. 怎样用面镜的曲率半径和物体与面镜间的距离来确定应将纸放在什么位置？

❸ **实施推导**

❹ **评价结果**

7. 计算得到的纸与面镜间的距离和你在问题1中得到的答案一致吗？这个距离合理吗？

8. 得到的像的大小的结果是否合理？

例 33.9 反射式望远镜

一架卡塞格伦望远镜（见图WG33.6）使用一个大的会聚球面镜（主镜），来收集远处星体的光线，一个小的发散球面镜（二级镜），使得光线通过主镜的小缝射向望远

镜外面的探测器上。如果主镜的焦距是1.00m，二级镜安装在距离主镜面0.85m的位置，最后实像成在了主镜面后方0.12m的位置，二级镜的焦距是多大？

图 WG33.6

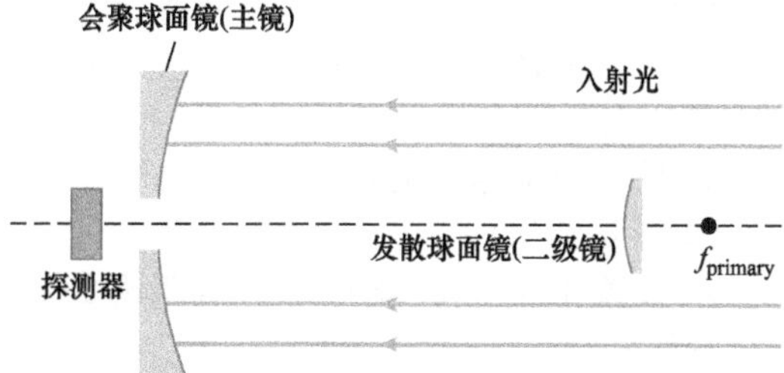

❶ **分析问题** 这是一个通过两个面镜成像的问题，所以我们应用以下原则：将第一个镜子（主镜）成的像作为第二个镜子（二级镜）的物。因为望远镜是用来观察远处物体的，所以可将进入望远镜的光线视为平行光。我们先画主镜的光路图，并画出通过主镜反射的光线（见图WG33.7a）。平行光线会聚在主镜的焦平面上，这意味着像到主镜的距离 i_{primary} 和焦距 f_{primary} 相等。

接着我们画出两个镜子的图像（见图WG33.7b）。很难画出主光线来表征二级镜是如何反射光线的。然而，题目中告诉我们最后像的位置在主镜后方0.12m处，因此在这幅图中我们画出经二级镜反射的光线会聚在这个位置。我们同样也标出这个问题中的其他距离。我们的任务是计算能使像成在恰当位置的二级镜的焦距 $f_{\text{secondary}}$。

❷ **设计方案** 主镜成的像在二级镜的后面。然而，因为二级镜在光线的传播路径上，光线实际上并没有到达那个位置。所以次级镜的物距 $o_{\text{secondary}}$ 是负的。像距 $i_{\text{secondary}}$ 是正的，因为像是实像。我们可以应用两个镜子间的距离与像和主镜的距离以及 f_{primary} = 1.00m来得到 $o_{\text{secondary}}$ 和 $i_{\text{secondary}}$，然后把这些距离代入式（33.24）来确定 $f_{\text{secondary}}$。

图 WG33.7

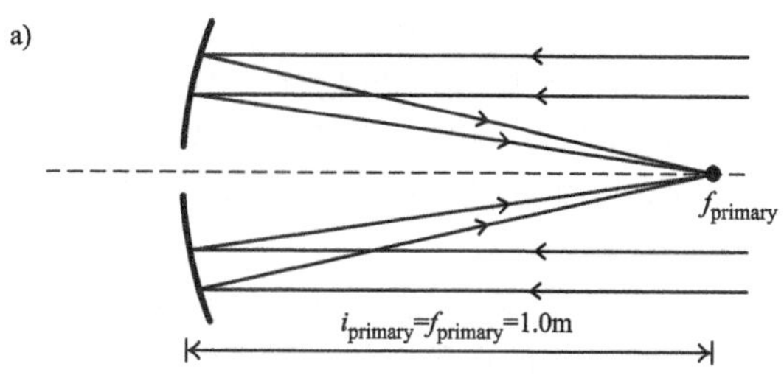

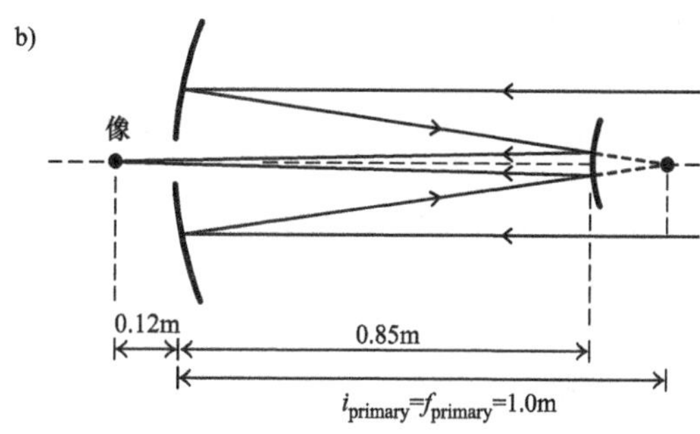

❸ **实施推导** 主镜的焦距 f_{primary} 是1.00m，两个镜子间的距离是0.85m。因为二级镜的物是主镜的像，我们得到 $|o_{\text{secondary}}|$ = 1.00m − 0.85m = 0.15m，$o_{\text{secondary}}$ = −0.15m。同时，$i_{\text{secondary}}$ = 0.85m + 0.12m = 0.97m。将这两个值代入式（33.24）可得

$$f_{\text{secondary}}=\left(\frac{1}{o_{\text{secondary}}}+\frac{1}{i_{\text{secondary}}}\right)^{-1}$$

$$=\left(\frac{1}{-0.15\text{m}}+\frac{1}{0.97\text{m}}\right)^{-1}=-0.18\text{m}$$

❹ **评价结果** 我们预计 $f_{\text{secondary}}$ 是负的，因为二级镜是发散面镜。由于 $|i_{\text{secondary}}|\gg|o_{\text{secondary}}|$，因此 $|1/i_{\text{secondary}}|\ll|1/o_{\text{secondary}}|$，我们预期 f_{seondary} 和 $o_{\text{secondary}}$ 是差不多大小。而所得的结果和这两个预期相符，因此是合理的。

实践篇

引导性问题 33.10 双透镜

你有一个由焦距为−120mm的发散透镜和焦距为42mm的会聚透镜组成的照相机。这两个透镜安装距离为60mm，且会聚透镜更靠近机身。在保证两个透镜的距离为60mm的情况下，通过调整这一对透镜使之靠近或者远离传感器，就可以使像成在相机的传感器上。假定你对一个400mm高，在发散透镜前500mm的植物拍照。当物体在传感器上聚焦时，会聚透镜离传感器多远？

❶ **分析问题**

1. 哪条物理规律决定了物体发出的光线经过两个透镜后的成像情况？

2. 画一个图表示出物体、两个透镜和照相机传感器。标出一些重要的距离。如果某个距离是未知的，就用一个适当的符号标记它。

3. 你必须确定哪个物理量？这个物理量和会聚透镜的像距有什么联系？

❷ **设计方案**

4. 你应该画出怎样的光路图？

5. 你可以用哪个方程来计算会聚透镜到传感器的距离？

❸ **实施推导**

❹ **评价结果**

6. 画一个发散透镜成像的光路图。

7. 画一个包含两个透镜且包含会聚透镜成像的光路图。记住对于两个透镜的组合，第一个透镜光线的延长线不一定是第二个透镜的主光线。

8. 计算会聚透镜的像距。

❹ **评价结果**

9. 你关于会聚透镜和传感器距离的答案合理吗？

习题 通过《掌握物理》®可以查看教师布置的作业 MP

圆点表示习题的难易程度：● = 简单，●● = 中等，●●● = 困难；**CR** = 情景问题。

33.1 光线

1. 如图 P33.1 所示，图中有 a~h 共 8 个点光源，以及 A、B 两个探测器。其中点光源等间距地分开，相邻点光源之间的距离为 0.10m，探测器 A 遮挡了某些点光源照射到探测器 B 上的光线。如果附近再没有任何物体来反射光，有多少点光源的光会照射到下列探测器的所有地方？（a）探测器 A，（b）探测器 B。●

图 P33.1

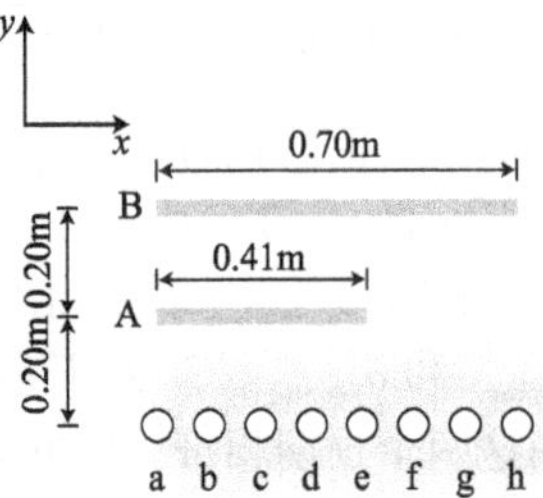

2. 点光源固定在距大屏幕 1.0m 的距离处。通过点光源中心、垂直于屏幕表面的直线为 z 轴。在点光源和屏幕之间距离点光源 0.50m 处，放置一个中间开有边长为 0.040m 的正方形孔的纸板，正方形孔的中心在 z 轴上，此时屏幕上会出现一个明亮的正方形。如果改用第二个开有正方形孔的纸板放置在点光源和屏幕之间，孔的中心处在 z 轴上且距点光源 0.25m，此时在屏幕上形成的正方形的像与第一次相同。问第二块纸板上正方形孔的面积是多少？●

3. 点光源照射到中间开有边长为 30.0mm 的方孔的平板上，光穿过方孔照射到平板后 300mm 处的一个屏幕上。垂直于屏幕的方向定为 z 轴方向。点光源沿着 x 轴方向移动到远离孔的中心 150mm 处。点光源在 y 方向的坐标与孔的中心点相同，在 z 方向上距离该平板 300mm。（a）屏幕上明亮区域的尺寸是多大？（b）明亮区域的边缘的 x、y 坐标各是什么？●●

4. 到达地球的阳光由于被地球阻挡而不能向更远的地方继续传播，以致地球远离太阳一侧的区域处在阴影之中。区域内完全处在阴影中的部分叫作本影，区域内局部处于阴影中的部分叫作半影。太阳的半径是 7.0×10^5km，地球的半径是 6.4×10^3km，并且太阳和地球之间相距 1.5×10^8km。（a）本影的形状是什么？半影的形状是什么？（b）考虑一个观察者在太空处于地球背离太阳的一侧——即处于阴影区域中。这个观察者处在本影中时能看到太阳吗？处在半影中时能看到太阳么？●●

5. 灯泡的两个发光模型如图 P33.5 所示。（a）描述每个模型中光的表现有何不同。（b）描述一个实验，这个实验可以确定哪个发光模型更加准确。●●

实践篇

图 P33.5

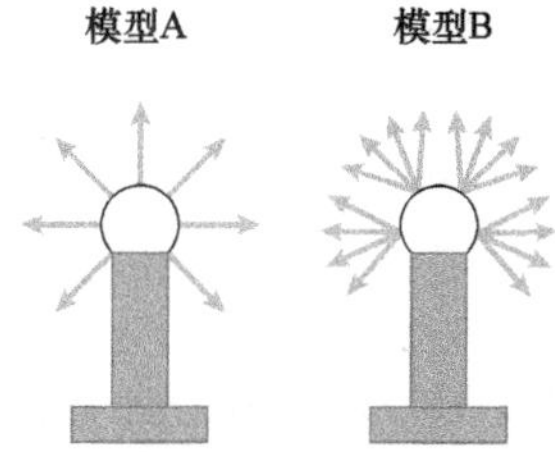

6. 一个水族箱用的灯泡，它的长而直的发光灯丝被封闭在管状透明玻璃中，点亮的灯泡被放置在黑暗的房间中距离屏幕1m处，其灯丝的方向垂直于屏幕。将一个薄的硬纸板放在灯丝和屏幕中间，使得光不能到达屏幕。如果在硬纸板中心剪出一个近似等边三角形的孔，描述光呈现在屏幕上的图案。●●●

7. 将燃烧的蜡烛放在屏幕前，再将一张带有小圆孔的硬纸板放在蜡烛与屏幕之间，如图 P33.7 所示。描述呈现在屏幕上的光斑的图案。●●●

图 P33.7

33.2 吸收 透射 反射

8. 图 P33.8 为光线在光滑的表面上发生反射。沿着射到表面前的光线画三个波阵面，沿着反射光线画三个波阵面。●

图 P33.8

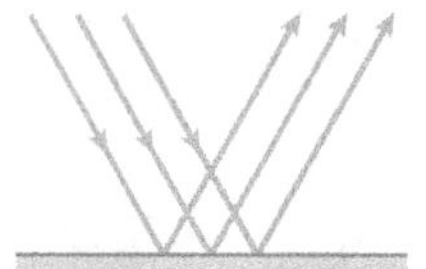

9. 在如图 P33.9 所示的房间里，镜子应该被安装在哪个位置，以便一个人坐在椅子上时能够看到外面篱笆墙上那扇门的全景？●

10. 一个学生对着教授亮蓝色的衬衫惊呼："哇，这件衬衫里面有好多蓝色！"评论你同学的这种说法。●

图 P33.9

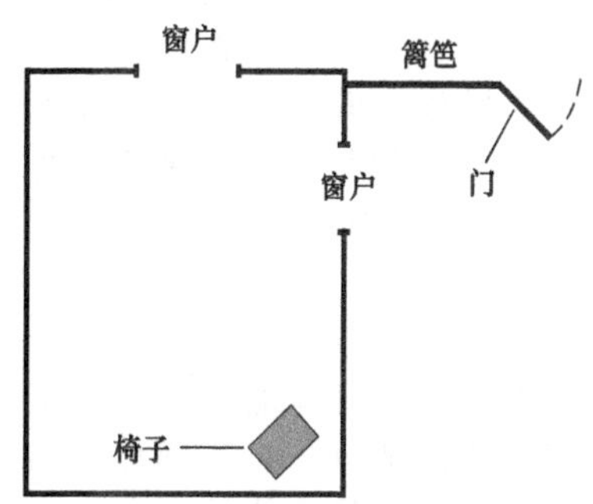

11. 一个平面镜垂直于笛卡儿坐标系的 y 轴放置，占据 x 轴从 $x=0$ 到 $x=4.0\text{m}$ 的位置。一个物体固定于 xy 坐标平面上的点（1.0m，2.0m）处。当你的眼睛处在 xy 平面中 $y<0$、x 为任意值的区域内时，你将无法看到这个物体在镜子里的图像。请问当眼睛处在 xy 平面中 x 和 y 的什么取值范围的区域内时，你可以在镜子里看到物体的像？●●

12. 一个壁挂式镜子的底部边缘和你的腰平齐，顶部边缘和你头顶上的某一点平齐。画一个图说明，当你站在镜子前时，你可以看到你整个身体的哪部分。●●

13. 当你利用墙上的镜子可以看到整个身体的像时，镜子的最小高度是你身高的一半，并且从地面到镜子底部的距离等于你眼睛和脚之间距离的一半。但是，物体的高度和镜子的高度（位置）之间的这种关系对于远距离的物体并不成立。为了让你能够看到远距离物体的整个像，例如一棵树，那么反射面需要有多大（高度为何，宽度为何，或对两者同时有要求）？（提示：当你看自己的像和看远处物体的像时，哪些物理量是不同的？）●●

14. 你站在距离一个大镜子 1.0m 远处，看到一个手电筒在镜子里的像。如果这个手电筒的像出现在镜子后面 2.0m、你的眼睛正上方 1.0m、你的右侧（你的实际位置右边，而不是反射后的右边）3.0m 的位置，那么手电筒相对于你的位置是什么？●●

15. 你的一个同学认为，从镜子中看到的像是在镜子表面，而不是在镜子的后面。你该如何说服这个同学，证明他的说法是不正确的？●●

16. 一个女人手持静止的镜子，并将其竖直放置。一个男孩以 1.0m/s 的速率走向镜子。(a) 在这个女人所在的参考系中，她观察到这个男孩及男孩的像以怎样的速率向镜子移动？(b) 以男孩为参考系，他观察到这个女人和他的像以怎样的速率朝着他移动？●●

17. 考虑这样的情景：想象你在无云的夜晚望向大海看到月亮的倒影，你会看见一个大月亮。望向池塘，还是同样的月亮。看向水坑、茶杯等，月亮依然在，只不过大小发生了变化。(a) 什么样的物理属性（只针对以上表述）使得月亮在海洋、池塘、水坑和杯子中的大小不同？(b) 哪些其他的物理量决定了此属性？画图说明月亮如何成像，并找出你所得量之间的关系。●●●

18. 你想看看你的新皮带扣与你的新帽子是否相配。你的眼睛距帽子顶部 110mm，在皮带扣上方 800mm 处。你走到镜子前，发现镜子刚好够大，且其位置刚好使你可以同时看到帽子和皮带扣。(a) 镜子上边缘相对你眼睛的位置如何？(b) 镜子有多高？●●●

33.3 折射和散射

19. 水深为 x 的浴缸里漂浮着一个玩具船，安装在浴室顶棚上的灯泡位于玩具船的正上方。此时玩具船在浴缸底部的投影与将浴缸里的水抽干后、将船放在同样距浴缸底部高度为 x 时产生的投影相比，有什么不同？假设把灯泡看作点光源。●

20. 你在潜水的时候受伤了，必须向水面上的小船发出求救信号。你有 5 个激光棒，每个发出不同颜色的光，分别是红、橙、黄、绿、蓝。当你用黄光照向小船时，光束与水面成一个很小的角度以致光线全部反射回水中。(a) 如果你不能靠近船，你会尝试用哪个或哪些颜色的光？(b) 用其他颜色的光是否也有可能成功地在那一点穿过水面？●

21. 如图 P33.21 所示，观察者在一个装满水的水池边观察池底的一枚硬币。对于这个观察者，他看到的水深似乎比实际更深还是更浅？●

图 P33.21

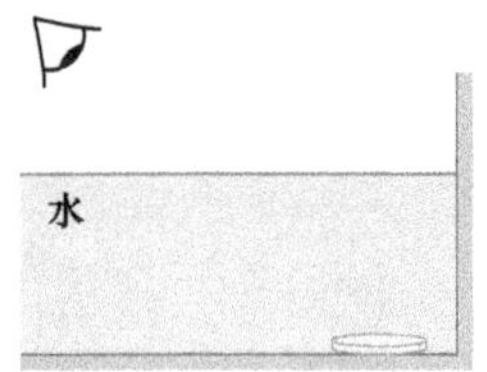

22. 如图 P33.22 所示，直木板以一个角度插入游泳池。对观察者来说，木板看起来是什么样子的？●●

图 P33.22

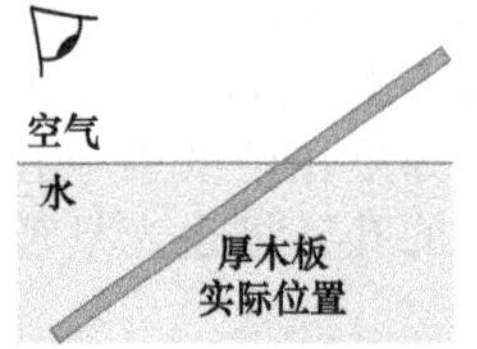

23. 图 P33.23 表示的是 A、B、C 三种情况下的入射光、反射光及折射光。对于每种情况，请说明 (a) 光在哪种材料中的传播速率更快，材料 1 还是材料 2？(b) 光源在哪种材料中，材料 1 还是材料 2？●●

图 P33.23

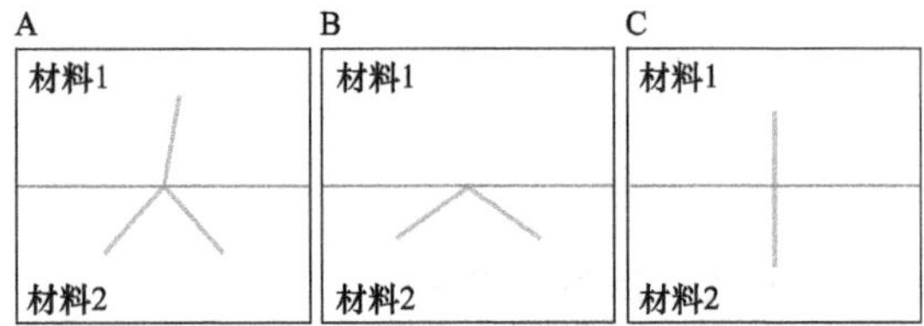

24. 如图 P33.24 所示，平行的红色激光和绿色激光入射到一块玻璃板上。画出光线穿过玻璃板并在之后进入板右侧空气中的光路图。离开玻璃板后的光线是平行的吗？两条光线在进入玻璃板之前和离开玻璃板之后的间距是否相等？●●

图 P33.24

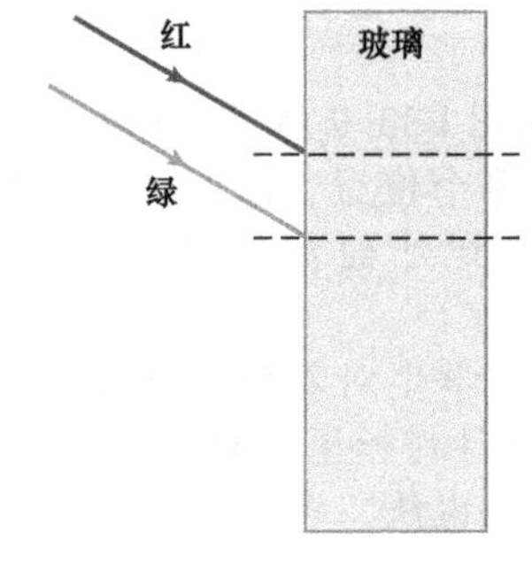

实践篇

25. 一层厚厚的透明油层漂浮在水面上。请画图说明，光线与油层表面法向成 30°角入射后发生了什么。●●

26. 假设在习题 19 中，在玩具船正下方的浴缸底部有一个手电筒小灯泡。当点亮这个灯泡，关闭顶棚灯，同时使浴缸中的水被下列液体代替时，船在顶棚上所成影子的大小将会如何变化？（a）光在这种液体中的速率比在水中的快，（b）光在这种液体中的速率比在水中的慢。●●

27. 假定图 WG33.2 中的棱镜浸没在某种液体中，光在这种液体中的传播速率比在玻璃中慢。描述当光线垂直入射时发生的现象。●●

28. 你行驶在长直的高速公路上，在前方的道路上可以看见天空的倒影。在你到达那里之前，倒影消失了，但是倒影又会在前方路上继续出现。事实上公路从一个位置到另一个位置并没有什么不同，利用折射知识解释发生的物理过程。●●

29. 穿过棱镜的白光被散射成多种颜色的光。描述怎样将这么多种颜色的光变回白光。●●●

30. 将一个玻璃圆柱放置在一个大烧杯中，向烧杯中倒满植物油。如果此刻在油中看不到玻璃圆柱了，关于光与油以及玻璃之间的相互作用，你能得出什么结论？●●●

33.4 成像

31. （a）画出一个简化的光路图来表示在一个会聚透镜焦点外的物体的三条主光线。（b）该物体的像是实像还是虚像？（c）该物体的像是正立的还是倒立的？（d）当物体远离透镜时，像会发生什么变化？●

32. （a）画出一个简化的光路图来表示在一个发散透镜焦点外的物体的三条主光线。（b）该物体的像是实像还是虚像？（c）该物体的像是正立的还是倒立的？（d）当物体远离透镜时，像会发生什么变化？●

33. 放大镜中的透镜是一个会聚透镜，当平行光射入透镜时，一定会聚在一点上。既然这样，放大镜如何能成一个比物还要大的像？为什么像不会缩小为一点？●

34. 一个透镜左表面的曲率半径为 R，右表面的曲率半径为 $2R$。从左表面射入的平行光会聚在右表面右侧 100mm 的位置。从右边射入的平行光会聚点的位置离透镜有多远？●

35. 通过一个薄的透镜观察物体，你看见一个虚像。像在透镜的哪边，还是看起来似乎在透镜里？这个像的什么性质表明透镜是会聚透镜还是发散透镜？●●

36. （a）画出一个简化的光路图来表示一个位于发散透镜焦点内的物体的三条主光线。（b）该物体的像是实像还是虚像？（c）该物体的像是正立的还是倒立的？（d）当物体向焦点方向移动时，像发生了什么变化？●●

37. （a）画出一个简化的光路图来表示一个位于凸透镜焦点内的物体的三条主光线，物体离透镜的距离要比离焦点的距离近。（b）这个像是实像还是虚像？（c）这个像是正立的还是倒立的？（d）当物体向焦点方向移动时，像发生了什么变化？●●

38. 一个高 20mm 的物体被放置在焦距为 100mm 的凸透镜的左侧 70mm 的位置。（a）画图表示出三条主光线，并利用它们来确定像的位置。（b）像是实的还是虚的？（c）像是正立的还是倒立的？（d）像比物体大还是小？●●

39. 一个物体被放置在焦距为 100mm 的发散透镜的左侧 80mm 的位置。（a）画出一个光路图，表示三条主光线，并使用它们来确定像的位置。（b）像是实的还是虚的？（c）像是正立的还是倒立的？（d）像比物体大还是小？●●

40. 完成下面这个有关会聚透镜的表。●●

物体位置	像的位置	像		
		实像还是虚像？	像是正立的还是倒立的？	与物体相比，像是放大了还是缩小了？
在透镜和焦点之间	在无穷远和透镜之间（同侧）	虚像	正立的	放大
在焦点处				

实践篇

（续）

物体位置	像的位置	像		
		实像还是虚像？	像是正立的还是倒立的？	与物体相比，像是放大了还是缩小了？
在焦点和二倍焦距之间				
在二倍焦距处				
在二倍焦距外				
无穷远				

41. 图 P33.41 表示了光线从发散透镜射出，再射向放置在发散透镜右侧 100mm 位置处的会聚透镜。从会聚透镜射出的光线彼此平行。计算每个透镜的焦距。●●

图 P33.41

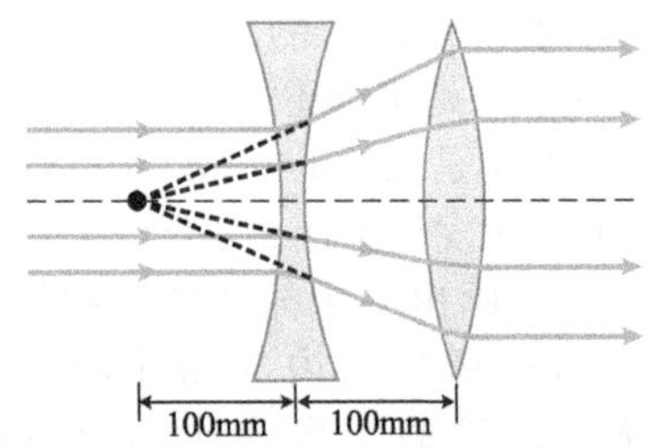

42. 两个完全相同的会聚透镜相距 400mm 放置，一个 40mm 高的物体放置在左边透镜左侧 230mm 处。(a) 画出左侧透镜的三条主光线，并用它们来确定左侧透镜成像的位置。(b) 画出右侧透镜的三条主光线，并用它们来确定右侧透镜成像的位置。(c) 右侧透镜成的像是实像还是虚像？(d) 它是正立的还是倒立的？(e) 和物体相比，它是放大了还是缩小了？●●●

33.5 折射定律

43. 光以 1.24×10^8m/s 的速率穿过某种材料。确定光穿过的材料最可能是什么材料。●

44. 光在某种材料中的传播速率会比真空中的慢 7.50%，该材料的折射率是多少？●

45. 绿光在空气中的波长是 530nm。在火石玻璃（折射率 $n=1.65$）中这种光的频率和波长是多少？●

46. 一条光线穿过折射率为 $n_1=1.45$ 的介质 1，到达了介质 1 和介质 2 的分界面，介质 2 的折射率为 $n_2=1.24$。(a) 为了发生全反射，入射角的最小值是多少？(b) 如果光线从介质 2 射入介质 1，那么在分界面上会发生什么？●

47. 一条光线从充满矿物质水的水槽中射出（折射率为 $n_1=1.37$）。假定水面是光滑的，为了使光线重新反射回水槽而不射出水面，入射角应为多少？●

48. 你将一束激光以 30°的入射角照射到折射率为 $n=1.5$ 的一块厚玻璃块上。(a) 激光光束的折射角是多少？(b) 画出包含法线，玻璃块表面，入射波前、折射波前和光线的图。(c) 如果入射角是 45°，那么 (a)，(b) 两问中涉及的角度将如何变化？●●

49. 在真空中，你的激光器中激光的波长是 538nm。你站在一个平静的池塘的岸边，你将激光以 60°角射入水中。如果水的折射率是 $n=1.333$，当光射入水中时，光的下列物理量将会怎样变化？(a) 波长，(b) 频率，(c) 速率，(d) 传播方向。(e) 如果光线沿法线垂直入射（沿法线），上述答案中哪些物理量将会变化？如果变，又将怎么变？●●

50. 一条光线入射到漂浮在水面上的油面中。油的折射率比水大，水的折射率比空气大。将空气中的入射角记为 θ_a，油中的折射角记为 θ_o，水中的折射角记为 θ_w。(a) 画图表示出三层物质和所有角度。(b) 证明：$n_a\sin\theta_a=n_w\sin\theta_w$。(c) 根据 (b) 部分的结果，在计算从介质 1 射到介质 2，再射到介质 3 的 θ_w 时，当所有的 n 值都不同时，我们能够忽略介质 2 的存在。如果我们计算的是光线射到水容器底部的具体位置时，可不可以忽略介质 2？●●

51. 火石玻璃对于蓝光的折射率为 1.66，对于红光的折射率为 1.61，对其他颜色光折射率的值在这两个值之间。一条白色的光线

实践篇

从左到右穿过一块含铅玻璃板，它射出玻璃板进入空气，发生了色散。如果出射光线在玻璃内以 30.0°的出射角射出，对于以下情形，折射角各是多大？ (a) 对于蓝光，(b) 对于红光。(c) 将一块平的、不透明的屏幕放在折射光线的路径上，以使红光可以垂直射到屏幕上。如果沿着红光折射方向从玻璃板到屏幕的距离是 0.50m，那么屏幕上的彩虹光中红光点和蓝光点之间的距离是多大？(用小角近似) ●●

52. 如果光纤的折射率是 (a) 1.4，(b) 1.8，则在空气中的光纤电缆内发生全反射的临界角各是多少？(c) 哪一种光纤可以允许有更大的弯折（曲率半径较小)，且仍然可以发生全反射？●●

53. 如图 P33.53 所示，证明：出射光线与入射光线平行。●●

图 P33.53

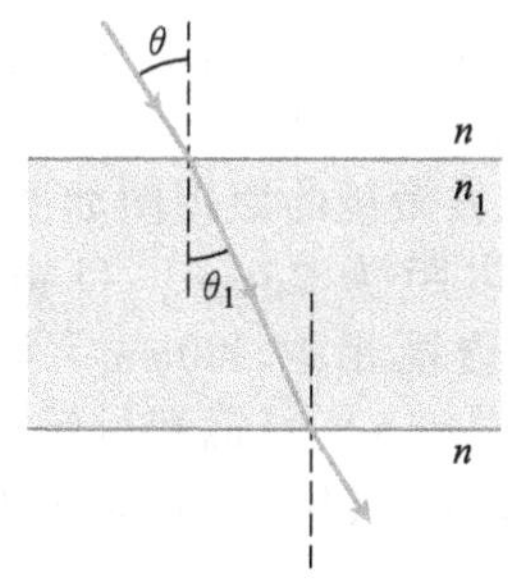

54. 在空气中波长是 700nm 的红光以 40.0°的入射角射入金刚石 ($n=2.42$)。计算： (a) 光在金刚石中的波长和频率，(b) 折射角。●●

55. 一条光线从折射率为 $n_1=1.1$ 的介质 1 射入折射率是 $n_2=1.5$ 的介质 2（见图 P33.55)。光线的入射角为多少时可以使反射光线和折射光线相互垂直？●●

图 P33.55

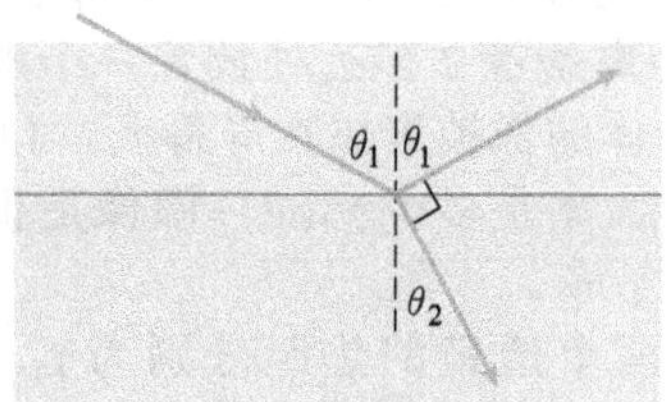

56. 一个研究员站在湖边的一个码头的边缘，眼睛距离水面高度差为 4.0m，与漂浮在湖中的浮标的水平距离为 6.0m（见图 P33.56)。浮标底部有一根绳子垂入水中且绳子末端挂有一个光源。当研究员观察光源的视线通过码头和浮标连线的中点时，光源出现在水面下方 4.0m 处。光源在水底多深的位置？●●

图 P33.56

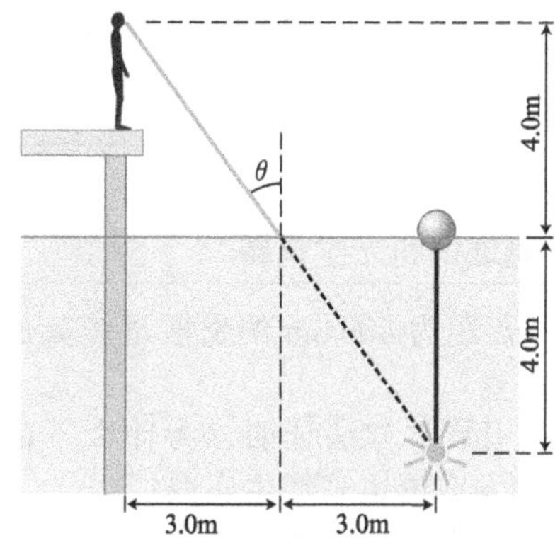

57. 图 P33.57 描述了一条由空气射入光纤的光线，并在光纤中发生全反射。(a) 如果光纤的折射率是 n，则入射角 θ 的最大值为多少时才能发生全反射？(b) 当 n 比某一确定值 n_0 大时，光线从空气中以一个 0~90°的任意入射角射入光纤，都能够在光纤里发生全反射。n_0 是多少？●●●

图 P33.57

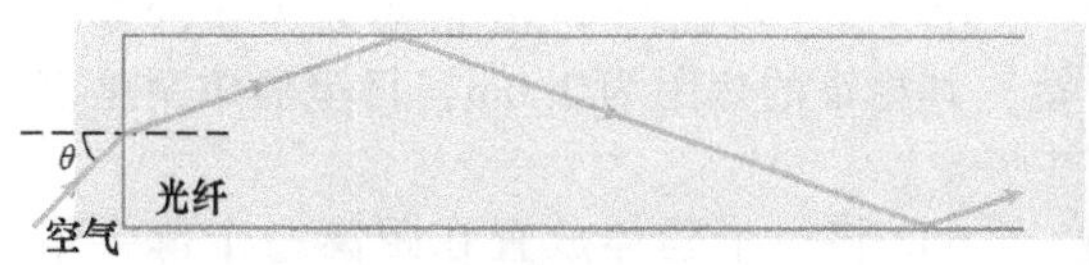

58. 一个大桶内部充满折射率 $n_1=1.3$ 的介质 1，一束光穿过这个大桶入射到折射率 $n_2=1.6$ 的平面介质 2 上（厚度 $d=12\text{mm}$)。如果光以与介质交界面表面法线成 $\theta_1=40°$的角度入射到介质 2 上，当其从介质 2 出射时，光线偏离原来位置多远？●●●

59. 玩具位于游泳池的底部，水深 $d=1.8\text{m}$（见图 P33.59)。一个孩子站在游泳池边，眼睛距离池底部的高度差 $h=3.5\text{m}$，看到玩具距池壁的水平距离是 $y=4.2\text{m}$。那么玩具距池壁的真实水平距离 y_{toy} 是多少？●●●

实践篇

图 P33.59

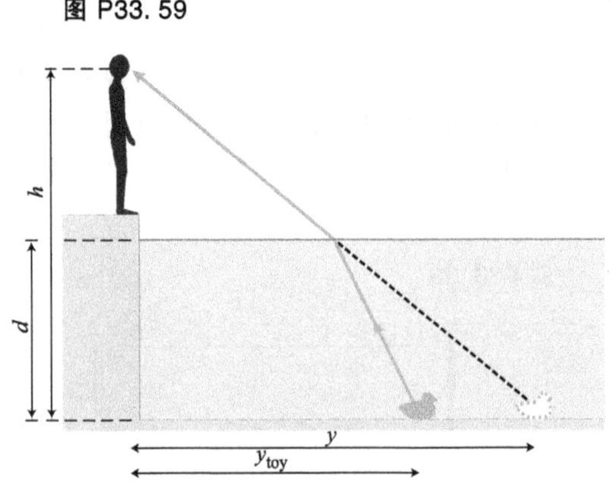

33.6　薄透镜和光学仪器

60. 焦距为 400mm 的发散透镜其屈光度为多大？●

61. 用数学方法证明，为什么不能用一个单独的发散透镜来产生实像？●

62. 透镜屈光度为+1.5 的眼镜片的焦距是多少？●

63. 使用一个焦距为 $f=100\text{mm}$ 的凸透镜，一个物体位于镜头前 2.00m 处，你在镜头后多远能看到一个清晰的图像？●

64. 便宜手机的相机使用单个透镜在镜头后面 5.8mm 处的传感器上形成高 10mm 的像。你需要距埃菲尔铁塔（高 324m）多远才能得到其整个的像？忽略你在地面拍照时相机的倾斜。●

65. 一个可以产生 40 倍角放大率的望远镜，其物镜的焦距为 2.0m，目镜的焦距是多少？●

66. 将一个物体放置在距离一个薄会聚透镜 800mm 处，该透镜的焦距为 500mm。(a) 像距是多少？(b) 像的放大率是多少？(c) 画出这种情形的简易光路图。●●

67. 将一个物体放置在距离一个薄会聚透镜 150mm 处，该透镜焦距为 400mm。(a) 像距是多少？(b) 像的放大率是多少？(c) 画出这种情形的简易光路图。●●

68. 将一个物体放置在距离一个薄的发散透镜 600mm 位置处，透镜焦距为-300mm。(a) 像距是多少？ (b) 像的放大率是多少？●●

69. 将一个物体放置在距离一个薄的发散透镜 200mm 位置处，透镜焦距为-500mm。(a) 像距是多少？(b) 像的放大率是多少？(c) 画出这种情形的简易光路图。●●

70. 一只虫子距透镜 30mm。当你通过透镜观察时，虫子出现在你的近点（在你的眼前 0.250mm 处）。如果你的眼睛和虫子之间的实际距离为 130mm，透镜焦距是多少？●●

71. 一个女人除非戴眼镜，否则无法聚焦于距离眼睛 400mm 之内的物体。戴上眼镜后她能够清楚地看到普通人近点（不能再近了）的物体。眼镜的屈光度是多少？●●

72. 两个会聚透镜相距 600mm 放置，透镜 1 在透镜 2 的左边。一个物体放置在透镜 1 左边 400mm 处，透镜 1 的焦距为 150mm。(a) 如果透镜 2 的焦距是 200mm，像呈现在哪里？ (b) 透镜组整体的放大率是多少？(c) 像是正立的还是倒立的？●●

73. 一台天文望远镜的角放大率为 M_θ，它由相距为 d 的物镜和目镜组成，两个透镜的焦点在该望远镜内重合。用 M_θ 和 d 表示 (a) 物镜的焦距和 (b) 目镜的焦距。●●

74. 折射显微镜的原理图如图 P33.74 所示。物镜的焦距为 25mm，目镜的焦距为 63mm，两个透镜相距 200mm。如果物体距离物镜 30mm，(a) 目镜和目镜所成的像之间的距离是多少？(b) 该像整体的放大倍数是多少？●●

图 P33.74

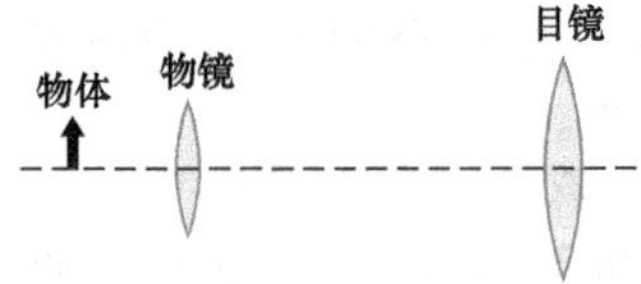

75. 两个会聚透镜 1 和 2 面对面放置，透镜 1 在左边。透镜 1 的焦距是 100mm，透镜 2 的焦距是 180mm，两透镜相距 150mm。如果一个物体位于透镜 1 的左边 50mm 处，(a) 在距离透镜 2 多远处放置一个屏幕，可以使得物体的像被聚焦在屏幕上？(b) 该像的整体放大率是多少？(c) 图像是正立的还是倒立的？●●

76. 两个透镜的焦距分别为 $f_1=100\text{mm}$ 和 $f_2=200\text{mm}$，面对面放置，相距 $d=550\text{mm}$，透镜 1 在透镜 2 左侧。将一个物体放置在镜头 1 左边 150mm 处，图像形成在哪

实践篇

个位置？●●

77. 两个会聚透镜焦点所在位置如图 P33.77 所示，左边透镜的焦点用实心点表示，右边透镜的焦点用空心点表示。描述透镜组最终的图像。●●

图 P33.77

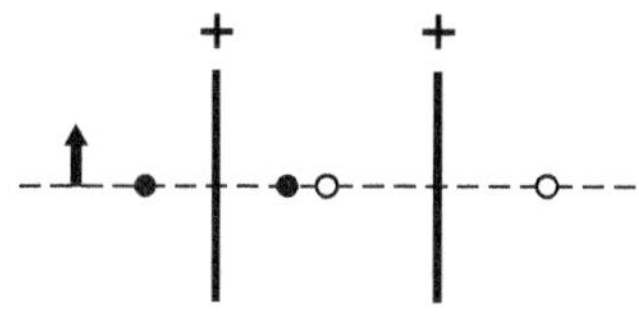

78. 在图 P33.78 中，有一个焦距为 100mm 的会聚透镜 1 和一个焦距为-80.0mm 的发散透镜 2，它们之间相距 160mm。如果物体放置在距离透镜 1 为 180mm 的位置，(a) 透镜 2 和它所成的像之间的位置在哪里？(b) 最终成像的放大率是多少？●●●

图 P33.78

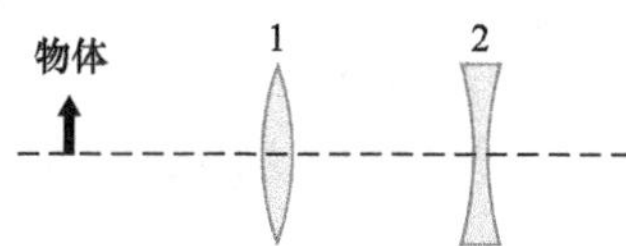

79. 习题 42 描绘了相隔 400mm 的两个完全相同的会聚透镜的成像情况。每个透镜的焦距都为 100mm，高 40mm 的物体放置在距左边透镜 230mm 处。(a) 使用分析的方法确定最终成像的位置。根据你的计算，(b) 最终的像是正立的还是倒立的？(c) 是实像还是虚像？(d) 计算最终成像的放大率。●●●

80. 你需要设计一个放大率为 3.00、在距离最后一个透镜 300mm 处成正立实像的放大系统。你能够利用的是两个焦距为 100mm 的会聚透镜。怎样安排物体和透镜的位置来实现你的目标？●●●

81. 你要观察 5.500m 长的地球同步通信卫星。正常人眼可以分辨位于人眼近点处 0.100mm 宽的物体，同样大小的角分辨本领也适用于离近点较远处的物体。假定你所用望远镜的两个透镜相距 1.000m。描述为了看清楚这颗卫星，两个透镜应该符合什么条件？假定当你通过望远镜观察时，卫星是可见的。你的结果合理吗？为了更容易看见卫星，你可以对望远镜做哪些修改？●●●

33.7 球面镜

82. 太阳光被你手里的球面镜反射后会聚在镜前 160mm 处。此球面镜的曲率半径是多少？●

83. 用一个曲率半径为 $R=250\text{mm}$ 的球面镜来对一个放置在镜子前 $d=200\text{mm}$ 处的物体成像。像会出现在哪里？●

84. 一个浴室剃须镜的曲率半径为 $R=400\text{mm}$。描述下面情况下你的脸所成的像：(a) 你距离镜面 $d_{\text{close}}=100\text{mm}$，(b) 你距离镜面 $d_{\text{far}}=1.20\text{m}$。●

85. 关于汽车副驾驶一侧的后视镜，经常会有这样的警示“镜子中的物体比实际的近”。如果你汽车镜子的曲率半径为 $R=-800\text{mm}$，一辆在相邻右车道行驶的车在你后面与你相距 $o=20.0\text{m}$ 远，该车看起来出现在多远的位置？●

86. 一个物体放置在曲率半径为 200mm 的会聚球面镜前 60mm 位置处。(a) 像距是多大？(b) 像的放大率是多少？(c) 像是实的还是虚的？(d) 像是正立的还是倒立的？(e) 画一个包含三条主光线的光路图来说明这个情景。●●

87. 一个曲率半径为 70.0mm 的会聚面镜在镜前 150mm 处形成了一个高 20.0mm 的物体的像。(a) 像的高度是多少？(b) 像是实像还是虚像？(c) 像是正立的还是倒立的？(d) 画一个包含主光线的光路图来说明这个情景。●●

88. 你站在一个曲率半径为-3.5m 的发散面镜前 0.50m 处。(a) 像是实像还是虚像？(b) 像是正立的还是倒立的？(c) 像离镜面多远？(d) 像的放大率是多大？●●

89. 你站在凹面镜前 1.0m 的位置看自己，发现在镜中的像是你实际大小的四分之一，那么镜子的曲率半径为多大？●●

90. 你想要用一个会聚面镜成一个像，像的大小是物体大小的 N 倍。用放大倍数 N 和镜子的曲率半径 R 来表示应将物体放置在离镜子多远的位置。●●

91. 一个球面镜呈现的是一个相当于你的脸的大小两倍的实像。如果你的脸到镜子的距离是 750mm，镜子的曲率半径是多大？●●

92. 一个会聚面镜的焦距为300mm。计算下列情况下的像距和放大率，当物体位于(a)焦点和镜子之间的中点处，(b)在焦点处，(c)在焦点和曲率球心之间的中点处，(d)在曲率中心处，(e)在曲率中心外的f处，(f)在无穷远处。●●

93. 对一个发散面镜重复习题92题中的计算。注明两种镜子的相似点和不同点。●●

94. 商场中放置的安全镜可得到大的视角，但是物体的像比实际看起来小了。如果你希望在镜子后面10.0m处成一个放大率为10.0%的像，镜子的曲率半径为多大？●●

95. 图P33.95中的光学系统由一个会聚透镜和一个会聚面镜组成。透镜的焦点用空心点表示，面镜的曲率球心用实心点表示。画一个简化的光路图，描述最终成的像。●●●

图 P33.95

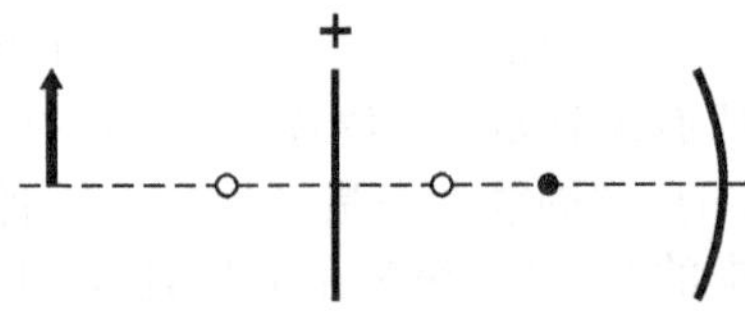

96. 一个球面镜对于一个真实物体的成像类型是由该物体相对于焦点的位置决定的。有三种球面镜（会聚面镜、发散面镜和平面镜），这里你可以把平面镜看成是曲率半径无限大的球面镜。对于一个放置在每种球面镜前的物体，描述出成像的虚实；正立还是倒立；在镜前还是镜后；放大、缩小还是和物体等大。●●●

97. 你在一个曲率半径R_1为的球面镜前放置一个物体，成了一个两倍大小的、倒立的实像。然后你用曲率半径为R_2的球面镜代替之前的球面镜（保持物距不变）。这个镜子成了两倍大小的、正立的虚像。计算R_2/R_1的值。●●●

33.8 透镜设计公式

98. 图P33.98中的所有透镜都放置在空气中。哪些透镜是凸透镜，哪些是凹透镜？●

99. 你有一个两面都是凸面的透镜。透镜材料的折射率是$n=1.40$，曲率半径为$|R_1|=300\text{mm}$，$|R_2|=500\text{mm}$，透镜在空气中的焦距是多大？●

图 P33.98

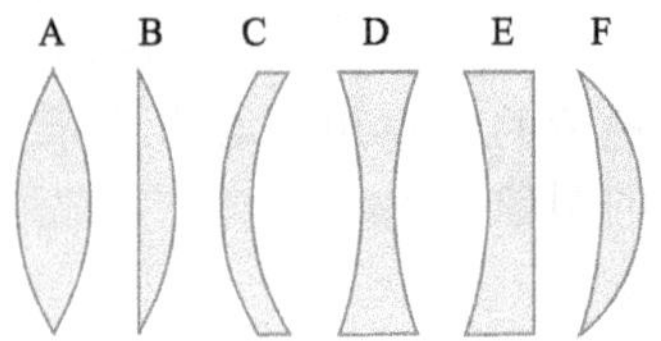

100. 为了矫正一个近视患者的视力，配镜师需要一副屈光度为-3.0的透镜。透镜是平凹的，前表面（远离眼睛的一侧）是平面。如果镜片玻璃的折射率是1.5，镜片后表面的曲率半径应为多少？●

101. 一个平凸透镜的焦距为170mm，透镜材料的折射率为1.6，凸面的曲率半径为多大？●

102. 一个玻璃透镜（$n=1.45$）的曲率半径为1.50m。如果太阳光在距离透镜0.300m的位置会聚成一点，那么另一表面的曲率半径为多大？●●

103. 两面都是凸面的塑料薄透镜，两个表面的曲率半径都为1.8mm。如果透镜的焦距为4.5mm，那么塑料的折射率为多大？●●

104. 一个透镜的折射率为1.50，该透镜的左侧面向外弯曲，曲率半径为0.15m，右侧面向内弯曲，曲率半径为0.25m。如果分别从以下两个方向看，它的焦距为多大？(a)从左侧看(b)从右侧看。●●

105. 一个薄透镜材料的折射率是1.50，当一个高10mm的物体放置在距离透镜500mm的位置上时，成了正立的21.5mm高的像。透镜的一个表面为凹面，曲率半径为350mm。另一个表面的曲率半径是多大？●●

106. 一个由折射率为1.55的玻璃制成的透镜，如果透镜被放置在空气中时，其焦距为0.500m。当这个透镜被放置在水中时，焦距是多少？●●

107. 一个平凸透镜的凸面的曲率半径为40mm。透镜是由折射率为1.5的玻璃制成的。(a)透镜的焦距为多大？(b)如果你通过测量发现：曲率半径为40mm是正确的，而焦距为100mm并不是(a)中算出的结果。那么玻璃的折射率是多大？●●

108. 一个焦距为f_A的薄透镜是由折射率为$n_A=1.1$的材料制成的。如果另一个透镜 B 除了材料的折射率为 $n_B = 2n_A$ 外，其他条件都与透镜 A 相同，那么和 f_A 相比，B 透镜的焦距 f_B 是多少？●●

109. 如图 P33.109 所示，处于空气中的薄透镜 $|R_1|<|R_2|$。(a) 这个透镜是会聚透镜还是发散透镜？(b) 如果透镜的 $|R_1|=|R_2|$，它是会聚透镜还是发散透镜？(c) 如果 $|R_1|>|R_2|$，那么它是会聚透镜还是发散透镜？●●

图 P33.109

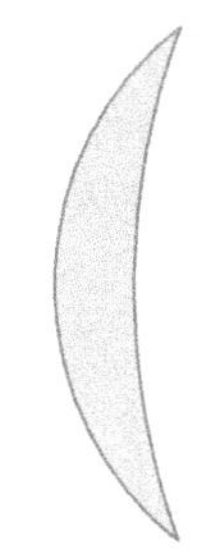

110. 由未知材料制成的透镜的两个表面的曲率半径大小都为 $|R|$。当一个物体被放置在距离透镜 R 的位置时，成两倍大小的实像。这种制造透镜的材料的折射率是多少？●●●

附加题

111. 当你用激光笔指向墙面时，为什么只能在墙上看到一个点而不能看到激光从激光笔传播到墙面过程中的光束？●

112. 一个在码头捕鱼的人看见水中的一条鱼。为了捕到鱼，他应该将捕鱼枪瞄准所看到的像的上方、像的下方还是直接瞄准像的位置？●

113. 纽约和洛杉矶之间的距离为 4.0×10^3km，连接这两座城市的光纤的折射率为 1.6，光信号需要在光纤中走多长时间？●

114. 传说大约在公元前 214—前 212 年，古希腊哲学家、科学家阿基米德曾用一个能发射"死亡射线"的会聚面镜来防御罗马人的进攻，利用阳光使舰队失火。假定一个早上，敌军从东面而来，太阳在船的正后方。如果正在靠近的敌军舰队处在离镜子 100m 远的位置，为了达到最好的效果，镜子的曲率半径应为多大？●

115. 说明下面情况下会聚透镜的应用是什么？(a) 物体在两倍焦距处，(b) 物体在焦距处，(c) 物体在无穷远处。●

116. 将一个高 40mm 的物体放置在一个薄会聚透镜前面 60mm 处。如果像是倒立的，且高度为 80mm，求 (a) 像和透镜的距离，(b) 透镜的焦距。●●

117. 一个焦距 $f=50$mm 的会聚透镜成像大小是物体大小的三倍。物体距离透镜多远？●●

118. 在真空中，某种光的波长是 550nm。(a) 当波速是 2.4×10^8m/s 时，光在这种介质中的波长是多大？(b) 光在真空中的频率是多少？(c) 光在介质中的频率是多少？●●

119. 对于不同颜色的光，透镜的焦距是不同的。(a) 什么光学原理导致了这个问题？(b) 这个问题能够被修正吗？(c) 相同的问题会出现在面镜中吗？●●

120. 当一个物体被放置在发散面镜前 1.2m 处时，像位于离镜子 0.75m 处，那么 (a) 像是实的还是虚的？(b) 像是正立的还是倒立的？(c) 镜子的曲率半径是多少？●●

121. 两个会聚透镜如图 P33.121 所示，左边透镜的焦点用实心点表示，右边透镜的焦点用空心点表示。画一个简化的光路图来确定最终成像的位置。●●

图 P33.121

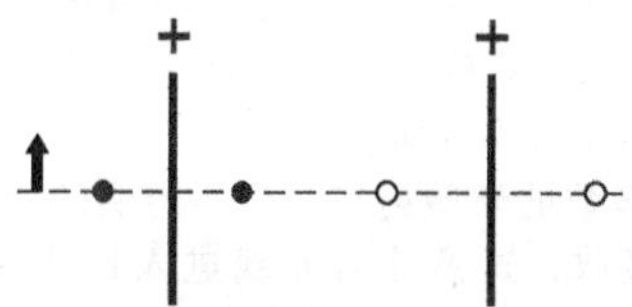

122. 使用一个透镜焦距为 $f=50$mm 的照相机，给一个身高 1.7m、站在 29m 远处的人照相。人在底片上的像的高度是多少？●●

123. 嵌在金刚石 ($n_{\text{diamond}}=2.42$) 中的一块电路板发出光线。金刚石被火石玻璃 ($n_{\text{flint}}=1.65$) 包围。这两种材料的交界面是平的，火石玻璃和空气的界面也是平的。这两个交界面是平行的。相对于两个界面的法线方向，(a) 从金刚石发出的光线最大角度是多少时才能保证其射入火石玻璃？(b) 从金刚石发出的光线最大角度是多少时才能保证其从火石玻璃射出并进入空气中？●●●

124. 你和朋友在一个晴朗的天气去潜水，你们决定估测一下光线从水射入空气的临界角。你的朋友在水下，带了一个激光笔和一个防水耳机，这样他在水下就可以听到你的指令。他身上还连接一个标志他在水中位置的浮标，该浮标在他的正上方的水面上。你坐在水面的一艘小摩托艇上，你可以使用各种测量工具（卷尺、可以放出的钓鱼线以便于稍后准确测量其长度等）。你想了一会儿，确定了一个行动方案。●●●**CR**

125. 你负责操作电影院的投影机。电影胶片在一个支架上通过，来自明亮灯泡的光首先穿过胶片，然后照射到透镜上。你有几个额外的镜头可以替换，镜头支架的位置很容易调整，但移动胶片支架似乎更麻烦。单张胶片其框高是 20.00mm。你注意到，当镜头放置在离胶片 100.0mm 处时，镜头另一侧的电影屏幕上会形成一个 1450mm 高的清晰图像。此图像太小，只占据了不足屏幕的三分之一的大小。如果观众看不到更大的聚焦清晰的图像，你将会被调回到你以前制作爆米花的工作。●●●**CR**

126. 对于一个放置在空气中的透镜，你已经了解了会聚透镜和发散透镜曲率半径所满足的条件。你曾经潜过水，知道透镜在空气中和水中的焦距是不同的。这使得你开始思考当透镜被放置在一种折射率比透镜材料折射率大的介质中会发生什么现象，但是你甚至不确定在这种条件下透镜是否能够成像。伴随着沉思，你进入了梦乡。●●●**CR**

复习题答案

1. 物体必须发光或者反射来自光源的光线，并且光线必须能进入你的眼睛并且能够在视网膜上形成这个物体的像。

2. 光线是在光路图中所画的用来表示从光源发出的光传播方向的线。一条光线对应于光源发出的一条极细的光束。

3. 影子是当物体面对光源时背后产生的黑暗区域，它的形成是因为物体阻挡了光源部分光线的传播，使它不能到达影子区域。

4. 光可以被吸收，意味着它进入物体后不再出来；光可以透射，意味着它穿过物体继续传播；光也可以被反射，意味着光被物体表面弹回，并且改变方向，远离物体表面。

5. 大多数的光照射在一个不透明的物体上时都会被物体吸收，这意味着光线进入物体不再出来。大多数的光照射在半透明的物体上时会在物体中继续传播并发生散射，这意味光在通过物体时会随机地改变传播方向。

6. 当一束光打在光滑的表面上时，反射角等于入射角，且两个角度在同一平面。

7. 镜面反射是发生在光滑表面上的反射（该表面的法线方向在波长大小的尺度上不发生变化）。漫反射是由不规则的表面引起的反射，其不规则体现在波长大小的尺度上。因为不规则表面的法线方向会随机改变，因此光线会向任意方向反射。

8. 因为粗糙表面的不同部分的法线方向具有随机性，使入射光随机散射，所以不能形成图像。尽管每条射线的入射角和反射角是相等的。

9. 像是由物体发出光线传播形成的物体的光学再现。

10. 从物体某一点发出的任何一条光线都必须在像上实际相交或者看似相交于共同的一点。实像是由实际光线相交形成的像，虚像是由虽然没有实际相交，但是反向延长会相交的光线形成的像。

11. 该物体会向各个方向发出或反射光线，其中有一些光线会在到达面镜后反射到观察者的眼睛。当观察者沿着这些光线的反向看去时，光线似乎穿过了镜子并在镜子后面的位置相交，从而使图像呈现在那里。

12. 不同颜色的光对应于电磁波频谱可见光区域内不同频率的波。

13. 波前垂直于光传播的方向画，光线沿着光传播的方向画。因此，表示同一束光的光线和波前在光路图中应相互垂直。

14. 折射是光线从密度不同的介质 A 传播到介质 B 时发生的弯曲。光线弯曲是因为每个波前从 A 向 B 移动时，已经进入 B 的那部分波前的速率与仍在 A 中的那部分波前的速率不同。

15. 是的。因为 $\lambda = c/f$，并且频率在边界处不变，波长 λ 随波速 c 的变化而变化。进入一个低质量密度的介质会引起 c 增加，所以 λ 也增加。

16. 未被折射的光线与介质交界面的法线间的夹角叫作入射角，折射光线与介质交界面的法线间的夹角叫作折射角。当光线从一个高密度的介质进入低密度介质时，入射角小于折射角，因为折射光线向远离法线的方向偏折。当光线从低密度介质进入高密度介质时，入射角大于折射角，因为折射光线向趋近法线的方向偏折。

17. 即折射角为 90°时的入射角，叫作临界角。入射角等于临界角时，它可以使折射光线沿着两个介质之间的界面传播。

实践篇

18. 当光线从光密介质射到光疏介质时，折射角大于入射角。当入射角大于临界角时，光线不能被折射，因为折射角不能超过90°。(如果超过90°，光线就不在光疏介质中了)。没有了折射，界面就会将所有光线都反射回光密介质。

19. 光在两点之间传播所经过的路径是所需传播时间最短的路径。

20. 一束光中包含不同频率的光，光的散射是当光发生折射时不同频率的光从光束中分散开来，大多数材料中光的传播速率略依赖于光的频率，所以光束中各种光线的折射程度取决于光的频率。

21. 当光线逆行时其传播路径不会改变，光线仍沿着原来的路径通过介质B，到达界面，然后进入A。

22. 近轴光线是指在透镜中心轴附近，并与轴平行或有小角度偏离而进入透镜的光线。

23. (1) 光线从左边进入透镜前若平行于透镜轴，折射后将通过透镜右侧的焦点。(2) 穿过透镜中心的光线将继续沿原来的路径传播。(3) 穿过透镜左侧焦点的光线经折射后将从右边平行于透镜轴线射出。这三条光线的交点（或看上去相交）即为图像的位置。

24. 凸透镜表面的弯曲方式是球体的向外表面，导致平行光线经过透镜后聚集在一个点。凹透镜表面的弯曲方式是球体的向内表面，导致平行光线经过透镜后相互远离，就好像这些光线是从透镜入射端同一点发出的一样。

25. 折射率是真空中光速和光在介质中传播速率的比值：$n_{\mathrm{material}}=c_0/c_{\mathrm{material}}$ [式 (33.1)]。

26. 光线在某一介质中的波长等于光在真空中的波长除以该介质的折射率：$\lambda_{\mathrm{material}}=\lambda_{\mathrm{vac}}/n_{\mathrm{material}}$ [式 (33.3)]。

27. 折射定律描述了光从介质1进入介质2被折射时入射角和折射角之间的关系，折射角的正弦值和介质2的折射率的乘积等于入射角的正弦值与介质1的折射率的乘积：$n_1\sin\theta_1=n_2\sin\theta_2$ [式 (33.7)]。

28. 临界角的正弦值等于光疏介质的折射率除以光密介质折射率 $\sin\theta_c=n_{\mathrm{lower\ density}}/n_{\mathrm{higher\ density}}$ [来自式 (33.9)]。

29. 对于任何由透镜形成的像，透镜方程中的焦距 f、物距 o 和像距 i 的关系满足：$1/f=1/o+1/i$ [式 (33.16)]，对于凸透镜，焦距为正；对于凹透镜，焦距为负。如果物体和图像位于透镜的两侧，则像距为正；如果它们在透镜的同侧，则像距为负。如果物体在透镜的前面，则物距为正；如果物体在透镜的后面，则物距为负。前面是指光线发出的一边。

30. 放大率是图像的高度和物体高度的比值：$M=-i/o$ [式 (33.17)]。M 为正值表示一个正立的图像，M 为负值表示一个倒立的图像。

31. 人眼的近点是眼睛可以看到清晰物体的距眼睛最近的一个点。

32. 角放大率是像角和物角比值的绝对值 $M_\theta=|\theta_i/\theta_o|$ [式 (33.18)]。

33. 屈光度是用来描述被测眼镜片透镜强度大小的单位，式 (33.22) 中透镜强度 d 的定义为 $d=(1\mathrm{m})/f$，其中 f 是透镜的焦距。

34. 焦距是曲率半径的一半：$f=R/2$ [式 (33.23)]。

35. 是的。会聚面镜的焦距是正的，发散面镜的焦距是负的。如果像和物在镜子的同侧，则像距为正，如果像和物在镜子的两侧，则像距为负。如果物体在镜子前，则物距为正，如果物体在镜子后，则物距为负。

36. 像的虚实取决于物体的位置。当物体在焦点和镜面之间时，像成在镜面后，并且因为光线不能够到达镜面后边的空间而成虚像。当物体和镜子的距离比焦点到镜子的距离大时，像成在镜子前方，并且因为光线可以到达像的位置所以是实像。

37. 这个公式只适用于薄透镜并且只适用于计算曲率半径的光线为近轴光线，此时可以应用小角近似。

38. 凸面的半径是正的，凹面的半径是负的，平面的半径为无穷大。

引导性问题答案

引导性问题 33.2

$n_{\mathrm{liq}}=1.17$

引导性问题 33.4

一个焦距为 $f=80\mathrm{mm}$ 的透镜

引导性问题 33.6

0.333m

引导性问题 33.8

(a) 会聚面镜；(b) 能。将蜡烛正立在镜轴上，将纸放在距镜子前面257mm处的轴下方来捕捉图像，该图像大小为蜡烛大小的71.4%。

引导性问题 33.10

57mm

第 34 章　波动光学和粒子光学

章节总结

衍射（34.1节~34.3节，34.6节）

基本概念 当光线通过一个宽度可以和光的波长相比甚至小于波长的狭缝时会发生衍射。

干涉条纹是当相干光通过两个或两个以上的狭缝而投射在屏幕上时所形成的明暗相间的图样（条纹）。**条纹级数**就是明暗条纹的排列顺序。中央明条纹是零级明条纹，它左右两侧的明条纹是第一级明条纹，左右两侧的下一级明条纹是第二级明条纹，编号规则以此类推。挨着中央亮条纹的两条暗条纹是第一级暗条纹，编号规则以此类推。

当光线通过两个狭缝时，狭缝后面屏幕上的图案由明暗相间的条纹组成。当光线通过三个或更多的狭缝时，每一个暗条纹之中包含了一个或更多且亮度小于亮条纹但并不是完全的暗区域。在这种图样中最亮的条纹是主极大亮条纹，光稍微弱的亮条纹是次极大亮条纹。

衍射光栅是一种包含大量等间距狭缝或凹槽的障碍物。一个透射衍射光栅包含若干可以透过光的狭缝，一个反射衍射光栅包含若干可以反射光线的凹槽。

布拉格条件表明，只有当波长为 λ 的X射线入射到晶体平面的入射角满足关系 $2d\cos\theta=m\lambda$ 时，晶体才会反射X射线。其中，m 是整数；d 是相邻两晶体平面的间距。

定量研究 当波长为 λ 的光通过相距为 d 的两个狭缝时，亮条纹的对应角度 θ_m 满足

$$\sin\theta_m=\pm\frac{m\lambda}{d},\quad m=0,1,2,3,\cdots \tag{34.5}$$

暗条纹的对应角度 θ_n 满足

$$\sin\theta_n=\pm\frac{\left(n-\frac{1}{2}\right)}{d}\lambda,\quad n=1,2,3,\cdots \tag{34.7}$$

上面两式中，整数 m 和 n 为条纹级数。

对于经过 N 个狭缝的光，其产生主极大亮条纹的角度 θ_m 满足

$$d\sin\theta_m=\pm m\lambda,\quad m=0,1,2,3,\cdots \tag{34.16}$$

而暗条纹产生的角度 $\theta_{\min}$ 满足

$$d\sin\theta_{\min}=\pm\frac{k}{N}\lambda \tag{34.17}$$

其中，k 是整数但不能是 N 的整数倍。

薄膜干涉（34.7节）

基本概念 薄膜干涉发生在厚度可以与可见光波长相比的透明材料中。材料前后表面的反射光会发生干涉。

定量研究 光垂直入射到厚为 t、折射率为 n_b 的薄膜上，膜前后表面的反射光之间的相位差是

$$\phi=\frac{4\pi n_b t}{\lambda}+\phi_{r2}-\phi_{r1} \tag{34.23}$$

其中，相位移动 ϕ_{r1} 和 ϕ_{r2} 是由前后表面反射造成的，它的数值要么是0要么是 π，由薄膜前表面和后表面的介质折射率决定。

单缝及圆孔衍射（34.8 节，34.9 节）

基本概念　经过圆孔的光发生衍射，干涉条纹是环形条纹，中间的亮点称为**艾里斑**。

定量研究　当光被厚度为 a 的狭缝衍射时，产生暗条纹的角度 θ_n 满足

$$\sin\theta_n = \pm n\frac{\lambda}{a},\quad n=1,2,3,\cdots \tag{34.26}$$

当光被直径为 d 的圆孔衍射时，第一个暗条纹满足的条件为

$$\sin\theta_1 = 1.22\frac{\lambda}{d} \tag{34.29}$$

瑞利判据：两束光通过直径为 d 的透镜后可以被分辨的最小角 θ_r 为

$$\theta_r \approx 1.22\frac{\lambda}{d} \tag{34.30}$$

物质波和光子（34.4 节，34.5 节，34.10 节）

基本概念　**波粒二象性**说明粒子和光都同时具有波动性和粒子性。

德布罗意波长表征了粒子的波长。

光的粒子称为**光子**。它是光的不可分割的独立的单元。

光电效应：当足够高频率的光照射到金属上时，电子会从金属中射出。截止电压阻挡电子出射。金属逸出功 E_0 是指从金属表面释放一个电子所需的最低能量。

定量研究　**普朗克常量是**

$$h=6.626\times10^{-34}\,\text{J}\cdot\text{s}$$

动量为 p 的粒子的**德布罗意波长**为

$$\lambda = h/p$$

在光电效应中，

$$E_{\text{photon}} = hf = K_{\max} + E_0, \tag{34.35}$$

其中，f 是光照射金属的频率；$K_{\max}$ 是出射电子的最大动能；E_0 是金属的功函数。

光子的能量为

$$E_{\text{photon}} = hf_{\text{photon}} \tag{34.39}$$

光子的动量为

$$p_{\text{photon}} = \frac{hf_{\text{photon}}}{c_0} \tag{34.40}$$

实践篇

复习题

复习题的答案见本章最后。

34.1 光的衍射

1. 什么是衍射？

2. 当一束平面波穿过光路上的一个障碍物上的狭缝时，这束波的波长和波前宽度具有怎样的关系才会发生衍射？

34.2 衍射光栅

3. 什么是干涉条纹？

4. 干涉条纹的级次是如何编号的？

5. 当光束通过障碍物上的两个狭缝照到其后面的光屏上时，屏幕上出现亮条纹的位置应满足什么条件？屏幕上出现暗条纹的位置应满足什么条件？

6. 光通过许多等距狭缝时产生干涉相长的条件与通过双缝时产生干涉相长的条件相同吗？两种情况下出现干涉相消的条件相同吗？

7. 在光通过许多狭缝后形成的干涉图样中，主极大和次极大之间的主要区别是什么？

8. 什么是衍射光栅？它有哪两种类型？

34.3 X 射线衍射

9. 晶格的什么性质使晶格可以成为 X 射线的衍射光栅？

10. 由布拉格条件可以推测出哪些信息？

34.4 物质波

11. 电子束穿过晶体时会发生什么现象？这表明了电子具有怎样的行为？

12. 哪个物理量可以用来衡量粒子的波动性？

13. 为什么无法在宏观物体上观测到波动性？

34.5 光子

14. 什么是光子，其能量由什么决定？

15. 很微弱的光直接从光源到达两个相邻检测屏上所形成的图样与光先穿过相邻狭缝再到达检测屏上所形成的图样不同。描述这种差异是如何支持光粒子模型的。

34.6 多缝干涉

16. 如果从两个狭缝出射的波同相位，为什么它们到达检测屏上给定位置时的相位却不再相同？

17. 当平面光波通过两个并排缝然后传播到检测屏上时，屏幕上的干涉图样的最大强度与波入射到狭缝上的光强度之和相比大小如何？

18. 在衍射光栅形成的散射光谱中，分辨波长为 λ_1 和 λ_2（其中 $\lambda_2<\lambda_1$）的光的极限条件是什么？

34.7 薄膜干涉

19. 薄膜干涉是如何发生的？

20. 当可见光通过一个透明的材料时，材料厚度是否会影响干涉的发生？

21. 在薄膜干涉中，哪两个因素决定了薄膜前后表面反射光束之间的相位差？

22. 考虑一束光线从折射率为 n_1 的介质 1 进入折射率为 n_2 的介质 2。描述光束在介质 1 和介质 2 之间的界面反射时所发生的相移。

34.8 单缝衍射

23. 将通过一个狭缝的平面波前分为一系列点光源对，由此可以决定干涉图样的什么特征？

24. 光通过一个狭缝产生的干涉图样中表示极小值的方向的表达式是什么？

25. 如果单狭缝宽度小于波的波长，那么光波穿过这个单狭缝时所形成的干涉图样将是什么样的？

34.9 圆孔和分辨率极限

26. 光通过一个圆孔时形成的干涉图样是什么样的？

27. 什么是艾里斑？

28. 什么是瑞利判据？

29. 什么是衍射极限，它是如何由一个干涉图样的艾里斑定义的？

34.10 光子的能量和动量

30. 什么是光电效应？

31. 在一个由光电效应产生电流的电路中，截止电势差是什么？它取决于入射光的什么性质？

32. 光电电路的截止电势差与电子飞出时的动能有什么关系？

33. 光电电路的截止电势差取决于入射光的频率而不是光强度这一事实是如何支持光的粒子说而非波动说的？

34. 在光电电路中电流与入射光强度之间的关系是什么？

35. 什么是金属的逸出功？

估算题

从数量级上估算下列物理量，括号中的字母对应于可能用到的提示。根据需要使用它们来指导你的思考。

1. 两个调幅广播塔相距3km，如果它们发出相同的频率，那么距离它们20km远的干涉的主极大值与次极大值之间的距离是多少？(E，L，P)

2. 敲击钢琴上的中央C键时发出的声波经过车库库门时产生的衍射图样中一级“暗”条纹的角位置是什么（这里的“暗”是指没有声波，而不是没有光波）。(D，I，V)

3. 微波信号通过一面金属墙上的一个金属门后会发生衍射，求衍射图样一级暗条纹的角位置。(W，J)。

4. 明亮的点光源在你的眼睛的后面形成图像的直径。(A，Q，U)

5. 一个5mW的绿色激光笔在每秒钟所发出的光子数量。(X，T)

6. 5mW的绿色激光笔的激光束施加在一张铝箔上的力。(K，B)

7. 位于2m之外的5W的LED灯发出的光每秒钟进入你的眼睛的光子的数量。(S，F，O)

8. 中子以300m/s的速率运动时的波长。(M，C)

9. 当浮在水面上的油看起来是红色的时，该油膜的最小厚度。(R，H)

10. 为了让电子束呈现单个病毒的图像所需要的电子速率。(N，G)

提示

A. 可见光的平均波长是多少？

B. 1秒钟内激光束携带的动量是多少？

C. 中子的动量是多少？

D. 中央C音的频率是多少？

E. 调幅无线电波的平均频率是多少？

F. 瞳孔的表面积是多少？

G. 为了呈现病毒的图像，电子波长应为多大？

H. 油的折射率是多少？

I. 声波的波长是多少？

J. 门的典型宽度是多少？

K. 激光束1秒钟内携带多少能量？

L. 调幅无线电波的平均波长是多少？

M. 中子的质量是多少？

N. 病毒的典型直径是多少？

O. 半径2m的球，其表面积是多少？

P. 两个极大值之间的角间距是多少？

Q. 眼睛的焦距是多少？

R. 红光的波长是多少？

S. 灯每秒钟射出多少光子？

T. 一个绿色的光子的能量是多少？

U. 在明亮的光线中，眼睛瞳孔的直径是多少？

V. 车库门的典型宽度是多少？

W. 微波的平均波长是多少？

X. 绿光的波长是多少？

答案（所有值均为近似值）

A. 5×10^{-7}m；B. 2×10^{-11}kg·m/s；C. 6×10^{-25}kg·m/s；D. 262Hz；E. 1MHz；F. 10^{-5}m^2；G. 10nm；H. $n=1.5$；I. 1m；J. 1m；K. 5mJ；L. 300m；M. 2×10^{-27}kg；N. 100nm；O. 50m^2；P. 0.1rad；Q. 3×10^{-2}m；R. 7×10^{-7}m；S. 10^{19}；T. 4×10^{-19}J；U. 3×10^{-3}m；V. 3m；W. 0.1m；X. 5×10^{-7}m

例题与引导性问题

下列例题涉及本章内容，但又不仅仅局限于本章中的某一节。
其中一部分以例题的形式给出，另一部分则以引导性问题的形式给出。

例 34.1 区分车前灯

你晚上开车沿笔直的公路向东行驶，眼睛的瞳孔直径扩张到 6.0mm。沿着这条路，你发现一辆汽车迎面向西行驶，已知这辆车的两个前灯相距 1.5m。假设衍射是唯一限制你视力的因素，当你能分辨出对面车辆的两个前灯时，你与该车相距多远?

❶ **分析问题** 该题目研究两个邻近的点光源在通过你每一只眼睛的晶状体时成像，而你又可以分辨出它是两个像的问题。由于双眼情况是相同的，因此我们可以只考虑一只眼睛。先画一个示意图，设迎面而来的汽车前灯到你眼睛的距离为 L，两个汽车前灯对你的眼睛张开的角度为 θ（见图 WG34.1）。

图 WG34.1

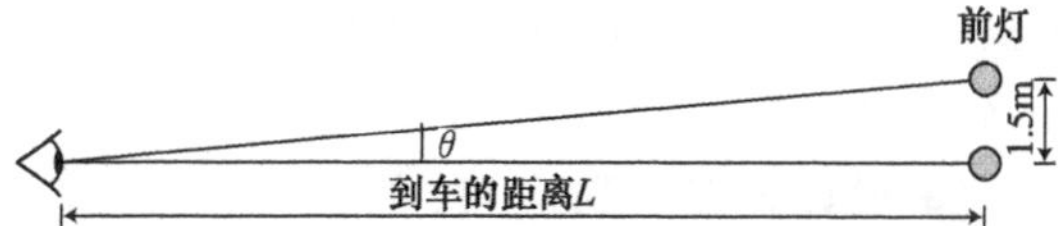

❷ **设计方案** 图 WG34.1 显示 $\tan\theta=(1.5\text{m})/L$，这意味着一旦我们知道 θ，就可以算出 L。在本题中，L 是对应于两个汽车前灯可以被人眼分辨的距离，故 θ 角满足瑞利判据。式（34.30）表明这一判据依赖于光所穿过的透镜的直径和光的波长。在眼睛中瞳孔位于晶状体之前，这意味着瞳孔直径决定有多少光能够通过晶状体。因此，我们使用瞳孔直径作为透镜直径。对于波长的选择，由于车前灯发出的是可见光，所以选取可见光谱的波长中值 $\lambda=550\text{nm}$。

❸ **实施推导** 使用 y 代表车头两个灯之间的距离，如图 WG34.1 所示，使用小角近似，得

$$\theta\approx\tan\theta=\frac{y}{L}$$

式（34.30）表明，两个物体可以被分辨时，它们必须满足瑞利判据的角度，即

$$\theta_r\approx\frac{y}{L}=\frac{1.22\lambda}{d}$$

所以如果衍射是决定你看到的像的唯一的因素，那么从你开始看到一束亮光到可以看清是两个车灯为止，距离 L 为

$$L=\frac{yd}{1.22\lambda}=\frac{(1.5\text{m})(6.0\times10^{-3}\text{m})}{1.22(550\times10^{-9}\text{m})}=1.3\times10^{4}\text{m}$$ ✔

❹ **评价结果** 通常情况下 8mile（1mile = 1.609km）远远大于你可以看到一辆车的距离。（当然在一条直的公路上这么远的距离内没有车也是很罕见的!）在这种情况下，大的离谱的结果说明了衍射只是限制你视觉的许多因素中的一个。然而，我们仍然可以说计算是正确的，因为距离在一个合理的范围内不是太短（100m 或更少）也不是太长（100km 或更多）。

我们也注意到，尽管我们不得不假设了车前灯发出光的一个具体波来长进行计算，但 L 是与波长成反比的。由于可见光谱的范围从 700nm 到 400nm，即使选择不同的波长，L 的值最多也只会改变 40%，因此其数量级不会改变。

引导性问题 34.2 地球同步卫星

碟型电视卫星天线类似于球面镜，它可以接收在绕地球轨道上运行的卫星发射出的 12GHz 的电磁波信号。每个镜子都像镜头一样用作圆形光圈。如果直径 0.45m 的碟型卫星天线可以分辨所有同步卫星发送的信号，那么可以在距离赤道 36000km 的高度的地球同步卫星轨道上容纳多少颗卫星?

❶ **分析问题**

1. 画图显示两个源和接受它们信号的碟型天线，标明相关的距离。

2. 来自两个相邻卫星的信号是否可以分辨是由什么条件决定? 这一条件依赖于哪

些距离？

❷ **设计方案**

3. 为了解决这个问题，你需要算出什么物理量？这个物理量与相邻的两个可以被区分的卫星之间的距离有什么关系？

4. 为了解决这个问题你需要查找什么信息？

5. 你该怎样确定卫星传播的电磁波的波长？

❸ **实施推导**

❹ **评价结果**

6. 你获得的卫星数量是否足够多以满足通信的需要？是否足够少到与你在夜晚观测天空中卫星的经验相符？

例 34.3 测量空气的折射率

一个干涉仪（见图 WG34.2）利用双光干涉来测量非常小的距离或折射率的差异。设备中激光光束直接照向一个分光镜，分光镜将一半的光反射到可调节的镜子 M_1（M_1 到分光镜的远近可调节），将另一半的光透射到固定的镜子 M_2。两束光遵循如图 WG34.2 所示的路径，分别通往镜 M_1 和 M_2，再返回分光镜，然后进入探测器，测量叠加后的光的强度。此问题中，激光在真空中的波长是 488nm。

一个两端装有玻璃窗的密封的圆柱形腔体，长 50.0mm，一开始在腔内充满空气。放置好腔体，使得前往 M_2 的光穿过它，然后调节镜 M_1 的位置使探测器收到的光的强度最大。最后逐渐排出空气。在空气被抽出的过程中，探测器探知的光强变为一个最小值，然后返回到最大值，如此交替变化了 60 次。计算空气的折射率。

图 WG34.2

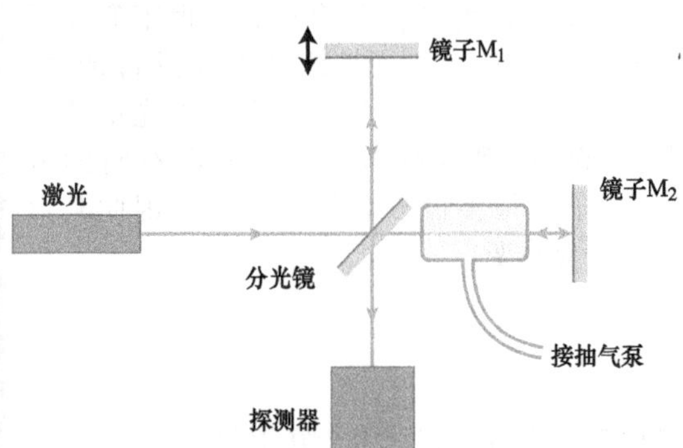

❶ **分析问题** 这个问题涉及从 M_1 和 M_2 发出的光束之间的干涉。随着空气被抽出，空气的折射率减小，干涉条纹的级数也出现变化。折射率的变化导致经过腔室的光束的波长发生变化，因此也改变了从分光镜到 M_2 然后又回到分光镜的光束的波长的数量。

最初，当腔室内充满空气时，到达探测器的两束光干涉后的光强为最大值。这意味着最初通过腔室到达探测器的光束与从 M_1 的光束到达探测器时是同相位。随着腔室中的空气被抽出，腔室内气体的折射率也随之降低，使得腔内的波长的数量减少，每减小一个波长，探测器中干涉光光强从最大值变为最小值，再减少一个波长又回到最大值，如此循环，从腔室中充满空气到真空的过程中，条纹明暗交替变化 60.0 次。空气的折射率减少到 $n_{vacuum}=1$，腔内波长数量减少了 60 个。

❷ **设计方案** 到达 M_2 的光束穿过腔室两次，所以它穿过的距离是 $2L$（L 是腔室长度）。我们可以用 N_{air} 表示充满空气的、长为 L 的腔室中波长的数量，n_{air} 表示光在真空中的折射率，λ 表示真空波长。同样地，我们可以用 N_{vacuum} 表示真空中长为 L、波长为 λ 的腔室中波长的数量。然后让 $N_{air}-N_{vacuum}$ 等于 60.0 解出 n_{air}。

❸ **实施推导** 腔室充满空气时，其内波长数量为

$$N_{air}=\frac{2L}{\lambda_{air}}=\frac{2L}{(\lambda/n_{air})}=\frac{2Ln_{air}}{\lambda}$$

在真空腔中波长数量为

$$N_{vacuum}=\frac{2L}{\lambda}$$

因此

$$N_{air}-N_{vacuum}=\frac{2Ln_{air}}{\lambda}-\frac{2L}{\lambda}=\frac{2L}{\lambda}(n_{air}-1)$$

$$n_{air}=\frac{\lambda(N_{air}-N_{vacuum})}{2L}+1$$

实践篇

$$=\frac{(488\times10^{-9}\text{m})(60.0)}{2(5.00\times10^{-2}\text{m})}+1$$
$$=2.93\times10^{-4}+1=1.000293\checkmark$$

因为真空的折射率的数值严格为 1，所以有无限多位有效数字。我们计算得出 n_{air} 的有效数字为 2.93×10^{-4}。

❹ **评价结果** 这个值是合理的，因为它非常接近并且大于 1，比水的折射率（1.33）或其他透明材料的折射率小得多。它还与《原理篇》中表 33.1 中给出的值匹配。

引导性问题 34.4 色彩斑斓的肥皂膜

随着肥皂水薄膜中水的蒸发，肥皂膜变薄，其反射光中主要颜色发生变化，最终薄膜将逐渐消失。（a）随着薄膜变得越来越薄，你最后看到的颜色是什么？（b）当最后的颜色消失时，薄膜有多厚？

❶ **分析问题**

1. 什么原理决定了薄膜反射光的颜色？基于这一原理，薄膜的什么物理量影响它的颜色？

2. 随着薄膜越来越薄，占据主导颜色的反射波波长是增大还是减小？

3. 对于观察薄膜的角度，合理的假设是什么？

4. 画一个草图表示出薄膜和反射光的光路。

❷ **设计方案**

5. 如何利用已知的干涉的相关知识确定膜厚度与这个厚度的反射光中主颜色之间的关系？

6. 光线在哪个或者哪些膜表面反射时有相移？

❸ **实施推导**

7. 薄膜合理的折射率值是多少？

❹ **评价结果**

8. 你的结果与一张纸的厚度相比如何？两个厚度的比例合理吗？

9. 评估结果的合理性的另一种方式是估计一个孩子吹一个肥皂泡可能会使用的肥皂液的体积和吹出的肥皂泡的面积。

例 34.5 重叠的彩虹

白光（波长为 400~700nm）入射到每毫米有 300 条线的衍射光栅上。如《原理篇》34.2 节所述，干涉图样在这种情况下不是简单的明暗交替的条纹而是一系列由红到紫的彩虹条纹，它们对称地分布在中央白色条纹的左右两边。三阶彩虹中哪个波长的位置与相邻的四阶彩虹重叠呢？

❶ **分析问题** 这是一个是关于白光入射衍射光栅的问题。为了阐明这种情况，我们从单色光照射一个光栅的干涉图样（见图 WG34.3）开始分析。每个波长会产生狭窄的明亮条纹和相对较宽的暗条纹相间的干涉图样。然而这个问题中的光并不是单色的。它包含所有可见光波长，因此干涉图样是一个明亮的白色中心斑点（所有颜色的光干涉后加强）而一系列彩虹包围这个中心，每一道彩虹的由紫色条纹开始，紫色靠近白色中心。颜色之所以会这么排列是因为条纹位置取决于波长。波长越短，条纹越接近干涉图样的中线。因为紫光的波长比红色的波长更短，因此在干涉图样的任意一道彩虹中，彩虹的紫色一端更靠近中心。彩虹之间重叠的情况如图 WG34.4 所示，彩虹中央白色亮条纹两侧的第一阶和第二阶彩虹重叠。

图 WG34.3

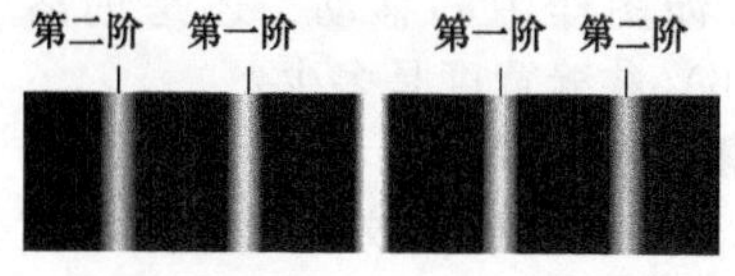

图 WG34.4

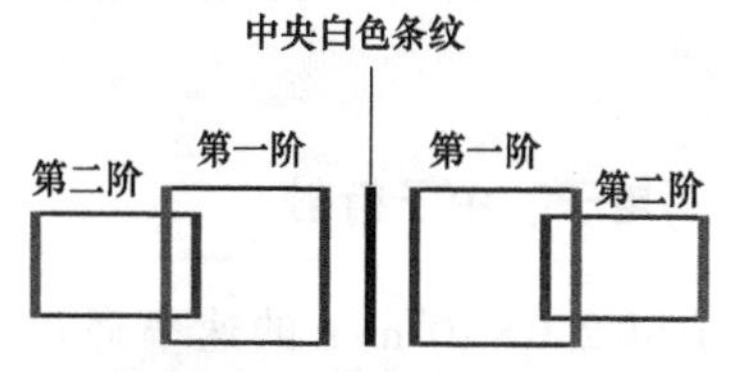

为了解决这个问题，我们需要找到第

实践篇

三、四阶彩虹的角位置的范围，并找出落在相同的角范围内的波长。

❷ **设计方案**　图 WG34.4 显示了第一阶彩虹最长的波长（红色端）与第二阶彩虹最短的波长（紫色端）相重叠。这同样适用于其他所有阶次，图 WG34.5 显示了中央白色条纹右侧重叠的第三、四阶彩虹。为确定波长重叠范围，我们从图 WG34.5 中的第四阶彩虹的角位置，也就是紫色端（$\lambda_{short}=400nm$）的角位置开始计算。接下来，我们计算第三阶彩虹中同样的角位置的波长，称为 $\lambda_{3,overlap}$。第三阶彩虹在它的红端（$\lambda_{long}=700nm$）结束，因此重叠部分从 $\lambda_{3,overlap}$ 延伸到 λ_{long}。所有这些计算，我们使用波长和角位置之间的关系式（34.16）。

图 WG34.5

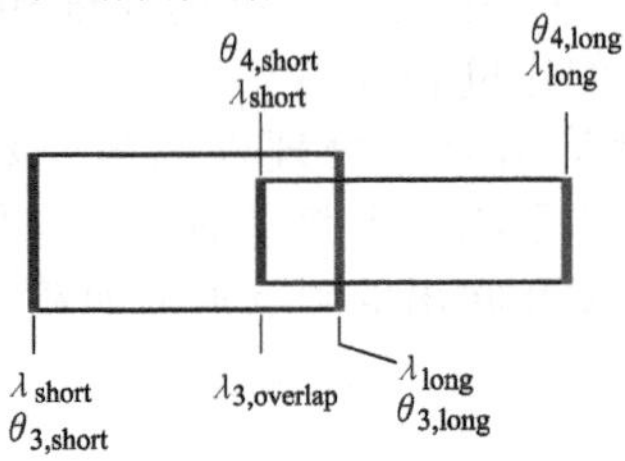

❸ **实施推导**　给出第四阶彩虹的紫色一端的角位置

$$d\sin\theta_{4,short}=4\lambda_{short} \tag{1}$$

其中，d 是光栅间距。把式（34.16）应用到第三阶彩虹中波长为 $\lambda_{3,overlap}$ 的重叠开始的地方，我们得到

$$d\sin\theta_{3,overlap}=3\lambda_{3,overlap} \tag{2}$$

由于重叠区域的开始和第四阶彩虹的紫端出现在相同的角位置，我们可以将式（2）重写为

$$d\sin\theta_{4,short}=3\lambda_{3,overlap} \tag{3}$$

比较式（1）和式（3）可得，$4\lambda_{short}=3\lambda_{3,overlap}$，因此有

$$\lambda_{3,overlap}=\frac{4}{3}\lambda_{short}=\frac{4}{3}(400\times10^{-9}m)=533\times10^{-9}m$$

因此，对第三阶彩虹，从 533nm 到 700nm 的波长与第四阶彩虹的位置重叠。✔

❹ **评价结果**　第三阶彩虹的重叠起始位置的波长是 533nm，在可见光电磁波谱范围内，所以我们的结果是合理的。

引导性问题 34.6　两种颜色

红色激光器中发出的光（$\lambda_r=633nm$）通过距屏幕 2.00m 的狭缝，并在屏幕上形成干涉图样。当换成蓝色激光器中的光（$\lambda_b=488nm$）通过狭缝时，$n=1$ 干涉暗条纹移动了 3.00mm。(a) 暗条纹朝哪个方向移动？是向干涉图样中心移动，还是远离中心移动？(b) 狭缝宽度是多少？

❶ **分析问题**

1. $n=1$ 的暗条纹的角位置与波长有什么关系？

2. 画一个草图显示红光和蓝光形成的干涉图样。

❷ **设计方案**

3. 对于单缝干涉图样，暗条纹的角位置与波长及狭缝宽度满足哪个方程？

4. 为了解决这个问题你需要确定什么物理量？

5. $n=1$ 的暗条纹平移的距离只取决于一个波长还是两个波长？你如何才能把这个距离和波长以及狭缝宽度联系在一起？

❸ **实施推导**

❹ **评价结果**

6. 狭缝宽度与红光和蓝光的波长相比如何？狭缝宽度相比一张纸的厚度又如何？

例 34.7　电子、中子衍射

电子以 $2.0\times10^6m/s$ 的速率通过双缝干涉装置，产生干涉图样，其中相邻两条明亮条纹的间距为 1.5mm。(a) 换成相同速率的中子时，衍射图样中明亮条纹的间距是多少？(b) 利用这个干涉装置使用可见光是否可以产生与电子或中子相同的干涉图样？

❶ **分析问题** 这是一个粒子通过双缝干涉装置在屏幕上形成干涉图样的问题。在这种情况下，是电子或中子发生干涉，而不是电磁波（光子）。

❷ **设计方案** 对所有类型的波，明条纹间距 y 取决于两个缝隙中心之间的距离 d、狭缝到屏幕的距离 L 以及干涉波的波长 λ，即 $y=L\lambda/d$ [式（34.15）]。电子和中子使用相同的设备，因此 d 和 L 保持不变。

为了求解（a）问题，我们使用式（34.15）表述由中子干涉的亮条纹的间距 y_n，它与电子亮条纹的间距 y_e，以及电子的波长 λ_e 和中子的波长和 λ_n 相关。然后我们可以使用德布罗意关系：$\lambda=h/(mv)$（见 34.4 节），最后代入 λ_n 和 λ_e 获得 y_n 的值。对于（b）问题，我们可以把电子、中子的波长与在电磁波谱可见光区域的波长相比较。

❸ **实施推导** （a）式（34.15）给出了 y_n 与中子的波长以及 y_e 与电子的波长之间的关系

$$y_n=\frac{L\lambda_n}{d},\quad \frac{y_n}{\lambda_n}=\frac{L}{d}$$

$$y_e=\frac{L\lambda_e}{d},\quad \frac{y_e}{\lambda_e}=\frac{L}{d}$$

$$\frac{y_n}{\lambda_n}=\frac{y_e}{\lambda_e}$$

我们得出了 y_n 的表达式，代入德布罗意关系式，得到

$$y_n=y_e\frac{\lambda_n}{\lambda_e}=y_e\frac{h/(m_nv_n)}{h/(m_ev_e)}=y_e\frac{m_e}{m_n}$$

$$=(1.5\times10^{-3}\mathrm{m})\left(\frac{9.11\times10^{-31}\mathrm{kg}}{1.67\times10^{-27}\mathrm{kg}}\right)$$

$$=8.2\times10^{-7}\mathrm{m}=0.82\mu\mathrm{m}$$ ✓

（b）电子、中子波长分别为

$$\lambda_e=\frac{h}{mv}=\frac{6.626\times10^{-34}\mathrm{J\cdot s}}{(9.11\times10^{-31}\mathrm{kg})(2.0\times10^{6}\mathrm{m/s})}$$

$$=3.6\times10^{-10}\mathrm{m}=0.36\mathrm{nm}$$

$$\lambda_n=\frac{h}{mv}=\frac{6.626\times10^{-34}\mathrm{J\cdot s}}{(1.67\times10^{-27}\mathrm{kg})(2.0\times10^{6}\mathrm{m/s})}$$

$$=2.0\times10^{-13}\mathrm{m}=2.0\times10^{-4}\mathrm{nm}$$

电子的波长在电磁波谱的 X 射线区域中，中子的波长在 γ 射线区域。可见光谱的波长范围大约从 400nm 到 700nm，这意味着可见光不可能复制电子或中子通过双缝的干涉图样。✓

❹ **评价结果** 中子以给定速率通过双缝时可以产生一个比电子以同样速率穿过时还要小很多的亮条纹间距（小三个数量级还多）。这是有意义的，因为在相同的速率下，中子的质量更大，动量更大，因此有更短的波长。更短的波长导致更小的亮条纹间距。

因为在这个问题中速率非常大，所以我们获得非常小的 λ_n 和 λ_e 是合理的。

引导性问题 34.8 两个光源的光电效应

在一个涉及光电效应的实验中，用两个激光器照射金属靶，你可以改变金属靶和探测器之间的电势差。当该电势差为零时，测得激光器 1 使金属靶出射电子的最大动能是 2.8eV，激光器 2 的则是 1.1eV。已知激光器 2 发出的光的波长比激光器 1 发出的光的波长长 50%。靶的逸出功是多少？

❶ **分析问题**

1. 哪个守恒定律适用于这种情况？
2. 逸出功与测得的动能的关系是什么？

❷ **设计方案**

3. 当靶和探测器之间电势差为零时，探测器测量到的最大电子动能与激光光子的能量之间是什么关系？
4. 光子波长与光子能量之间是什么关系？
5. 为了解决这个问题你需要确定什么量？

❸ **实施推导**

❹ **评价结果**

6. 根据这个问题中给定的参数值，你回答的数值合理吗？

习题 通过《掌握物理》®可以查看教师布置的作业

圆点表示习题的难易程度：●=简单，●●=中等，●●●=困难；**CR**=情景问题。

34.1 光的衍射

1. 列举一些能让你观察到光的衍射现象的材料。●

2. 估计哪个波长的电磁波会被纱窗衍射？这种波的频率是多少？●

3. 从单色光源发出的平面波垂直入射到圆形障碍物上，并在障碍物背后的屏幕上投下阴影。光波的什么属性会决定影子中心的暗度？●●

4. 波长为 λ 的光入射到宽度为 a 的狭缝上，产生衍射。描述下列情况下衍射的变化：（a）狭缝宽度变为原来的两倍时；（b）λ 射光波的波长变为原来的两倍时。●●

5. 一个朋友站在一棵大树后面大喊大叫。你可以听到他的声音，但是看不到他。这是为什么？●●

34.2 衍射光栅

6. 波长为 530nm 的相干绿光通过两个狭缝，已知两个狭缝中心的间距为 100μm。当来自两个狭缝的两列波以下列角度传播到一个很远的屏幕时，它们的相位差分别是多少？（a）15.4°和（b）20.7°。●

7. 一个衍射光栅相邻狭缝的距离是 4.00μm。当黄光（$\lambda=589$nm）入射到光栅上时，求二阶亮条纹的角位置。●

8. 分别用红色激光束和绿色激光束照亮光栅。红色光束的亮条纹的间距是大于、小于还是等于绿色光束的亮条纹的间距？●

9. 单色光垂直入射在宽度为 w、有 N 个凹槽的反射衍射光栅上。什么条件决定了干涉图样中有多少级干涉亮条纹可以被看到？●●

10. 紫光（$\lambda=400$nm）通过狭缝间距为 6.0μm 的衍射光栅，在距离光栅 1.0m 的屏幕上形成衍射图样。距离中央亮条纹的左边 $y=394$mm 的条纹是亮条纹、暗条纹，还是介于两者之间？这个条纹的级次是多少？●●

11. 光通过双缝光栅在距离 500mm 的屏上形成衍射图样。在这个图样中，第 5 级暗条纹离中央亮条纹 45.0mm 远。第三级亮条纹到中央亮条纹有多远？●●

12. 在距离衍射光栅 L 处的屏幕上投射一个图样。中央亮条纹直接投射在屏幕的中心。对于最高级次的明亮条纹，$m=x$，该亮条纹准确地打在屏幕的边缘上。这意味着有 $2x+1$ 条亮条纹在屏幕上可见。（a）如果通过光栅的光的波长增加一倍，（b）如果光栅上相邻狭缝的间距 d 增加了一倍，那么屏幕上的亮条纹数目将如何变化？●●●

13. （a）如图 P34.13 所示的双缝屏障，如果缝间距 $d_{orig}=1.0$μm，通过狭缝的光的波长为 546nm，计算一阶亮条纹的角位置 θ_1。（b）现在考虑屏障中的一个狭缝垂直振荡，使两个狭缝之间的距离随时间变化为 $d(t)=d_{orig}+A\sin(\omega t)$。计算一阶亮条纹的角位置 θ_1 与时间的函数关系，其中，$A=0.25$μm，$\omega=100\text{s}^{-1}$。（c）从 $t=0$ 开始，要过多久 θ_1 才能首次达到最大值？最大值是多少？（d）从 $t=0$ 开始，要过多久 θ_1 才能首次达到最小值？最小值是多少？（e）参数 A、ω、λ、d_{orig} 中的哪个会影响这些角度的值？

图 P34.13

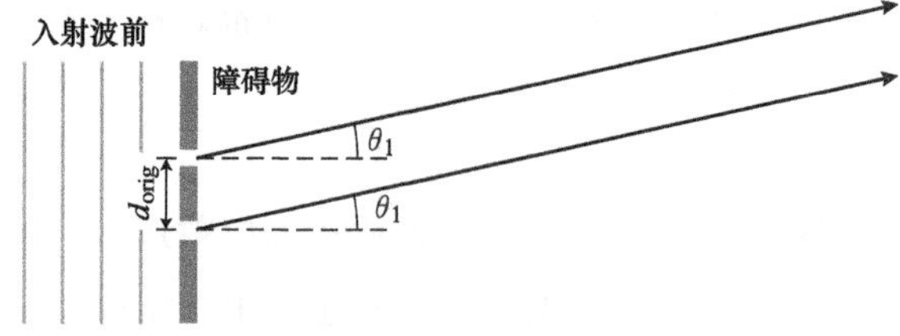

34.3 X 射线衍射

14. 为什么用 X 射线而不是可见光来确定晶体结构？●

15. 当 X 射线的能量翻了一倍时，X 射线衍射图样中的亮点是彼此更接近还是更远离？●

16. 一束波长为 1.000×10^{-10}m 的单色 X 射线照射到氯化钠晶体上，其晶格间距为 2.815×10^{-10}m。求：（a）$m=1$ 的布拉格角

实践篇

和（b）最高级次的布拉格角。●

17. 在一个立方晶体结构的 X 射线衍射实验中，你看到的 X 射线衍射强度峰值的布拉格角最大值是 35.00°。如果 X 射线的波长是 1.000nm，晶体中原子的间距是多少？假设衍射图样中只有一阶条纹是可见的。●●

18. 你在做立方晶体结构的 X 射线衍射，使用 0.500nm 的 X 射线。如果晶格间距 $d=6.70\times10^{-10}$m，你观察到的射线衍射强度峰值的两个最大的布拉格角是多少？●●

34.4 物质波

19. 在街上行走的人的德布罗意波长的数量级是多少？●●

20. 若质子的德布罗意波长与《原理篇》练习 34.4 中电子的德布罗意波长：1.5×10^{-10}m 相同，则质子的运动速率多大？●

21. 将一个狭窄的固体障碍物放置在从电子到探测器的路径上，如图 P34.21 所示。电子有可能到达探测器吗？●

图 P34.21

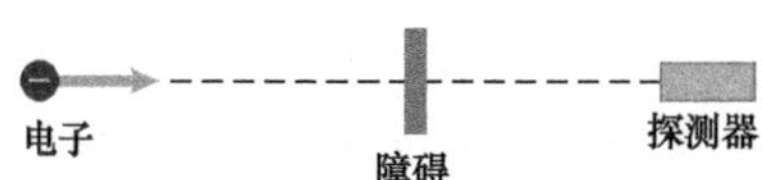

22. 0.17kg 的冰球以 45m/s 的速率运动时，其德布罗意波长是多少？●

23. α 粒子由两个中子和两个质子组成，其质量是 6.645×10^{-27}kg，所带电荷量是 $2e$。动能为 7.48×10^{-13}J，α 粒子的德布罗意波长是多少？●●

24. 把以下电磁波和粒子的衍射图样的明亮条纹间距按照由小到大的顺序排列：黄光，蓝光，以 1.04×10^{3}m/s 的速率运动的电子，以 1.04×10^{3}m/s 的速率运动的质子，以及以 1.04×10^{3}m/s 的速率运动的中子。●●

25. 加速电子射到衍射光栅上产生衍射图样。如果你想要图样中包含 101 条亮条纹，并且光栅上的狭缝间距是 7.00μm，电子的速率必须是多少？●●●

34.5 光子

26. 哪种光子含有更多的能量：蓝光的还是红光的？●

27. 地球表面一个地区，太阳在每秒钟内照射到地面上每平方米的能量平均为 200J，则每秒钟内会有多少个光子撞击到一平方米的地面？使用 580nm 作为太阳光线的平均波长。●

28. 红光（$\lambda=700$nm）能传递的（a）动量和（b）能量的最小值各是多少？●

29. 如果激光的额定功率是 5.00mW，那么绿光（$\lambda=532$nm）激光器要以多大的速率发射光子才能撞击到 2.00m 以外的墙上？为了解决这个问题，你必须做哪些假设？●●

30. 太阳的输出功率为 3.83×10^{26}W。（a）太阳每秒钟可以发出多少光子？为了解决这个问题，你必须做哪些假设？（b）在你的屋顶上安装一个面积为 1.00m^2 的太阳能电池板，有多少来自太阳的光子会到达面板？为了解决这个问题，你必须做哪些假设？●●

31. （a）波长为 633nm 的光子所具有的能量是多少？（b）两个氦-氖激光器都能发射出波长为 633nm 激光的光子。激光器 A 的额定功率为 1.0mW，但激光 B 的额定功率仅为 0.25mW。激光器发出同样波长的光，为什么额定功率不同？●

34.6 多缝干涉

32. 在衍射图像的中心附近，相邻的两个最大值的间距是 20mm，衍射光栅到屏幕 0.200m 远，狭缝间距为 4.5μm。求所用光的波长。●

33. 红色激光束（$\lambda=650$nm）通过双缝衍射到一个宽 400mm、距离狭缝 1.00m 远的屏幕上。（a）如果狭缝间的距离是 4000nm，有多少亮条纹显示在屏幕上？（b）通过计算相邻亮条纹之间的距离，验证（a）问中的答案。●

34. 激光通过一个双缝障碍物，两缝间距 $d=0.150$mm，缝到屏幕的距离 $L=5.00$m。屏幕中央亮条纹和一级亮条纹之间的距离是 $y=23.0$mm。光的波长是多少？●

35. 使用每毫米包含 200 个狭缝的衍射光栅，在距离光栅 2.00m 远的屏幕上产生衍

射图样，你看到的亮条纹间距是170mm。求光的波长。●

36. 绿光（$\lambda=510\text{nm}$）照射到两个相距$2.3\times10^{-6}\text{m}$的狭缝上。由此产生的衍射图样落在450mm远的屏幕上。距离中央亮条纹多远的条纹的平均衍射强度会降低到中央亮条纹的12%？●●

37. 汞灯的辐射包括546.1nm的绿光和435.8nm的蓝光。如果这种辐射通过每毫米包含600条狭缝的透射光栅，形成的衍射图样落在0.500m远处的屏幕上，则每个波长的一级亮条纹和二级亮条纹各在什么位置？用中央亮条纹的距离y表示你的答案。●●

38. 手机辐射的波长约为300mm。你在一座办公大楼的大厅里，大厅正面是大型多层玻璃窗，在玻璃横向每隔500mm宽度的地方安装一根垂直铝杆。铝可以屏蔽电磁辐射。你在离玻璃10m远处试图打电话，但是你得不到任何信号。这与干涉有关系吗？●●

39. 589.0nm的辐射和589.6nm的辐射穿过一个每毫米包含500个狭缝的衍射光栅。(a) 在衍射图样中，589.0nm辐射的$m=3$级的明条纹的角位置和589.6nm辐射的$m=3$级的明条纹的角位置的差是多少？(b) 衍射图样中有四级明条纹吗？●●

40. 550nm的光照射在六个间隔为0.125mm的平行缝上，由此在屏幕上产生图样。(a) 一级和二级的主极大值的角位置是什么？(b) 求中央主极大和一级主极大之间的所有暗条纹的角位置。在中央主极大和一级主极大之间，(c) 有多少暗条纹（最小值）和 (d) 有多少个次极大值？●●

41. 红色激光束（$\lambda=650\text{nm}$）和绿色激光束（$\lambda=532\text{nm}$）入射到每毫米包含400个狭缝的衍射光栅上，在3.00m远处的墙上产生衍射图样。如果两束激光入射在光栅时彼此重叠，它们产生的两个$m=1$级次的亮条纹之间的距离是多少？将你的答案表示为两个条纹间的直线距离。●●

42. 是否存在两束可见光激光束，它们照在相同的衍射光栅上，对于一台激光器产生的所有m级的暗条纹都与另一台激光器产生的同级亮条纹的位置相同？●●

43. 波长为570nm的光通过两个相距0.115mm的平行狭缝，落在距离狭缝45.0mm远的屏幕上，屏幕和狭缝中心对齐。为了使所有亮条纹都落在屏幕上，则屏幕至少要多宽？●●

44. 一束光包含400~700nm的所有可见光，入射到两个相距2.50μm的平行狭缝的。光经过两个狭缝形成一系列全彩色光谱。会形成多少完整的全彩色光谱？●●

45. 你正在设计一个衍射光栅，566.0nm的光通过它会在22.00°的位置产生二级明条纹。如果光栅的宽度是24.00m，这个光栅应该包含多少条等距的缝？●●

46. 你想要利用衍射光栅分辨可见光中波长为390~750nm的光。不同级数的光谱是否会重叠；也就是说，一种颜色光的一个级数的条纹和另一种颜色的光的另一个级数的条纹是否会重叠？如果重叠，是哪些级数？●●

47. 氢原子光谱有两个峰$\lambda_r=656.3\text{nm}$（红光）和$\lambda_b=486.1\text{nm}$（蓝-绿光）。(a) 光通过一对相距$d=0.100\text{mm}$的狭缝，然后落在距离狭缝$L=2.10\text{m}$的屏幕上，两个波长形成的$m=1$级明条纹之间的距离是多少？这两个明条纹可以分辨吗？(b) 相反，如果使用每毫米包含600条狭缝的光栅，两个明条纹相距多远？●●●

48. 衍射光栅需要有多少条缝才能将$\lambda_s=610\text{nm}$和$\lambda_1=615\text{nm}$的$m=1$级明条纹分开？●●●

34.7 薄膜干涉

49. 厚为0.500μm盖玻片的玻璃碎片（$n_{\text{glass}}=1.52$）漂浮在水上（$n_{\text{water}}=1.33$）。如果白光最初在空气中传播（$n_{\text{air}}=1.00$）并垂直入射到玻璃碎片的表面，当白光在其上下表面间反射时，可见光谱中哪些波长的光会发生相长干涉？●

50. 你在为眼镜的前表面设计薄透明反光涂层。当玻璃的两面都是空气时，其折射率是1.52。由于涂层材料昂贵，你想使用一层尽可能薄的涂层，你决定用的涂层厚度是104nm。如果要求涂层必须能够消除垂直表面入射的550nm的光，其折射率应为多少？●●

51. 一片玻璃（$n_{glass}=1.5$）上涂有 90.6nm 厚的氟化镁涂层（$n_{coating}=1.38$），以防止可见光反射。在此涂层表面强烈反射的光的最长波长是多少？假设光垂直入射。●●

52. 形成一个肥皂泡的薄膜的折射率是 1.42。当白光垂直入射到薄膜的外表面时，625nm 的反射光尤其明亮。求薄膜厚度的一个可能表达式。●●

53. 你在加工矿物萤石（CaF_2，$n_{fluorite}=1.43$），并且有一块矿石上涂上了一层 158nm 厚的液体样本。让各种波长的可见光垂直入射液体表面，你观察到非常强烈的反射绿光（$\lambda=510$nm）和零反射红光（$\lambda=750$nm），红光与绿光之间所有波长光的反射强度介于中间水平，则液体的折射率是多少？●●●

54. 一个 175nm 厚、折射率小于 1.56 的薄膜覆盖在垂直放置、折射率为 1.56 的玻璃的前表面，玻璃的后表面和薄膜的前表面都与空气接触。当一束包含不同波长的光垂直入射到薄膜的前表面时，我们观察到随着光的波长变化，473nm 的光受到薄膜前表面的强烈反射。我们还确定，如果该薄膜比 175nm 薄，就不会发生相长干涉。当光束方向改变，入射光与空气-薄膜界面成 51.0°角时，求光在薄膜内的折射角。●●●

34.8 单缝衍射

55. 633nm 的光照射在一个有裂缝的金属薄片上，在距金属 $L=0.9$m 处的屏幕上观察到衍射图样。如果中央亮条纹的宽度为 $w=12$mm，金属裂缝有多宽？●

56. 多宽的单缝可以使 650nm 的光通过后形成的一级暗条纹位置与干涉条纹的中心位置成 30.0°角？●

57. 波长为 400nm 的紫光通过一个 0.500mm 宽的缝隙。在距狭缝多远处放置一个屏幕，可以使得 $n=1$ 的两个条纹之间的距离是 10.0mm？●

58. 红色激光（$\lambda=656.5$nm）通过一个宽度为 $a=0.100$mm 的狭缝，在距离狭缝 $L=2.000$m 处的屏幕上，中央亮条纹与一级暗条纹之间的直线距离是多少？●

59. 波长为 545nm 的单色光入射到 15μm 宽的狭缝上，如果衍射图样落在距狭缝 710mm 的屏幕上，则中心条纹到 $n=4$ 级的暗条纹之间的距离是多远？●

60. 一个学生提出：当狭缝宽度等于波长时，通过狭缝的任何波长的光，其任意两个相邻暗条纹之间的距离都是光源到屏幕距离的两倍。请评价这种说法。●●

61. 日落时分，红色光沿着水平方向通过海滩小屋西墙的屋门，你观察到的在东墙上由门“缝”形成的干涉图样的大小是多少？●●

62. 一个实验装置由 550nm 的激光器、0.50m 远的屏幕和一个可调宽的单狭缝组成。什么样的狭缝宽度可以使干涉图样的中央亮条纹的宽度与没有发生衍射时屏幕上亮区的宽度一样？换句话说，什么样的狭缝宽度可以使波动光学的影响和几何光学的相提并论？●●

63. 当波长为 440nm 光入射到宽 75μm 的狭缝时，衍射图样落在 0.450m 远的屏幕上。中央亮条纹有多宽？●●

64. 用宽度为 0.002470mm 的缝来研究一束包含波长分别为 482.0nm 和 517.3nm 的光，衍射图样落在 0.220m 远处的屏幕上。在图样中，两束光 $n=2$ 级次的暗条纹之间的距离为多少？（选取两个在中央主极大条纹的同一侧的暗条纹）。●●

65. 波长为 485nm 的光束通过一个狭缝衍射到距离狭缝 0.320m 远的屏幕上。两个 $n=1$ 级次的暗条纹在屏幕上相距 22.4mm。(a) 缝有多宽？(b) 相对于原始光束来说，暗条纹出现的最大角位置是多少？●●

66. 一张薄纸板上有两个极窄的、平行的缝，每个狭缝的宽度远小于它们之间的距离 d。当缝被波长为 620nm 的相干光束照亮时，两个三级亮条纹的角位置是±4.27°。两个缝隙之间的纸板随后被剪掉，这样纸板只包含一个开口。当波长为 620nm 的光线照到这个开口上时，求 $n=1$，2，3 级次暗条纹的角位置。●●

67. 波长为 800nm 的光通过一个 45μm 宽的单缝产生干涉图样，在中央亮条纹同侧的 $n=3$，$n=5$ 级的暗条纹之间的角有多大？●●

68. 在单狭缝衍射产生的干涉图样中，一级亮条纹和三级亮条纹哪一个更宽？（提示：可以画图或代入狭缝宽度和波长的数据进行推测。）●●●

69. 一束激光通过一个1500nm宽的狭缝。在一个遥远的屏幕上形成干涉图样，两个一级暗条纹的角位置是25.0°。随后将这束光照射到漂浮在水（$n_{water}=1.33$）上的肥皂泡薄膜上（$n_{film}=1.40$）。使垂直入射到空气-薄膜界面的反射光与垂直入射到薄膜-水界面的反射光产生相消干涉的最小薄膜厚度是多少？●●●

34.9　圆孔和分辨率极限

70. 用波长为550nm的光照射到直径为0.20mm的针孔，在1.5m远处的屏幕上艾里斑的宽度是多少？●

71. 人类的眼睛对550nm的绿光最敏感，这就是为什么这个波长总是被用来计算望远镜的分辨率极限。一位业余天文学家的望远镜的焦距为1200mm，光圈直径为200mm。艾里斑的半径是多少？●

72. 你希望用直径为40.0mm的透镜聚焦一束光。下面哪个透镜聚焦光束的点最小？透镜A：直径为10.0mm，焦距为25.0mm；透镜B：直径为150mm，焦距为50.0mm；或透镜C：直径为30.0mm，焦距为30.0mm。●

73. 斯皮策（Spitzer）太空望远镜于2003年发射升空，它有一面直径0.85m的镜子，能检测波长从3.00μm到180μm的红外光。如果使用该仪器研究一对恒星，其最长波长和最短波长的角分辨率各是多大？●

74. 眼睛的瞳孔半径为3.0mm，可分辨如下物体的最小角距离是多少？(a) 两个紫色（$\lambda=400$nm）物体并排放置；(b) 两个红色（$\lambda=650$nm）物体并排放置。当物体距离眼睛100m远，对如下情况，其分辨率所需的最小直线分离距离是多少？(c) 两个紫色的物体；(d) 两个红色的物体。●●

75. 波长为530nm激光光束通过一个直径为0.400mm的圆形孔。在离孔800mm远的屏幕上，一阶暗条纹的直径是多少？●●

76. 人眼的瞳孔直径可以从明亮的光线下的2.00mm变化到昏暗的灯光下的8.00mm。眼睛的焦距约为25mm，可见光谱的波长从390nm（紫色）到750nm（红色）。眼睛的艾里斑的半径的可能范围是什么？（注意：视网膜上感光细胞半径由0.75μm到3.0μm。）●●

77. 在真空中，金属板上一个针孔产生的艾里斑的半径为$r_{r,vac}$。当金属板淹没在水（$n=1.33$）中时，艾里斑的半径如何变化？●●

78. 波长为500nm的光入射到一个直径为$d=30.0$μm圆形孔，衍射图样落在距离圆孔350mm的屏幕上。计算中央亮条纹的面积。●●

79. 两个物体相距30.0mm并排放置，都发射波长为550nm的光。已知眼睛的瞳孔直径为6.00mm，若眼睛无法分辨出这两个物体，则物体到眼睛的最小距离L是多少？●●

80. 你正在使用望远镜观察星星，它们发出可见光。如果镜头的直径是60.0mm，两颗星的最小角间距至少为多少你才能分辨它们？●●

81. 研究地球表面的卫星利用直径为2.75m的望远镜的反射镜聚焦波长为525nm的光。如果卫星轨道在25000km的高度，且镜子直指向下，它可以分辨的最小地貌直径是多大？●●

82. 一束650nm的光线穿过一个小圆孔落在距离孔350mm的屏幕上。如果屏幕上艾里斑的直径是139mm，则孔的直径是多少？●●

83. 车上两个红色刹车灯的间距为2.00m。你站在距车的后面300m远处，使用焦距为$f=50$mm、直径为$d=4.00$mm的透镜拍摄刹车灯的照片。照片中可以分辨出两个灯吗？它们是否会重叠在一起？●●●

84. 你正在制作一个针孔摄像头，利用一个小孔代替透镜来产生图像（见图P34.84）。(a) 如果小孔到底片的距离是100mm，针孔的直径是0.300mm，对于波长为390nm~750nm的光，最小分辨率是多大？同时考虑几何光学（简单考虑阴影）和波动光学。(b) 对于一个给定波长的光，你该怎样确定最佳的针孔大小？●●●

图 P34.84

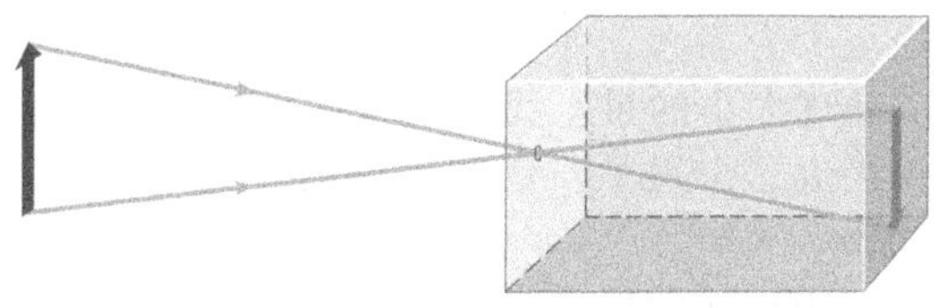

34.10 光子的能量和动量

85. 下面的物理量将会怎么变化？(a) 当速率降到初始速率的一半时，台球的动能；(b) 当速率降到初始速率的一半时，光子的能量（例如，当光子从折射率为 1 的传播介质到折射率为 2 的传播介质中时）？ ●

86. (a) 一个波长为 400nm 的光子和 (b) 一个波长为 700nm 的光子的能量是多少？ ●

87. 能量为 8.0×10^{-14}J 的 γ 射线光子的波长是多少？ ●

88. 能量为 8.0×10^{-14}J 的光子的动量是多少？ ●

89. 铝的逸出功为 $E_0=6.54\times10^{-19}$J。可以让自由电子从该金属的表面逸出的光的最大波长是多少？ ●

90. 如果某材料的逸出功对应于波长为 700nm 的红光时刚好使之产生光电效应，则用波长为 400nm 的紫光照射该材料时逸出的电子的最大动能是多少？ ●●

91. 波长为 410nm 的光入射到金属板上，逸出电子的最大动能为 $K_{\max}=3.5\times10^{-20}$J。金属的逸出功是多少？ ●●

92. 在光电效应实验中，三种金属 1、2 和 3 被同一频率 f 的光照射，三种金属截止电压的大小关系是 $V_{\mathrm{stop},1}>V_{\mathrm{stop},2}>V_{\mathrm{stop},3}$。(a) 哪种金属的激发频率最低，使得低于该频率时没有电子逸出？(b) 哪种金属的激发频率最高，使得低于该频率时光电效应不发生？ ●●

93. 在光电效应实验中，使用波长为 140nm 的光时，截止电压是 3.4V。金属的逸出功是多少？ ●●

94. 金属合金的逸出功为 $E_0=4.6\times10^{-19}$J，使用不同波长的光照射，测量逸出电子的最大动能。当分别用如下波长的光时，逸出电子的最大动能和最大速率分别是多少？(a) 390nm，(b) 750nm。 ●●

95. 已知使电子从某金属表面逸出时所需光的最小频率是 7.20×10^{14}Hz。什么频率的光能使逸出电子的最大速率为 8.50×10^5m/s？ ●●

96. 氦-氖激光器的额定功率为 0.250mW，波长为 633nm，光束直径为 2.00mm。计算：(a) 每个光子的能量；(b) 每秒钟逸出的光子的数量；(c) 每个光子的动量；(d) 光线入射到的接收器上的压力。 ●●

97. (a) 如果一个电子的动能和一个光子的能量都是 2.00×10^{-18}J，计算电子的德布罗意波长与光子波长的比值。哪个粒子的波长更短？(b) 一个光子的波长和一个电子的德布罗意波长都是 250nm，计算光子能量与电子动能的比值。哪个粒子有更大的能量？ ●●

98. 一束 3.50W、波长为 216nm 的激光束照射在逸出功为 2.00×10^{-19}J 的金属表面上。每秒钟金属表面逸出的电子的最大数量是多少？ ●●

99. 一束强度为 60W/m² 的激光照在质量为 2.3mg 的黑色物体上。光束冲击 4.5mm²（即光束垂直于表面）。假设为完全非弹性碰撞（即入射光子被黑色物体完全吸收），忽略摩擦，物体的加速度是多少？ ●●●

100. 在如图 P34.100 所示的真空管中，用强度为 5.50W/m²、波长为 400nm 的光照射下面的金属靶。假设光的频率足够大，可以使电子从目标金属板中逸出并打到上面的金属板收集器上。如果金属靶的面积是 600mm²，电路中可能的最大电流是多大？ ●●●

图 P34.100

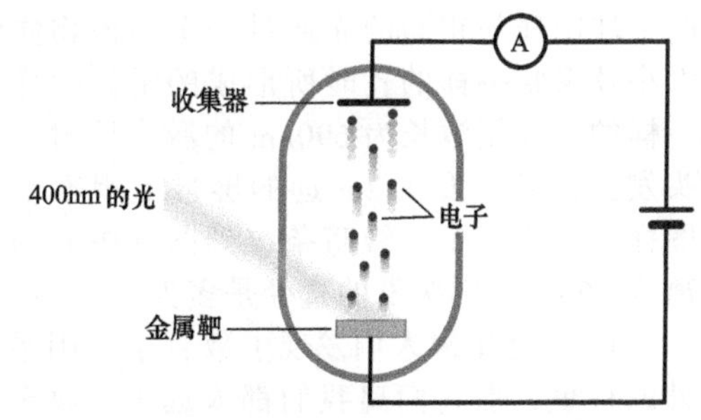

101. 当波长为550nm的光线通过一个细缝后到达屏幕上时，干涉图样的一级暗条纹与屏幕中心成32.5°角。当一束电子（每个电子的动能都等于波长为550nm光子的能量）通过这个狭缝打到屏幕上时，屏幕上没有电子的地方距离屏幕中心的最小角度是多少？●●●

102. 折射率为1.30的均匀薄膜覆盖在折射率为1.55的窗格玻璃的前表面。当一束单色光由空气垂直入射到薄膜表面上时，使空气-薄膜界面的反射光与薄膜-玻璃界面的反射光产生相消干涉的最小膜厚是123nm。请问光束中每个光子的能量是多少？●●●

附加题

103. 对于波长分别为400nm、500nm和600nm的单色光，哪一个通过3.0μm的孔径时衍射最明显？●

104. 双缝障碍物的两条缝相距d，它们到屏幕的距离为L，其中$L \gg d$。当绿色激光（$\lambda_g = 532\text{nm}$）通过双缝照射到屏幕上时，屏幕上的亮条纹间距为y_g。当红色激光（$\lambda_r = 650\text{nm}$）通过双缝照射到屏幕上时，屏幕上的亮条纹间距为y_r。如何用y_g表示y_r？●

105. 屏幕与缝宽为0.0500mm的狭缝相距2.5m，激光干涉图样上相邻的$n=1$级和$n=2$级的暗条纹相距31mm。激光的波长是多少？假设屏幕足够远，条纹相距很近，且满足小角度近似要求。●

106. 美国国家航空航天局计划使用X射线衍射测定火星表面的矿物。如果X射线的波长为0.155nm，并且当这个晶体样本的第一级反射强度最大时X射线的入射角为51.7°，则这个晶体的晶格间距是多少？●

107. 巴俾涅（Babinet）原理指出，除了强度的差异，光经过不透明的物体时所形成的干涉图样与相同的光通过一个与该物体的大小及形状一样的孔时所形成的干涉图样是一样的。你用波长为690nm的激光照射人的头发，在离头发1.2m远的屏幕上观察干涉图样。如果每个一级暗条纹到图样中心的距离为16mm，则头发的直径是多少？●●

108. 近年来人们发现了数百个太阳系以外的行星，但它们离我们都太远了，以至于无法通过现有的光学望远镜去分辨它们。使用波长为525nm的光，太空望远镜的镜面直径至少为多大，才能分辨一个距离我们10ly的地球大小的星？我们现有的太空望远镜是否接近这个尺寸？已知地球的直径是$1.27 \times 10^7\text{m}$。●●

109. 用频率为f_i的光照射衍射光栅，在由许多微小的光子探测器组成的屏幕上形成一个衍射图样。（a）如果增加光的频率，图样将如何变化？（b）如果用相同频率但是亮度更亮的光照射，图样将如何变化？（c）屏幕检测到的光子的数量是小于、等于还是大于最初发射时在光源处检测到的光子数量？●●

110. 一层油膜（$n_{oil} = 1.48$）的厚度为0.0100mm，它漂浮在水面（$n_{water} = 1.33$）上。如果白光照射到油面上，则会使绿光（$\lambda = 510\text{nm}$）反射加强，则入射光与油面法线形成的最小角度是多少？●●

111. 当一个单色光束通过狭缝时，第$n=9$级暗条纹的角度比邻近的第$n=8$级暗条纹的角度大10°。光的波长与狭缝宽度的比值是多少？●●

112. 在双缝干涉图样中，是从每一个缝隙出射光波的振幅的叠加，而不是光强度相叠加。通常，在分析干涉图样时，假设两个狭缝的辐射强度（或振幅）完全相同。但是，由于光学校准不准确，两个狭缝的光强通常是不一样的。如果穿过一条缝的光强度是0.010mW/mm^2，穿过第二条缝的光强度为0.030mW/mm^2，则干涉强度的最大值和最小值各是多少？●●

113. 电子由静止经过一个2.0kV的电压加速。(a) 加速后它们的速率多大？(b) 它们的波长是多少？(c) 如果用加速后的电子入射石墨晶体，晶体的晶格间距是0.123nm，此时还能观察到衍射吗？●●

114. 你正在设计一个衍射光栅，它能把白光分成光谱（从400nm的紫光到700nm的红光）。在一级光谱中，你希望最短波长和最长波长之间的角位置相差12.0°。（a）每毫米光栅应该有多少狭缝？（b）不包括中央亮条纹，光栅能产生多少完整的全彩色光谱？●●

115. 单色光通过一个半径为1.36μm的

小圆孔，照射到距离圆孔 120mm 远的探测器上，并被探测器表面吸收。如果探测器上的艾里斑半径是 33.3mm，则每个光子传输到探测器上的能量和动量各是多少？●●●

116. 一个视力良好的年轻人在阅读放在他近视点的文件。她在波长为 500nm 的普通灯光下阅读，瞳孔的直径是 3.0mm。在这种情况下，她能辨认的文件上的最小字符有多大？●●●

117. 在实验 1 中，波长为 750nm 的激光束通过双缝并在屏幕上产生一个衍射图样。在实验 2 中，一个狭缝被折射率为 $n=1.001$ 的半圆柱形材料覆盖（见图 P34.117 所示），波长为 750nm 的光再经过双缝并在屏幕上形成一个衍射图样。如果两缝之间的距离是 $d=1.2$mm，半圆柱形最小的半径是多少时才能使实验 1 中屏幕上亮条纹的位置变为实验 2 中的暗条纹，实验 1 中暗条纹的位置变成实验 2 中的亮条纹？●●●

图 P34.117

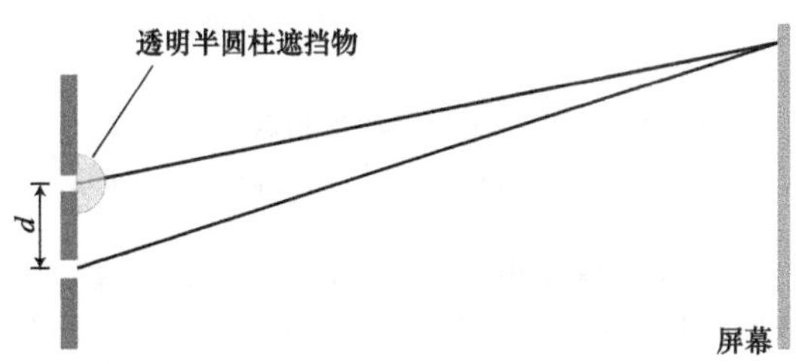

118. 实验室有一个没有贴标签的容器［该容器盛有固体氟化锂（LiF）］和另一个相同的无标签容器［该容器盛有固体氯化钠（NaCl）］。你知道这两个材料中 Na^+ 离子和 Cl^- 离子，F^- 离子和 Li^+ 离子晶格都是立方晶体结构。唯一可用的测试仪器是使用单色的波长为 0.154nm 的 X 射线的衍射装置。通过阅读文献你知道，LiF 的晶格间距是 0.202nm，NaCl 的晶格间距是 0.283nm，你用这个装置测试一个样品，观察到第一个强度峰值的布拉格角为 22.4°。●●●**CR**

119. 作为美国国家航空航天局（NASA）的工程师，你的工作是绘制火星表面的地图。你的领导要求你设计卫星的光学系统，可以用电磁波谱的可见部分分辨小到 2.00m 的火星表面特性。他告诉你光学系统是一个宽度为 1.0m 的立方体。你知道为了获得清晰的照片，卫星至少要环绕火星 17h。幸运的是你还记得物理的引力部分中的内容，所以你着手来评估这项工作是否可行。●●●**CR**

复习题答案

1. 衍射是当波通过小孔或光滑的障碍的边缘（如剃须刀片）时，其传播方向偏离原来方向的现象。

2. 如果波长与波前的宽度可以比拟，光通过这一缺口会产生衍射。如果波前宽度比波长大得多，则不会发生衍射现象。

3. 干涉条纹是当光通过阻挡物上相邻的狭缝时在屏幕上形成的明暗相间的带状图样。当光照到屏幕上时，从狭缝射出的光会互相干涉，相长干涉产生亮条纹，相消干涉产生暗条纹。

4. 条纹级数指中央零级明条纹两侧的条纹的编号。符号 m 是亮条纹的级数，符号 n 用于表示暗条纹的级数。

5. 两个狭缝到屏幕距离差为波长的整数倍的位置是亮条纹。两个狭缝到屏幕距离差等于半波长的奇数倍的位置是暗条纹。

6. 两种情况下干涉相长的条件是相同的：如果相邻狭缝间的光程差为波长的整数倍，即 $d\sin\theta_m=\pm m\lambda$，给出的相长干涉的条件对于 N 条缝和两个狭缝同样适用。对于相消干涉，两种情况的条件是不一样的。与双缝干涉产生明暗交替的条纹序列不同，多缝干涉图样中同时存在*主极大*的亮条纹和称为*次极大*的较弱亮条纹。对于有 N 条缝的障碍物干涉中，每一对相邻主极大值之间有 $N-1$ 条暗条纹和 $N-2$ 条次极大值。如果 N 很大，则主极大值明亮而狭窄，最小值和次极大值基本是暗的。

7. 主极大是图样中最亮的条纹，对应于所有光束通过狭缝后形成的干涉相长。次极大是较明亮的条纹，它在任意两个相邻的主极大值之间分割两个亮条纹之间的暗条纹。次级干涉条纹发生在所有干涉光既不是完全相长也不是完全相消的地方。

8. 衍射光栅是由大量等距的缝隙或凹槽组成的。一个包含缝的障碍物称为透射衍射光栅，因为衍射发生在光通过（透射过）狭缝之后。一个包含槽的障碍物称为反射衍射光栅，因为衍射发生在光被障碍物的凹槽表面反射出来以后。

9. 晶格的原子间间距通常与 X 射线的波长具有相同的数量级，相邻的原子面可以作为 X 射线发生衍射的光栅。

10. 对于晶体晶格的 X 射线衍射，布拉格条件定义了由于晶体反射所造成的光线产生相长干涉所需的入射角度 θ。这些角度由公式 $2d\cos\theta_m=\pm m\lambda$ 给出，其中，d 是两个晶面之间的距离；m 为任意整数；λ 是入射 X 射线的波长。

11. 电子束会发生衍射。因为衍射是波动现象，这表明电子具有波的行为。

12. 粒子的波动性取决于它的德布罗意波长 $\lambda=h/p$，其中，$h=6.626\times10^{-34}\text{J}\cdot\text{s}$ 是普朗克常量；p 是粒子的动量。

13. 宏观物体的波动是观察不到的，因为任何宏观物体的德布罗意波长都要比任何可测量的长度小许多个数量级。

14. 光子是光的粒子。光子的能量正比于光的频率，比例常数是普朗克常量，即 $E=hf$。

15. 强度很弱的光的行为像一束粒子。当它射向相距很近的两个小检测屏幕时，光束中的每个粒子都会射向任意一个屏幕。无论实验进行多长时间，屏幕总是会记录单个粒子的撞击。屏幕上不会有干涉图样，这是因为干涉是波的特征而不是粒子的特性。

16. 每一种波从狭缝传播到屏幕上经过不同的距离，所以当它们到达屏幕时其相位会不同。

17. 干涉图样中亮条纹的强度是射入到两个狭缝的光波强度的四倍，因为强度正比于的电场强度的二次方，而总电场强度则是两个狭缝射出的波的电场强度的叠加。

18. 如果在光谱中，波长为 λ_1 的光的 m 级主极大值的角位置大于或等于与波长为 λ_2 的光的 m 级主极大值相邻的极小值的角位置，则两者的波长是可以区分开的。

19. 薄膜前后表面反射的光相遇发生薄膜干涉。

20. 只有当材料的厚度与光的波长可比时，才会发生干涉。

21. 相位差是由两束光的路径长度的差异（后表面反射的光束的路径长于前表面反射的光束的路径）和反射波的表面是否发生半波损失决定的。

22. 当 $n_2>n_1$ 时，波在界面反射时会有半波损失，有相移 π；当 $n_1>n_2$ 时，波在界面反射时不会有半波损失，没有相移。

23. 能够确定干涉图样中暗条纹的方向。

24. 表达式是 $\theta_n=n\lambda/a$，其中，θ 是光强最小值的光线方向和原来的传播方向之间的夹角；n 是任意非零整数；λ 是光的波长；a 是狭缝的宽度。

25. 波一旦通过狭缝就会向各个方向发散，所以没有可辨认的干涉图样。

26. 干涉图样是一个圆形的中央最大亮条纹，周围交替包围着同心的暗条纹和次级亮条纹。

27. 艾里斑是由光通过圆孔形成的干涉图样的中央最亮斑点。

28. 瑞利判据用于描述通过一个圆形透镜分辨出两个靠近物体的能力。只有当两干涉图样的中心之间的距离大于或等于两图样第一个暗条纹的位置时，两个物体才能被区分开；两物体的最低分辨角

为 $\theta=1.22\lambda/d$，其中 d 是透镜直径。

29. 衍射极限限制了通过透镜可以看到的最小物体的图像，即使对象是一个点（宽度为零），图像也会有某个有限的宽度，因为光通过透镜时发生了衍射。这个最小尺寸等于艾里斑的半径。

30. 光电效应是照射到物体上的光子能量大于物体的一个最小能量值（逸出功）时，物体因吸收了光子的能量而逸出电子的效应。

31. 截止电势差是靶板和集电板之间的最大正电势差 V_{CT}，在这个电势差之下靶板逸出的电子可以运动到集电板。截止电势差取决于入射光的频率。

32. 截止电势差正比于电子的最大动能：$K_{max}=eV_{stop}$［式（34.34）］。

33. 为了离开靶板，电子必须从入射光获得一定的最低能量，这个能量正比于截止电势差，$K=eV_{stop}$。因为 V_{stop} 取决于光的频率，而不是它的强度，因此光传递给电子的能量必须取决于光的频率而不是强度。在光的波动模型中，光的能量是光强的函数，因此这种图像不能解释光电效应。在光的粒子模型中，光由光子组成，每个光子的能量与光频率成正比，因此这种图像能解释光电效应中所看到的现象。

34. 当光的频率足够大，使一个光子有足够的能量能从金属表面激发出一个电子时，电流与光强成正比。如果光的频率过小，无论入射光多么强烈，都没有电流。

35. 逸出功是从金属表面逸出自由电子所必需的最低能量。

引导性问题答案

引导性问题 34.2

110 颗卫星

引导性问题 34.4

（a）最后看到的是紫光，紫光是波长最短的可见光。（b）假设 400nm 是最短的可见光波长，并且肥皂膜的折射率与水相同，在刚好看不见薄膜前其厚度为 75nm。

引导性问题 34.6

（a）极小值移向图样的中心。（b）缝宽 0.097mm。

引导性问题 34.8

2.3eV

附　　录

附录 A

符号

在正文中用到的符号，以字母的先后顺序列出，首先给出的是希腊字母。

符号	量的名称	定　　义	正文中的位置	国际单位
α(alpha)	极化率	衡量由于外电场的影响，材料中发生电荷变化的相对程度	式(23.24)	$C^2 \cdot m/N$
α	布拉格角	在X射线的衍射中，入射光线与参考表面之间的夹角	34.3节	角度、弧度或转数
α_ϑ	角加速度(ϑ分量)	角速度ω_ϑ增加的速率	式(11.12)	s^{-2}
β(beta)	声音的强度等级	声音强度的对数尺度，表示正比于$\log(I/I_{th})$	式(17.5)	dB(不是一个国际单位)
γ(gamma)	洛伦兹因子	表明相对值偏离非相对值多少的因子	式(14.6)	无单位
γ	表面张力系数	与液体表面平行的单位长度的拉力；液体表面积增加一个单位面积所需的能量	式(18.48)	N/m
γ	比热容比	比定压热容与比定容热容的比率	式(20.26)	无单位
Δ	delta	改变	式(2.4)	
$\Delta\vec{r}$	位移	从物体初始位置到结束位置的矢量	式(2.8)	m
$\Delta\vec{r}_F$, Δx_F	力的位移	作用在一个点上的力的位移	式(9.7)	m
Δt	时间间隔	开始时刻与结束时刻间的变化	表2.2	s
Δt_{proper}	原时	同一位置发生的两个事件之间的时间间隔	14.1节	s
Δt_v	时间间隔	观察者以速率v移动并观察事件时，所测得的时间间隔	式(14.13)	s
Δx	位移的x分量	沿x轴末位与初始位置之间的变化	式(2.4)	m
δ (delta)	delta	数量十分小的	式(3.24)	
ε_0(epsilon)	真空介电常数(真空电容率)	力学单位中与电荷单位相关的常数	式(24.7)	$C^2/(N \cdot m^2)$
η(eta)	黏度	发生剪切形变时对流体阻力的量度	式(18.38)	$Pa \cdot s$
η	效率	热机所做的功与输入的热量所做功的比率	式(21.21)	无单位
θ(theta)	角坐标	极坐标中位置矢量与x轴之间夹角的量度	式(10.2)	度、弧度或转数
θ_c	接触角	固体表面和固-液体接触点切线的夹角	18.4节	度、弧度或转数
θ_c	临界角	入射角大于发生全反射的角度	式(33.9)	度、弧度或转数
θ_i	入射角	入射光线与平面法线之间的夹角	33.1节	度、弧度或转数
θ_i	像张角	像的张角	33.6节	度、弧度或转数
θ_o	物张角	物体的张角	33.6节	度、弧度或转数

（续）

符号	量的名称	定　义	正文中的位置	国际单位
θ_r	反射角	反射光线与平面法线之间的夹角	33.1 节	度、弧度或转数
θ_r	最小分辨角	物体间可以被给定孔径的光学工具分解的最小角度间隔	式(34.30)	度、弧度或转数
ϑ(手写体 theta)	角坐标	物体沿圆形路径转动，弧长与半径的比值	式(11.1)	无单位
κ(kappa)	扭转常量	扭动物体时需要的扭矩与角位移的比率	式(15.25)	N·m
κ	相对介电常数(电容率)	插入绝缘体时横穿孤立电容器的电势差减小的因数	式(26.9)	无单位
λ(lambda)	单位长度上的惯性质量	对于均匀的一维物体，给定长度上的惯性质量	式(11.44)	kg/m
λ	波长	周期波重复的最小距离	式(16.9)	m
λ	线电荷密度	单位长度上的电荷数量	式(23.16)	C/m
μ(mu)	折合质量	两个相互作用的物体惯性质量的乘积除以它们的总和	式(6.39)	kg
μ	线密度	单位长度上的质量	式(16.25)	kg/m
$\vec{\mu}$	磁偶极矩	指向电流环路磁场方向的矢量，大小等于电流乘以环路面积	28.3 节	$A \cdot m^2$
μ_0	真空磁导率(磁常数)	力学单位中与电流单位相关的常量	式(28.1)	T·m/A
μ_k	动摩擦系数	两个表面之间与动摩擦力和法向力的大小有关的比例常数	式(10.55)	无单位
μ_s	静摩擦系数	两个表面之间与静摩擦力和法向力的大小有关的比例常数	式(10.46)	无单位
ρ(rho)	质量密度	单位体积的质量	式(1.4)	kg/m^3
ρ	单位体积的惯性质量	对于三维空间中的物体，给定体积的惯性质量除以体积	式(11.46)	kg/m^3
ρ	(体积)电荷密度	单位体积的电荷数量	式(23.18)	C/m^3
σ(sigma)	单位面积的惯性质量	对于二维空间中的物体，惯性质量除以面积	式(11.45)	kg/m^2
σ	面电荷密度	单位面积的电荷数量	式(23.17)	C/m^3
σ	电导率	电流密度与外加电场的比率	式(31.8)	A/(V·m)
τ(tau)	力矩	描述力使物体转动能力的轴向矢量的大小	式(12.1)	N·m
τ	时间常数	对于阻尼振动，振动能量以 e^{-1} 减少的时间	式(15.39)	s
τ_ϑ	力矩(ϑ 分量)	描述力使物体转动能力的轴向矢量的 ϑ 分量	式(12.3)	N·m
Φ_E(phi，大写)	电通量	电场强度和其通过面积的标积	式(24.1)	$N \cdot m^2/C$
Φ_B	磁通量	磁感应强度和其通过面积的标积	式(27.10)	Wb
ϕ(phi)	相位常量	电源电动势与回路电流的相位差	式(32.16)	无单位
$\phi(t)$	相位	描述简谐运动的正弦函数的时间参数	式(15.5)	无单位
Ω(omega，大写)	微观态的数量	与宏观状态相对应的微观态的数量	19.4 节，式(19.1)	无单位
ω(omega)	角速率	角速度的大小	式(11.7)	s^{-1}
ω	角频率	对于周期为 T 的振动，角频率为 $2\pi/T$	式(15.4)	s^{-1}

（续）

符号	量的名称	定　义	正文中的位置	国际单位
ω_0	共振角频率	振荡电路中最大电流对应的角频率	式(32.47)	s^{-1}
ω_ϑ	角速度(ϑ 分量)	角坐标 ϑ 变化的速率	式(11.6)	s^{-1}
A	面积	长×宽	式(2.16)	m^2
A	振幅	振动物体距离平衡位置的最大位移	式(15.6)	m(适用于线性机械振动；对于旋转振动无单位；对于非机械振动有多个单位)
$\vec{A}$	面积矢量	大小与面积相等,方向与平面法线方向相同的矢量	24.6 节	m^2
$\vec{a}$	加速度	速度随时间的变化率	3.1 节	m/s^2
$\vec{a}_{AO}$	相对加速度	观测者在参考系 A 中观察到的同一参考系中物体 O 的加速度	式(6.11)	m/s^2
a_C	向心加速度	使物体沿圆周运动所需的加速度	式(11.15)	m/s^2
a_r	径向加速度	加速度在径向上的分量	式(11.16)	m/s^2
a_t	切向加速度	轨迹切线方向上加速度的分量;在匀速圆周运动中 $a_t=0$	式(11.17)	m/s^2
a_x	加速度在 x 方向上的分量	加速度在 x 轴上的分量	式(3.21)	m/s^2
$\vec{B}$	磁感应强度	提供测量磁力相互作用的矢量场	式(17.5)	T
$\vec{B}_{ind}$	感应磁场	感应电流产生的磁场	29.4 节	T
b	阻尼系数	移动物体时的阻力与其速度的比值	式(15.34)	kg/s
C	分子热容	每个分子转移的能量与其温度变化的比值	20.3 节	J/K
C	电容	一对相对的带电导体的电流大小与其之间电势差的比值	式(26.1)	F
C_P	等压分子热容	在等压状态下,每个分子转移的能量与其温度变化量的比值	式(20.20)	J/K
C_V	等体分子热容	在等体状态下,每个分子转移的能量与其温度变化量的比值	式(20.13)	J/K
$COP_{cooling}$	制冷系数	输入的能量与热泵所做功的比值	式(21.27)	无单位
$COP_{heating}$	供热系数	输出的能量与热泵所做功的比值	式(21.25)	无单位
c	形状因子	物体的转动惯量与 mR^2 的比值;表示物体惯性分布的函数	表 11.3,式(12.25)	无单位
c	波速	机械波穿过介质的速度	式(16.3)	m/s
c	比热容	单位质量传递的热能与温度变化量的比值	20.3 节	J/(K·kg)
c_0	真空中的光速	真空中的光速	14.2 节	m/s
c_v	等体状态下的比热容	在等体状态下,单位质量传递的热能与温度变化量的比值	式(20.48)	J/(K·kg)
$\vec{D}$	位移(波中的质点)	质点距其平衡位置的位移	式(16.1)	m
d	直径	直径	1.9 节	m
d	距离	两个位置之间的距离	式(2.5)	m
d	自由度	质点可以存储热量方式的数目	式(20.4)	无单位
d	透镜的矫正强度	1m 除以焦距	式(33.22)	屈光度

（续）

符号	量的名称	定　义	正文中的位置	国际单位
E	系统的能量	系统中动能与内能的总和	表 1.1,式(5.21)	J
$\vec{E}$	电场强度	代表每个单位电荷电力的矢量场	式(23.1)	N/C
E_0	逸出功	电子脱离金属表面所需的最小能量	式(34.35)	J
E_{chem}	化学能	物体在化学状态下的内能	式(5.27)	J
E_{int}	系统中的内能	物体中的能量	式(5.20),式(14.54)	J
E_{mech}	机械能	系统中动能和势能的总和	式(7.9)	J
E_s	源能量	用来产生其他形式能量的非连贯能	式(7.7)	J
E_{th}	热能	与物体温度有关的内能	式(5.27)	J
$\mathscr{E}$	电动势	在电荷分离装置中,分离正、负电荷载体时,非静电力对单位电荷所做的功	式(26.7)	V
$\mathscr{E}_{ind}$	感应电动势	变化的磁通量产生的电动势	式(29.3),式(29.8)	V
$\mathscr{E}_{max}$	电动势幅	由交流电源产生的按时间变化的电动势的最大值	32.1 节,式(32.1)	V
$\mathscr{E}_{rms}$	电动势的方均根	电动势的方均根	式(32.55)	V
e	恢复系数	对碰撞后初始相对速率恢复程度的量度	式(5.18)	无单位
e	偏心率	圆锥曲线与圆形轨迹的偏差的量度	13.7 节	无单位
e	元电荷	电子的电荷数量	式(22.3)	C
$\vec{F}$	力	物体的动量随时间的变化率	式(8.2)	N
$\vec{F}^B$	磁场力	磁场施加在电流或运动电荷上的磁场力	式(27.8),式(27.19)	N
$\vec{F}^b$	浮力	液体作用在浸在其中的物体上的向上的作用力	式(18.12)	N
$\vec{F}^c$	接触力	相互有物理接触的物体之间存在的力	8.5 节	N
$\vec{F}^d$	阻力	在介质中运动的物体受到的介质的力	式(15.34)	N
$\vec{F}^E$	电场力	在带电物体之间或电场对带电物体的作用力	式(22.1)	N
$\vec{F}^{EB}$	电磁力	电场或磁场作用在带电物体上的力	式(27.20)	N
$\vec{F}^f$	摩擦力	因为物体之间或物体与表面的摩擦而作用在物体上的力	式(9.26)	N
$\vec{F}^G$	引力	地球或任何有质量的物体作用在其他有质量的物体上的力	式(8.16),式(13.1)	N
$\vec{F}^k$	动摩擦力	两个相对运动的物体之间的摩擦力	10.4 节,式(10.55)	N
$\vec{F}^n$	法向力	垂直于表面的力	10.4 节,式(10.46)	N
$\vec{F}^s$	静摩擦力	两个相对静止的物体之间的摩擦力	10.4 节,式(10.46)	N
f	频率	在周期运动中,每秒循环的次数	式(15.2)	Hz
f	焦距	透镜的中心到焦点的距离	33.4 节,式(33.16)	m
f_{beat}	拍频	频率不同的波发生干涉时,产生拍的频率	式(17.8)	Hz
G	万有引力常量	由引力产生的,与两个物体的质量和距离有关的比例常数	式(13.1)	$N \cdot m^2/kg^2$
g	重力加速度的大小	靠近地球表面自由下落的物体加速度的大小	式(3.14)	m/s^2

（续）

符号	量的名称	定　义	正文中的位置	国际单位
h	高度	垂直距离	式(10.26)	m
h	普朗克常量	描述量子力学范围的常量；将光子的能量和频率，以及粒子的动量和德布罗意波长联系起来	式(34.35)	J·s
I	转动惯量	衡量物体阻碍角速度改变趋势的量	式(11.30)	$kg \cdot m^2$
I	强度	波在垂直于传播方向上，在单位时间内单位面积上所传播的能量	式(17.1)	W/m^2
I	（电）流	单位时间以给定的方向穿过导体的电荷量	式(27.2)	A
I	振荡电流的振幅	电路内振荡电流的最大值	32.1节，式(32.5)	A
I_{cm}	质心的转动惯量	物体在穿过其质心的轴上的转动惯量	式(11.48)	$kg \cdot m^2$
I_{disp}	位移电流	由电通量的改变所引起的遵循安培定律的电流数量	式(30.7)	A
I_{enc}	封闭电流	被安培路径封闭的电流	式(28.1)	A
I_{ind}	感应电流	因为回路中磁通量的变化而产生的电流	式(29.4)	A
I_{int}	截获电流	通过安培环路所围面积的电流	式(30.6)	A
I_{rms}	方均根电流	电流的方均根	式(32.53)	A
I_{th}	听阈强度	可被人耳听到的最小强度	式(17.4)	W/m^2
i	依赖时间的电流	在电路中，依赖时间的电流；$I(t)$	32.1节，式(32.5)	A
i	像距	透镜到像的距离	33.6节，式(33.16)	m
$\hat{i}$	单位矢量	定义 x 轴方向的矢量	式(2.1)	无单位
$\vec{J}$	冲量	由环境转移到系统的动量的数量	式(4.18)	kg·m/s
$\vec{J}$	电流密度	单位面积上的电流	式(31.6)	A/m^2
J_ϑ	角冲量	由环境转移到系统的角动量的数量	式(12.15)	$kg \cdot m^2/s$
$\hat{j}$	单位矢量	定义 y 轴方向的矢量	式(10.4)	无单位
K	动能	物体因平动而产生的能量	式(5.12)，式(14.51)	J
K	面电流密度	单位板宽度上的电流	28.5节	A/m
K_{cm}	平动动能	与系统质心的运动有关的动能	式(6.32)	J
K_{conv}	可转化动能	在不改变系统动量的情况下，可以转化为内能的动能	式(6.33)	J
K_{rot}	转动动能	物体转动时具有的能量	式(11.31)	J
k	弹簧常量	作用在弹簧上的力与弹簧自由端位移的比值	式(8.18)	N/m
k	波数	对于波长为 λ 的波，在单位长度为 2π 上的波长数量，即 $2\pi/\lambda$	式(16.7)，式(16.11)	m^{-1}
k	库仑定律常数	与电荷静电力，以及它们之间的间距有关的常数	式(22.5)	$N \cdot m^2/C^2$
k_B	玻尔兹曼常量	与绝对温度的热能有关的常量	式(19.39)	J/K
L	电感	回路周围的感应电动势与回路中电流变化速率的比值的负数	式(29.19)	H
L_ϑ	角动量（ϑ 分量）	物体可以使其他物体转动的能力	式(11.34)	$kg \cdot m^2/s$
L_m	熔化相变热	熔化单位质量的物体需转化的热能	式(20.55)	J/kg
L_v	汽化相变热	蒸发单位质量的物体需转化的热能	式(20.55)	J/kg
l	长度	距离或空间范围	表1.1	m

（续）

符号	量的名称	定　义	正文中的位置	国际单位
l_{proper}	原长	相对于物体静止的观察者测量到的长度	14.3 节	m
l_v	长度	物体相对于观察者以速率 v 运动时所测量到的长度	式(14.28)	m
M	放大率	示意图像的高与实际图像高的比值	式(33.17)	无单位
M_θ	角放大率	图像张角与实际物体张角的比值	式(33.18)	无单位
m	质量	物质的数量	表 1.1，式(13.1)	kg
m	惯性质量	在改变物体的速度时，阻碍及速度发生改变的量度	式(4.2)	kg
m	条纹级数	标记亮干涉条纹的数字，从中心的零阶亮条纹开始数	34.2 节，式(34.5)	无单位
m_v	惯性质量	相对于观察者以速率 v 运动的物体的惯性	式(14.41)	kg
N	物体的数量	样本中物体的数量	式(1.3)	无单位
N_{A}	阿伏伽德罗常量	1mol 物质中粒子的数量	式(1.2)	无单位
n	数量密度	单位体积内的物质数量	式(1.3)	m^{-3}
n	单位长度上的线圈匝数	在一个螺线管中，单位长度上的线圈匝数	式(28.4)	无单位
n	折射率	真空中的光速与另一种介质中的光速的比值	式(33.1)	无单位
n	条纹级数	标记暗干涉条纹的数字，从中心的零阶亮条纹开始数	34.2 节，式(34.7)	无单位
O	原点	坐标系统的原点	10.2 节	
o	物距	透镜到物的距离	33.6 节，式(33.16)	m
P	功率	能量发生转移或转化的速率	式(9.30)	W
P	压强	流体施加在单位面积上的力	式(18.1)	Pa
P_{atm}	大气压强	海平面上地球大气层受到的平均压力	式(18.3)	Pa
P_{gauge}	表头值	测得的绝对压强与大气压强之间的压强差	式(18.16)	Pa
p	随时间改变的功率	能源提供能量的瞬时速率；$P(t)$	式(32.49)	W
$\vec{p}$	动量	表示物体的惯性质量与速度的乘积的矢量	式(4.6)	kg · m/s
$\vec{p}$	（电）偶极矩	表示电偶极子的大小和方向的矢量，等于间距很小的正电荷与负电荷的总和	式(23.9)	C · m
$\vec{p}_{\mathrm{ind}}$	极化电偶极矩	在外电场的作用下，材料中产生的电偶极矩	式(23.24)	C · m
p_x	动量的 x 分量	动量的 x 分量	式(4.7)	kg · m/s
Q	品质因子	在阻尼振动中，共振子能量减少到原能量 $e^{-2\pi}$ 所需的周期数	式(15.41)	无单位
Q	体积流量	单位时间内，流过管道某一截面的物质的体积	式(18.25)	m^3/s
Q	热量	通过热量交换，将能量转移到系统中	式(20.1)	J
Q_{in}	热输入	通过热量的交换作用，转移到系统中的能量的绝对值	21.1 节，21.5 节	J
Q_{out}	热输出	通过热量的交换作用，转移出系统的能量的绝对值	21.1 节，21.5 节	J
q	电荷	电磁相互作用的属性	式(22.1)	C

(续)

符号	量的名称	定　义	正文中的位置	国际单位
q_{enc}	封闭电荷	一个闭合曲面内的总电量	式(24.8)	C
q_p	电偶极子的电量	电偶极子中正电荷电量	23.6节	C
R	半径	物体的半径	11.47节	m
R	电阻	施加的电势差与产生电流的比值	式(29.4),式(31.10)	Ω
R_{eq}	等效电阻	可以用来代替回路元素组合的电阻	式(31.26),式(31.33)	Ω
r	径向坐标	测量到坐标系统原点的距离的极坐标	式(10.1)	m
$\vec{r}$	位置	决定位置的矢量	式(2.9),式(10.4)	m
$\hat{r}_{12}$	单位矢量	从 $\hat{r}_1$ 一端指向 $\hat{r}_2$ 一端的单位矢量	式(22.6)	无单位
$\vec{r}_{AB}$	相对位置	在观察者A的参考系中观察者B的位置	式(6.3)	m
$\vec{r}_{Ae}$	相对位置	观察者在参考系A中记录的事件e发生的位置	式(6.3)	m
$\vec{r}_{cm}$	系统质心的位置	系统中独立于所选参考系的固定位置	式(6.24)	m
$\vec{r}_p$	电偶极子的间距	电偶极子中,正电荷相对于负电荷的位置	23.6节	m
$r_{\perp}$	力臂距离或力臂	转轴与矢量的作用线之间的垂直距离	式(11.36)	m
$\Delta\vec{r}$	位移	从物体初始位置到结束位置的矢量	式(2.8)	m
$\Delta\vec{r}_F$	力的位移	力的作用点的位移	式(9.7)	m
S	熵	微观态数的自然对数	式(19.4)	无单位
S	强度	电磁波的强度	式(30.36)	W/m^2
$\vec{S}$	坡印亭矢量	表示电磁场能量流动的矢量	式(30.37)	W/m^2
s	弧长	沿圆周轨迹的距离	式(11.1)	m
s^2	时空间隔	在时空中事件分离的不变量测度	式(14.18)	m^2
T	周期	在圆周运动中,物体完成一次旋转所需的时间间隔	式(11.20)	s
T	热力学温度	与熵随热能的变化率有关	式(19.38)	K
$\mathcal{T}$	张力	拉伸物体时物体内部的反作用力	8.6节	N
t	瞬时时间	允许我们确定相关事件顺序的物理量	表1.1	s
t_{Ae}	瞬时时间	观察者A测得的事件e发生的瞬时值	式(6.1)	s
Δt	时间间隔	最后时刻与初始时刻之差	表2.2	s
Δt_{proper}	原时	同一位置的两个事件发生的时间间隔	14.1节	s
Δt_v	时间间隔	相对于在事件发生的同一位置的观察者,以速率 v 运动的观察者所观察到的两个事件之间的时间间隔	式(14.13)	s
U	势能	系统中发生可逆变化时存储的能量	式(7.7)	J
U^B	磁势能	在磁场中存储的势能	式(29.25),式(29.30)	J
U^E	电势能	因带电物体的相对位置而产生的势能	式(25.8)	J
U^G	引力势能	由引力作用的物体的相对位置而产生的势能	式(7.13),式(13.14)	J
u_B	磁场的能量密度	磁场中单位体积存储的能量	式(29.29)	J/m^3
u_E	电场的能量密度	电场中单位体积存储的能量	式(26.6)	J/m^3
V	体积	一个物体所占的空间	表1.1	m^3

（续）

符号	量的名称	定　　义	正文中的位置	国际单位
V_{AB}	电势差	带电粒子从点 A 运动到点 B 时，静电力对单位电荷所做功的负值	式(25.15)	V
V_{batt}	电池的电势差	电池两端的电势差	式(25.19)	V
V_C	振荡电势的幅值	通过电路元件 C 的电势的最大值	32.1 节，式(32.8)	V
V_{disp}	排出流体的体积	物体浸入流体中时，被排出的液体体积	式(18.12)	m^3
V_P	（静电）电势	选取电势为零的参考点与点 P 之间的电势差	式(25.30)	V
V_{rms}	方均根电势差	电势差的方均根值	式(32.55)	V
V_{stop}	遏止电压	阻止电子流产生光电效应所需的最小电势差	式(34.34)	V
$\mathcal{V}$	速度空间中的“体积”	三维空间中速度范围的量度	19.6 节	$(m/s)^3$
v	速率	速度的大小	表 1.1	m/s
$\vec{v}$	速度	位置随时间的变化率	式(2.23)	m/s
$\vec{v}_{12}$	相对速度	物体 2 相对于物体 1 的速度	式(5.1)	m/s
$\vec{v}_{AB}$	相对速度	观察者 B 在观察者 A 的参考系中的速度	式(6.3)	m/s
v_C	依赖于时间的电势	通过电路元件 C，依时间而变的电势；$V_C(t)$	32.1 节，32.8 节	V
$\vec{V}_{cm}$	速度，质心	系统质心的速度，等于系统中零动量参考系的速度	式(6.26)	m/s
$\vec{V}_d$	漂移速度	导体上的电子在电场中的平均速度	式(31.3)	m/s
v_{esc}	逃逸速度	物体到达无限远所需的最小发射速度	式(13.23)	m/s
v_r	速度的径向分量	对于沿圆形轨迹运动的物体而言，总是为零	式(11.18)	m/s
v_{rms}	方均根速率	速率的平方的平均值的平方根	式(19.21)	m/s
V_t	速度的切向分量	做圆周运动的物体，经过弧长的速率	式(11.9)	m/s
V_x	速度的 x 分量	速度沿 x 轴的分量	式(2.21)	m/s
W	功	作用在系统上的外力使系统的能量发生的变化	式(9.1)，式(10.35)	J
$W_{P\to Q}$	功	沿 P 到 Q 的路径所做的功	式(13.12)	J
W_{in}	机械能输入	外界对系统所做的机械功的绝对值	21.1 节	J
W_{out}	机械能输出	系统对外界所做的机械功的绝对值	21.1 节	J
W_q	静电功	带电粒子在电场中移动时，静电场对带电粒子所做的功	25.2 节，式(25.17)	J
X_C	容抗	电容器中电势差幅值与电流幅值的比值	式(32.14)	Ω
X_L	感抗	感应线圈中电势差幅值与电流幅值的比值	式(32.26)	Ω
x	位置	沿 x 轴的位置	式(2.4)	m
$x(t)$	位置的时间函数	时刻 t 的位置 x	2.3 节	m
Δx	位移的 x 分量	沿 x 轴的初始与结束位置的位移差	式(2.4)	m
Δx_F	力的位移	力的作用点的位移	式(9.7)	m
Z	阻抗	（与频率相关）电势差与通过回路的电流的比值	式(32.33)	Ω
Z	零动量参考系	系统中动量为零的参考系	式(6.23)	

实践篇

附录 B

数学知识回顾（略）

附录 C

国际单位、有用数据，以及换算关系

7 个国际基本单位		
单位	符号	物理量
米	m	长度
千克	kg	质量
秒	s	时间
安[培]	A	电流
开[尔文]	K	热力学温度
摩[尔]	mol	物质的量
坎[德拉]	cd	发光强度

一些国际单位的导出单位			
单位	符号	物理量	基本单位
牛[顿]	N	力	$kg \cdot m/s^2$
焦[耳]	J	能量	$kg \cdot m^2/s^2$
瓦[特]	W	功率	$kg \cdot m^2/s^3$
帕[斯卡]	Pa	压强	$kg/m \cdot s^2$
赫[兹]	Hz	频率	s^{-1}
库[仑]	C	电荷量	$A \cdot s$
伏[特]	V	电势	$kg \cdot m^2/(A \cdot s^3)$
欧[姆]	Ω	电阻	$kg \cdot m^2/(A^2 \cdot s^3)$
法[拉]	F	电容	$A^2 \cdot s^4/(kg \cdot m^2)$
特[斯拉]	T	磁场	$kg/(A \cdot s^2)$
韦[伯]	Wb	磁通量	$kg \cdot m^2/(A \cdot s^2)$
亨[利]	H	电感	$kg \cdot m^2/(A^2 \cdot s^2)$

国际单位的词头					
10^n	词头	符号	10^n	词头	符号
10^0	—	—			
10^3	千	k	10^{-3}	毫	m
10^6	兆	M	10^{-6}	微	μ
10^9	吉[咖]	G	10^{-9}	纳[诺]	n
10^{12}	太[拉]	T	10^{-12}	皮[可]	p
10^{15}	拍[它]	P	10^{-15}	飞[母托]	f
10^{18}	艾[可萨]	E	10^{-18}	阿[托]	a
10^{21}	泽[它]	Z	10^{-21}	仄[普托]	z
10^{24}	尧[它]	Y	10^{-24}	幺[科托]	y

基本常量的值		
量	符号	值
真空中的光速	c_0	3.00×10^{8}m/s
万有引力常量	G	6.6738×10^{-11}N·m^2/kg^2
阿伏伽德罗常量	N_A	6.0221413×10^{23}mol^{-1}
玻尔兹曼常量	k_B	1.380×10^{-23}J/K
电子的电荷量	e	1.60×10^{-19}C
真空介电常量	ε_0	8.85418782×10^{-12}C^2/(N·m^2)
真空磁导率	μ_0	$4\pi\times10^{-7}$T·m/A
普朗克常量	h	6.626×10^{-34}J·s
电子质量	m_e	9.11×10^{-31}kg
质子质量	m_p	1.6726×10^{-27}kg
中子质量	m_n	1.6749×10^{-27}kg
原子质量单位	u	1.6605×10^{-27}kg

其他有用的数值	
常数或量	值
π	3.1415927
e	2.7182818
1rad	57.2957795°
绝对零度(T=0)	-273.15℃
靠近地面的平均重力加速度 g	9.8m/s^2
在 20℃下空气中的声速	343m/s
在 20℃和大气压下干燥空气的密度	1.29 kg/m^3
地球质量	5.97×10^{24} kg
地球半径(平均)	6.38×10^{6} m
地球与月球之间的距离(平均)	3.84×10^{8}m

单位换算

长度

1in=2.54cm(定义)

1cm=0.3937in

1ft=30.48cm

1m=39.37in=3.281ft

1mile=5280ft=1.609km

1km=0.6214mile

1nmile(美制)=1.151mile=6076ft=1.852km

1fermi=1fm=10^{-15}m

1Å=10^{-10}m=0.1nm

1 光年(ly)=9.461×10^{15}m

1 秒差距=3.26ly=3.09×10^{16}m

体积

1L=1000mL=1000cm^3=1.0×10^{-3}m^3

=1.057qt(美制)=61.02in^3

1gal(美制)=4qt(美制)=231in^3=3.785L=0.8327gal(英制)

1qt(美制)=2pt(美制)=946mL

1pt(英制)=1.20pt(美制)=568mL

1m^3=35.31ft^3

速度

1mile/h=1.4667ft/s=1.6093km/h=0.4470m/s

1km/h=0.2778m/s=0.6214mile/h

1ft/s=0.3048m/s=0.6818mile/h=1.0973km/h

1m/s=3.281ft/s=3.600km/h=2.237mile/h

1 节(kn)=1.151mile/h=0.5144m/s

角度

1rad=57.30°=57°18′

1°=0.01745rad

1r/min(rpm)=0.1047rad/s

时间

1 天=8.640×10^{4}s

1 年=365.242 天=3.156×10^{7}s

质量

1 原子质量单位(u)=1.6605×10^{-27}kg

1kg=0.06852 斯勒格(slug)

1t=1000kg

1 英吨(ton)=2240 磅(lb)=1016kg

1 美吨(sh ton)=2000lb=909.1kg

1kg=2.20lb

（续）

单位换算	
力	功率
1lb = 4.44822N 1N = 10^5 达因(dyne) = 0.2248lb	1W = 1J/s = 0.7376ft · lb/s = 3.41Btu/h 1hp = 550ft · lb/s = 746W 1kW · h/day = 41.667W
功和能	压力
1J = 10^7 尔格(erg) = 0.7376ft · lb 1ft · lb = 1.356J = 1.29×10^{-3} 英热单位(Btu) = 3.24×10^{-4}kcal(千卡) 1kcal = 4.19×10^3J = 3.97Btu 1eV = 1.6022×10^{-19}J 1kW · h = 3.600×10^6J = 860kcal 1Btu = 1.056×10^3J	1atm = 1.01325bar = 1.01325×10^5N/m^2 = 14.7lb/in^2 = 760 托(Torr) 1lb/in^2 = 6.895×10^3N/m^2 1Pa = 1N/m^2 = 1.450×10^{-4}lb/in^2

实践篇

元素周期表

原子序数 → 29
元素符号 → Cu
63.546 ← 平均原子质量的单位为g/mol。对于没有稳定同位素的元素，以括号形式给出其寿命最长同位素的近似原子质量。

周期 \ 族	1	2	3	4	5	6	7	8	9	10	11	12	13	14	15	16	17	18
1	1 **H** 1.008																	2 **He** 4.003
2	3 **Li** 6.941	4 **Be** 9.012											5 **B** 10.811	6 **C** 12.011	7 **N** 14.007	8 **O** 15.999	9 **F** 18.998	10 **Ne** 20.180
3	11 **Na** 22.990	12 **Mg** 24.305											13 **Al** 26.982	14 **Si** 28.086	15 **P** 30.974	16 **S** 32.065	17 **Cl** 35.453	18 **Ar** 39.948
4	19 **K** 39.098	20 **Ca** 40.078	21 **Sc** 44.956	22 **Ti** 47.867	23 **V** 50.942	24 **Cr** 51.996	25 **Mn** 54.938	26 **Fe** 55.845	27 **Co** 58.933	28 **Ni** 58.693	29 **Cu** 63.546	30 **Zn** 65.409	31 **Ga** 69.723	32 **Ge** 72.64	33 **As** 74.922	34 **Se** 78.96	35 **Br** 79.904	36 **Kr** 83.798
5	37 **Rb** 85.468	38 **Sr** 87.62	39 **Y** 88.906	40 **Zr** 91.224	41 **Nb** 92.906	42 **Mo** 95.94	43 **Tc** (98)	44 **Ru** 101.07	45 **Rh** 102.906	46 **Pd** 106.42	47 **Ag** 107.868	48 **Cd** 112.411	49 **In** 114.818	50 **Sn** 118.710	51 **Sb** 121.760	52 **Te** 127.60	53 **I** 126.904	54 **Xe** 131.293
6	55 **Cs** 132.905	56 **Ba** 137.327	71 **Lu** 174.967	72 **Hf** 178.49	73 **Ta** 180.948	74 **W** 183.84	75 **Re** 186.207	76 **Os** 190.23	77 **Ir** 192.217	78 **Pt** 195.078	79 **Au** 196.967	80 **Hg** 200.59	81 **Tl** 204.383	82 **Pb** 207.2	83 **Bi** 208.980	84 **Po** (209)	85 **At** (210)	86 **Rn** (222)
7	87 **Fr** (223)	88 **Ra** (226)	103 **Lr** (262)	104 **Rf** (261)	105 **Db** (262)	106 **Sg** (266)	107 **Bh** (264)	108 **Hs** (269)	109 **Mt** (268)	110 **Ds** (271)	111 **Rg** (272)	112 **Uub** (285)	113 **Uut** (284)	114 **Uuq** (289)	115 **Uup** (288)	116 **Uuh** (292)	117 **Uus** (294)	118 **Uuo**

镧系	57 **La** 138.905	58 **Ce** 140.116	59 **Pr** 140.908	60 **Nd** 144.24	61 **Pm** (145)	62 **Sm** 150.36	63 **Eu** 151.964	64 **Gd** 157.25	65 **Tb** 158.925	66 **Dy** 162.500	67 **Ho** 164.930	68 **Er** 167.259	69 **Tm** 168.934	70 **Yb** 173.04
锕系	89 **Ac** (227)	90 **Th** (232)	91 **Pa** (231)	92 **U** (238)	93 **Np** (237)	94 **Pu** (244)	95 **Am** (243)	96 **Cm** (247)	97 **Bk** (247)	98 **Cf** (251)	99 **Es** (252)	100 **Fm** (257)	101 **Md** (258)	102 **No** (259)

习题答案（奇数题号）

第 22 章

1. 9.8×10^{-4}N，方向向上。

3. 7.55N，方向向下。

5. 任何携带第三种电荷的物体都会受到T带和B带的吸引力或者它们的排斥力。

7. (a) 将胶带C粘在平面上，将胶带A粘在胶带C上，覆盖一半的长度；将胶带B粘在胶带C上，覆盖另一半的长度。握住胶带A、B没有粘在胶带C上的两端，将胶带A、B从胶带C上取下来。这样粘在胶带C上面的部分得到相同类型的电荷，A、B两胶带相互排斥。

(b) 不可能，由于电荷守恒，如果胶带A和B带有某种电荷，胶带C一定带有不同的另一种电荷，因此胶带C与胶带A或胶带B之间的力是吸引力。

9. (a) 10^{-4}m^2，相当于指甲盖的大小。(b) $2.6\times10^{-5}\text{m}^2$，比估算结果小一个数量级。

11. 腕带可以向地面释放人体所带的微小电荷，避免因静电积累产生火花。

13. 当云层中出现某种电荷的大量过剩时，将会出现闪电。此时云层对地面相反属性的电荷产生吸引力，当人站立在地面上时，这些电荷沿着人的躯干向上移动，直至发梢。由于所有头发携带的电荷属性相同，它们相互排斥，且竖立起来。

15. (a)

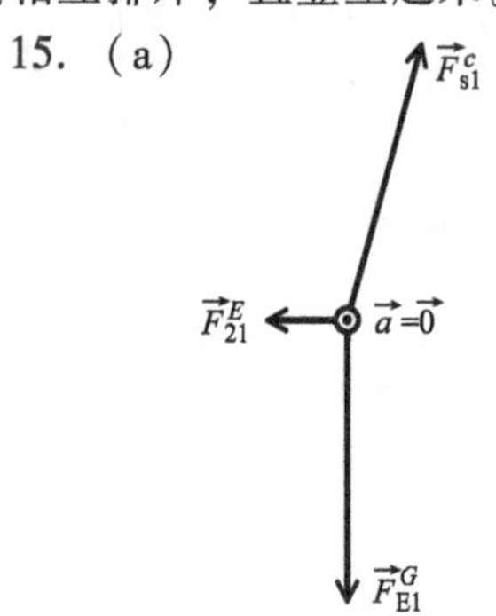

(b) 1.41×10^{-3} N，力的方向指向夹子的外侧。(c) 不会，回形针相互排斥，说明带有同种电荷，因此不可能出现放电的现象。

17. (a) 将B和C放置于A的同一侧。(b) 将B和C放置于A的两侧。

19. 吸引力

21.

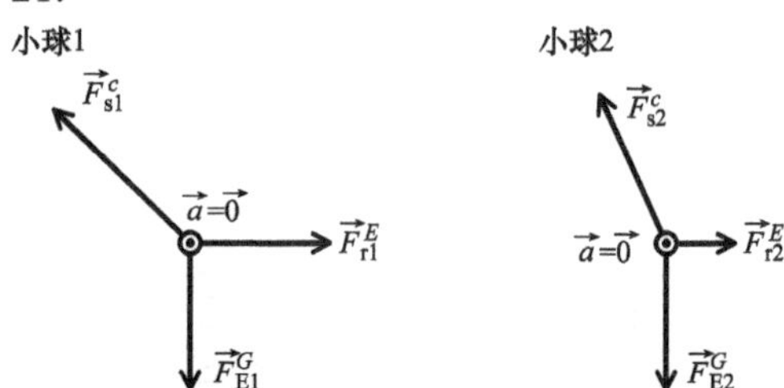

23. (a) 小球朝着铝棒滚动。(b) 如果小球上的正电荷很少，极化起到主要的作用，小球朝着铝棒滚动；如果小球上的正电荷较多，小球背离铝棒滚动。

25. (a) $F^E_A<F^E_C<F^E_B$ (b) $F^E_A<F^E_C<F^E_B$ (c) $F^E_B<F^E_C<F^E_A$

27. 大冰块上的极化电荷在小冰块上产生极化电荷，两冰块相互吸引，发生碰撞并融合。

29. 1.02×10^{-10}N，排斥力。

31. (a) $F^E_x=-3.6\times10^{-4}$N，$F^E_y=0$ (b) $F^E_x=0$，$F^E_y=1.0\times10^{-3}$N

33. -3.78μC

35. $\dfrac{F^E}{F^G}=1.35\times10^{20}$

37. (a) 4个单位 (b) 8个单位

39. 8.51×10^{-6}C

41. (a) $F^E_{12}/8$ (b) 是的

43. (a) 1.6×10^{-5}N

(b)、(c)

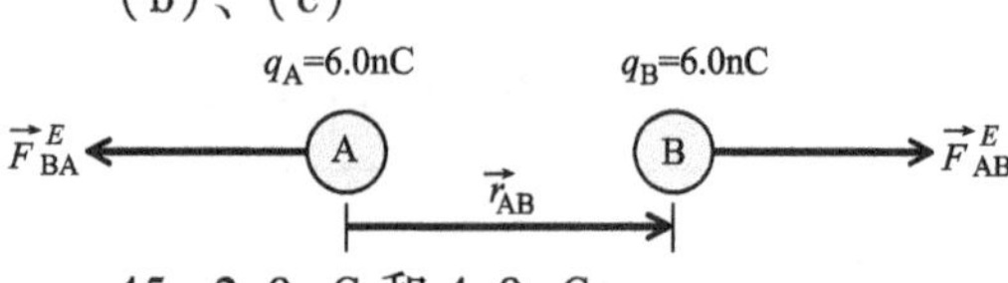

45. 2.0μC 和 4.0μC

47. 2个电子

49.（a）由于极化的原因，两小球相互吸引；一旦碰到一起，两小球由于电荷类型相同，又相互排斥。静止时，两细线和竖直方向的夹角相同。

（b）$q=\sqrt{\dfrac{d^3mg}{2k\sqrt{l^2-d^2/4}}}$

51. 增加

53. 只要这两个粒子对粒子 1 产生的电场力的合力大小为 $2kq^2\cos15°$，方向沿 x 轴负方向。

59. $\dfrac{\sqrt{2}}{2}+\dfrac{1}{4}\approx0.952$

61. 1/8

63.

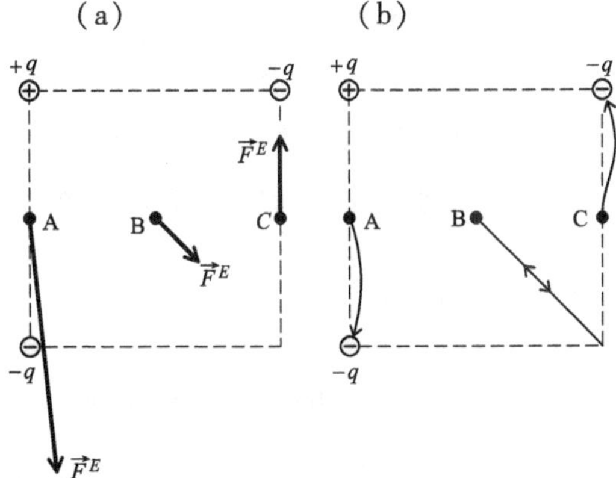

65. 3.0μC

69. 在 $y=10$mm 处或 $y=40$mm 处。

71. 由于作用在电子上的引力远远小于电场力，所以金属上表面处电子引力势能与下表面处电子引力势能之差可以忽略不计。

73. 2.0×10^{-3}N，方向向上

75. （a）2.4×10^{-2}N，沿 y 轴正方向；（b）2.4×10^{-2}N，沿 y 轴负方向。

77. −36nC

81. 47.1N/m

83. 在 $5\pi/4$ 处

85（a）8×10^{23} 个电子；（b）1×10^5C；（c）2×10^{14}N；（d）不可能。

87. （a）

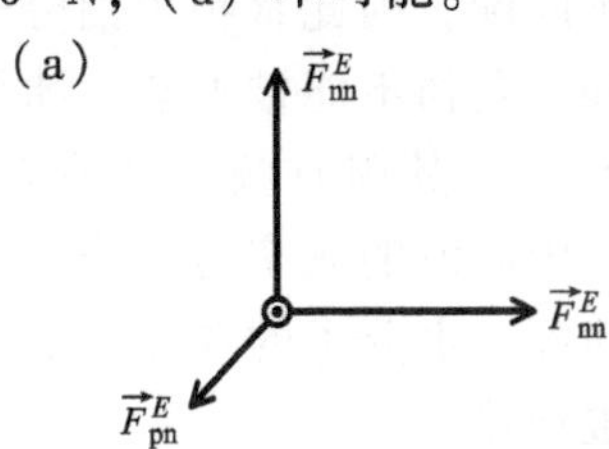

（b）3.0×10^{-5}N，沿由正方形的中心 D 到顶点 B 的连线，与 DC 边成 45°角。

91. 只有圆环的中心电场为零。考虑圆环平面上不是中心的一点，设该点到圆环较近一侧的距离为 r_1，到圆环较远一侧的距离为 r_2。和球壳的情况不同，通过该点的两条直线在圆环上截取的是两段圆弧而不是牛顿与普利斯特里所说的部分球面。如果电荷均匀分布，那么两段圆弧上的电荷满足$\dfrac{q_1}{r_1}=\dfrac{q_2}{r_2}$，这两段圆弧在该点处电场强度的总和为$\vec{E}=\vec{E}_1+\vec{E}_2=k\left(\dfrac{q_1}{r_1{}^2}-\dfrac{q_2}{r_2{}^2}\right)$，以指向较长的圆弧为正方向。代入前面得到的关系式，可以简化为$\vec{E}=\dfrac{kq_2}{r_2}\left(\dfrac{1}{r_1}-\dfrac{1}{r_2}\right)$，沿指向较长圆弧的方向，由此可见，只有到两段圆弧的距离相等时，也就是圆心处，该点的电场强度才是零。

第 23 章

1. 5.93×10^{-3}N/kg

5. 不是，因为单位牛顿里面的千克部分在引力场里面可以删除，在电场中却不可以删除。对于引力：N/kg = (kg · m/s^2)/kg = m/s^2；对于电场：N/C = (kg · m/s^2)/C。

7.

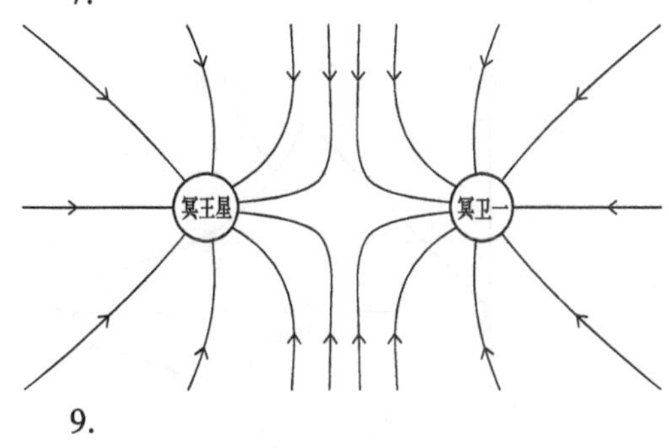

9.

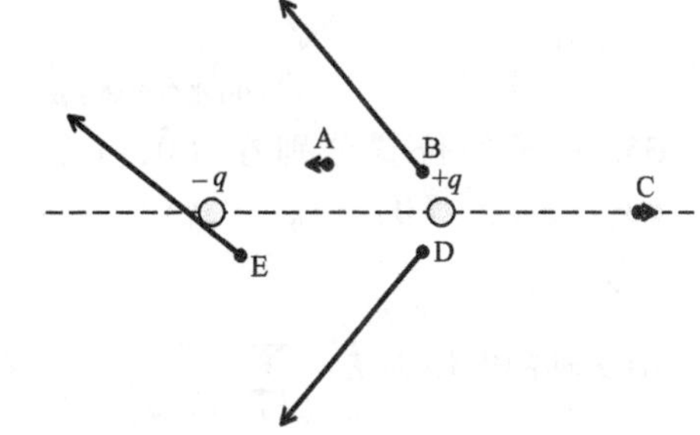

实践篇

11.

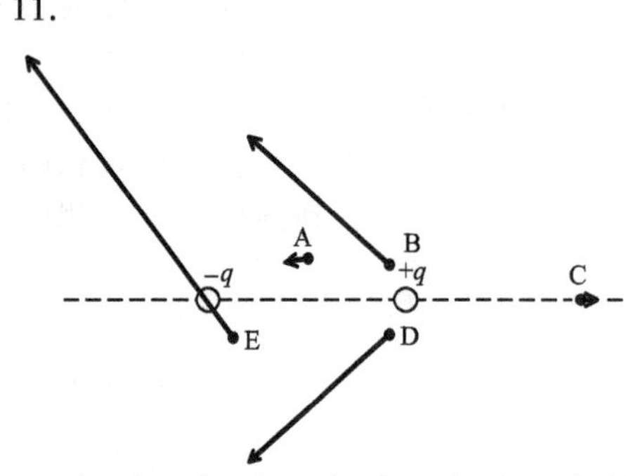

13. $|E|_c<|E|_a=|E|_d<|E|_b<|E|_e$

15. 由于房间里面各点到地心的距离相等，且其他物体产生的引力场很小，可以忽略，所以各点的引力场分布十分均匀。

17. $\vec{F}^E=5.0\times10^{-4}$N，向南；$2.4\times10^{-4}$N，向西；$9.2\times10^{-5}$N，向下。

19. 84N/C，竖直向上。

21. 击中（4.7mm，0，0）处

23. 6.8×10^5N/C

25. （a）0；（b）2.5×10^2N/C，从A指向B。

27. （a）4.0×10^{-10} N，由原点指向质子；

（b）2.5×10^9N/C，从原点指向（4.00mm，3.00mm）处。

29.

（a）

（b）

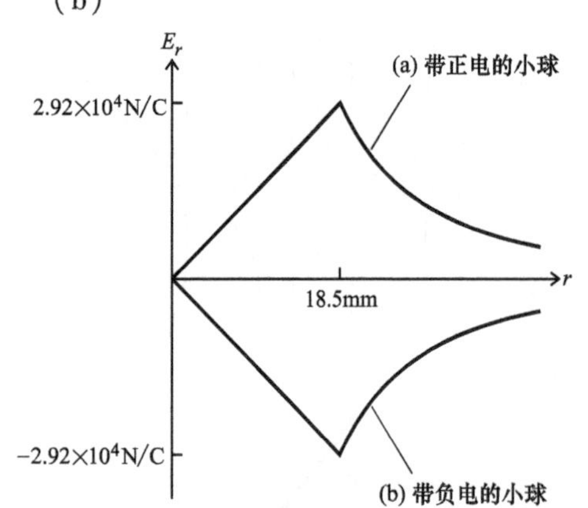

35. 珠子的位置分别在（0，y_0，z_0）；（0，$-y_0$，z_0），（0，$-y_0$，$-z_0$），（0，y_0，$-z_0$），$a^2=y_0^2+z_0^2$。

沿 x 轴的电场为 $\vec{E}=\sum_q \frac{kq}{x^2+a^2}\hat{r}_{qx}$。单位矢量为

$$\frac{1}{\sqrt{x^2+a^2}}[(x,-y_0,-z_0),(x,y_0,-z_0),(x,y_0,z_0),(x,-y_0,z_0)]$$

因此

$$\vec{E}=\sum_q \frac{kq}{x^2+a^2}\hat{r}_{qx}=\frac{4kqx}{(x^2+a^2)^{3/2}}\hat{i}$$

37. （a）2.17×10^3N/C，沿 x 轴的正向；（b）放在（−144mm，0）处。

39. （a）0；（b）$\frac{4kq}{3a^2}$，指向三角形中心的外侧；

（c）$\frac{kq}{a^2}\left(1+\frac{1}{\sqrt{2+\sqrt{3}}}\right)$，方向向上。

43. 如果将化学键看成是离子键，可得 $\vec{p}_{H_2O}=1.1\times10^{-29}$C·m，它是测量结果的1.8倍，所以不能把这些化学键看成是离子键。

51. λl^2

53. 3.4×10^{-5}C

61. 8.2mm

63. （a）下板；（b）2.0×10^{-8} C/m²。

65. （a）$E_y=\frac{k\lambda}{y}$ （b）$\arctan\frac{E_y}{E_x}=\arctan(-1)=135°$

67. $E_x=\frac{kQ}{l}\left(\frac{1}{d}-\frac{1}{\sqrt{l^2+d^2}}\right)$，$E_y=\frac{kQ}{d}\left(\frac{1}{\sqrt{l^2+d^2}}\right)$

71. 当物质的分子动能增加时，物质被加热。在液态水中，水分子的正电区域和相邻的水分子的负电区域相连，水分子以固有频率在平衡位置附近振动，微波炉的发射装置产生与水分子固有频率相同的变化电场。这使得食物中的水分子的动能增加，从而加热食物。由于食物中油的固有频率与微波炉的频率并不匹配，因此食物中油分子的动能并不能增加，食物不能被加热。冰块中的水分子受到约束，其固有频率和液态水不同，因此微波炉中微波的频率与冷冻食物中的水分子并不匹配，水分子的动能不会增加，食物也不会被加热。

75.

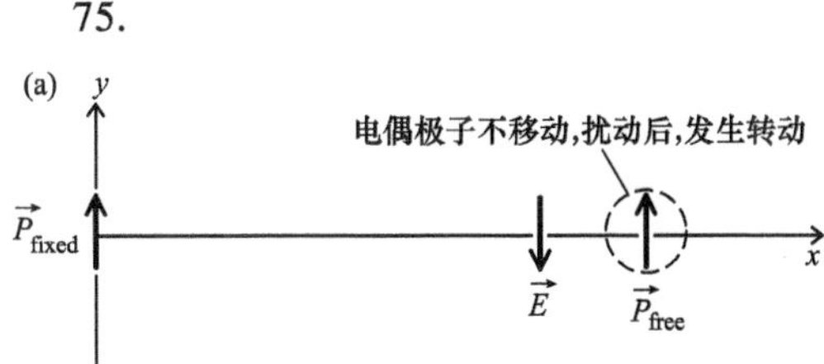
(a)
电偶极子不移动,扰动后,发生转动

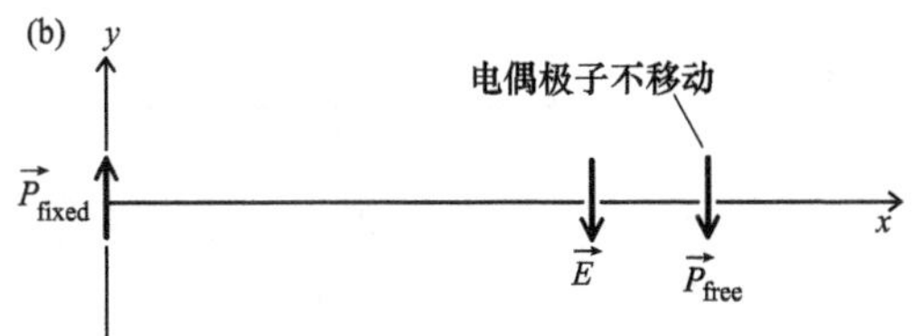
(b)
电偶极子不移动

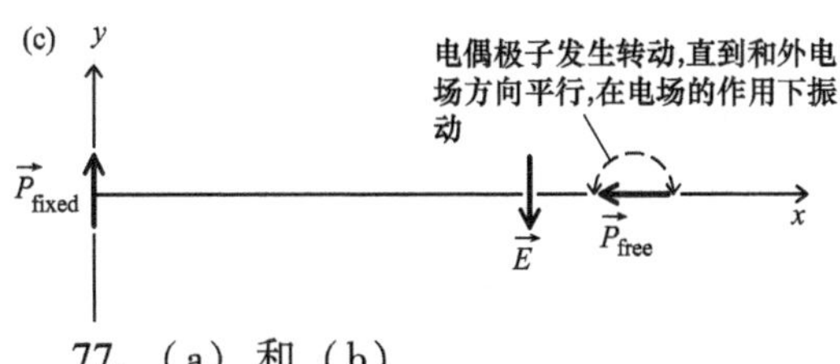
(c)
电偶极子发生转动,直到和外电场方向平行,在电场的作用下振动

77. (a) 和 (b)

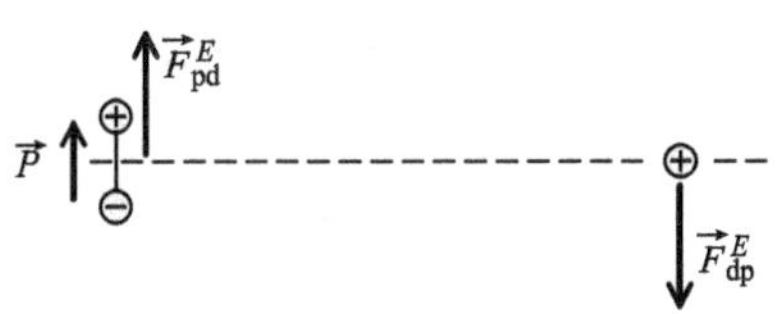

(c) 10.0×10^{-6} N

79.

(a)

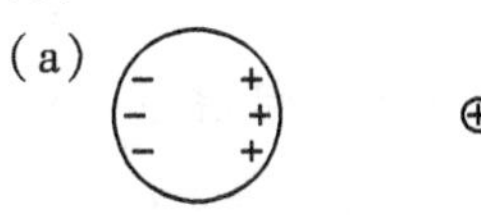

(b) 分子加速离开带正电粒子。

81. $2.69\times10^{-45}\text{C}^2\cdot\text{m/N}$

83.

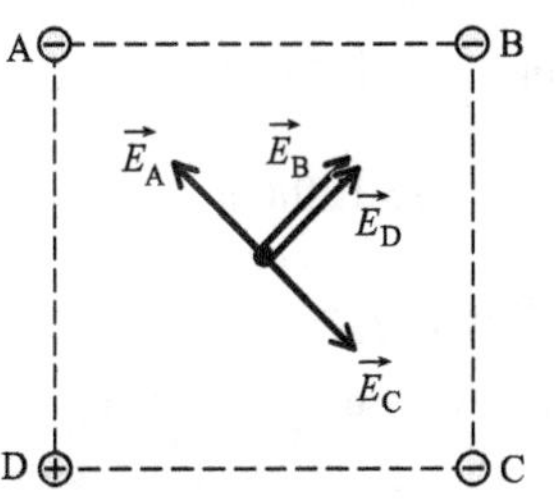

大小为 4×10^4N/C，指向与正电荷相对的负电荷。

85. (a) $\left(\dfrac{d}{2}, 0\right)$；(b) 不存在。

87. (a) $6.4\times10^{-27}\text{N}\cdot\text{m}$ (b) 0

91.

(a)

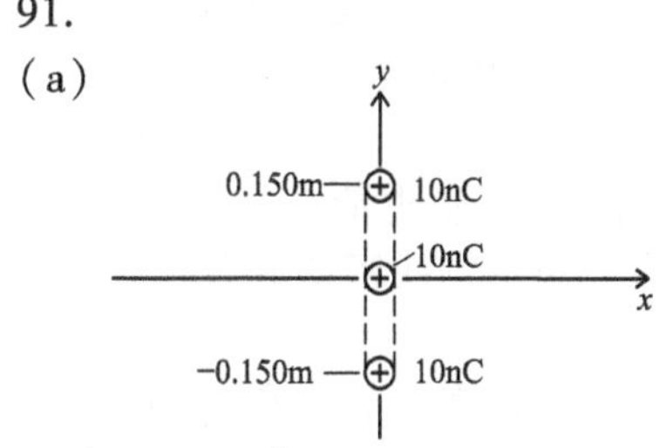
0.150m
10nC
10nC
−0.150m
10nC

(b) 4.5×10^3N/C；(c) 16%；(d) 将直杆近似地看作 5 个点电荷，每个带电 30nC，相距五分之一杆长。

95. $\dfrac{3kq}{\pi R^2}$

第 24 章

1. (a) 从原点到 (0.6, 1.2)；(b) 从 (0.6, 1.2) 到原点。

3. 无法画出

5. (a) 粒子沿电场的方向加速；(b) 初速度虽然不同，但运动轨迹不变；(c) 沿电场方向的速度 $\vec{E}(v_i\cos\theta)$ 增加，垂直于电场方向的速度 $\vec{E}(v_i\sin\theta)$ 改变速度的方向，使得粒子沿抛物线运动。(d) 对于 (a) 小问，粒子沿电场的反方向加速；对于 (b) 小问，粒子先沿着电场方向运动，然后反向，沿着电场的反方向运动。对于 (c) 小问，粒子由直线运动变成沿抛物线运动。

7. (a) 沿水平方向向右加速；(b) 沿水平方向向左加速；(c) 沿水平方向向左加速；(d) 沿路径向右朝着电偶极子的负电荷运动。(e) 向右朝着电偶极子的负电荷运动。

11. 硬币覆盖的是负电荷，其电荷量约为右侧正电荷电量的 7/17。

13. (a) 取任何物体所受引力的方向为引力场的方向，画出地-月系统的引力场分布如下。

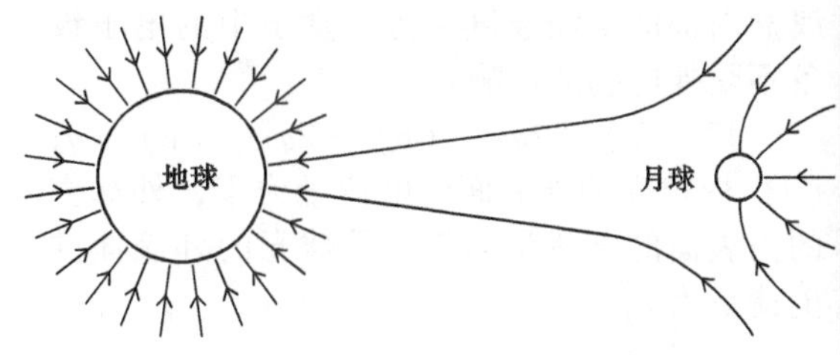
地球
月球

（b）两个物体均携带负电荷。（c）引力为吸引力，电场力可以是吸引力也可以是排斥力；引力线均终止于物体，而电场线则是始于正电荷，终于负电荷。

15. 右下角电场线密度最大。

17. $E_B > E_A > E_C$

19. 将带电板视为放置在 xy 平面上的无限大平面板，由于电荷分布关于 xz 平面与 yz 平面镜像对称，因此电场只存在 E_z 分量。对于有限大的平板，板的外侧不具有这样的对称性，但是对于无限大平面板的情况下，对于板上的任意点，这一对称总是成立。因此带电板表面的电场线密度分布均匀（电场线垂直于表面，既不向内也不向外弯曲），电场强度处处相等。

21. （a）$\Delta t_{C\to D} < \Delta t_{B\to C} < \Delta t_{A\to B}$；（b）只要小球不离开电场，结果不变。

23. B 平面附近的电场线密度是 A 平面的 1.6 倍

25. A = B = C

29. 闭合曲面内部的电荷等于 4 个质子的电荷，$+4e$。因此，可以得出结论：闭合曲面内部的粒子数为偶数，且粒子数量在 4 个以上。

33．（a）不能；（b）这一关系仍然适用于电偶极子。

35. $+\Phi/6$

37. 还可以采用以该平面为对称面的长方体或者立方体。

39. （a）$E_0/4$　（b）E_0　（c）$E_0/4$

41. 结果一致，因为闭合曲面内部的电荷以及通过闭合曲面的电通量正比于闭合曲面内部的平板面积。

43. （a）空腔 1 内表面的电荷量为 $-q$，空腔 2 内表面的电荷量为 $+2q$；（b）金属物体的外表面的电荷量为 $-q$。

45. 由于金属是良导体，所以即使施加了外电场，金属仍然可以保持静电平衡。金属盒内部的电场强度为零，盒子中的电子设备不受外电场的影响。

47. （a）$+2q$；（b）$-2q$；（c）$+q$；（d）内球壳的外表面的电荷量为零，外球壳的内表面的电荷量为零，外球壳的外表面的电荷量为 $+q$。

49. $-9q$

51. （a）$-2q$　（b）$-q$

（c）

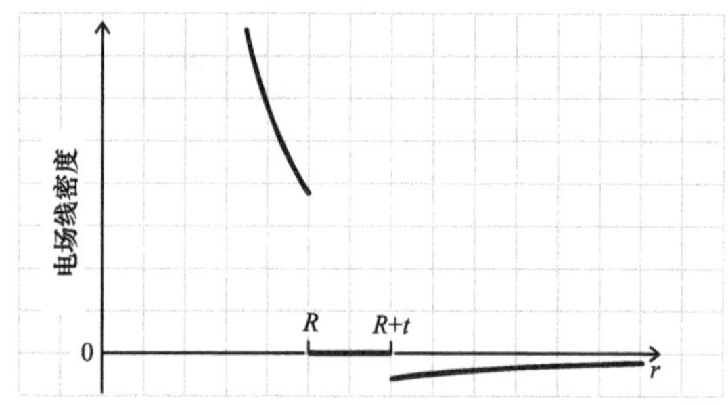

53. （a）可以，旋转平板使其法线方向与电场方向的夹角为 78°；（b）不可以。

55. （a）$6.8\times10^5 \mathrm{N\cdot m^2/C}$　（b）$6.8\times10^5 \mathrm{N\cdot m^2/C}$

57. $\Phi_{E,右侧(a)} = \Phi_{E,右侧(b)} = \Phi_{E,右侧(c)}$

59. （a）$+2q$　（b）$-5q$

61.

（a）

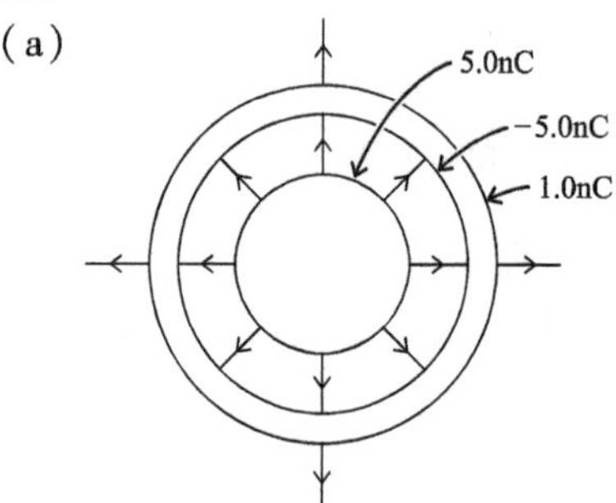

（b）$\sigma_{solid} = 1.1\times10^2 \mathrm{nC/m^2}$，带正电；$\sigma_{inner} = 40\ \mathrm{nC/m^2}$，带负电；$\sigma_{outer} = 5.5 \mathrm{nC/m^2}$，带正电。（c）电场方向指向球外，大小为

$$E = \begin{cases} 0, & r \leqslant 60\mathrm{mm} \\ \dfrac{kq_1}{r^2}, & 60\mathrm{mm} < r < 100\mathrm{mm} \\ 0, & 100\mathrm{mm} \leqslant r \leqslant 120\mathrm{mm} \\ \dfrac{kq_2}{r^2} & r > 120\mathrm{mm} \end{cases}$$

其中，$q_1 = 5.0\mathrm{nC}$；$q_2 = 1.0\mathrm{nC}$。

63. （a）$-4.0\mathrm{N\cdot m^2/C}$　（b）$-3.5\times10^{-11}\mathrm{C}$

65. （a）可以，采用圆柱高斯面；（b）不行；（c）可以，采用球形高斯面。

67. （a）$\dfrac{\lambda l}{4\epsilon_0}$　（b）变大

69. （a）12 条电场线从粒子指向立方体

外；（b）两条电场线；（c）3.4×10^5N·m^2/C；（d）5.6×10^4N·m^2/C；（e）其中（b）和（d）的结果会改变。

71.（a）$\frac{q}{\epsilon_0}$；（b）$\frac{q}{\epsilon_0}$；（c）用高斯定理更方便。

73.（a）1.9×10^2N/C，指向球外；（b）8.5×10^2N/C，指向球外；（c）7.8×10^2N/C，指向球外。

75.（a）$E(r<a)=0,\vec{E}(a<r<b)=\frac{2k\lambda_a}{r}$，沿半径方向向外。

$\vec{E}(r>b)=\frac{2k(\lambda_a+\lambda_b)}{r}$，沿半径方向向外。

（b）电荷线密度为5.0nC/m，带负电。

（c）

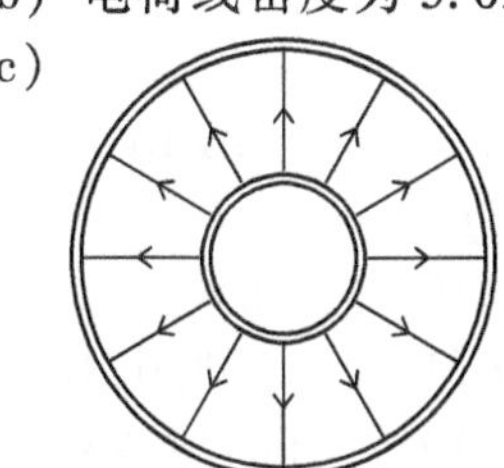

77.（a）$\sigma_{内}=4.8\mu C/m^2$，带负电；$\sigma_{外}=3.4\mu C/m^2$，带正电。

（b）5.5×10^5N/C；（c）0；（d）2.7×10^5N/C。

79. $\vec{E}(r\leqslant a)=\frac{\rho_0 r}{3\epsilon_0}$，指向球外；

$\vec{E}(a\leqslant r\leqslant b)=\frac{\rho_0 a^3}{\epsilon_0 r^2}\left[\frac{1}{12}+\frac{1}{4}\left(\frac{r}{a}\right)^3\right]$，指向球外；

$\vec{E}(r\geqslant b)=\frac{\rho_0 a^3}{\epsilon_0 r^2}\left[\frac{1}{3}+\frac{1}{4}\left(\frac{b^4}{a^4}-1\right)\right]$，指向球外。

81. -3λ 或 $+9\lambda$

83.（a）7.1×10^{-10}C （b）20N/C （c）21N/C

85.（a）两个球壳；（b）内球壳：电中性，厚球壳，导体材料，内径为 R，外径为 $2R$；

外球壳：带电 $-2q$，薄球壳，绝缘材料，半径为 $3R$。

87. 0.040m

89.（a）$q_{\text{part}}=\frac{49}{64}q_{\text{sphere}}$ （b）$x=\frac{R}{4}$，$x=\frac{16}{15}R$

91.（a）$\vec{E}(r<R)=\frac{\rho_0 r^2}{4\epsilon_0 R}$，指向球外；

$\vec{E}(r>R)=\frac{\rho_0 R^3}{4\epsilon_0 r^2}$，指向球外。

（b）$\vec{E}(r<R)=\frac{\rho_0}{4\epsilon_0}\left(\frac{4}{3}r-R\right)$，指向球外；

$\vec{E}(r>R)=\frac{\rho_0 R^3}{12\epsilon_0 r^2}$，指向球外；

（c）$\vec{E}(r<R)=\frac{\rho_0}{4\epsilon_0}\left(\frac{4}{3}r-2R\right)$，指向球外；

$\vec{E}(r>R)=\frac{\rho_0 R^3}{6\epsilon_0 r^2}$，指向球内。

93. 不会，在静电场中（只要电荷不突然加速）电场线不会打结。

95. 加速度 a 为常数与 d 无关：$a=\sigma q/(2m\epsilon_0)$，指向平面外侧。

97.（a）

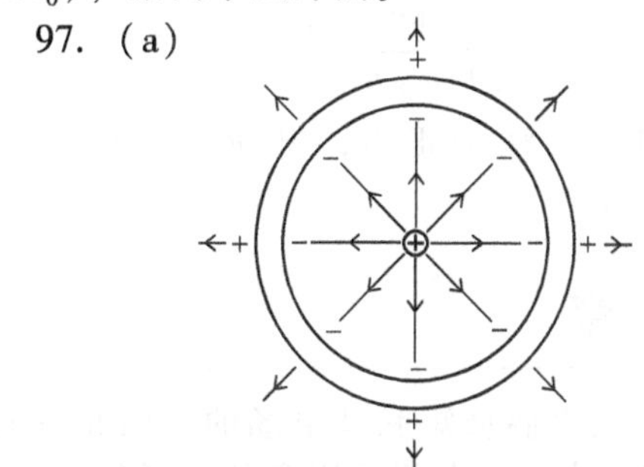

（b）$\sigma_{内壳表面}=24nC/m^2$，带负电；

$\sigma_{外壳表面}=17nC/m^2$，带正电；

（c）$\vec{E}(r<R_{\text{inner}})=\frac{kq}{r^2}$，沿半径方向向外；

$E(R_{\text{inner}}<r<R_{\text{outer}})=0$；

$\vec{E}(r>R_{\text{outer}})=\frac{kq}{r^2}$，沿半径方向向外。

（d）

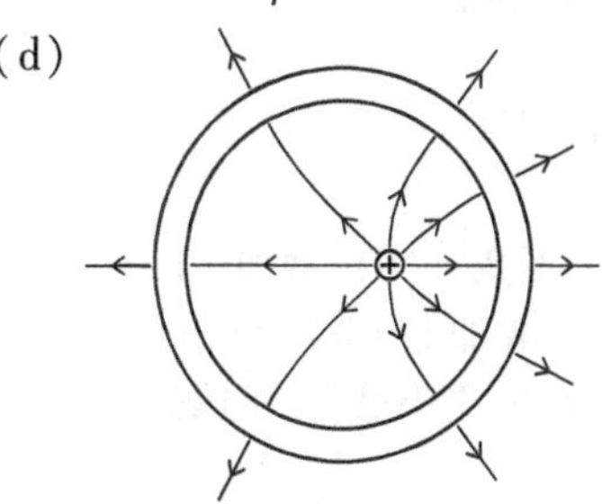

99. 1.3nC/m^2，带负电

101. (a) $E_D > E_A = E_B = E_C$ (b) $E_A > E_D > E_C > E_B$

103. (a) $\vec{E}(-a<x<a) = \frac{\rho_0}{2\epsilon_0 a}(a^2-x^2)$，沿$-x$方向；板外区域：$E=0$。

(b) 板1左侧：$\vec{E}=\rho_0 t/\epsilon_0$，沿$-x$方向；

板1内部：$\vec{E}(x)=\left(\frac{\rho_0}{2\epsilon_0 a}(a^2-x^2)+\frac{\rho_0 t}{\epsilon_0}\right)$，沿$-x$方向；

板1与板2之间：$\vec{E}=\frac{\rho_0 t}{\epsilon_0}$，沿$-x$方向；

在板2内的左半侧：$\vec{E}(x)=\frac{\rho_0}{\epsilon_0}(d-x)$，沿$-x$方向；

在板2内的右半侧：$\vec{E}(x)=\frac{\rho_0}{\epsilon_0}(x-d)$，沿$+x$方向；

在板2的右侧：$\vec{E}=\frac{\rho_0 t}{\epsilon_0}$，沿$+x$方向。

105. $f=\frac{1}{2\pi}\sqrt{\frac{k\,|q_s|\,|q_p|}{mR^3}}$

107. 导线带正电，电荷线密度为$5\times10^2\text{nC/m}$。

第 25 章

1. 当电偶极矩和外电场的方向相反时，电势能最大；当电偶极矩和外电场的方向相同时，电势能最小。

3. (a) 1kg 的球 (b) 3kg 的球

5. (a) $K_p = 2K_d = K_\alpha$ (b) $p_p = p_d = p_\alpha/2$ (c) $v_p = 2v_d = 2v_\alpha$

(d) $\Delta x_p = 2\Delta x_d = 2\Delta x_\alpha$

(e) $\Delta U_p^E = 2\Delta U_d^E = \Delta U_\alpha^E$

7. $\Delta U^E = 2qEd$

9. $2W$

11. 从 B 到 A

13. $3W$

15. (a) 不变 (b) 增加 (c) $V_B - V_A < 0$

17. (a) 增加 (b) 减小 (c) 问题 (a) 的答案为“不变”，问题 (b) 答案还是“减小”。

19. $W_{(a)} = W_{(b)} < W_{(c)} < W_{(d)}$

21. 可以，在 $E=0$ 的地方。

23. 等势面为无限长的圆柱面。

25.

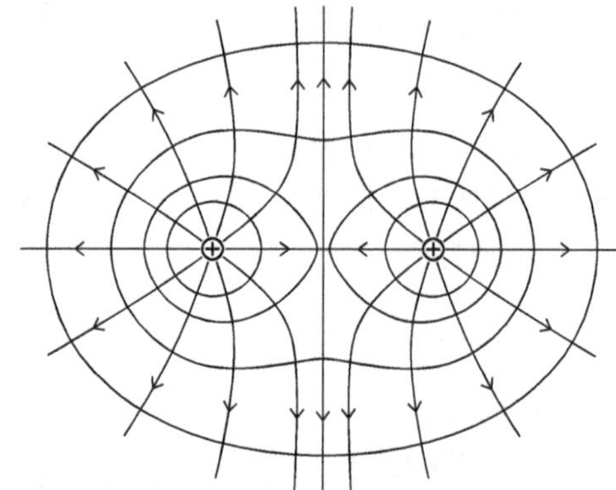

26. (a) 带电粒子的右侧 (b) 方向向左 (c) 最外面的等势线。

27. (a) 不能 (b) 不能。

29. (a) 6.7V (b) 2.0×10^{-8}J
(c) 2.0×10^{-8}J

31. (a) 1.5×10^{-7}J (b) 0
(c) -3.8×10^{-8}J (d) -7.0×10^{-8}J

33. (a) 2.7×10^{2}V (b) 1.9×10^{2}V

35. (a) 电势为负数 (b) $\frac{q^2}{4\pi\epsilon_0 d}(\sqrt{2}-4)$

37. $W_A = W_B = W_C = W_D$

39. (a) 51V (b) 25V (c) 0

41. (a) $x=-d$ 与 $x=+5d$ (b) $y=\pm\sqrt{5}d$ (c) 无穷远处。

43. (a) 电势差为负数 (b) 3.0V/m，沿$+x$轴方向 (c) $5.3\times10^{-11}\text{C/m}^2$

45.

(a)

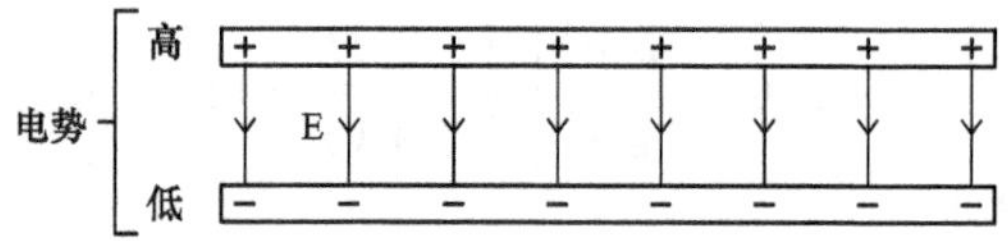

(b) 5.0×10^{3} V/m；(c) -8.0×10^{-17}J，系统包括电子与平板；(d) $+8.0\times10^{-17}$J，系统只包括电子，电场为外电场；(e) 8.0×10^{-17}J。

47. (a) 正电 (b) 粒子2带电 $q_2 = 6q_1$，位于 $x_2 = 2d$ 处，或带电 $q_2 = 6q_1/5$，位于 $x_2 = -2d/5$。

49. (a) 24V (b) 17V (c) 11V

51. (a) 6.0×10^{2}V (b) -1.3×10^{3}V

实践篇

（c） -4.2×10^3 V

53. （a）零 （b） $V=\dfrac{q}{\pi\epsilon_0 l}\ln\left(\dfrac{\sqrt{2}+1}{\sqrt{2}-1}\right)$

55.

$$V=\frac{-q}{4\pi\epsilon_0 l}\ln\left[\frac{l+\sqrt{l^2+y^2}}{y}\right]+\frac{q}{4\pi\epsilon_0(y-y_p)}$$

57.

$$V=\frac{c}{8\epsilon_0}\left[2R\sqrt{R^2+x^2}+x^2\ln\left(\frac{x^2}{(R+\sqrt{R^2+x^2})^2}\right)\right]$$

59. $E=B$，沿 $-x$ 轴方向。

61. （a） $V(x=3.0000)=8.99\text{V}$ $V(x=3.0100)=8.96\text{V}$ （b）减小，$\dfrac{\Delta V}{\Delta x}=-2.98\text{V/m}$。

（c） $E(x=3.0000)=2.99\text{V/m}$，正如所预料的，大小接近（b）小问的结果，但符号反号。

（d） $E(x=3.0000, y=0.0100)=3.00\text{V/m}$，在精度范围内，结果和（c）小问相同，这是因为在精度范围内，两个点可以看成是同一个点。

63. （a）B （b）F

（c）

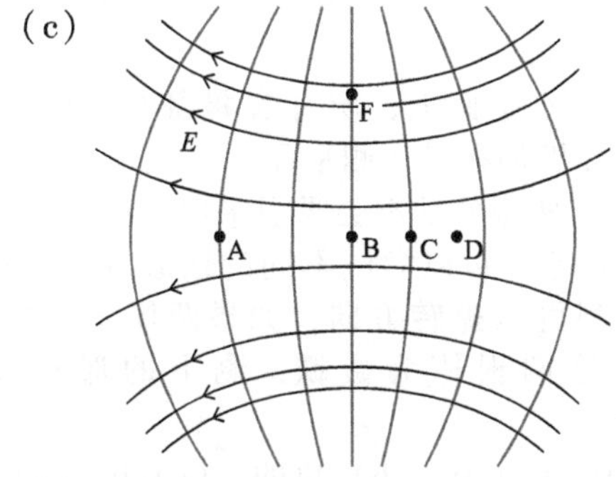

65. （a）

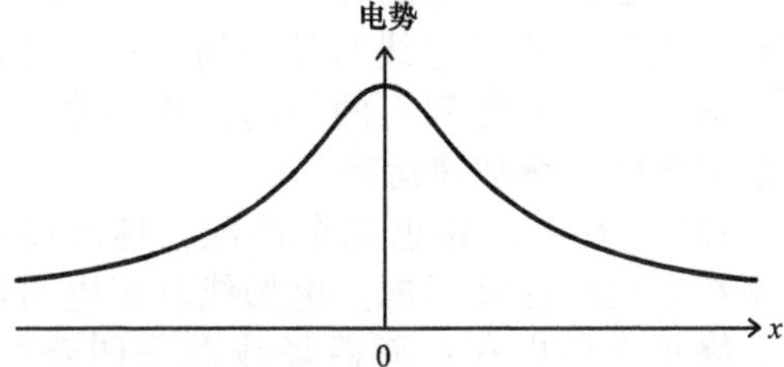

（b） $x=0$ 处 （c）0

67. （a）正功（b）大于

69. （a） -6000 V/m （b） $(A/x^2)+B$，其中，$A=2000\text{V}\cdot\text{m}$，$B=-1500\text{V/m}$；（c） $A+Bx$，其中，$A=-2000\text{ V}\cdot\text{m}$，$B=6000\text{V/m}^2$；（d）0。

71. （a）25mm （b） 1.3×10^2 mm

73. （a） $q_{\text{sphere}}=-2q_{\text{shell}}/5$

（b） $q_{\text{sphere}}=-q_{\text{shell}}$

75. 要使原子核中的 92 个质子在一起，强相互作用能（负数）必须可以抵消大小为 4.8×10^{-10}J 的电势能（正数）。相应地，在强相互作用下，每个质子大约受到 300N 的束缚力。

第 26 章

1. 电荷量大小相等，极性相反。

3. 非常大

5. 34.1J

7. $\pm1.35\times10^{-6}$C

9. 连接电池后电场强度会更大；$E_{\text{连接电池}}/E_{\text{未连电池}}=2$。

11. $q_1=q_2$

13. 由于电池的缘故，极板间的电势差保持恒定，V_{cap} 并不总是等于零。电势差可写成 $V_{\text{cap}}=\int_+^- \vec{E}\cdot d\vec{l}$ 。如果极板之外的电场为零，那么就会存在某条路径，使得电场沿路径的积分为 $\int_+^- \vec{E}\cdot d\vec{l}=0=V_{\text{cap}}$ ，而这是不可能的，因此极板外侧的电场不为零。

15. q

17. （a） $+q/2$ （b） $+q$

19. 答案有多种可能。（a）电介质与导体板表面都会出现电荷，当极板间电势差恒定时，电容器的电荷量均会增加。对于孤立的电容器，极板之间的电势差与电场都会减小。（b）对于导体，板内部电场为零；对于电介质，板内部电场减小但并不为零；导体表面的电荷是自由电荷，而电介质表面的电荷则是束缚电荷，加入电介质后可以提高电容器的击穿电压，而加入导体后则不会提高电容器的击穿电压。

21. （a） $E_1>E_2$ （b） $V_1>V_2$

（c） $U_1^{\text{E}}>U_2^{\text{E}}$

23. $1.3q$

25. （a）1∶1 （b）3∶2

27. 插入导体板不起作用，它只会增加未填充部分的电场强度，使得这一区域的空气更容易击穿。此外，载流子可以通过导体板，而电介质材料在一般情况下则不会发生。

增加极板之间的距离也不行，因为这种情况下，在极板之间的距离增加的同时，电势差也在增加，两种效应相互抵消，电场强度不变。（这一讨论只在极板面积很大而间距较小时才成立。如果极板之间的间距很大，则极板之间的电场强度会减小）。

29. 保持不变

31. 2.8×10^{-17}

33. $4.0\times10^{-8}\mathrm{C/m^2}$

35. $2.77\times10^{-2}\mathrm{m}$

37. 9.3mm

39. （a）$d=\dfrac{2R_{\text{inner}}R_{\text{outer}}}{R_{\text{inner}}+R_{\text{outer}}}$

（b）$d=\dfrac{2R_{\text{inner}}R_{\text{outer}}}{R_{\text{inner}}+R_{\text{outer}}}$

（c）$d=\sqrt{R_{\text{inner}}R_{\text{outer}}}$，$d=\sqrt{R_{\text{inner}}R_{\text{outer}}}$

41. （a）a 的单位是 $\mathrm{N/C^2\cdot m^2}$；b 的单位是 $\mathrm{m^2}$ （b）$C=\dfrac{1}{a\left(\dfrac{(128\mathrm{m}^3)}{3}+(8\mathrm{m})b\right)}$

43. $2.97\times10^{-5}\mathrm{J}$

45. $8U_{\mathrm{i}}^{E}$

47. （a）$C_2>C_1>C_3$ （b）$q_2>q_1>q_3$

（c）$E_2=E_1>E_3$ （d）$U_2^E>U_1^E>U_3^E$

（e）$u_{E,2}=u_{E,1}>u_{E,3}$

49. （a）$\dfrac{3q^2}{448\pi^2\epsilon_0R^4}$ （b）$\dfrac{q^2(\ln2)}{12\pi^2\epsilon_0l^2R^2}$

51. （a）$d/4$；（b）不可能，孤立的极板无论间距多大，都不会改变所带的电荷量；（c）$4d$；（d）不可能，能量密度与极板间距无关。

53. （a）一般不讨论导体的相对介电常数，但随着电导率增加，导体的相对介电常数可以认为趋于无穷。（b）0（因为任意小的电场都可以把载荷子分开）。

55. （a）增加极板面积，减小极板间距，在极板间插入相对介电常数大的电介质，在某些情况下，可以改变极板形状。（b）不能。

57. （a）$C_2=\kappa C_1$ （b）$q_2=\kappa q_1$ （c）$U_2^E=\kappa U_1^E$ （d）$E_2=E_1$ （e）$u_{E2}=\kappa u_{E1}$

59. （a）4/3；（b）如果电容器孤立，则极板的电荷量不会发生变化；如果电容器与电池相连，则电荷量减少到原来的6/7。

61. $1.1\times10^5\mathrm{V/m}$

63. 18.3V

65. $F/\kappa_{\text{蒸馏水}}=F/80.2$

67. （a）$9Q/2$ （b）3/2

69. （a）这一模型显示增加两极板之间的距离可以增加电场能量，这就像拉伸弹性物体可以增加弹性势能一样。（b）这一类比显示，电场线从正电荷出发，并沿最短路径到达负电荷，但实际并非如此。

71. （a）$V_1=V_2$ （b）$q_1=4q_2$

73. 减小电荷所占的体积可以减小能量，但仅通过静电场力无法将正、负电荷分开。

75. $\dfrac{q^2}{A\epsilon_0}$

77. 随着 $d/2$、$d/4$ 与 $d/5$ 板的插入，两极板之间的空间中有95%被导体填充，由于导体中场强为零，所有电压都将加到剩下的5%的间隙上，因此电场增加到原来的20倍。

第 27 章

1. 北方

3. 水平面上，所有N极都在一侧平面，所有S极都在另一侧平面。

5. 两根磁铁都会吸引未磁化的棒，而不是排斥它。可以尝试不同的摆放方式，每一根棒都可以掉转方向，如果两棒出现排斥，那么这两根棒为磁铁，剩下的那根没有磁化。

9. （a）0 （b）负的 （c）0 （d）0

11. 磁铁在磁场的作用下会发生旋转，直到S极与N极的连线与外磁场一致。磁铁在磁场的方向上受到力的作用，并朝着磁场线最密集的区域加速运动。

13. 不存在。要想完全匹配，场线图案必须在它们的源就匹配。电场线从正电荷出发，终止于负电荷；而磁场线总是闭合的，因此电场线的分布无法和磁场线匹配。

15. $\tau_{(\mathrm{a})}=\tau_{(\mathrm{b})}<\tau_{(\mathrm{e})}<\tau_{(\mathrm{c})}=\tau_{(\mathrm{d})}$

17. （a）向左；（b）垂直纸面向里。

19. （a）是的；（b）是的，P端。

21. （a）逆时针；（b）边2受力向下，

实践篇

边 3 受力向左，边 4 受力向上。

23. 对于地球参考系中的观测者，S 不受磁场力的作用。选取 M′参考系使其平行于 M 参考系运动。相对于地球而言，其速率是 M 参考系的一半。对于 M′参考系而言，M 与 S 的速率都不是零，因此 S 受到磁场力的作用。

27. 0.26T

29. 1.96A

31. （a）1.6×10^{19} 个电子 （b）沿 $-x$ 方向 （c）0.50N/m

（d）

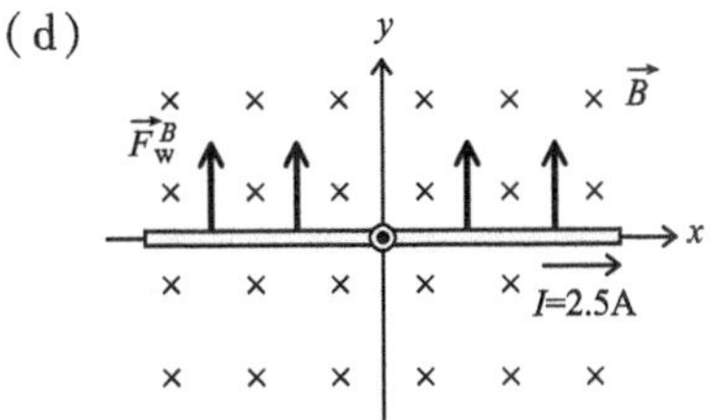

33. 0.52A

35. （a）垂直纸面向外（$-y$ 方向）

（b）垂直纸面向内（$+y$ 方向）

（c）向上（$+z$ 方向）

（d）向右（$+x$ 方向） （e）不可能

37. （a）14.1A 进入纸内

（b）$I_{max}=42.6A$

39. $\Phi_{B(a)}=\Phi_{B(b)}=\Phi_{B(e)}<\Phi_{B(c)}=\Phi_{B(d)}$

41. 19°

43. 6.0Wb

45. （a）0.30T，沿 $-y$ 方向；（b）沿 $-z$ 方向。

47. （a）$\omega=3.6\times10^7s^{-1}$，$T=1.7\times10^{-7}s$

（b）$2.7\times10^7m/s$ （c）$2.4\times10^{-12}J$

49. （a）$2.1\times10^{-4}m$ （b）$\omega=6.2\times10^{10}s^{-1}$，$T=1.0\times10^{-10}s$ （c）$1.3\times10^7m/s$

51. 0.68kV

53. （a）负的 （b）$1.1\times10^{-4}m/s$ （c）$5.9\times10^{28}m^{-3}$

55. （0，0.023m，0.016m）

57. 18μV，左侧电势更高。

59. （a）$+x$ （b）$-x$

61. $0.23c_0=7.0\times10^7m/s$

63. $T_{new,1}=T, T_{new,2}=2T, T_{new,3}=T$

65. $B_x=0.10T$，$B_y=0.10T$，$B_z=-0.15T$

67. （a）$1.7\times10^8m/s$； （b）1.6×10^4m，向下。

69. 将磁铁 A、B、C 做上标记，将磁铁 A 一端固定，标记为 X。观察 B、C 两磁铁的哪一极会与 X 相吸引。这样就可以通过发现磁铁 B、C 各有一极和 X 极发生相同性质的作用，得出这两极极性相同的结论（可以都是 N 极或都是 S 极，这并不重要）。将这两极靠近，观察同性相斥还是相吸，如果相互排斥，就可以说服你的同事了。

71. 外磁场对导线没有力的作用。

第 28 章

1. 粒子不受磁场力的作用，因为粒子相对磁铁静止。

3. （a）~（d）所有磁场均从上方进入圆环所在的平面。

5. 电子之间存在遵循库仑定律的静电力，也存在相互吸引的磁场力。两者谁大由电子速率决定。地球作用在电子上的引力远远小于电场力，而电子之间的引力则要小得更多。

7. （a）一个 （b）一个 （c）两个

9. $\vec{F}^B_{12}=\vec{0}$，$\vec{F}^B_{21}$ 在页面内，且方向向下。

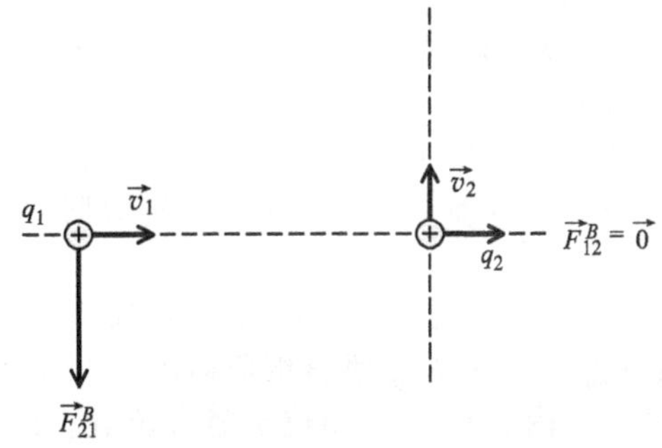

11. 在圆环的中心。

13. $\vec{B}_1$、$\vec{B}_2$ 垂直纸面向外，$\vec{B}_3$、$\vec{B}_4$ 垂直纸面向内。

15. 当线圈尺寸相对于测量磁场点到线圈的距离很小时，圆形线圈产生的磁场和方形线圈产生的磁场相同。磁场线的分布也十分类似（磁偶极子磁场）。随着场点不断接近线圈，对于方形线圈，距离顶角 r 处的磁场大于圆形线圈距离线圈边缘 r 处的磁场。要进一步分析还需要更多与线圈有关的信息。

17. 电荷均匀分布的圆盘旋转时产生的磁场相当于许多半径逐渐增加的环形电流产

生的磁场。在圆盘的中心，所有环形电流的磁场相互增加，磁场最大。对于环形电流，各部分到圆心的距离都是 R，而对于圆盘，某些环形电流更接近圆心，因此可以得知，圆盘圆心处的磁场大于相同半径及电流的圆环在圆心处产生的磁场。随着点到圆心的距离逐渐增加，圆盘中由内部圆环产生的磁场将会抵消外部圆环产生的磁场，使得磁场小于圆心处的磁场，因此对于圆盘，磁场随着到圆心的距离增加而下降的程度大于圆环，在圆盘的边沿，磁感应强度应明显小于圆环边沿的情况。

19. (a) 沿 x 轴正向　(b) 沿 x 轴负向　(c) 沿 x 轴负向

21. 由于电子和质子都有自旋，所以两者均能产生磁场，并通过磁场使两粒子发生作用。由于电子还绕质子运动，如同微小的电流环路，所以这一电流产生的磁场也会和两粒子发生作用，而质子产生的磁场也会作用于运动的电子。

23. 顺时针

25. (a) 逆时针　(b) 顺时针　(c) 垂直纸面向内

27. 从 z 轴的正半轴向原点看，电流沿顺时针方向。

29. (a) 沿 y 轴正向　(b) 沿 y 轴负向　(c) 沿 x 轴负向　(d) 沿 z 轴负向　(e) 零

31. (a) F^{B}_{on1} 向上，F^{B}_{on2} 垂直纸面向外；F^{B}_{on3} 向下；F^{B}_{on4} 垂直纸面向内。(b) 垂直纸面向内。(c) 线圈位于竖直位置，边 1 在上方。

33. (a) 两者不同，当粒子静止时不受磁场力的作用（自旋的粒子受到磁力矩的作用使得磁偶极矩的方向平行于外磁场）。(b) 当粒子位于外加的电磁场中时，静止的粒子产生的电场也不同于自旋的粒子，前者不具有因磁偶极矩产生的磁场。

35. (a) $3I$　(b) 负的

37. e<a=b=f<c<d

39. $|I_1|=|I_2|=|I_3|$；I_1 和 I_3 垂直纸面向外；I_2 垂直纸面向内。

41. 大于零

43. (a) $\oint_A=\oint_B$。(b) 路径 A。(c) 路径 B 的长度长于路径 A，但是由于它距离导线更远，磁场更小且和积分路径之间存在非零夹角，点乘的结果相当于磁场与积分路径的平行分量相乘，所以这些因素相互抵消。只要路径包围相同的电流，积分结果就与路径无关。

45. 2.5A

47. (a) 1.2×10^{2}A　(b) 0.32mT

49. 2.6A

51. (a) 4.4×10^{-6}T　(b) 1.9×10^{-6}T　(c) 1.9×10^{-6}T

(d)

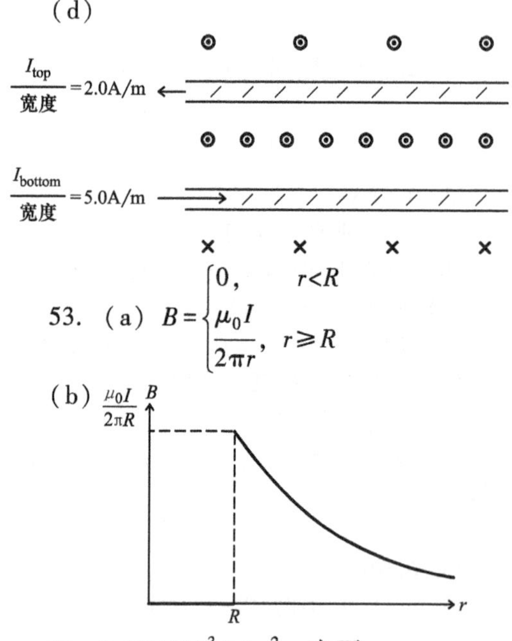

53. (a) $B=\begin{cases}0, & r<R\\ \dfrac{\mu_0 I}{2\pi r}, & r\geq R\end{cases}$

(b)

55. $6.28\times10^{-3}\text{N/m}^2$，向下。

57. 1.6×10^{-19}C

59. 2.8×10^{3}匝/m

61. 在坐标系中，螺线管产生的磁场沿 x 轴正向；直导线放置在 y 轴的负半轴区域，则螺线管中心处的磁感应强度的大小为 5.7×10^{-5} T，沿着从 x 轴正向偏向 z 轴正向 10°的方向。磁感应强度的大小和直导线是否在螺线管内部无关。

63. (a) 1.0×10^{-6}T　(b) 0　(c) 0

65. $B=\dfrac{\mu_0 n R_{\text{toroid}} I}{r}$

67. 由于螺绕管的外沿要比其内沿大得多，线圈在外沿绕过的长度也要大于内沿。这样在位置 1 处的磁场 B_1 和在位置 2 处的磁场 B_2 并不相同，位置 3 与位置 4 同理。如果

实践篇

螺绕管完全对称，则 $B_1=B_2$，$B_3=B_4$。通过检验螺绕管中以上等式是否成立，可以判断线圈分布是否均匀对称。

69. 1.2×10^{-2} A

71. 2.5×10^{2} A，方向向右。

73. 6.1×10^{-8}T，垂直纸面向外。

75. 1.5×10^{-7}T

77. 将电子运动的方向设为 x 轴正向，电子运动轨迹下方 15mm 位于 y 轴的负半轴，磁场大小为 3.6×10^{-15}T，沿 z 轴正向。

79. $\vec{B}=\dfrac{|\vec{E}|}{c^2}\vec{v}\times\hat{r}$

81. $F_{12}^{B}=\dfrac{\mu_0 q_p^2+v_1v_2}{4\pi r^2}$，

$F_{21}^{B}=\dfrac{\mu_0 q_p^2+v_1v_2(\sin135°)}{4\pi r^2}$

83. 0.53m

85. (a) $\vec{0}$ (b) 9.6×10^{-35}N，沿 x 轴负轴。

87. (a) 有，沿 y 轴正向；(b) 有，沿 x 轴负向；(c) 无。

89. 1.2×10^{-5}N，远离导线 2。

91. 33A

93. 531 匝，内径为 0.020m，外径为 0.080m。每安培电流产生的磁场由外径处的 1.3×10^{-3}T 变到内径处的 5.3×10^{-3}T。

第 29 章

1. (a) 由于自感沿磁场方向运动，所以载荷子不受力的作用。(b) 由于直杆的运动垂直于磁场，所以将会出现电荷的分离。如果杆沿 $+y$ 轴运动，则直杆面向 $+x$ 轴一侧会出现正电荷，面向 $-x$ 轴一侧会出现负电荷。如果杆沿 $-y$ 轴运动，直杆面向 $-x$ 轴一侧出现正电荷，面向 $+x$ 轴一侧出现负电荷。

3. 飞机垂直于磁场飞行，并使机翼方向垂直于磁场与飞机的速度方向。

7. (a) 有 (b) 随时间变化

9. 圆形；一匝。

11. 对于地球参考系，你相对于地磁场快速运动。由于你的运动并不完全平行于磁场方向（阿维尼翁在巴黎的东南方向，在那里地磁场的一个分量指向地心），所以直杆中的载荷子也会受到磁场力的作用。对于火车参考系，变化的磁场产生电场，并引起直杆中的电荷发生分离。

13. 是以管的长轴为圆心的同心圆。

15. 将磁铁置于线圈的上方，磁场的 S 极指向线圈，磁铁朝着线圈运动。或者将磁铁置于线圈上方，磁场的 N 极指向线圈，磁铁背离线圈运动。当然还有其他的方法，这只是其中两个。

17. 当直导线中电流增加时[从 $t=0$ 到 $t=\pi/(2\omega)$，从 $t=3\pi/(2\omega)$ 到 $t=5\pi/(2\omega)$，…]，感应电流沿顺时针方向。当直导线电流最大或最小时 [$t=\pi/(2\omega)$，$t=3\pi/(2\omega)$，$t=5\pi/(2\omega)$，…]，感应电流为零。当直导线中电流减小时[从 $t=\pi/(2\omega)$ 到 $t=3\pi/(2\omega)$，从 $t=5\pi/(2\omega)$ 到 $t=7\pi/(2\omega)$，…]，感应电流沿逆时针方向。

19. 3.0V

20. 4.2×10^{-4} A

23. 1.0×10^{2} 匝

25. $9.4\times10^{-6}\text{m}^2$

27. 10A

29. (a) $\Phi(t)=\pi R^2B_0e^{-t/\tau}$；减小。(b) $\epsilon(t)=\dfrac{\pi R^2B_0}{\tau}e^{-t/\tau}$

(c) 从原点沿 z 轴正方向看过去，电流方向顺时针。

31. 3.6×10^{-2}V

33. (a) 0.24V；(b) 接触圆盘边缘的触头。

35. 0.029s

39. 0.080T/s

41. (a) 3.0×10^{-2}V/m (b) 7.5×10^{-2}V/m (c) 逆时针

43. $B(t)=2Ct^3$

45. 可以产生闪电。

47. 3.0H

49. (a) $\epsilon_{ind}(t)=-LI_{max}\omega\cos(\omega t)$ (b) 增加 (c) 阻碍 (d) 自感阻止电流突然变化，当电路中的电流试图增加电感两端的电压时，电感阻碍电压的增加。

51. (a) 5.0×10^{-7}H (b) 你的朋友错在用给定的直杆和导线，线圈匝数只能约为 20 匝，不可能有 40 匝。他把导线的长度当作螺线管的长度，把导线的直径当作螺线管的直径来计算横截面积因而出错。

53. 11J

55. 3.5J

57. 2.0×10^{5}J，1.0×10^{4}W

61. -6.7×10^{-4}V，负号表示感应电动势阻碍电流的增加。

63. 1.3×10^{2}J

65. （a）0.0075T （b）0.0020H （c）0.0089J （d）0.0089J

67. 2.96×10^{-16}A。

69. （a）$\frac{1}{2}Bl^2\omega$；（b）外侧电势更高；（c）4.24V。

71. 1.2m/s

75. 5×10^{4}A

77. 感应电动势约为 3mV。磁带运转得越快，磁场方向也改变得越快。在高频声波下，通常都是这样，导致幅度也会发生变化（磁通变化越快，感应电动势越大）。

第 30 章

1. 增加

3. 电容器周围没有磁场。

5. （a）向左；（b）向左增加；（c）从右极板右侧看过去是顺时针方向。

7. （a）是的 （b）是的 （c）不是

9. 不会，电场线虽然会发生弯曲，但不会打结，只有在电荷突然加速的时候才有可能打结。

11. （a）不能，在参考系中，正电荷与负电荷的线密度相等。（b）能 （c）能 （d）不能

15. 向上

17. （a）从下到上；（b）从 P 点左侧进入页面，从 P 点右侧离开页面；（c）内外振荡。

19. 因为沿长轴方向没有辐射，如果发射塔沿南北方向水平放置，那么在东西方向能接收信号，但在南北方向不能接收信号。

21. 带负电

23. 1.9×10^{-5}T

25. 3.2×10^{-5}T

27. （a）5.6×10^{-4}A

（b）

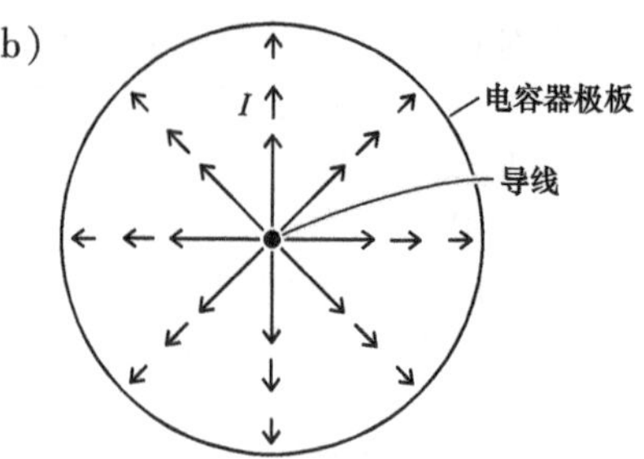

29. （a）$E(t)=It/(\pi R^2\epsilon_0)$ （b）0.22A （c）0 （d）问题（c）与问题（b）的结果不同，因为图 P30.29b 中的载荷子通过圆形截面，而在图 P30.29a 中只有位移电流通过，没有载荷子通过。问题（b）的答案不是 2.0A，这是因为极板之间处处都有 I_{disp}，而圆形截面只是其中一部分。问题（c）的答案不是 2.0A，因为开口圆柱面和载流导体在导线通过闭合端处与圆柱面通过极板处发生两次作用，所有进入圆柱的载荷子还会回来，这样两者相互抵消，结果为零。

31. 3.6×10^{-11}T

37. AM 波长：0.3~3.0km；FM 频率；$3\times10^{7}\sim3\times10^{8}$Hz。

39. 26ms

41. 对于偶极子天线，最可能频率在 1.9GHz 附近。

45. 6.3×10^{10}Hz

47. 2.46×10^{-2}N/C

49. 白炽灯泡发出的光构成球面，半径不断增大；而激光的角宽度特别小。因此，100m 以外的激光光强与 1m 处的激光光强基本相等，而白炽灯泡发出的光强则下降到大约原来的 $1/10^4$。

53. 0.020s

55. （a）$E_{max}=2.4\times10^{1}$N/C，$B_{max}=8.2\times10^{-8}$T

（b）$E_{max}=4.9\times10^{-2}$N/C，$B_{max}=1.6\times10^{-10}$T

（c）100m 处为 24V，50km 处为 49mV。

57. 6.0×10^{2}W

59. 假设光线以球面波的形式传播，在 9×10^{2}km 处仍然可以看到光源，而从日常体验上来看这是不可能的。

61. （a）$+z$ 方向 （b）50W （c）$+y$ 方向 （d）6.3mm，5×10^{10}Hz

实践篇

(e) $\vec{E}(x,y,z,t)=E_{max}\sin^2(kz-\omega t)\hat{i}$，

$\vec{B}(x,y,z,t)=B_{max}\sin^2(kz-\omega t)\hat{j}$，其中 $k=1000m^{-1}$，

$\omega=3.0\times10^{11}s^{-1}$，$E_{max}=1.9\times10^2N/C$，$B_{max}=6.5\times10^{-7}T$

63. $177W/m^2$

65. 1.66m

67. $\lambda_{2.45GHz}=0.122m$，天线长 61.2mm；$\lambda_{915MHz}=0.328m$，天线长 164mm。

69. $2.7\times10^9W/m^2$

71. $S=2.2\times10^{10}W/m^2$，$B_{rms}=9.6\times10^{-3}T$，$E_{rms}=2.9\times10^6N/C$

73. $50W/m^2$

75. 当与下列设备的距离都为 50mm 时，强度关系为 $I_{手机}=3.5I_{电磁炉}$，$I_{耳机}=0.0080I_{电磁炉}$。当然在讨论耳机辐射时，还要考虑挂在腰间的手机产生的辐射，$I_{腰间}$ 约等于 $0.088W/m^2$，这样总强度为 $I_{耳机}+I_{腰间}=0.17W/m^2$。这个值比同样距离的电磁炉产生的辐射小两个数量级，是相应手机辐射的 1/200，辐射的影响有了明显的改善。

由于辐射强度与磁场的方均根值的二次方成正比，所以耳机引起的磁场的方均根值比手机引起的小一个数量级。

手机发出的 824.6MHz 的辐射，其波长约为 0.36m，略大于头部的宽度。在头部不会形成驻波。

第 31 章

1. 3×10^{24}

3. a=b=e=f=j>g=h=c=d

5.

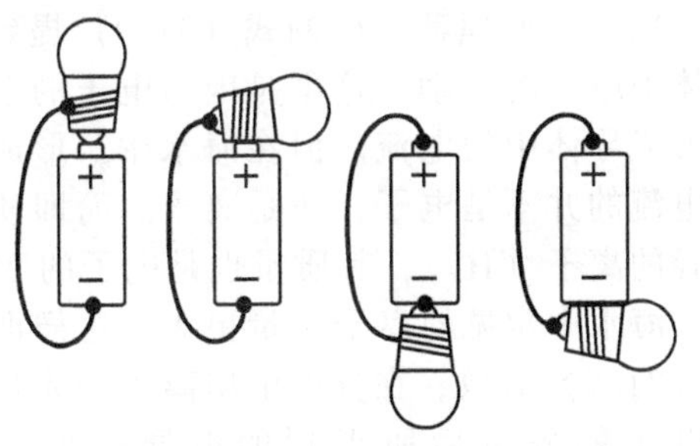

9. 电荷不会通过间隙，因此不会形成电流，从这个方面来看你朋友是对的。然而还存在位移电流，极板之间的电场使得间隙两侧的正负电荷相互影响。此外，根据有关电容器的知识，它们总是会放电的，如果空气间隙导致极板间不存在电荷流动，那么电容也就不可能放电了。

11. (a) 不能，只有灯泡 B、C、D 亮。(b) C>B=D>A

13 (a) 不可能 (b) 可能

15. $\Delta E_A=1.5J$，$\Delta E_B=3.0J$，$\Delta E_C=4.5J$

17. A、B、C 并联；E 和 F 并联。

19.

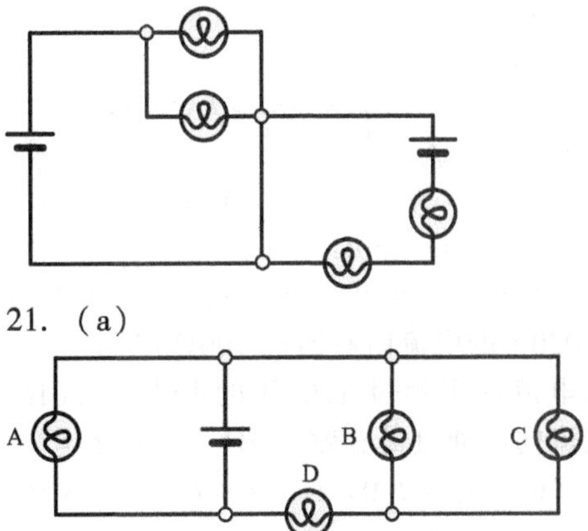

21. (a)

(b) 是的，所有灯泡都会亮；(c) A 最亮，B 和 C 最暗；(d) B 和 C 并联；没有两个灯泡是串联的。

23. 除极少数情况外，房间里的灯都是并联的。

25.

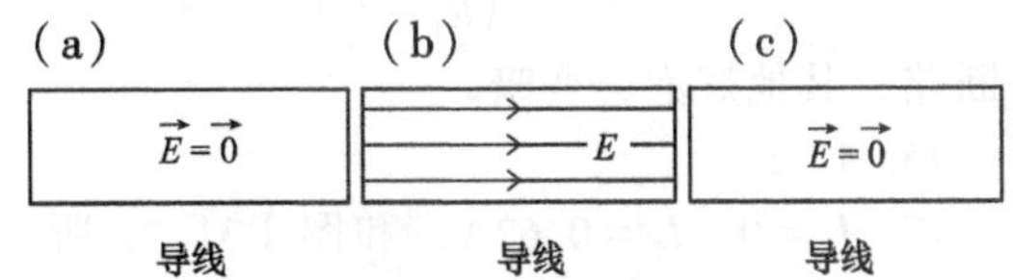

29. 使用 1.0m 长的镍铬合金或 89m 长的铜线。

31. 5.7N/C

33. 1.2×10^3m 长的 4 号线或者 19m 长的 22 号线。

35. 3.29×10^{-14}s

37. (a) 减小 (b) 增加 (c) 减小

39. 1.25×10^{10} 个质子

43. 2.77×10^{13}J

45. 大小为 0.90A，方向为顺时针

47. (a) 大小为 9.0×10^{-2} A，方向为顺

实践篇

时针；（b）大小为 6.1×10^{-3} A，方向为逆时针；（c）大小为 1.1×10^{-1}A，方向为逆时针。

49. （a）$R_{batt}=1\Omega$ （b）$\mathscr{E}=6V$

51. 3.0Ω

53. （a）大小为 0.57A，方向为顺时针 （b）$V_{ab}=7.1V$，$V_{bc}=0$，$V_{cd}=-3.7V$，$V_{da}=-3.4V$

55. （a）$1.2\times10^{3}\Omega$ （b）1.0×10^{-2}A （c）$V_a=12V$，$V_b=10V$，$V_c=1V$

57. 10Ω

56. 3.1Ω

61. −1.24%

63.

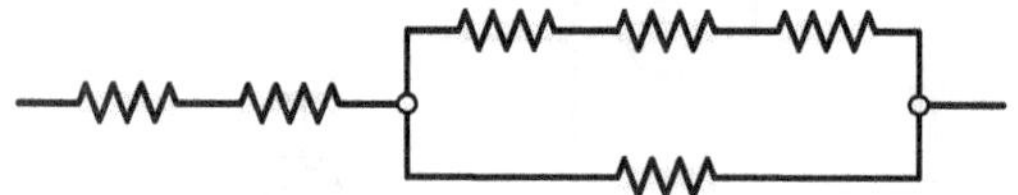

65. （a）750Ω；（b）3.0V；（c）0.020A 的电流向下通过 1500Ω 电阻，0.020A 的电流向右通过 900Ω 电阻，0.010A 的电流向下通过 1200Ω 的电阻，0.010A 的电流向下通过最右侧 900Ω 与 300Ω 电阻。

67. $I_1=2.0\times10^{-2}$A，$I_2=1.5\times10^{-2}$A，$I_3=5.0\times10^{-3}$A

69. （a）2.8Ω；（b）用 I_n 表示通过电阻编号为 n 的电流，则 $I_1=5.0A$，$I_2=2.0A$，$I_3=2.0A$，$I_4=1.0A$，$I_5=1.0A$，$I_6=5.0A$。

71. 0.085A

73. 线路总电阻为 $N\left(\frac{1}{R_b}+\frac{1}{R_p}\right)^{-1}$，一个灯泡断路，其他灯泡会变暗。

75. 17Ω

77. $I_1=0$，$I_2=0.67A$，和图 P31.77 所示的方向相反；$I_3=1.3A$，$I_4=0.67A$ 和图 P31.77 所示的方向相反；$I_5=0.67A$

79. （a）1.3A （b）7.0V

81. （a）$P_1=16W$，$P_2=11W$ （b）$P_{Circuit}=27W$ （c）$P_1=2.6W$，$P_2=3.8W$，$P_{Circuit}=6.4W$

83. （a）$I_1=1.0A$ 且 $\Delta V=5.00V$，$I_2=I_3=I_4=0.333A$，$\Delta V_2=\Delta V_3=\Delta V_4=1.7V$；（b）$P_1=5.0W$，$P_2=P_3=P_4=0.566W$；（c）$\mathscr{E}_1$ 提供 10W 的功率，$\mathscr{E}_2$ 消耗 3.30W 的功率。

85. 外围电阻（250Ω，100Ω，50Ω，200Ω）通过的电流为 0.25A。中心电阻（75Ω）通过的电流为零，$Q_{cap}=1.5mC$。

87. 消耗能量的速率为 1.5kW。向城市输送相同的功率时，采用更高的电压，可使输送电流更小，这样在输电线上消耗的功率也更小。

89. 12V 电池提供的功率为 0.24W，9V 电池提供的功率为 0.14W，两节 1.5V 电池分别提供 7.5mW 的功率。所有电池提供的功率为 0.39W。300Ω 电阻消耗的功率为 0.12W，1000Ω 电阻消耗的功率为 0.23W，1200Ω 电阻消耗功率 0.030W，600Ω 电阻消耗功率 0.015W，所有电阻消耗功率 0.39W。由于电池每秒钟提供的能量等于电阻转化的热量，所以结果是合理的。

91. 将电阻增加到原来的 15 倍，即 135Ω。

93. 有很多正确答案：电解液、固态离子导体等。

95. 187Ω

97. （a）9.0V （b）18.0V

99. 可以在电路中的电阻上并联电阻（比如像上面横截面一样大的电阻），以减小电路的总电阻。

101. 电池输出的最大电流为 0.10A。用一个很小的电阻（理想导体）连接空白处，这样 100Ω 的电阻被短路，电路的总电阻为 100Ω。电池输出的最小电流为 0.05A。用一个很大的电阻连接空白处（或者干脆不连接任何电阻），这样这一支路的电流为零，并联总电阻为 100Ω，电路总电阻为 200Ω。

103. 用 I_n 表示通过电阻 R_n 的电流，则 $I_{battery}=I_1=I_2=I_7=I_8=6.1A$，$I_3=I_4=I_5=3.0A$，$I_6=0$，30μF 电容的电荷量是 1.8×10^{-4}C，20μF 电容的电荷量也是 1.8×10^{-4}C。

105. 《原理篇》中的式（31.9）提到了固体中电子的运动，这里是因为电子的运动而形成导体中的电流。但在海水中，形成传导电流的并不是电子，而是离子。而即使是最轻的离子（H^+），其质量也是电子的 2000 倍，海水中常见的离子质量更大。这样即使式（31.9）有效，在分母中用离子的质量替换电子的质量后所得到的电导率也要小很多。

第 32 章

1. $B_{rms}=\dfrac{\mu_0 n I_{max}}{\sqrt{2}}$

3. 0.25s，0.75s，1.25s，…

5. 电路 X 一定包含电阻，可能串联电感或电容。如果有交流电源保证电容两端最大电势差恒定，则电路 Y 也会包含电阻。

7. $\dfrac{3}{4}U^E$

9. 4.11nC

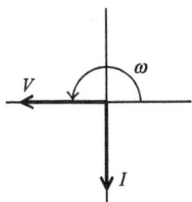

11.

13.

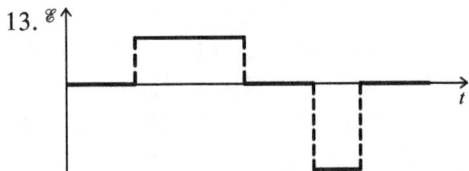

15. 电路内只有一个 9.0Ω 的电阻，交流电源的频率为 $f=\left(\dfrac{1}{8}+n\right)$ Hz，其中 n 为整数。

17. (a) 作图时假设电容初始时不带电

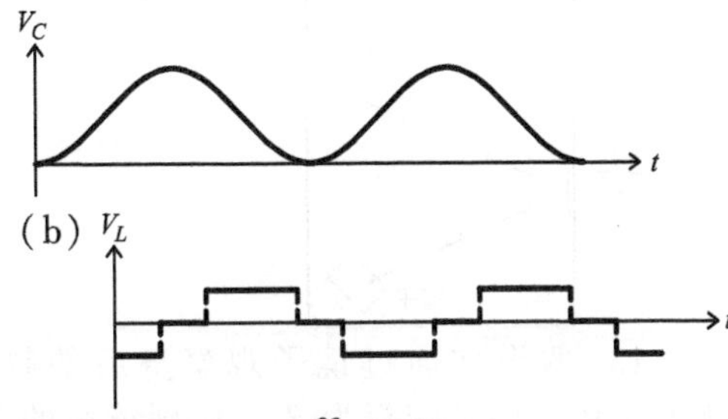

19. (a) 1.2×10^{23}；(b) 0。

21. 在掺杂之前，纯硅中没有自由电荷（温度很低且没有杂质）。掺杂过程中哪怕引入少量自由电子也会带来显著变化。

23. (a) 任何掺杂半导体材料的导电性能都优于未掺杂的硅。(b) n 型 (c) 无

25. B

27. 不会亮

29. 不会起到整流器的作用

31. (a) B 到 A；(b) A 到 B；(c) A 为 n 型半导体，B 为 p 型半导体；(d) A 可能掺杂磷，B 可能掺杂硼。

33. ABCD，ABC，ABD，ACD，BCD，AC，AD，BC 或 BD

35.

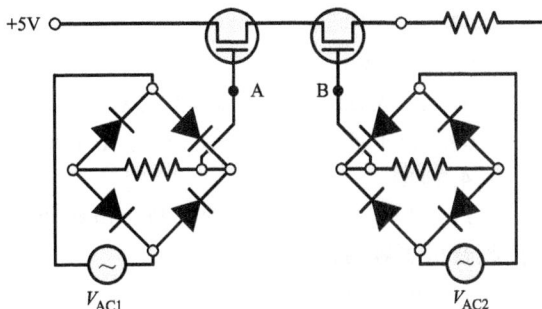

37. $3.3\mathrm{S}^{-1}$

39. (a) 1.0A (b) 电流大小随电源角频率增加而线性增加。

41. (a) 15.2V (b) 3.60V

43. 设备电流滞后于电源电动势。（也可能超前多于 π/2，但不太可能）

45. $R=1.41\Omega$，$\omega=70.7\mathrm{s}^{-1}$

47. 4.50V

49. (a) $V_R=12.34\mathrm{V}$，$V_C=32.77\mathrm{V}$，$\phi=-1.21\mathrm{rad}$ 或 $-69.3°$

(b) $V_R=34.9\mathrm{V}$，$V_C=2.64\mathrm{V}$，$\phi=-0.0756\mathrm{rad}$ 或 $-4.33°$

51. 1.56mH

53. (a)

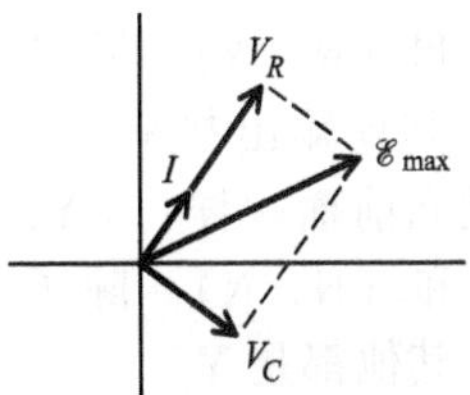

(b) −5.95°或−0.104rad

54. 3.13H

57. 43Ω

59. (a)

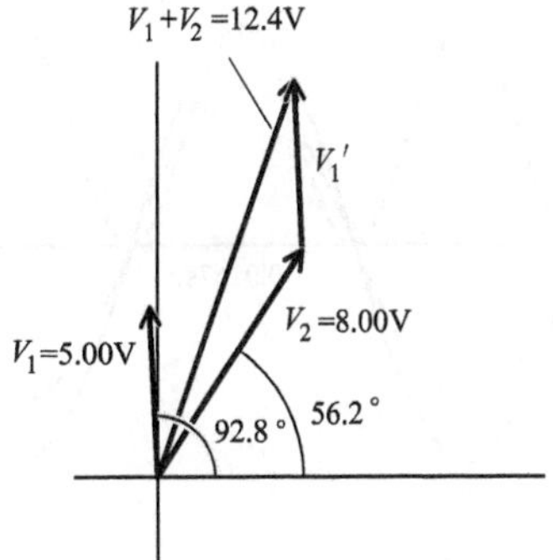

实践篇

（b）$V=12.4\text{V}$，$\phi=41.5°$，$v_{sum}(t=0.0500\text{s})=8.28\text{V}$，这些结果和采用向量法算出的结果一致。

61. $1.0\times10^{3}\text{s}^{-1}$

63. $8.7\times10^{-6}\text{F}$

65. $\omega_{0f}=\omega_{0i}$

67. $L=3.00\times10^{-4}\text{H}$，$R=12.5\Omega$

69. （a）$5.59\times10^{3}\text{s}^{-1}$　（b）6.00A　（c）4.14A

71. $C=2.23\times10^{-9}\text{F}$，通过减小电阻可以使收音机更容易调台。

73. 50.8mW

75. 4.00W

79. $\cos(\phi)=0.981$，$\phi=-11.3°$，$Z=102\Omega$，$\mathscr{E}_{rms}=21.2\text{V}$，

$I_{rms}=0.208\text{A}$，$P_{av}=4.33\text{W}$

81. （a）6.0W　（b）6.4W

85.

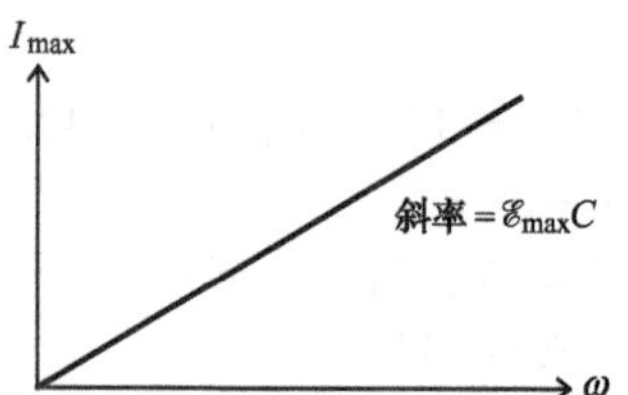

87. （a）（A，B）可以是（Y，Y），（Y，N），（N，Y）和（N，N）。除了（Y，Y）输出是Y以外，其他输出都是N。（b）（A，B）输入的可能和前面一样：（Y，Y），（Y，N），（N，Y）和（N，N）。除了（N，N）输出是N以外，其他都是Y。

89. （a）$f=120\text{Hz}$　（b）$\phi=85.7°$ 或 1.50rad

91.

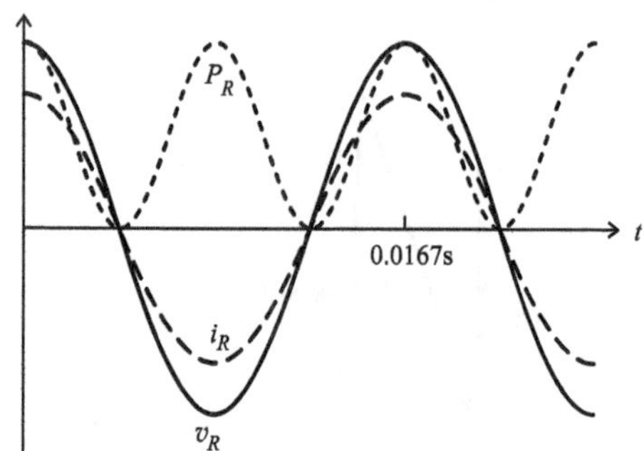

93.

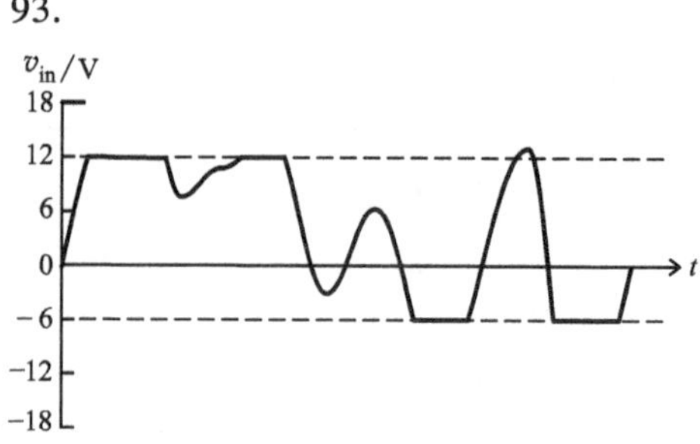

95. 你可以如图连接二极管与电容，这样的装置称为“电压双倍器”或“电压倍增器”。

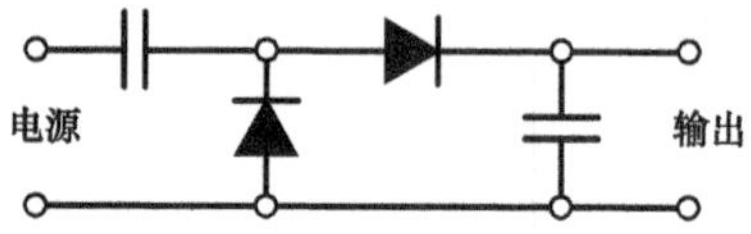

第 33 章

1. （a）所有光源（a～h）发出的光都可以到达探测器A。（b）有6个光源（c～h）发出的光可以到达探测器B。

7. 光斑为圆形，光斑的位置因蜡烛火焰的变化而轻微移动。光斑的边界并不明显，因为光源不是点光源，而是火焰上1～3cm的区域。

9.

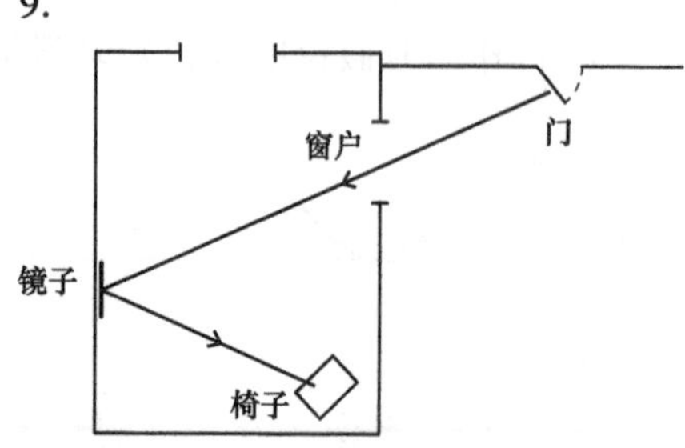

13. 假设你通过镜子观察身后的物体，你和物体之间的间距为 d_o，你到镜面的距离为 d_m，物体的高度为 h_o，镜子的高度为 h_m，则 $h_{m,min}=\dfrac{h_o d_m}{d_m+d_o}$。

15. 通过将像投射到光屏，可以区分实像与虚像。将光屏放置在平面镜的表面，上面不会出现像，说明像不是在镜面的表面形成的。

19. 当浴缸中装满水时的阴影比浴缸空着时的小。

21. 更浅

23. 情况 A：（a）光在材料 2 中速率更快；（b）光源在材料 2 中。

情况 B：（a）光在材料 1 中速率更快；（b）光源在材料 2 中。

情况 C：（a）由于光线垂直入射，无法确定在哪一个材料中速率更快；（b）由于光线垂直入射，无法确定光线从哪一材料中射出。

25.

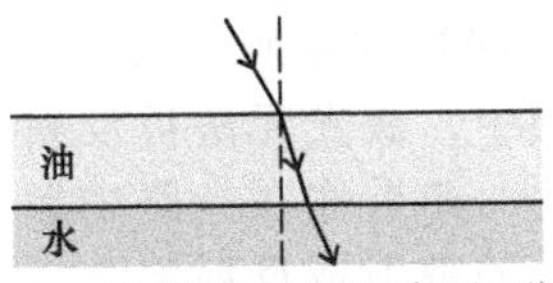

27. 光线通过竖直边进入棱镜，在斜边不会发生全反射，折射光线偏向斜边的法线方向，如下图所示。

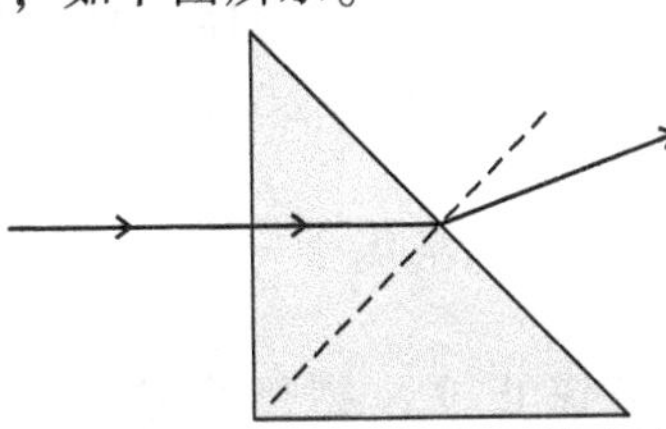

29. 在第一块棱镜边上放置第二块棱镜，将第二块棱镜倒置，锐角向下，如下图所示。

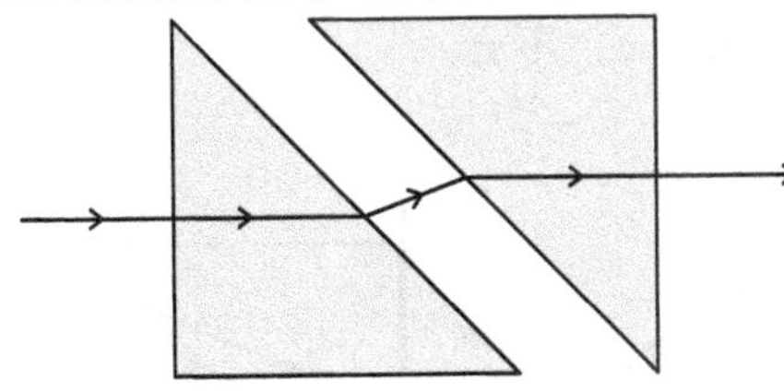

31. （a）

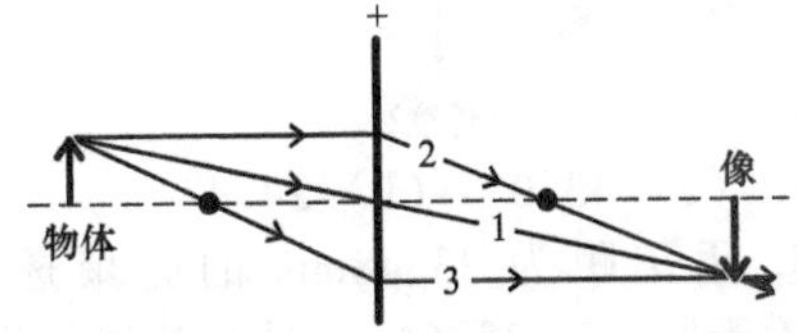

（b）实像 （c）倒立 （d）像会缩小。

33. 当物体比焦点更加靠近透镜时，透镜无法将光线会聚于一点。

35. 像与物在同一侧（对着你的眼睛），如果像放大，透镜为凸透镜；如果像缩小，透镜为凹透镜。

37. （a）

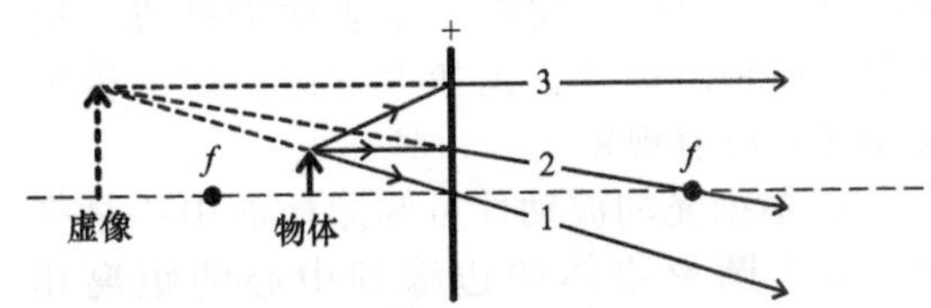

（b）虚像 （c）正立 （d）放大。

39. （a）

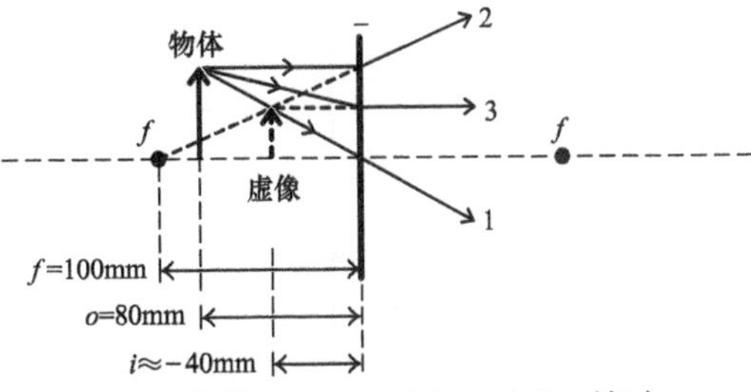

（b）虚像 （c）正立 （d）缩小。

41. 发散透镜的焦距为 $f_{\text{diverging}}=100\text{mm}$，会聚透镜的焦距为 $f_{\text{converging}}=200\text{mm}$

43. 金刚石

45. $f=5.66\times10^{14}\text{Hz}$，$\lambda=321\text{nm}$

47. 46.9°

49. （a）波长减小，变成原来的 1/1.333，即 404nm。（b）频率不变，仍为 $5.58\times10^{14}\text{Hz}$。（c）光速减小，变成原来的 1/1.333，即 $2.25\times10^{8}\text{m/s}$。（d）和竖直方向的夹角减小到 40.5°。（e）改变入射角不会引起波长、频率与光速的变化；折射角变为 0°；光线仍平行于法线。

51. （a）56.1° （b）53.6° （c）21.7mm

55. 54°

57. （a）$\arcsin(\sqrt{n^2-1})$ （b）$\sqrt{2}$

59. 3.3m

61. 发散透镜的焦距为负数，在使用透镜方程［《原理篇》中的式（33.16）］时，可写作 $\frac{1}{i}=\frac{1}{f}-\frac{1}{o}$，由于物距总是正数，所以要形成实像，像距也要是正数，但很明显等式的右侧是负数，也就是说，$\frac{1}{i}<0$，即像距 $i<0$。由于像距总是负数，所以发散透镜的像不会是实像。

63. 105mm

65. 50mm

67. （a）−240mm （b）1.60

（c）

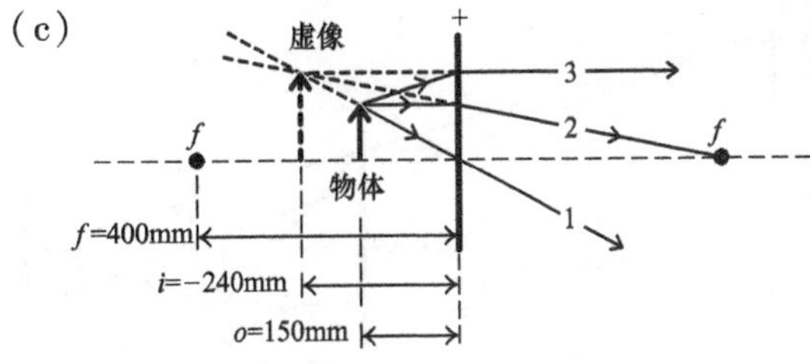

实践篇

69.（a）−143mm （b）0.714

（c）

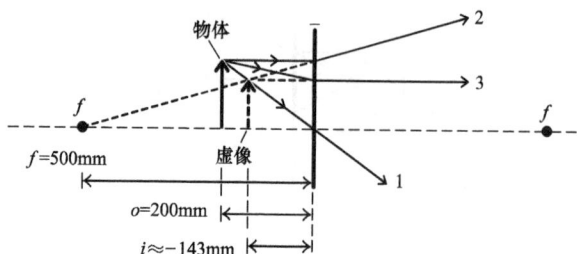

71. 1.5 屈光度

73.（a）$\dfrac{dM_\theta}{M_\theta+1}$（b）$\dfrac{d}{M_\theta+1}$

75.（a）0.64m （b）−5.1 （c）倒立

77. 倒立、放大的虚像。

79.（a）距最右侧透镜 181mm （b）正立 （c）实像 （d）0.625

81. 需要焦距为 999.6mm 的物镜与焦距为 0.383mm 的目镜。这样的目镜难以在家用望远镜中找到。采用较长的望远镜，可以安装多个透镜或平面镜，这样更容易达到要求。

83. 333mm

85. 像在镜后 392mm 处，由于像是缩小的，在视场中只相当于汽车本身的一小部分，对应角宽度近似等于汽车在 51m 远处的大小。

87.（a）6.09mm（b）实像（c）倒立

（d）

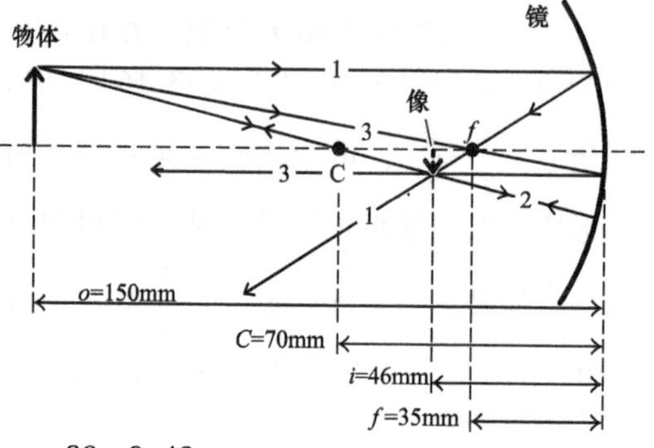

89. 0.40m

91. 1.00m

95.

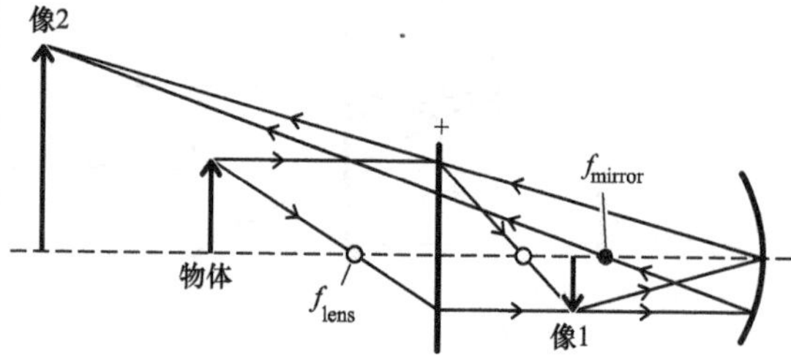

97. $R_2/R_1=3$

99. 470mm

101. 0.10m

103. 1.2

105. 200mm

107.（a）80mm（b）1.4

109.（a）会聚（b）既不会聚，也不发散（c）发散

111. 只有当光线被物体所反射时，你才能看到它。在空气中，激光无法被反射到你的眼中。尽管如此，如果你在光路中撒下粉末，光线通过颗粒的散射或反射将会变得部分可见。

113. 0.021s

115.（a）可以形成和物体一样大的实像。（b）可以将点光源发出的光变成平行光。

（c）可以将光线聚焦于一点，并将一小块区域加热。

117. 如果像正立，物体离透镜 33mm 远。如果像倒立，物体离透镜 67mm 远。

119.（a）光的散射（b）可以减小，但无法消除（c）不会

121.

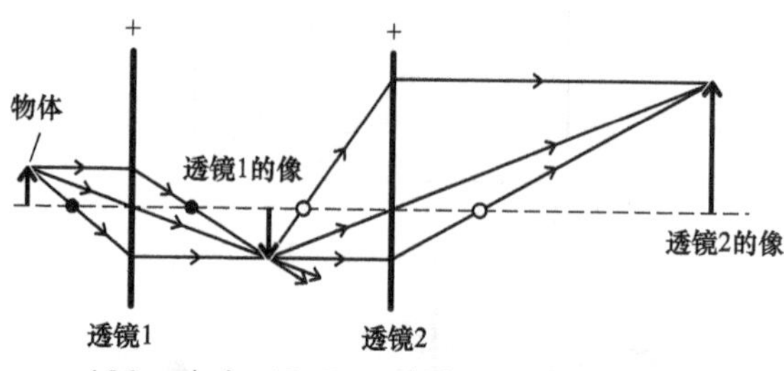

123.（a）43.0°（b）24.4°

125. 用焦距为 33.48mm 的会聚透镜，将透镜置于胶片前 33.64mm 处，透镜可以将像投影到前方 7.316m 远处的屏幕上，这样的图像就比你原来的图像大三倍。

第 34 章

1. 有多种答案。任何表面有小孔或者间隙的材料都可以，比如雨伞表面的纤维。通过十分锋利的边缘，比如刀片的边缘，也可以观察到衍射现象。

3. 根据光的波动性可知图样的中心是亮的，由于圆形物体的边缘到中心的距离相

等，干涉相互增强。

5. 声音也是波，类似于光波也可以产生衍射。但声波波长和光波波长相比，要大好几个数量级。光波对于像树一样粗的物体的衍射可以忽略，但声波的衍射却是可以观察到的。

7. 17.1°

9. 最高级明纹由判据 $m \leqslant \frac{w}{\lambda N}$ 决定，能看到的条纹数为 $2m_{\max}+1$。

13. （a）33.0°

（b）$\arcsin\left(\frac{\lambda}{d_{\text{orig}}+A\sin(\omega t)}\right)=\arcsin\left(\frac{546\times10^{-9}\text{m}}{(1.0\times10^{-6})\text{m}+(0.25\times10^{-6})\text{m}\cdot\sin((100\text{s}^{-1})t)}\right)$

（c）$\frac{3\pi}{200}$s，近似于 4.7×10^{-2}s；

（d）$\frac{\pi}{200}$s，近似于 1.6×10^{-2}s；

（e）只有 A、λ、d_{orig} 会影响最大角度和最小角度的值，ω 会影响达到最大值的时间。

15. 分得更开

17. 8.717×10^{-10}m

19. 10^{-35}m

21. 有可能，电子到达探测器的概率不为零。尽管当障碍物较宽时，概率相当小。

23. 6.65×10^{-15}m

25. 5.20×10^{3}m/s

27. 5.84×10^{20}

29. 每秒钟发射 1.34×10^{16} 个光子，假设激光的输出功率等于电池提供的功率，光子在到达墙壁前不被散射和吸收。

33. （a）三条明条纹（b）0.165m

35. 423nm

37. $\Delta y_{1g}=0.173$m，$\Delta y_{2g}=0.434$m，$\Delta y_{1b}=0.135$m，$\Delta y_{2b}=0.307$m

39. （a）$\Delta\theta=0.11°$ （b）没有

41. 0.154m

43. 1.04m

45. 7.942×10^{3}条狭缝

49. 608nm 和 434nm

53. 2.37

55. 9.5×10^{-5}m

57. 6.25m

59. 0.10m

61. 计算结果取决于光的波长、门的宽度以及门到小屋远端墙壁的距离。但问题的关键是由于图样十分小，裸眼无法观测，甚至在其他光源下，借助于仪器也无法观测。这样的图样无法称为衍射图样。假设光的波长为 700nm、门宽 1.0m、门到小屋远端墙壁的距离为 10m，计算第一级暗纹可知其距中央明条纹 7.0μm。

61. 5.3mm

63. （a）1.39×10^{-5}m （b）78.4°

69. 226nm

71. 4.03μm

73. 根据所用光的波长的不同，最小分辨角在 $(1.48\times10^{-2})°$ 与 $(2.47\times10^{-4})°$ 之间。

75. 2.59mm

77. $y_{r,\text{water}}=\frac{y_{r,\text{vac}}}{n}=\frac{y_{r,\text{vac}}}{1.33}$

81. 5.82m

83. 两个灯是可以分辨出来的

85. （a）动能减小为原来的 1/4。
（b）光子的能量不变，因为频率是固定值。

87. 2.5pm

89. 304nm

91. 4.5×10^{-19} J 或 2.8eV

93. 8.8×10^{-19}J

95. 1.22×10^{15}Hz

97. （a）$\frac{\lambda_{\text{e}}}{\lambda_{\text{ph}}}=3.49\times10^{-3}$

（b）$E_{\text{ph}}/K_{\text{e}}=2.06\times10^{5}$，光子能量更大。

101. 0.0459°

103. 600nm

107. 5.2×10^{-5}m

109. （a）条纹变窄；（b）条纹亮度增加，宽度不变；（c）每秒钟到达的光子数比最初发射时更多。

111. 0.097

113. （a）2.65×10^{7}m/s （b）2.74×10^{-11}m

（c）第一级明条纹对应的衍射角是 12.9°，此时很容易观测衍射图样。

117. 3.75×10^{-4}mm

119. 不可行，要想使可见光达到要求，宽度需要大于 1m。